After Effects CS6 影视后期制作与栏目包装

微课版

互联网 + 数字艺术教育研究院 策划
王欢 柳金辉 主编 刘宣琳 王丹丹 副主编

人 民 邮 电 出 版 社
北 京

图书在版编目（CIP）数据

After Effects CS6影视后期制作与栏目包装 : 微课版 / 王欢，柳金辉主编. -- 北京 : 人民邮电出版社，2016.9（2023.8重印）
ISBN 978-7-115-42473-0

Ⅰ. ①A… Ⅱ. ①王… ②柳… Ⅲ. ①图象处理软件 Ⅳ. ①TP391.41

中国版本图书馆CIP数据核字(2016)第103550号

内 容 提 要

这是一本全面介绍 After Effects CS6 基本功能及实际运用的图书，内容难度由浅入深，可帮助初学者快速、全面掌握 After Effects CS6。全书共有 8 章，主要介绍了 After Effects CS6 的基础知识、合成与动画、遮罩与形状动画、三维技术、画面调色、抠像技术和特效滤镜等知识。

书中包含 29 个精选案例，读者可以通过实际操作，来学习和掌握运用 After Effects CS6 进行影视后期制作及电视栏目包装的方法。同时，本书介绍了 After Effects CS6 中常用的特效滤镜，以及行业中流行的第三方插件，包括 Final Effects Complete 系列中的 Kaleida，Trapcode 系列中的 3D Stroke、Form、Particular 和 Shine。使用这些滤镜和插件，可以在栏目包装、电视广告和影视制作等领域制作出符合行业要求的特技效果。

本书适合作为初、中级读者入门及提高的参考书，尤其适合零基础的读者。

◆ 策　　划　互联网+数字艺术教育研究院
主　　编　王　欢　柳金辉
副 主 编　刘宣琳　王丹丹
责任编辑　税梦玲
责任印制　杨林杰

◆ 人民邮电出版社出版发行　北京市丰台区成寿寺路 11 号
邮编　100164　电子邮件　315@ptpress.com.cn
网址　http://www.ptpress.com.cn
北京捷迅佳彩印刷有限公司印刷

◆ 开本：787×1092　1/16　彩插：2
印张：17.5　2016 年 9 月第 1 版
字数：486 千字　2023 年 8 月北京第 6 次印刷

定价：69.80 元

读者服务热线：(010) 81055256　印装质量热线：(010) 81055316
反盗版热线：(010) 81055315

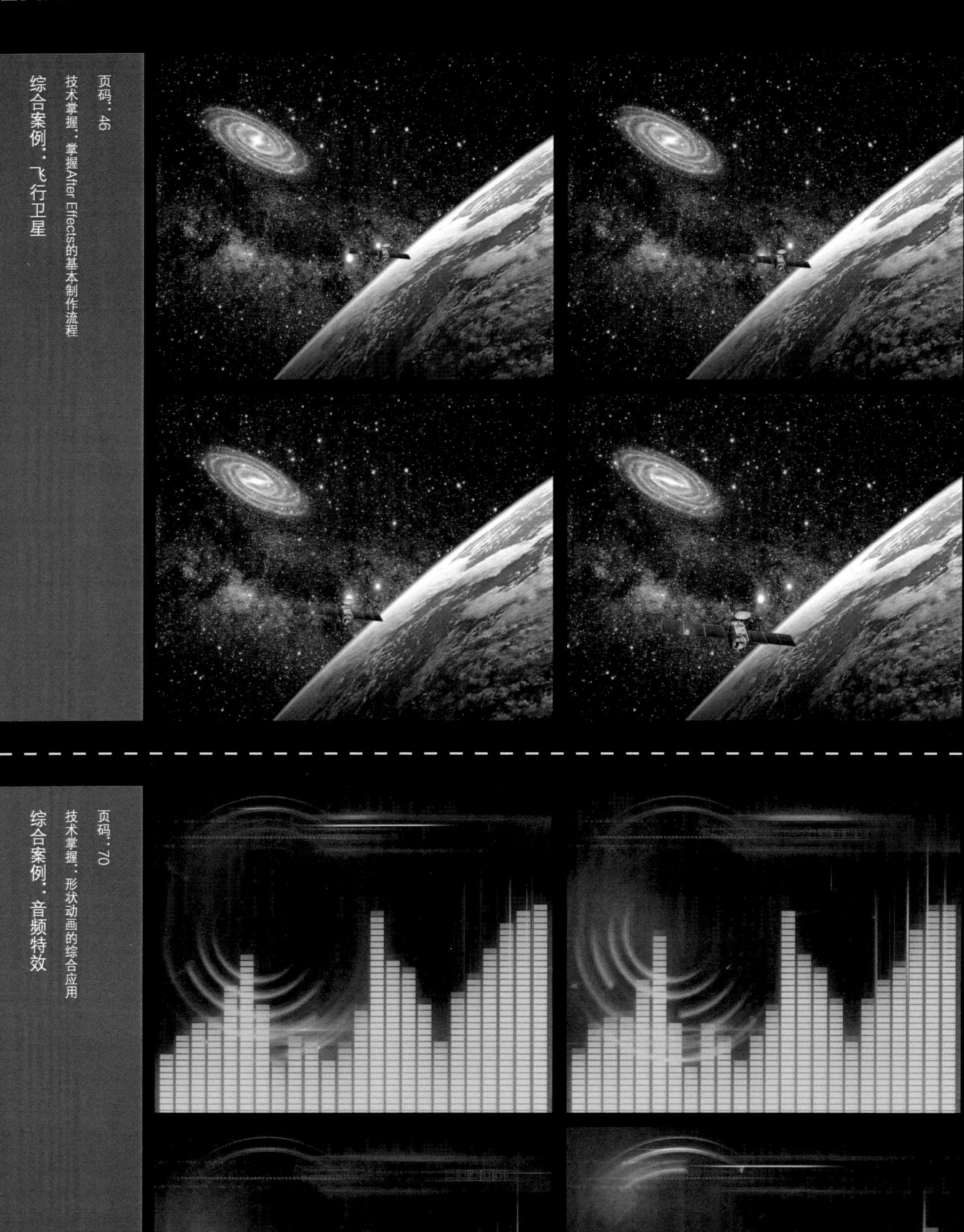

综合案例：飞行卫星

技术掌握：掌握After Effects的基本制作流程

页码：46

综合案例：音频特效

技术掌握：形状动画的综合应用

页码：70

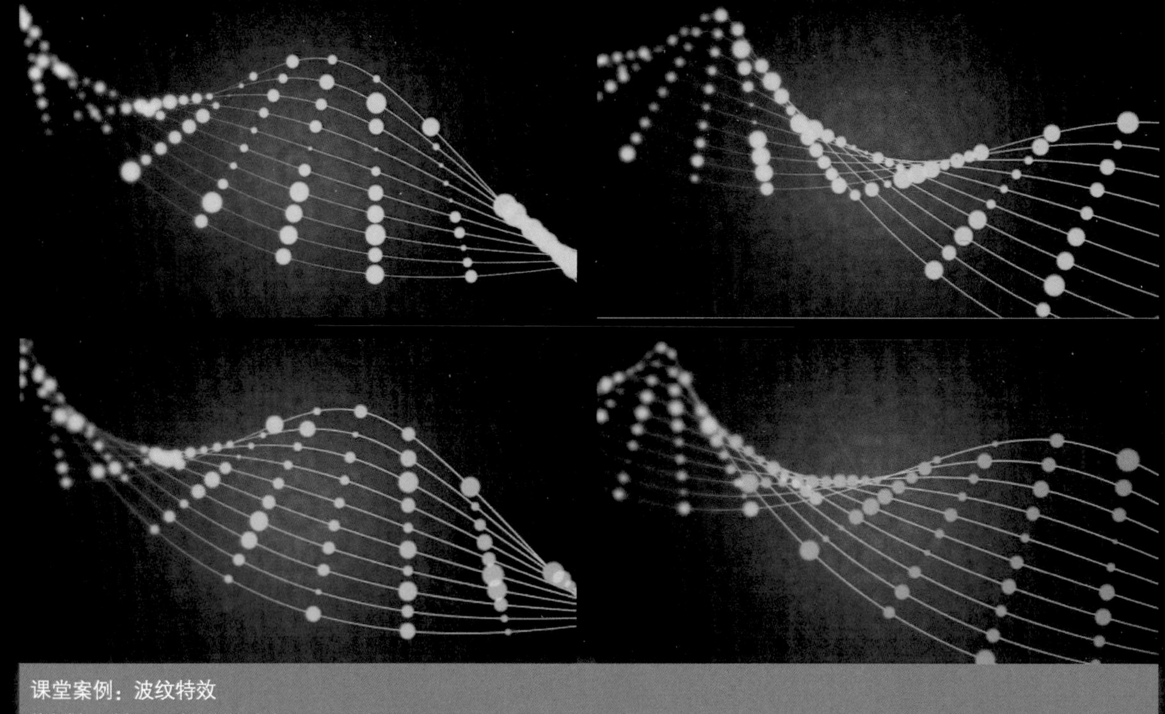

课堂案例：波纹特效

技术掌握：掌握Form滤镜的使用方法　　页码：202

课堂案例：动感光线

技术掌握：掌握Shine滤镜的使用方法　　页码：223

综合实例：萤火虫夜空

技术掌握：掌握特效合成的制作流程以及特效滤镜的综合使用　　页码：232

综合实例：公益片头

技术掌握：掌握特效合成的制作流程以及特效滤镜的综合使用　　页码：245

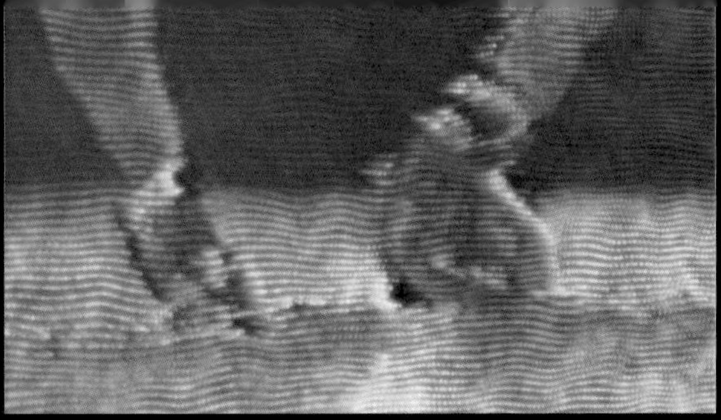

综合实例：体育栏目

技术掌握：掌握特效合成的制作流程以及特效滤镜的综合使用　　页码：253

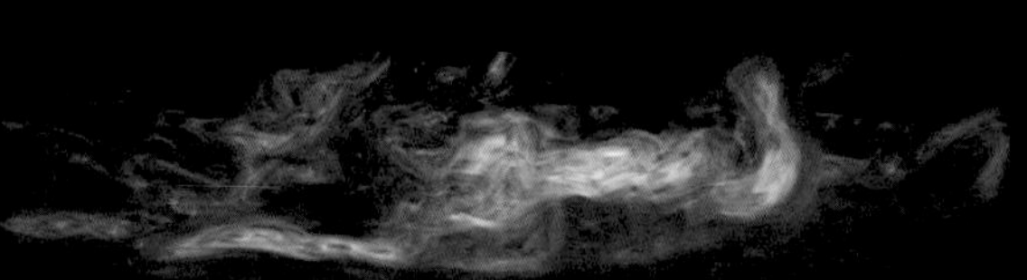

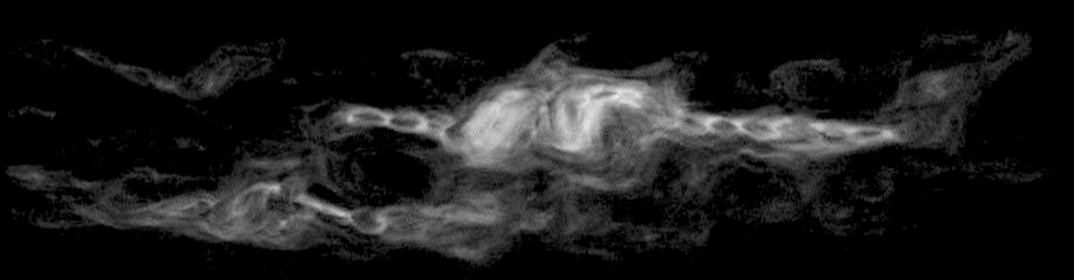

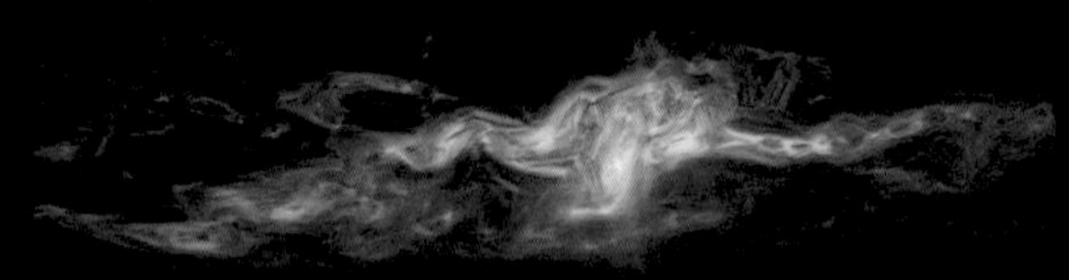

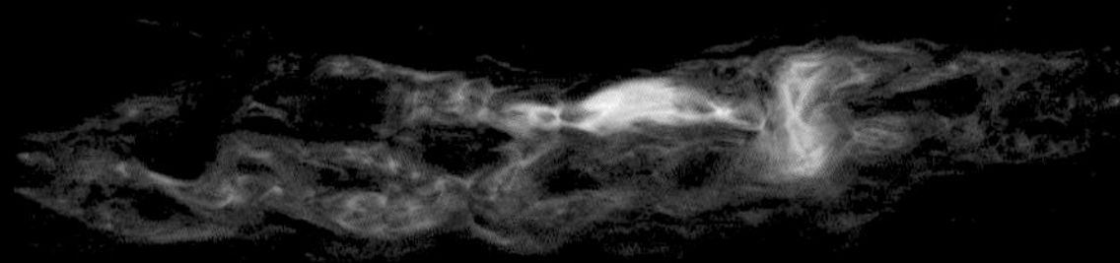

综合实例：海底世界

技术掌握：掌握特效合成的制作流程以及特效滤镜的综合使用　　页码：264

前言 preface

After Effects是Adobe公司推出的一款层级式的图形视频处理软件，相对于NUKE、Fusion、Shake等节点式后期制作软件，它具有简单易学、操作快捷、支持文件格式繁多等优点，支持强大的第三方插件，因此深受广大艺术家及相关行业人员喜爱。

人民邮电出版社充分发挥在线教育方面的技术优势、内容优势、人才优势，潜心研究，为读者提供一种“纸质图书+在线课程”相配套，全方位学习After Effects软件的解决方案。读者可根据个人需求，利用图书和“微课云课堂”平台上的在线课程进行碎片化、移动化的学习，以便快速全面地掌握After Effects软件以及与之相关联的其他插件。

平台支撑

“微课云课堂”目前包含近50 000个微课视频，在资源展现上分为“微课云”“云课堂”两种形式。“微课云”是该平台中所有微课的集中展示区，用户可随需选择；“云课堂”是在现有微课云的基础上，为用户组建的推荐课程群，用户可以在“云课堂”中按推荐的课程进行系统化学习，或者将“微课云”中的内容进行自由组合，定制符合自己需求的课程。

★ **“微课云课堂”主要特点**

微课资源海量，持续不断更新：“微课云课堂”充分利用了出版社在信息技术领域的优势，以人民邮电出版社60多年的发展积累为基础，将资源经过分类、整理、加工以及微课化之后提供给用户。

资源精心分类，方便自主学习：“微课云课堂”相当于一个庞大的微课视频资源库，按照门类进行一级和二级分类，以及难度等级分类，不同专业、不同层次的用户均可以在平台中搜索自己需要或者感兴趣的内容资源。

多终端自适应，碎片化移动化：绝大部分微课时长不超过10分钟，可以满足读者碎片化学习的需要；平台支持多终端自适应显示，除了在PC端使用外，用户还可以在移动端随心所欲地进行学习。

★ “微课云课堂”使用方法

扫描封面上的二维码或者直接登录“微课云课堂”（www.ryweike.com）→用手机号码注册→在用户中心输入本书激活码（65e53f09），将本书包含的微课资源添加到个人账户，获取永久在线观看本课程微课视频的权限。

此外，购买本书的读者还将获得一年期价值168元VIP会员资格，可免费学习50 000个微课视频。

内容特点

轻松上手：本书讲解After Effects CS6常用功能的操作方法，图文结合，形象生动地介绍了After Effects的工具、命令等重点知识。

精确定位：本书内容适用于影视后期制作与电视栏目包装。

典型案例：全书案例分为3类，分别是课堂案例、综合案例和商业实战。课堂案例是针对章节中的常用技能而设置的复习性案例，用于巩固知识要点；综合案例是针对章节中的重点知识而设置的难度适中的操作性案例，用于加强实际操作能力培养；商业实战是结合实际的项目制作要求而设置的综合性案例，涉及了全书中的大量工具、命令及第三方插件。

符合行情：本书中的案例是精选出来的经典，效果绚丽，不仅能满足行业要求标准，而且能帮助初学者快速入行。

资源下载

为方便读者线下学习或教师教学，本书提供书中所有案例的PPT课件、实例文件以及素材文件等资料，用户请登录微课云课堂网站并激活本课程，进入下图所示界面，点击“下载地址”进行下载。

After Effects CS6 影视后期制作与栏目包装

本课程介绍After Effects CS6的基本功能及实际运用，可帮助初学者快速、全面地掌握该软件。课程通过29个精选案例的制作过程来讲解合成与动画、遮罩与形状动画、三维技术、画面调色、抠像技术和特效滤镜等，且案例中会用到行业中流行的第三方插件，包括Final Effects Complete系列中的Kaleida，Trapcode系列中的3D Stroke、Form、Particular和Shine。通过学习，初学者可掌握运用After Effects CS6进行影视后期制作及电视栏目包装的方法。配套图书《After Effects CS6影视后期制作与栏目包装（微课版）》一起学习，上手更快！

附件：下载地址 提取码：uoom

目录
CONTENTS

基础知识 01

多媒体涉及的内容很广，从文字到图像再到动画，方方面面都和多媒体相关。要完成影视后期合成与特效，不仅要了解多媒体相关的专业知识，还要熟练掌握软件技术，二者缺一不可。本章主要介绍多媒体中的专业知识，例如电视制式、分辨率、帧速率及After Effects支持的多媒体格式，以及影视后期的制作流程和After Effects的界面。通过对本章的学习，读者可掌握影视后期合成与特效的基础知识。

1.1 后期制作中的基本概念

在使用After Effects制作特效与合成时，会涉及很多专业名称和概念，这些专业名称和概念将一直贯穿整个项目的制作过程，因此需要读者了解After Effects相关的基础知识。

1.1.1 电视制式

电视制式是为了实现电视图像或声音信号所制定的一种技术标准，也被称为电视信号的标准。国际上主要使用的电视制式有以下3种。

第1种：正交平衡调幅制（National Television Systems Committee），简称NTSC制。采用这种制式的国家主要有美国、加拿大和日本等。这种制式的帧速率为29.97fps（帧/秒），标准分辨率为720×480。

第2种：正交平衡调幅逐行倒相制（Phase-Alternative Line），简称PAL制。采用这种制式的国家主要有中国、德国、英国和其他一些西北欧国家。这种制式的帧速率为25fps（帧/秒），标准分辨率为720×576。

第3种：行轮换调频制（Sequential Coleur Avec Memoire），简称SECAM制。采用这种制式的国家主要有法国和一些东欧国家。这种制式的帧速率为25 fps（帧/秒），标准分辨率为720×576。

1.1.2 分辨率

分辨率分为显示分辨率和图像分辨率两大类，是指显示器或图像中能显示的像素点的多少。分辨率越高，像素点越多，画面越精细，显示的内容也就越多，如图1-1所示。下面以PAL制为例来介绍分辨率。标准的PAL制的分辨率为720×576，即水平方向上有720个像素点，垂直方向上有576个像素点。

图1-1

1.1.3 像素比

像素比是指图像中的一个像素的宽度与高度的比。计算机中的图像都是由1∶1的像素点组成的，如果将图像放大，可以明显看到图像中的像素点，如图1-2所示。而电视中的视频，像素比不一定为1，简单地说，不同的画面比会使像素点发生伸缩变化，如图1-3所示。

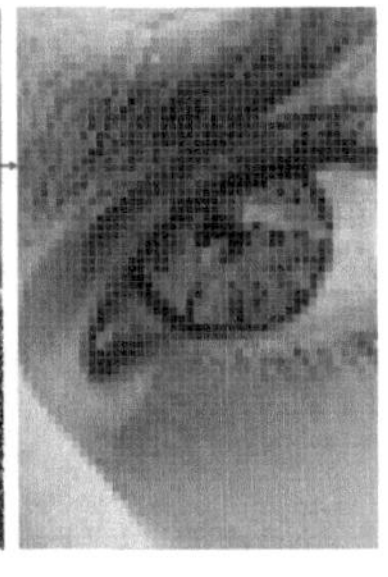

图1-2

图1-3

1.1.4 帧速率

我们都知道，将连续的图像以一定的速度播放后，就能产生动态效果。而“帧速率”就是控制每秒要播放的图像数量，其单位为“帧/秒”，业界习惯用英文缩写fps。以25fps为例，说明每一秒会播放25个画面。要生成平滑连贯的动画效果，帧速率一般不小于8fps。而电影因为质量较高，所以要求帧速率为24fps或以上，但是帧速率不是越高越好，科学研究显示，肉眼的极限是55fps。通常情况下25fps比较合适，如果要更好地表现慢动作，可以适当地提高帧速率。

1.2 常用的多媒体格式

After Effects之所以是广大后期制作者青睐的后期软件，原因之一就是After Effects支持很多种格式的文件，主要包括4大类，分别是图形、图像、音频和视频。

1.2.1 图形

After Effects支持的矢量图形格式如下。

AI：Adobe Illustrator 的文件格式，是一种矢量图形格式，可任意缩放而不损失图像质量。

WMF：Windows图元文件格式，图像矢量文件格式。

DXF：是AutoCAD软件的图像文件格式，也是矢量图文格式，可任意缩放而无损质量。

EPS：包含矢量和位图图形，几乎支持所有的图形和页面排版程序，主要应用于程序间传输。

1.2.2 图像

After Effects支持的图像格式如下。

JPEG：是采用静止图像压缩编码技术的图像文件格式，是目前网络上应用最广的图像格式，支持不同程度的压缩比。

BMP：是Windows操作系统的画笔所使用的图像格式，现在已被多种图像处理软件所支持和使用。它是一种位图格式，分为单色、16色、256真彩色及24位真彩色等。

GIF：是CompuServe公司开发的存储8位图像的文件格式，支持透明背景，采用无失真压缩技术，多用于网页制作和网络传输。

PNG：是GIF的免专利替代品开发的可移植网络图形格式，可用于万维网上无损压缩和显示图像，可以支持24位图像，并且产生的透明背景没有锯齿边缘。PNG格式支持一个带Alpha通道的RGB灰度模式和不带通道的位图、索引颜色模式。

PSD：是Photoshop的图像格式，可以保存制作过程中各图层的图像信息，越来越多的图像开始支持这种文件格式。

FLM：是Premiere输出的一种图像格式，Premiere将视频片段输出成序列帧图像，每帧的左下角为时间码（以SMPTE时间编码为标准显示），右下角为帧编号，可以在Photoshop中对其进行处理。

TGA：是由Truevision公司开发，用来存储彩色图像的文件格式，主要用于计算机向电视格式的转换。该格式被国际上的图形、图像工业广泛应用，成为数字化图像以及光线跟踪等应用程序的常用格式。

TIFF：是Aduls和Microsoft公司为扫描仪和台式计算机出版软件开发的图像文件格式。它定义了黑白图像、灰度图像和彩色图像的存储格式。

1.2.3 音频

After Effects支持的音频格式如下。

MID：数字合成音乐文件格式，具有文件小和易编辑的特点。

WAV：微软推出的音频文件格式，该格式的质量非常高，和CD效果相差无几，因此占用的空间也很大。

MP3：MPEG标准中的音频格式，具有文件小和音质好的特点。

WMA：一种压缩率高、音质好、防拷贝的音频格式。

Real Audio：Progressive Network公司推出的文件格式，具有文件压缩比大、音质高和便于网络传输的特点。

AIF：Apple公司和SGI公司推出的声音文件格式，可使用Quick Time打开。

1.2.4 视频

After Effects支持的视频格式如下。

AVI：由Microsoft制定的PC标准视频格式。

MPEG：运动图像压缩算法的国际标准，几乎所有的计算机平台都支持，其衍生出的格式非常多。

MOV：Macintosh计算机上的标准视频格式，可以用Quick Time打开。

RM：Real Networks公司开发的视频文件格式，其特点是在数据传输过程中可以边下载边播放，实时性比较强，在Internet上有广泛应用。

RMVB：一种由RM格式升级延伸出的新格式，具有质量好和文件小的特点。

ASF：由Microsoft公司推出的在Internet上实时播放的多媒体影像技术标准。

FLC：Autodesk公司的动画文件格式，它是一个8位动画文件，每一帧都是GIF图像。

1.3 After Effects简介

After Effects缩写为“AE”，是Adobe公司推出的一款层级式的图形视频处理软件。与NUKE、Fusion、Shake 等节点式后期制作软件相比，AE具有操作简单、支持多种文件格式和特效插件繁多等优点，常常用于影视动画、栏目包装和商业广告等领域。The Girl With the Dragon Tattoo（龙纹身的女孩）、The Social Network（社交网络）和Avatar（阿凡达）等影视作品中均使用了AE参与制作，影视作品效果如图1-4~图1-7所示。

图1-4

图1-5

图1-6

图1-7

1.4 影视后期制作的流程

在任何一个行业中，都需要一个完善的工作流程来引导项目的制作。在影视后期制作中，可以用到的软件有很多，例如NUKE、Fusion、Shake、Autodesk Combustion以及本书介绍的After Effects。After Effects中的合成可以看作一个“盘子”，而我们的目的是要制作出一个可口的“蛋糕”。在使用After Effects合成和制作特效时，一般会按照“添加素材→创建合成→制作特效→设置动画→输出视频”这一流程。用制作蛋糕来形容后期特效制作再形象不过了，我们可以将最基本的食材——素材，放在一个特殊的盘子——合成里，然后将这些食材按需求组合和加工，也可以加入一些特有秘方——效果，来为这块蛋糕锦上添花，最后送进烤箱经过一段时间的烘焙——渲染，最终完成自己的作品。

1.4.1 添加素材

After Effects需要的素材是多样化的，可以是一张图片，也可以是一段声音，还可以是多个视频，如图1-8所示。通过不同素材的搭配，可以制作出各种以假乱真、符合现实的特技效果。

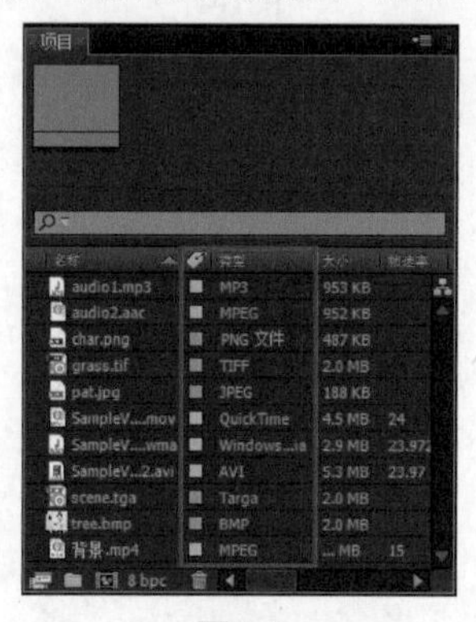

图1-8

1.4.2 创建合成

通过制作蛋糕的比喻，我们可以清楚地看出，合成就是一个容器，而容器的规格决定了最终的效果，因此创建一个合适的合成非常重要。After Effects的【图像合成设置】对话框如图1-9所示。

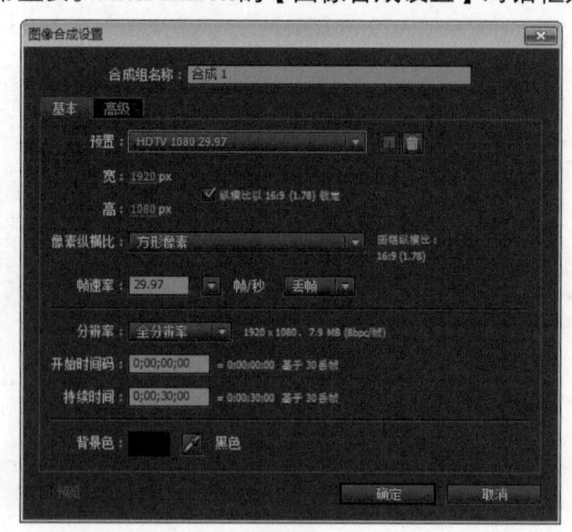

图1-9

1.4.3 制作特效

After Effects CS6包含了很多效果，这些效果为制作特效提供了强有力的保障。另外还有第三方插件的不断更新，使得After Effects在特效制作方面如虎添翼，在后期行业当中占据重要地位。添加效果后的画面如图1-10所示。

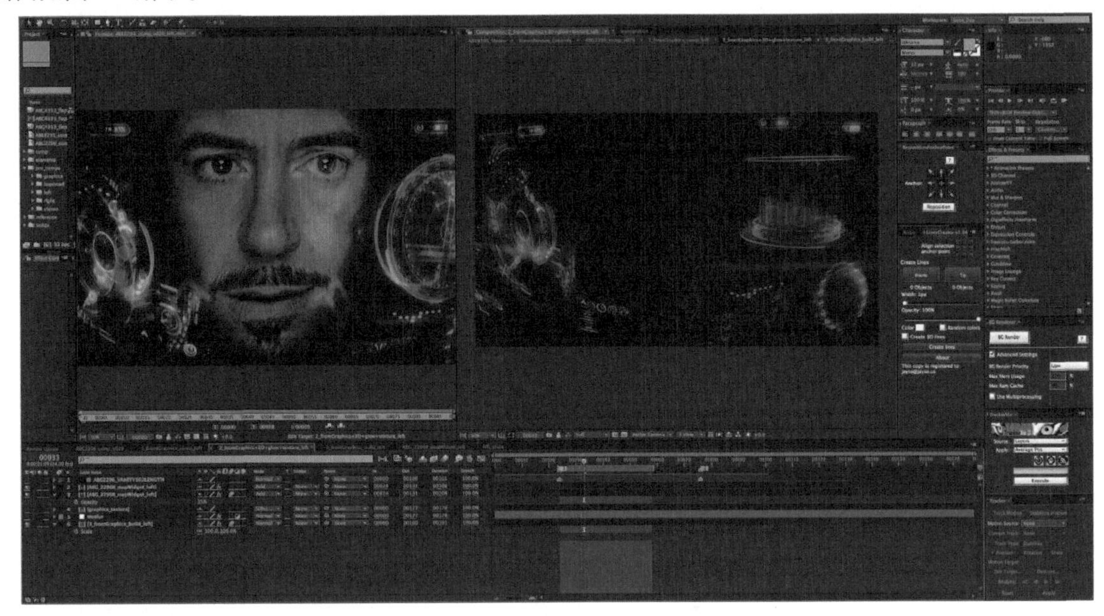

图1-10

1.4.4 设置动画

大多数情况下，特效效果是一个静止的画面，这时就需要设置相关参数的关键帧，从而驱使整个画面运动起来，才能达到动态的特技效果。图1-11和图1-12所示的是不同时间的效果画面。

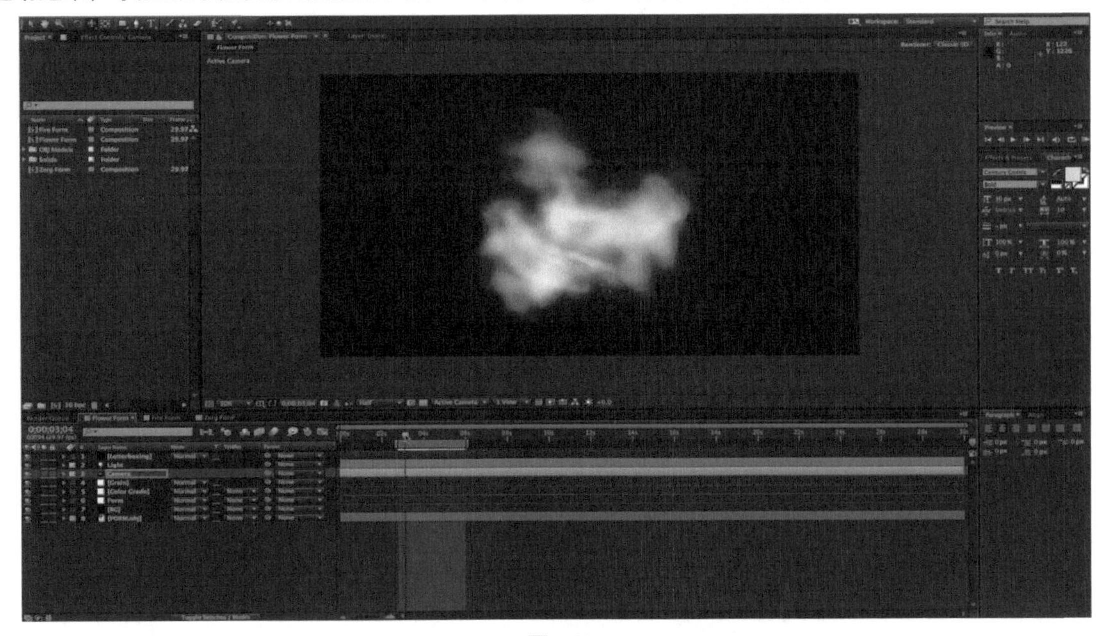

图1-11

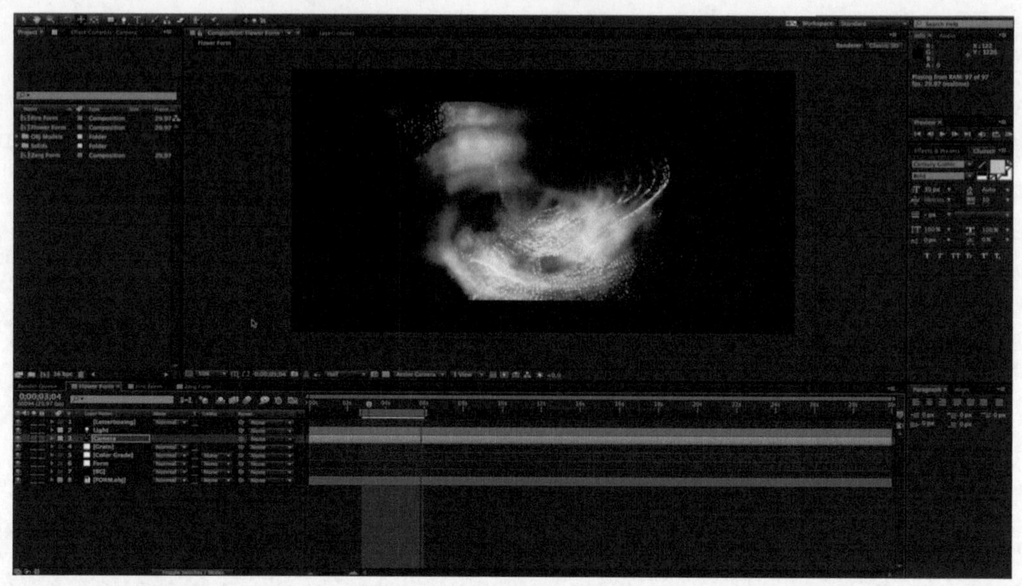

图1-12

1.4.5 输出视频

输出视频是制作特效与合成的最后一个环节，所有的努力将会在完成输出之后看见回报。这个过程不能掉以轻心，我们需要对项目的输出进行合理的设置，才能高效率、高质量地完成项目，因为一个参数的微小变化，可能会对渲染的时间和质量造成严重的影响。After Effects的渲染设置对话框和渲染队列面板如图1-13和图1-14所示。

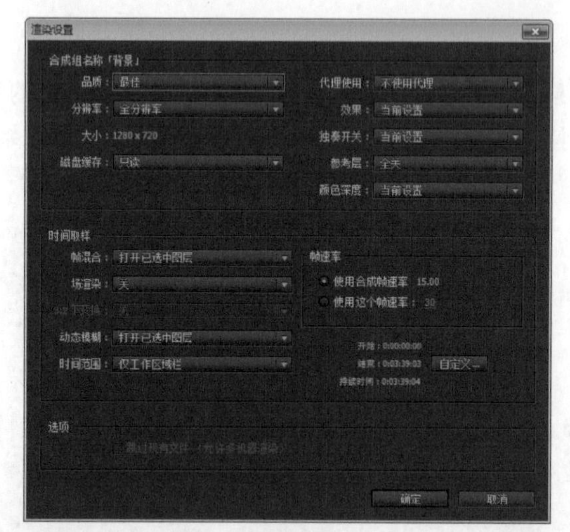

图1-13

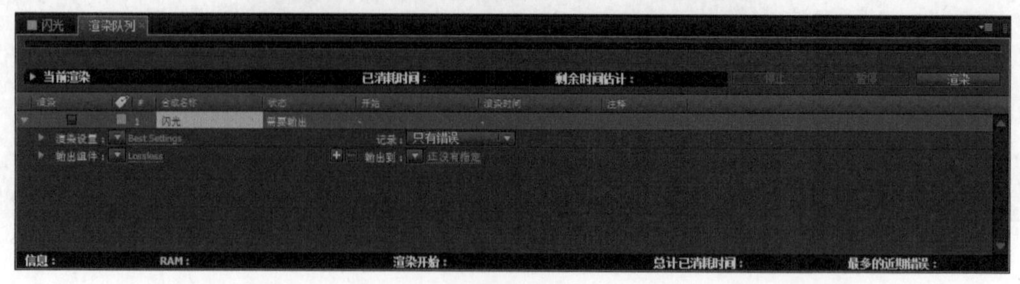

图1-14

1.5 了解After Effects CS6的界面

After Effects CS6的工作界面主要由标题栏、菜单栏、Tool（工具）面板、Composition（合成）面板、Project（项目）面板、Timeline（时间轴）面板和其他工具面板组成，如图1-15所示。

图1-15

常用工具面板介绍

菜单栏：集合了软件当中的所有命令，包含File（文件）、Edit（编辑）、Composition（合成）、Layer（图层）、Effect（特效）、Animation（动画）、View（视图）、Window（窗口）和Help（帮助）菜单。

Tool（工具）面板：集合了软件中使用频率较高的工具，包括Selection Tool（选择）、Rotation Tool（旋转工具）、Rectangle Tool（矩形遮罩工具）、Brush Tool（画笔工具）和Roto Brush Tool（Roto刷工具）等。

Project（项目）面板：管理项目文件中的素材和合成。

Composition（合成）面板：显示和编辑素材。

Timeline（时间轴）面板：分为两部分，左边用来管理和编辑图层，而右边用来控制时间和关键帧动画。

其他工具面板：After Effects中还有很多面板未显示，多数面板会在界面右侧显示。

1.6 调整After Effects CS6的界面布局

After Effects CS6中的面板比较灵活，用户可以自由调整界面布局，以满足个人的特殊需要。另外，After Effects CS6还提供了9种预设好的界面，用户可以在Workspace（工作区）后面的下拉菜单中直接调用，这样可以快速调整After Effects的界面，同时还可以将自定义的界面保存在下拉菜单中，以便用户随时使用。

1.6.1 调整面板外观

将光标移动至Project（项目）面板顶部的标题区域，然后按住鼠标左键并拖曳至Composition（合成）面板区域的顶部，如图1-16所示。当出现矩形蓝色色条后松开鼠标，Project（项目）面板就被放置在Composition（合成）面板区域，以选项卡的形式排列，如图1-17所示。

图1-16

图1-17

将光标移动至Project（项目）面板顶部的标题区域，然后按住鼠标左键并拖曳至Composition（合成）面板区域的顶部，如图1-18所示。当出现梯形蓝色色条后松开鼠标后，Project（项目）面板就被放置在Composition（合成）面板区域的上半部分，如图1-19所示。

图1-18

图1-19

将光标移动至Project（项目）面板顶部的标题区域，然后按住鼠标左键并拖曳至Composition（合成）面板区域的右侧，如图1-20所示。当出现梯形蓝色色条后松开鼠标后，Project（项目）面板就被放置在Composition（合成）面板区域的左半部分，如图1-21所示。

图1-20

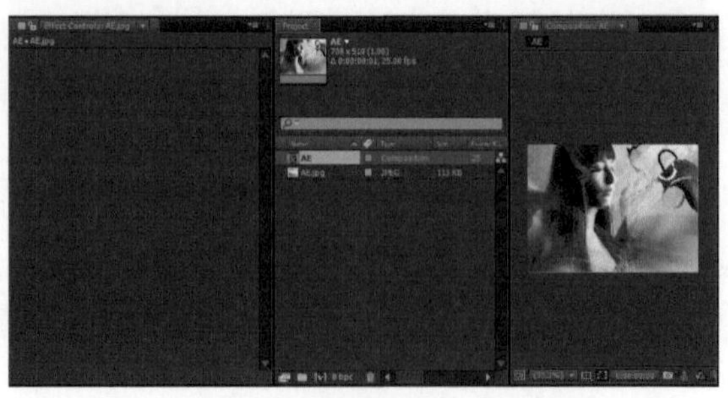

图1-21

将光标移动至Project（项目）面板和Composition（合成）面板之间，使光标变为▮状，如图1-22所示。按住鼠标左键并向右拖曳，Project（项目）面板和Composition（合成）面板的大小随之发生改变，如图1-23所示。

图1-22

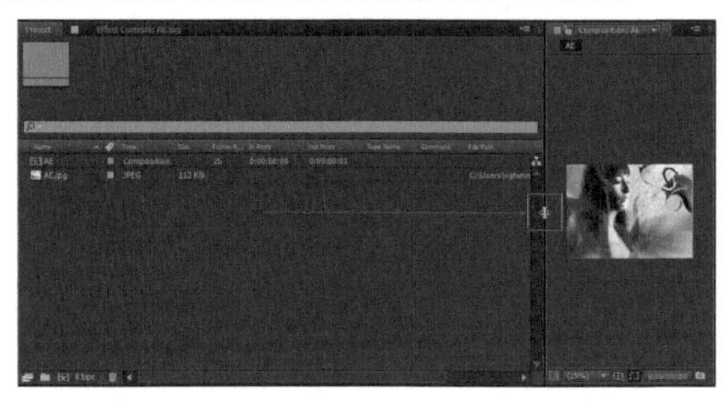

图1-23

将光标移动至Composition（合成）、Preview（预览）和Effects & Presets（效果和预设）面板之间，使光标变为▮状，如图1-24所示。按住鼠标左键并向左下角拖曳，Composition（合成）、Preview（预览）和Effects & Presets（效果和预设）面板的大小随之发生改变，如图1-25所示。

图1-24

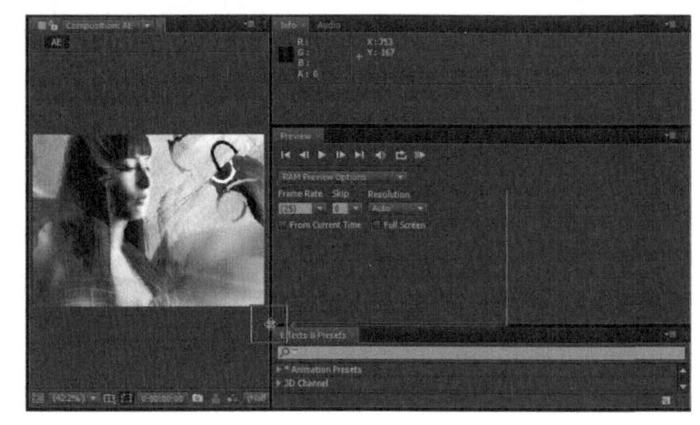

图1-25

1.6.2 调用预设面板

在After Effects中很多面板默认情况下是不显示的，用户可以在Window（窗口）菜单中执行命令，以隐藏和显示相关的面板，如图1-26所示。这样既可以保持界面的简洁以保持舒适的操作度，也方便用户快速地调整需要的面板。

展开Workspace（工作区）下拉菜单，然后选择Paint（绘画）选项（如图1-27所示），可切换到After Effects预设的界面，效果如图1-28所示。

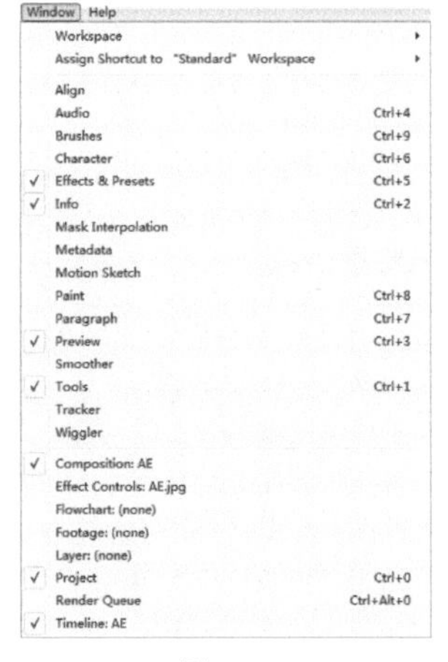

图1-26

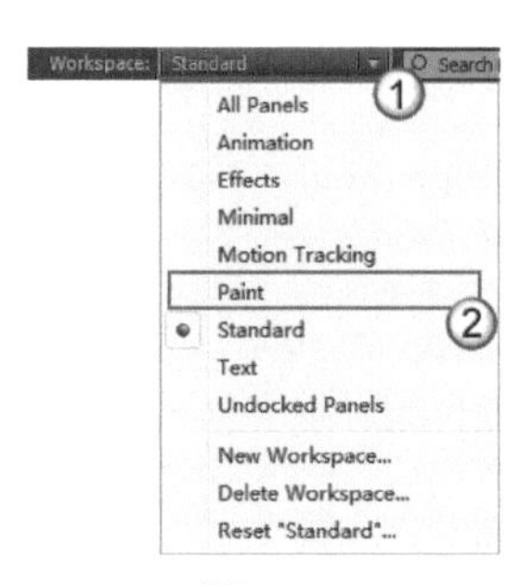

图1-27

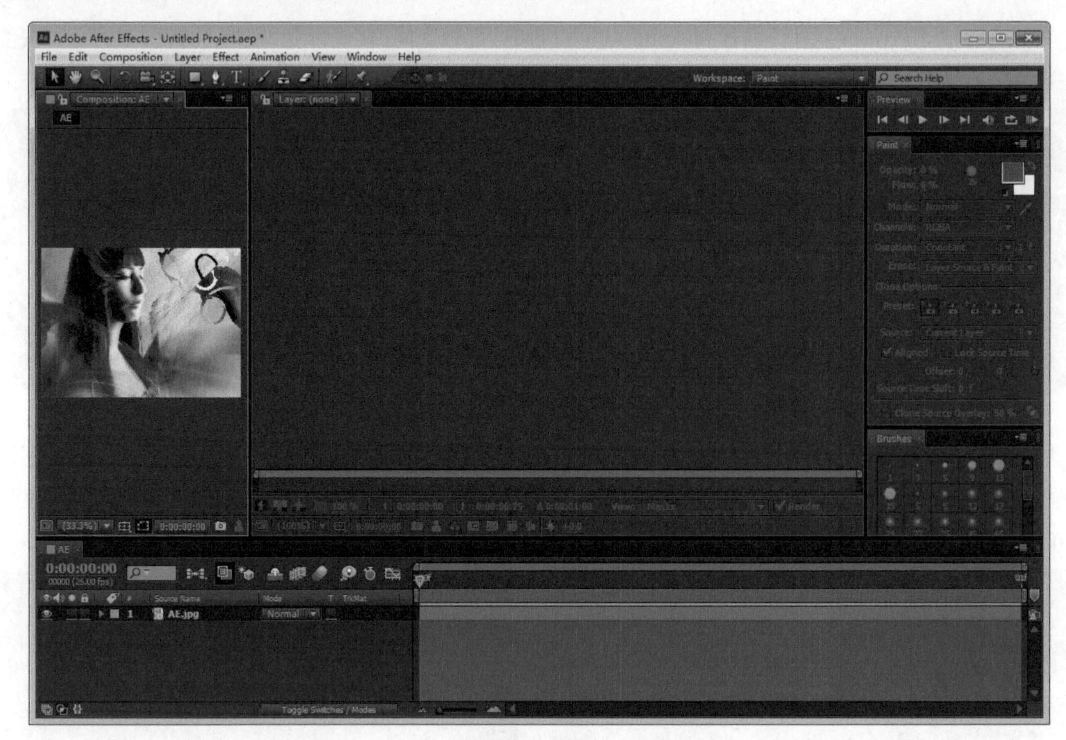

图1-28

用户可根据需要，切换到不同的界面，以提高制作效率，也可以根据喜好，设置适合自己的工作界面，然后将自定义界面保存，日后可以随时调用。

合成与动画 02

After Effects是Adobe公司推出的一款后期特效合成软件，其操作方式与Photoshop非常类似。俗话说，不打无准备之仗，因此在学习制作特效和合成前，要先了解After Effects中图层的类型、图层的属性及图层的混合模式等内容。本章主要介绍创建项目、设置混合模式、制作动画和输出视频等内容。通过对本章的学习，读者可掌握合成和动画的制作方法。

2.1 创建项目

项目是After Effects中最基本的文件，所有的内容都会被保存在项目中。一个项目可以有多个合成和素材，也可以导入其他项目文件。执行File（文件）>New（新建）>New Project（新建项目）命令，可以新建项目文件，如图2-1所示。

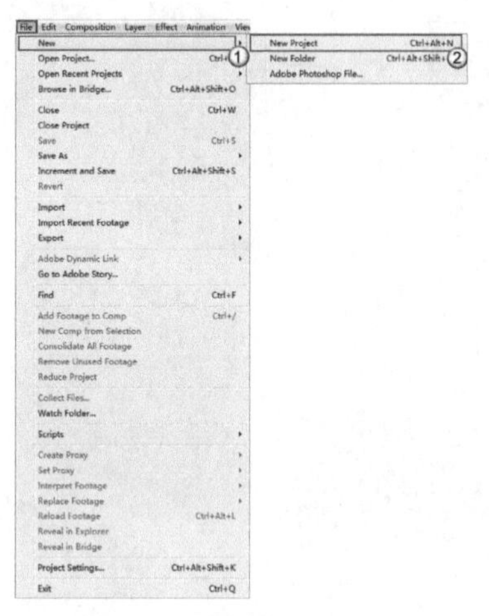

图2-1

2.1.1 新建合成

单击Composition（合成）菜单下的New Composition（新建合成）命令，可以新建一个合成，如图2-2所示。

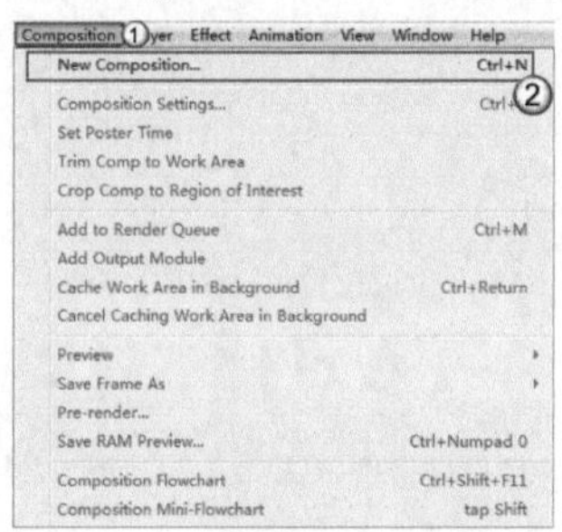

图2-2

技巧与提示

在Project（项目）面板中单击鼠标右键，然后选择New Composition（新建合成）命令也可以新建合成，如图2-3所示。

还可以单击Project（项目）面板中的Create a new Composition（创建一个新合成）按钮，来新建合成，如图2-4所示。

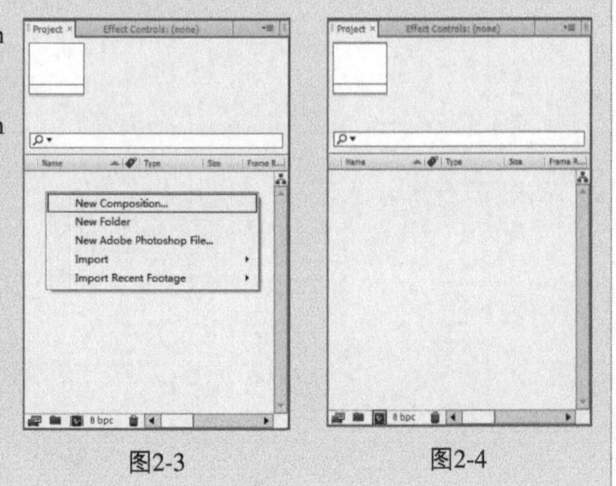

图2-3　图2-4

在打开的Composition Settings（合成设置）对话框中，输入Composition Name（合成名称）为Comp1，然后设置Width（宽度）为2 500px、Height（高度）为1 662px、Duration（持续时间）为1帧，单击OK（确定）按钮 OK 完成创建，如图2-5所示。

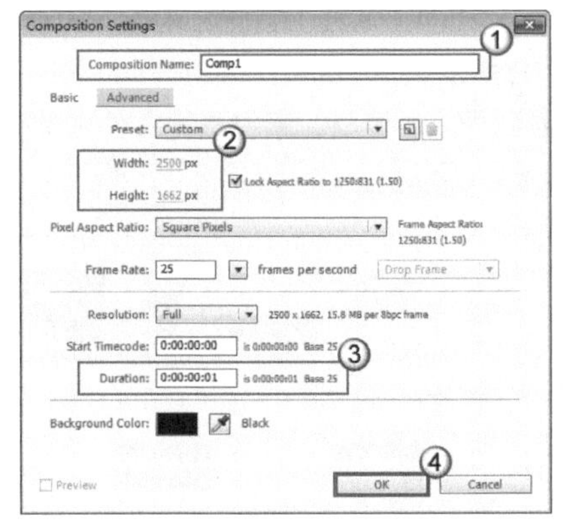

图2-5

在Project（项目）面板中可以看到新建的Comp1合成，在Composition（合成）面板中出现黑色的画面，如图2-6所示。

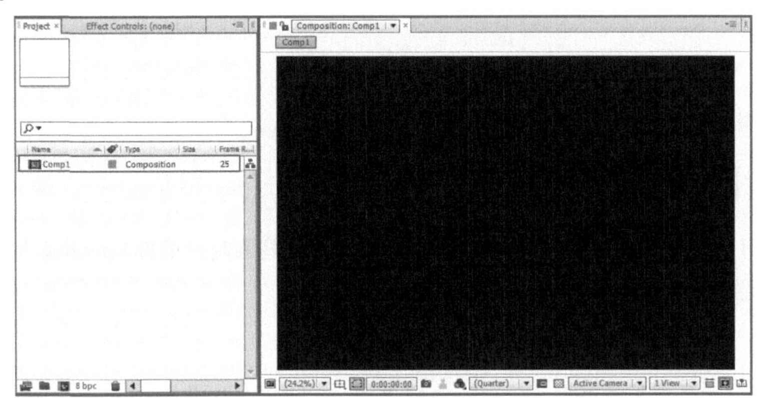

图2-6

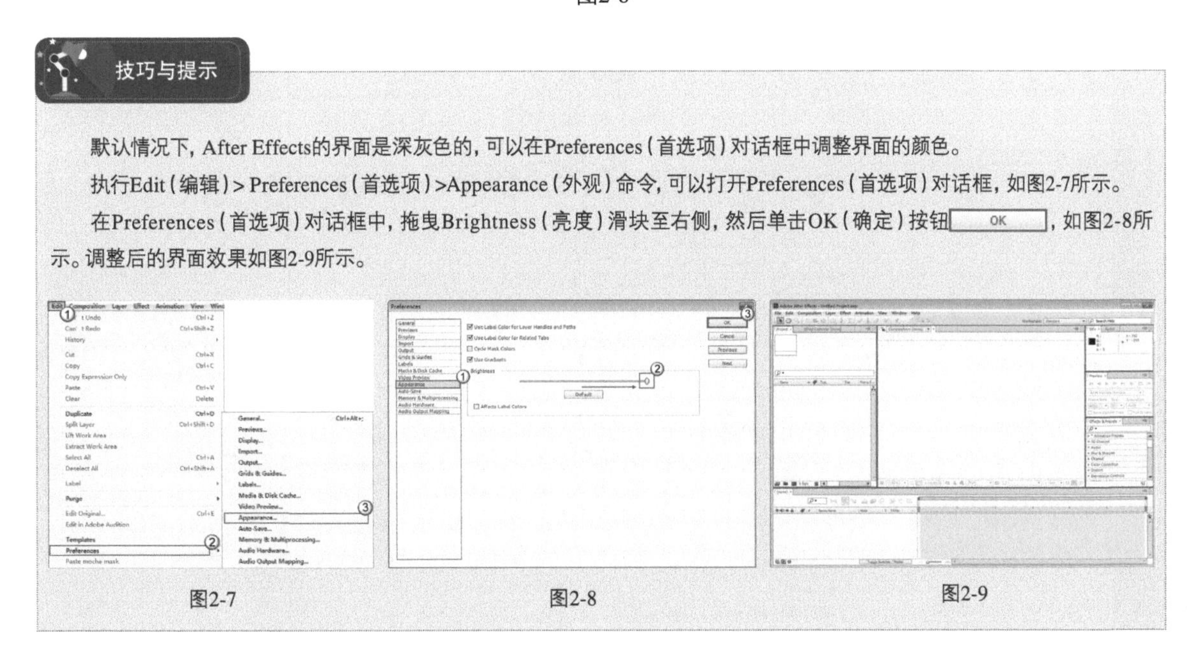

技巧与提示

默认情况下，After Effects的界面是深灰色的，可以在Preferences（首选项）对话框中调整界面的颜色。

执行Edit（编辑）> Preferences（首选项）>Appearance（外观）命令，可以打开Preferences（首选项）对话框，如图2-7所示。

在Preferences（首选项）对话框中，拖曳Brightness（亮度）滑块至右侧，然后单击OK（确定）按钮 OK ，如图2-8所示。调整后的界面效果如图2-9所示。

图2-7　　图2-8　　图2-9

2.1.2 导入素材

创建完合成后，可以将After Effects CS6支持的多媒体素材导入到项目文件中。

执行File（文件）>Import（导入）>File（文件）命令，如图2-10所示，然后选择要导入的素材文件，单击“打开”按钮，如图2-11所示。

在Project（项目）面板中可以看到导入的素材，素材根据文件名首个字母自动排列，如图2-12所示。

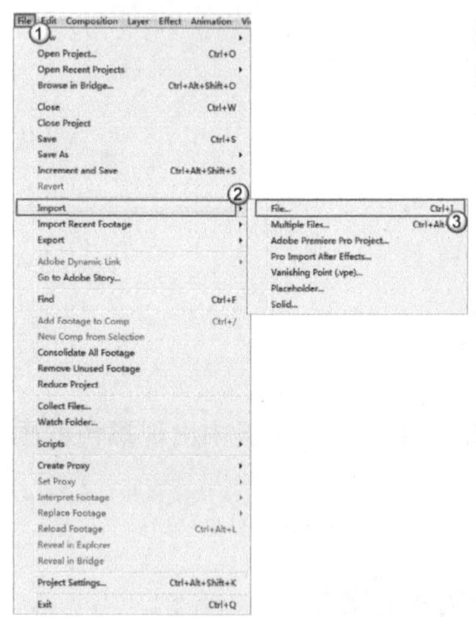

图2-10

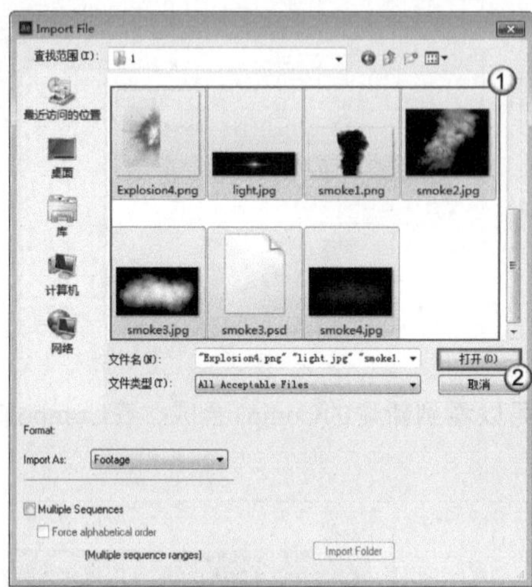

图2-11

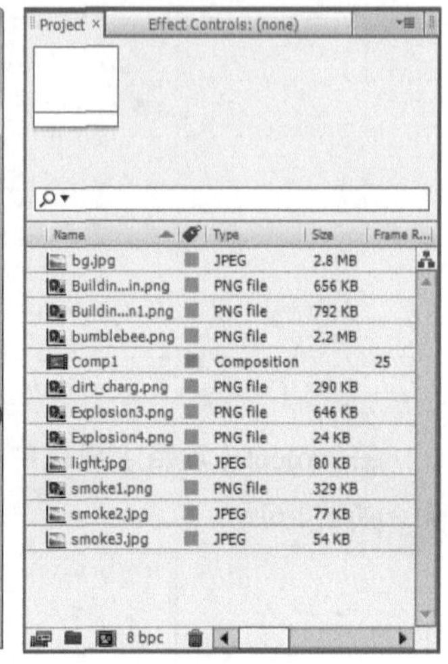

图2-12

2.1.3 编辑图层

Project（项目）面板中的素材文件并不能直接编辑，需要将素材拖曳到Timeline（时间轴）面板中生成图层，通过对图层的编辑来制作特效。

1.图层的类型

After Effects的图层有很多种类型，执行Layer（图层）>New（新建）命令，在其子菜单下可以新建不同类型的图层，如图2-13所示。

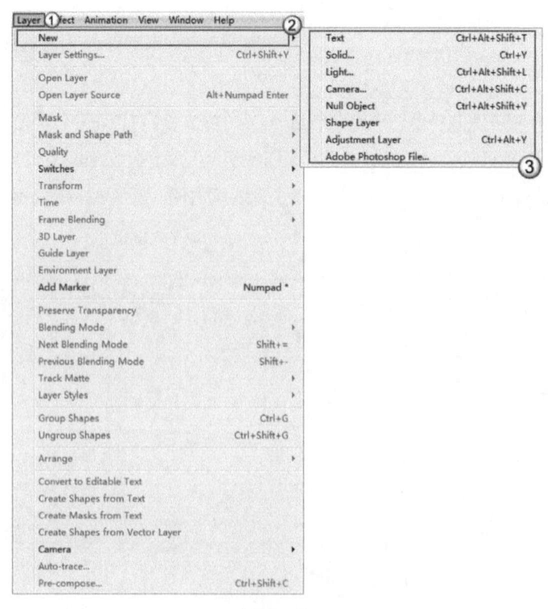

图2-13

在After Effects中，常用的图层类型有以下9种。

第1种：素材图层。将导入的素材直接拖曳到Timeline（时间轴）面板，生成的图层就是最基本的素材图层，如图2-14所示。

第2种：合成嵌套。在一个合成当中可以添加其他合成，组成一个新的合成，如图2-15所示。

第3种：Text（文字）图层。此图层用来制作文字的图层，通过添加效果，可以制作出绚丽的文字特效，如图2-16所示。

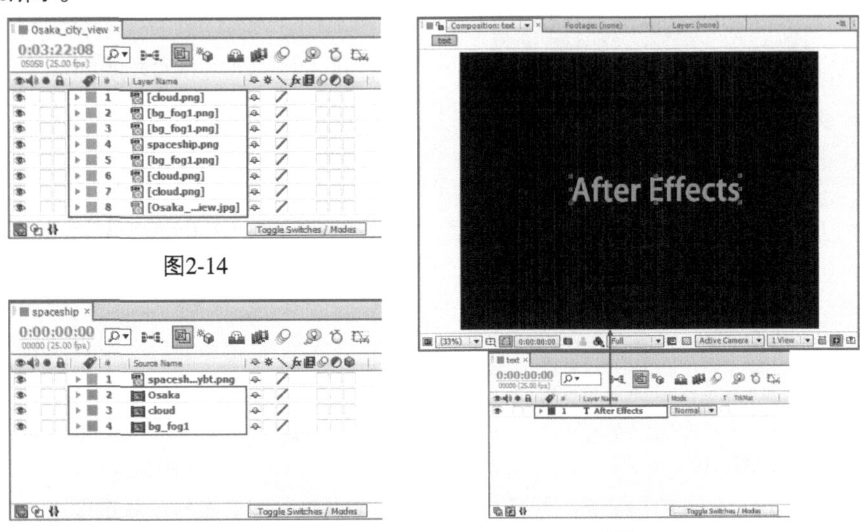

图2-14

图2-15

图2-16

第4种：Solid（固态）图层。一种单一颜色的图层，可将该图层看作一张纸，将多个具有效果的Solid（固态）图层组合成复杂的特效，如图2-17所示。

第5种：Camera（摄像机）图层。创建一个摄像机，使合成具有三维效果，如图2-18所示。

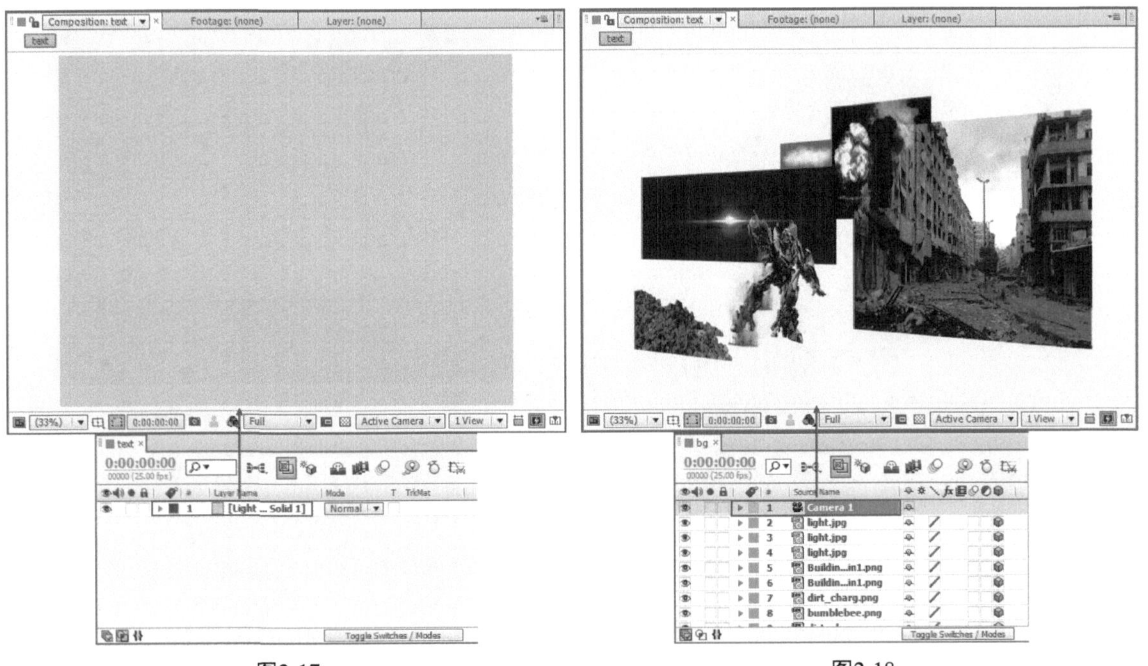

图2-17

图2-18

第6种：Light（灯光）图层。为三维图层提供照明，以模拟真实的灯光效果，如图2-19所示。

第7种：Shape （形状）图层。在使用Rectangle Tool（矩形工具）和Pen Tool（钢笔工具）等工具绘制遮罩时，会自动创建Shape（形状）图层，如图2-20所示。

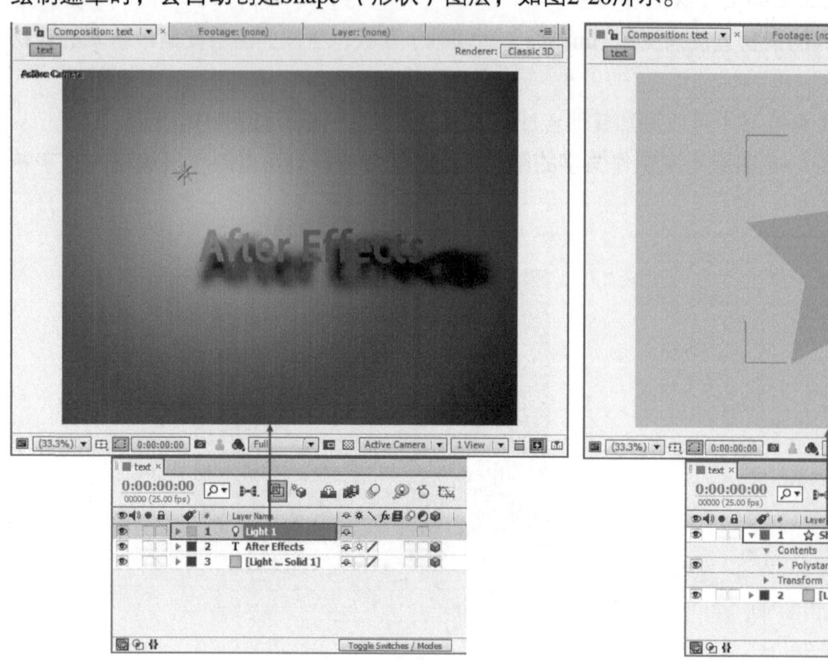

图2-19

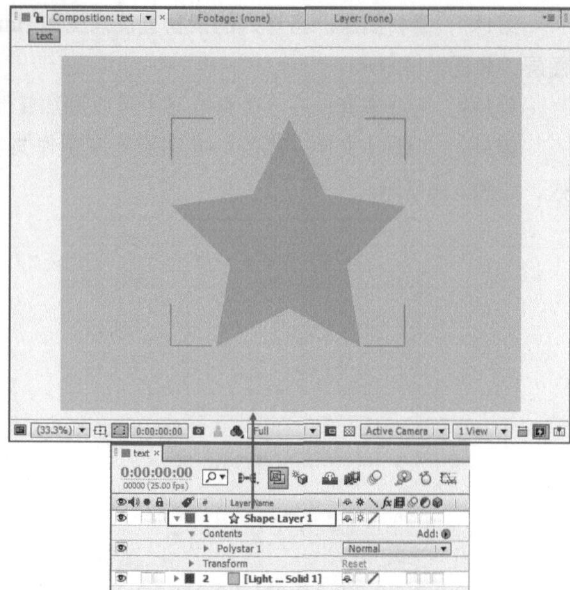

图2-20

第8种：Adjustment（调整）图层。可将Adjustment（调整）图层看作一张透明纸，对其添加特效后，会影响下级图层的效果，如图2-21所示。

第9种：Null Object（空对象）图层。关联到其他图层后，修改Null Object（空对象）的属性，可影响与其关联的图层，该图层常关联到Camera（摄像机）图层，如图2-22所示。

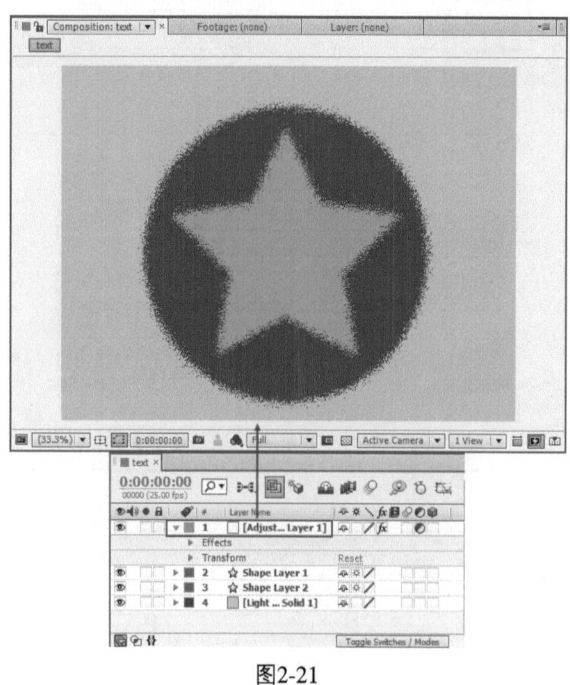

图2-21

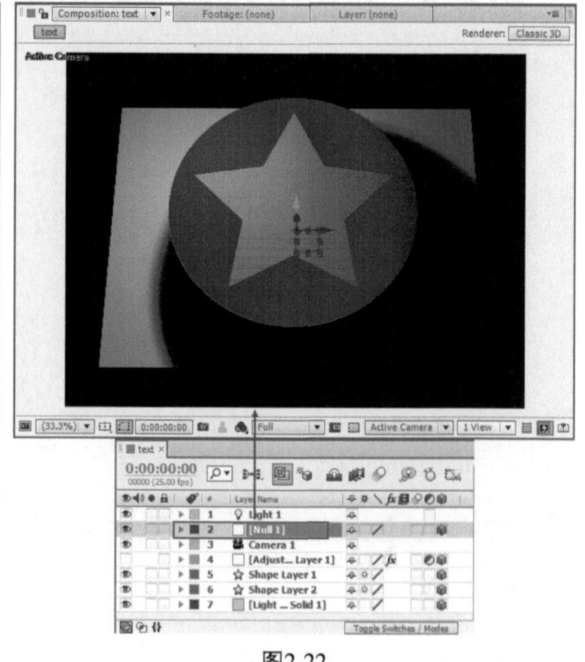

图2-22

2.设置图层属性

不同类型的图层，包含了不同的属性，通过单击图层名前面的三角按钮，可以展开属性栏，如图2-23所示。

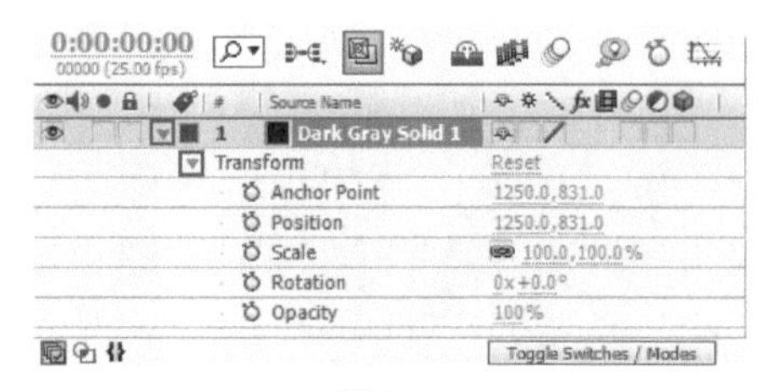

图2-23

属性栏属性介绍

Anchor Point（锚点）：中心点，Position（位置）、Scale（缩放）、Rotation（旋转）等属性都是基于Anchor Point（锚点）对图层产生作用，快捷键为A。

Position（位置）：对图层的位置产生作用，快捷键为P。

Scale（缩放）：对图层的大小产生作用，比例约束功能使图层等比例缩放，快捷键为S。

Rotation（旋转）：对图层的旋转产生作用，快捷键为R。

Opacity（不透明度）：对图层的不透明度产生作用，快捷键为T。

选择bg.jpg文件，然后按住鼠标左键并将其拖曳到Timeline（时间轴）面板左侧的空白处，如图2-24所示。

松开鼠标后，可以看到在Timeline（时间轴）面板中有一个名为bg.jpg的图层，Composition（合成）面板也会显示bg.jpg文件中的内容，如图2-25所示。

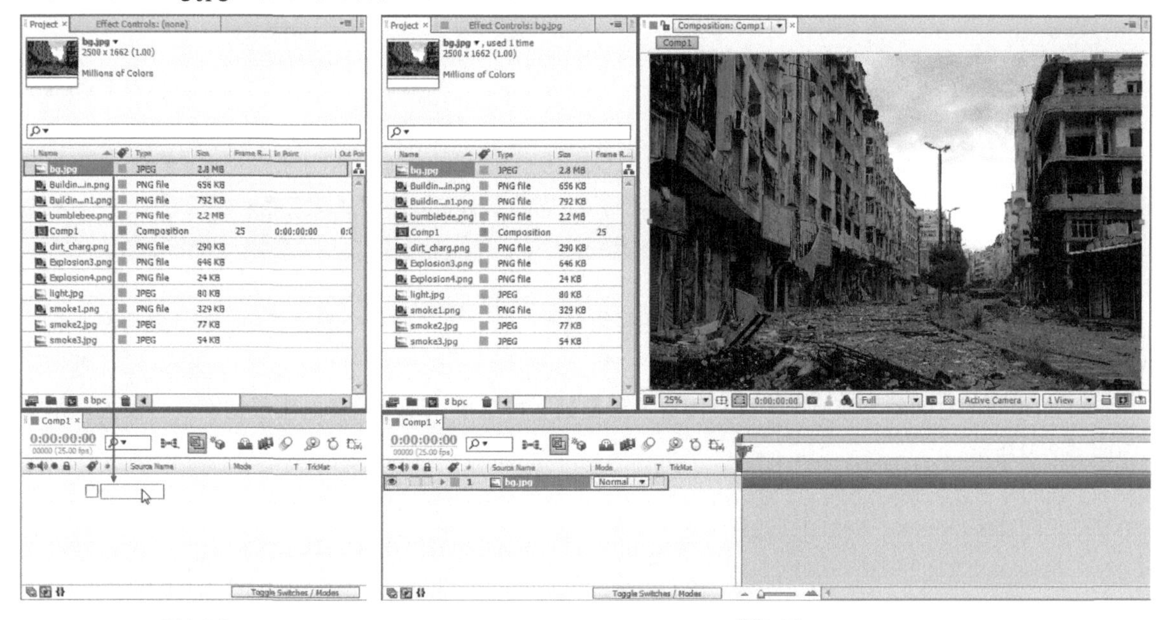

图2-24　　图2-25

将bumblebee.png文件拖曳到Timeline（时间轴）面板中，然后将bumblebee.png图层拖曳至顶层，在Composition（合成）面板中可以看到“大黄蜂”在背景的前面，如图2-26所示。由此可知图层的上下顺序，决定了图像排列的前后顺序。

单击bumblebee.png图层名字前面的三角按钮，展开图层的属性栏，单击Scale（缩放）属性后面的蓝色字样，然后输入50，即可将bumblebee.png图层缩小50%，如图2-27所示。

在工具栏中，选择Selection Tool（选择工具），在Composition（合成）面板中，选择bumblebee.png图层，按住鼠标左键并向下拖曳，可移动图层，如图2-28所示。

在Timeline（时间轴）面板里中，可以看到bumblebee.png图层的Position（位置）属性由原来的（1250，831）变为（1338，1123），如图2-29所示。由此可见，随着图层发生变化，在属性栏中的属性也会相应发生变化。

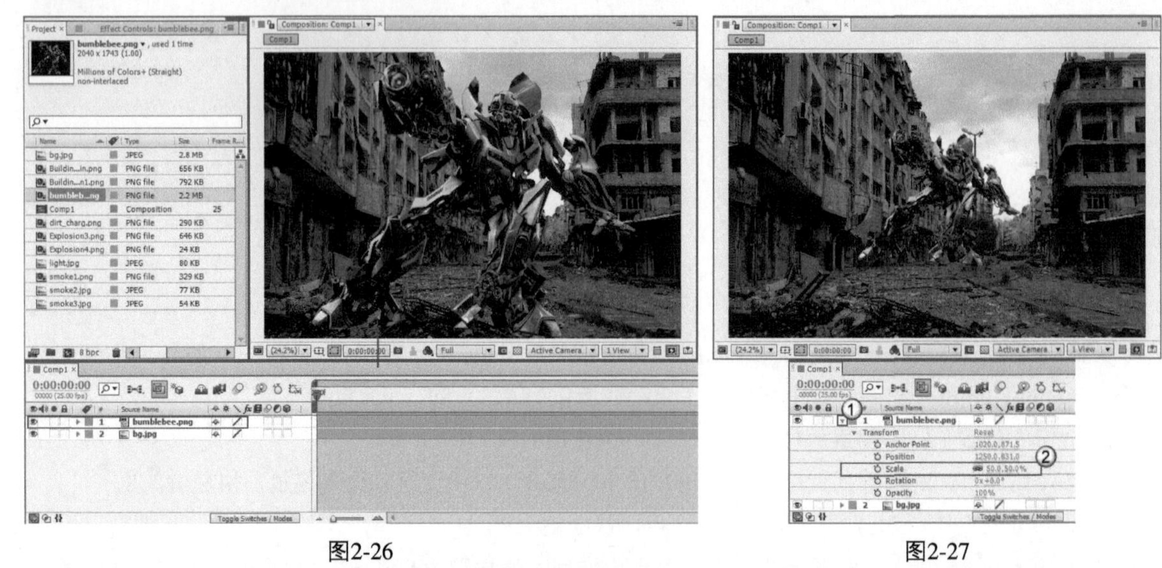

图2-26　　　　图2-27

图2-28

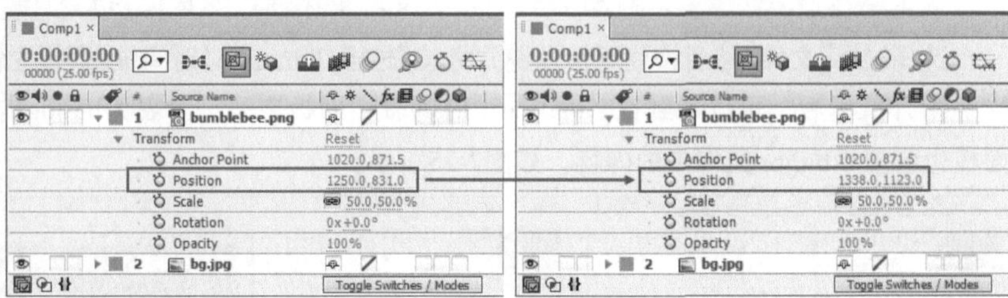

图2-29

2.2 设置混合模式

在实际的制作过程中，往往需要将大量的图层组合在一起，为了使各个图层更加协调地融合在一起，After Effects提供了大量的混合模式。

在Timeline（时间轴）面板中，展开图层名后面的下拉菜单，可为选择的图层切换混合模式，如图2-30和图2-31所示。

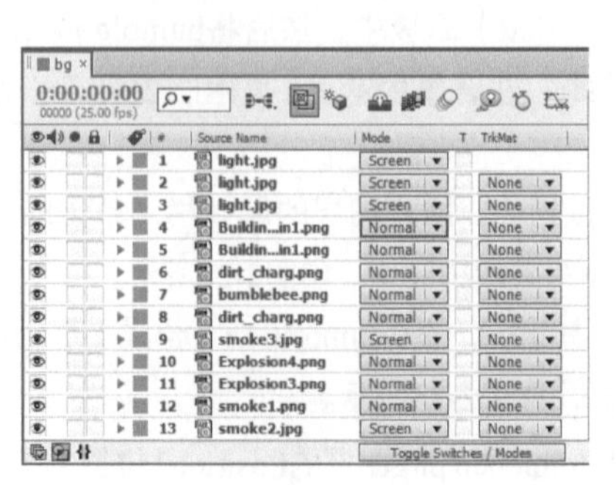

图2-30

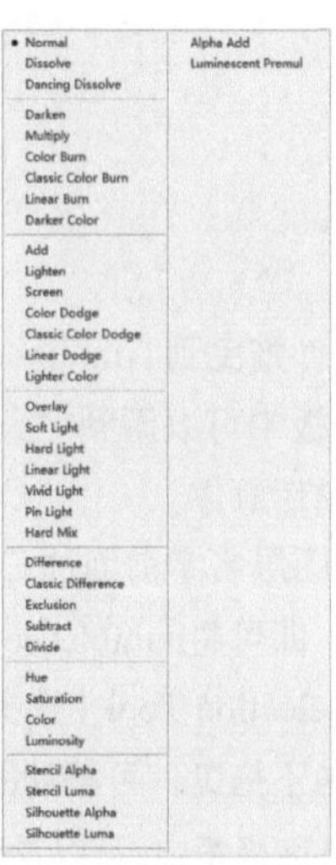

图2-31

技巧与提示

如果在Timeline（时间轴）面板中没有混合模式下拉菜单，可以单击Expand or Collapse the Transform Controls pane（展开或折叠“转换控制”窗格）按钮或Toggle Switches/Modes（切换开关/模式）按钮 Toggle Switches / Modes 来显示该菜单，如图2-32所示。

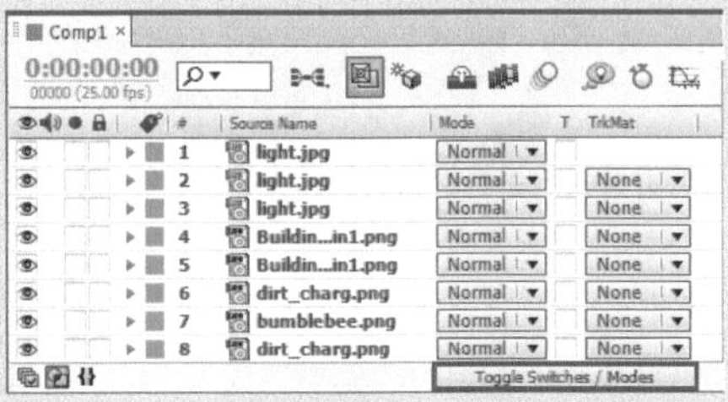

图2-32

在Timeline（时间轴）面板中，按快捷键F4也可以显示混合模式下拉菜单。

根据混合模式结果之间的相似性，After Effects将混合模式菜单细分为8个类别，分别是“正常”“减少”“添加”“复杂”“差异”“HSL”“遮罩”和“实用工具”类别。类别名称不显示在界面中，只是通过菜单中的分隔线来分隔。下面以图2-33和图2-34来演示各个混合模式的效果。

图2-33

图2-34

2.2.1 正常类别

“正常”类别包括Normal（正常）、Dissolve（溶解）和Dancing Dissolve（动态抖动溶解）3种混合模式。如果没有透明度的影响，那么该类别的混合模式产生最终效果的颜色不会受底层像素颜色的影响。

1. Normal（正常）模式

Normal（正常）模式是After Effects 中的默认模式，当图层的不透明度为100%时，合成将根据Alpha通道正常显示当前图层，并且不受其他层的影响，如图2-35所示。当图层的不透明度小于100%时，当前图层的每个像素点的颜色将受到下一层（图层）的影响。

图2-35

2. Dissolve（溶解）模式

在图层有羽化效果或不透明度小于100%时， Dissolve（溶解）模式才起作用。Dissolve（溶解）模式是在当前图层选取部分像素，然后采用随机颗粒图案的方式用下一层图层的像素来取代，当前图层的不透明度越低，溶解效果越明显，如图2-36所示。

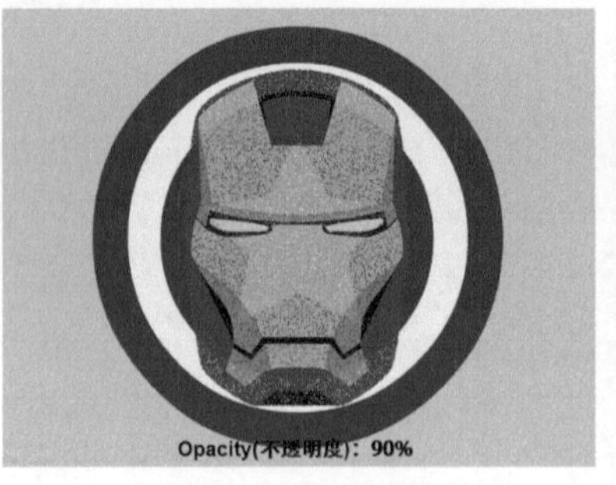

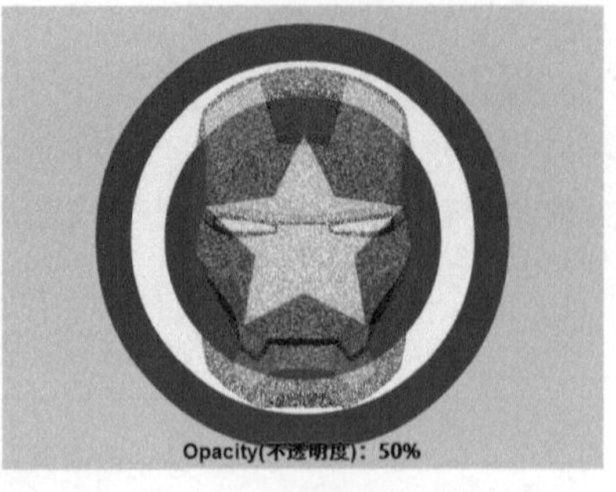

图2-36

3. Dancing Dissolve（动态抖动溶解）模式

Dancing Dissolve（动态抖动溶解）模式和Dissolve（溶解）模式的原理相似，但是Dancing Dissolve（动态抖动溶解）模式产生的效果随机发生变化，如图2-37所示。

图2-37

2.2.2 减少类别

“减少”类别包括Darken（变暗）、Multiply（相乘）、Color Burn（颜色加深）、Classic Color Burn（经典颜色加深）、Linear Burn（线性加深）和Darker Color（较深的颜色）6种混合模式，该类别的混合模式都可以使图像的整体效果变暗。

1. Darken（变暗）模式

Darken（变暗）模式是通过比较当前图层和底图层的颜色亮度来保留较暗的颜色部分。比如一个全黑的图层与任何图层的变暗混合效果都是全黑的，而白色图层和任何图层的变暗混合效果都是透明的，如图2-38所示。

2. Multiply（相乘）模式

Multiply（相乘）模式是一种减色模式，它将基本色与混合色相乘，形成一种光线透过两张混合在一起的幻灯片的效果。任何颜色与黑色相乘都将产生黑色，与白色相乘将保持不变，而与中间的亮度颜色相乘可以得到一种更暗的效果，如图2-39所示。

图2-38

图2-39

3. Color Burn（颜色加深）模式

Color Burn（颜色加深）模式是通过增加对比度来使颜色变暗，如果混合色为白色，则不产生变化，如图2-40所示。

图2-40

4. Classic Color Burn（经典颜色加深）模式

Classic Color Burn（经典颜色加深）模式是通过增加对比度来使颜色变暗，以反映混合色，它要优于Color Burn（颜色加深）模式，如图2-41所示。

图2-41

5. Linear Burn（线性加深）模式

Linear Burn（线性加深）模式是比较基色和叠加色的颜色信息，通过降低基色的亮度来反映混合色，该模式与黑色混合不发生变化，如图2-42所示。

图2-42

6. Darker Color（较深的颜色）模式

Darker Color（较深的颜色）模式与Darken（变暗）模式的效果相似，不同的是该模式不对单独的颜色通道起作用，如图2-43所示。

图2-43

2.2.3 添加类别

“添加”类别包括Add（相加）、Lighten（变亮）、Screen（屏幕）、Color Dodge（颜色减淡）、Classic Color Dodge（经典颜色减淡）、Linear Dodge（线性减淡）和Lighter Color（较浅的颜色）7种混合模式，该类别的混合模式都可以使图像的整体效果变亮。

1. Add（相加）模式

Add（相加）模式是将上下层对应的像素进行加法运算，可以使画面变亮，如图2-44所示。

图2-44

2. Lighten（变亮）模式

Lighten（变亮）模式与Darken（变暗）模式相反，它可以查看每个通道中的颜色信息，并选择基色和混合色中较亮的颜色作为结果色，如图2-45所示。

图2-45

3. Screen（屏幕）模式

Screen（屏幕）模式是一种加色混合模式，可以将叠加色的互补色与基色相乘，以得到一种更亮的效果，如图2-46所示。

图2-46

4. Color Dodge（颜色减淡）模式

Color Dodge（颜色减淡）模式是通过减小对比度来使颜色变亮，以反映叠加色。如果混合色为白色，那么不发生变化，如图2-47所示。

图2-47

5. Classic Color Dodge（经典颜色减淡）模式

Classic Color Dodge（经典颜色减淡）模式是通过减小对比度来使颜色变亮，以反映叠加色，其效果要优于Color Dodge（颜色减淡）模式，如图2-48所示。

图2-48

6. Linear Dodge（线性减淡）模式

Linear Dodge（线性减淡）模式可以查看每个通道的颜色信息，并通过增加亮度来使基色变亮，以反映叠加色（如果与黑色叠加则不发生变化），如图2-49所示。

图2-49

7. Lighter Color（较浅的颜色）模式

Lighter Color（较浅的颜色）模式与Lighten（变亮）模式相似，略有区别的是该模式不对单独的颜色通道起作用，如图2-50所示。

图2-50

2.2.4 复杂类别

“复杂”类别包括Overlay（叠加）、Soft Light（柔光）、Hard Light（强光）、Linear Light（线性光）、Vivid Light（艳光）、Pin Light（点光）和Hard Mix（强光叠加）7种混合模式。在使用该类别的混合模式时，需要比较当前图层的颜色和底层的颜色亮度是否低于50%的灰度，然后根据不同的混合模式创建不同的叠加效果。

1. Overlay（叠加）模式

Overlay（叠加）模式可以增强图像的颜色，并保留底层图像的高光和暗调，如图2-51所示。Overlay（叠加）模式对中间色调的影响比较明显，对于高亮度区域和暗调区域的影响不大。

图2-51

2. Soft Light（柔光）模式

Soft Light（柔光）模式可以使颜色变亮或变暗（具体效果要取决于叠加色），这种效果与发散的聚光灯照在图像上很相似，如图2-52所示。

图2-52

3. Hard Light（强光）模式

使用Hard Light（强光）模式时，当前图层中比50%灰色亮的像素会使图像变亮；比50%灰色暗的像素会使图像变暗。这种模式产生的效果与耀眼的聚光灯照在图像上很相似，如图2-53所示。

图2-53

4. Linear Light（线性光）模式

Linear Light（线性光）模式可以通过减小或增大亮度来加深或减淡颜色，具体效果要取决于叠加色，如图2-54所示。

图2-54

5. Vivid Light（亮光）模式

Vivid Light（亮光）模式可以通过增大或减小对比度来加深或减淡颜色，具体效果要取决于叠加色，如图2-55所示。

6. Pin Light（点光）模式

Pin Light（点光）模式可以替换图像的颜色。如果当前图层中的像素比50%灰色亮，则替换暗的像素；如果当前图层中的像素比50%灰色暗，则替换亮的像素，这对于为图像添加特效非常有用，如图2-56所示。

图2-55

图2-56

7. Hard Mix（纯色混合）模式

在使用Hard Mix（纯色混合）模式时，如果当前图层中的像素比50%灰色亮，会使底层图像变亮；如果当前图层中的像素比50%灰色暗，则会使底层图像变暗。这种模式通常会使图像产生色调分离的效果，如图2-57所示。

图2-57

技巧与提示

在混合模式中，Overlay（叠加）和Soft Light（柔光）模式是使用频率较高的图层混合模式。

2.2.5 差异类别

“差异”类别包括Difference（差值）、Classic Difference（经典差值）、Exclusion（排除）、Subtract（相减）和Divide（相除）5种混合模式。该类别的混合模式都是基于当前图层和底层的颜色值来产生差异效果。

1. Difference（差值）模式

Difference（差值）模式可以从基色中减去叠加色或从叠加色中减去基色，具体情况要取决于哪个颜色的亮度值更高，如图2-58所示。

图2-58

2. Classic Difference（经典差值）模式

Classic Difference（经典差值）模式可以从基色中减去叠加色或从叠加色中减去基色，其效果要优于Difference（差值）模式，如图2-59所示。

图2-59

3. Exclusion（排除）模式

Exclusion（排除）模式与Difference（差值）模式比较相似，但是该模式可以创建出对比度更低的叠加效果，如图2-60所示。

图2-60

4. Subtract（相减）

Subtract（相减）模式是将原始图像与混合图像相对应的像素提取出来并将它们相减。该模式是从基础颜色中减去源颜色，如果源颜色是黑色，则结果颜色是基础颜色，如图2-61所示。

图2-61

5. Divide（相除）

Divide（相除）模式是将原始图像与混合图像相对应的像素提取出来并将它们相除。该模式是用基础颜色除以源颜色，如果源颜色是白色，则结果颜色是基础颜色，如图2-62所示。

图2-62

2.2.6 HSL类别

HSL类别包括Hue（色相）、Saturation（饱和度）、Color（颜色）、Luminosity（亮度）4种混合模式。该类别的混合模式会改变底层颜色的一个或多个色相、饱和度和明度值。

1. Hue（色相）模式

Hue（色相）模式可以将当前图层的色相应用到底层图像的亮度和饱和度中，可以改变底层图像的色相，但不会影响其亮度和饱和度。对于黑色、白色和灰色区域，该模式将不起作用，如图2-63所示。

图2-63

2. Saturation（饱和度）模式

Saturation（饱和度）模式可以将当前图层的饱和度应用到底层图像的亮度和色相中，可以改变底层图像的饱和度，但不会影响其亮度和色相，如图2-64所示。

图2-64

3. Color（颜色）模式

Color（颜色）模式可以将当前图层的色相与饱和度应用到底层图像中，但保持底层图像的亮度不变，如图2-65所示。

图2-65

4. Luminosity（发光度）模式

Luminosity（发光度）模式可以将当前图层的亮度应用到底层图像的颜色中，可以改变底层图像的亮度，但不会对其色相与饱和度产生影响，如图2-66所示。

图2-66

2.2.7 遮罩类别

"遮罩"类别包括Stencil Alpha（模板Alpha）、Stencil Luma（模板亮度）、Silhouette Alpha（轮廓Alpha）、Silhouette Luma（轮廓亮度）4种混合模式。该类别的混合模式可以将当前图层转化为底图层的一个遮罩。

1. Stencil Alpha（模板Alpha）模式

Stencil Alpha（模板Alpha）模式可以穿过Stencil（模板）层的Alpha通道来显示多个图层，如图2-67所示。

图2-67

2. Stencil Luma（模板亮度）模式

Stencil Luma（模板亮度）模式可以穿过Stencil（模板）层的像素亮度来显示多个图层，如图2-68所示。

图2-68

3. Silhouette Alpha（轮廓Alpha）模式

Silhouette Alpha（轮廓Alpha）模式可以通过当前图层的Alpha通道来影响底层图像，使受影响的区域被剪切掉，如图2-69所示。

图2-69

4. Silhouette Luma（轮廓亮度）模式

Silhouette Luma（轮廓亮度）模式可以通过当前图层上的像素亮度来影响底层图像，使受影响的像素被部分剪切或被全部剪切掉，如图2-70所示。

图2-70

2.2.8 实用工具类别

“实用工具”类别包括Alpha Add（Alpha相加）和Luminescent Premul（冷光预乘）两种混合模式。该类别的混合模式都可以使底层与当前图层的Alpha通道或透明区域像素产生相互作用。

1. Alpha Add（Alpha添加）模式

Alpha Add（Alpha添加）模式可以使底层与当前图层的Alpha通道共同建立一个无痕迹的透明区域，如图2-71所示。

图2-71

2. Luminescent Premul（冷光预乘）模式

Luminescent Premul（冷光预乘）模式可以使当前图层的透明区域像素与底层相互产生作用，可以使边缘产生透镜和光亮效果，如图2-72所示。

图2-72

技巧与提示

使用快捷键Shift+-或Shift++可以快速切换图层的混合模式。

课堂案例 宇宙飞船

- 素材位置 实例文件>CH02>课堂案例：宇宙飞船
- 实例位置 实例文件>CH02>宇宙飞船_F.aep
- 难易指数 ★★☆☆☆
- 技术掌握 掌握图层的基本操作

（扫描观看视频）

本例主要通过多个图层进行合成，来掌握图层的基本操作、属性设置及混合模式的切换，效果如图2-73所示。

图2-73

01 执行Composition（合成）>New Composition（新建合成）菜单命令，然后在打开的Composition Settings（合成设置）对话框中，输入Composition Name（合成名称）为Spaceship，接着设置Preset（预设）为PAL D1/DV、Duration（持续时间）为2秒，最后单击OK（确定）按钮 OK 完成创建，如图2-74所示。

02 导入学习资源中提供的素材文件，如图2-75所示。

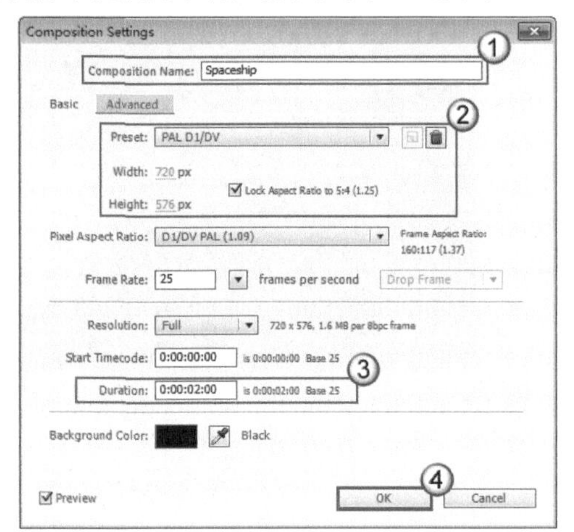

图2-74

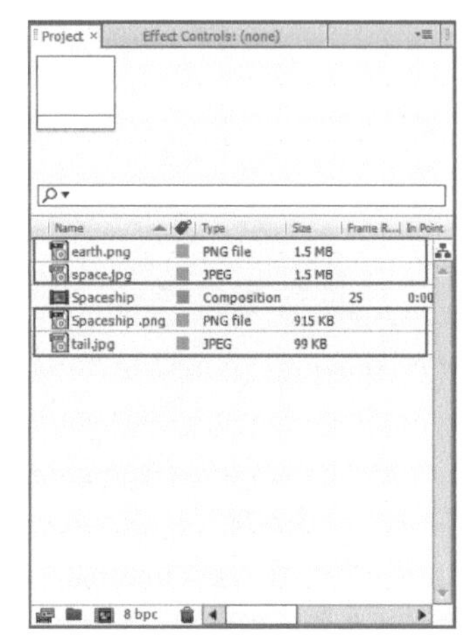

图2-75

03 将space.jpg文件导入到Timeline（时间轴）面板中，然后设置该图层的Position（位置）为（360，288）、Scale（缩放）为（57%，57%），如图2-76所示。画面如图2-77所示。

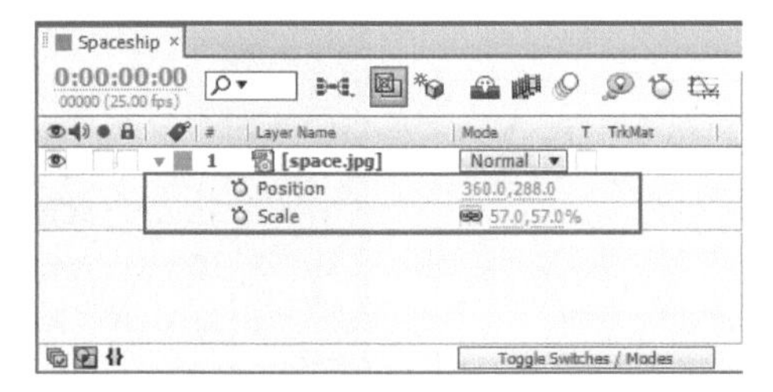

图2-76

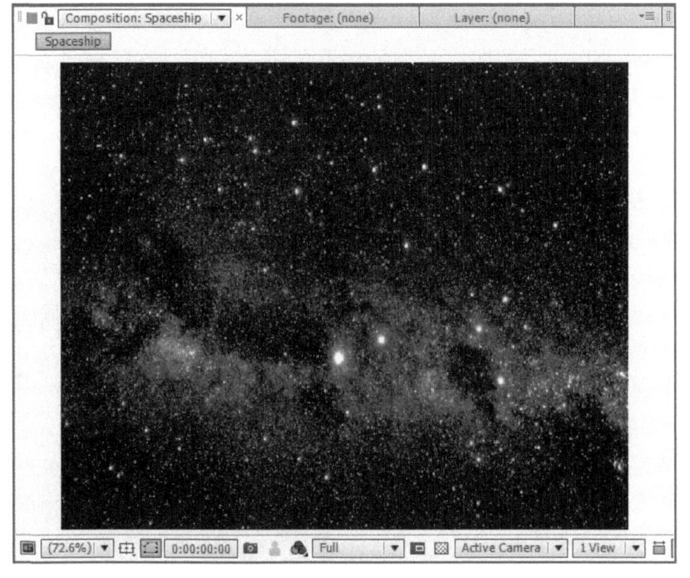

图2-77

04 将earth.png文件导入到Timeline（时间轴）面板中，然后将其拖曳至顶层，接着后设置该图层的Position（位置）为（348，236）、Scale（缩放）为（57%，57%），如图2-78所示。画面如图2-79所示。

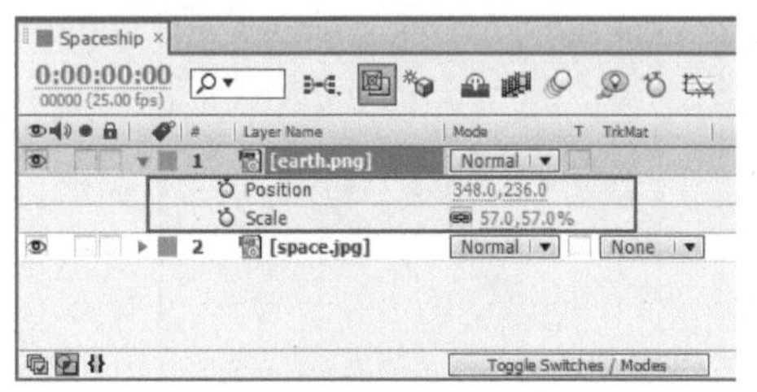

图2-78

图2-79

05 将Spaceship.png文件导入到Timeline（时间轴）面板中，然后将其拖曳至顶层，接着设置该图层的Position（位置）为（360，310）、Scale（缩放）为（26%，26%），如图2-80所示。画面如图2-81所示。

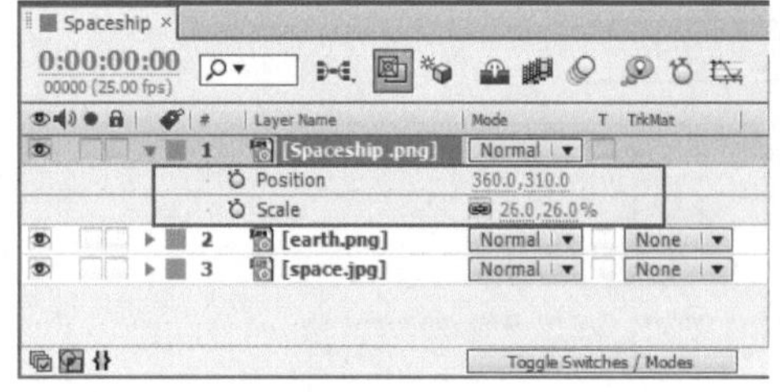

图2-80

图2-81

06 将tail.jpg文件导入到Timeline（时间轴）面板中，然后将其拖曳至第2层，接着设置该图层的Position（位置）为（117.5，303.5）、Scale（缩放）为（30%，30%）、混合模式为Screen（屏幕），如图2-82所示。画面如图2-83所示。

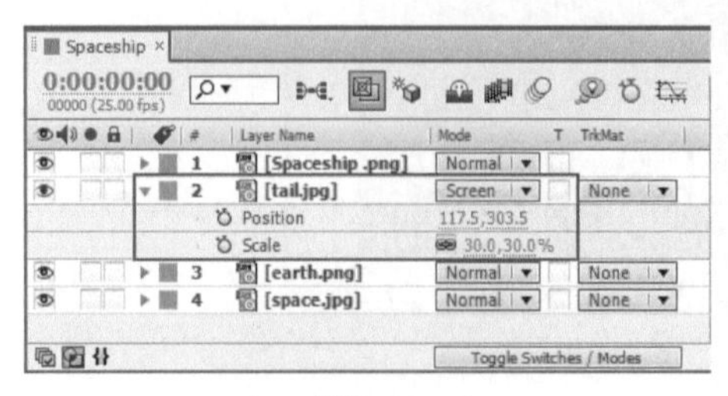

图2-82

图2-83

07 将space.jpg文件导入到Timeline（时间轴）面板中，然后将其拖曳至第2层，接着设置该图层的Position（位置）为（240.5，286.5）、Scale（缩放）为（30%，30%）、混合模式为Screen（屏幕），如图2-84所示。画面如图2-85所示。

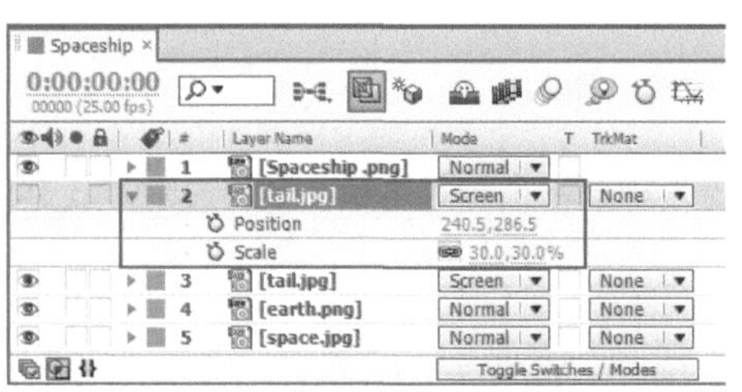

图2-84

图2-85

2.3 制作动画

在After Effects中可以通过设置关键帧和表达式，来制作动画效果。另外，也可以调用Animation Presets（动画预设）中的预设文件，来完成动画效果。

2.3.1 关键帧动画

关键帧动画是指在动画序列中设定一些关键状态，这些关键状态可以表现出所在时间点的重要特征，如图2-86所示。设置完关键帧后，计算机会经过差值运算，填补关键帧之间的动作，从而达到一个流畅的动画效果，如图2-87所示。

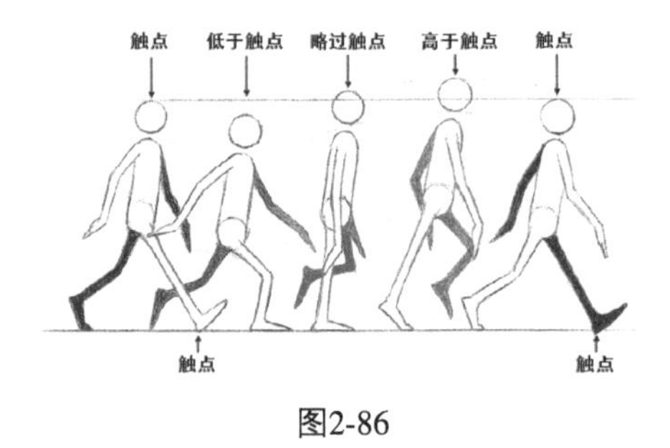

图2-86

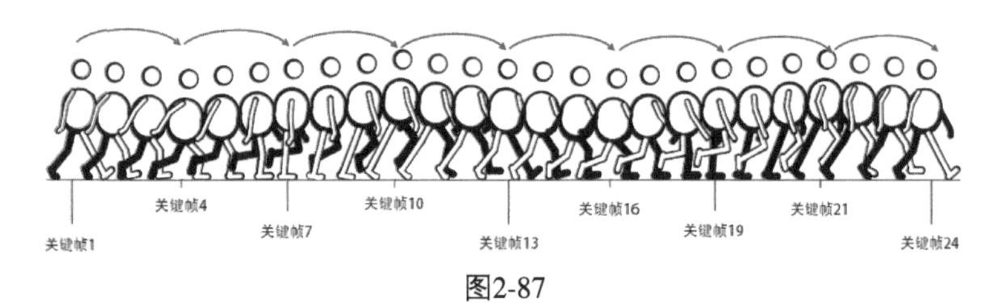

图2-87

展开图层的属性栏，在Anchor Point等属性前都有一个“码表”按钮，如图2-88所示。该按钮用来激活相应属性的关键帧，从而产生动画效果。

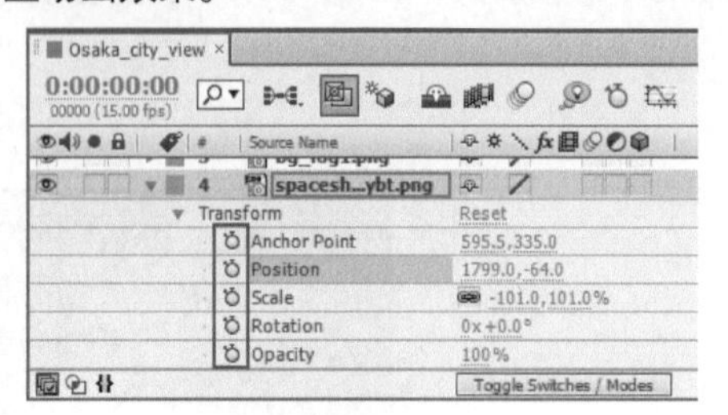

图2-88

After Effects中大量的属性都有“码表”按钮，可以为众多属性生成关键帧动画。

在Timeline（时间轴）面板中，将时间滑块拖曳至第0帧，或者直接在左上角设置当前时间为第0帧，如图2-89所示。Composition（合成）面板中的画面如图2-90所示。

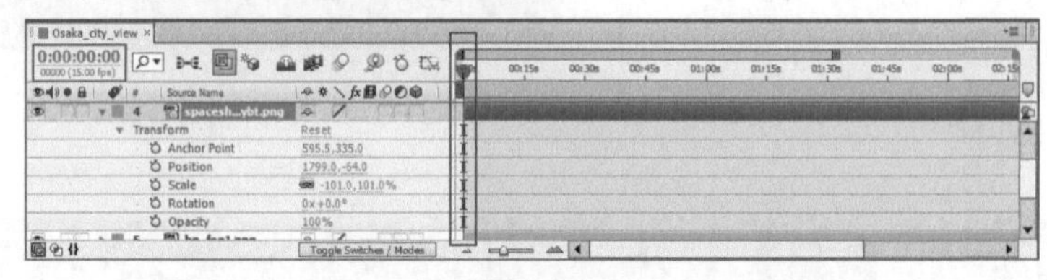

图2-89

图2-90

单击Position（位置）属性前面的“码表”按钮，按钮随即变为状，并且在右侧会生成关键帧，如图2-91所示。

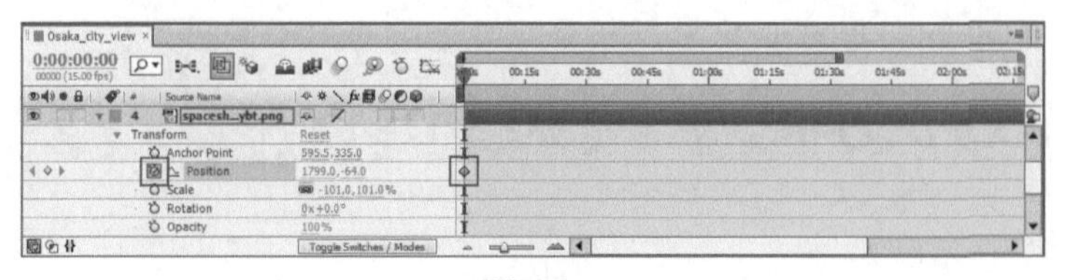

图2-91

将时间滑块拖曳到第8秒处，然后设置Position（位置）为（728，326），在该时间点会自动生成一个关键帧，如图2-92所示。Composition（合成）面板中的画面如图2-93所示。这样一个简单的位移动画就完成了，按Space键可以播放当前动画。

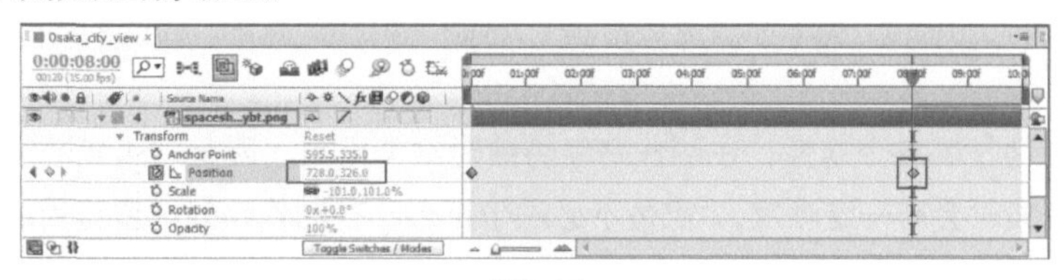

图2-92

图2-93

按Space键播放该动画，飞船从右上角缓缓进入画面，在播放的过程中，画面很流畅，没有出现跳跃感。将时间滑块拖曳至第6秒，画面如图2-94所示。由此可见，计算机会自动生第0帧和第8秒之间的动画。

图2-94

2.3.2 表达式动画

表达式是由数字、算符、数字分组符号（括号）、自由变量和约束变量等以能求得数值的有意义排列方法所得的组合。After Effects的脚本和表达式都基于JavaScript编程语言，因此AE表达式语句直接继承了Java的数学函数。

表达式可以灵活地控制各个属性，在制作高级特效时经常用到。因为表达式动画涉及计算机专业知识，所以在学习表达式时会有一定难度， 但是不必过于担心，在制作特效时所运用的表达式都是比较简单、容易上手的。

1. 添加表达式

展开图层的属性栏，选择Position（位置）属性，如图2-95所示。然后执行“Animation（动画）>Add Expression（添加表达式）”命令，为所选属性添加表达式属性，如图2-96所示。

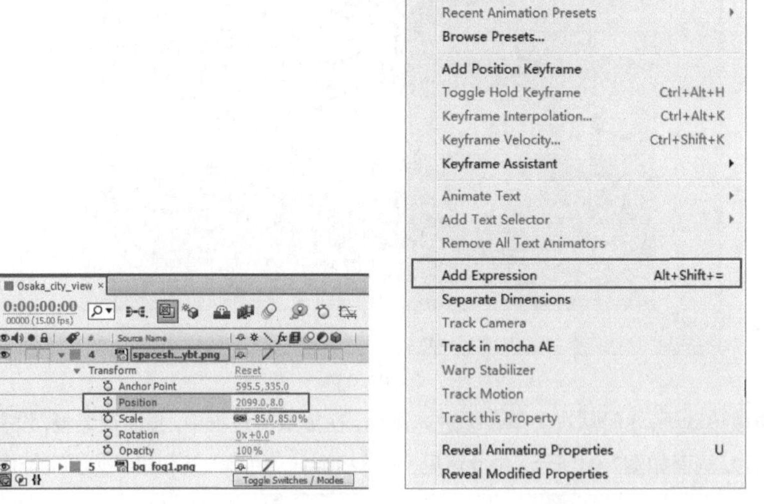

图2-95　　　　图2-96

技巧与提示

还可以通过以下两种方法添加表达式属性。

第1种：选择属性，按快捷键Alt+Shift+=。

第2种：选择属性，按住Alt键并单击属性前面的“码表”按钮添加表达式属性，如图2-97所示。

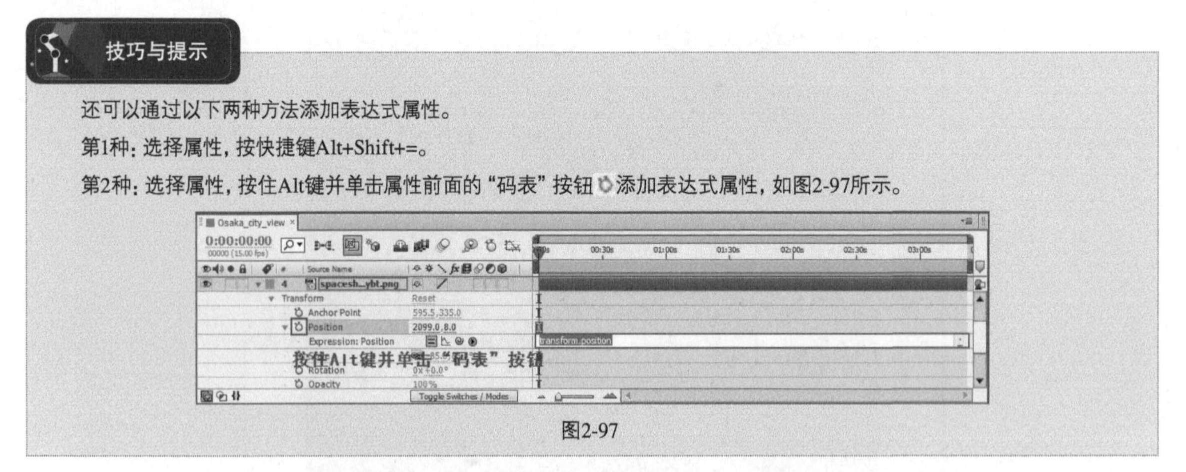

图2-97

添加完成后，在所选属性会呈红色，并且下方会出现表达式属性，右侧会有表达式文本框，如图2-98所示。

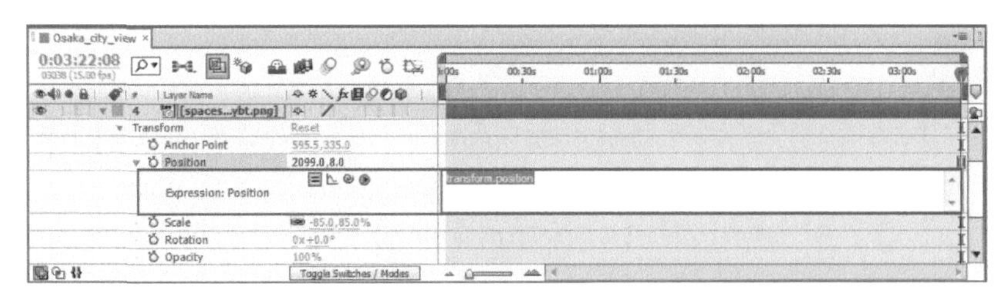

图2-98

表达式功能介绍

Enable Expression（启动表达式）▤：启用或关闭表达式属性。

show post-Expression Graph（显示后表达式图表）⊾：在曲线编辑模式下显示或隐藏表达式动画曲线。

Expression-pick whip（表达式关联器）◎：将所选属性关联到其他属性。

Expression language menu（表达式语言菜单）◉：打开表达式数据库，以便用户快速调用表达式。

在表达式文本框中输入表达式后，将会对图层的Position（位置）属性产生作用。将时间滑块拖曳到第0帧处，画面如图2-99所示。然后将时间滑块拖曳到第4秒处，画面如图2-100所示。

[time*4,time*1.5];

图2-99

图2-100

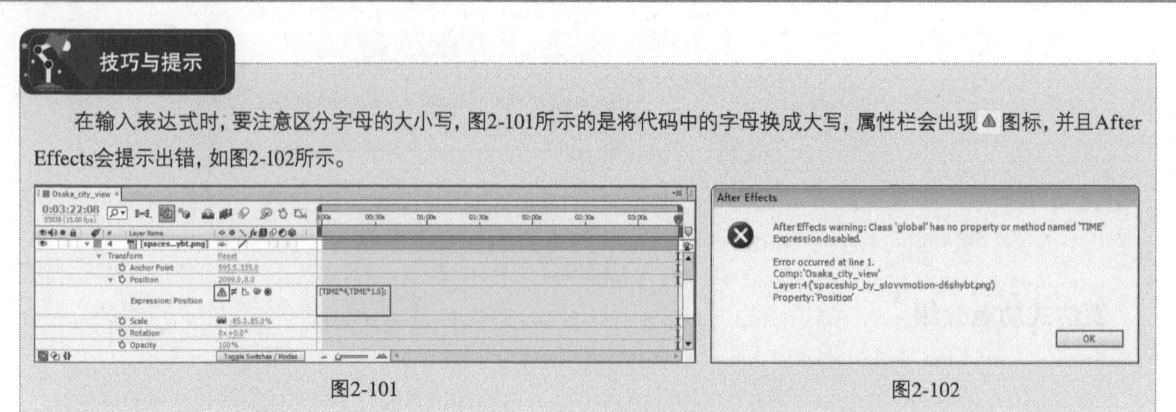

在输入表达式时，要注意区分字母的大小写，图2-101所示的是将代码中的字母换成大写，属性栏会出现⚠图标，并且After Effects会提示出错，如图2-102所示。

图2-101　　图2-102

上述表达式的作用是控制Position（位置）的值。表达式分为两部分，通过“,”分开，前面的表达式控制X的值，后面的表达式控制Y的值，如图2-103所示。time的作用是计时，简单地理解就是当前播放时间的值。例如，当前时间是第1秒，那么time的值为1；当前时间是第2秒，那么time的值就为2。因此这段表达式实际上就是用播放时间来控制Position（位置）的值。

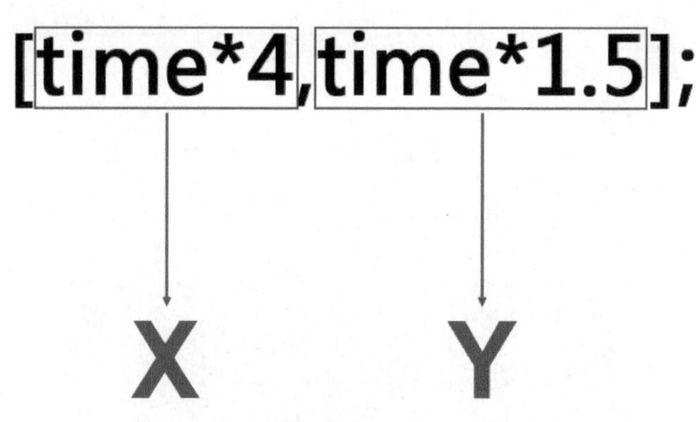

图2-103

表达式的内容非常多，由于篇幅原因，这里仅以一个例子来展示表达式的灵活性，在后面的章节中，将结合案例来介绍表达式。

2. 表达式关联

文件中的飞船图层是有位移的动画，而光线图层没有任何动画，如图2-104所示。

按P键展开光线图层的Position（位置）属性，按住Expression-pick whip（表达式关联器）◎按钮并拖曳到飞船图层的Position（位置）属性，然后松开鼠标，如图2-105所示。

图2-104

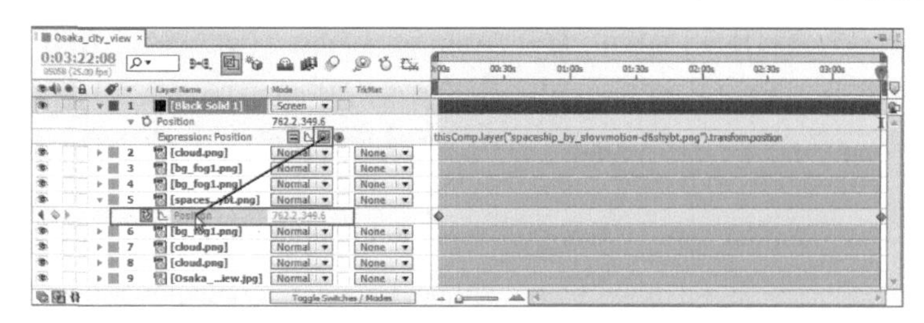

图2-105

这样光线图层就会随着飞船图层移动而移动，而不需要为了匹配两个图层，进行更多、更复杂的操作，如图2-106所示。

图2-106

表达式关联可以对不同图层中的不同属性进行关联，这样可使一个属性同时控制多个属性。表达式关联的实质就是为选择的属性添加一个表达式，可以在关联后的属性中查看生成的代码，如图2-107所示。

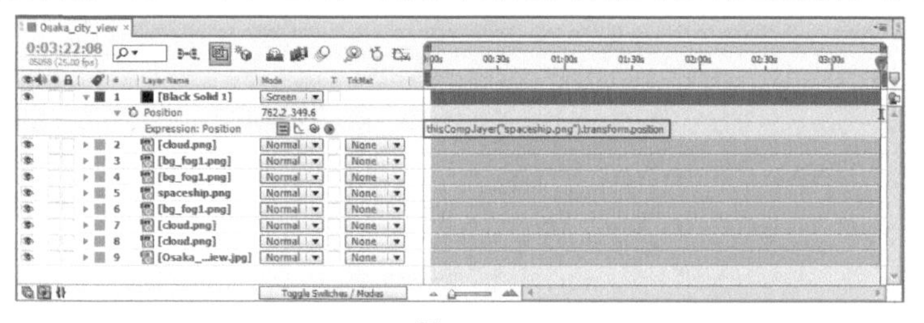

图2-107

2.3.3 动画预设

动画预设是After Effects提供的已经设置好的动画效果，只需要将预设赋予给图层，就会使图层具有相应的动画效果。通过使用动画预设，可以快速地制作动画效果，而不需要花费大量时间去调节相应的属性。

文件中包括一个Solid（固态）图层和一个Text（文本）图层，如图2-108所示。

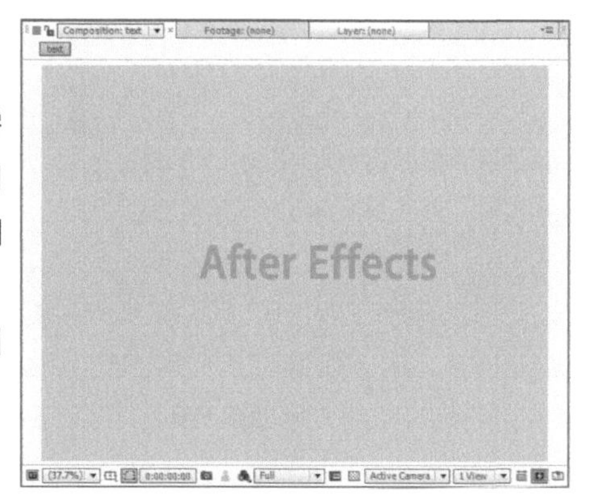

图2-108

在Effects & Presets（效果和预设）面板中，展开“Animation Presets（动画预设）>Text（文本）>Animate Out（动画退出）”卷展栏，然后选择Twirl Off Each World预设文件，并拖曳到Text（文本）图层，如图2-109所示。

图2-109

按Space键播放，可以发现Text（文本）图层具有了动画效果，第1秒和第3秒的效果如图2-110和图2-111所示。

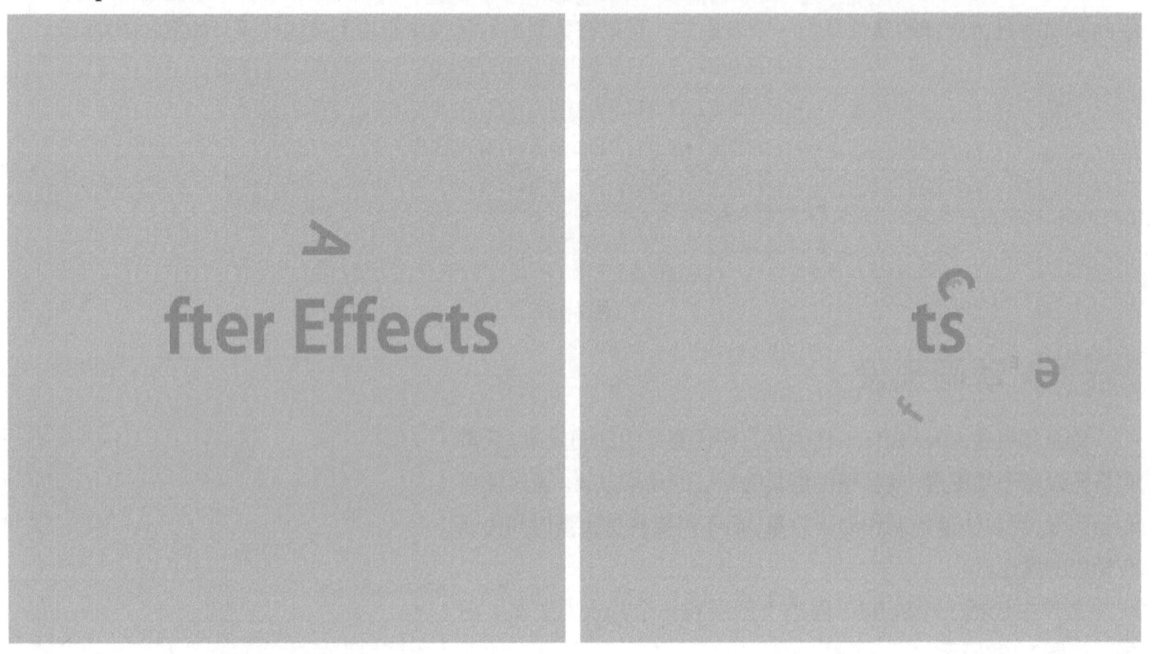

图2-110　　图2-111

Animation Presets（动画预设）卷展栏中提供了海量的预设效果，可根据需要使用，如图2-112所示。如果安装了插件，并且插件带有预设效果，也会在Effects & Presets（效果和预设）面板中显示。

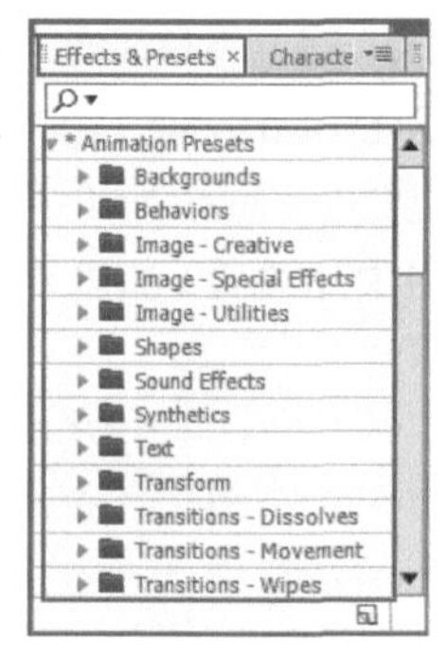

图2-112

课堂案例 动态文字

- 素材位置 实例文件>CH02>课堂案例：动态文字
- 实例位置 实例文件>CH02>动态文字_F.aep
- 难易指数 ★★☆☆☆
- 技术掌握 掌握表达式的运用

（扫描观看视频）

本例主要通过使用表达式wiggle制作一个抖动的文字效果，来介绍表达式的基本运用，效果如图2-113所示。

图2-113

01 打开素材文件夹中的“动态文字_F.aep”项目文件，画面如图2-114所示。然后在Tool（工具）面板中双击Horizontal Type Tool（横排文字工具）T，如图2-115所示

02 在Character（字符）面板中，设置字体为Adobe Heiti Std、字体大小为100px，然后激活Faux Bold（仿粗体）属性，接着单击Fill Color（填充颜色）图标，如图2-116所示。

图2-114

图2-115

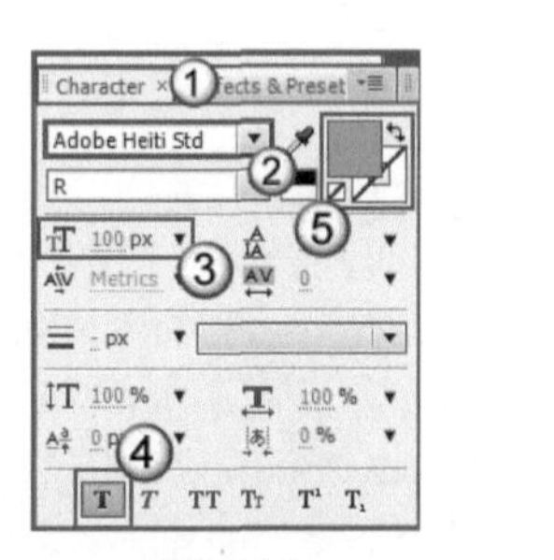

图2-116

03 在打开的Text Color（文本颜色）对话框中，设置R:84、G:181、B:116，然后单击OK（确定）按钮 OK ，如图2-117所示。画面效果如图2-118所示。

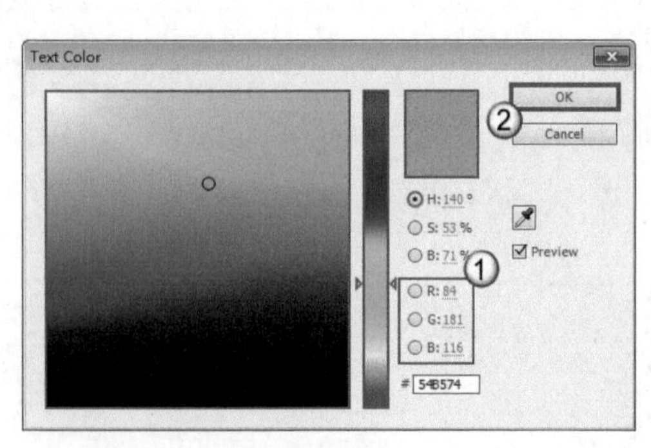

图2-117

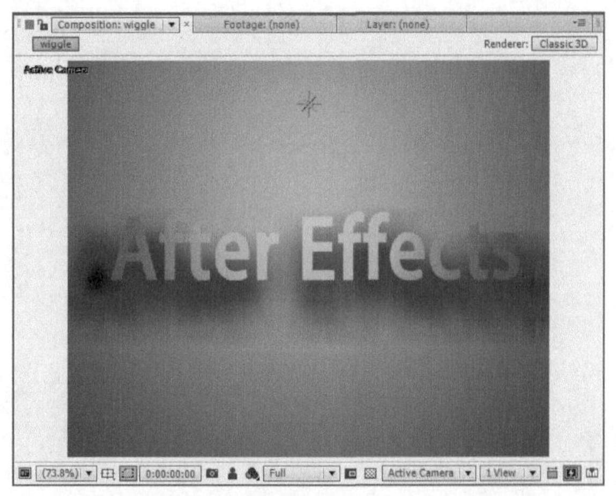

图2-118

04 选择文字图层，然后激活3D Layer（三维图层）功能，接着按P键展开Position（位置）属性，最后为其添加表达式，在表达式文本框中输入如下表达式，如图2-119所示。

Wiggle（2,100）;

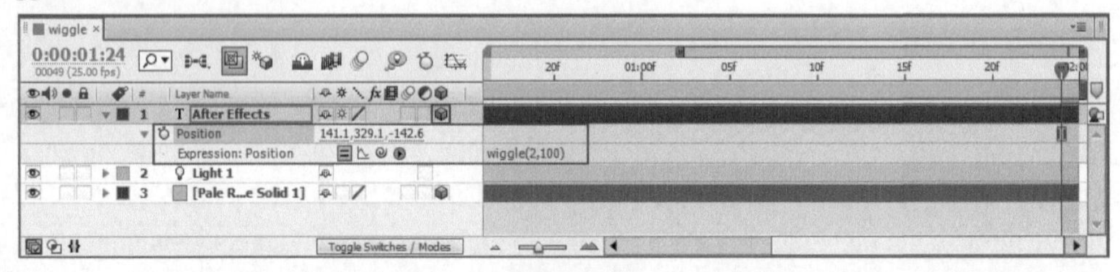

图2-119

05 播放动画，可以发现文字具有了抖动效果，第5帧的效果如图2-120所示，第15帧的效果如图2-121所示。

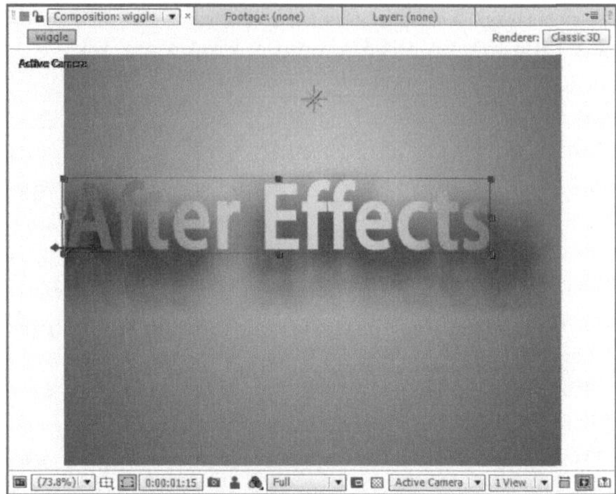

图2-120　　　　图2-121

2.4 输出视频

在完成作品的制作后，需要将文件转换成视频，或者转换成图像序列再进行二次制作。这时就要对输出的文件进行合理的设置，以节省渲染的时间，从而提高制作效率。

执行Composition（合成）>Add to Render Queue（添加到渲染队列）命令，如图2-122所示。这时，Timeline（时间轴）面板区域会切换到Render Queue（渲染队列）面板，如图2-123所示。

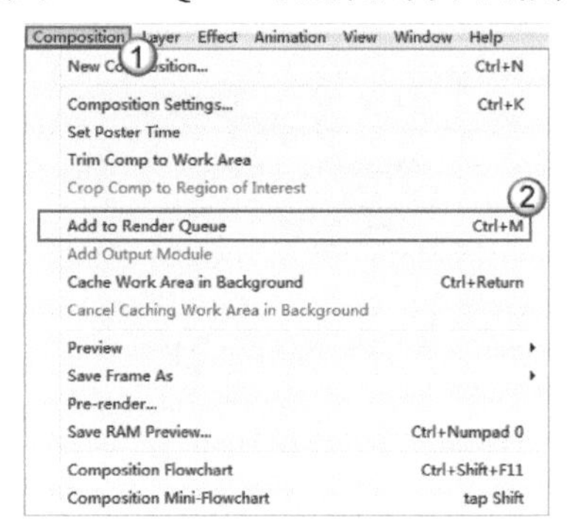

图2-122

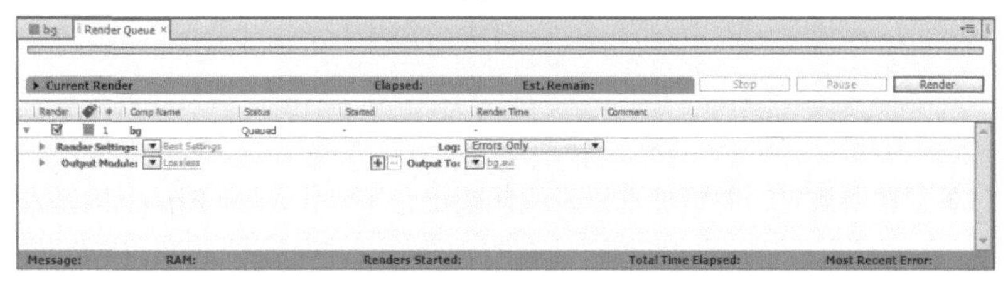

图2-123

在Render Queue（渲染队列）面板中，单击Render Settings（渲染设置）属性后面的Best Settings（最佳设置）蓝色字样，打开Render Settings（渲染设置）对话框。在该对话框中可以设置输出的质量、采样、时间和帧速率等属性，如图2-124所示。

在Render Queue（渲染队列）面板中，单击Output Module（输出模块）属性后面的Lossless（无损）蓝色字样，打开Output Module Settings（输出模块设置）对话框。在该对话框中可以设置输出的格式、通道、大小、音频等属性，如图2-125所示。

图2-124

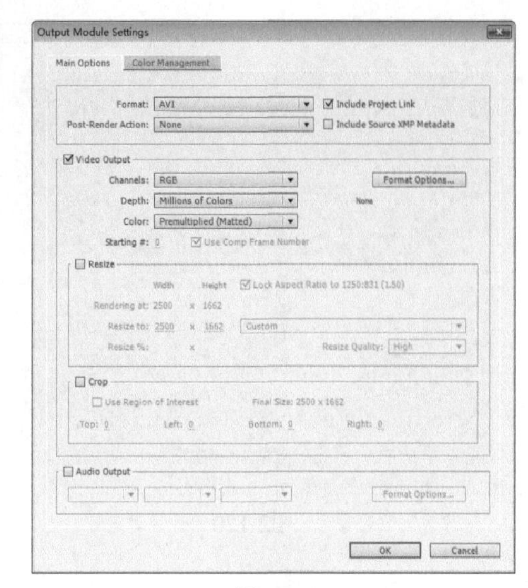

图2-125

在Render Queue（渲染队列）面板中，单击Output to（输出到）属性后面的蓝色字样，打开Output Movie To（将影片输出到）对话框。在该对话框中可以设置输出的路径和文件名属性，如图2-126所示。

设置完所有的渲染属性，并确认无误后，在Render Queue（渲染队列）面板中，单击Render（渲染）按钮 Render ，即可将After Effects文件输出为多媒体文件，如图2-127所示。

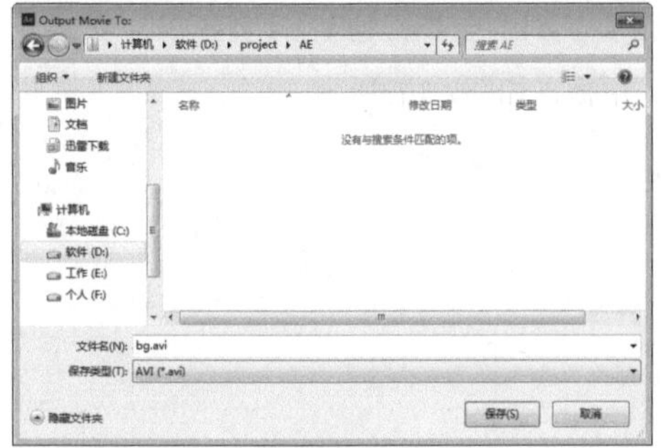

图2-126

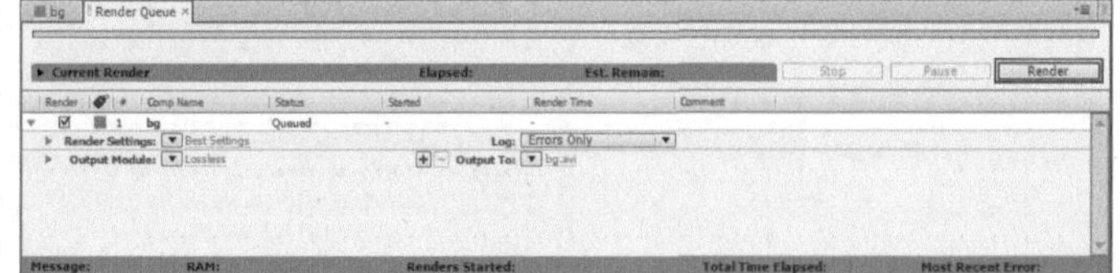

图2-127

综合案例 飞行卫星

- 素材位置 实例文件>CH02>综合案例：飞行卫星
- 实例位置 实例文件>CH02>飞行卫星_F.aep
- 难易指数 ★★☆☆☆
- 技术掌握 掌握After Effects的基本制作流程

（扫描观看视频）

本例主要通过设置图层属性、关键帧动画及视频输出，来介绍After Effects的基本制作流程，效果如图2-128所示。

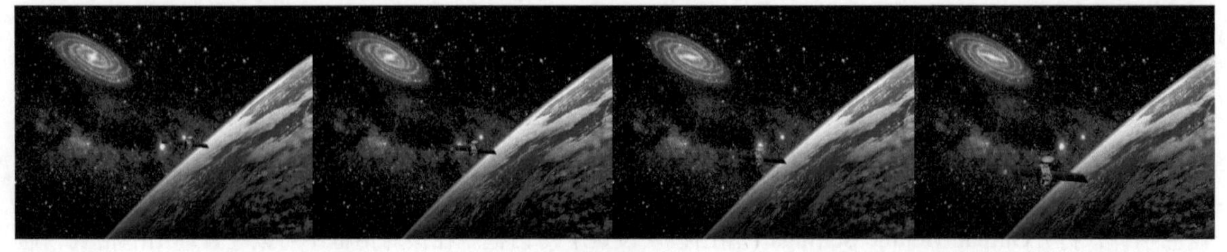

图2-128

01 执行Composition（合成）>New Composition（新建合成） 菜单命令，然后在打开的Composition Settings（合成设置）对话框中，输入Composition Name（合成名称）为galaxy，接着设置Preset（预设）为PAL D1/DV、Duration（持续时间）为5秒，最后单击OK（确定）按钮 OK 完成创建，如图2-129所示。

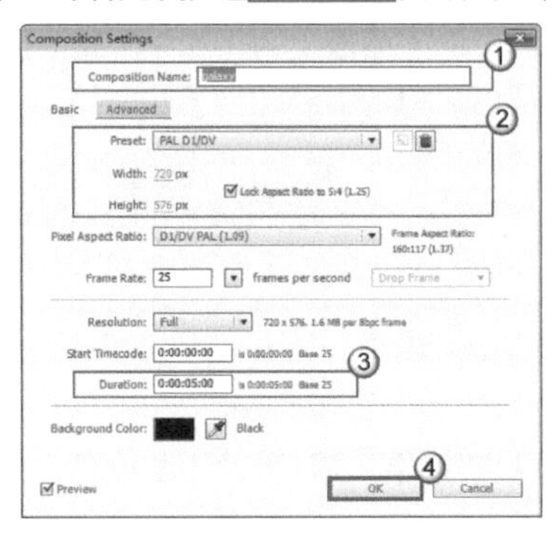

图2-129

02 导入素材文件夹中的素材，然后将其拖曳到Timeline（时间轴）面板中，接着调整图层的上下级关系，如图2-130所示。画面效果如图2-131所示。

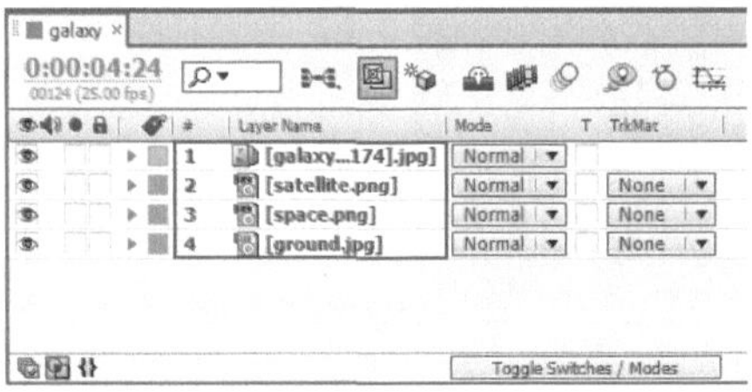

图2-130

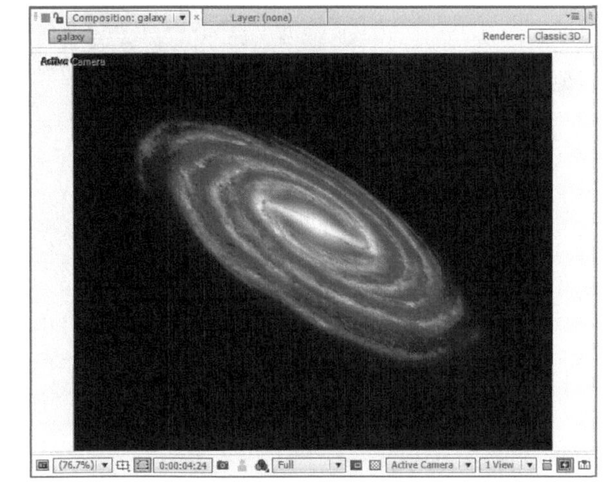

图2-131

03 关闭前两个图层的显示开关，然后设置ground.jpg图层的Scale（缩放）属性为（55%，55%），如图2-132所示。画面效果如图2-133所示。

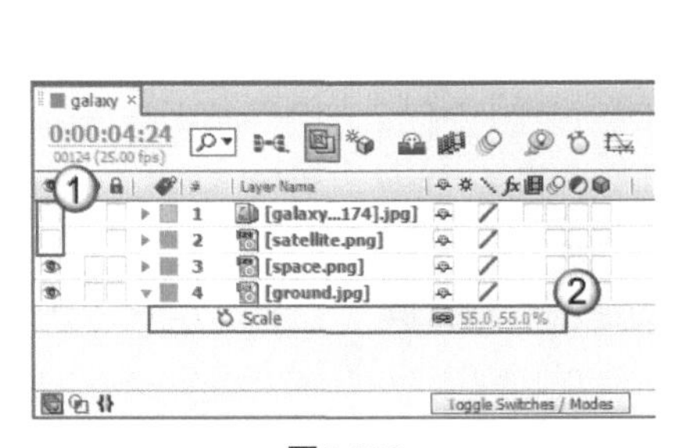

图2-132

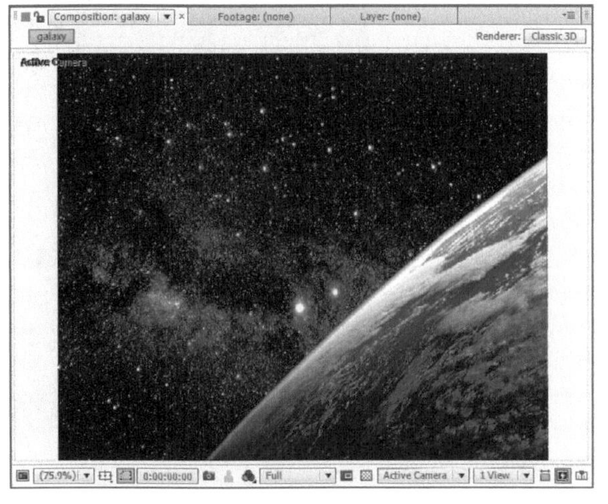

图2-133

04 设置satellite.png图层的Rotation（旋转）为（0×-5°），然后设置Position（位置）和Scale（缩放）的关键帧动画。在第0帧处设置Position（位置）为（410.3，353.6）、Scale（缩放）为（10%，10%）；在第3秒处设置Position（位置）为（338.4，387.4）、Scale（缩放）为（14%，14%）；在第4秒24帧处设置Position（位置）为（299.1，422.7）、Scale（缩放）为（22%，22%），如图2-134所示。

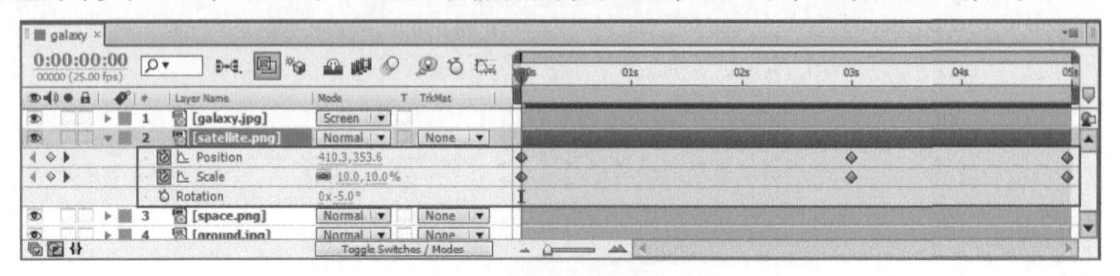

图2-134

05 显示satellite.png图层，然后播放观察效果。第1秒的动画效果，如图2-135所示；第4秒的动画效果，如图2-136所示。

图2-135

图2-136

06 展开galaxy.jpg图层的属性栏，然后设置混合模式为Screen（屏幕）、Position（位置）为（185.5，153）、Scale（缩放）为（38%，38%），如图2-137所示。

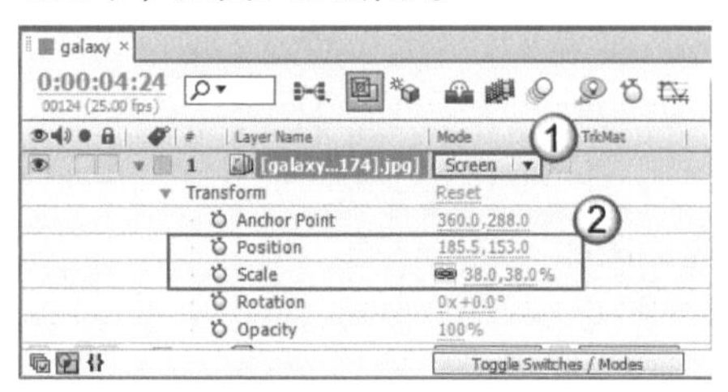

图2-137

07 显示galaxy.jpg图层，然后播放观察效果。第1秒的动画效果，如图2-138所示；第4秒的动画效果，如图2-139所示。

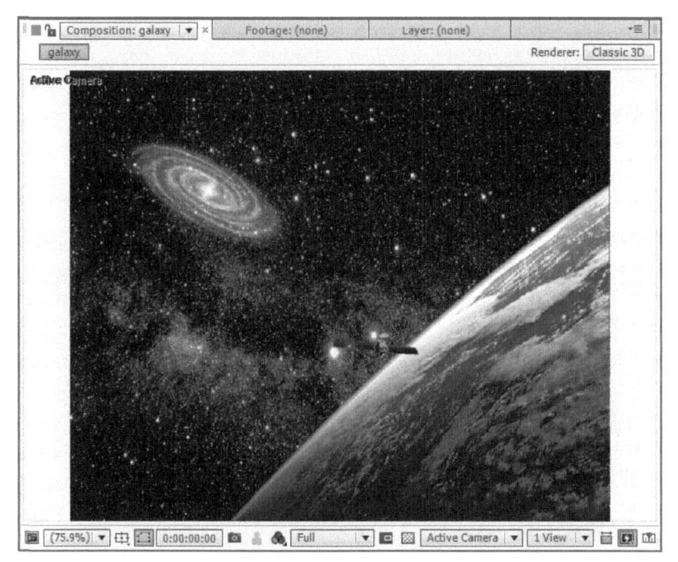

图2-138

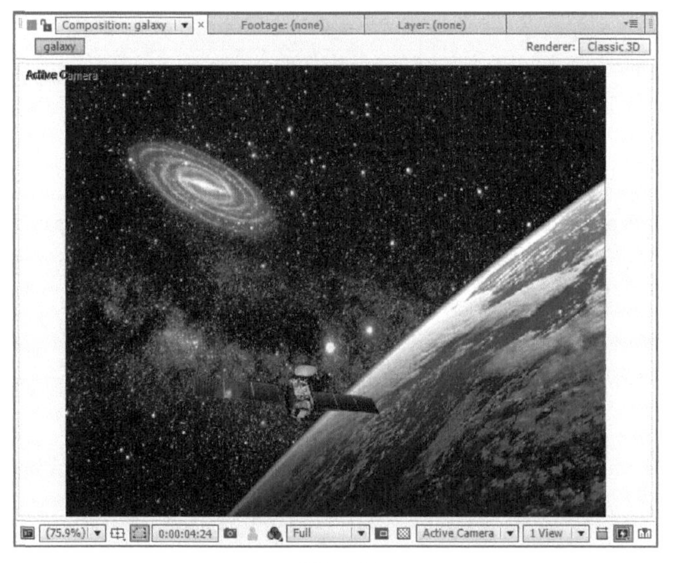

图2-139

08 按快捷键Ctrl+M切换到Render Queue（渲染队列）面板，然后打开Output Module Settings（输出模块设置）对话框，接着设置Format（格式）为QuickTime，最后单击OK（确定）按钮 OK ，如图2-140所示。

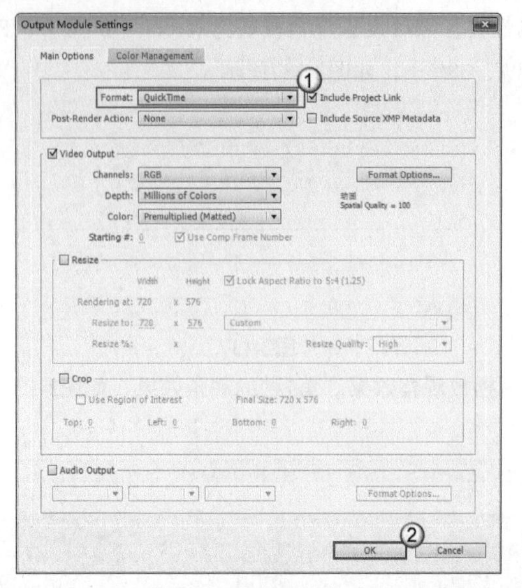

图2-140

09 打开Output Movie To（将影片输出到）对话框，然后设置输出的路径，接着单击【保存】按钮，如图2-141所示。设置完成后，单击Render（渲染）按钮完成视频输出，如图2-142所示。

图2-141

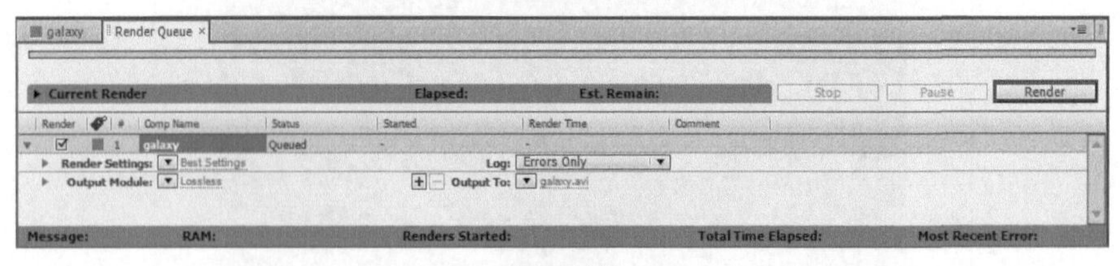

图2-142

遮罩与形状动画 03

在制作特效时，因为素材不含有透明信息，所以往往会影响一些效果的实现。“遮罩”的作用就是为图像生成透明信息，以便制作一些特殊的效果。“形状”的作用是生成矢量图形，After Effects可以使用形状和路径工具绘制出形态复杂的矢量图形。本章主要介绍遮罩的概念、制作方法、属性设置以及形状的使用方法。通过对本章的学习，读者可以使用形状和路径工具制作出绚丽的遮罩和形状效果。

3.1 了解遮罩的概念

遮罩是在图层中指定一个区域，在这个区域内或区域外赋予了透明信息，如图3-1所示。在绘制遮罩时，要注意绘制的区域必须是封闭的，否则不能产生遮罩效果，如图3-2所示。

图3-1

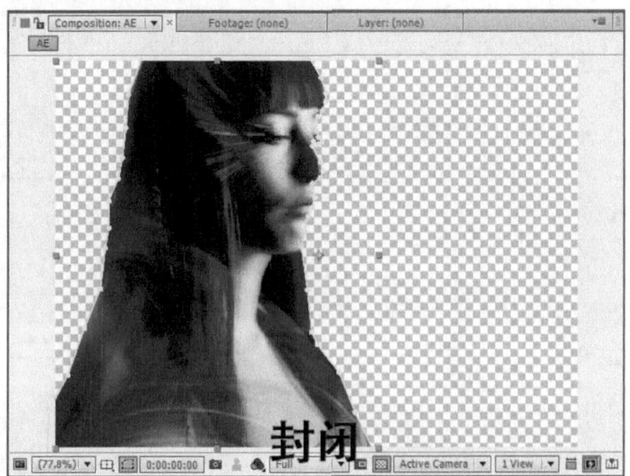

图3-2

3.2 创建遮罩

在After Effects中，有很多方法可以创建遮罩，这里介绍最常用的两种方法，一种是通过形状工具绘制蒙版，另一种是通过路径工具绘制。

3.2.1 形状工具

形状工具包括Rectangle Tool（矩形工具）、Rounded Rectangle Tool（圆角矩形工具）、Ellipse Tool（椭圆工具）、Polygon Tool（多边形工具）和Star tool（星形工具），如图3-3所示。

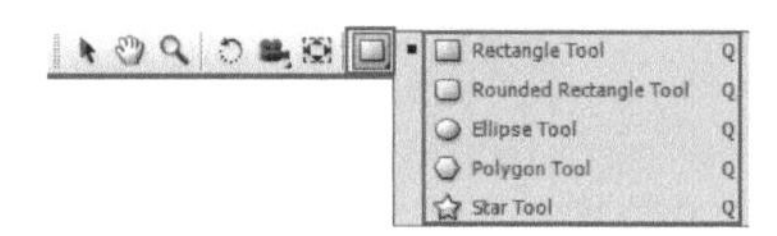

图3-3

1. Rectangle Tool（矩形工具）

选择Rectangle Tool（矩形工具），然后在Composition（合成）面板中按住鼠标左键并拖曳，即可绘制出矩形遮罩，如图3-4所示。按住Shift键，然后按住鼠标左键并拖曳，即可绘制出正方形遮罩，如图3-5所示。

图3-4

图3-5

技巧与提示

当图层中带有透明信息时，默认情况下画面背景呈黑色，如图3-6所示。在Composition（合成）面板中单击Toggle Transparency Grid（切换透明网格）按钮，透明区域会以网格显示，如图3-7所示。

图3-6

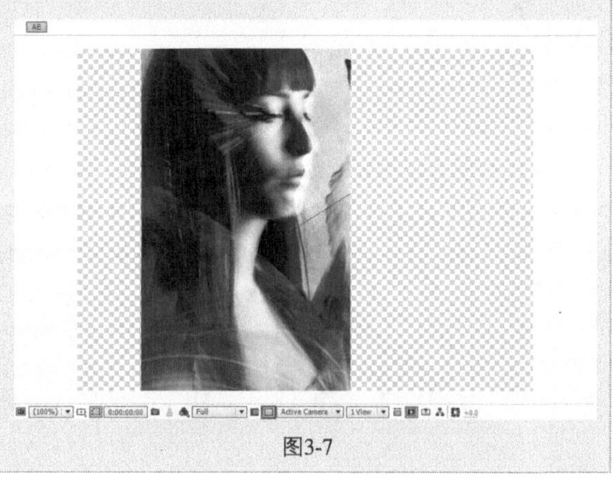

图3-7

2. Rounded Rectangle Tool（圆角矩形工具）

将光标移动到Rectangle Tool（矩形工具）上，然后按住鼠标左键数秒，在打开的菜单中选择Rounded Rectangle Tool（圆角矩形工具），按住鼠标左键并拖曳即可绘制出圆角矩形遮罩，如图3-8所示。按住Shift键，然后按住鼠标左键并拖曳，即可绘制出正方形圆角矩形遮罩，如图3-9所示。

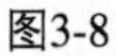

图3-8

图3-9

3. Ellipse Tool（椭圆工具）

将光标移动到Rectangle Tool（矩形工具）上，然后按住鼠标左键数秒，在打开的菜单中选择Ellipse Tool（椭圆工具），按住鼠标左键并拖曳即可绘制出椭圆遮罩，如图3-10所示。按住Shift键，然后按住鼠标左键并拖曳，即可绘制出圆形遮罩，如图3-11所示。

图3-10

图3-11

4. Polygon Tool（多边形工具）

将光标移动到Rectangle Tool（矩形工具）上，然后按住鼠标左键数秒，在打开的菜单中选择Polygon Tool（多边形工具），按住鼠标左键并拖曳即可绘制出五边形遮罩，如图3-12所示。按住鼠标左键并拖曳，同时按↑或↓键可以增加或减少边，如图3-13所示。

图3-12

图3-13

5. Star Tool（星形工具）

将光标移动到Rectangle Tool（矩形工具）上，然后按住鼠标左键数秒，在打开的菜单中选择Star Tool（星形工具），按住鼠标左键并拖曳即可绘制出五边形遮罩，如图3-14所示。按住鼠标左键并拖曳，同时按↑或↓键可以增加或减少角，如图3-15所示。

图3-14

图3-15

3.2.2 路径工具

路径工具包括Pen Tool（钢笔工具）、Add Vertex Tool（添加顶点工具）、Delete Vertex Tool（删除顶点工具）、Convert Vertex Tool（转换顶点工具）和Mask Feather Tool（遮罩羽化工具），如图3-16所示。

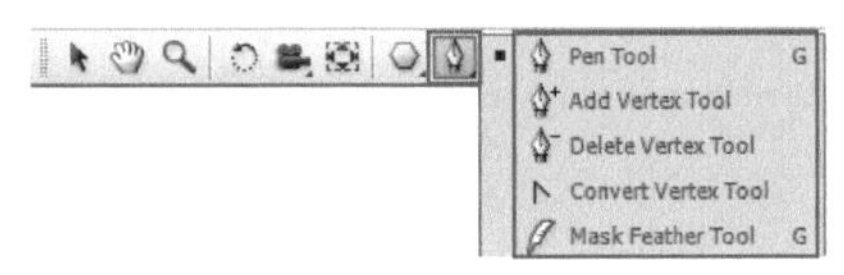

图3-16

1. Pen Tool（钢笔工具）

选择Pen Tool（钢笔工具），然后多次单击绘制出遮罩的轮廓，最后单击起点即可将路径封闭，形成遮罩，如图3-17所示。按住Shift键单击时，绘制的直线呈水平或垂直，如图3-18所示。

图3-17

图3-18

2. Add Vertex Tool（添加顶点工具）

选择图层，使用Pen Tool（钢笔工具）绘制出一个遮罩，如图3-19所示。然后将光标移动到Pen Tool（钢笔工具）上，按住鼠标左键数秒，在打开的菜单中选择Add Vertex Tool（添加顶点工具），在遮罩的边缘单击即可添加顶点，如图3-20所示。

图3-19

图3-20

3. Delete Vertex Tool（删除顶点工具）

选择图层，使用Pen Tool（钢笔工具）绘制出一个遮罩，如图3-21所示。然后将光标移动到Pen Tool（钢笔工具）上，按住鼠标左键数秒，在打开的菜单中选择Delete Vertex Tool（删除顶点工具），选择遮罩的顶点即可将其删除，如图3-22所示。

图3-21

图3-22

4. Convert Vertex Tool（转换顶点工具）

选择图层，使用Pen Tool（钢笔工具）绘制出一个遮罩，如图3-23所示。然后将光标移动到Pen Tool（钢笔工具）上，按住鼠标左键数秒，在打开的菜单中选择Convert Vertex Tool（转换顶点工具），选择遮罩的顶点即可将直线转化为曲线，如图3-24所示。

图3-23

图3-24

5. Mask Feather Tool（遮罩羽化工具）

选择图层，使用Pen Tool（钢笔工具）绘制出一个遮罩，如图3-25所示。然后将光标移动到Pen Tool（钢笔工具）上，按住鼠标左键数秒，在打开的菜单中选择Mask Feather Tool（遮罩羽化工具），选择遮罩的顶点并拖曳，可使遮罩产生羽化效果，如图3-26所示。

图3-25

图3-26

3.3 设置遮罩

创建完遮罩后，可以通过设置遮罩的属性，来改变遮罩的效果。当图层中有多个遮罩时，可通过切换图层的叠加模式，来达到不同效果。

3.3.1 编辑遮罩属性

单击三角按钮或按M键两次，展开图层的Masks（遮罩）属性栏，其中包括Mask Path（遮罩路径）、Mask Feather（遮罩羽化）、Mask Opacity（遮罩不透明度）、Mask Expansion（遮罩扩展）和Inverted（反转）等属性，如图3-27所示。

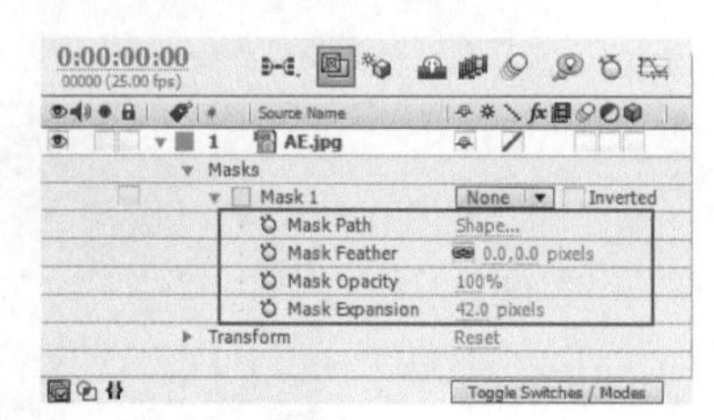

图3-27

Mask（遮罩）属性介绍

Mask Path（遮罩路径）：设置遮罩的形状。在制作遮罩动画时，经常用到该属性。

Mask Feather（遮罩羽化）：设置遮罩的羽化效果，使遮罩的边缘过度更加柔和，效果如图3-28所示。

图3-28

Mask Opacity（遮罩不透明度）：设置遮罩的不透明度，效果如图3-29所示。

图3-29

Mask Expansion（遮罩扩展）：设置遮罩的向外扩张或向内收缩的程度。当值大于0时，遮罩向外扩张；当值小于0时，遮罩向内收缩，效果如图3-30所示。

图3-30

Inverted（反转）：转换遮罩的透明区域，效果如图3-31所示。

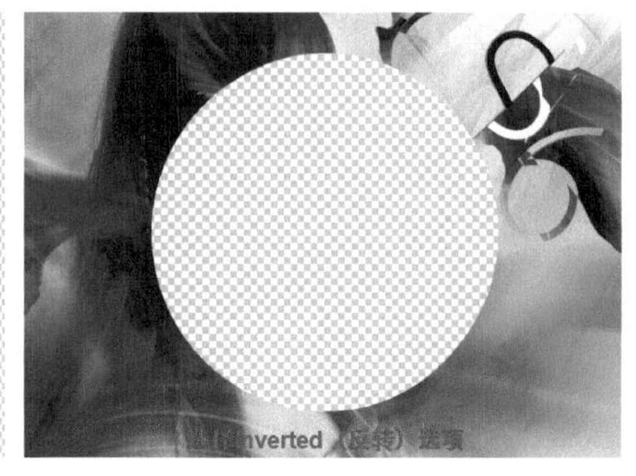

图3-31

3.3.2 设置遮罩的叠加模式

合成中有一个蓝色的Solid（固态）图层和一个灰色的Solid（固态）图层，蓝色的Solid（固态）图层中又有一个六边形遮罩和一个圆形遮罩，如图3-32所示。为了便于观察叠加后的效果，这里将两个遮罩的不透明度设置为50%，如图3-33所示。

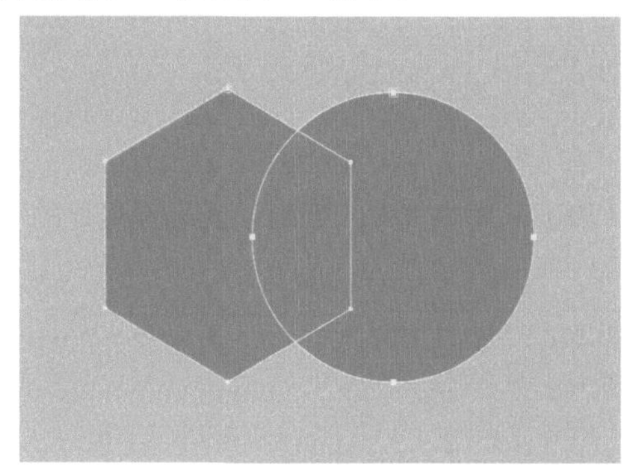

图3-32

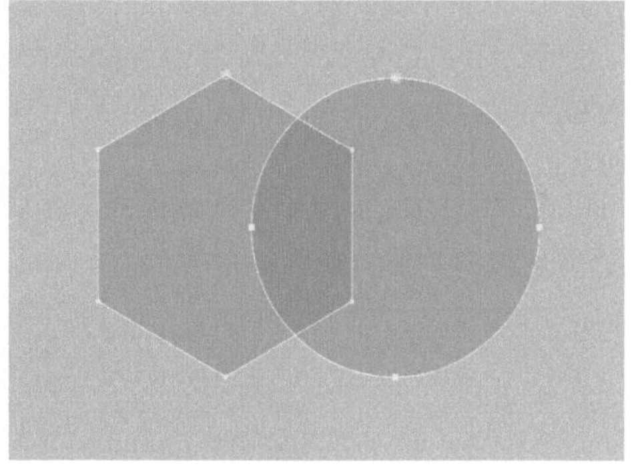

图3-33

展开蓝色Solid（固态）图层的Masks属性栏，其中包括Mask1和Mask2两个遮罩，展开遮罩后面的下拉菜单，即可切换叠加模式，如图3-34所示。

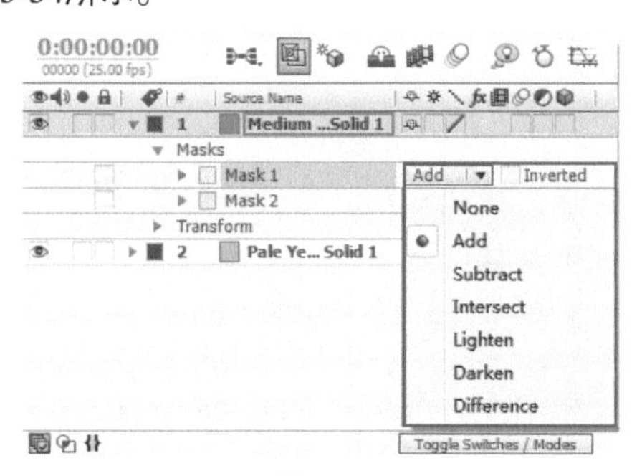

图3-34

遮罩的叠加模式介绍

None（无）：不产生遮罩效果，效果如图3-35所示。

Add（加法）：将多个遮罩进行叠加处理，该模式是遮罩的默认模式，效果如图3-36所示。

Subtract（减法）：将多个遮罩进行相减处理，效果如图3-37所示。

Intersect（相交）：隐藏遮罩的非公共区域，效果如图3-38所示。

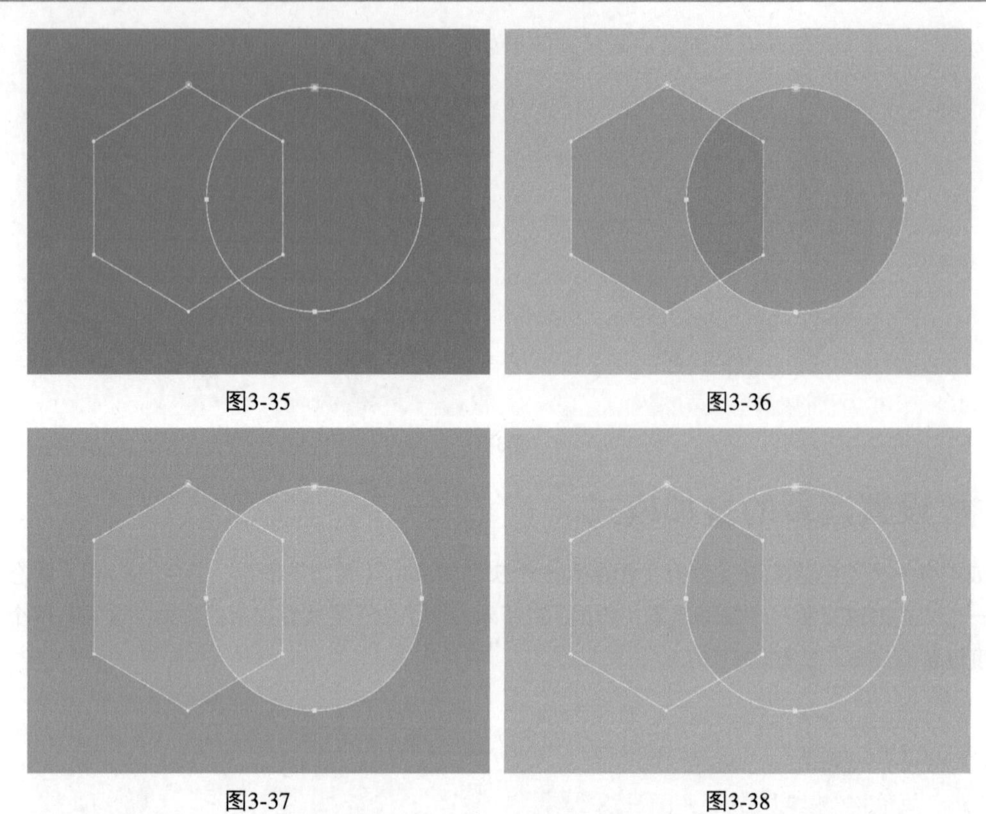

图3-35　　图3-36

图3-37　　图3-38

Lighten（变亮）：Lighten（变亮）模式与Add（加法）模式类似，但对于遮罩重叠处的不透明度则采用不透明度较高的值，如图3-39所示。

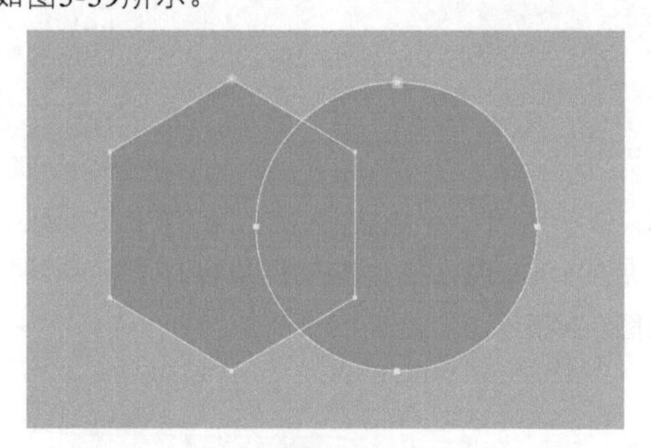

图3-39

Darken（变暗）：Darken（变暗）模式与Intersect（相交）模式类似，但对于遮罩重叠处的不透明度则采用不透明度较低的值，如图3-40所示。

Difference（差值）：隐藏遮罩间的公共区域，如图3-41所示。

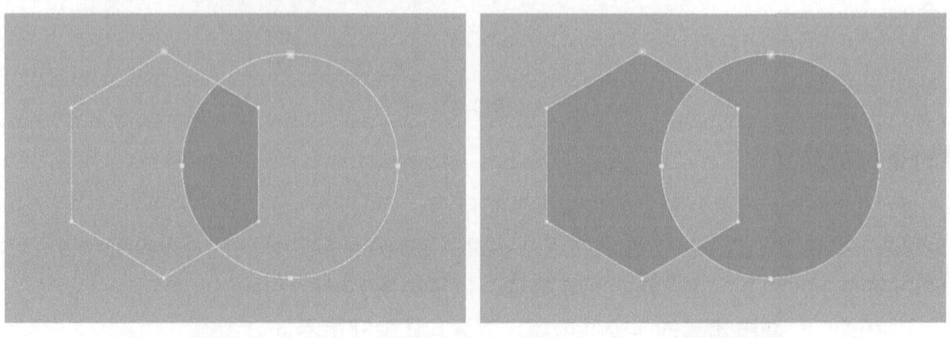

图3-40　　图3-41

课堂案例 镜头切换特效

- 素材位置 实例文件>CH03>课堂案例：镜头切换特效
- 实例位置 实例文件>CH03>镜头切换特效_F.aep
- 难易指数 ★★☆☆☆
- 技术掌握 掌握遮罩的基本操作

（扫描观看视频）

本例主要通过制作镜头切换特效，来掌握遮罩的基本操作，包括绘制遮罩和设置遮罩的属性，效果如图3-42所示。

图3-42

01 执行Composition（合成）>New Composition（新建合成）菜单命令，然后在打开的Composition Settings（合成设置）对话框中，输入Composition Name（合成名称）为NBA，接着设置Width（宽度）为640、Height（高度）为360、Duration（持续时间）为7秒，最后单击OK（确定）按钮 OK 完成创建，如图3-43所示。

02 导入学习资源中nba.mp4、nba1.mp4和PE117B序列文件，如图3-44所示。

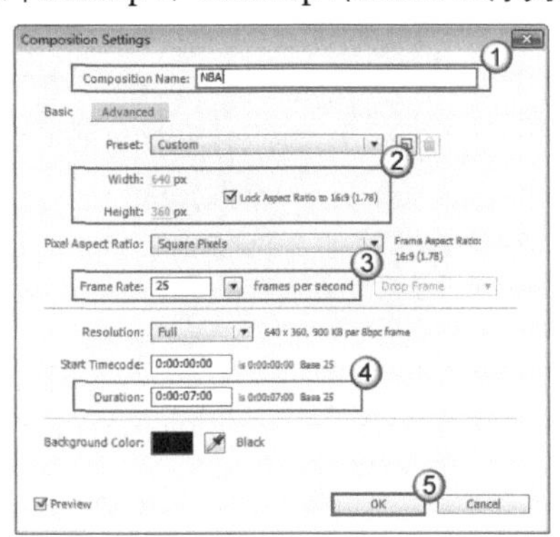

图3-43

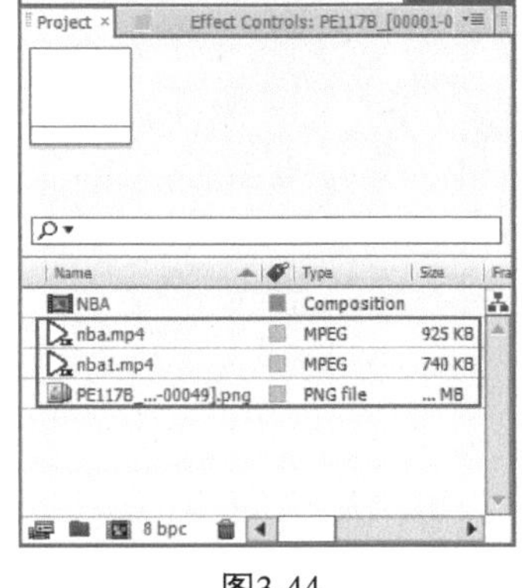

图3-44

03 将素材拖曳到Timeline（时间轴）面板中，然后调整图层的上下层关系，如图3-45所示。

04 在Timeline（时间轴）面板中，单击Expand or Collapse the In/Out/Duration/Stretch panes（展开或折叠“入点”/“出点”/“持续时间”/“伸缩”窗格）按钮，然后设置PE117B图层的Stretch（伸缩）为150%、In（入点）为2秒20帧，接着设置nba图层的In（入点）为1秒18帧，如图3-46所示。

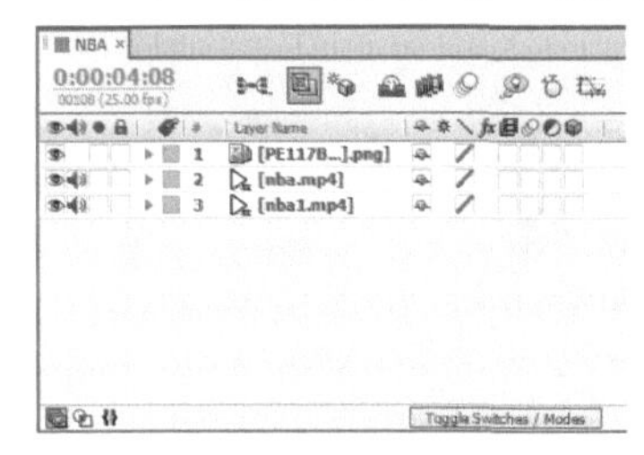

图3-45

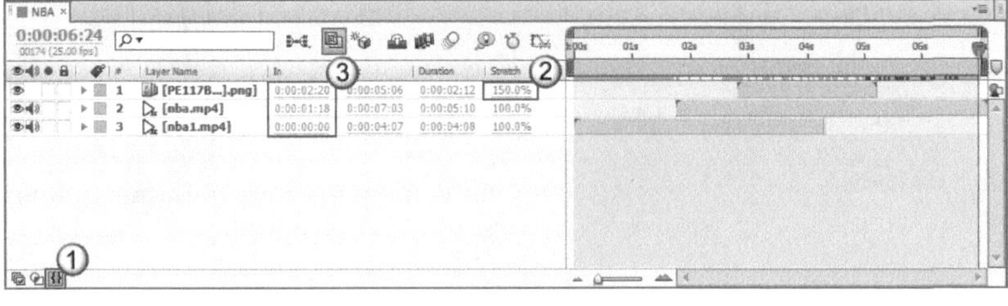

图3-46

05 选择nba图层，然后使用Rectangle Tool（矩形工具）为图层绘制遮罩，如图3-47所示。接着在Timeline（时间轴）面板中展开Masks（遮罩）属性组，并选择Inverted（反转）选项，如图3-48所示。

图3-47

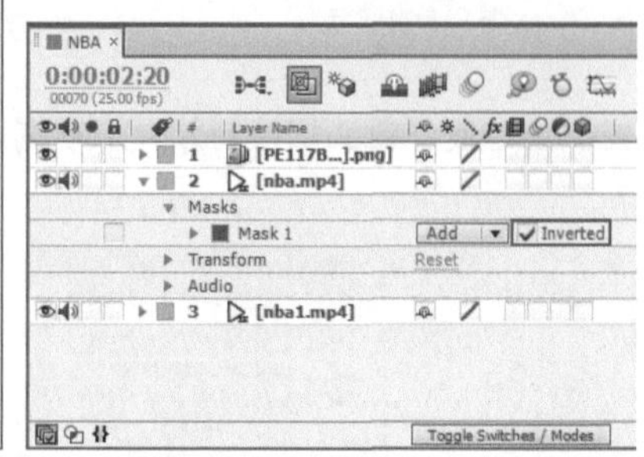

图3-48

06 为nba图层的遮罩制作关键帧动画。在第2秒20帧处，单击Mask Path（遮罩路径）的“码表”按钮激活关键帧，然后分别在3秒4帧、3秒18帧、4秒4帧和4秒12帧处对遮罩进行调整，如图3-49~图3-52所示。

图3-49

图3-50

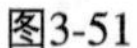

图3-51

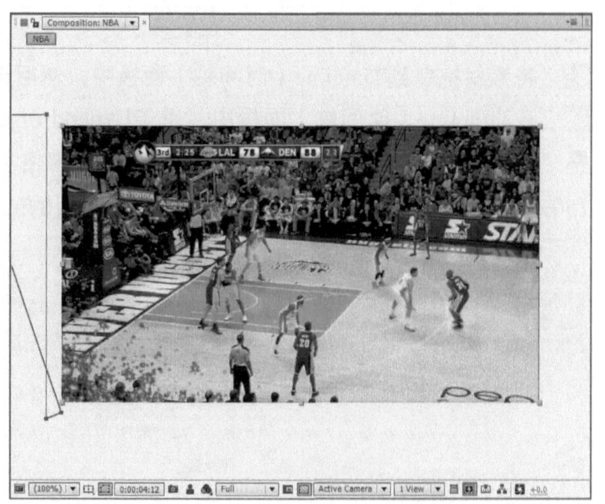

图3-52

07 设置完成后播放动画可观看到最终效果，如图3-53所示。

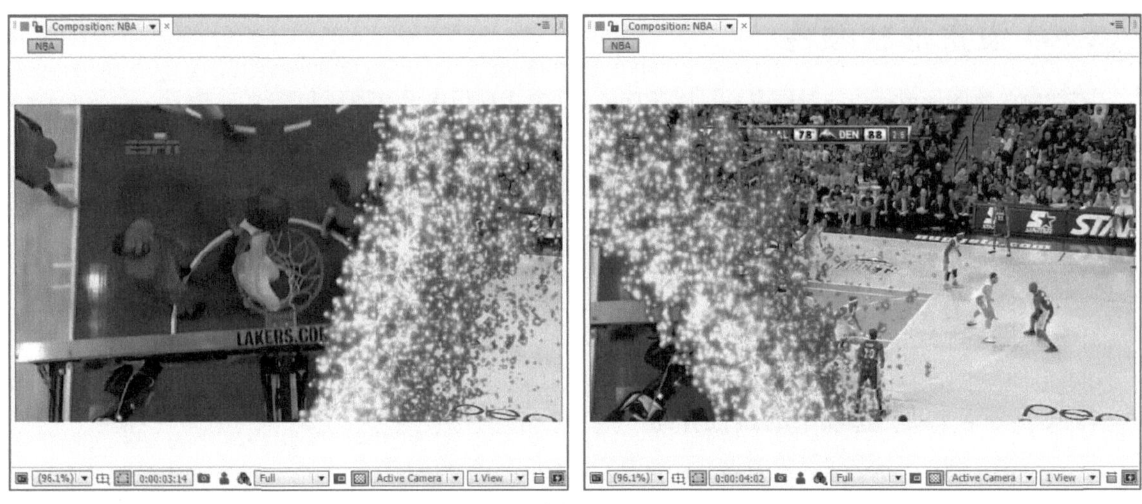

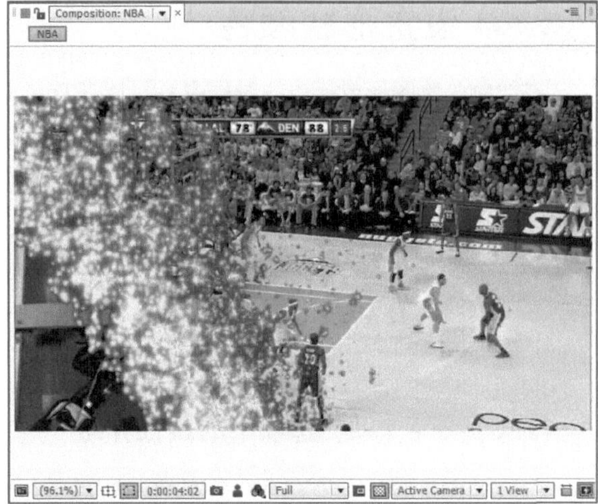

图3-53

3.4 形状的应用

在形状图层中可以绘制出矢量图形或描边，为绘制的图形添加属性，可以制作出丰富的动画效果。形状的应用非常广泛，不仅可以制作遮罩动画，还可以制作描边动画。

3.4.1 创建形状

在绘制矢量图形或描边前，需要先创建形状图层。执行Layer（图层）>New（新建）>Shape Layer（形状图层）命令，如图3-54所示。

选择形状图层，使用形状工具或路径工具可以绘制出矢量图形和描边，如图3-55所示。

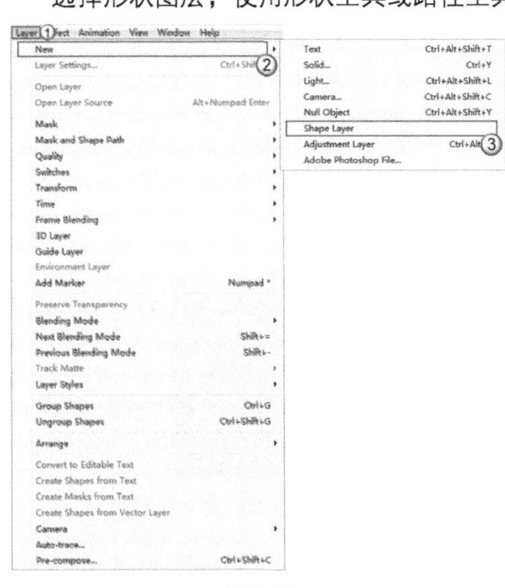

图3-54

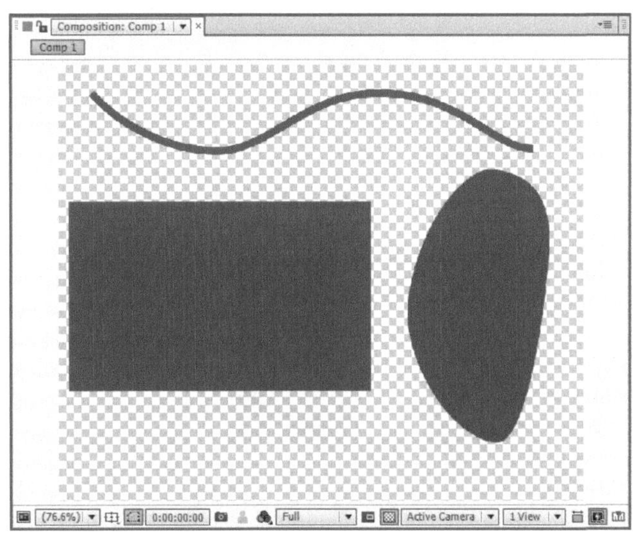

图3-55

技巧与提示

在未选择任何图层的情况下，使用形状工具或路径工具绘制图形，可以自动新建形状图层。

3.4.2 设置形状颜色

在绘制矢量图形或描边的过程中，可以在Tool（工具）面板中设置图形和路径的属性，如图3-56所示。

图3-56

单击Fill（填充）属性，会打开Fill Options（填充选项）对话框，如图3-57所示。

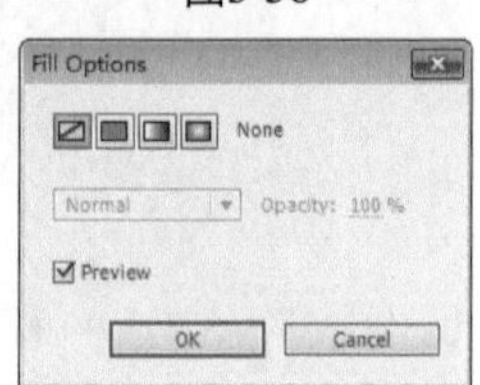

图3-57

Fill Options（填充选项）的属性介绍

None（无）：形状区域内没有填充，如图3-58所示。

Solid Color（纯色）：在形状区域内填充一个单一的颜色，如图3-59所示。

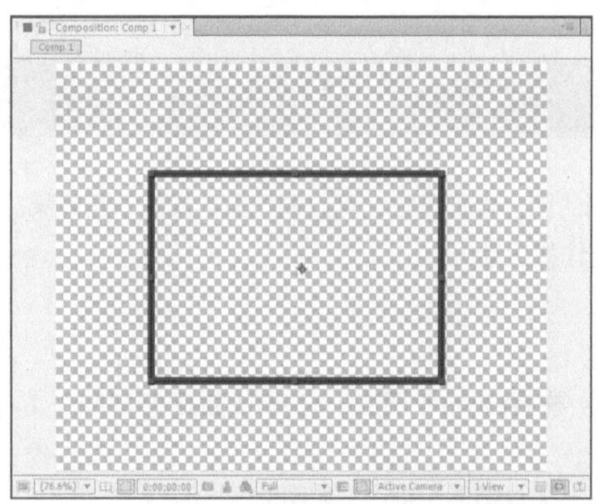

图3-58

图3-59

Linear Gradient（线性渐变）：在形状区域内填充线性渐变色，如图3-60所示。

Radial Gradient（径向渐变）：在形状区域内填充径向渐变色，如图3-61所示。

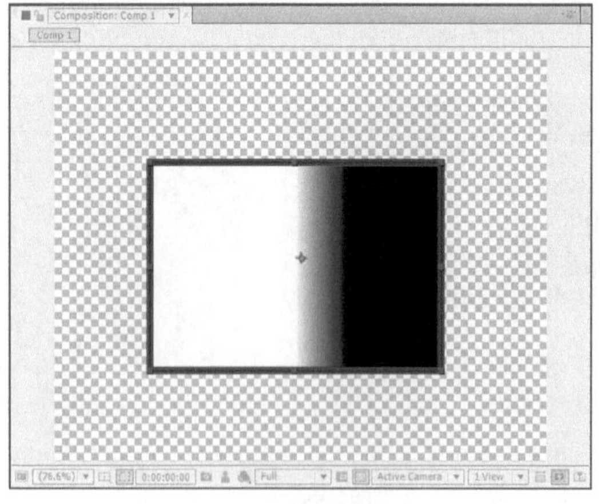

图3-60

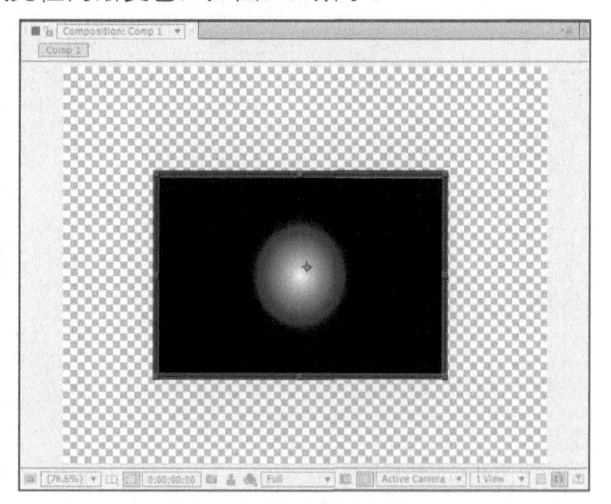

图3-61

Blend Mode（混合模式）：设置填充的混合模式，该下拉菜单中包括24种模式，如图3-62所示。

Opacity(不透明度)：设置填充区域内的不透明度，效果如图3-63所示。

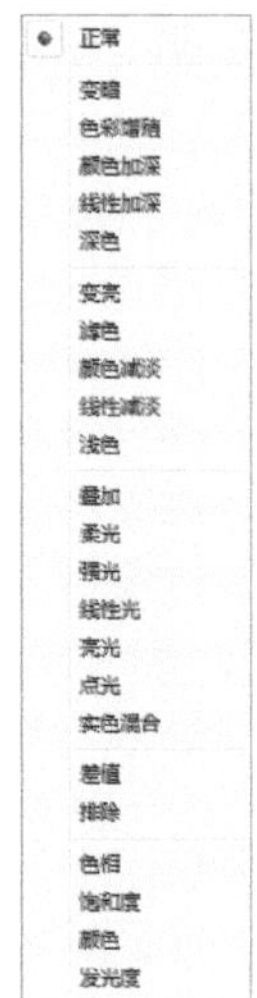

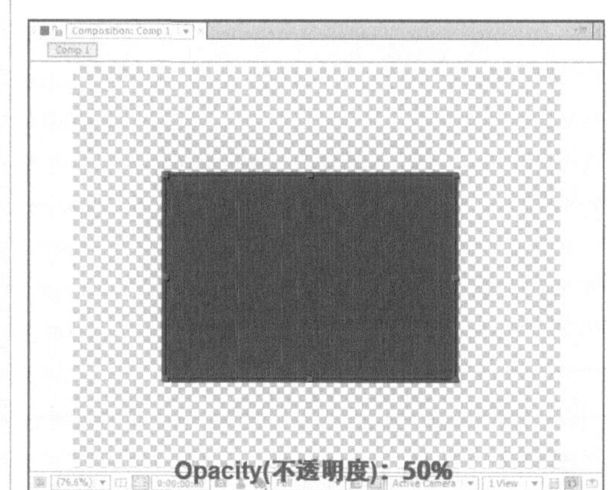

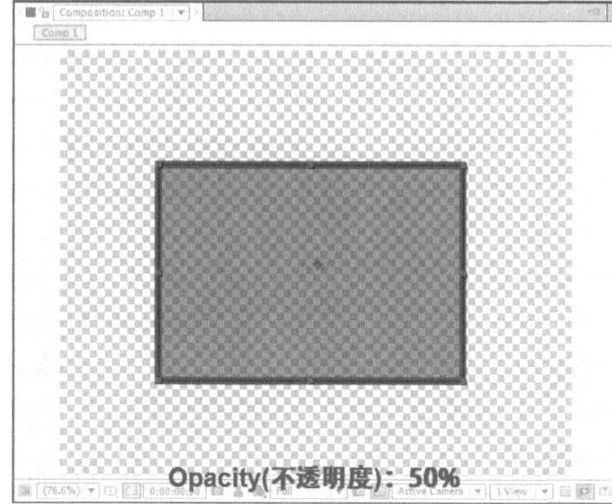

图3-62　　图3-63

Preview（预览）：预览调整后的效果，默认选择该选项。

单击Fill Color（填充颜色）按钮，会打开Shape Fill Color（形状填充颜色）对话框。在该对话框中可以设置填充的颜色，如图3-64所示。

当设置填充的内容为Linear Gradient（线性渐变）或Radial Gradient（径向渐变）时，Fill Color（填充颜色）图标会随即发生变化。单击Fill Color（填充颜色）按钮后，会打开Gradient Editor（渐变编辑器）对话框，如图3-65所示。

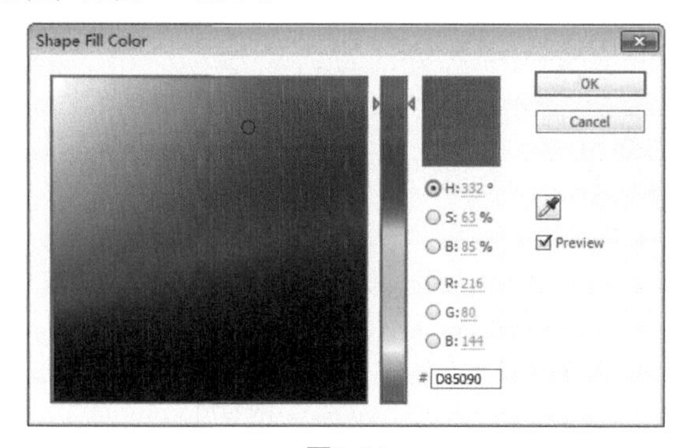

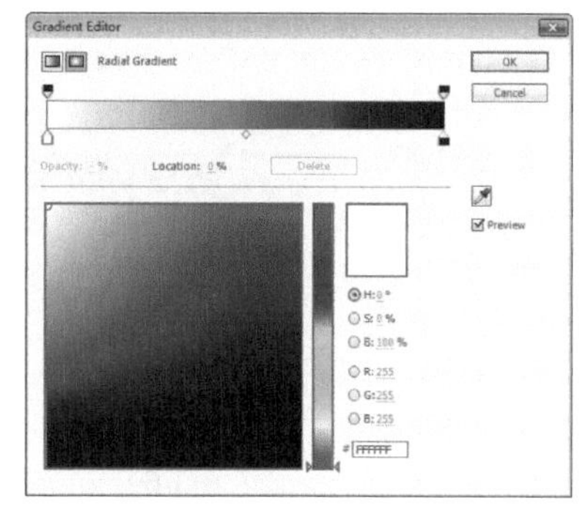

图3-64　　图3-65

单击Stroke（描边）属性，会打开Stroke Options（描边选项）对话框，如图3-66所示。

单击Stroke Color（描边颜色）按钮，会打开Shape Stroke Color（形状填充颜色）对话框。在该对话框中可以设置描边的颜色，如图3-67所示。

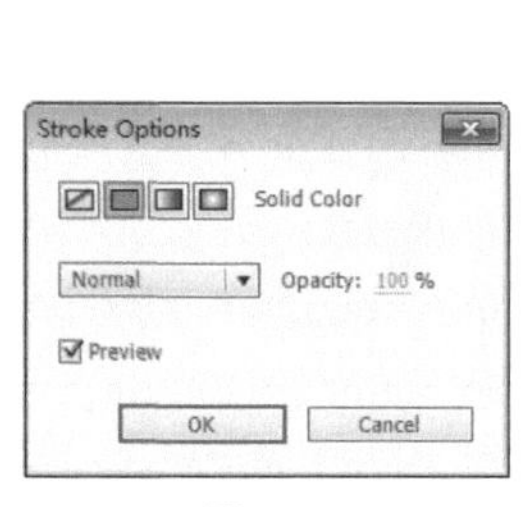

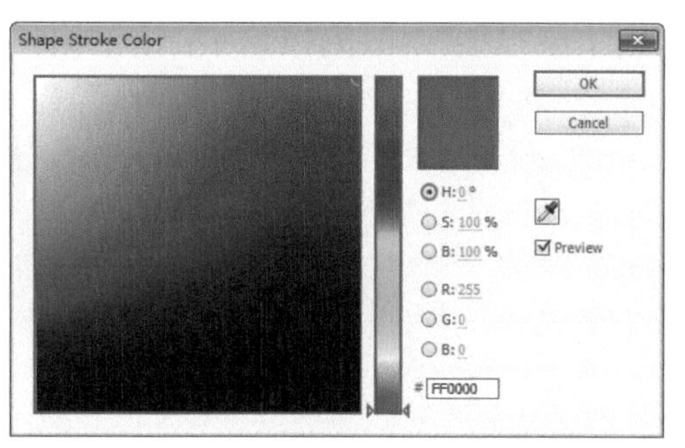

图3-66　　图3-67

设置Stroke Color（描边颜色）按钮后面的Stroke Width（描边宽度）属性，可以改变描边的宽度，效果如图3-68所示。

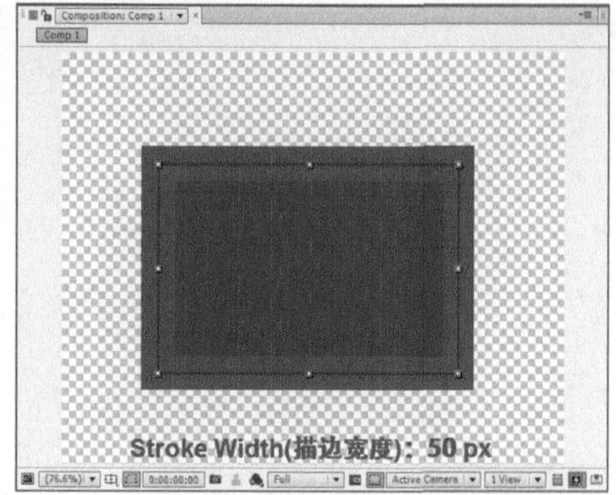

图3-68

3.4.3 设置形状属性

展开形状图层的属性栏，在Contents（内容）属性组下可以调整形状的属性，默认情况下包括Path（路径）、Stroke（描边）、Fill（填充）和Transform（变换）4个属性组，如图3-69所示。

单击Add（添加）按钮，在打开的菜单中可以选择需要添加的属性组，如图3-70所示。通过设置这些属性，可以制作丰富的动画效果。

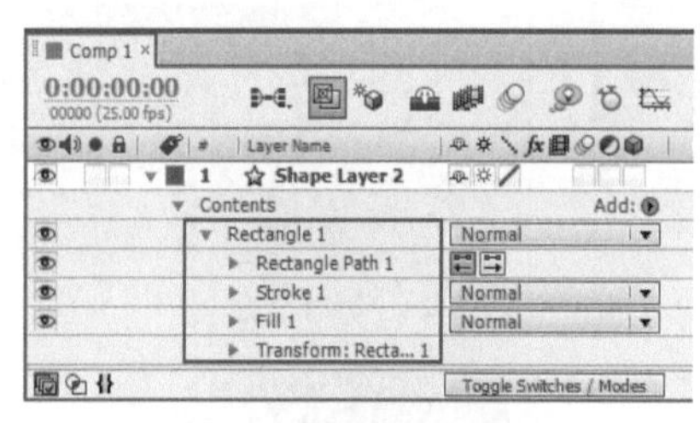

图3-69

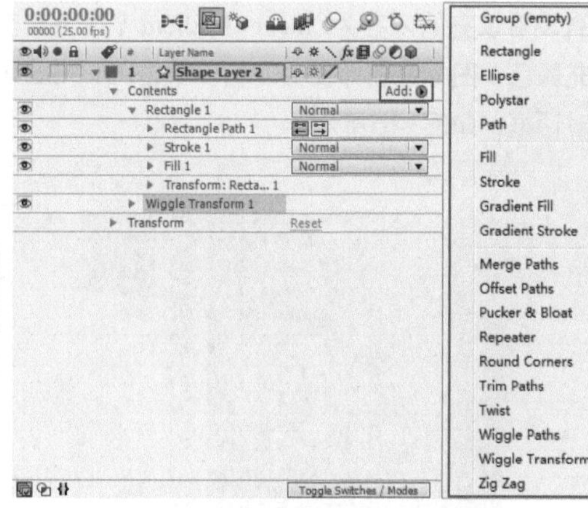

图3-70

新建一个形状图层，使用Pen Tool（钢笔工具）在该图层中绘制一条图3-71所示的路径。

在Tool（工具）面板中设置路径的Stroke Width（描边宽度）为20px，效果如图3-72所示。

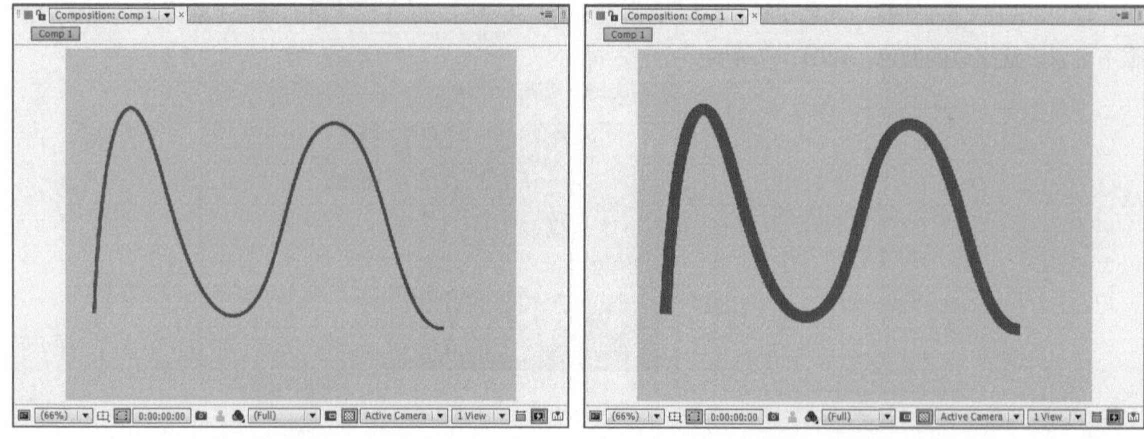

图3-71

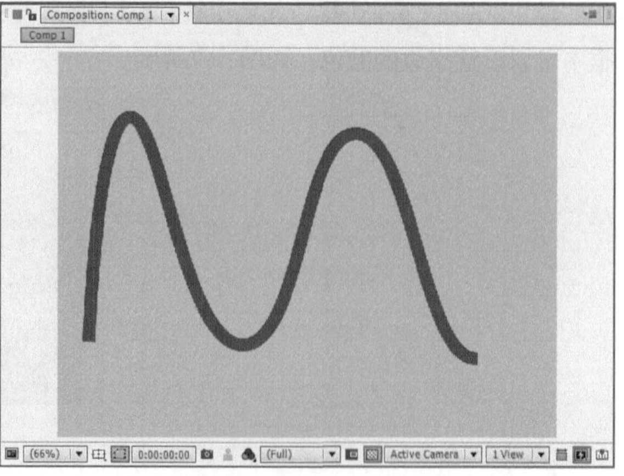

图3-72

展开形状图层的属性栏，单击Add（添加）按钮◉，然后选择Trim Paths（修剪路径）命令，如图3-73所示。

展开Trim Paths（修剪路径）属性组，并为End（结束）属性设置关键帧。在第0帧处，设置End（结束）为0%；在第12帧处，设置End（结束）为100%，如图3-74所示。

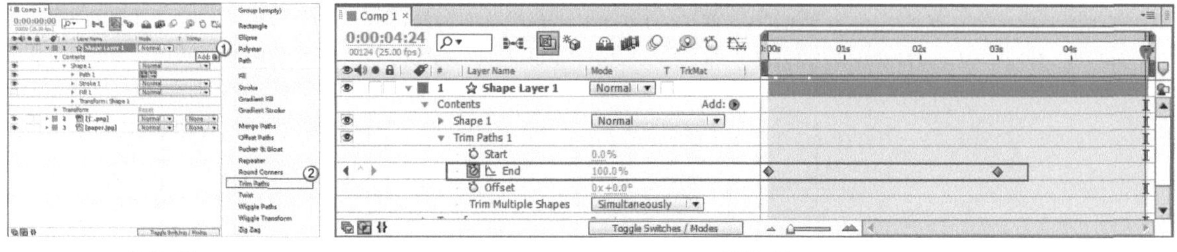

图3-73　　图3-74

播放动画可以看到路径具有了动画效果，第1秒和第2秒的效果如图3-75所示。

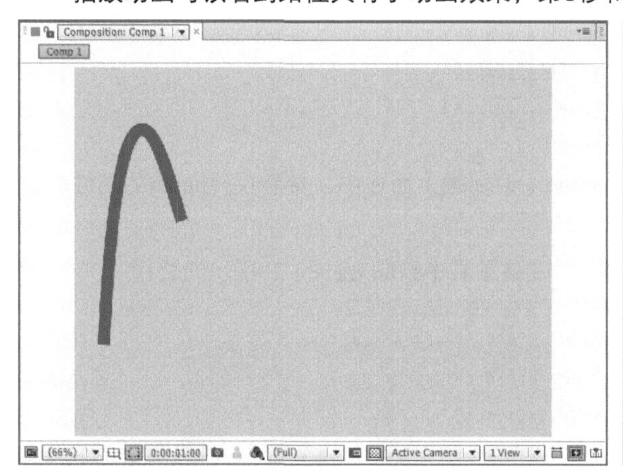

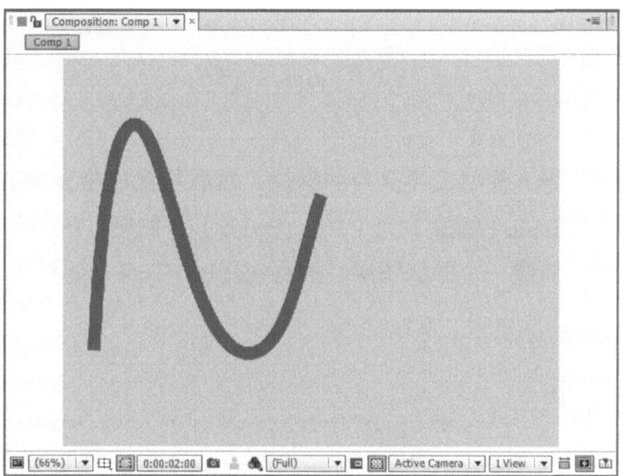

图3-75

课堂案例　写字动画

- 素材位置　实例文件>CH03>课堂案例：写字动画
- 实例位置　实例文件>CH03>写字动画_F.aep
- 难易指数　★★☆☆☆
- 技术掌握　掌握形状动画的制作

（扫描观看视频）

本例主要通过制作写字动画，来掌握如何为形状添加效果，以及TrkMat（轨道蒙版）的使用方法，效果如图3-76所示。

图3-76

01 执行Composition（合成）>New Composition（新建合成）菜单命令，然后在打开的Composition Settings（合成设置）对话框中，输入Composition Name（合成名称）为ren，接着设置Preset（预设）为PAL D1/DV、Duration（持续时间）为3秒，最后单击OK（确定）按钮 OK 完成创建，如图3-77所示。

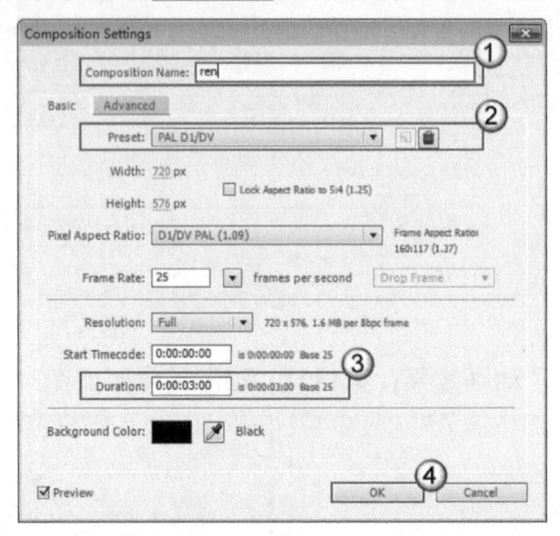

图3-77

02 导入素材文件夹中的素材，然后将素材拖曳到Timeline（时间轴）面板中，接着展开paper的属性栏，设置Scale（缩放）为（261，261%），如图3-78所示。

03 新建一个形状图层，然后使用Pen Tool（钢笔工具）在该图层中绘制3条图3-79所示的路径。

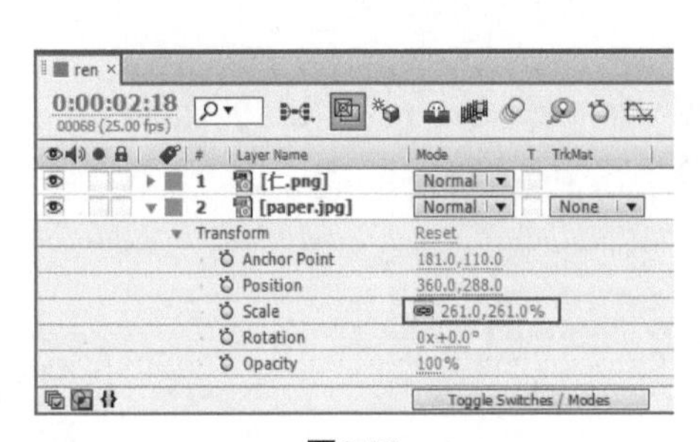

图3-78　图3-79

04 展开形状图层的属性栏，然后选择3个Shape（形状）属性，如图3-80所示。接着在Tool（工具）面板中设置路径的Stroke Width（描边宽度）为71px，画面效果如图3-81所示。

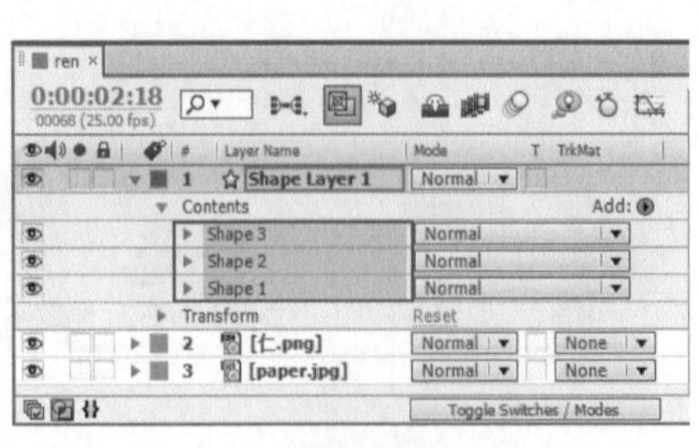

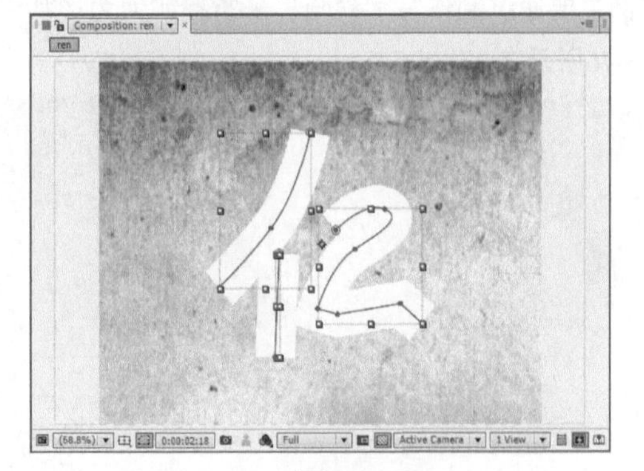

图3-80　图3-81

05 选择3个Shape（形状）属性，然后单击Add（添加）按钮，接着选择Trim Paths（修剪路径）命令，如图3-82所示。

06 展开Shape1（形状1）>Trim Paths（修剪路径）属性组，然后为End（结束）属性设置关键帧。在第0帧处，设置End（结束）为0%；在第12帧处，设置End（结束）为100%，如图3-83所示。

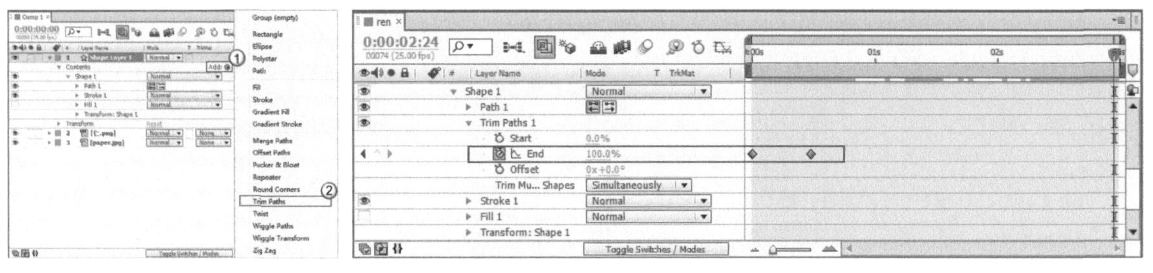

图3-82　　　　图3-83

07 展开Shape2（形状1）>Trim Paths（修剪路径）属性组，然后为End（结束）属性设置关键帧。在第18帧处，设置End（结束）为0%；在第1秒6帧处，设置End（结束）为100%，如图3-84所示。

08 展开Shape3（形状1）>Trim Paths（修剪路径）属性组，然后为End（结束）属性设置关键帧。在第1秒12帧处，设置End（结束）为0%；在第2秒7帧处，设置End（结束）为100%，如图3-85所示。

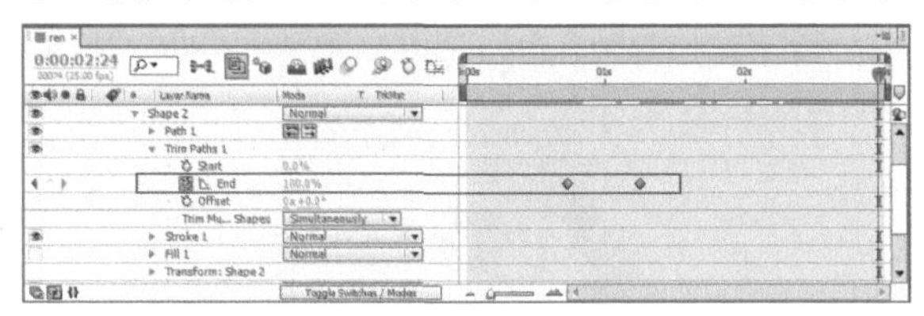

图3-84

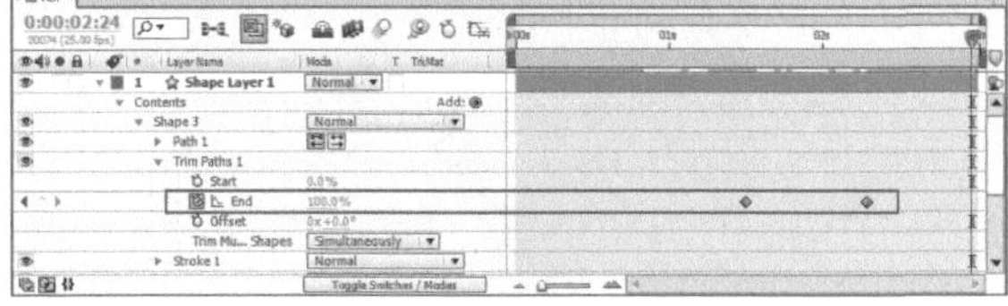

图3-85

09 播放动画可以看到路径具有了动画效果，第1秒和第10秒的画面效果如图3-86所示。

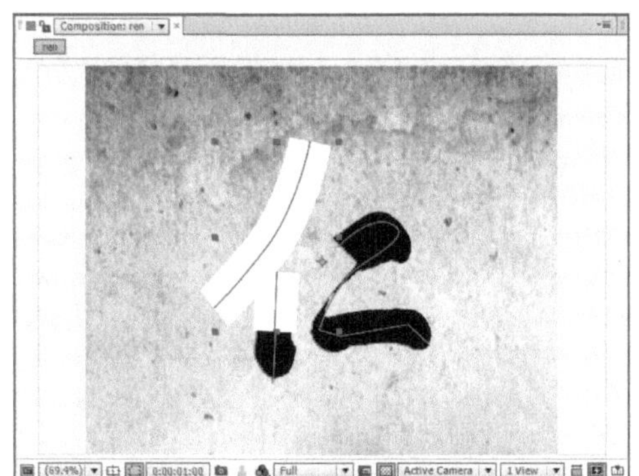

图3-86

10 展开第2个图层的TrkMat（轨道蒙版）下拉菜单，然后选择Alpha Matte “Shape Layer 1”选项，如图3-87所示。

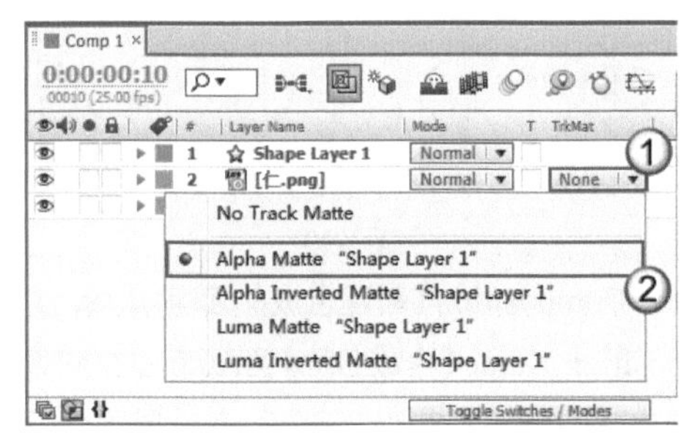

图3-87

技巧与提示

Track Matte（轨道蒙版）属于特殊的一种遮罩类型，它可以将一个图层的Alpha信息或亮度信息作为另一个图层的透明度信息，同样可以完成建立图像透明区域或限制图像局部显示的工作。Track Matte（轨道蒙版）的下拉菜单如图3-88所示。

No Track Matte
Alpha Matte "Shape Layer 1"
Alpha Inverted Matte "Shape Layer 1"
Luma Matte "Shape Layer 1"
Luma Inverted Matte "Shape Layer 1"

图3-88

Track Matte（轨道蒙版）的属性介绍

Alpha Matte（Alpha蒙版）：将蒙版图层的Alpha通道信息作为最终显示图层的蒙版参考。

Alpha Inverted Matte（Alpha反转蒙版）：与Alpha Matte（Alpha蒙版）结果相反。

Luma Matte（亮度蒙版）：将蒙版图层的亮度信息作为最终显示图层的蒙版参考。

Luma Inverted Matte（亮度反转蒙版）：与Luma Matte（亮度蒙版）结果相反。

11 播放动画可以看到汉字具有了书写动画，第1秒和第2秒的画面效果如图3-89所示。

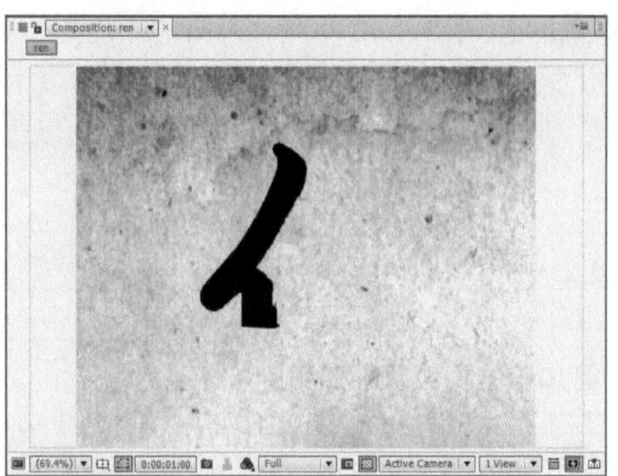

图3-89

综合案例 音频特效

- 素材位置 实例文件>CH03>综合案例：音频特效
- 实例位置 实例文件>CH03>音频特效_F.aep
- 难易指数 ★★★☆☆
- 技术掌握 形状动画的综合应用

（扫描观看视频）

本例主要通过制作音频特效，来掌握形状效果的应用，并结合表达式完成动画的制作，效果如图3-90所示。

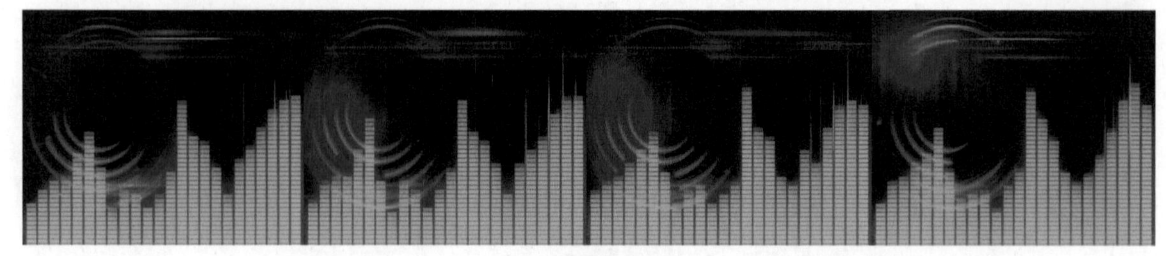

图3-90

01 执行Composition（合成）>New Composition（新建合成） 菜单命令，然后在打开的Composition Settings（合成设置）对话框中，输入Composition Name（合成名称）为Audio，接着设置Preset（预设）为PAL D1/DV、Duration（持续时间）为5秒，最后单击OK（确定）按钮 OK 完成创建，如图3-91所示。

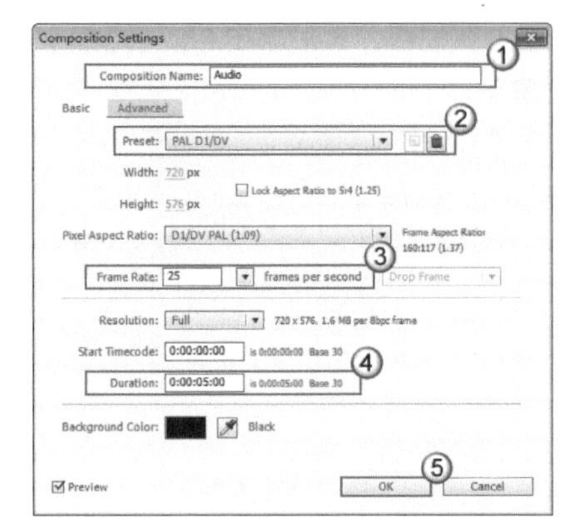

图3-91

02 导入素材文件夹中的素材，然后将素材拖曳到Timeline（时间轴）面板中，接着展开34图层的属性栏，设置Position（位置）为（360，263），如图3-92所示。画面效果如图3-93所示。

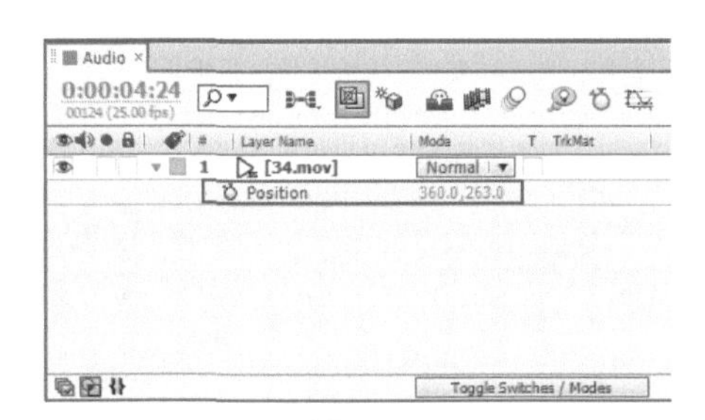

图3-92

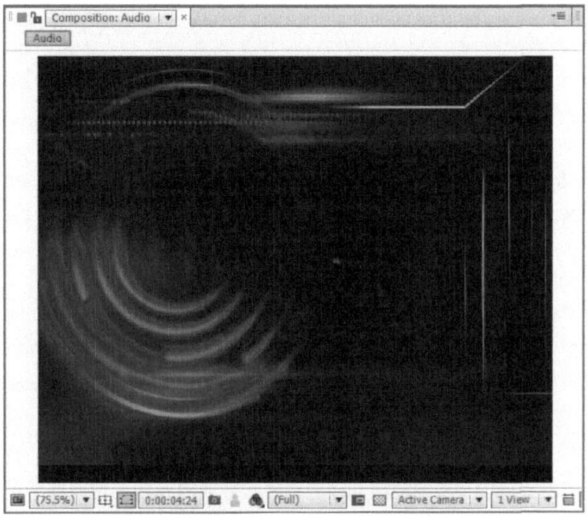

图3-93

03 新建一个形状图层，然后将其拖曳至顶层，接着重命名为audio，如图3-94所示。

04 选择Rectangle Tool（矩形工具），然后设置Fill（填充颜色）为（R:0，G:148，B:150），如图3-95所示。接着设置Stroke Width（描边宽度）为0px，最后在画面中绘制一个矩形，如图3-96所示。

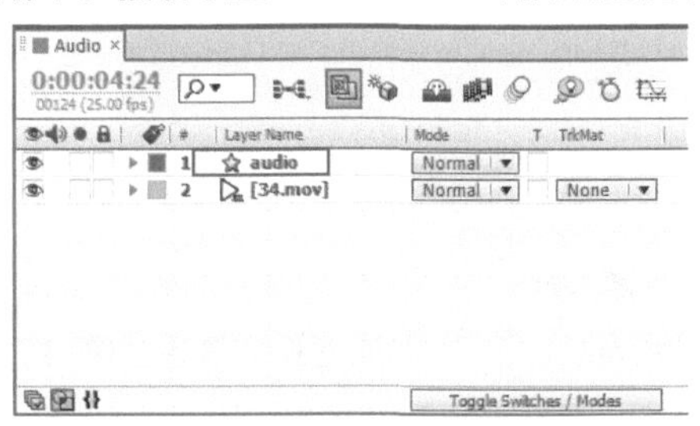

图3-94

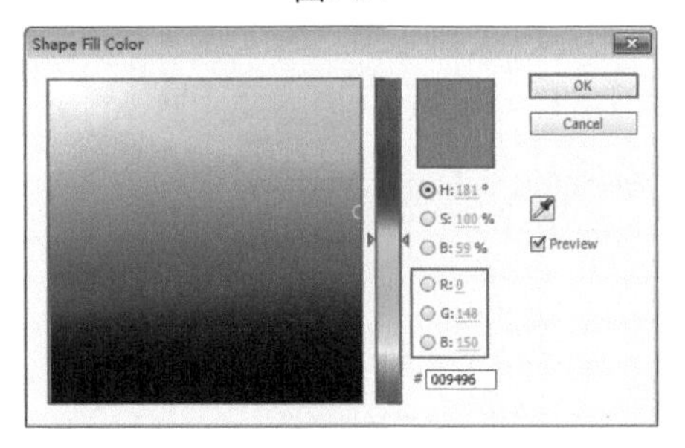

图3-95

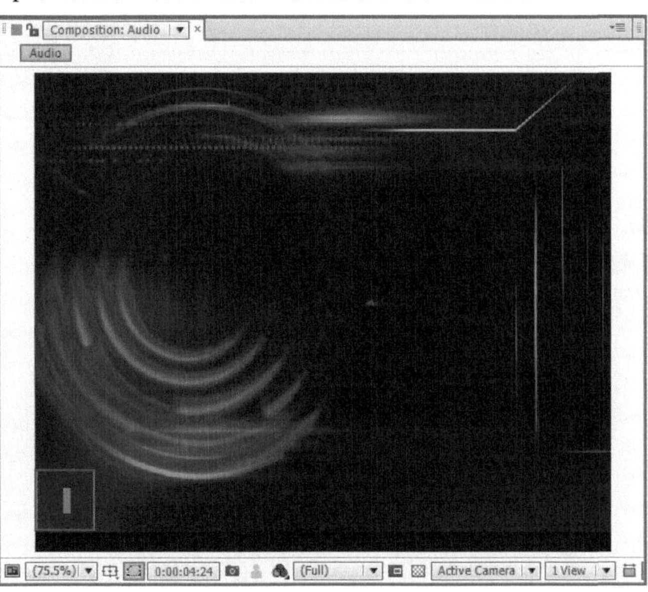

图3-96

05 展开audio图层的Contents（内容）属性组，然后单击Add（添加）按钮，接着在打开的菜单中选择Repeater（中继器）命令，如图3-97所示。

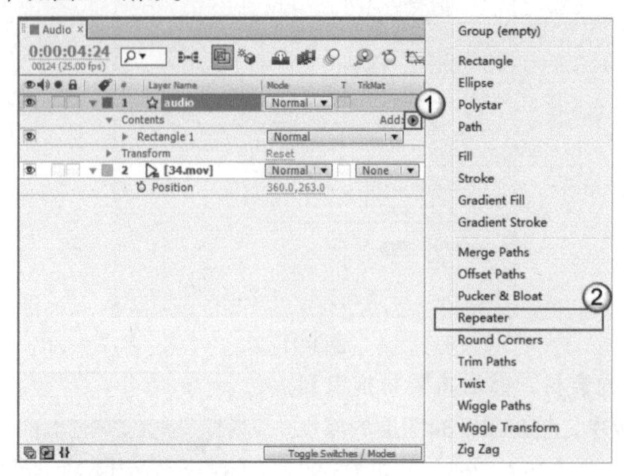

图3-97

06 选择audio图层，然后展开Contents（内容）>Repeater 1（中继器 1）>Transform:Repeater 1（变换：中继器 1）属性组，接着设置Position（位置）为（11，0）、End Opacity（结束点不透明度）为50%，如图3-98所示。画面效果如图3-99所示。

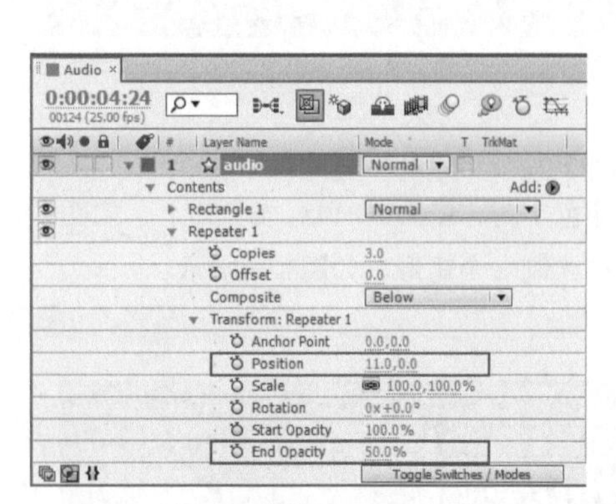

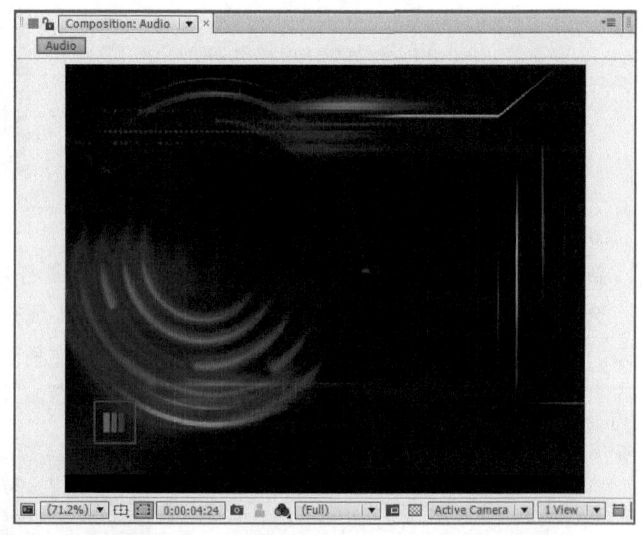

图3-98　　图3-99

07 展开Contents（内容）>Repeater 1（中继器 1）属性组，然后为Copies（副本）属性添加表达式属性，接着输入下列表达式，如图3-100所示。效果如图3-101所示。

random(30,34);

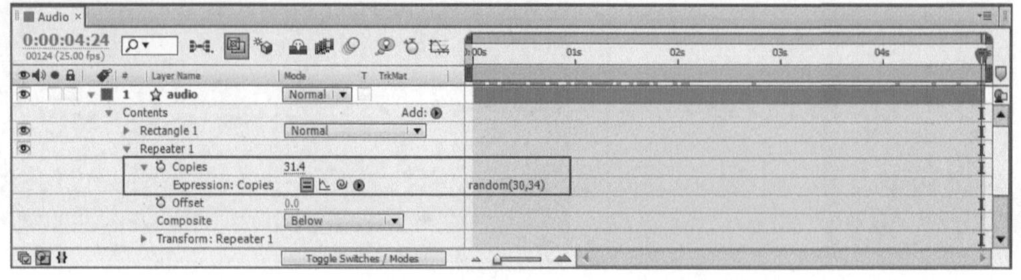

图3-100

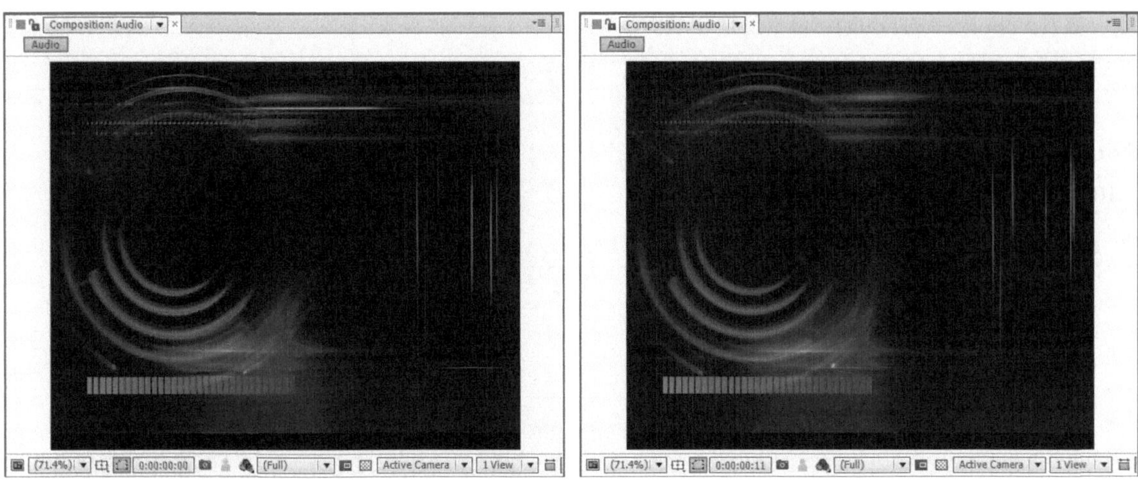
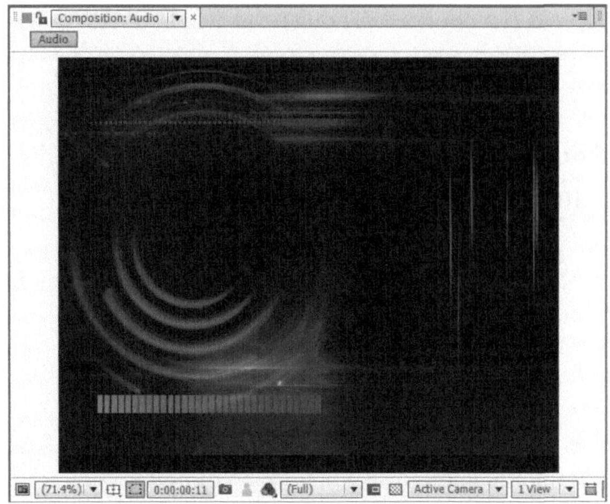

图3-101

08 选择audio图层，然后执行Effect（效果）>Stylize（风格化）>Glow（发光）菜单命令，如图3-102所示。

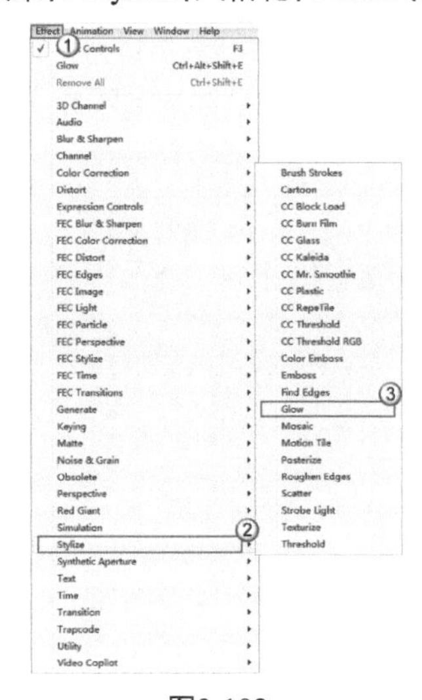

图3-102

09 在Effect Controls（效果控件）面板中，设置Glow Radius（发光半径）为50、Glow Intensity（发光强度）为20，如图3-103所示。画面效果如图3-104所示。

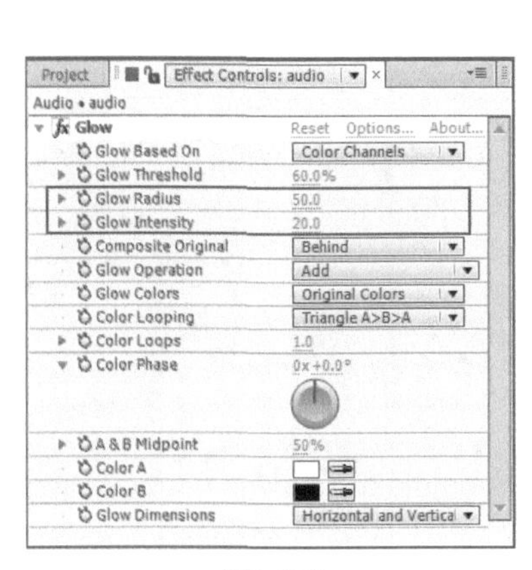

图3-103

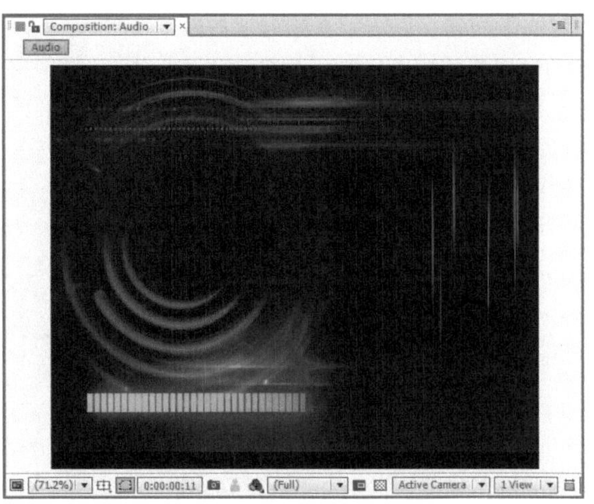

图3-104

10 展开audio图层的Transform（变换）属性组，然后设置Position（位置）为（522，247）、Scale（缩放）为（100，101.9%）、Rotation（旋转）为（0×-90°），如图3-105所示。画面效果如图3-106所示。

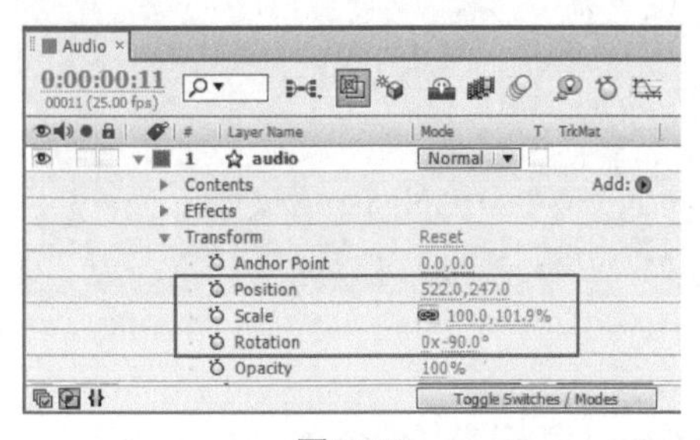

图3-105

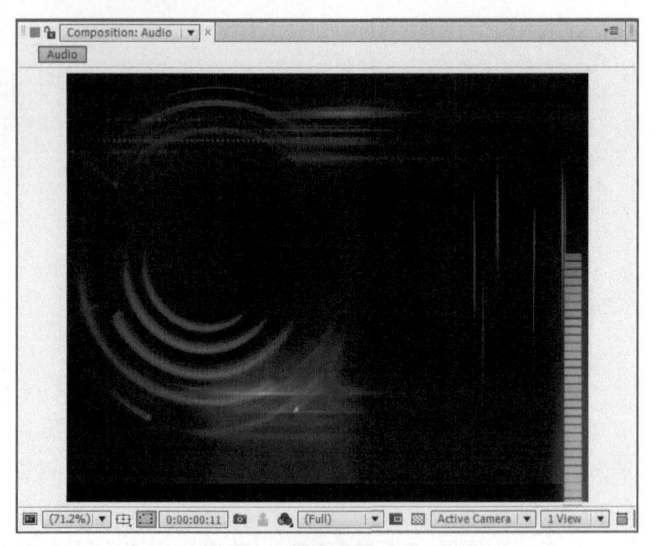

图3-106

11 复制出若干个audio图层，然后将复制出来的形状图层排列整齐，如图3-107所示。

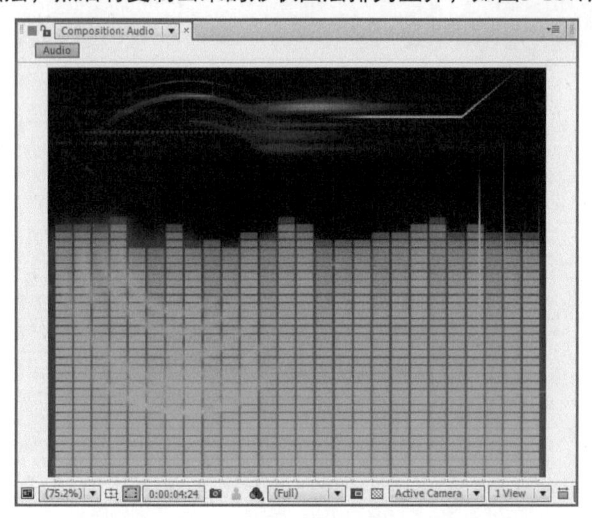

图3-107

12 设置各个形状图层的表达式，使随机值控制在一定的区间内，以达到音频起伏的效果，如图3-108所示。效果如图3-109所示。

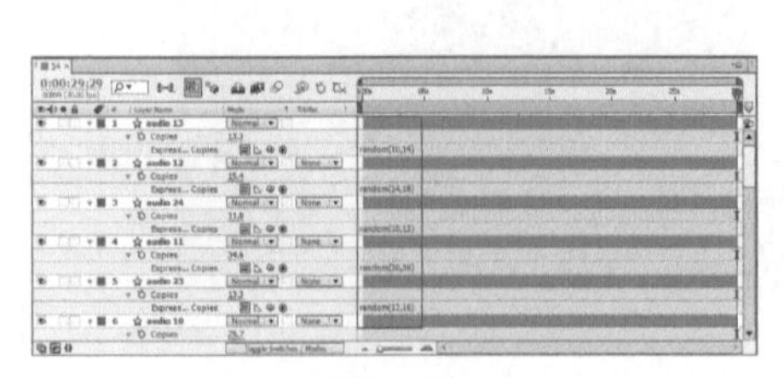

图3-108

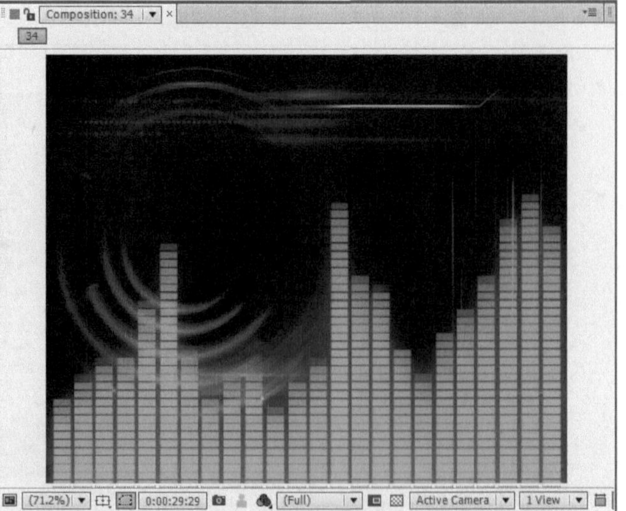

图3-109

三维技术 04

After Effects虽然是一个后期特效处理软件，但是也提供了三维制作功能，可以轻松地实现透视、阴影和运动模糊等效果。通过After Effects的三维功能，可以完成Matte Painting（数字绘景），制作出具有纵深感的场景合成。本章主要介绍三维图层、灯光和摄像机的创建方法和操作技巧，通过对本章的学习，读者可以制作出符合影视要求的三维特效和场景合成。

4.1 三维技术

如果要在After Effects中制作三维效果，首先要将图层转换为三维图层，这样才能为图层制作三维效果。三维图层是制作三维效果的根基，因此要熟练掌握三维图层的属性。

4.1.1 创建三维图层

在Layer Switches Pane（图层开关窗格）下，激活图层后面的三维开关，可使图层在二维和三维之间切换，如图4-1所示。

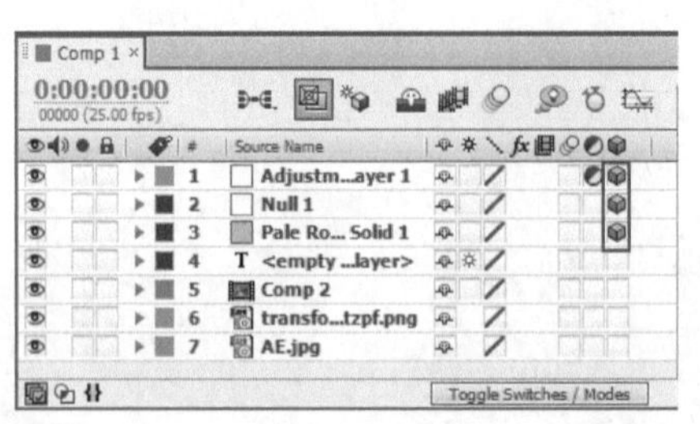

图4-1

展开图层的属性栏。三维图层的属性相比二维图层，多了一个Z轴的属性，并且增加了Material Options（材质选项）属性组，如图4-2所示。

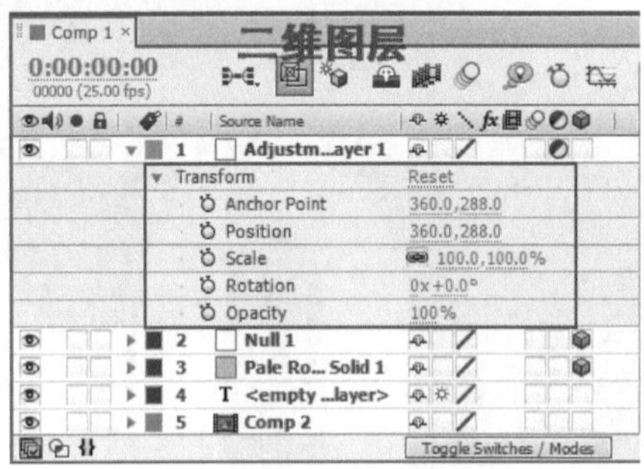

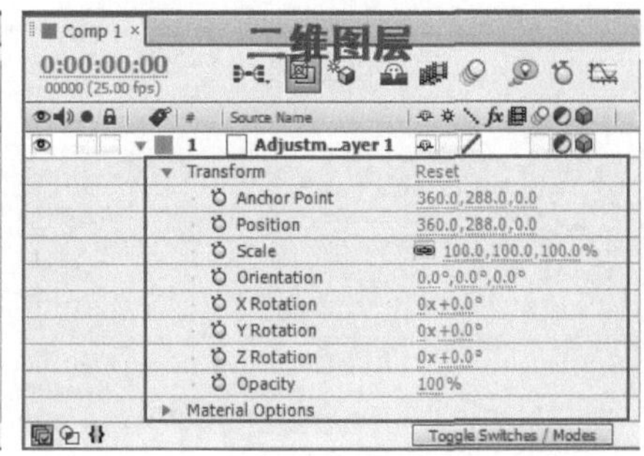

图4-2

4.1.2 编辑三维图层

三维图层的Transform（变换）属性组下，增加了一项Orientation（方向）属性，如图4-3所示。

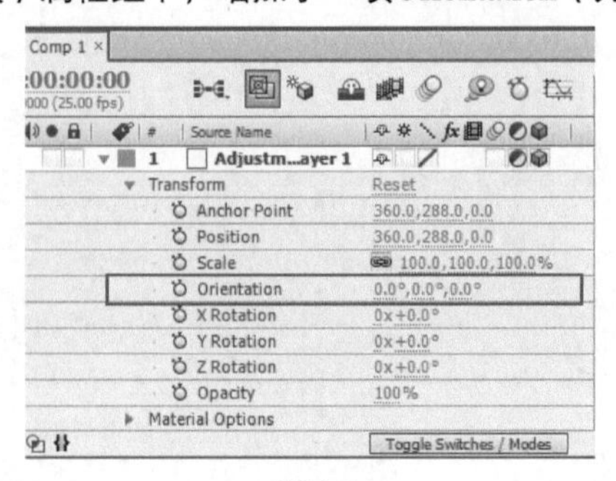

图4-3

Orientation（方向）属性的作用类似于Rotation（旋转）属性，都可以使图层发生旋转变化，但是，Orientation（方向）属性是从全局控制的。

课堂案例 舞动音符

- 素材位置 实例文件>CH04>课堂案例：舞动音符
- 实例位置 实例文件>CH04>舞动音符_F.aep
- 难易指数 ★★★☆☆
- 技术掌握 掌握三维图层的应用

（扫描观看视频）

本例主要通过制作舞动音符动画，来掌握三维图层的属性设置，效果如图4-4所示。

图4-4

01 执行Composition（合成）>New Composition（新建合成）菜单命令，然后在打开的Composition Settings（合成设置）对话框中，输入Composition Name（合成名称）为music，接着设置Width（宽度）为800、Height（高度）为600、Duration（持续时间）为6秒，最后单击OK（确定）按钮 OK 完成创建，如图4-5所示。

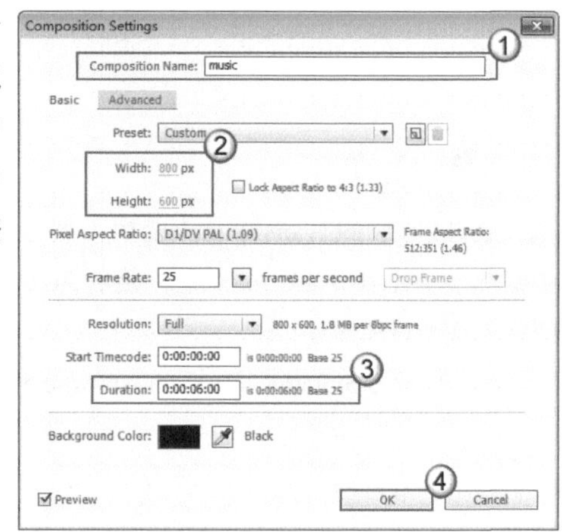

图4-5

02 导入素材文件夹中的1.png、2.png、3.png、4.png、5.png、6.png文件，然后将其拖曳到Timeline（时间轴）面板中，接着激活图层的三维功能，如图4-6所示。画面效果如图4-7所示。

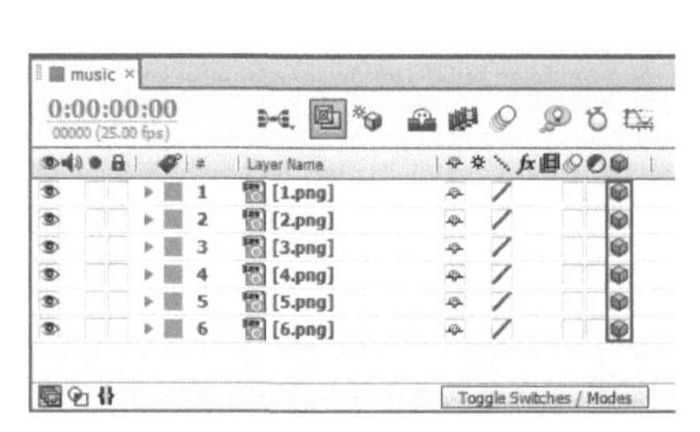

图4-6

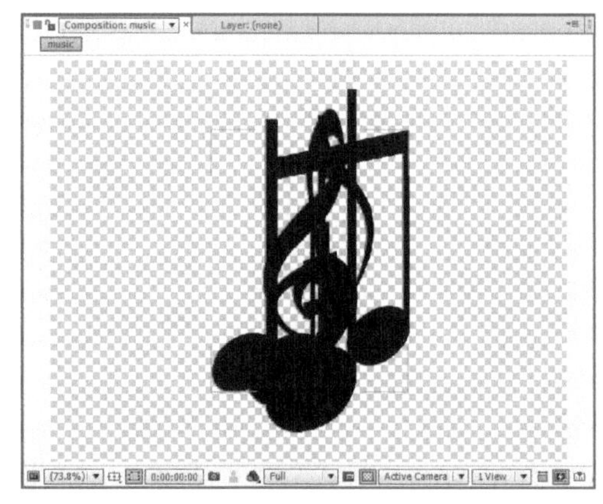

图4-7

03 展开1图层的Transform（变换）属性组，然后设置Scale（缩放）为（30，30，30%），接着为Position（位置）属性添加如下表达式，如图4-8所示。画面效果如图4-9所示。

```
transform.position=[200,300+Math.sin(time)*50,-20];
```

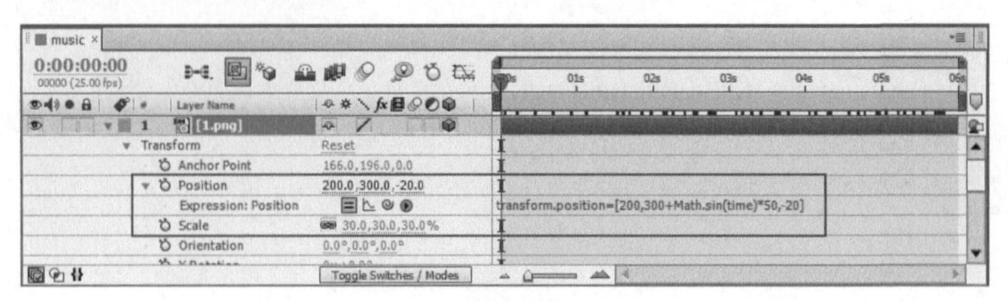

图4-8

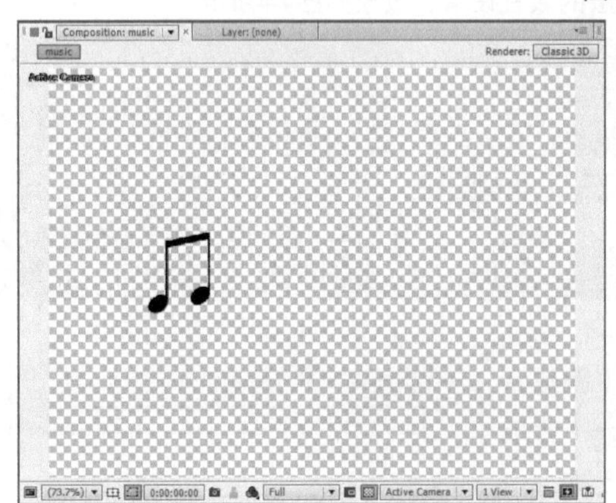

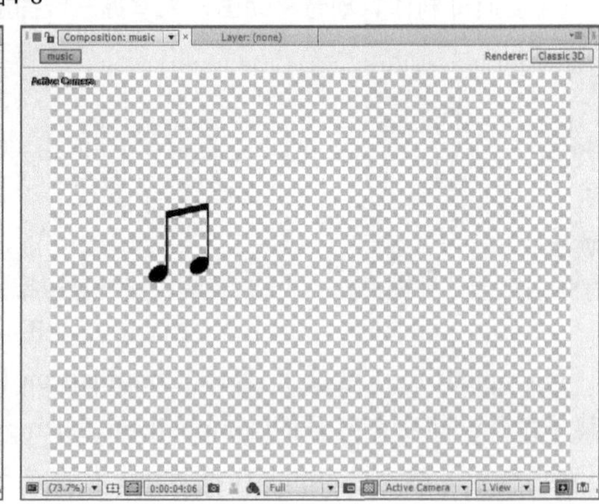

图4-9

04 展开2图层的Transform（变换）属性组，然后设置Position（位置）为（660，300，-50）、Scale（缩放）为（40，40，40%），接着为Orientation（方向）属性添加如下表达式，如图4-10所示。画面效果如图4-11所示。

transform.orientation=[0,Math.sin(time)*200,0];

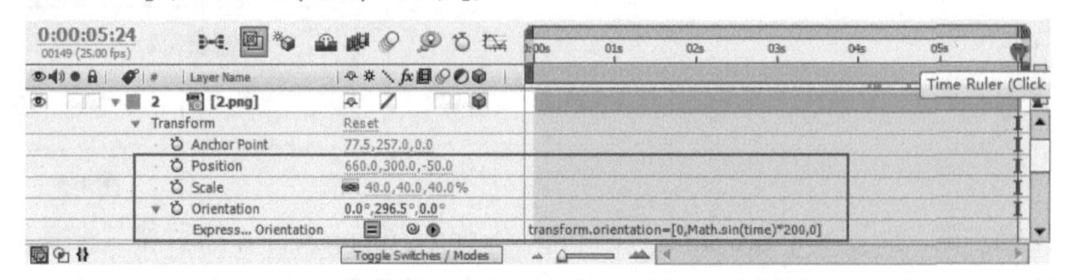

图4-10

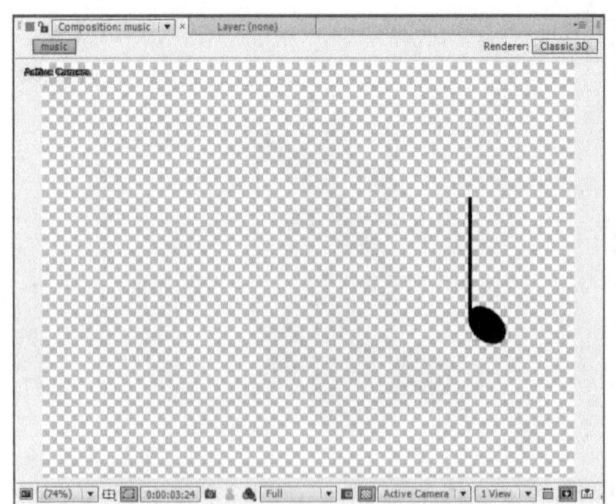

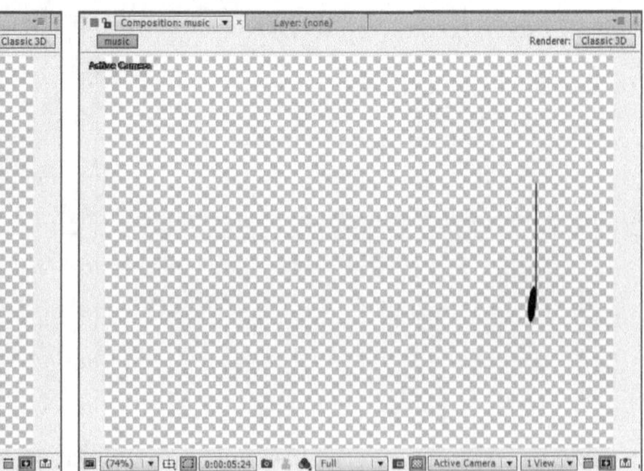

图4-11

05 展开3图层的Transform（变换）属性组，然后设置Position（位置）为（364，384，-100），接着为Scale（缩放）属性添加如下表达式，如图4-12所示。画面效果如图4-13所示。

transform.scale=[50+Math.sin(time)*10,50+Math.sin(time)*10,50+Math.sin(time)*10];

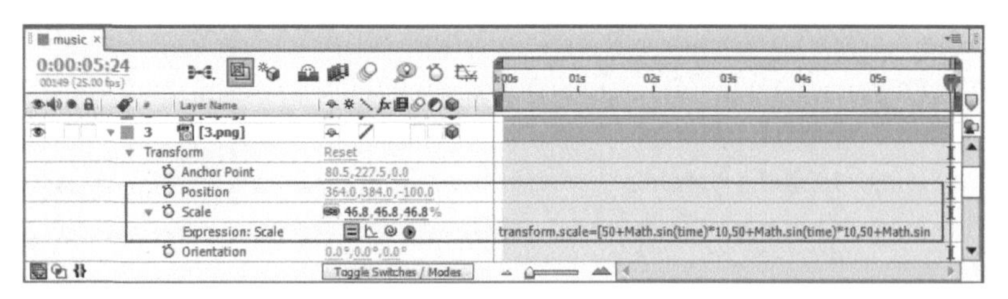

图4-12

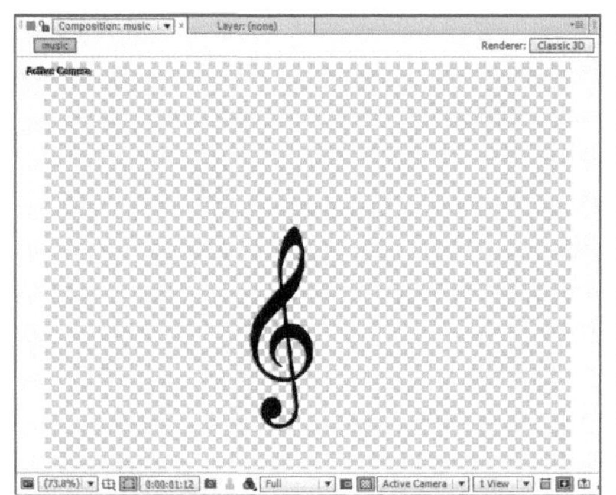

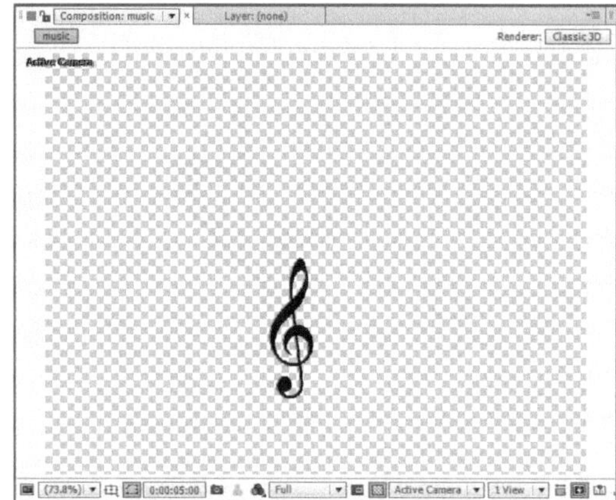

图4-13

06 展开4图层的Transform（变换）属性组，然后设置Position（位置）为（323，368，-50）、Scale（缩放）为（50，50，50%），接着为Orientation（方向）属性添加如下表达式，如图4-14所示。画面效果如图4-15所示。

```
transform.orientation=[0,Math.sin(time+50)*300,0];
```

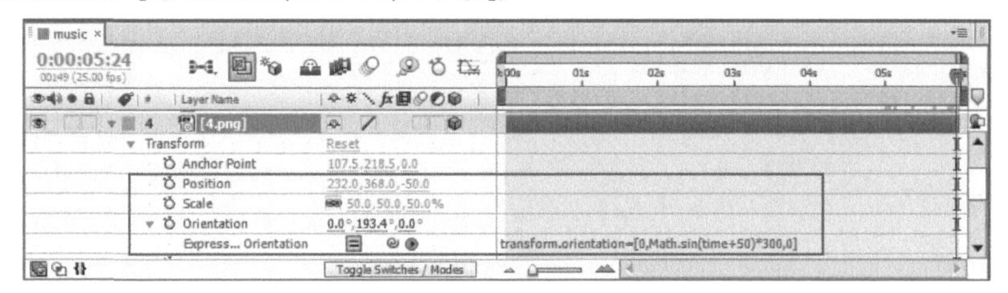

图4-14

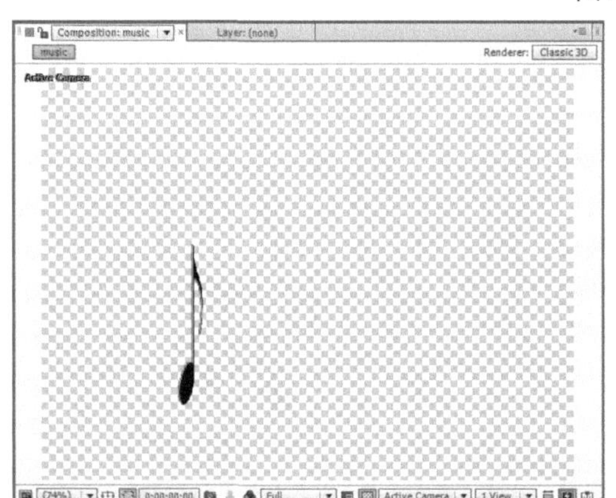

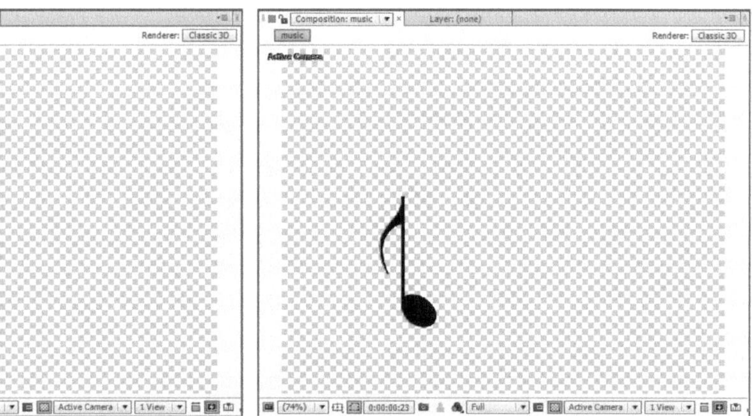

图4-15

07 展开5图层的Transform（变换）属性组，然后设置Position（位置）为（552，152，-30），接着为Scale（缩放）属性添加如下表达式，如图4-16所示。画面效果如图4-17所示。

```
transform.scale=[50+Math.sin(time)*20,50+Math.sin(time)*20,50+Math.sin(time)*10];
```

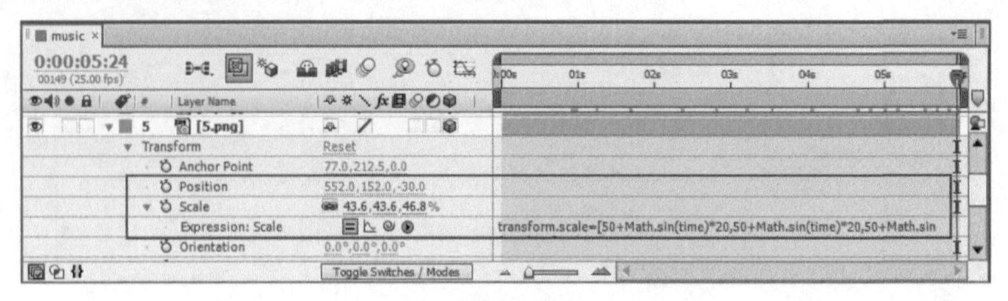

图4-16

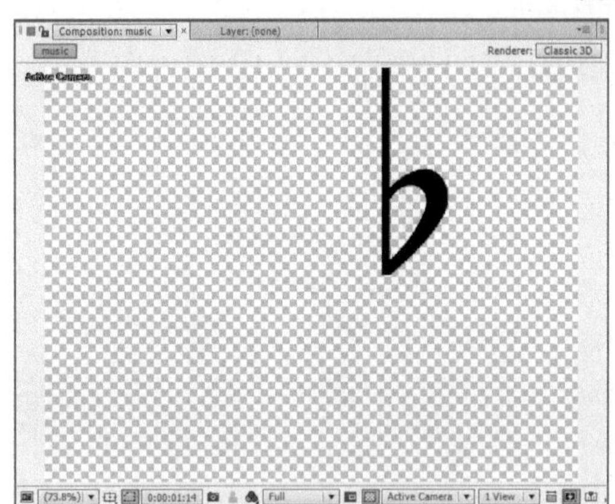
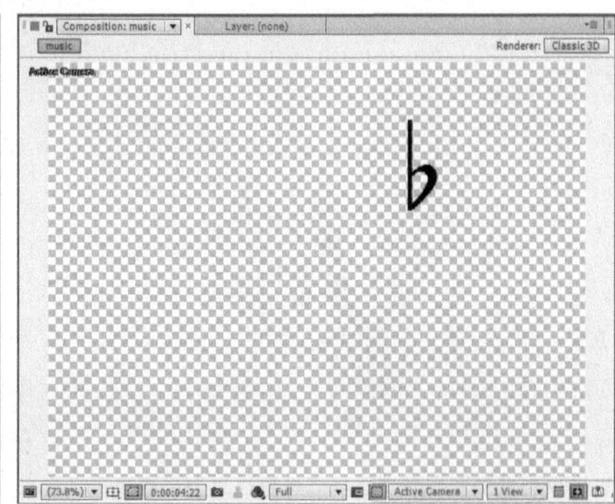

图4-17

08 展开6图层的Transform（变换）属性组，然后设置Scale（缩放）为（50，50，50%），接着为Position（位置）属性添加如下表达式，如图4-18所示。画面效果如图4-19所示。

```
transform.position=[500,300+Math.sin(time+2)*100,-20];
```

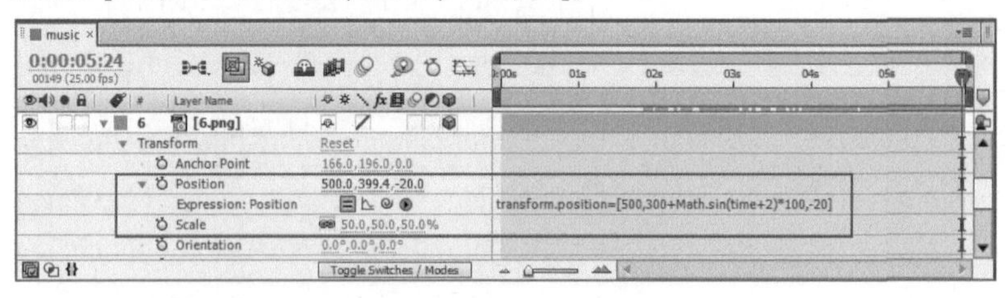

图4-18

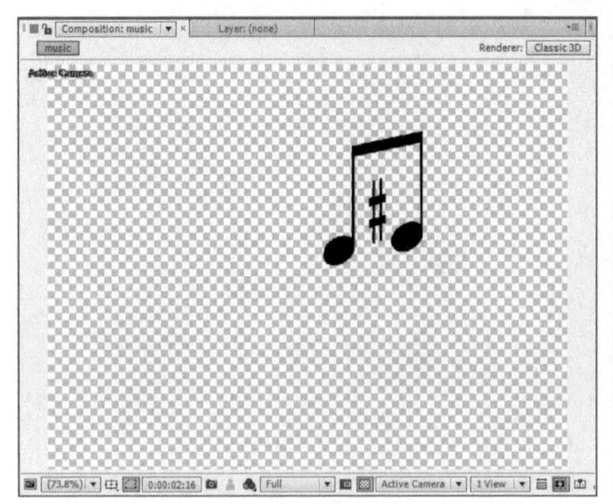
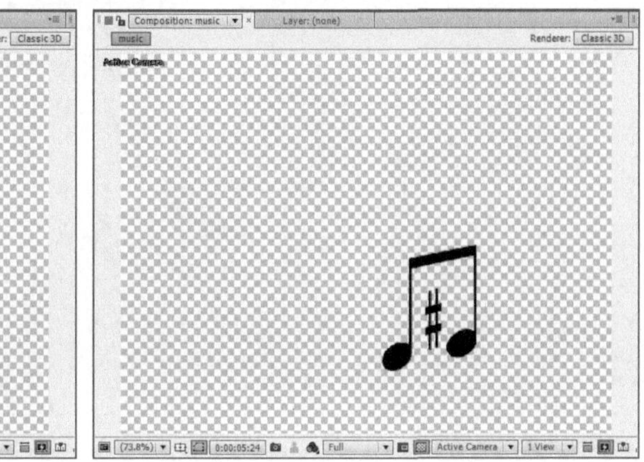

图4-19

09 新建一个固态层，设置Name（名称）为BG，然后单击Make Comp Size（制作合成大小）按钮 Make Comp Size ，接着设置Color（颜色）为黑色，再单击OK（确定）按钮 OK ，如图4-20所示，激活BG图层的三维功能，最后将其拖曳至底层，如图4-21所示。

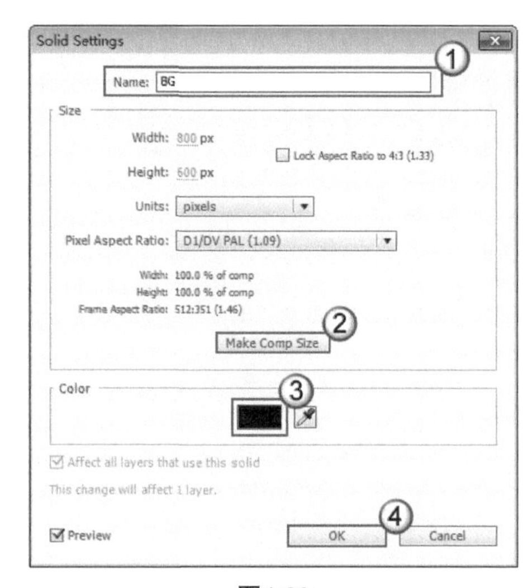

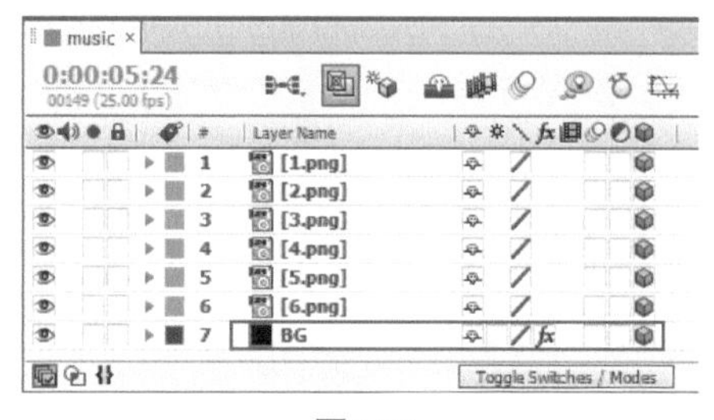

图4-20　　图4-21

10 选择BG图层，然后执行Effect（效果）> Generate（生成）> Ramp（渐变）菜单命令，如图4-22所示，接着在Effect Controls（效果控件）面板中，设置Start Color（起点颜色）为（R:163，G:203，B:229）、End of Ramp（渐变终点）为（400，800）、End Color（终点颜色）为黑色、Ramp Shape（渐变形状）为Radial Ramp（径向渐变），如图4-23所示。画面效果如图4-24所示。

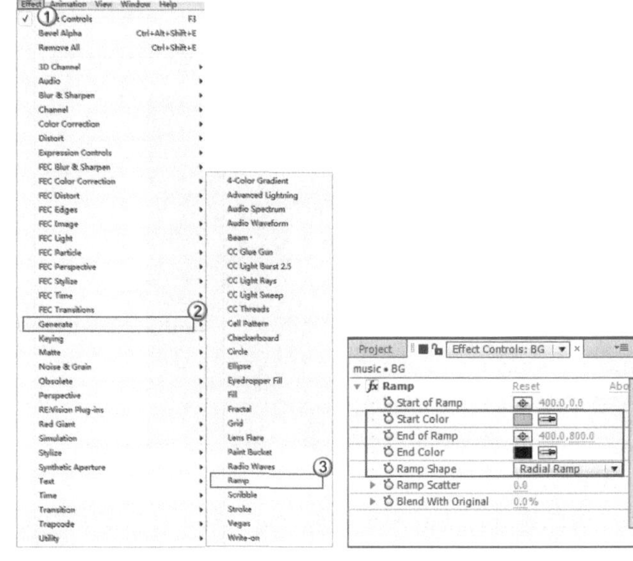

图4-22　　图4-23　　图4-24

4.2 灯光技术

我们都知道，有了明暗对比才可以产生立体感。现实生活中，光线的照射产生了阴影，因此有了明暗对比。同样的，在After Effects中通过创建灯光来产生立体效果。

4.2.1 创建灯光

执行Layer（图层）>New（新建）>Light（灯光）命令，或者按快捷键Ctrl+Alt+Shift+L，如图4-25所示，可以打开Light Settings（灯光设置）对话框，在该对话框中可以设置灯光的基本属性，如图4-26所示。

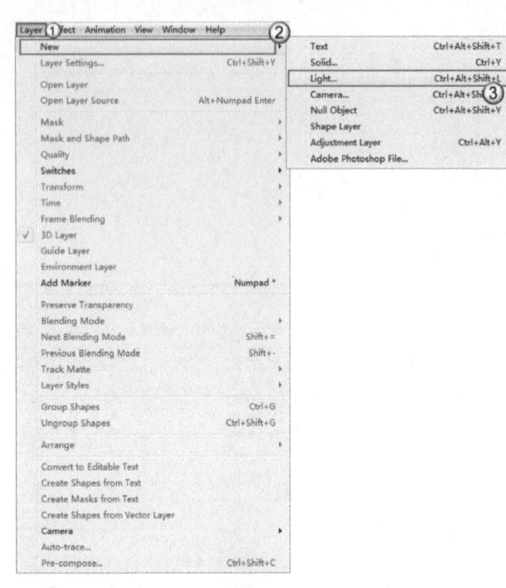

图4-25

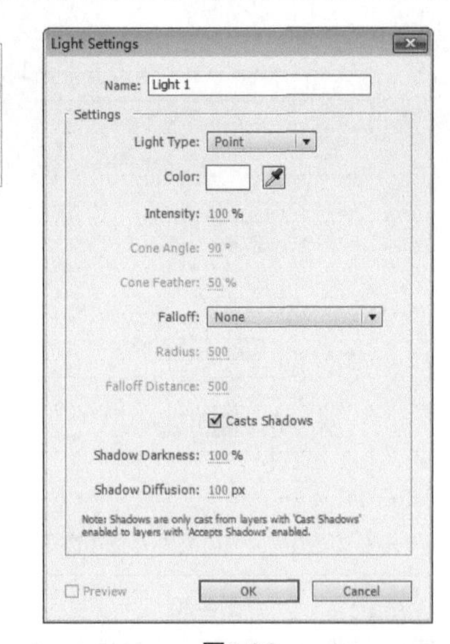

图4-26

Light Settings（灯光设置）的属性介绍

Name（名字）：设置灯光的名字。

Light Type（灯光类型）：设置灯光的类型，包括Parallel（平行光）、Spot（聚光灯）、Point（点光源）和Ambient（环境光）4种类型。

Intensity（强度）：设置灯光的光照强度。数值越大，光照越强，效果如图4-27所示。

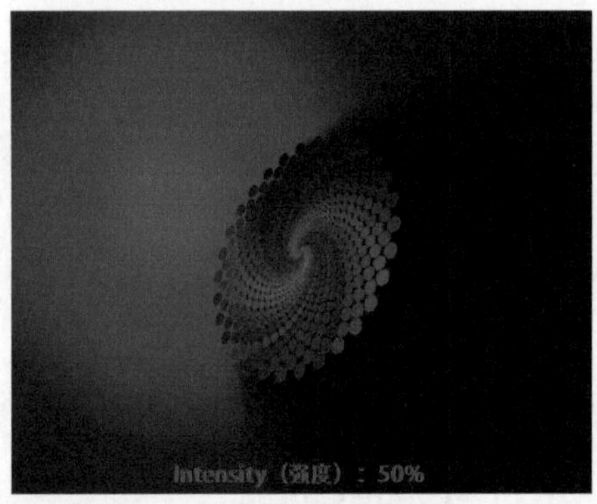

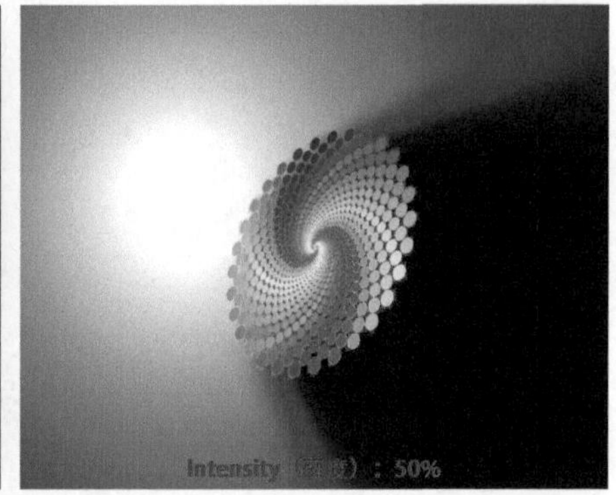

图4-27

Cone Angel（圆锥角度）：Spot（聚光灯）特有的属性，主要用来设置Spot（聚光灯）的光照范围，效果如图4-28所示。

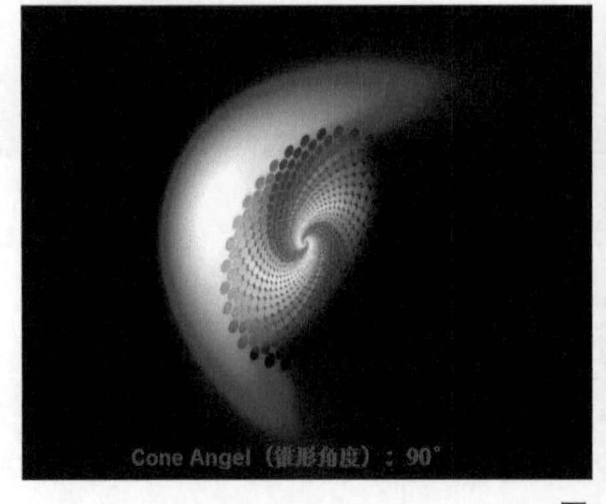

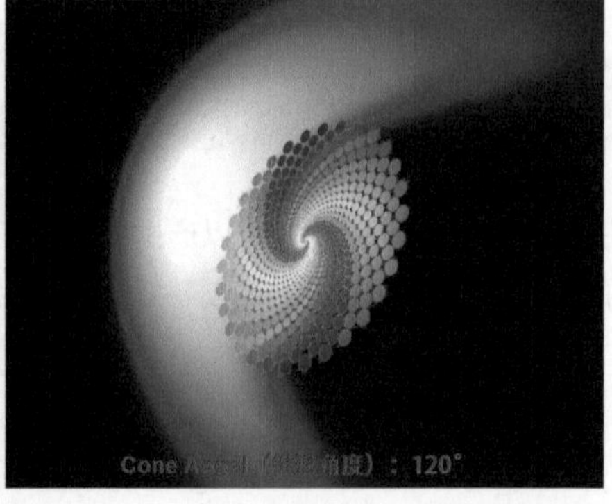

图4-28

Cone Feather（圆锥羽化）：Spot（聚光灯）特有的属性，与Cone Angel（圆锥角度）属性一起配合使用，主要用来调节光照区与无光区边缘的过渡效果，效果如图4-29所示。

图4-29

Color（颜色）：设置灯光照射的颜色，效果如图4-30所示。

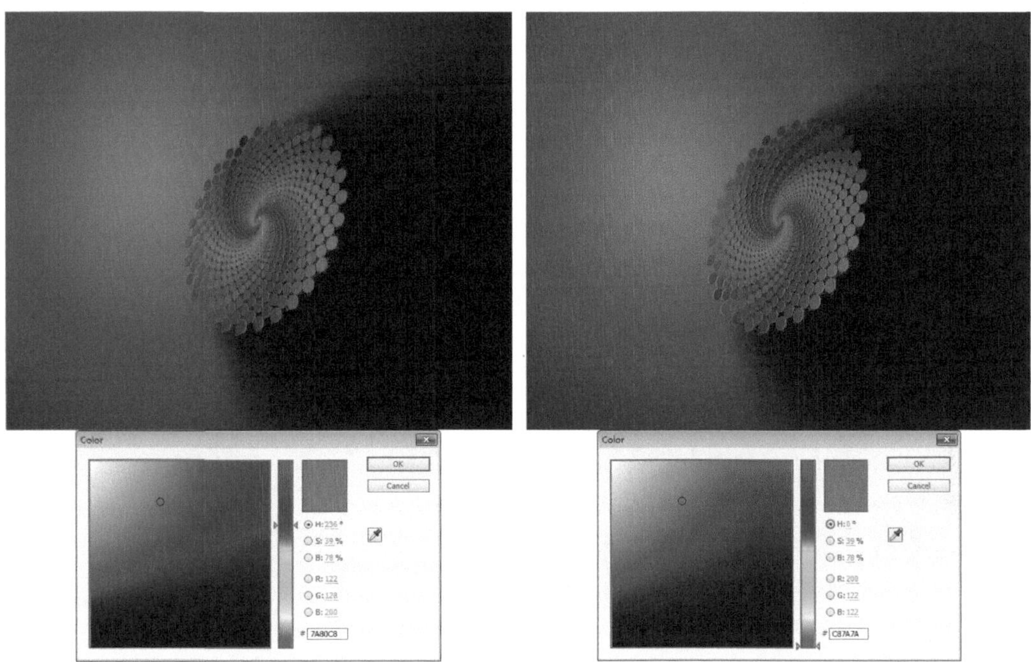

图4-30

Casts Shadows（投影）：控制灯光是否投射阴影。该属性需要在三维图层的Material Options（材质选项）属性组中设置了Casts Shadows（投影）属性为On（开）时才能起作用，效果如图4-31所示。

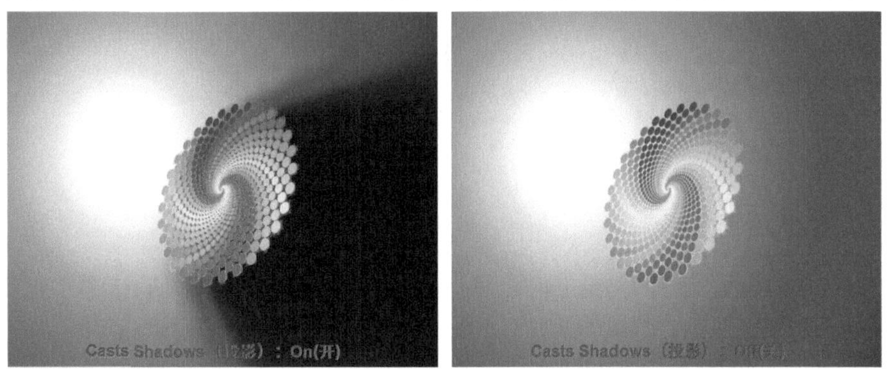

图4-31

Shadow Darkness（阴影深度）：设置阴影的投射深度，也就是阴影的黑暗程度，效果如图4-32所示。

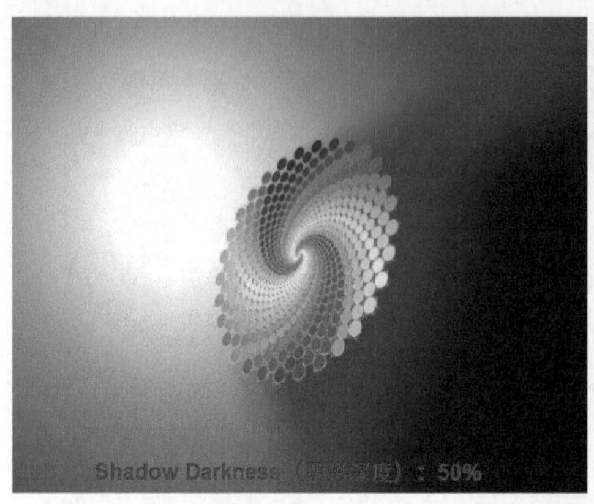

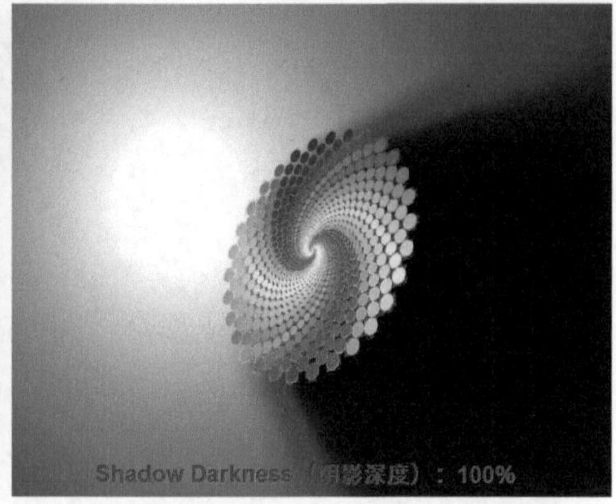

图4-32

Shadow Diffusion（阴影扩散）：设置阴影的扩散程度，其值越高，阴影的边缘越柔和，效果如图4-33所示。

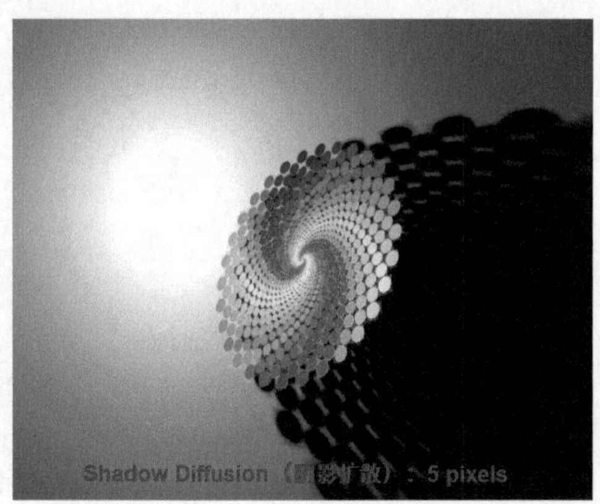

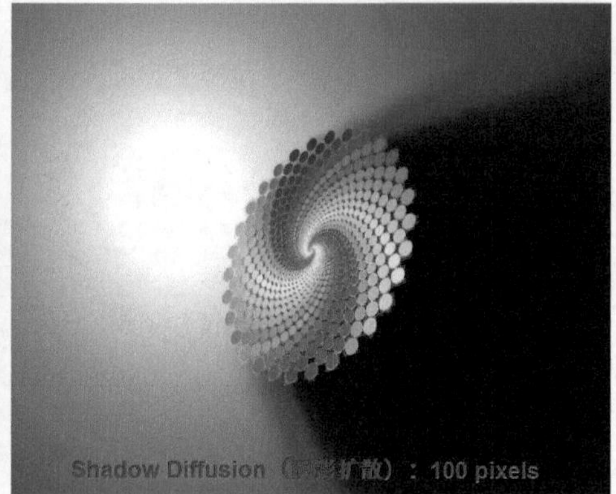

图4-33

技巧与提示

在Timeline（时间轴）面板的左侧空白处单击鼠标右键，然后在打开的菜单中选择New（新建）>Light（灯光），也可以创建灯光图层，如图4-34所示。

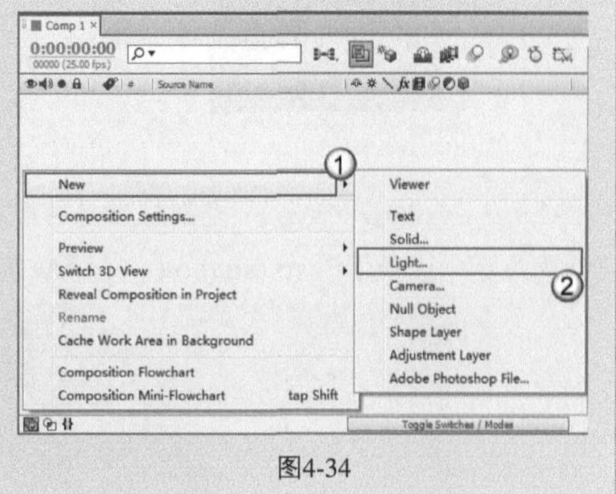

图4-34

4.2.2 灯光类型

在Light Settings（灯光设置）对话框中，展开Light Type（灯光类型）后面的下拉菜单，可以设置灯光的类型，如图4-35所示。

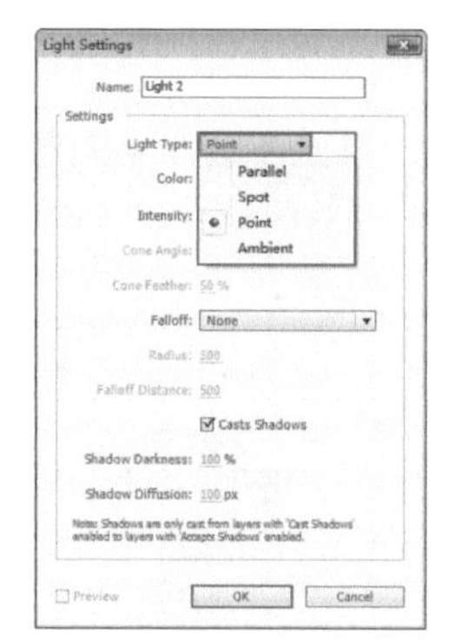

图4-35

1. Parallel（平行光）

Parallel（平行）类似于太阳光，光照范围是无限的，场景中被照射的物体将产生均匀的光照效果，具有方向性，并且产生的阴影没有柔和的过渡，效果如图4-36所示。

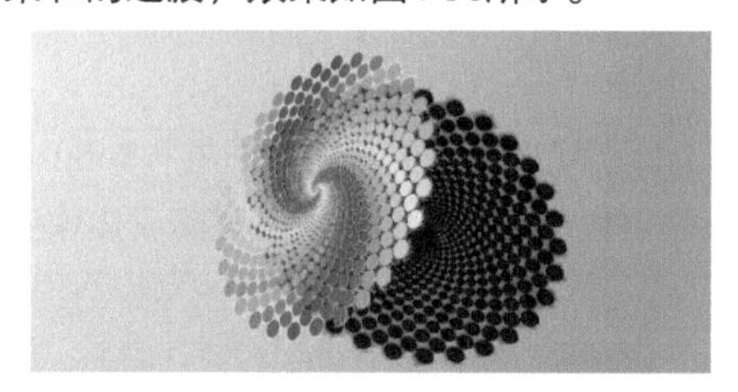

图4-36

2. Spot（聚光）

Spot（聚光）呈圆锥形，可通过调整Cone Angle（锥形角度）属性来控制照射的范围，具有方向性，并且产生的阴影具有柔和的过渡，效果如图4-37所示。

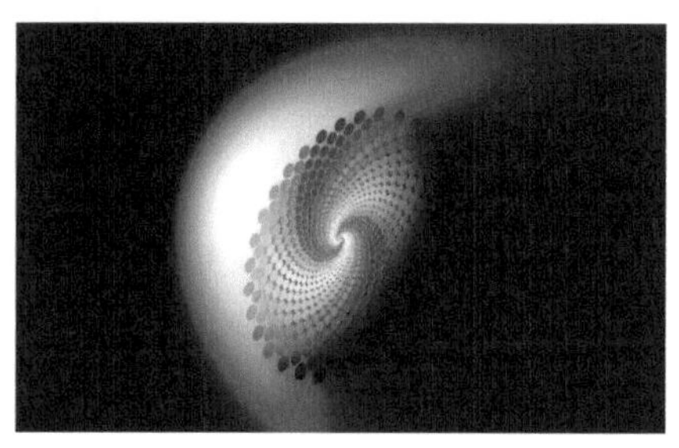

图4-37

3. Point（点）

Point（点）发射的光线呈放射状，向四周360°延伸，随着照射距离的增加，灯光的强度会逐渐衰减。该灯光没有方向性，但是可以产生柔和的过渡，效果如图4-38所示。

图4-38

4. Ambient（环境）

Ambient（环境）没有发射源和方向性，并且不会产生阴影，但是可以控制整个画面的亮度，通常和其他灯光配合使用，效果如图4-39所示。

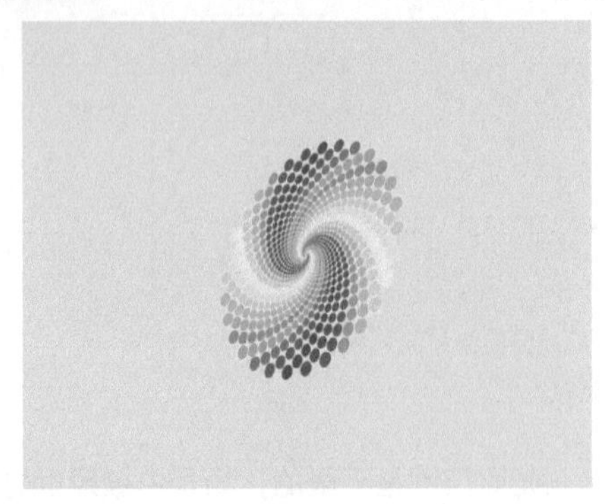

图4-39

4.2.3 控制灯光

画面当中有3个图层，分别是Light（灯光）图层、素材图层和Solid（固态）图层，选择Light（灯光）图层，在Composition（合成）面板中可以看到灯光图标上出现箭头操作手柄，如图4-40所示。

图4-40

将光标移动至红色箭头上（X轴），按住左键并向左拖曳，这时灯光图标随着光标向左移动，画面效果如图4-41所示。

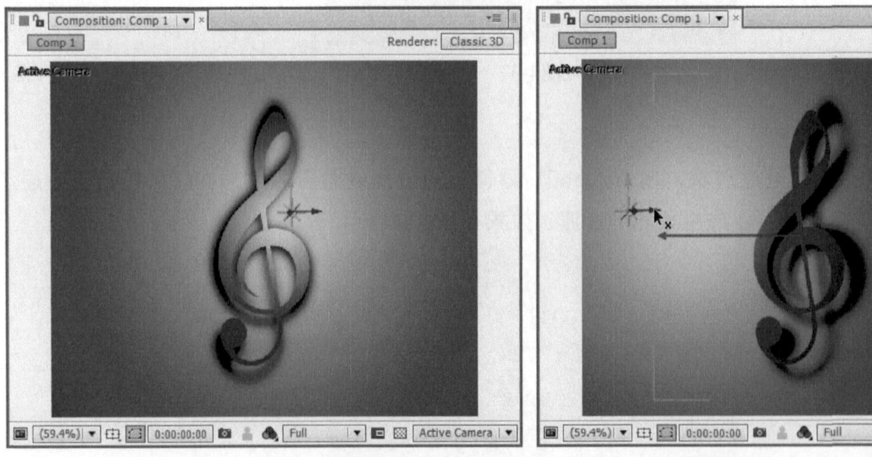

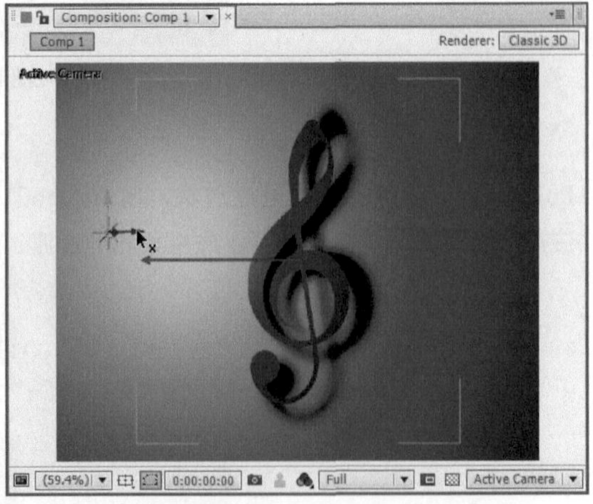

图4-41

技巧与提示

在Composition（合成）面板中，展开Select View Layout（选择视图布局）下拉菜单，在打开的菜单中可选择不同的视图，如图4-42所示。

在Composition（合成）面板中，展开3D View Popup（3D视图弹出式菜单），在打开的菜单中可将当前视图切换为其他视图，如图4-43所示。

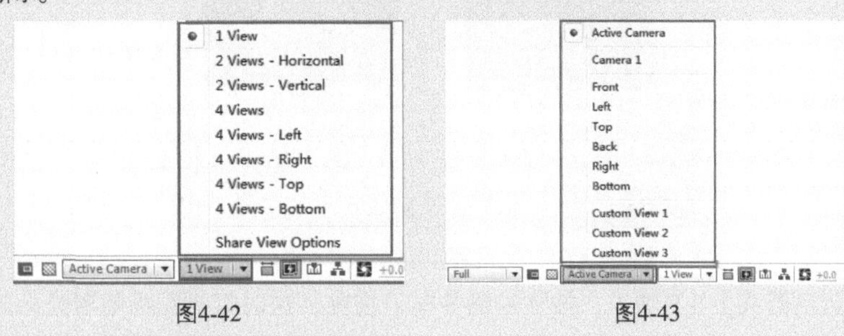

图4-42　　图4-43

Camera 1和Custom View 3的画面效果如图4-44所示。

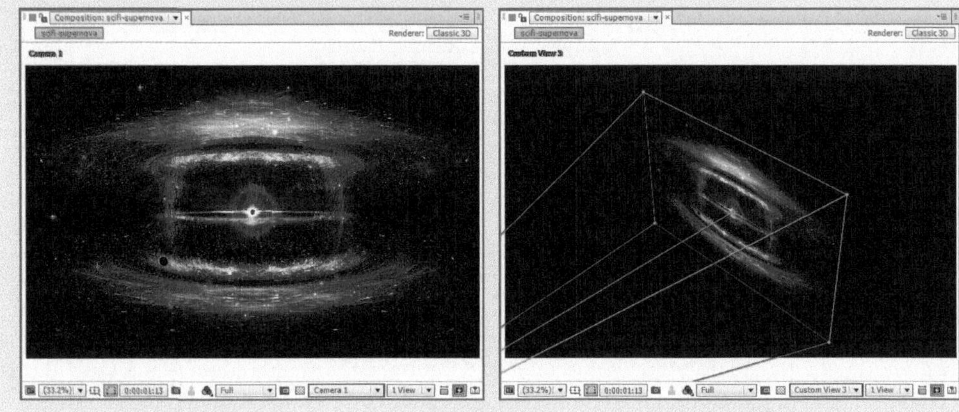
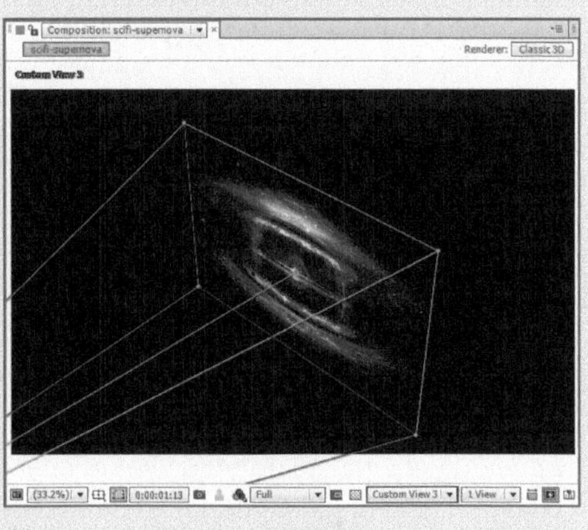

图4-44

将光标移动至绿色箭头上（Y轴），按住左键并向下拖曳，这时灯光图标随着光标向下移动，画面效果如图4-45所示。

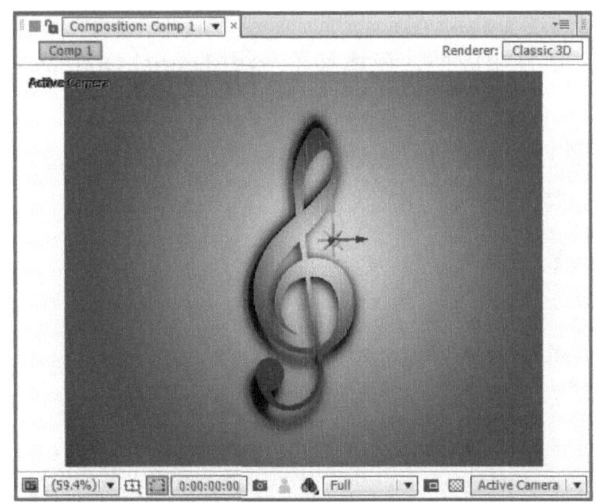

图4-45

展开Select View Layout（选择视图布局）下拉菜单，在打开的菜单中可选择2 Views- Horizontal选项，然后选择左侧的视图，展开3D View Popup（3D视图弹出式菜单），在打开的菜单中选择Top（顶）选项，画面效果如图4-46所示。

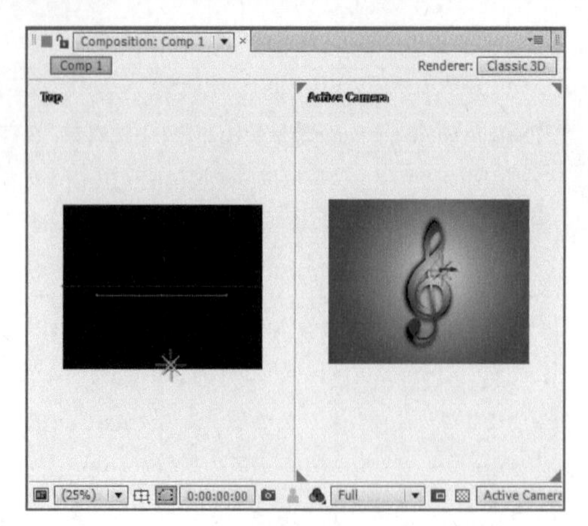

图4-46

将光标移动至蓝色箭头上（Z轴），按住左键并向下拖曳，这时灯光图标随着光标向下移动，画面效果如图4-47所示。

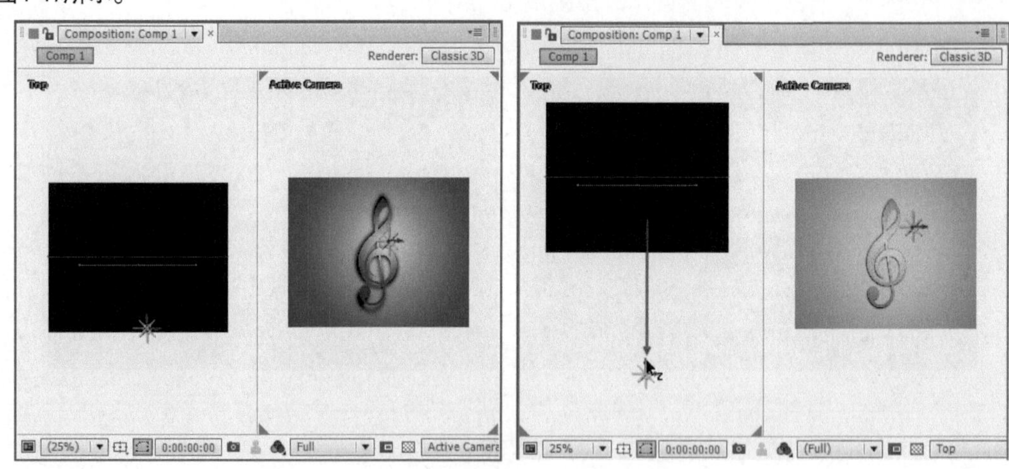

图4-47

4.2.4 设置图层材质

将图层转换成三维图层后，除了Transform（变化）属性组以外，还增加了一组Material Options（材质选项）属性栏，如图4-48所示。

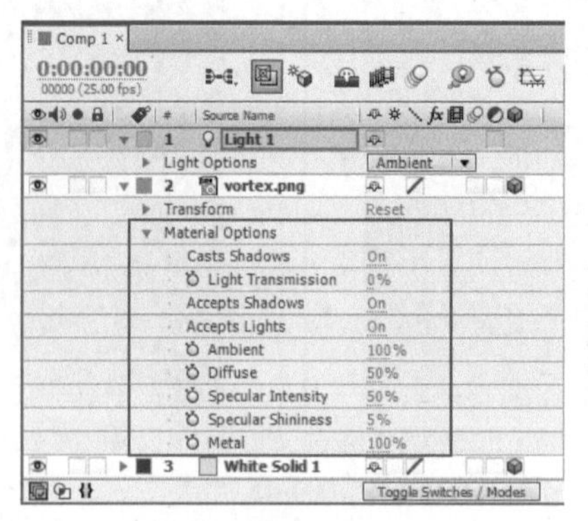

图4-48

Material Options（材质选项）的属性介绍

Casts Shadows（投影）：控制三维图层是否产生阴影，包括On（开）、Only（仅）和Off（关）3

个选项，其中Only（仅有）选项表示三维图层只投射阴影，效果如图4-49所示。

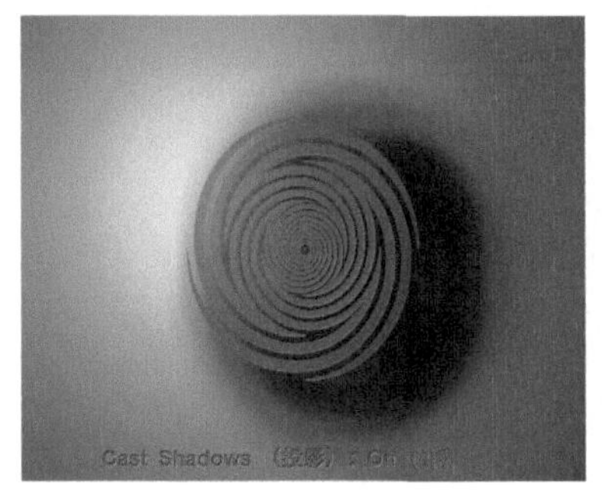

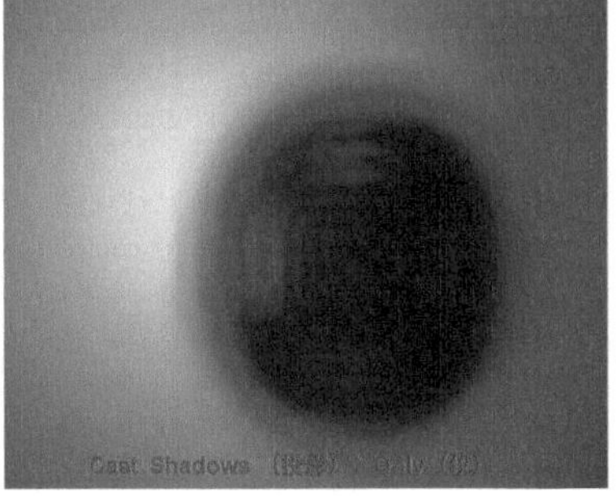

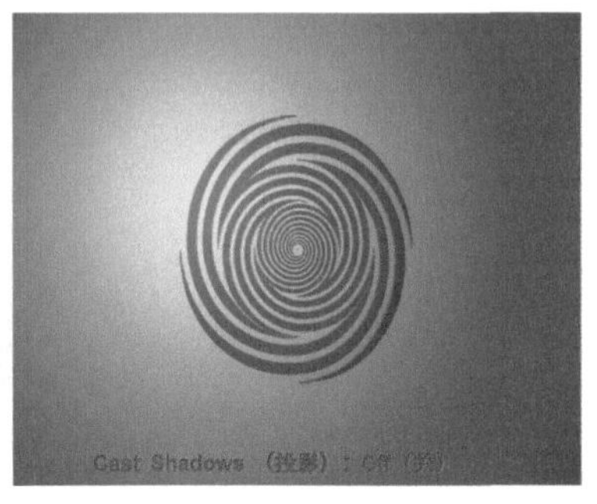

图4-49

Light Transmission（透光率）：设置物体接收光照后的透光程度，这个属性可以用来体现半透明物体在灯光下的照射效果，其效果主要体现在阴影上（物体的阴影会受到物体自身颜色的影响）。当Light Transmission（透光率）设置为0%时，物体的阴影颜色不受物体自身颜色的影响；当Light Transmission（透光率）设置为100%时，物体的阴影受物体自身颜色的影响最大，效果如图4-50所示。

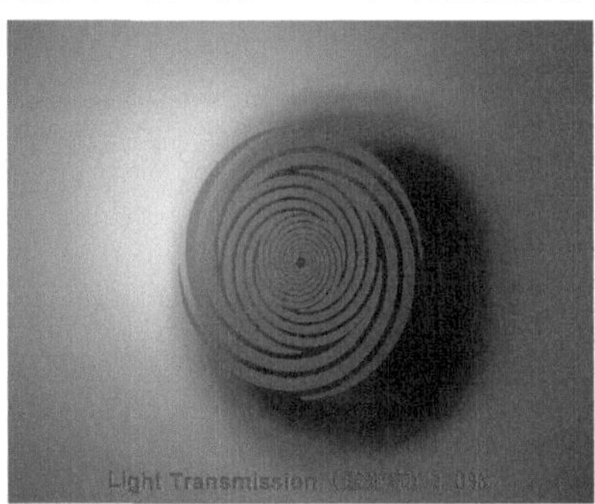

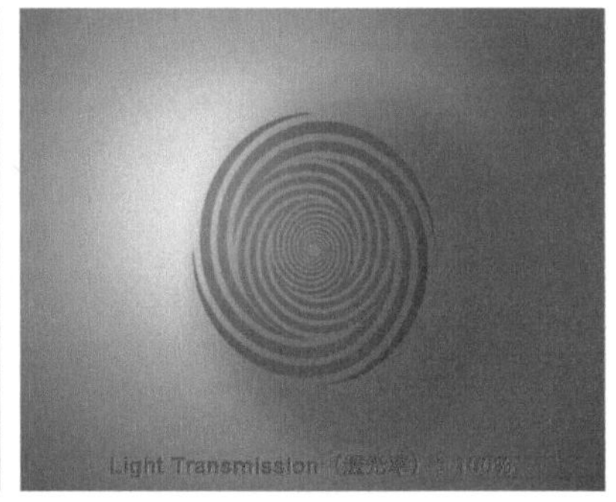

图4-50

Accepts Shadows（接受阴影）：设置物体是否接受其他物体的阴影投射效果，包含On（开启）和Off（关闭）两种模式，效果如图4-51所示。

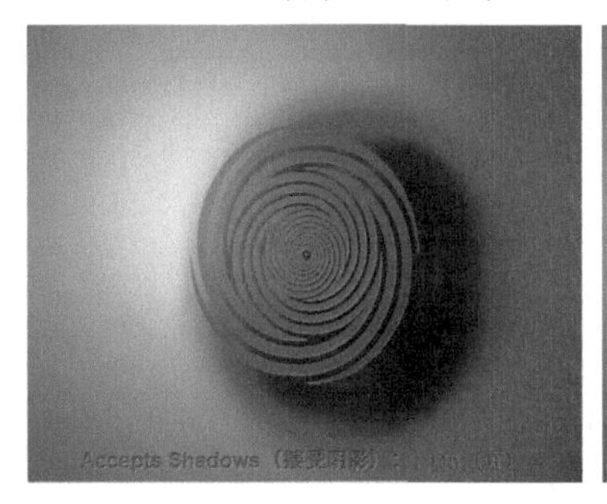

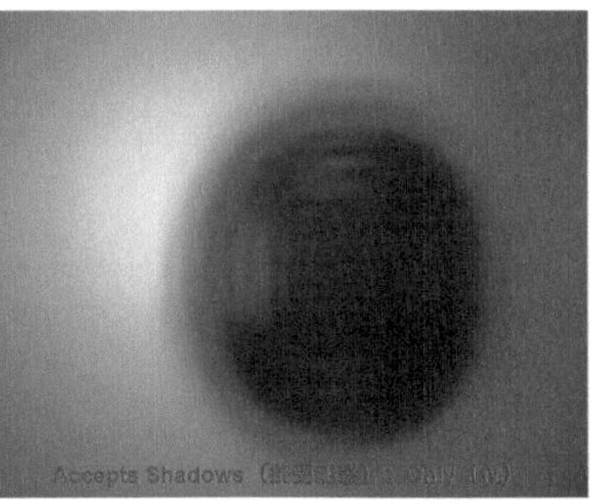

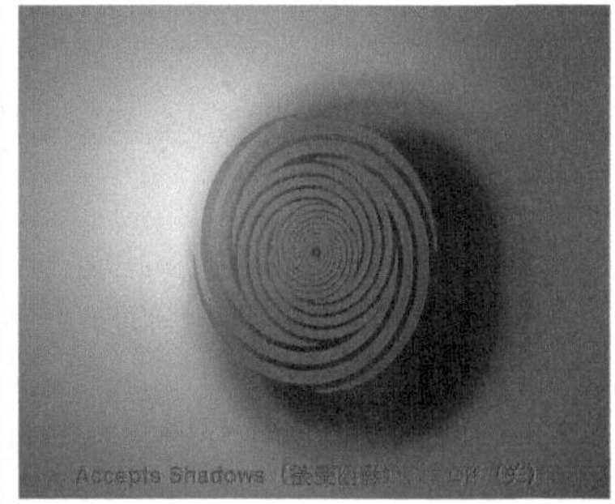

图4-51

Accepts Lights（接受灯光）：设置物体是否接受灯光的影响。设置为On（开启）模式时，表示物体接受灯光的影响，物体的受光面会受到灯光照射角度或强度的影响；设置为Off（关闭）模式时，表示物体表面不受灯光照射的影响，物体只显示自身的材质，效果如图4-52所示。

Ambient（环境）：设置物体受环境光影响的程度，该属性只有在三维空间中存在环境光时才产生作用，效果如图4-53所示。

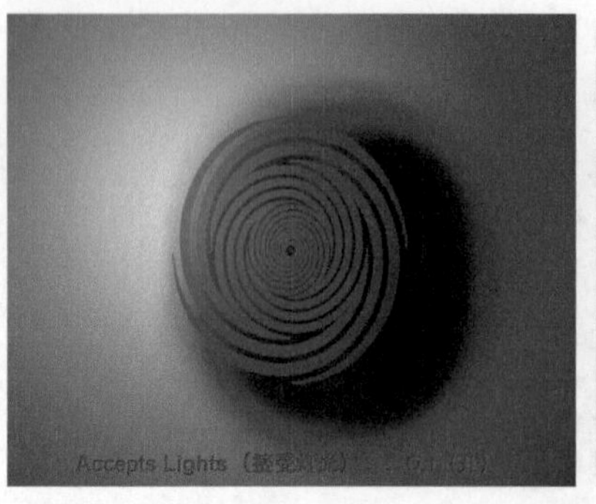

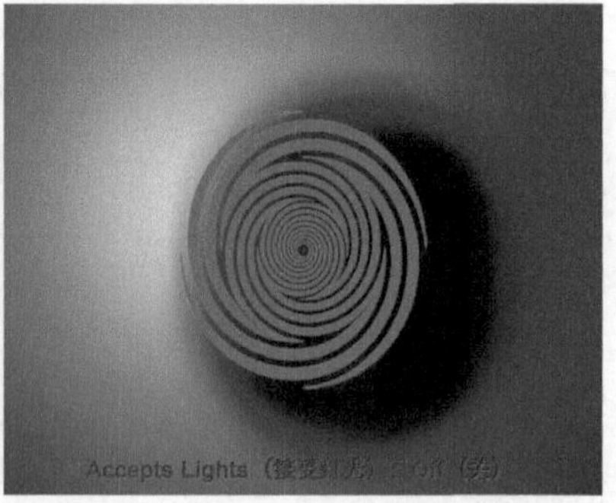

图4-52

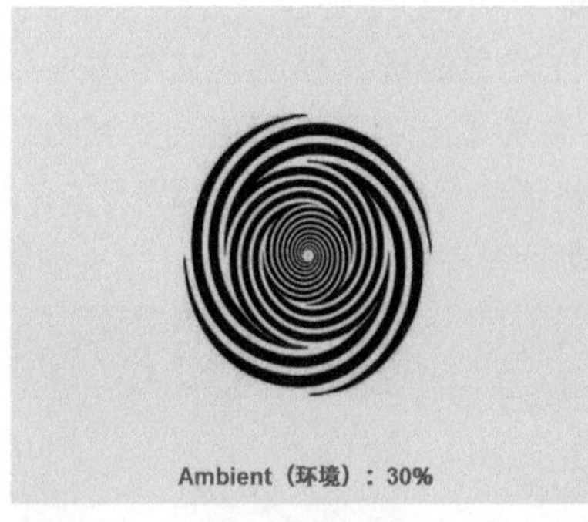

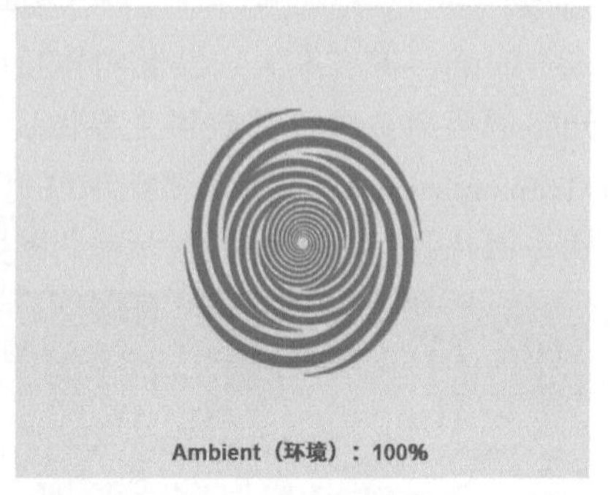

图4-53

Diffuse（漫射）：调整灯光漫反射的程度，主要用来突出物体颜色的亮度，效果如图4-54所示。

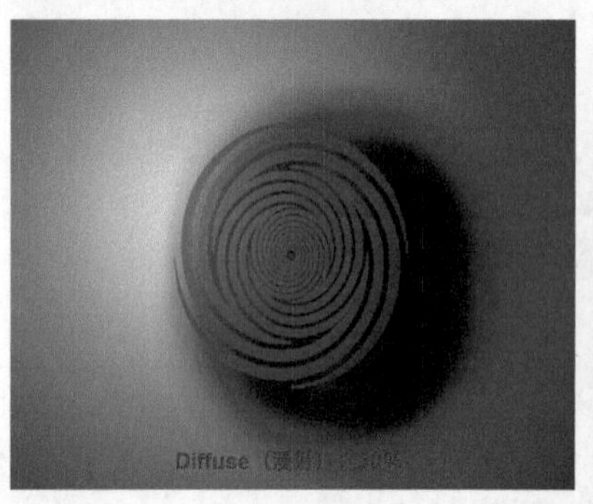

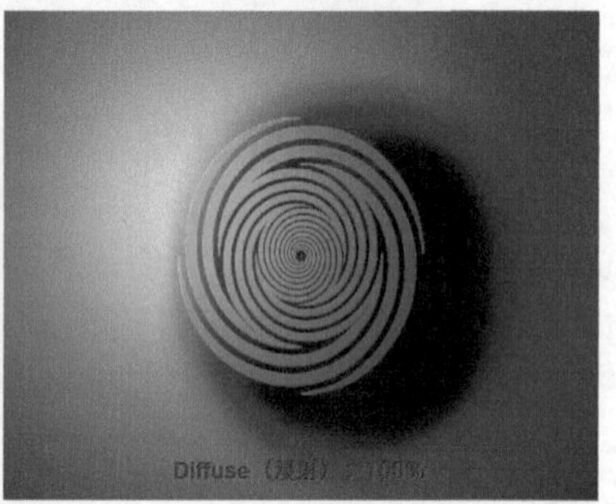

图4-54

Specular Intensity(镜面强度)：调整图层镜面反射的强度，效果如图4-55所示。

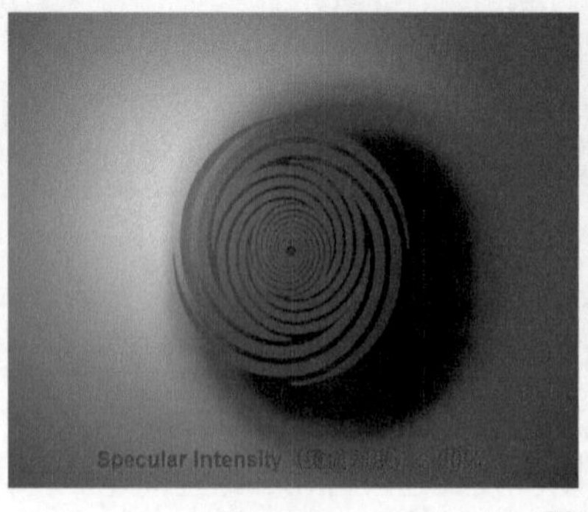

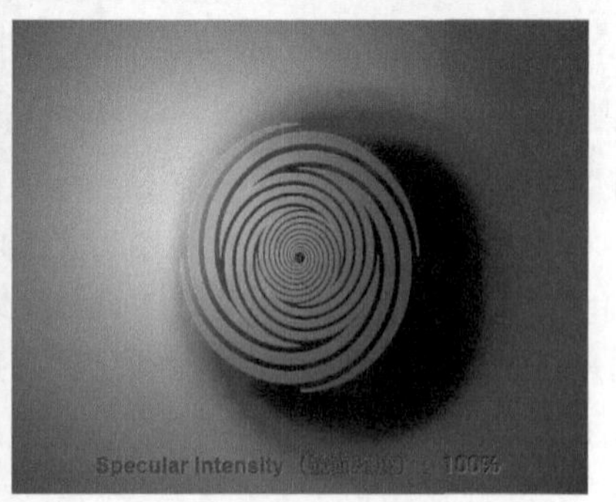

图4-55

Specular Shininess（镜面反光度）：设置图层镜面反射的区域，其值越小，镜面反射的区域就越大，效果如图4-56所示。

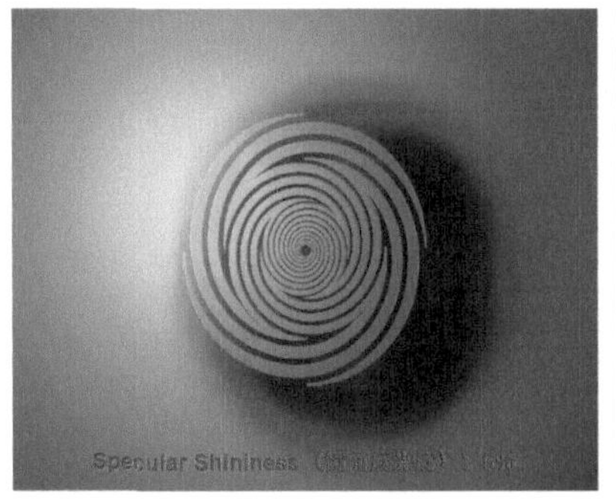

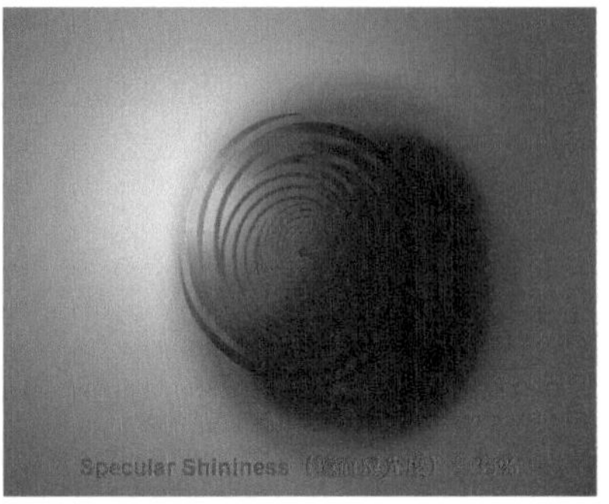

图4-56

Metal（金属质感）：调节镜面反射光的颜色。其值越接近100%，效果就越接近物体的材质；其值越接近0%，效果就越接近灯光的颜色，效果如图4-57所示。

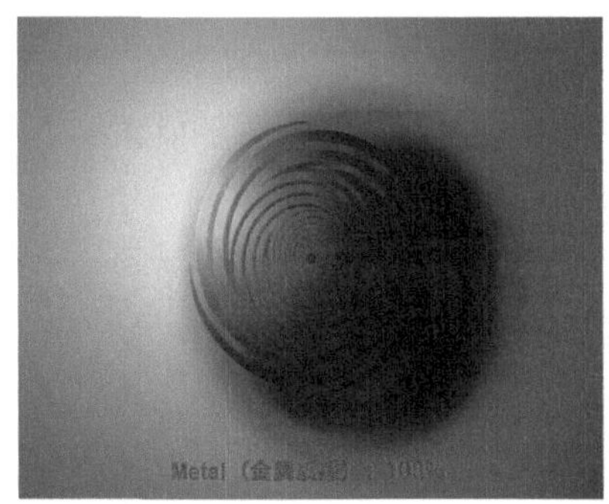
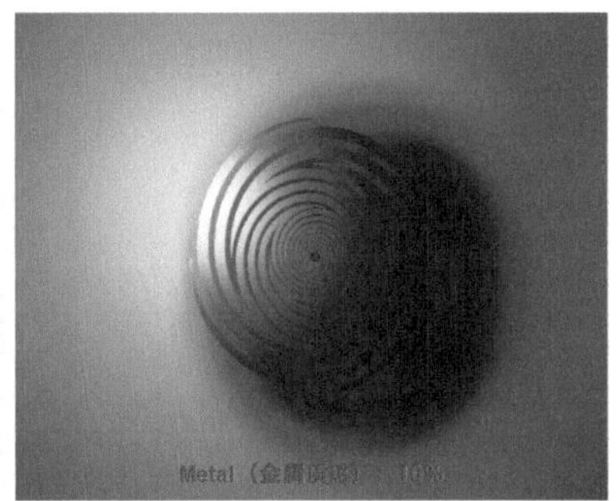

图4-57

课堂案例 音符灯光

- 素材位置 实例文件>CH04>课堂案例：音符灯光
- 实例位置 实例文件>CH04>音符灯光_F.aep
- 难易指数 ★★☆☆☆
- 技术掌握 掌握灯光类型的使用和灯光属性的应用

（扫描观看视频）

本例主要通过制作音符灯光动画，来掌握灯光图层的属性设置和操作技巧，效果如图4-58所示。

图4-58

01 打开素材文件夹中的“实例文件>CH04>课堂案例：舞动音符>舞动音符_F.aep ”项目文件，如图4-59所示，然后加载music合成。

02 在Timeline（时间轴）面板中激活Motion Blur（运动模糊）功能，如图4-60所示。

03 展开1图层的Material Options（材质选项）属性组，然后设置Casts Shadows（投影）为On（开）、Metal（金属质感）为30%，如图4-61所示。使用相同的方法，设置其余png图层的Material Options（材质选项）属性。

04 新建一个灯光，设置Light Type（灯光类型）为Point（点）、颜色为（R:255，G:245，B:169）、Intensity（强度）为120%，然后单击OK（确定）按钮 OK ，如图4-62所示。

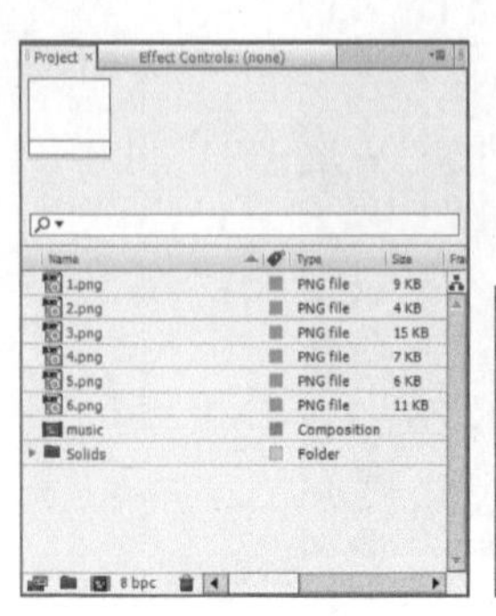

图4-59

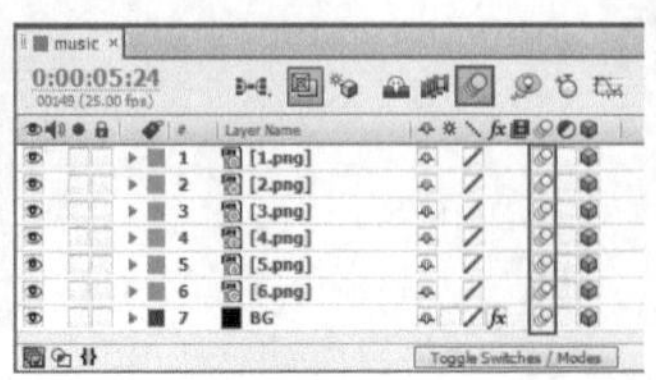

图4-60

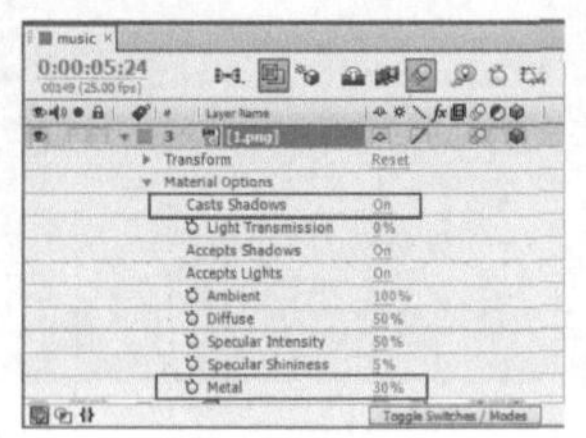

图4-61

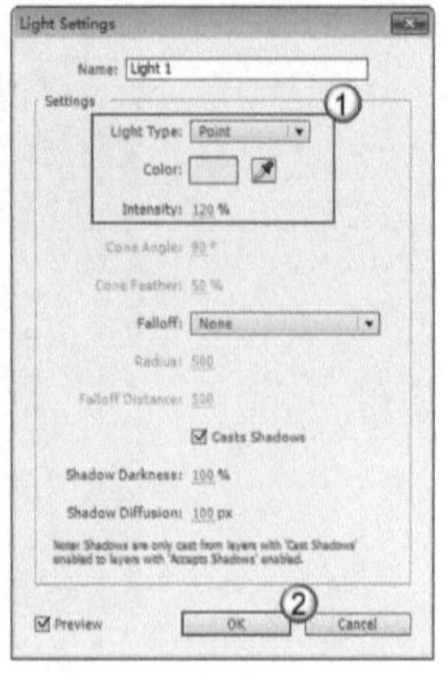

图4-62

05 设置Light 1图层的Position（位置）为（232.3，214，-303.9），如图4-63所示，画面效果如图4-64所示。

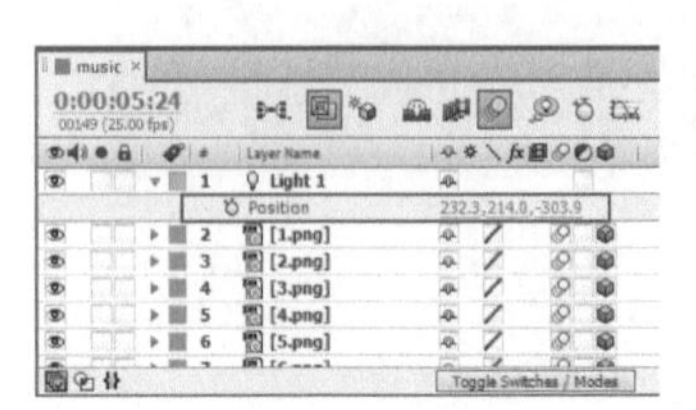

图4-63

图4-64

06 新建一个灯光，设置Light Type（灯光类型）为Ambient（环境）、Intensity（强度）为20%，然后单击OK（确定）按钮 OK ，如图4-65所示，画面效果如图4-66所示。

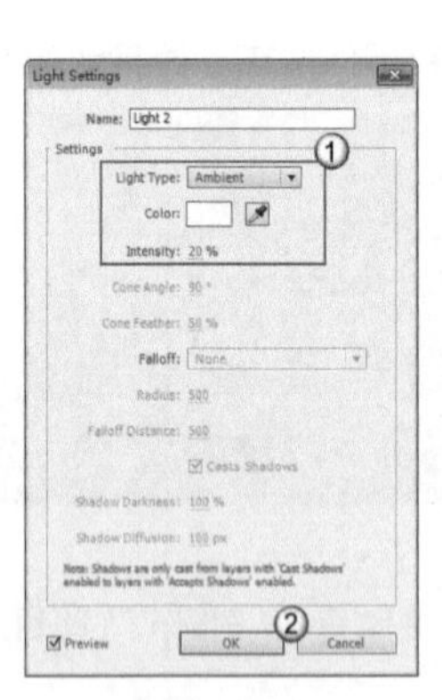

图4-65

图4-66

4.3 摄像机技术

在完成三维效果后，画面一直是固定的，但是我们往往需要从另外的角度来呈现画面效果，这时就需要通过摄像机来调整画面的角度和距离。

4.3.1 创建摄像机

执行Layer（图层）>New（新建）>Camera（摄像机）命令，或者按快捷键Ctrl+Alt+Shift+C，如图4-67所示。可以打开Camera Settings（摄像机设置）对话框，在该对话框中可以设置灯光的基本属性，如图4-68所示。

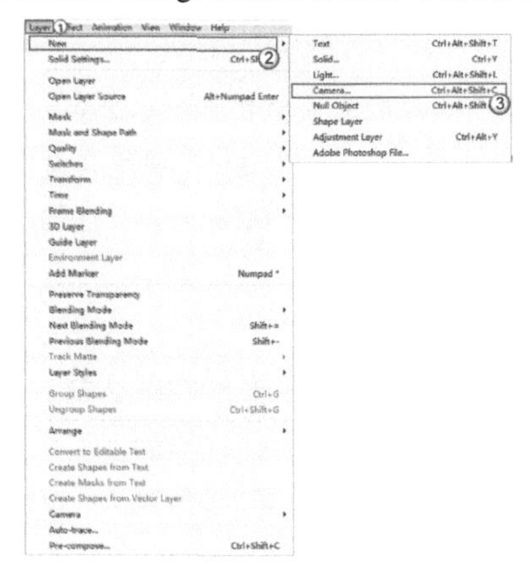

图4-67

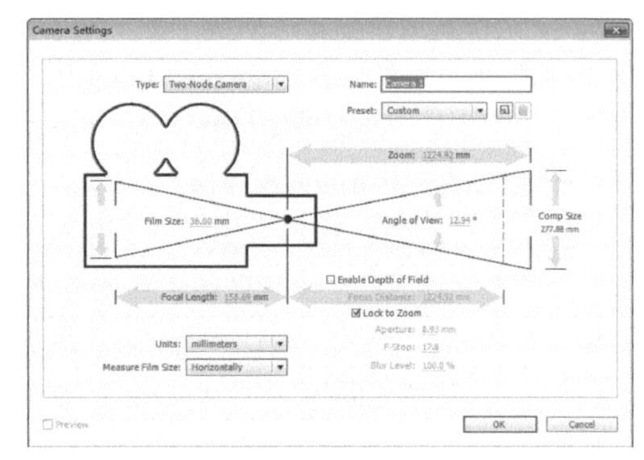

图4-68

Camera Settings（摄像机设置）的属性介绍

Film Size（胶片大小）：设置影片的曝光尺寸，该选项与Composition Size（合成大小）属性值相关。

Unit（单位）：设定摄像机属性的单位，包括pixels（像素）、inches（英寸）和millimeters（毫米）3个选项。

Focal Length（焦长）：设置镜头与胶片的距离。在After Effects中，摄像机的位置就是摄像机镜头的中央位置，修改Focal Length（焦长）值会影响Zoom（缩放）和Angle of View（视角）属性，如图4-69和图4-70所示。

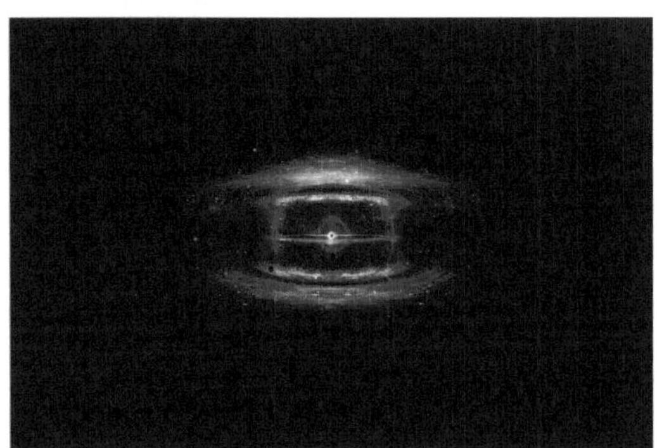

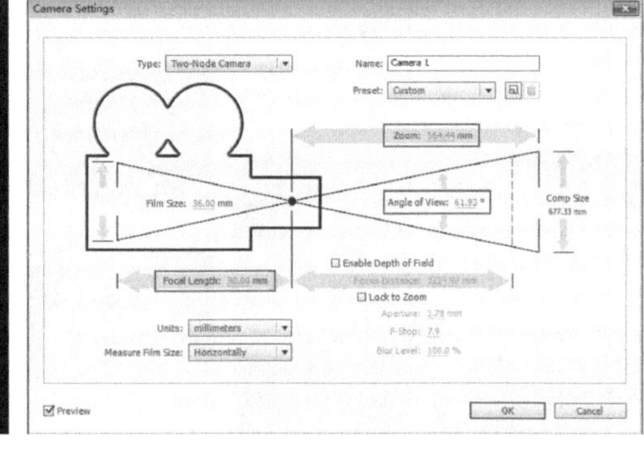

图4-69

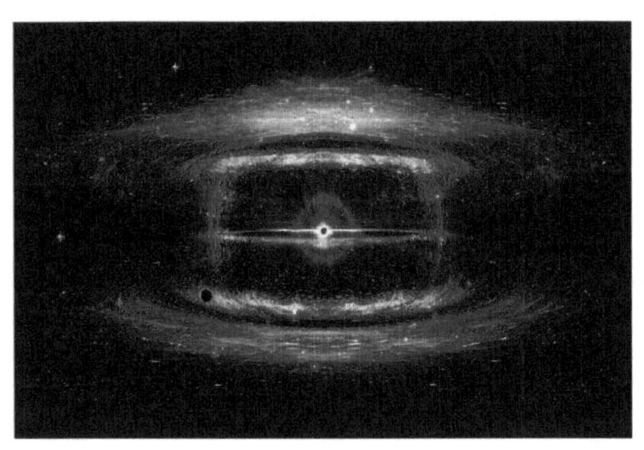

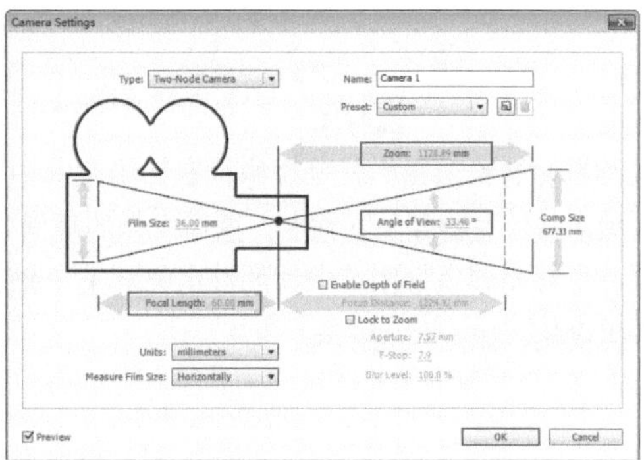

图4-70

Measure Film Size（量度胶片大小）：设置衡量胶片尺的方式，包括Horizontally（水平）、Vertically（垂直）和Diagonally（对角）3个选项。

Name（名称）：设置摄像机的名字。

Preset（预设）：设置摄像机的镜头类型，包含Custom（自定义）、15mm、20mm、24mm、28mm、35mm、50mm、80mm、135mm和200mm。

Zoom（缩放）：设置摄像机镜头到焦平面（也就是被拍摄对象）之间的距离。Zoom（缩放）值越大，摄像机的视野越小，并且会影响Focal Length（焦长）和Angle of View（视角）属性。

Angle of View（视角）：设置摄像机的视角。Focal Length（焦长）、Film Size（胶片大小）以及Zoom（缩放）3个属性决定了Angle of View（视角）的数值。

Enable Depth of Field（启用景深）：是否启用景深效果。

Focus Distance（焦距）：设置从摄像机开始到图像最清晰位置的距离。在默认情况下，Focus Distance（焦距）与Zoom（缩放）属性是锁定在一起的，它们的初始值也是一样的。

Aperture（光圈）：设置光圈的大小。Aperture（光圈）值会影响景深效果，该值越大，模糊越强。

F-Stop（光圈大小）：F-Stop（光圈大小）是Focal Length（焦长）与Aperture（光圈）的比值。F-Stop（光圈大小）越小，镜头的透光性能越好；值越大，透光性能越差。

Blur Level（模糊层次）：设置景深的模糊程度。

4.3.2 控制摄像机

展开Select View Layout（选择视图布局）下拉菜单，然后选择4 Views– Right（4视图-右）选项，画面效果如图4-71所示。结合3D View Popup（3D视图弹出式菜单）和Select View Layout（选择视图布局）下拉菜单中的命令，可以将视图设置为用户所需要的样子。

将画面切换为两个视图，然后将右边的视图设置为Top（顶）视图，再选择摄像机图层，画面如图4-72所示。

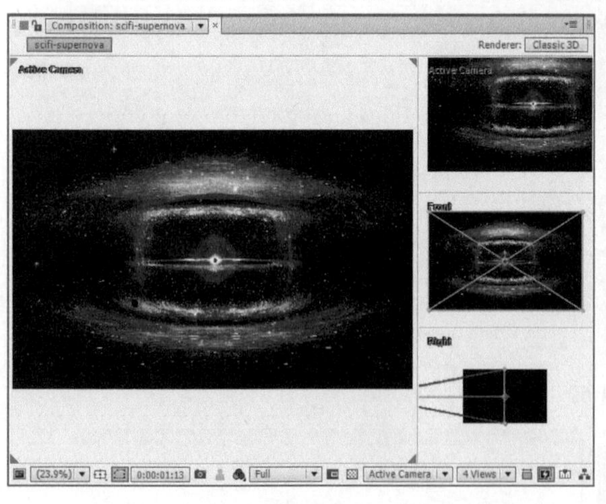

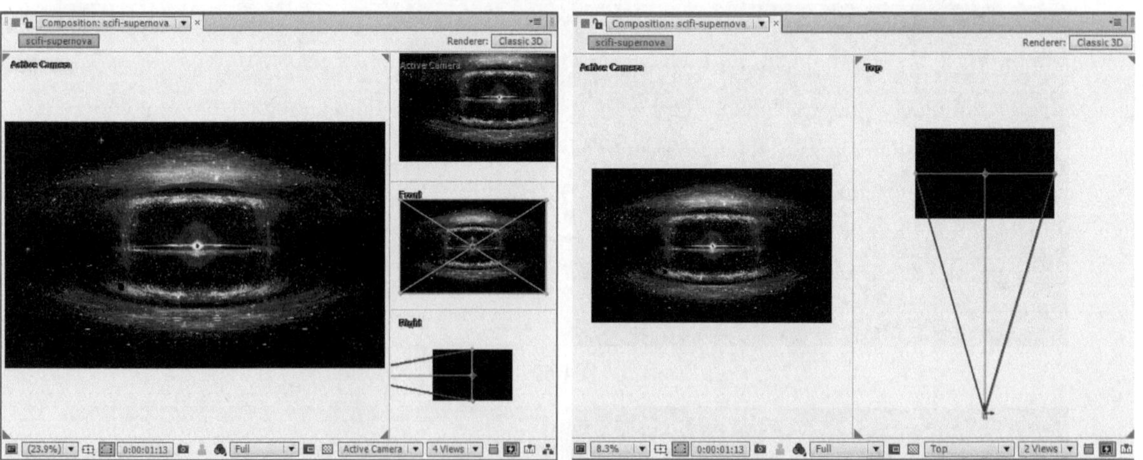

图4-71　　图4-72

视图右侧的锥形图标就是摄像机在三维空间中的位置，将光标移动到锥形图标末端的蓝色箭头上（Z轴），然后按住左键并向下拖曳，这时左侧的画面效果随之产生变化，如图4-73所示。

将光标移动到锥形图标末端的红色箭头上（X轴），然后按住左键并向左拖曳，这时左侧的画面效果随之产生变化，如图4-74所示。

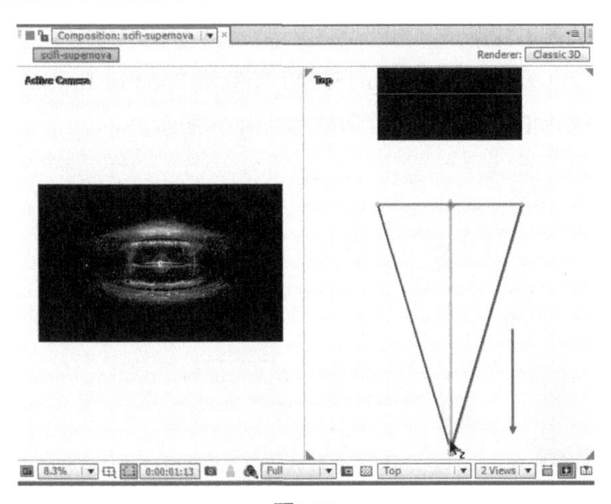

图4-73

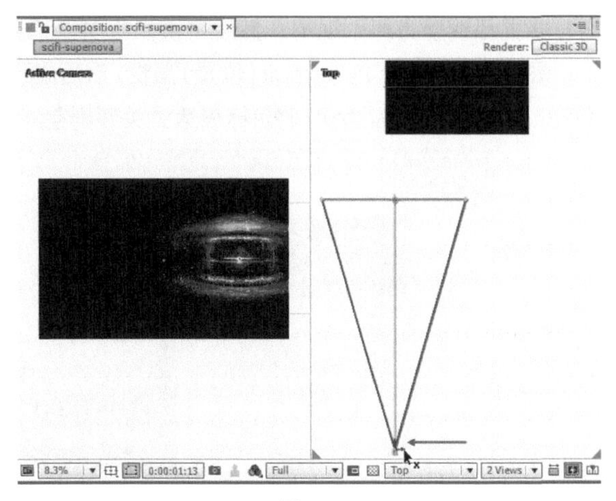

图4-74

将画面右侧的视图切换为Front（前）视图，然后将光标移动至绿色箭头上（Y轴），按住左键并向下拖曳，这时左侧的画面效果随之产生变化，如图4-75所示。

将画面右侧的视图切换为Top（顶）视图，然后将光标移动到锥形图标前端的操作手柄（目标点）上，按住左键并向右拖曳，这时左侧的画面效果随之产生变化，如图7-76所示。

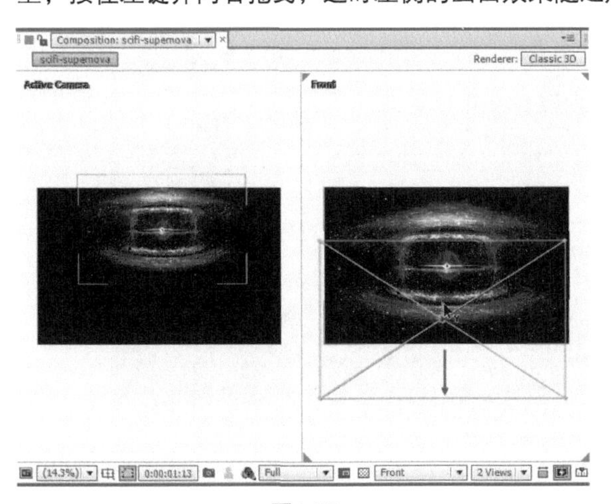

图4-75

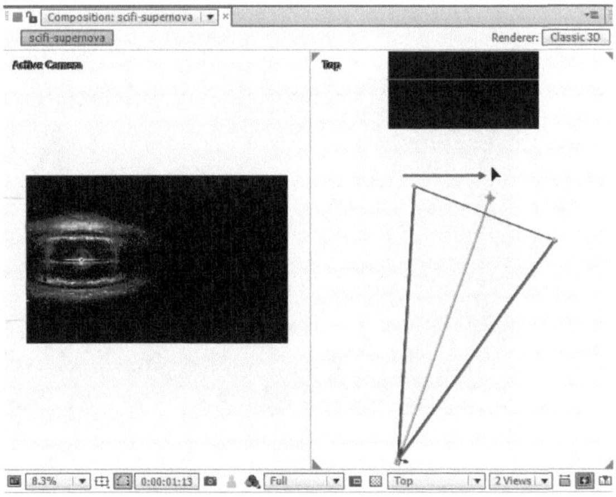

图4-76

4.3.3 优化摄像机的控制

通过上述步骤，可以发现在控制摄像机末端的操作手柄时，目标点也在随之发生变化，在制作摇镜头（可以理解为旋转镜头）时，显得很不方便。这时可以创建一个Null Object（空对象）图层，然后将目标点约束到Null Object（空对象）图层，使图层控制目标点，具体操作如下。

创建一个摄像机和空对象图层，然后激活空对象和背景图层的三维属性，如图4-77所示。

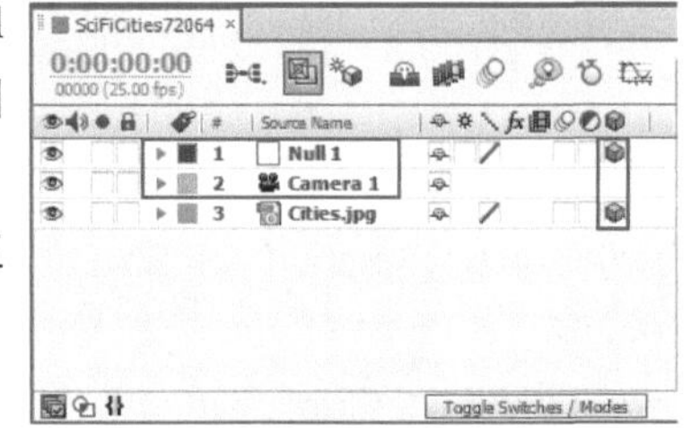

图4-77

将画面调整为两个视图，然后将摄像机向上移动，如图4-78所示。

展开空对象图层的Position（位置）属性，然后展开摄像机图层的Transform（变换）属性，为Point of Interest（目标点）属性添加表达式，将目标表达式关联到空对象图层的Position（位置）属性，如图4-79所示。

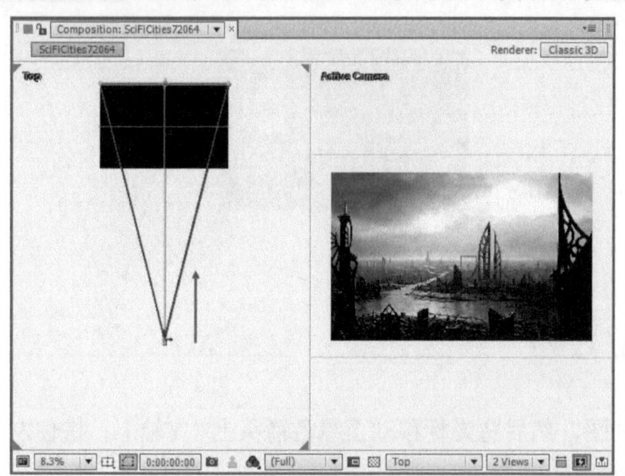

图4-78

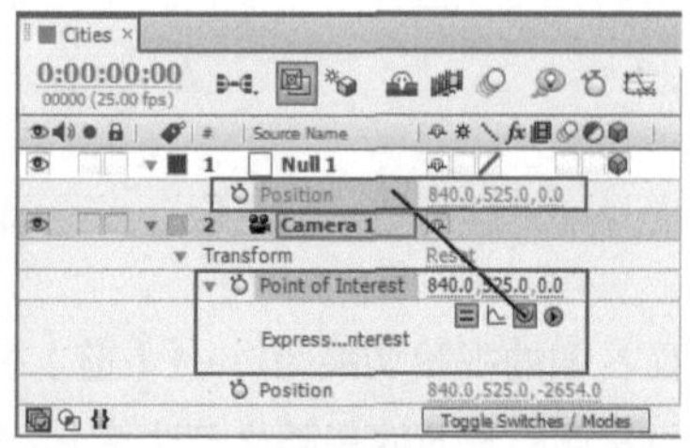

图4-79

将画面设置为一个视图，选择空对象图层，然后向右上方拖曳操作手柄，此时画面的角度随之产生变化，如图4-80所示。

图4-80

通过空对象图层控制摄像机，可以更加灵活地改变摄像机的视角，以达到各种镜头运动效果。

课堂案例 音符镜头

- 素材位置 实例文件>CH04>课堂案例：音符镜头
- 实例位置 实例文件>CH04>音符镜头_F.aep
- 难易指数 ★★☆☆☆
- 技术掌握 掌握三维空间和摄像机的综合应用

（扫描观看视频）

本例主要通过制作音符镜头动画，来掌握摄像机图层的属性设置和操作技巧，效果如图4-81所示。

图4-81

01 打开素材文件夹中的“实例文件>CH04>课堂案例：音符灯光>音符灯光.aep ”项目文件，如图4-82所示，然后加载music合成。

02 新建一个摄像机和空对象图层，然后激活空对象图层的三维功能，如图4-83所示。

03 将摄像机图层的Point of Interest（目标点）属性关联到空对象的Position（位置）属性上，如图4-84所示。

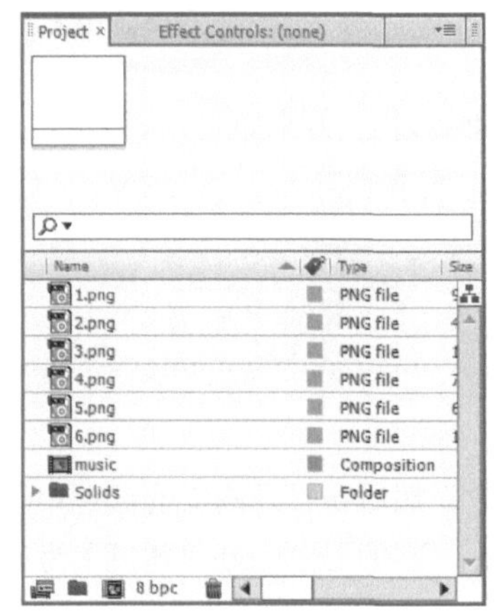

图4-82

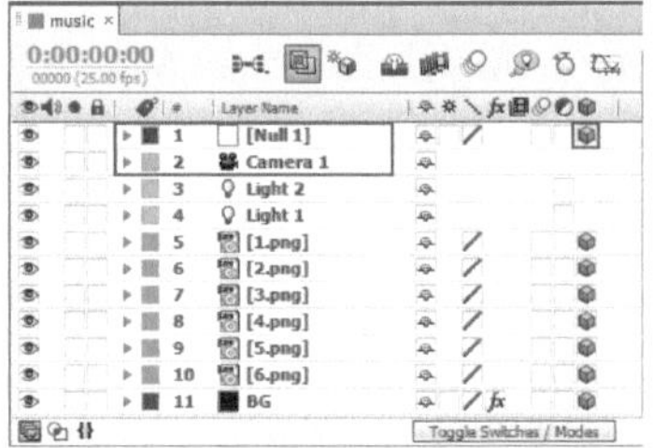

图4-83

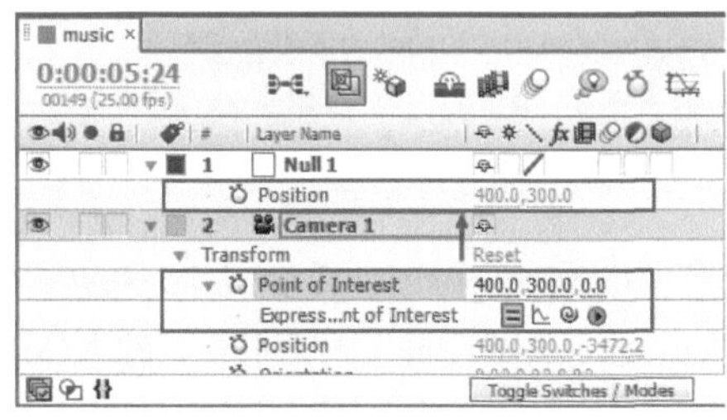

图4-84

04 设置空对象图层的Position（位置）属性的关键帧动画。在第0帧处，设置该属性为（516.8，288.7，374.1）；在第1秒24帧处，设置该属性为（444.8，200.7，374.1）；在第3秒24帧处，设置该属性为（300.8，296.7，374.1），如图4-85所示。

05 设置摄像机图层的Position（位置）属性的关键帧动画。在第0帧处，设置该属性为（-686.3，300，-2831.1）；在第1秒24帧处，设置该属性为（307.4，787.7，-4 000）；在第3秒24帧处，设置该属性为（1245.1，270.9，-2 000），如图4-86所示。画面效果如图4-87所示。

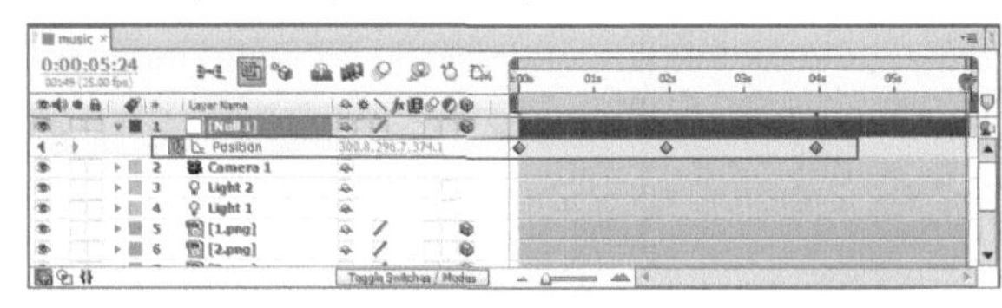

图4-85

图4-86

图4-87

综合案例 转场动画

- 素材位置 实例文件>CH04>综合案例：转场动画
- 实例位置 实例文件>CH04>转场动画_F.aep
- 难易指数 ★★★☆☆
- 技术掌握 掌握三维图层、灯光和摄像机的综合应用

（扫描观看视频）

本例主要通过制作转场动画，来掌握三维空间、灯光和摄像机技术的综合应用，效果如图4-88所示。

图4-88

01 执行Composition（合成）>New Composition（新建合成）菜单命令，然后在打开的Composition Settings（合成设置）对话框中，输入Composition Name（合成名称）为text，接着设置Width（宽度）为1 000、Height（高度）为563、Duration（持续时间）为6秒，最后单击OK（确定）按钮OK完成创建，如图4-89所示。

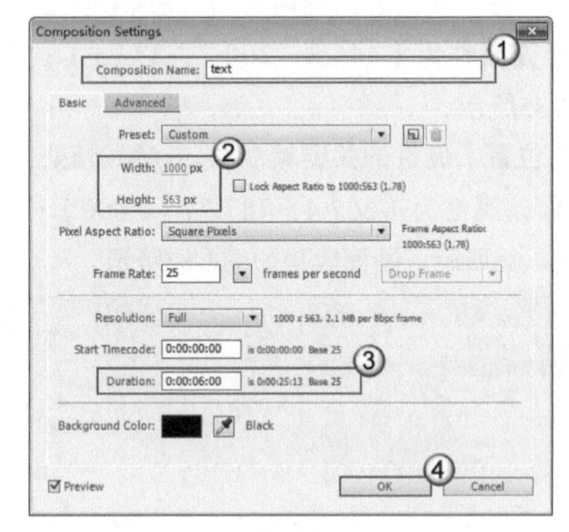

图4-89

02 新建一个文本图层，然后设置字体为Adobe Heiti Std、颜色为白色、大小为120 px，接着激活Faux Bold（仿粗体）功能，如图4-90所示。最后输入文本Adobe，画面效果如图4-91所示。

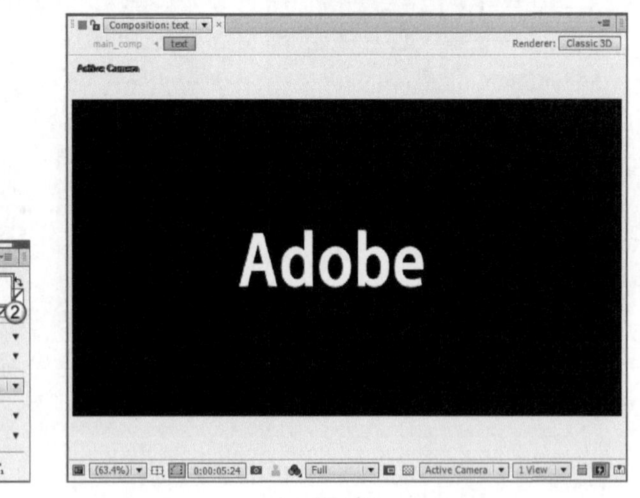

图4-90 图4-91

03 激活文本图层的三维功能，然后设置X Rotation（X轴旋转）的关键帧动画。在第0帧处，设置该属性为（0×0°）；在第12帧处，设置该属性为（0×190°）；在第4秒10帧处，设置该属性为（0×190°）；在第4秒22帧处，设置该属性为（0×0°），如图4-92所示。画面效果如图4-93所示。

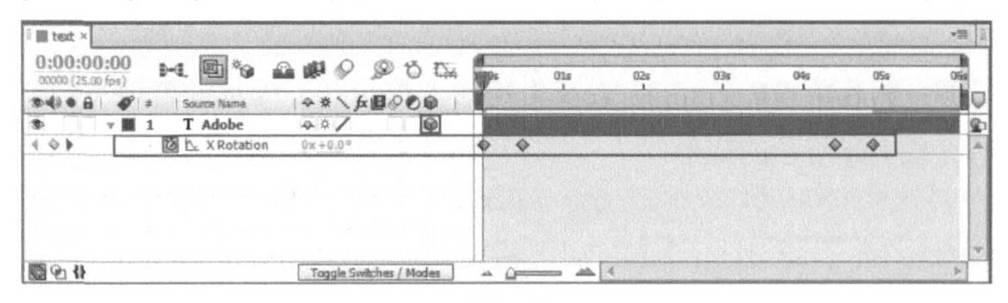

图4-92

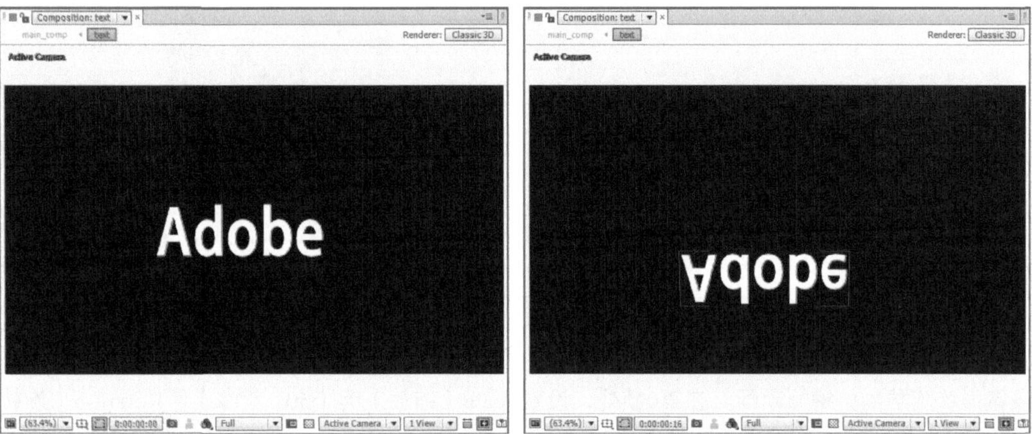
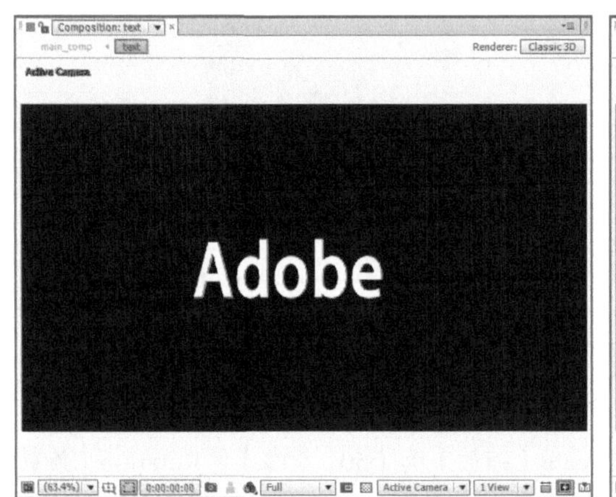

图4-93

04 复制出9个文本图层，然后由下向上依次将图层的入点时间向后延迟4帧，如图4-94所示。接着设置各个文本图层的颜色，在图4-95所示的红色方框区域内，选择不同程度的蓝色。画面效果如图4-96所示。

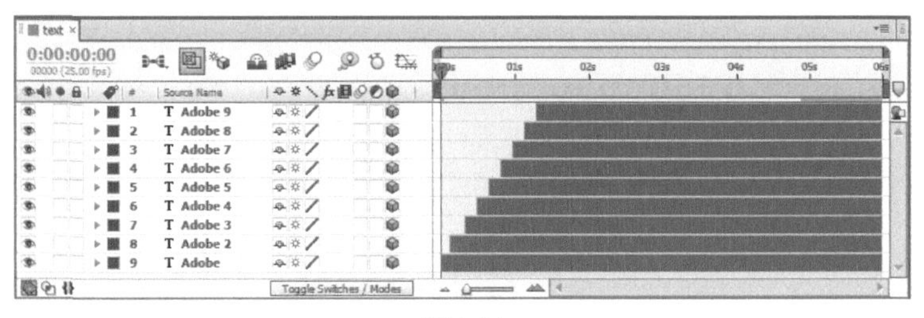

图4-94

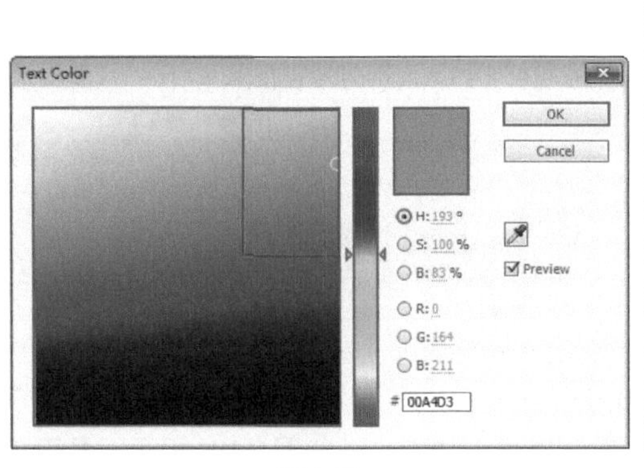

图4-95　　图4-96

05 执行Composition（合成）>New Composition（新建合成） 菜单命令，然后在打开的Composition Settings（合成设置）对话框中，输入Composition Name（合成名称）为transfer，接着设置Width（宽度）为1000、Height（高度）为563、Duration（持续时间）为9秒，最后单击OK（确定）按钮 OK 完成创建，如图4-97所示。

06 新建一个形状图层，然后单击Rectangle Tool（矩形工具），接着设置填充颜色为（R:0，G:161，B:163），最后绘制一个图4-98所示的矩形。

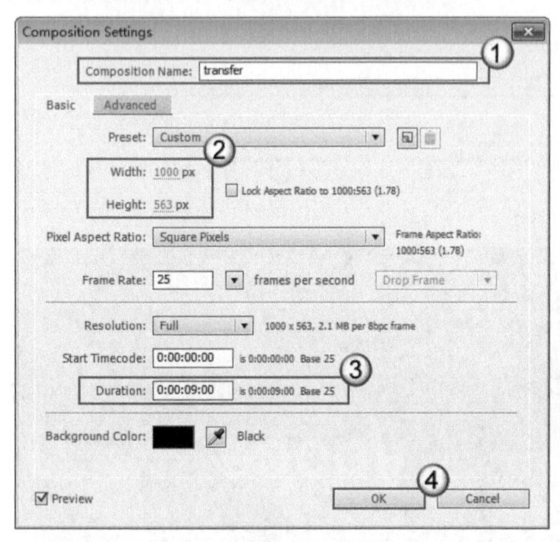

图4-97

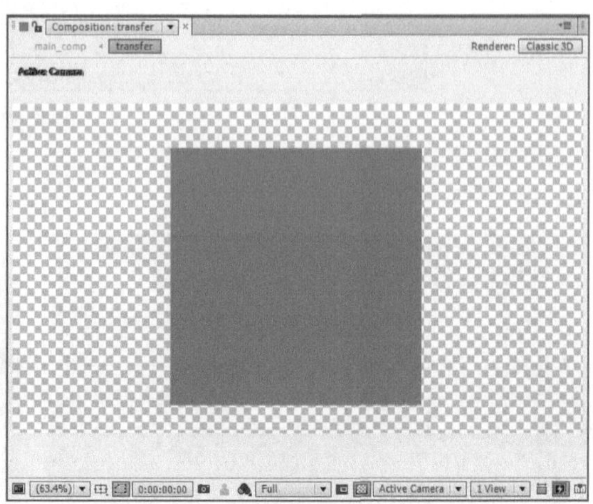

图4-98

07 设置形状图层的关键帧动画。在第0帧处，设置Scale（缩放）为（50，50%）、Rotation（旋转）为（0×0°）；在第2秒处，设置Scale（缩放）为（300，300%）、Rotation（旋转）为（1×180°），如图4-99所示。画面效果如图4-100所示。

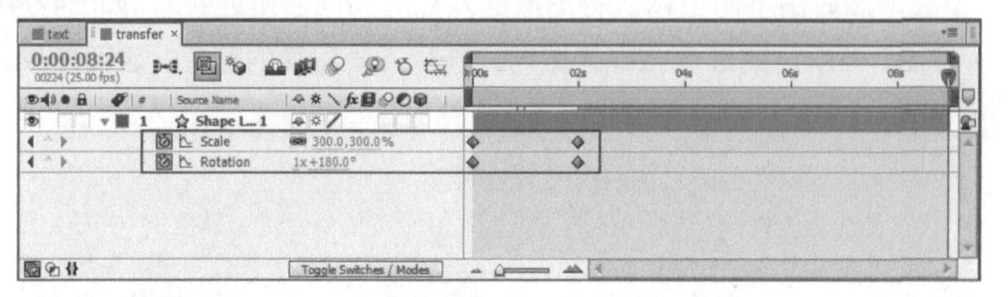

图4-99

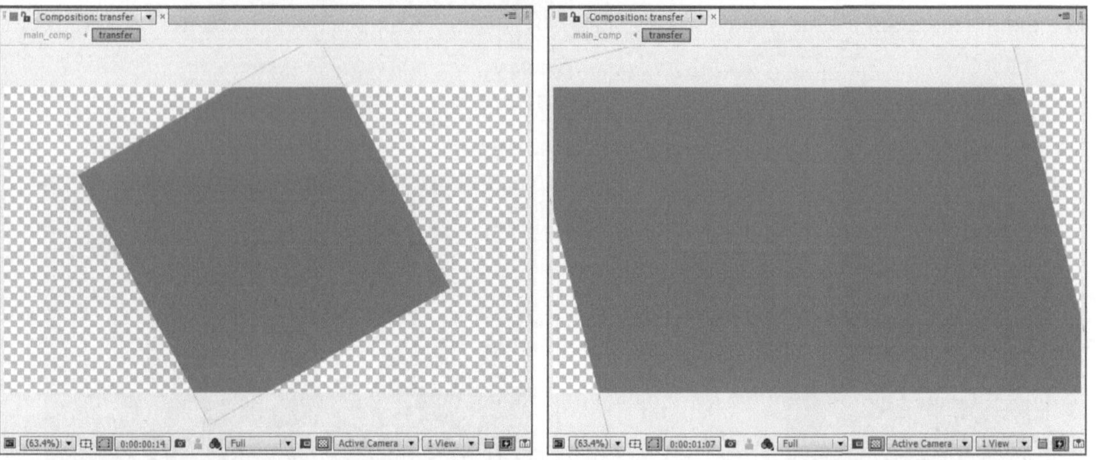
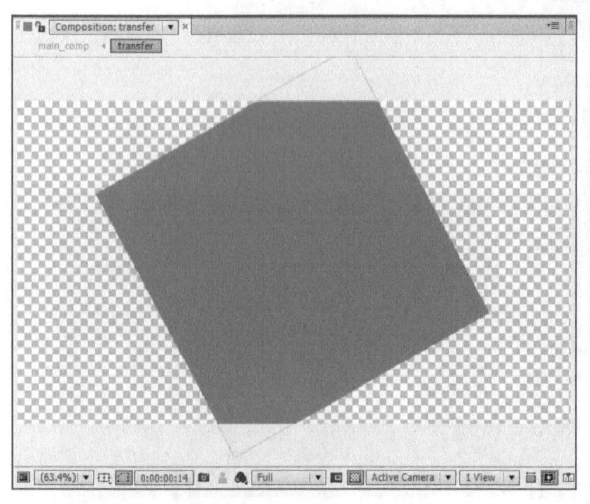

图4-100

08 在Timeline（时间轴）面板中激活Motion Blur（运动模糊）功能，如图4-101所示。画面效果如图4-102所示。

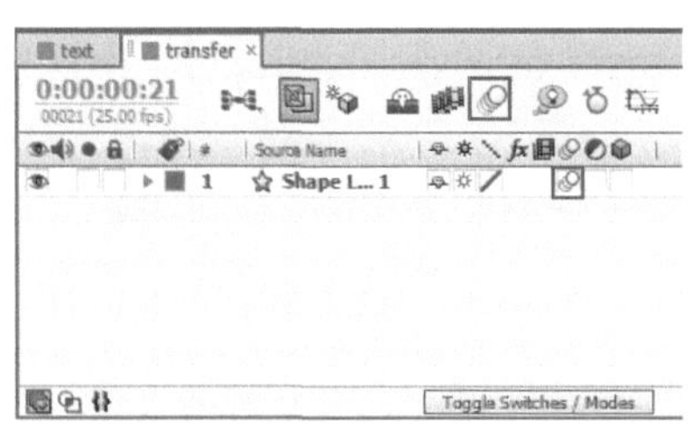

图4-101

图4-102

09 复制出9个形状图层，然后由下向上依次将图层的入点时间向后延迟5帧，如图4-103所示。接着设置各个形状图层的颜色，如图4-104所示。

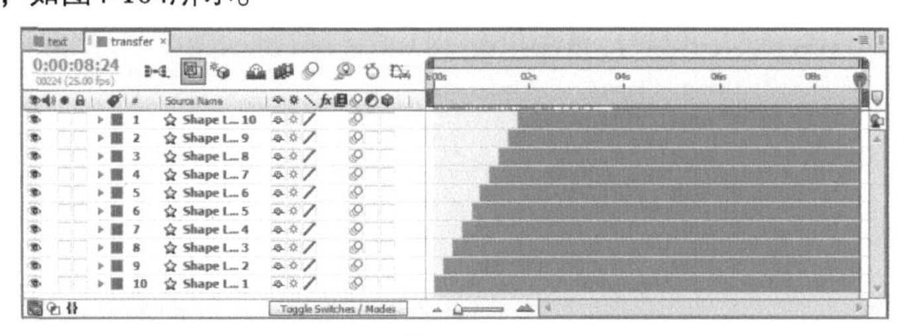

图4-103

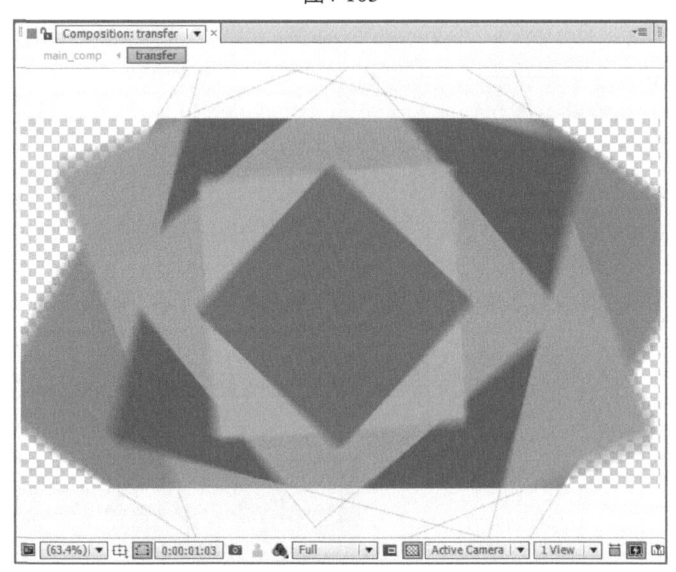

图4-104

10 执行Composition（合成）>New Composition（新建合成）菜单命令，然后在打开的Composition Settings（合成设置）对话框中，输入Composition Name（合成名称）为main_comp，接着设置Width（宽度）为1000、Height（高度）为563、Duration（持续时间）为10秒，最后单击OK（确定）按钮 OK 完成创建，如图4-105所示。

11 将text和transfer合成拖曳到Timeline（时间轴）面板中，然后激活Motion Blur（运动模糊）功能和三维功能，如图4-106所示。

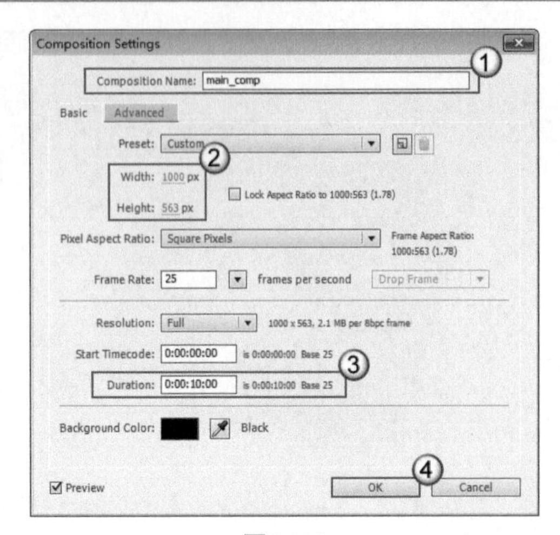
图4-105

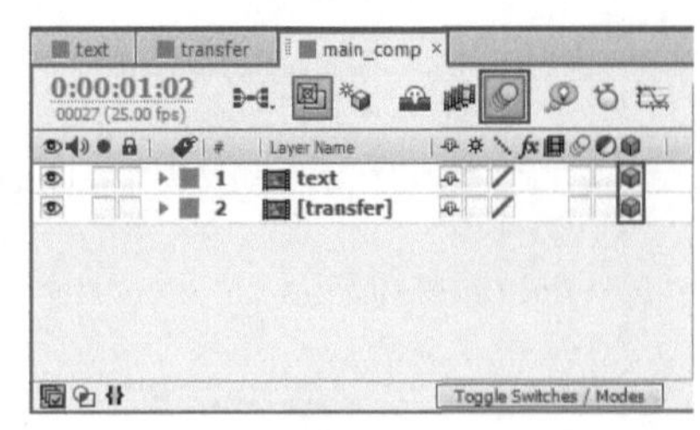
图4-106

12 设置text图层的入点时间在4秒处，然后设置transfer图层的入点时间在1秒处，如图4-107所示。

13 新建一个固态层，然后设置Name（名称）为BG，接着单击Make Comp Size（制作合成大小）按钮 Make Comp Size ，再设置Color（颜色）为（R:219, G:67, B:149），最后单击OK（确定）按钮 OK ，如图4-108所示。

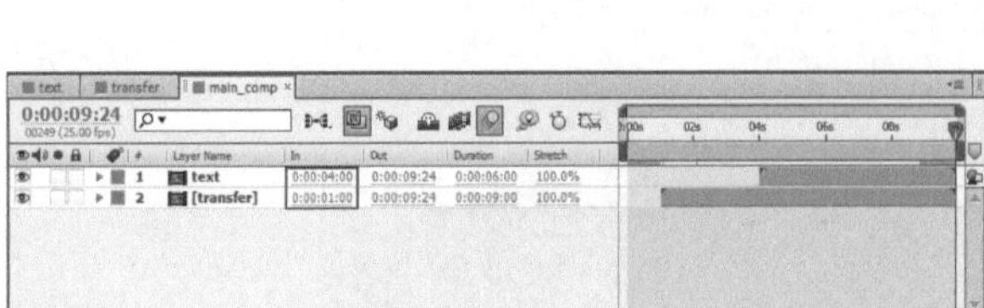
图4-107

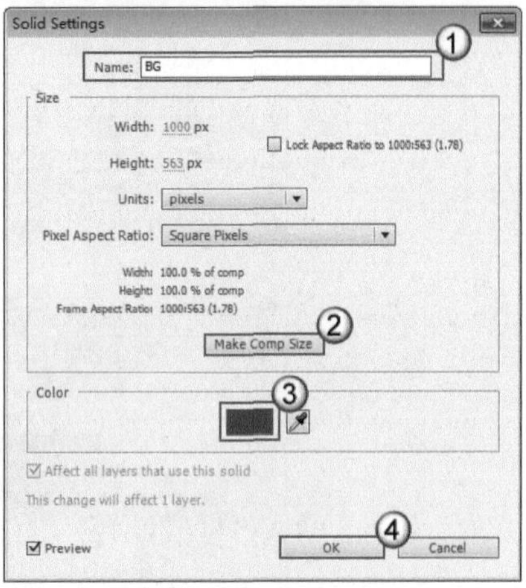

图4-108

14 将BG图层拖曳到底层，然后激活该图层三维功能，如图4-109所示。画面效果如图4-110所示。

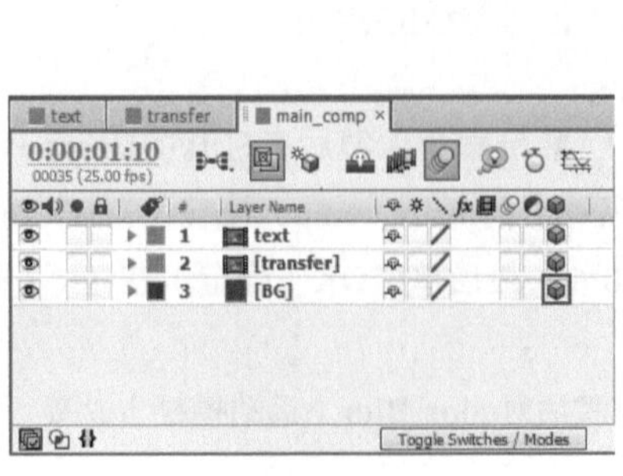
图4-109

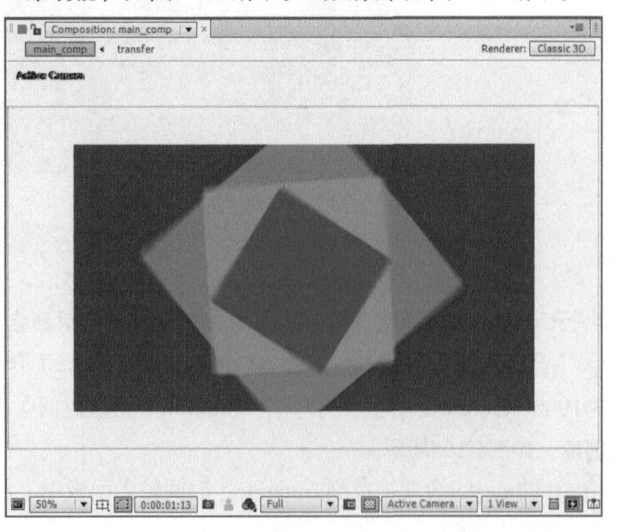
图4-110

15 新建一个灯光图层，然后在Light Settings（灯光设置）对话框中，设置Light Type（灯光类型）为Point（点）、Intensity（强度）为120%，接着单击OK（确定）按钮 OK ，如图4-111所示。

16 设置Light 1图层的Position（位置）为（425.7，295.8，-347.2），如图4-112所示。画面效果如图4-113所示。

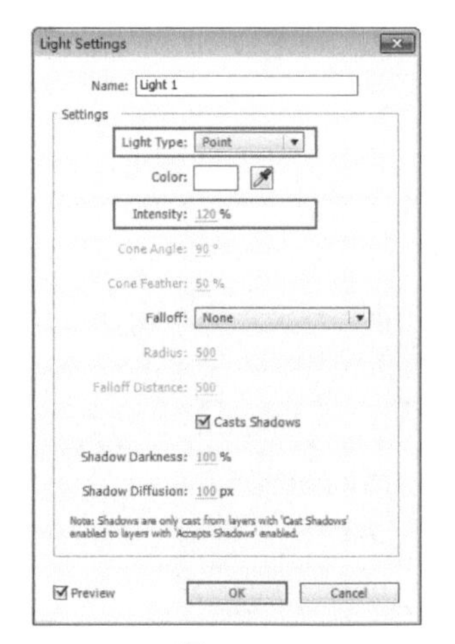

图4-111

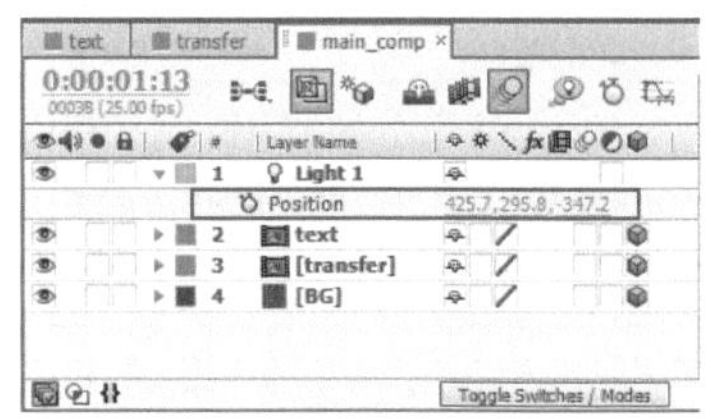

图4-112

图4-113

17 新建一个空对象图层和摄像机，然后激活空对象图层的三维功能，如图4-114所示。

18 将摄像机的Point of Interest（目标点）属性关联到空对象图层的Position（位置），如图4-115所示。

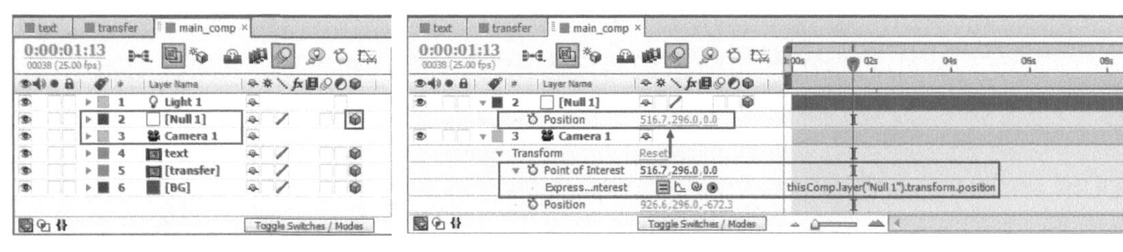

图4-114 图4-115

19 设置空对象图层的Position（位置）为（516.7，296，0），然后设置摄像机的Point of Interest（目标点）为（926.6，296，-672.3），如图4-116所示。画面效果如图4-117所示。

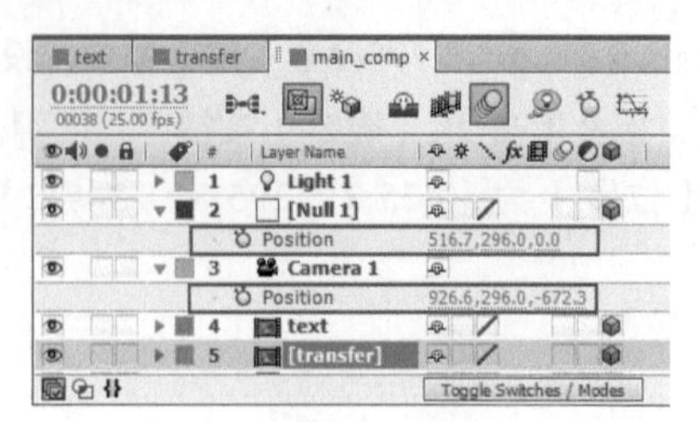
text
transfer
main_comp
0:00:01:13
00038 (25.00 fps)
Layer Name
1 Light 1
2 [Null 1]
Position 516.7,296.0,0.0
3 Camera 1
Position 926.6,296.0,-672.3
4 text
5 [transfer]
Toggle Switches / Modes

图4-116

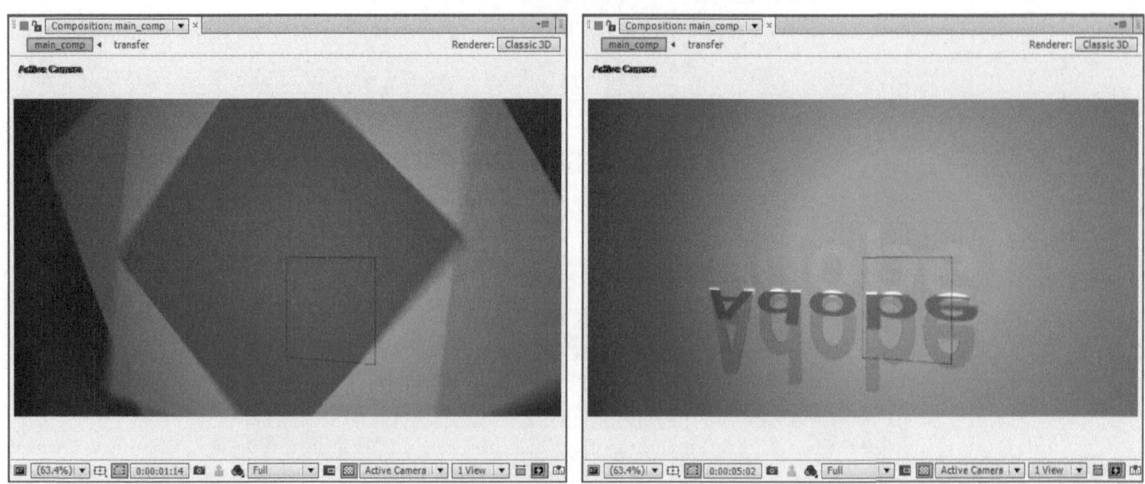
Composition: main_comp
main_comp
transfer
Renderer: Classic 3D
Active Camera
(63.4%)
0:00:01:14
Full
Active Camera
1 View

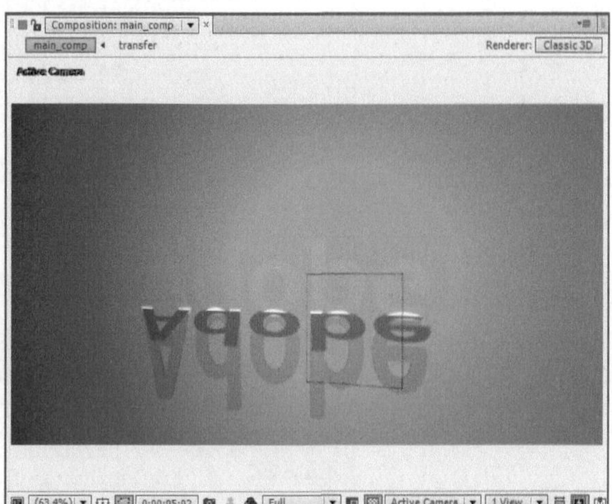
Composition: main_comp
main_comp
transfer
Renderer: Classic 3D
Active Camera
Adobe
(63.4%)
0:00:05:02
Full
Active Camera
1 View

图4-117

画面调色 05

在拍摄过程中，由于光线、天气和环境等影响，拍摄的内容往往不是真实的色彩或达不到艺术需求，这时就需要使用After Effects对拍摄内容进行色彩的调整。色彩不仅仅是对事物的反映，更是一种气氛的烘托，在不同色调的环境下，会对人的心理造成不同的感受。本章通过介绍After Effects中的颜色校正技术，包括Change to Color（更改为颜色）、Curves（曲线）、Hue/Saturation（色相/饱和度）和Level（色阶）等滤镜，来帮助读者掌握对画面色彩的调整。

5.1 色彩的基础知识

在学习调色前，先来了解光学中的色彩基础知识，包括色彩的原理和色彩模式两部分。通过对这两点知识的掌握，我们在学习后面的调色内容时，可以更加容易地掌握滤镜的使用方法和技巧。

5.1.1 色彩显示的原理

现在使用的显示器大部分是LED。LED显示器是由巨量的发光二极管组成。二极管有3种颜色，分别是红、绿和蓝色，专业领域称之为“三基色”，如图5-1所示。通过这3种颜色的组合，可以形成各种颜色，如图5-2所示。最后由这些有色彩的点组成最终的画面效果，如图5-3所示。

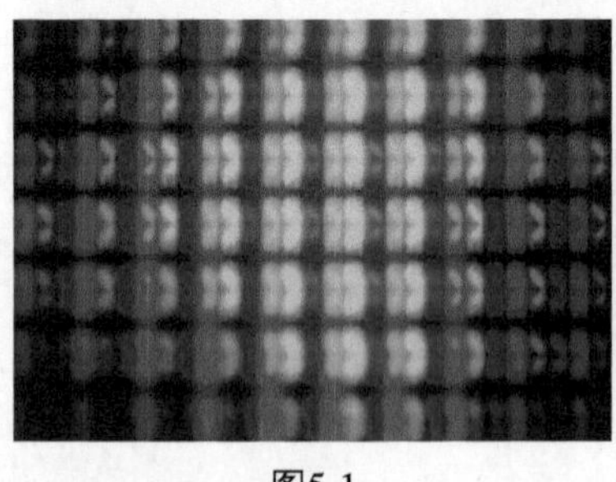

图5-1

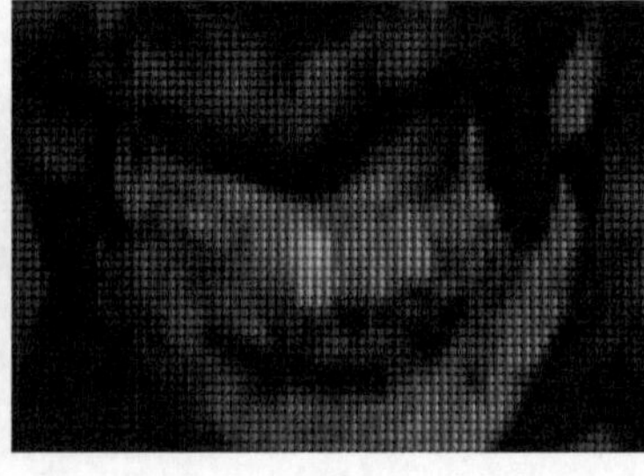

图5-2

图5-3

5.1.2 色彩模式

计算机图形领域中有很多种色彩模式。在After Effects中，常用的色彩模式有HSB和RGB两种。这两种模式都可以定义各种颜色，用户可自行选择。

1. HSB色彩模式

HSB色彩模式中的H（Hue）表示色相、S（Saturation）表示饱和度、B（Brightness）表示亮度，如图5-4所示。

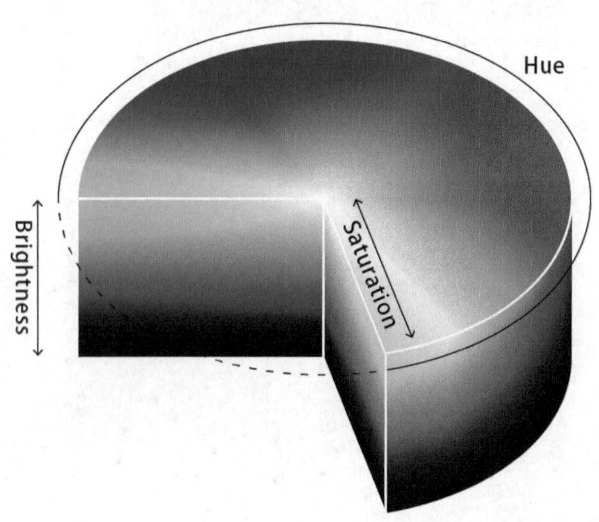

图5-4

H（Hue，色相）：在0~360°的标准色轮上，色相是按位置度量的。在通常的使用中，色相是由颜色名称标识的，比如红、绿或橙色。黑色和白色无色相。

S（Saturation，饱和度）：表示色彩的纯度，为0时为灰色。白、黑和其他灰色色彩都没有饱和度。在最大饱和度时，每一色相具有最纯的色光。取值范围为0～100%。

B（Brightness，亮度）：是色彩的明亮度。为0时即黑色。最大亮度是色彩最鲜明的状态。取值范围为0～100%。

2. RGB色彩模式

RGB色彩模式是工业界的一种颜色标准，是通过对R（Red，红色）、G（Green，绿色）、B（Blue，蓝色）3个颜色通道的变化以及它们相互之间的叠加来得到各式各样的颜色的，如图5-5所示。

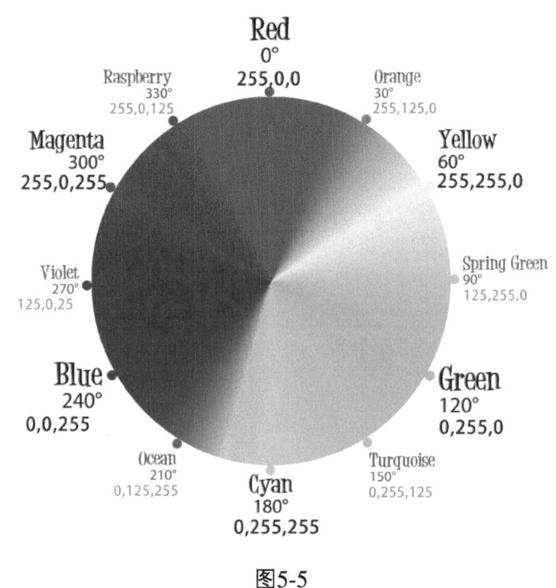

图5-5

技巧与提示

在After Effects中单击色块，可以打开颜色设置对话框，在对话框中可以看到有HSB、RGB两种模式，如图5-6所示。

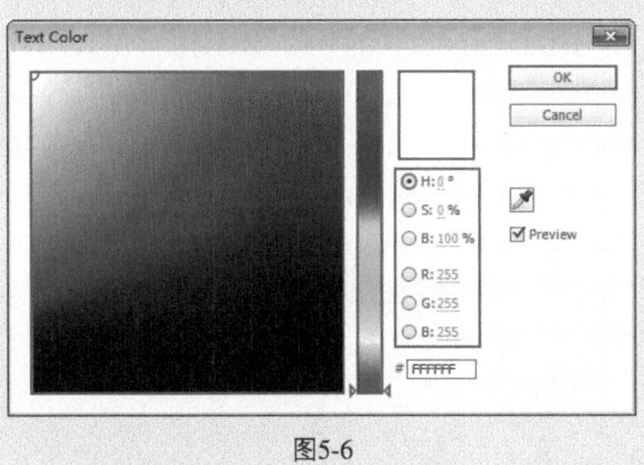

图5-6

5.2 Change to Color（更改为颜色）滤镜

Change to Color（更改为颜色）滤镜可以将指定的颜色替换成另外一种颜色，通过调节相应的属性，可以精确地控制最终的替换效果。

选择要添加效果的图层，然后执行Effect（效果）> Color Correction（颜色校正）> Change to Color（更改为颜色）菜单命令，可为图层添加Change to Color（更改为颜色）滤镜，如图5-7所示。

在Project（项目）面板处，出现了Effect Controls（效果控件）面板，在面板中有之前添加的效果，如图5-8所示。

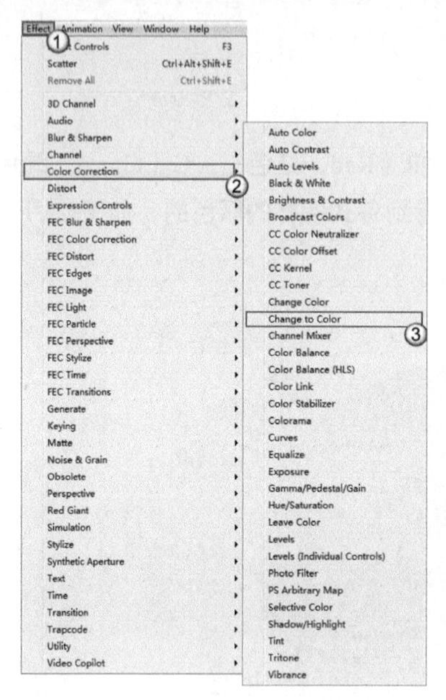

图5-7

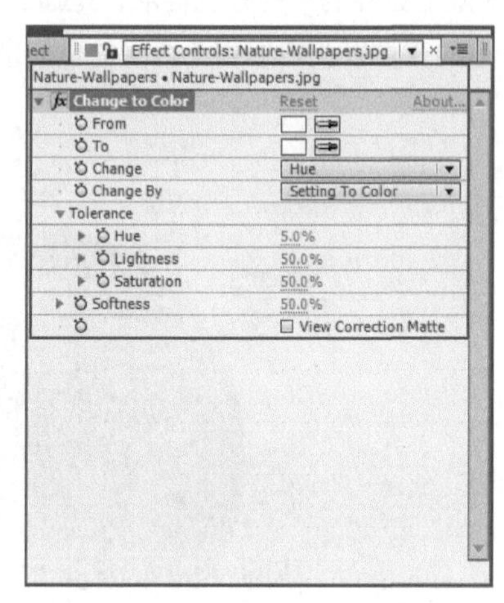

图5-8

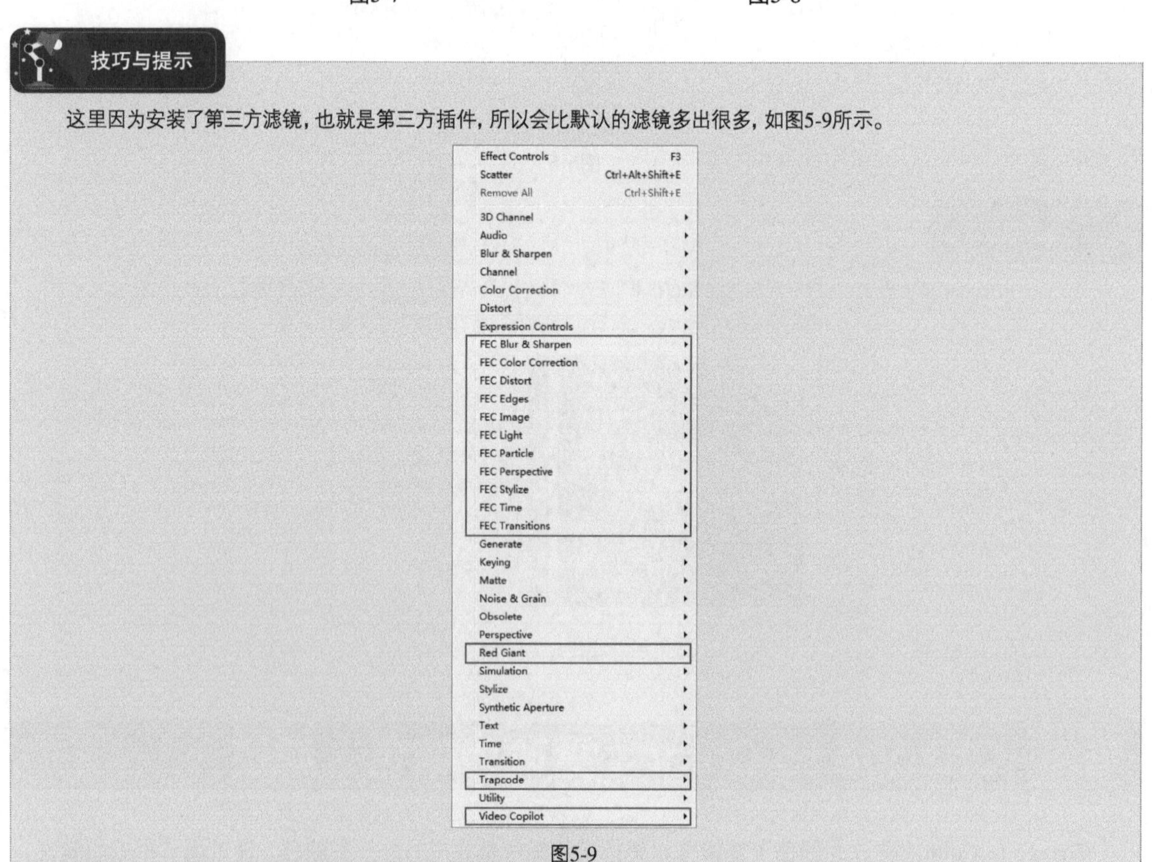

技巧与提示

这里因为安装了第三方滤镜，也就是第三方插件，所以会比默认的滤镜多出很多，如图5-9所示。

图5-9

Change to Color（更改为颜色）的属性介绍

From（自）：指定需要替换的颜色，效果如图5-10所示。

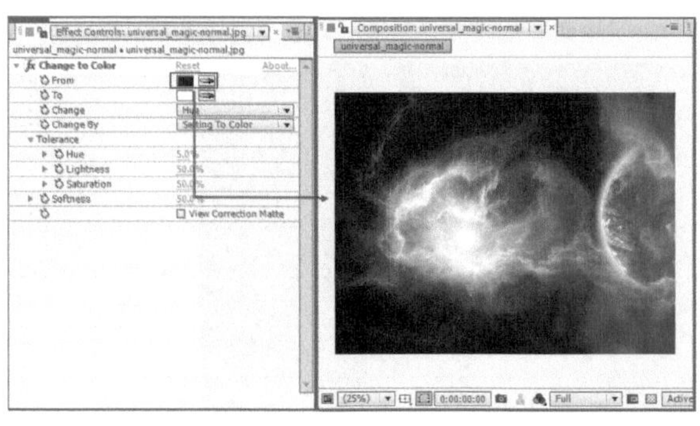
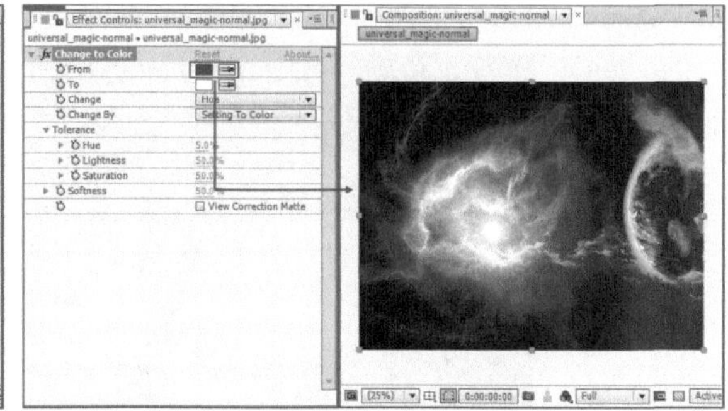

图5-10

To（至）：指定替换后的颜色，效果如图5-11所示。

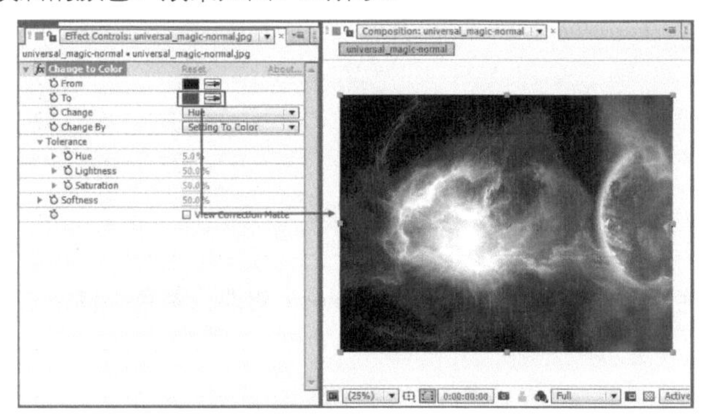

图5-11

Change By（更改方式）：指定颜色的转换方式，共有Setting to Color（设置为颜色）和Transforming to Color（变换为颜色）两个选项。

Tolerance（容差）：控制替换颜色的范围，包括色相、明度和饱和度3个属性，效果如图5-12所示。

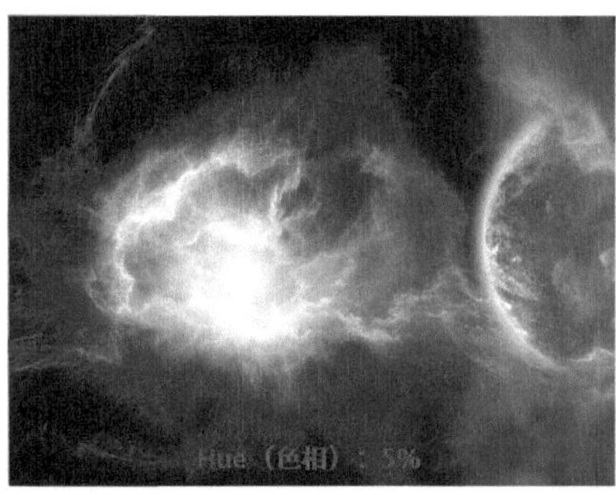

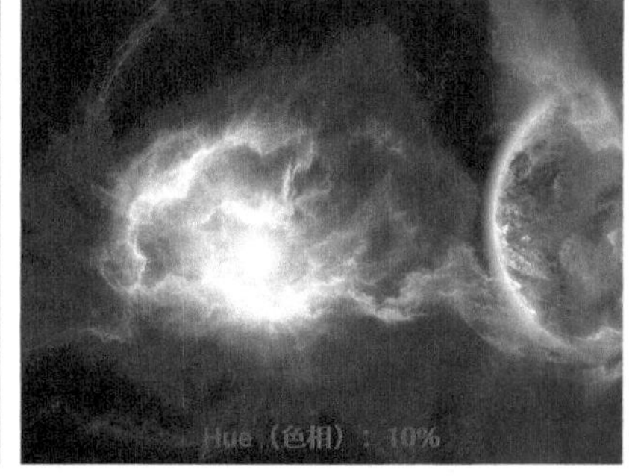

图5-12

Softness（柔和度）：控制替换后的颜色的柔和度，效果如图5-13所示。

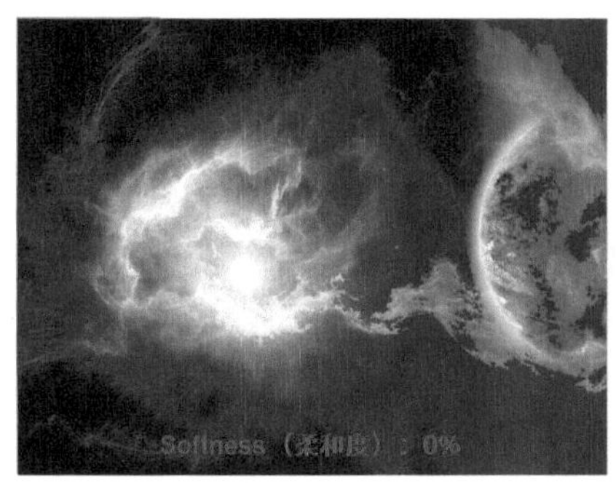

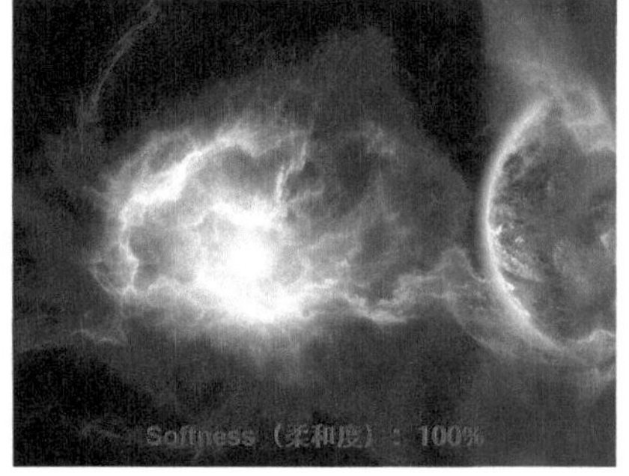

图5-13

View Correction Matte（查看校正蒙版）：查看被修改过被替换颜色的区域，效果如图5-14所示。

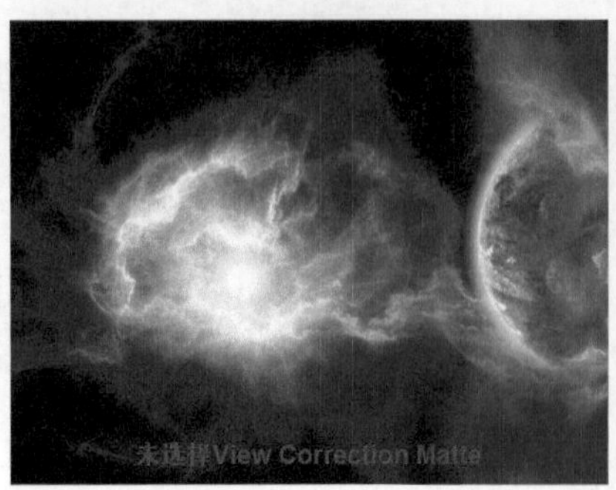

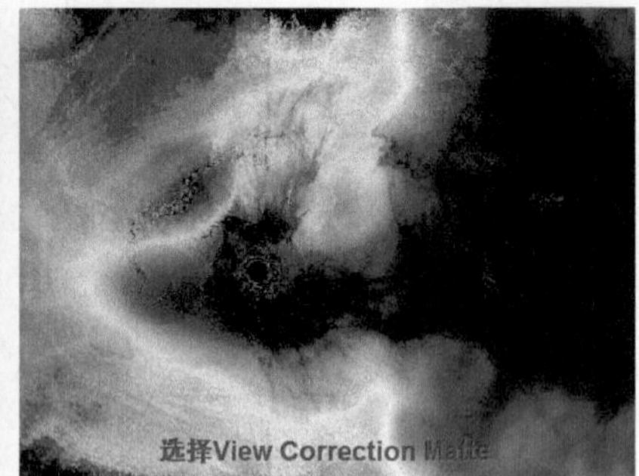

图5-14

课堂案例 紫色玫瑰

- 素材位置 实例文件>CH05>课堂案例：紫色玫瑰
- 实例位置 实例文件>CH05>紫色玫瑰_F.aep
- 难易指数 ★★☆☆☆
- 技术掌握 掌握Change to Color（更改为颜色）滤镜的使用方法

（扫描观看视频）

本例主要通过制作紫色玫瑰，来掌握Change to Color（更改为颜色）滤镜的使用方法和操作技巧，效果如图5-15所示。

图5-15

01 执行Composition（合成）>New Composition（新建合成）菜单命令，然后在打开的Composition Settings（合成设置）对话框中，输入Composition Name（合成名称）为rose，接着设置Width（宽度）为1024、Height（高度）为640、Duration（持续时间）为1秒，最后单击OK（确定）按钮 OK 完成创建，如图5-16所示。

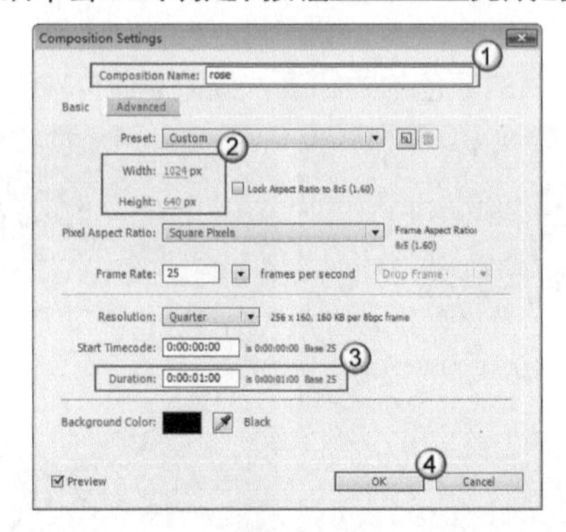

图5-16

02 导入素材文件夹中的素材，将素材拖曳到Timeline（时间轴）面板中，画面效果如图5-17所示。

03 选择rose图层，然后执行Effect（效果）> Color Correction（颜色校正）> Change to Color（更改为颜色）菜单命令，如图5-18所示。接着在Effect Controls（效果控件）面板中，单击From（自）属性后面的滴管工具，最后拾取画面中玫瑰花上的颜色，如图5-19所示。

图5-17

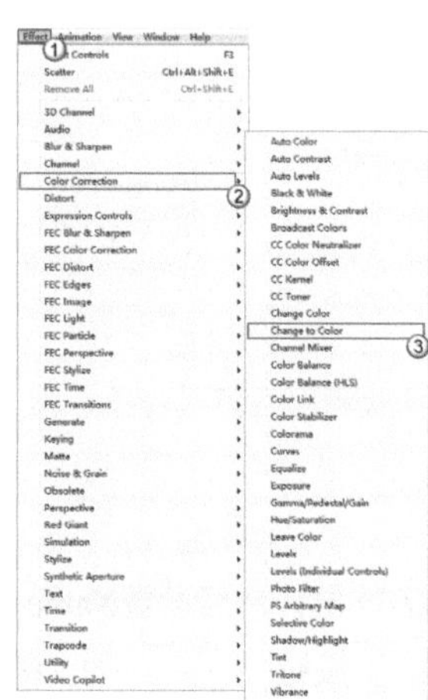

图5-18

图5-19

04 设置To（至）的颜色为（R:180，G:0，B:255），如图5-20所示。画面效果如图5-21所示。

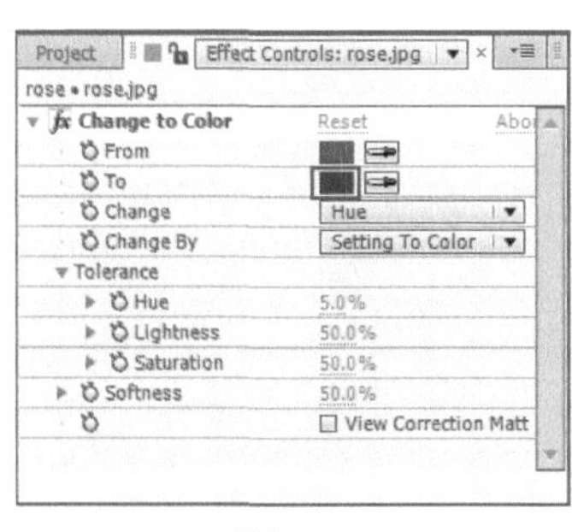

图5-20

图5-21

05 设置Hue（色相）为17、Softness（柔和度）为100%，如图5-22所示。画面效果如图5-23所示。

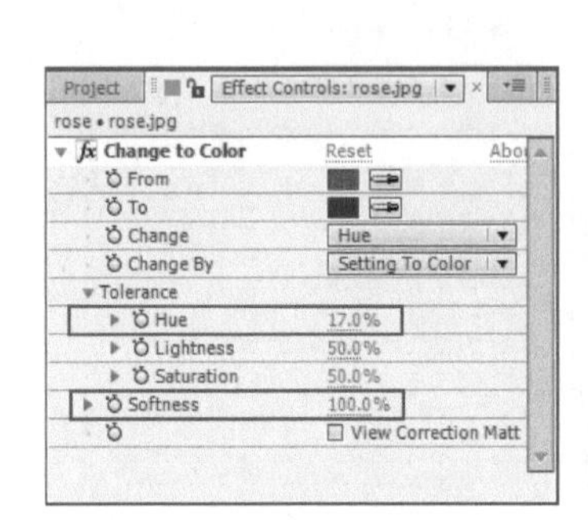

图5-22　　图5-23

06 新建一个固态层，然后设置Name（名称）为edge、Color（颜色）为黑色，接着单击Make Comp Size（制作合成大小）按钮 Make Comp Size ，最后单击OK（确定）按钮 OK ，如图5-24所示。

07 使用Ellipse Tool（椭圆工具）绘制一个图5-25所示的遮罩。然后展开edge图层的Mask（遮罩）属性组，选择Inverted（反转）选项，接着设置Mask Feather（遮罩羽化）为（200，200 pixels）、Mask Opacity（遮罩不透明度）为30%、Mask Expansion（遮罩扩展）为-10 pixels，如图5-26所示。画面效果如图5-27所示。

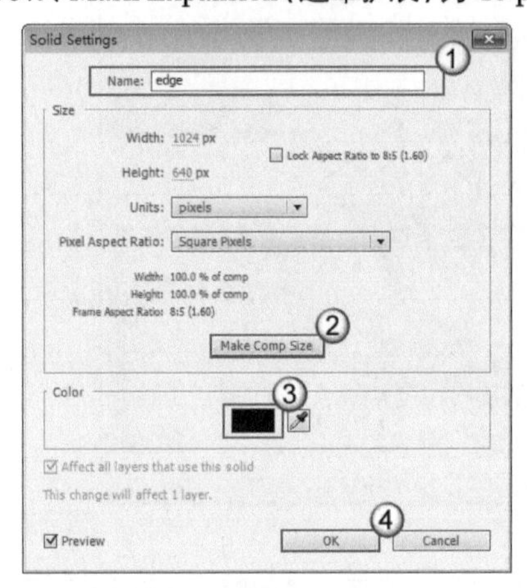

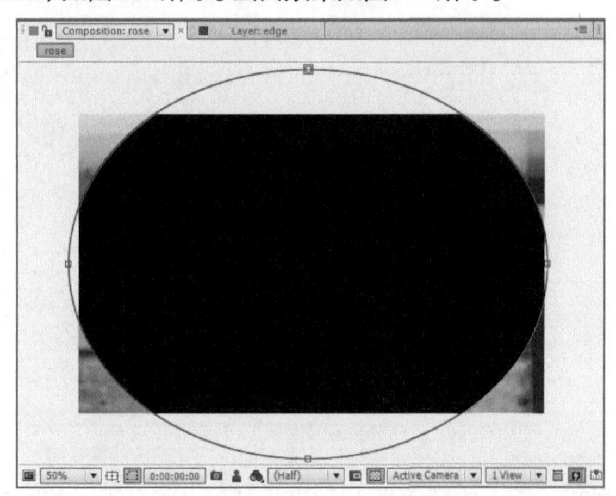

图5-24　　图5-25

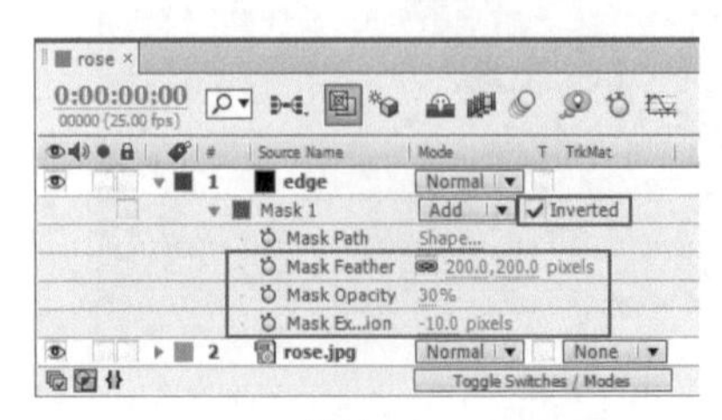

图5-26　　图5-27

5.3 Curves（曲线）滤镜

Curves（曲线）滤镜可以让画面明暗对比更加强烈，也可以对红、绿、蓝通道单独进行处理，以调整画面的色调。

选择要添加效果的图层，然后执行Effect（效果）> Color Correction（颜色校正）> Curves（曲线）菜单命令，可为图层添加Curves（曲线）滤镜，如图5-28所示。在Effect Controls（效果控件）面板中，可以看到添加的效果，如图5-29所示。

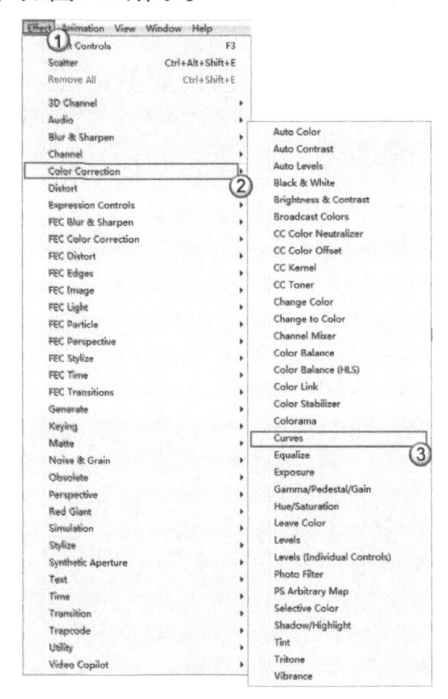

图5-28

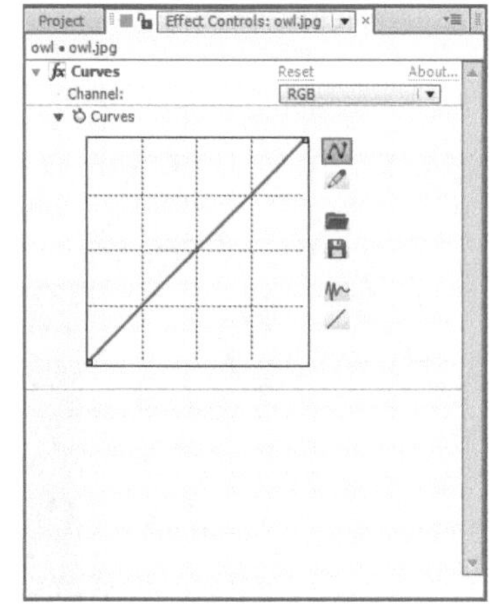

图5-29

Curves（曲线）滤镜的属性介绍

Channel（通道）：选择需要调整的色彩通道，包括RGB通道、Red（红色）通道、Green（绿色）通道、Blue（蓝色）通道和Alpha通道。Red（红色）通道、Green（绿色）通道、Blue（蓝色）通道的效果如图5-30~图5-32所示。

图5-30

图5-31

图5-32

Curves（曲线）：通过调整曲线的坐标或绘制曲线来调整图像的色调。

（曲线工具）：该工具可以在曲线上添加节点，并且可以移动添加的节点。如果要删除节点，只需要将选择的节点拖曳出曲线图之外即可。

工具：该工具可以在坐标图上任意绘制曲线。

工具：将当前色调曲线存储起来，以便于以后重复利用。保存好的曲线文件可以应用在Photoshop中。

工具：打开保存好的曲线，也可以打开Photoshop中的曲线文件。

工具：该工具可以将曲折的曲线变得更加平滑。

工具：将曲线恢复到默认的直线状态。

在网格中，将光标移动到斜线上，然后按住鼠标左键并拖曳，可通过调整曲线来达到调色的目的，如图5-33所示。

图5-33

课堂案例 琴响指间

- 素材位置 实例文件>CH05>课堂案例：琴响指间
- 实例位置 实例文件>CH05>琴响指间_F.aep
- 难易指数 ★★★☆☆
- 技术掌握 掌握Curves（曲线）滤镜的使用方法

（扫描观看视频）

本例主要通过制作琴响指间，来掌握Curves（曲线）滤镜的使用方法和操作技巧，效果如图5-34所示。

图5-34

01 导入素材文件夹中的素材，然后将piano文件拖曳到Create a new Composition（创建一个新合成）按钮上以创建一个合成，如图5-35所示。画面效果如图5-36所示。

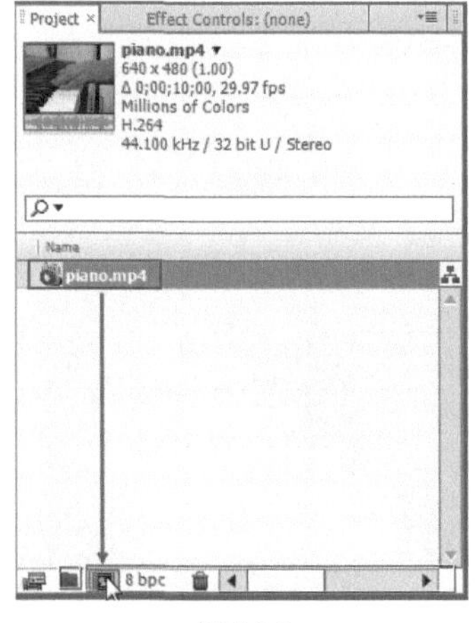

图5-35

图5-36

02 选择piano图层，然后执行Effect（效果）> Color Correction（颜色校正）> Curves（曲线）菜单命令，如图5-37所示。接着在Effect Controls（效果控件）面板中，设置Channel（通道）为Blue（蓝色），最后调整曲线的形状，如图5-38所示。画面效果如图5-39所示。

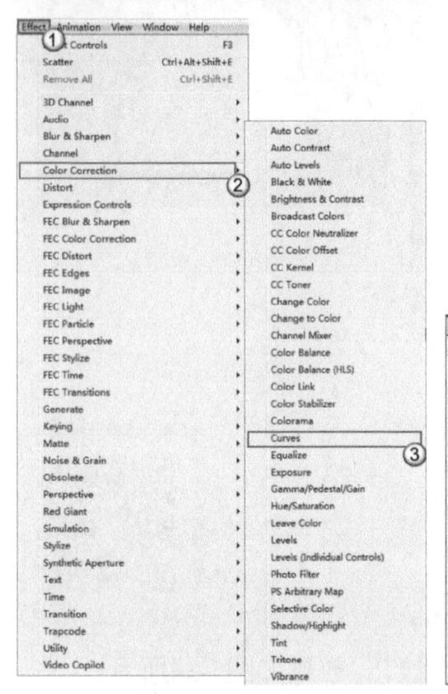

图5-37

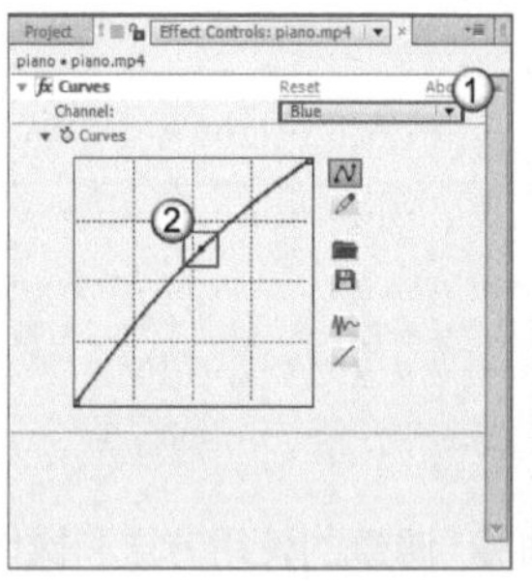

图5-38

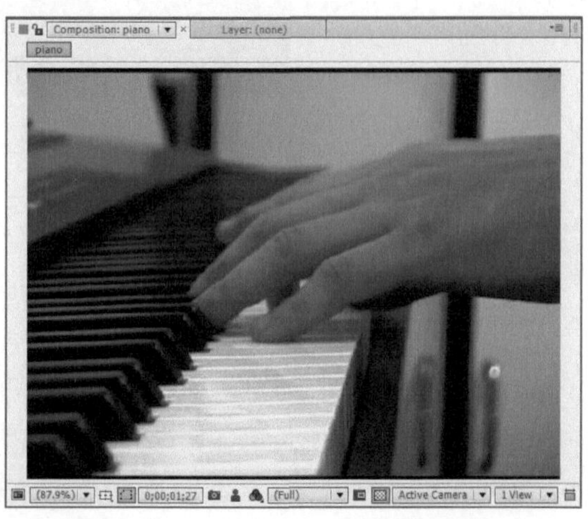

图5-39

03 画面中的整体效果偏冷，但是手指偏红，因此要减少画面中的红色。在Effect Controls（效果控件）面板中，设置Channel（通道）为Red（红色），然后调整曲线的形状，如图5-40所示。画面效果如图5-41所示。

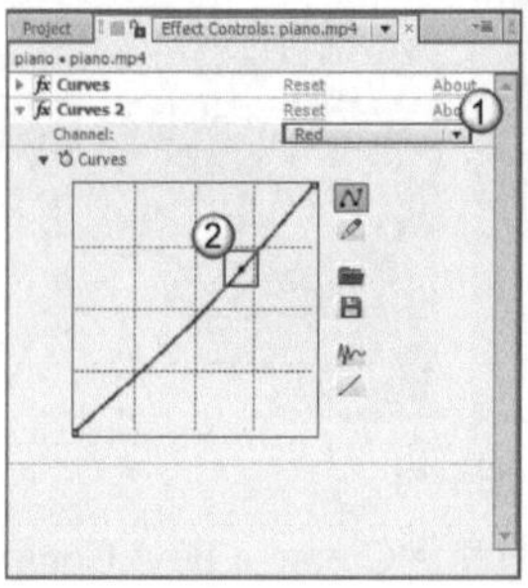

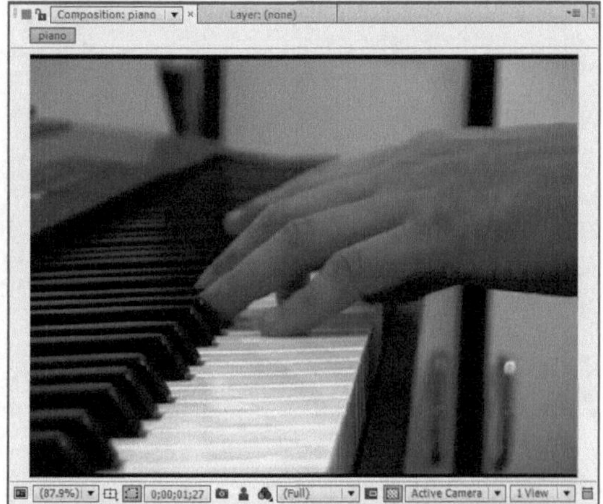

图5-40

图5-41

04 画面中的明暗关系不是太明显，因此加强整体的对比度。在Effect Controls（效果控件）面板中，设置Channel（通道）为RGB（红色），然后调整曲线的形状，如图5-42所示。画面效果如图5-43所示。

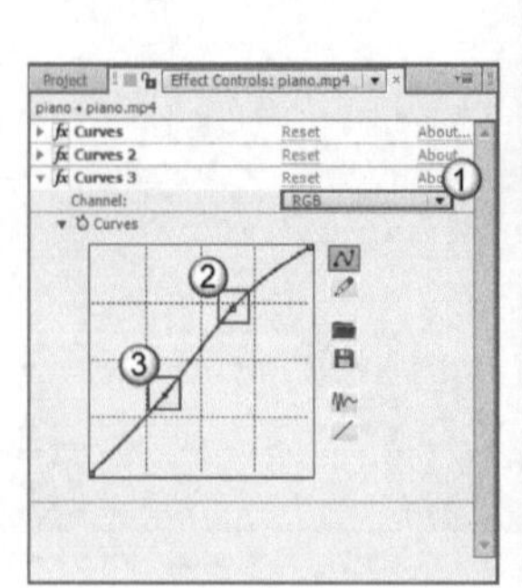

图5-42

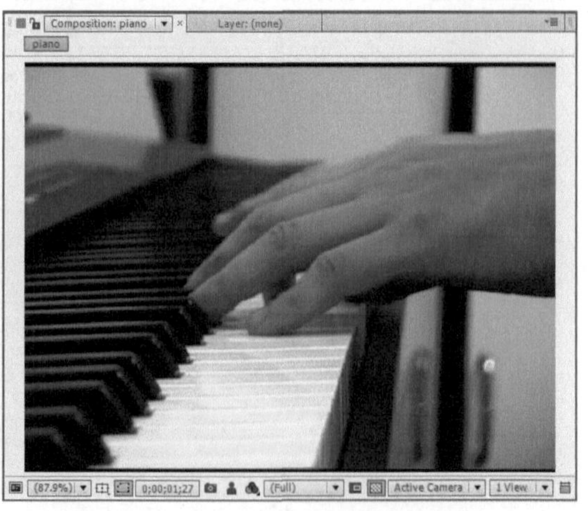

图5-43

5.4 Hue/Saturation（色相/饱和度）滤镜

Hue/Saturation（色相/饱和度）滤镜通过设置Hue（色相）、Saturation（饱和度）、Lightness（亮度）来改变画面的整体效果。

选择要添加效果的图层，然后执行Effect（效果）> Color Correction（颜色校正）> Hue/Saturation（色相/饱和度）菜单命令，可为图层添加Hue/Saturation（色相/饱和度）滤镜，如图5-44所示。在Effect Controls（效果控件）面板中，可以看到添加的效果，如图5-45所示。

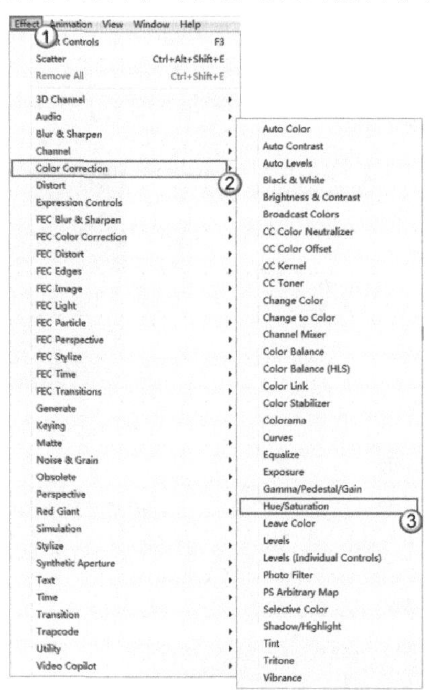

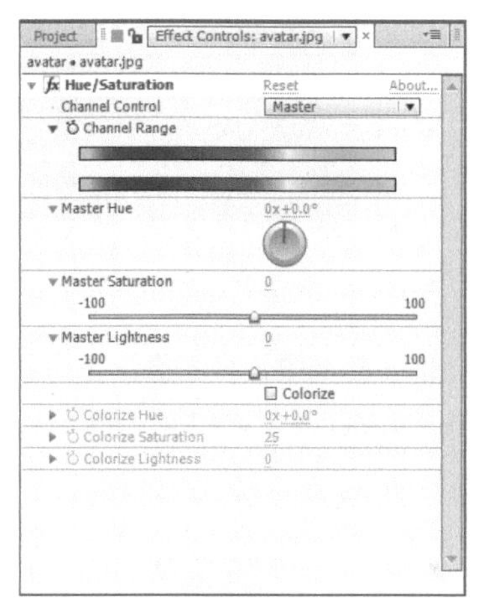

图5-44　　　　图5-45

Hue/Saturation（色相/饱和度）滤镜的属性介绍

Channel Control（通道控制）：控制受滤镜影响的通道，默认设置为Master（主），表示影响所有的通道；如果选择其他通道，通过Channel Range（通道范围）选项可以查看通道受滤镜影响的范围。

Channel Range（通道范围）：显示通道受滤镜影响的范围。

Master Hue（主色相）：控制所调整颜色通道的色调，效果如图5-46所示。

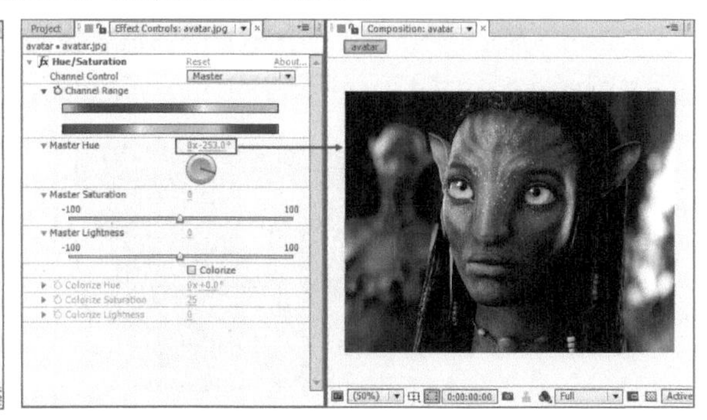

图5-46

Master Saturation（主饱和度）：控制所调整颜色通道的饱和度，效果如图5-47所示。

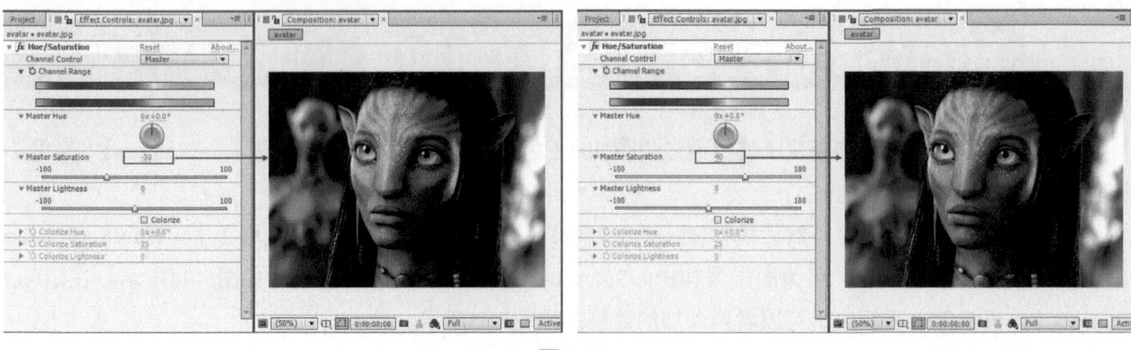

图5-47

Master Lightness（主亮度）：控制所调整颜色通道的亮度，效果如图5-48所示。

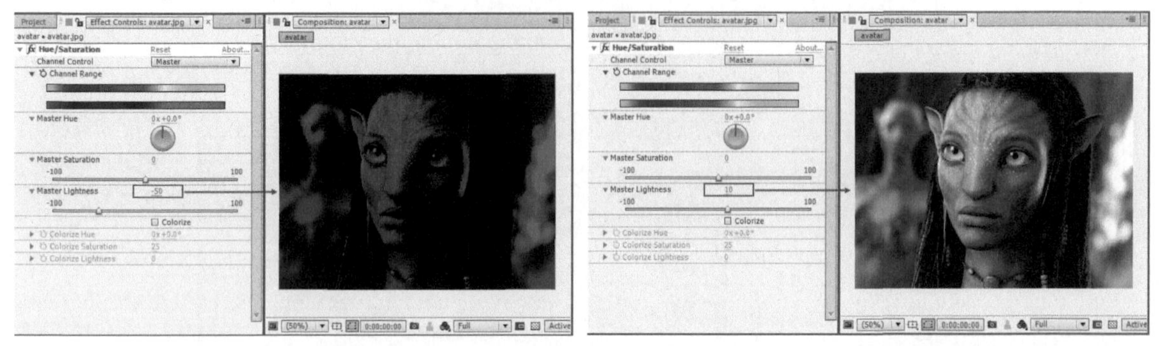

图5-48

Colorize（彩色化）：控制是否将图像设置为彩色图像。勾选该选项之后，将激活Colorize Hue（着色色相）、Colorize Saturation（着色饱和度）和Colorize Lightness（着色亮度）属性，效果如图5-49所示。

图5-49

Colorize Hue（着色色相）：将灰度图像转换为彩色图像，效果如图5-50所示。

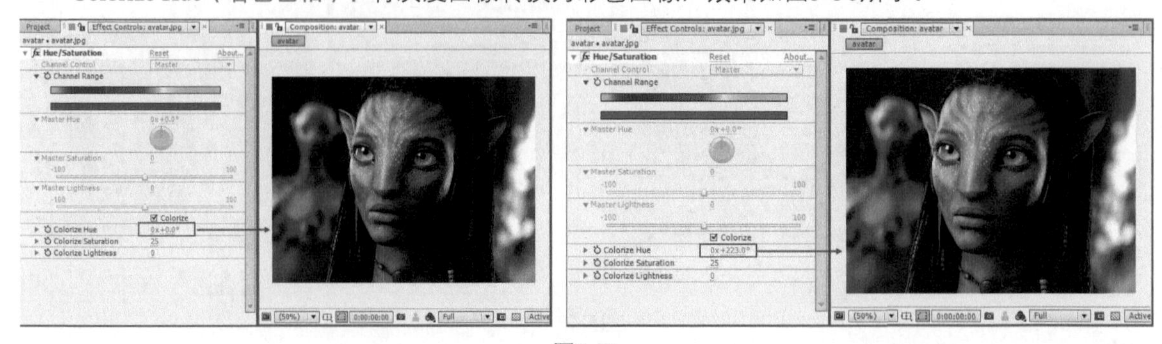

图5-50

Colorize Saturation（着色饱和度）：控制彩色化图像的饱和度，效果如图5-51所示。

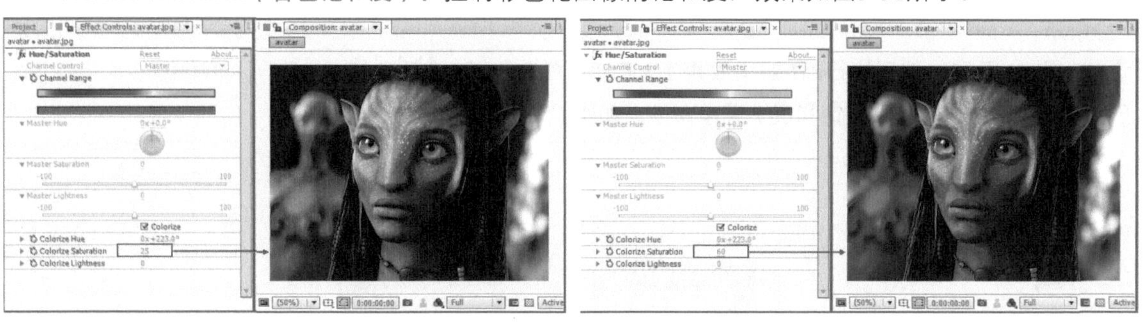

图5-51

Colorize Lightness（着色亮度）：控制彩色化图像的亮度，效果如图5-52所示。

图5-52

课堂案例 夕阳西下

- 素材位置 实例文件>CH05>课堂案例：夕阳西下
- 实例位置 实例文件>CH05>夕阳西下_F.aep
- 难易指数 ★★★☆☆
- 技术掌握 掌握Hue/Saturation（色相/饱和度）滤镜的使用方法

（扫描观看视频）

本例主要通过制作夕阳西下，来掌握Hue/Saturation（色相/饱和度）滤镜的使用方法和操作技巧，效果如图5-53所示。

图5-53

01 执行Composition（合成）>New Composition（新建合成）菜单命令，然后在打开的Composition Settings（合成设置）对话框中，输入Composition Name（合成名称）为tree，接着设置Width（宽度）为960、Height（高度）为640、Duration（持续时间）为1秒，最后单击OK（确定）按钮 OK 完成创建，如图5-54所示。

02 导入素材文件夹中的tree.jpg文件，然后将素材拖曳到到Timeline（时间轴）面板中，画面效果如图5-55所示。

03 选择tree图层，然后执行Effect（效果）> Color Correction（颜色校正）> Hue/Saturation（色相/饱和度）菜单命令，如图5-56所示。

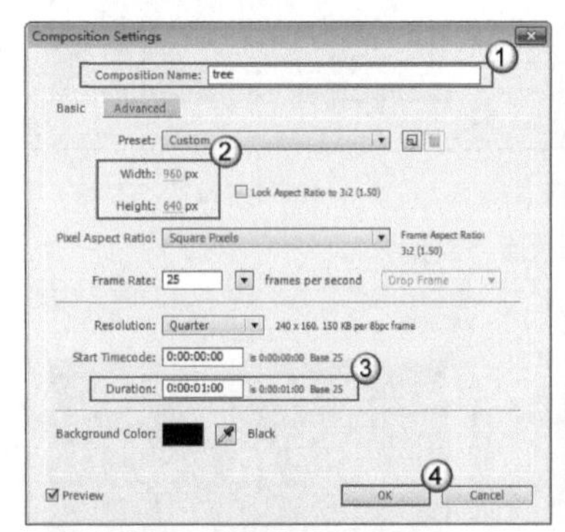

图5-54

图5-55

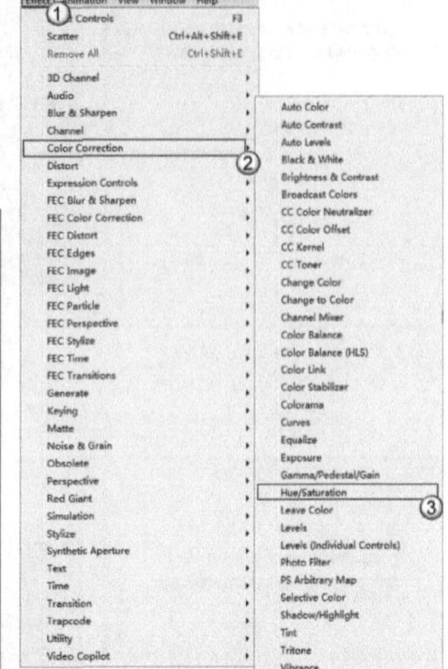

图5-56

04 在Effect Controls（效果控件）面板中，设置Mster Hue（主色相）为（0×-46°），Master Lightness（主亮度）为-10，如图5-57所示。画面效果如图5-58所示。

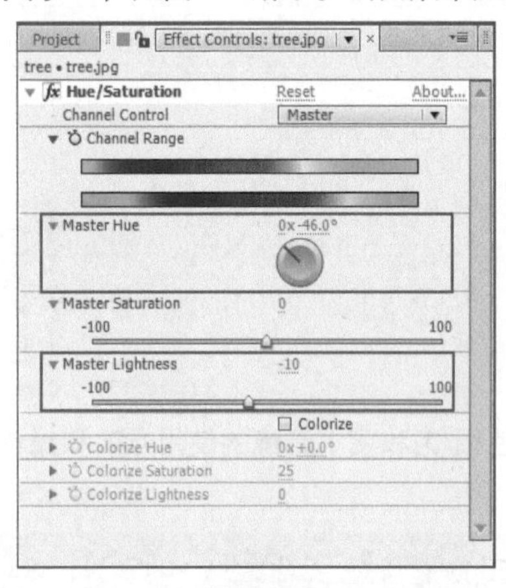

图5-57

图5-58

05 新建一个固态层，然后设置Name（名称）为edge、Color（颜色）为黑色，接着单击Make Comp Size（制作合成大小）按钮 Make Comp Size ，最后单击OK（确定）按钮 OK ，如图5-59所示。

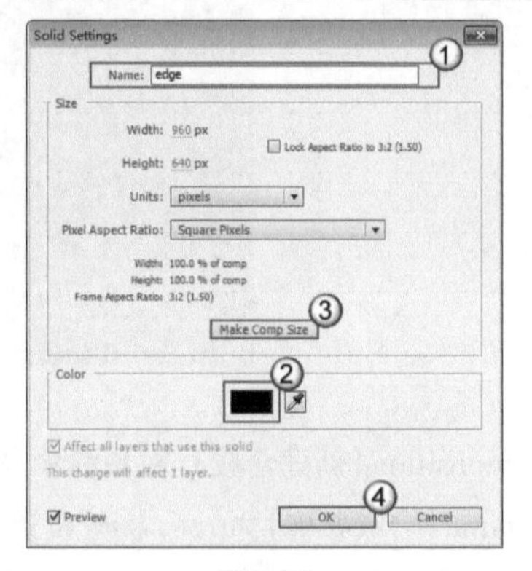

图5-59

06 使用Rectangle Tool（矩形工具）绘制一个图5-60所示的遮罩。然后展开tree图层的Mask（遮罩）属性组，设置Mask Feather（遮罩羽化）为（300，300 pixels）、Mask Opacity（遮罩不透明度）为50%，如图5-61所示。效果如图5-62所示。

图5-60

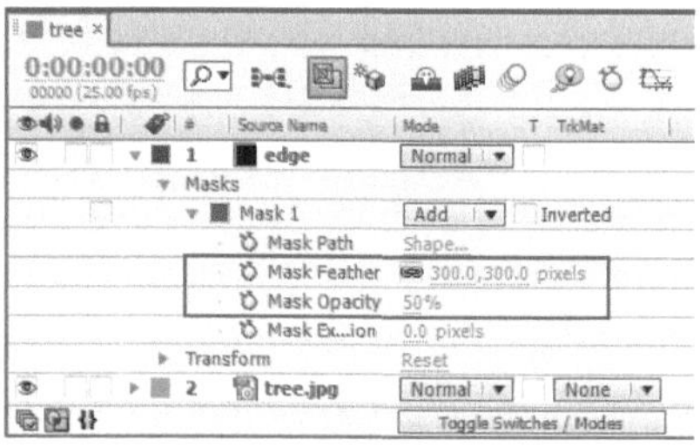

图5-61

图5-62

5.5 Levels（色阶）滤镜

选择要添加效果的图层，然后执行Effect（效果）> Color Correction（颜色校正）> Levels（色阶）菜单命令，可为图层添加Levels（色阶）滤镜，如图5-63所示。在Effect Controls（效果控件）面板中，可以看到添加的效果，如图5-64所示。

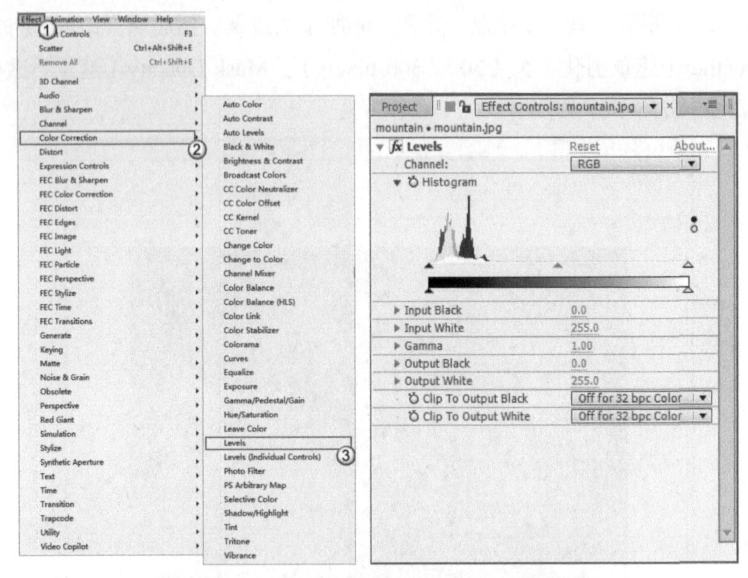

图5-63　　　　图5-64

Levels（色阶）滤镜的属性介绍

Channel（通道）：设置滤镜要应用的通道。可以选择RGB通道、Red（红色）通道、Green（绿色）通道、Blue（蓝色）通道和Alpha通道进行单独色阶调整。

Histogram（直方图）：通过直方图可以观察到各个影调的像素在图像中的分布情况。

Input Black（输入黑色）：控制输入图像中的黑色阈值，效果如图5-65所示。

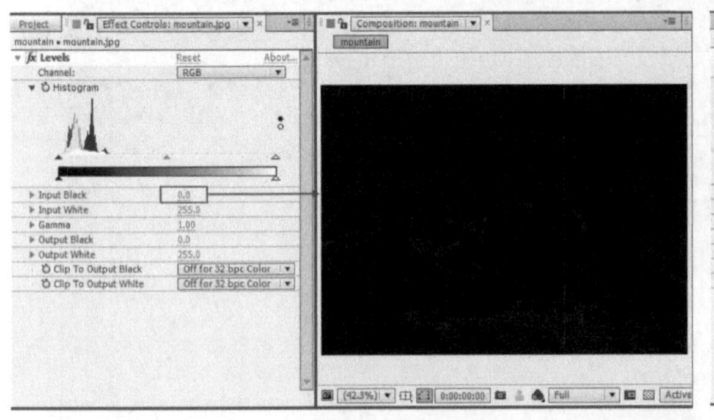

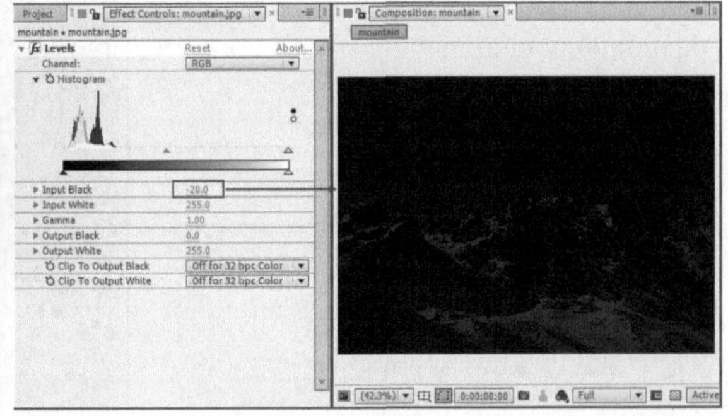

图5-65

Input White（输入白色）：控制输入图像中的白色阈值，效果如图5-66所示。

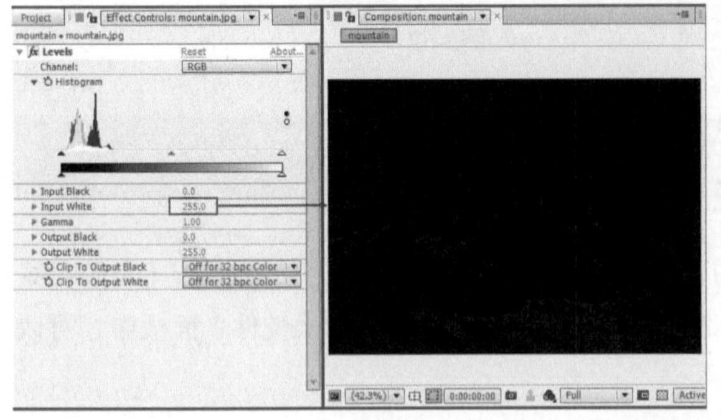

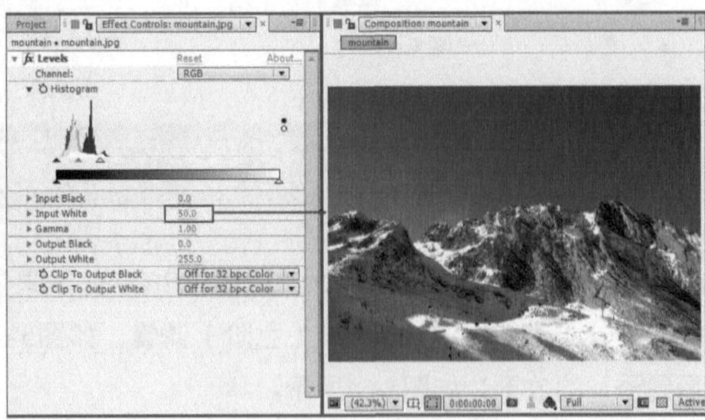

图5-66

Gamma（灰度系数）：调节图像影调的阴影和高光的相对值，效果如图5-67所示。

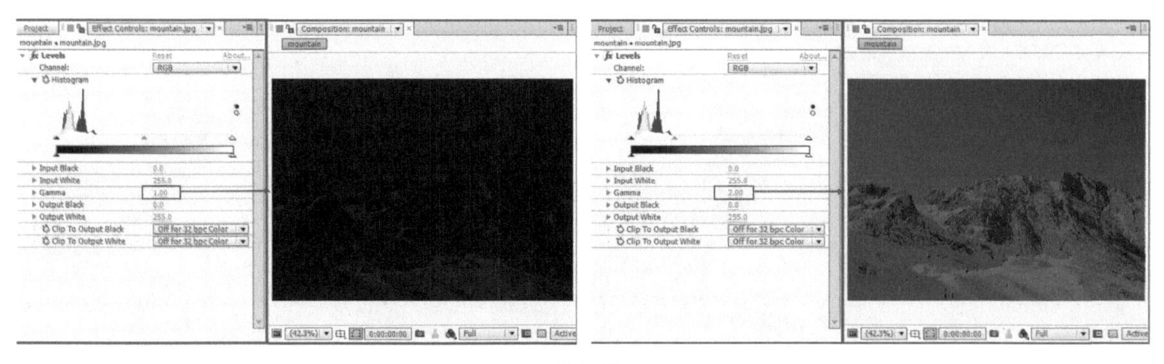

图5-67

Output Black（输出黑色）：控制输出图像中的黑色阈值，效果如图5-68所示。

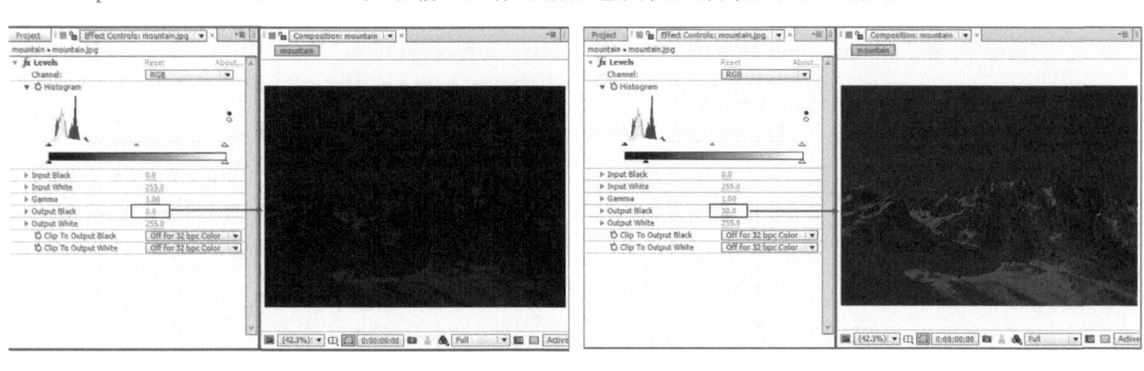

图5-68

Output White（输出白色）：控制输出图像中的白色阈值，效果如图5-69所示。

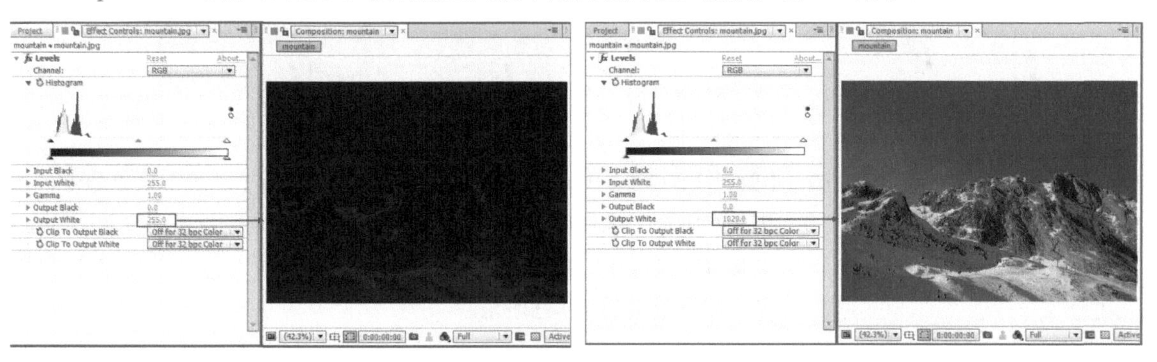

图5-69

课堂案例 遨游天际

- 素材位置 实例文件>CH05>课堂案例：遨游天际
- 实例位置 实例文件>CH05>遨游天际_F.aep
- 难易指数 ★★★☆☆
- 技术掌握 掌握Levels（色阶）滤镜的使用方法

（扫描观看视频）

本例主要通过制作遨游天际，来掌握Levels（色阶）滤镜的使用方法和操作技巧，效果如图5-70所示。

图5-70

01 执行Composition（合成）>New Composition（新建合成） 菜单命令，然后在打开的Composition Settings（合成设置）对话框中，输入Composition Name（合成名称）为fly，接着设置Preset（预设）为PAL D1/DV、Duration（持续时间）为12秒，最后单击OK（确定）按钮 OK 完成创建，如图5-71所示。

02 导入素材文件夹中的素材，将素材拖曳到Timeline（时间轴）面板中，画面效果如图5-72所示。

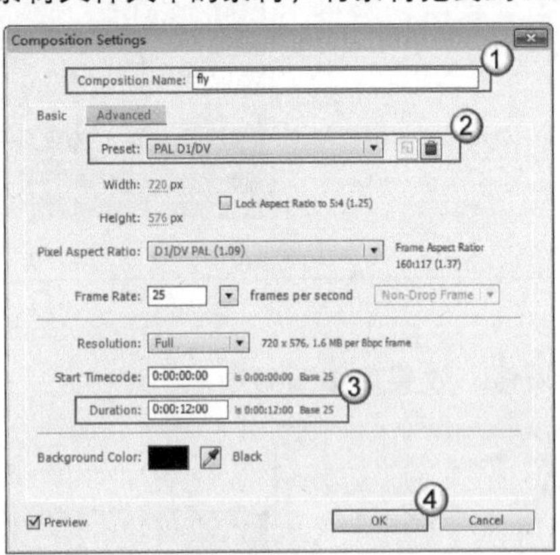

图5-71

图5-72

03 选择fly图层，然后执行Effect（效果）> Color Correction（颜色校正）> Levels（色阶）菜单命令，如图5-73所示，接着在Effect Controls（效果控件）面板中，设置Channel为Red（红色）、Red Gamma（红色灰度系数）为0.7，如图5-74所示，画面效果如图5-75所示。

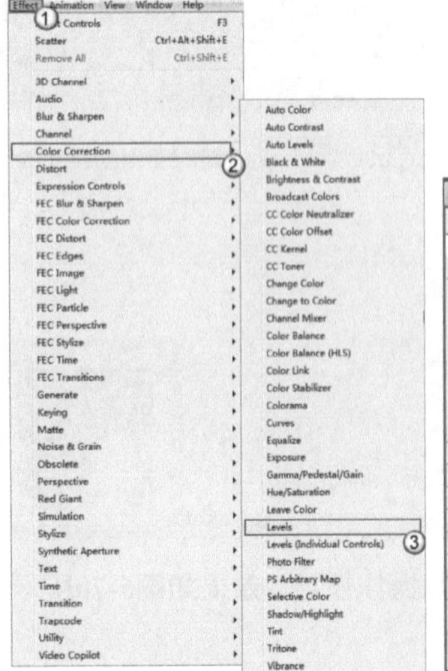

图5-73

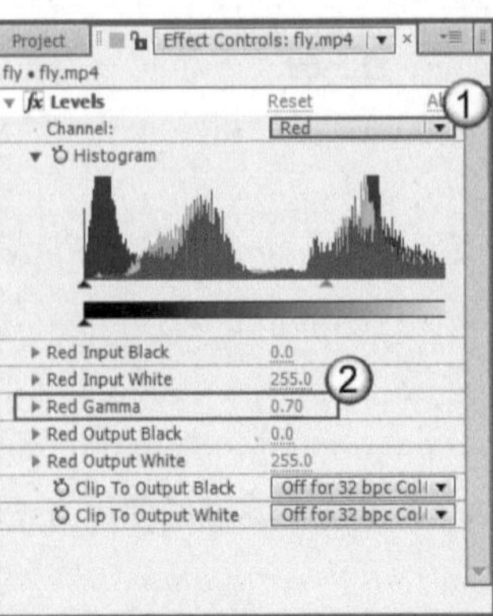

图5-74

图5-75

04 设置Channel为Green（绿色）、Green Gamma（绿色灰度系数）为1.2，如图5-76所示。画面效果如图5-77所示。

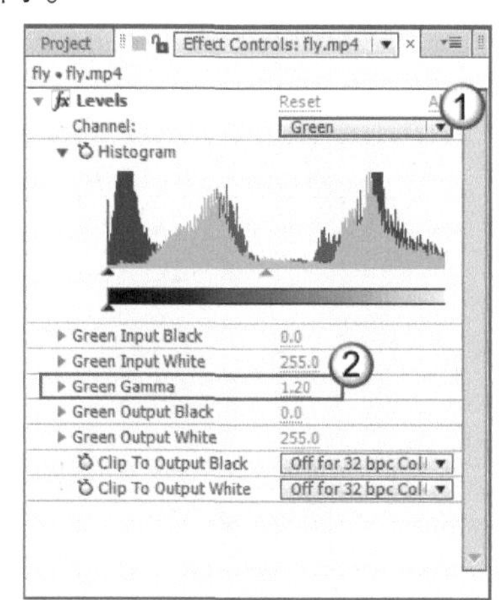

图5-76

图5-77

05 设置Channel为Blue（蓝色）、Blue Gamma（蓝色灰度系数）为1.3，如图5-78所示。画面效果如图5-79所示。

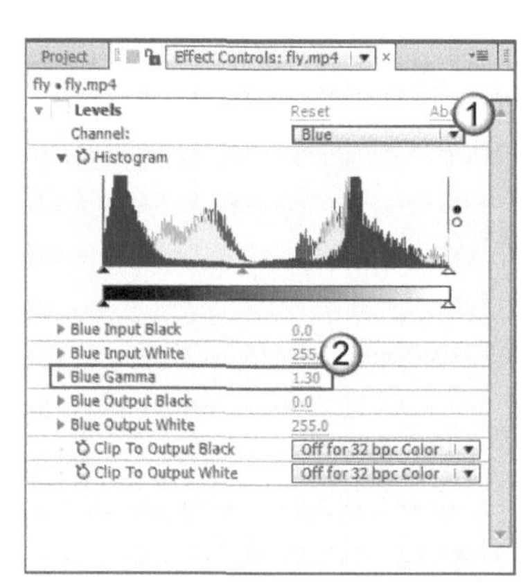

图5-78

图5-79

06 设置Channel为RGB、Gamma（灰度系数）为1.2，如图5-80所示。画面效果如图5-81所示。

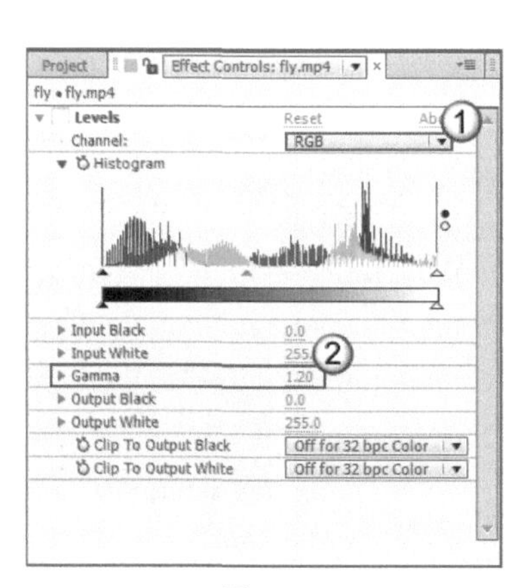

图5-80

图5-81

5.6 Photo Filter（照片）滤镜

选择要添加效果的图层，然后执行Effect（效果）> Color Correction（颜色校正）> Photo Filter（照片滤镜）菜单命令，可为图层添加Photo Filter（照片滤镜），如图5-82所示。在Effect Controls（效果控件）面板中，可以看到添加的效果，如图5-83所示。

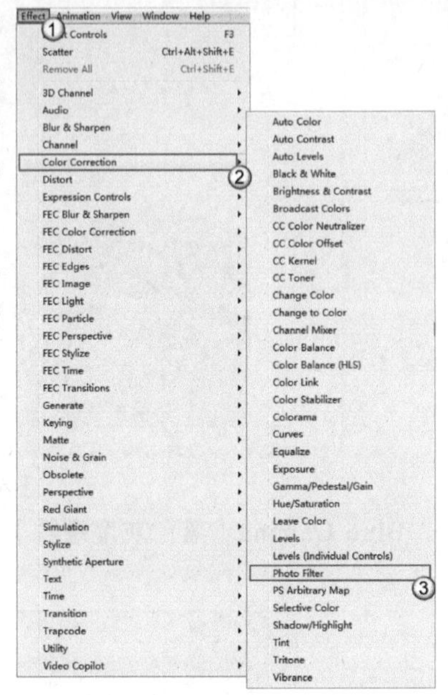

图5-82

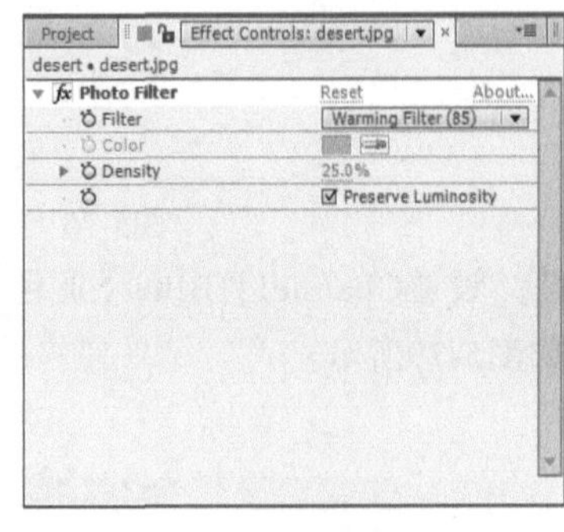

图5-83

Photo Filter（照片滤镜）的属性介绍

Filter（滤镜）：设置需要过滤的颜色。在打开的下拉菜单中，可以选择自带的20种滤镜和一个自定义滤镜，如图5-84所示。

Color（颜色）：自定义一个颜色。当Filter（滤镜）为Custom（自定义）选项时，才能设置该属性，效果如图5-85所示。

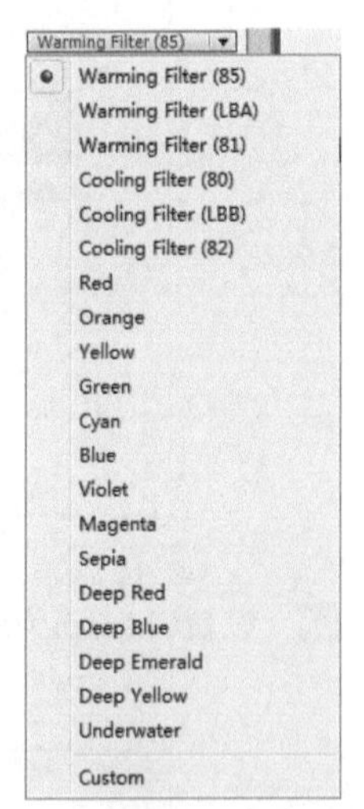

图5-84

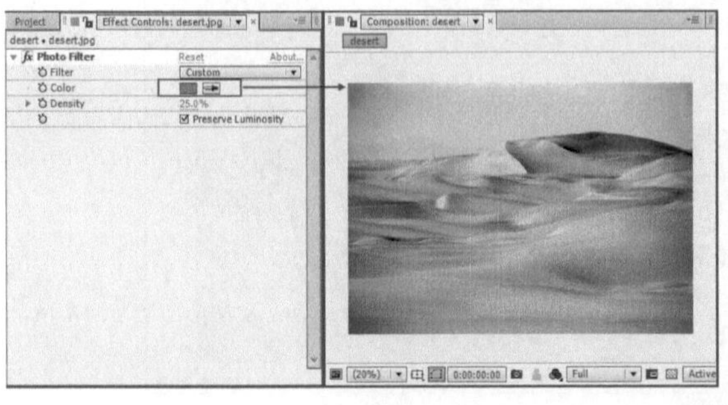

图5-85

Density（密度）：设置重新着色的强度。该值越大，效果越明显，效果如图5-86所示。

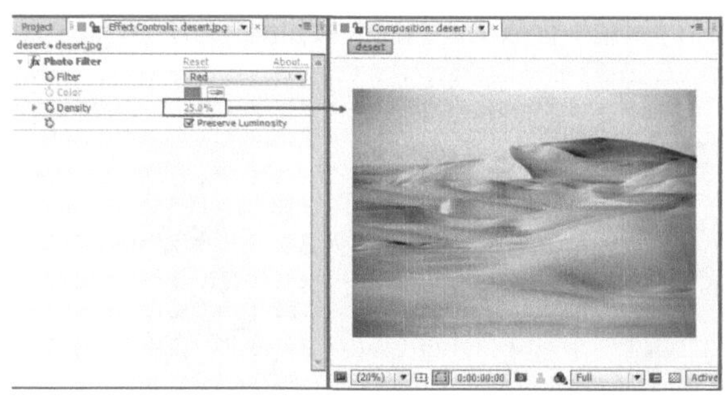

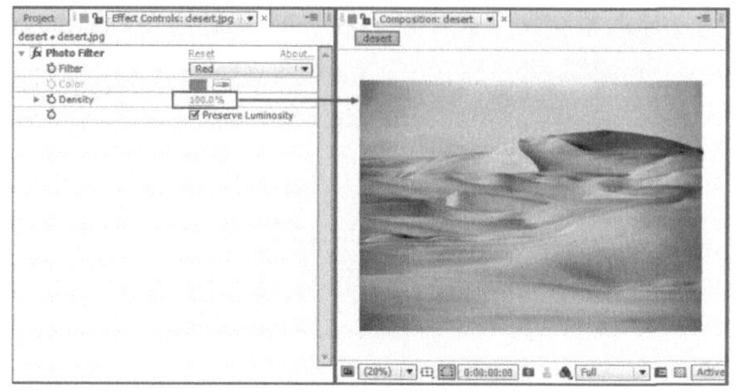

图5-86

Preserve Luminosity（保持发光度）：在过滤颜色的同时保持原始图像的明暗分布层次，效果如图5-87所示。

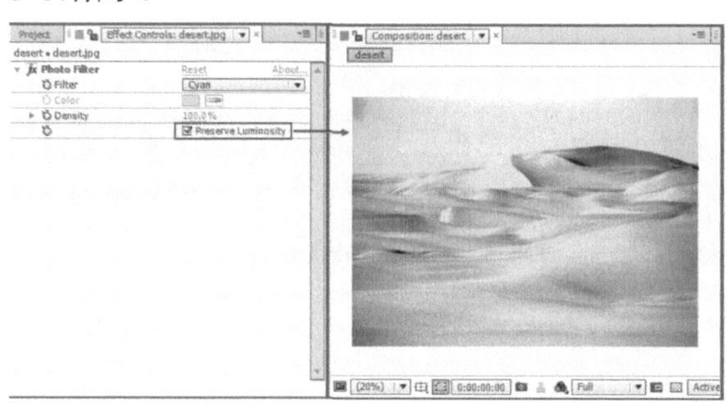

图5-87

课堂案例 梦幻田野

- 素材位置 实例文件>CH05>课堂案例：梦幻田野
- 实例位置 实例文件>CH05>梦幻田野_F.aep
- 难易指数 ★★★☆☆
- 技术掌握 掌握Photo Filter（照片滤镜）的使用方法

（扫描观看视频）

本例主要通过制作梦幻田野，来掌握Photo Filter（照片滤镜）的使用方法和操作技巧，效果如图5-88所示。

图5-88

01 执行Composition（合成）>New Composition（新建合成）菜单命令，然后在打开的Composition Settings（合成设置）对话框中，输入Composition Name（合成名称）为fantasy，接着设置Width（宽度）为960、Height（高度）为642、Duration（持续时间）为1秒，最后单击OK（确定）按钮 OK 完成创建，如图5-89所示。

02 导入素材文件夹中的素材，将素材拖曳到Timeline（时间轴）面板中，画面效果如图5-90所示。

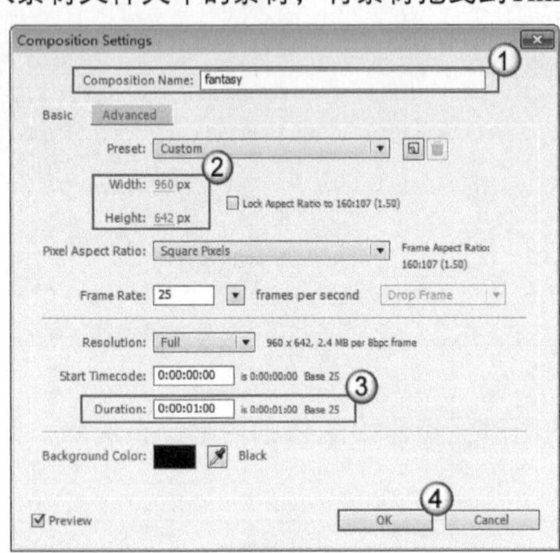

图5-89

图5-90

03 选择fantasy图层，然后执行Effect（效果）> Color Correction（颜色校正）> Photo Filter（照片滤镜）菜单命令，如图5-91所示，接着在Effect Controls（效果控件）面板中，设置Filter（滤镜）为Cooling Filter（80）（冷色滤镜80）、Density（密度）为30%，如图5-92所示。画面效果如图5-93所示。

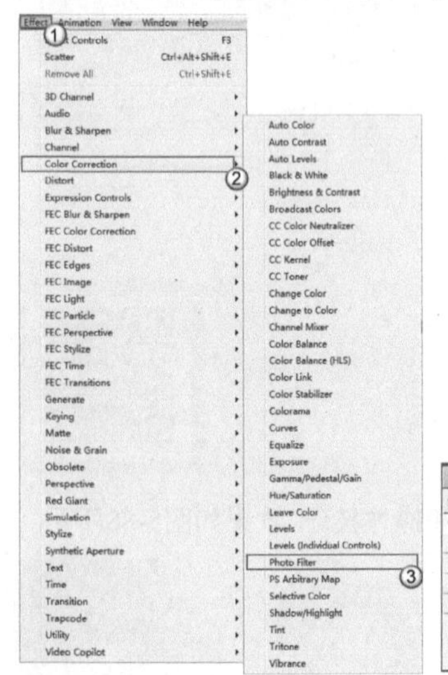

图5-91

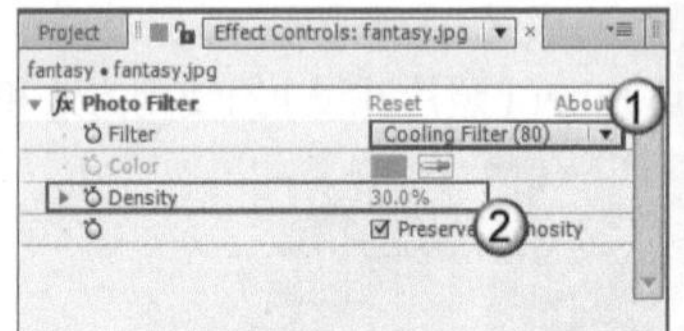

图5-92

图5-93

04 选择fantasy图层，然后执行Effect（效果）> Color Correction（颜色校正）> Curves（曲线）菜单命令，然后在Effect Controls（效果控件）面板中，设置Channel（通道）为Blue（蓝色），接着调整曲线的形状，如图5-94所示，画面效果如图5-95所示。

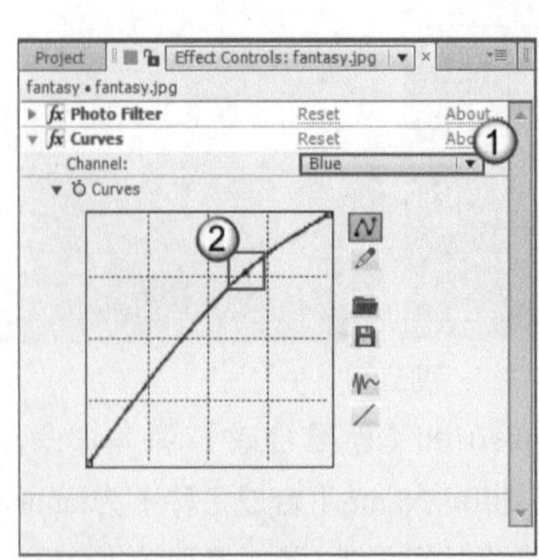

图5-94

图5-95

05 在Effect Controls（效果控件）面板中，设置Channel（通道）为RGB，然后调整曲线的形状，如图5-96所示，画面效果如图5-97所示。

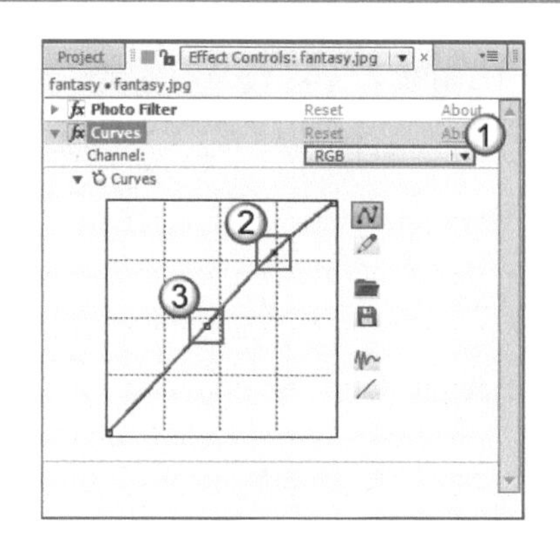

图5-96

图5-97

06 新建一个调整层，然后将调整层拖曳至顶层，如图5-98所示，接着执行Effect（效果）> Blur & Sharpen（模糊和锐化）> Gaussian Blur（高斯模糊）菜单命令，如图5-99所示。

07 在Effect Controls（效果控件）面板中设置Blurriness（模糊度）为10，如图5-100所示。画面效果如图5-101所示。

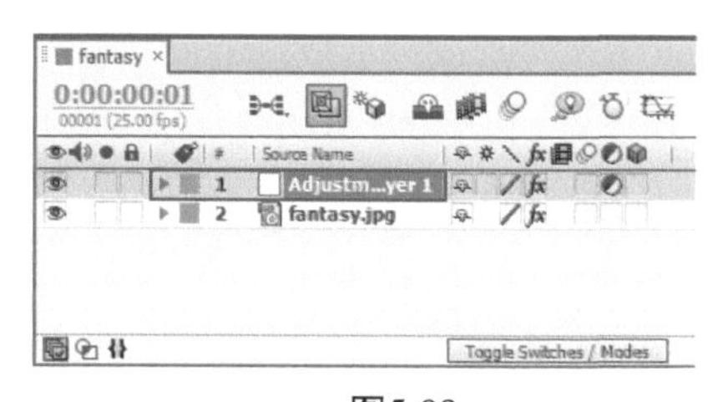

图5-98

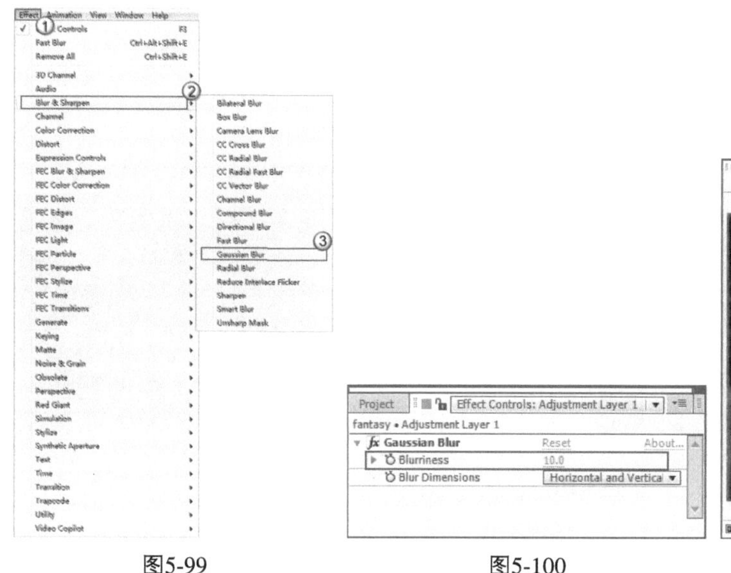

图5-99

图5-100

图5-101

08 使用Ellipse Tool（椭圆工具）绘制一个图5-102所示的遮罩，然后展开调整层的Mask（遮罩）属性组，接着选择Inverted（反转）选项，最后设置Mask Feather（遮罩羽化）为（500，500 pixels）、Mask Opacity（遮罩不透明度）为70%，如图5-103所示。画面效果如图5-104所示。

图5-102

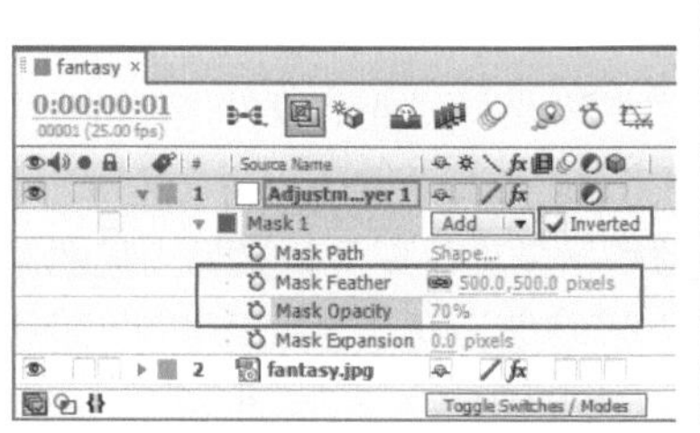

图5-103

图5-104

5.7 Tritone（三色调）滤镜

选择要添加效果的图层，然后执行Effect（效果）> Color Correction（颜色校正）> Tritone（三色调）菜单命令，可为图层添加Tritone（三色调）滤镜，如图5-105所示。在Effect Controls（效果控件）面板中，可以看到添加的效果，如图5-106所示。

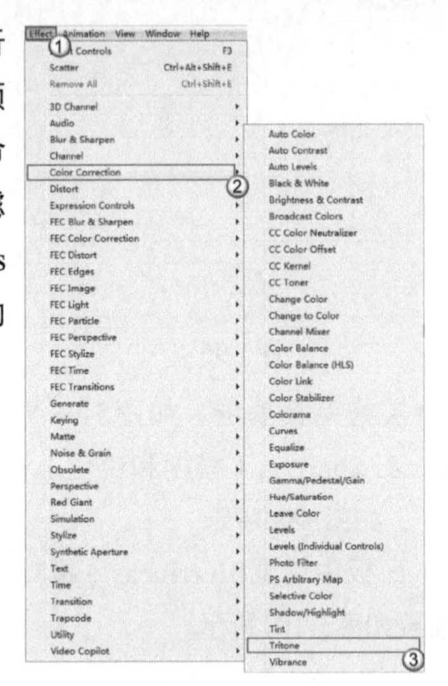

图5-105

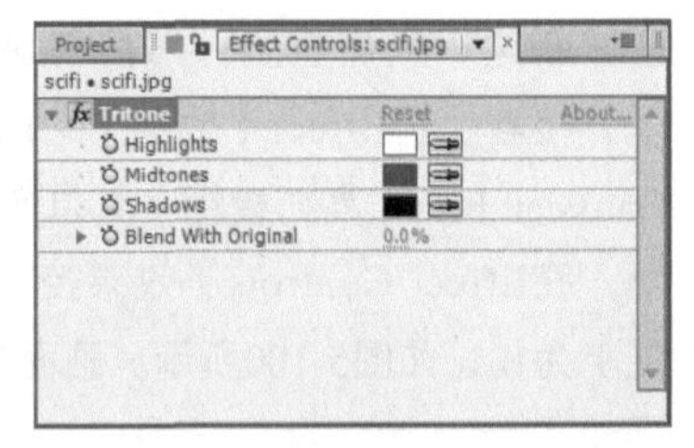

图5-106

Tritone（三色调）滤镜的属性介绍

Highlights（高光）：设置替换高光的颜色，效果如图5-107所示。

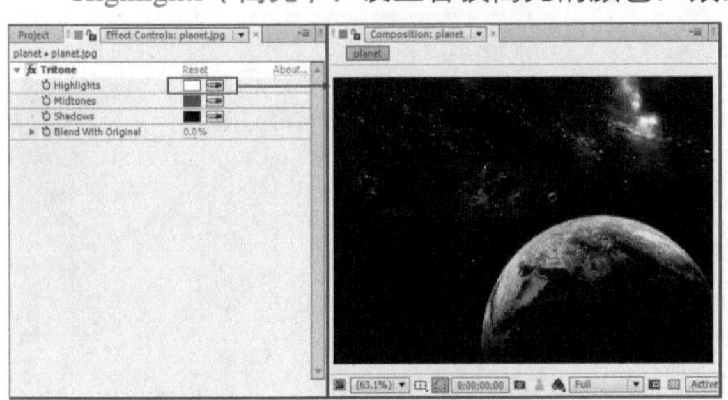

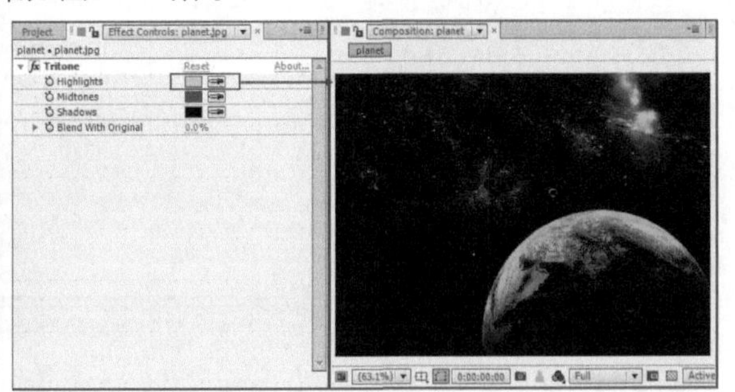

图5-107

Midtones（中间调）：设置替换中间调的颜色，效果如图5-108所示。

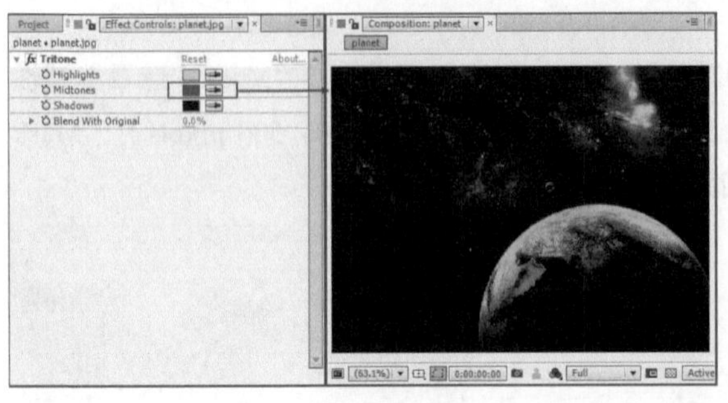

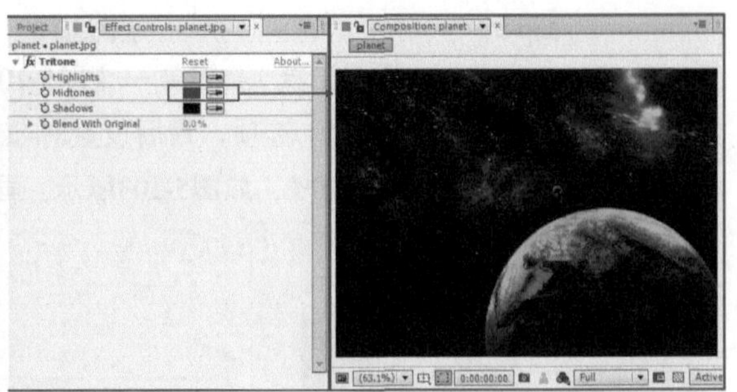

图5-108

Shadows（阴影）：设置替换阴影的颜色，效果如图5-109所示。

Blend With Original（混合源图像）：设置效果层与来源图层的融合程度，效果如图5-110所示。

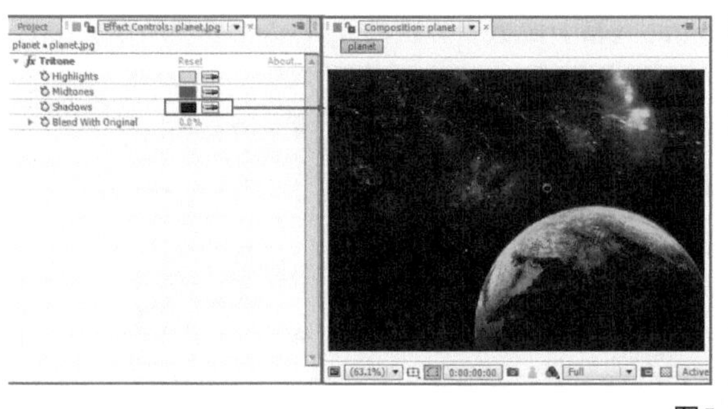

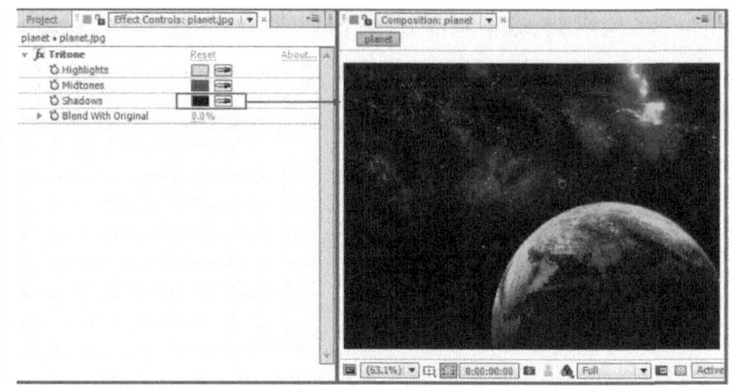

图5-109

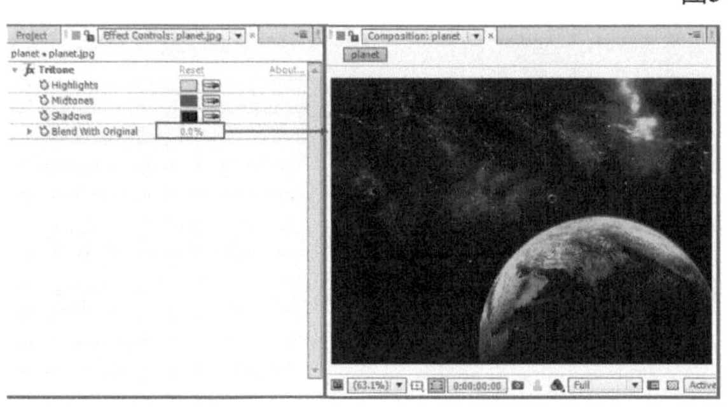

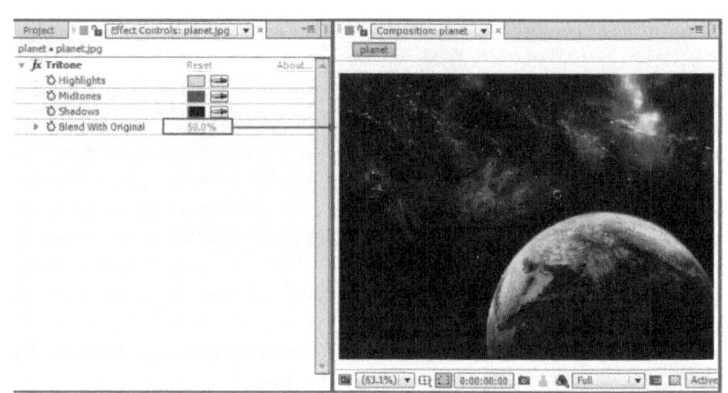

图5-110

课堂案例 汹涌海洋

- 素材位置 实例文件>CH05>课堂案例：汹涌海洋
- 实例位置 实例文件>CH05>汹涌海洋_F.aep
- 难易指数 ★★★☆☆
- 技术掌握 掌握Tritone（三色调）滤镜的使用方法

（扫描观看视频）

本例主要通过制作汹涌海洋，来掌握Tritone（三色调）滤镜的使用方法和操作技巧，效果如图5-111所示。

图5-111

01 执行Composition（合成）>New Composition（新建合成） 菜单命令，然后在打开的Composition Settings（合成设置）对话框中，输入Composition Name（合成名称）为sea，接着设置Width（宽度）为1 034、Height（高度）为768、Duration（持续时间）为1秒，最后单击OK（确定）按钮 OK 完成创建，如图5-112所示。

02 导入素材文件夹中的素材，将素材拖曳到Timeline（时间轴）面板中，画面效果如图5-113所示。

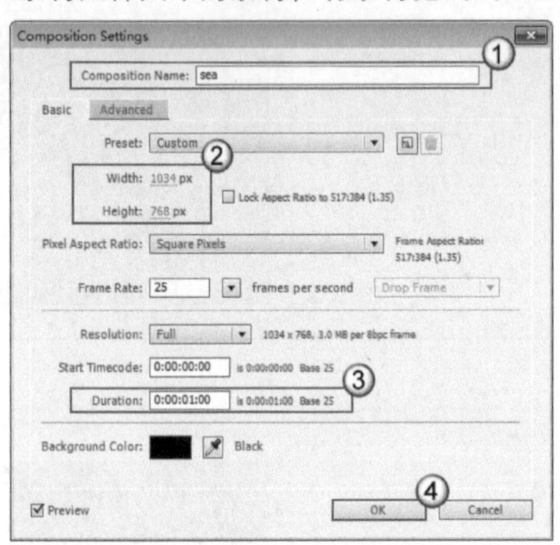

图5-112

图5-113

03 选择sea图层，然后执行Effect（效果）> Color Correction（颜色校正）> Tritone（三色调）菜单命令，如图5-114所示，接着在Effect Controls（效果控件）面板中，设置Midtones（中间调）为（R:28，G:75，B:161）、Blend With Original（与原始图像混合）为50%，如图5-115所示，画面效果如图5-116所示。

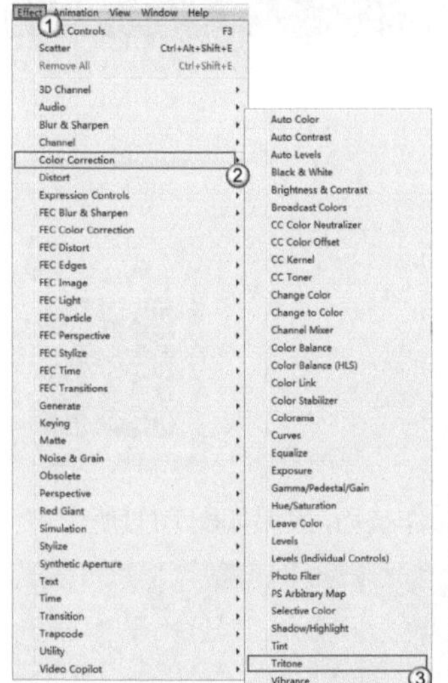

图5-114

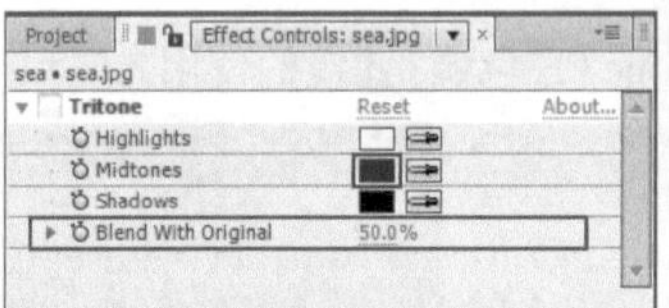

图5-115

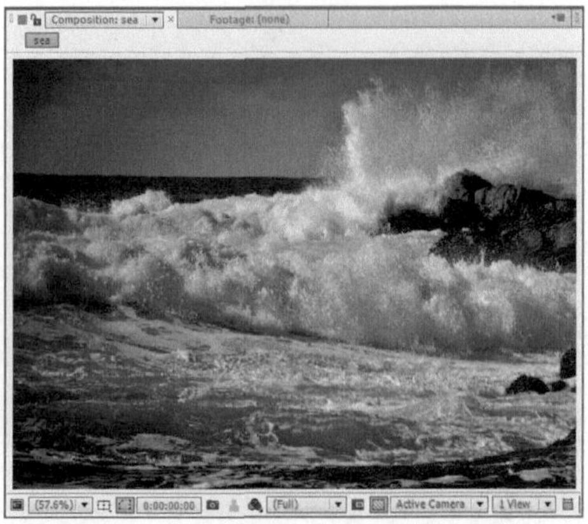

图5-116

04 选择sea图层，然后执行Effect（效果）> Color Correction（颜色校正）> Curves（曲线）菜单命令，接着在Effect Controls（效果控件）面板中，设置Channel（通道）为Green（绿色），最后调整曲线的形状，如图5-117所示。画面效果如图5-118所示。

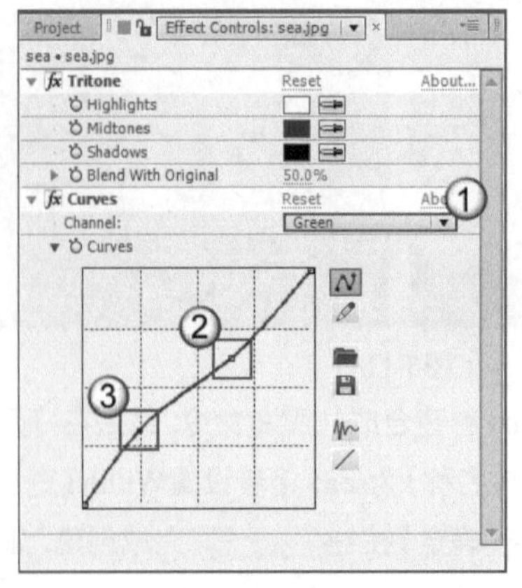

图5-117

图5-118

05 设置Channel（通道）为Blue（蓝色），然后调整曲线的形状，如图5-119所示。画面效果如图5-120所示。

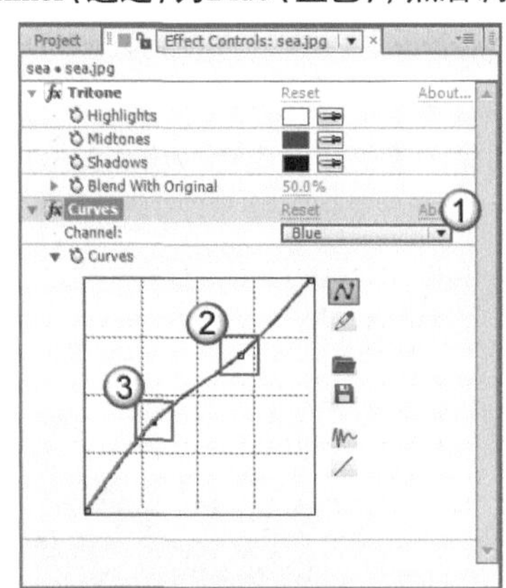

图5-119

图5-120

06 设置Channel（通道）为RGB，然后调整曲线的形状，如图5-121所示。画面效果如图5-122所示。

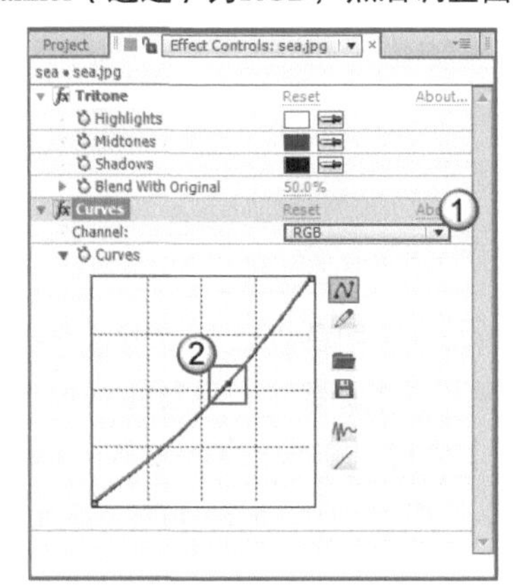

图5-121

图5-122

综合案例 滑板少年

- 素材位置 实例文件>CH05>综合案例：滑板少年
- 实例位置 实例文件>CH05>滑板少年_F.aep
- 难易指数 ★★★☆☆
- 技术掌握 掌握颜色校正的综合应用

（扫描观看视频）

本例主要通过制作滑板少年，来掌握Curves（曲线）和Color Balance（颜色平衡）滤镜的综合应用，效果如图5-123所示。

图5-123

01 执行Composition（合成）>New Composition（新建合成） 菜单命令，然后在打开的Composition Settings（合成设置）对话框中，输入Composition Name（合成名称）为skate，接着设置Preset（预设）为PAL D1/DV、Duration（持续时间）为10秒，最后单击OK（确定）按钮 OK 完成创建，如图5-124所示。

02 导入素材文件夹中的素材，将素材拖曳到Timeline（时间轴）面板中，画面效果如图5-125所示。

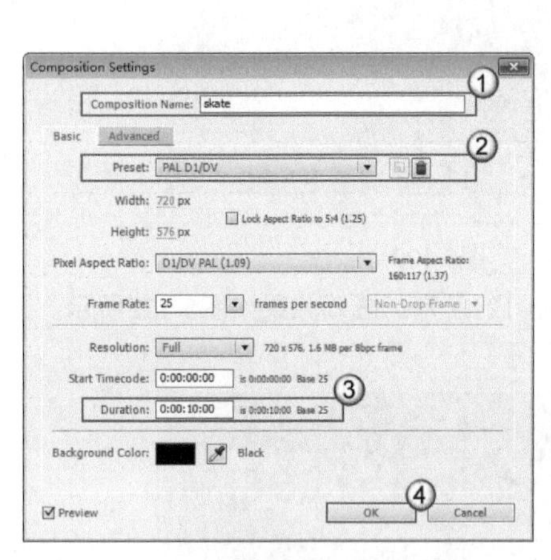

图5-124

图5-125

03 选择fantasy图层，然后执行Effect（效果）> Color Correction（颜色校正）> Color Balance（颜色平衡）菜单命令，如图5-126所示。接着在Effect Controls（效果控件）面板中，设置Shadow Green Balance（阴影绿色平衡）为5、Shadow Blue Balance（阴影蓝色平衡）为10、Midtone Green Balance（中间调绿色平衡）为10、Midtone Blue Balance（中间调蓝色平衡）为10、Hilight Green Balance（高光绿色平衡）为5，如图5-127所示。画面效果如图5-128所示。

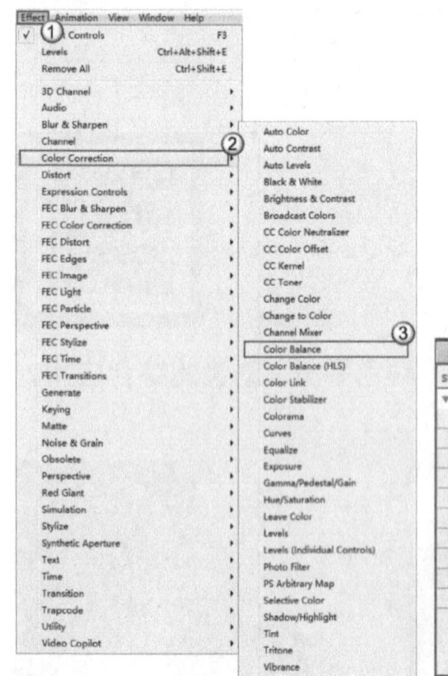

图5-126

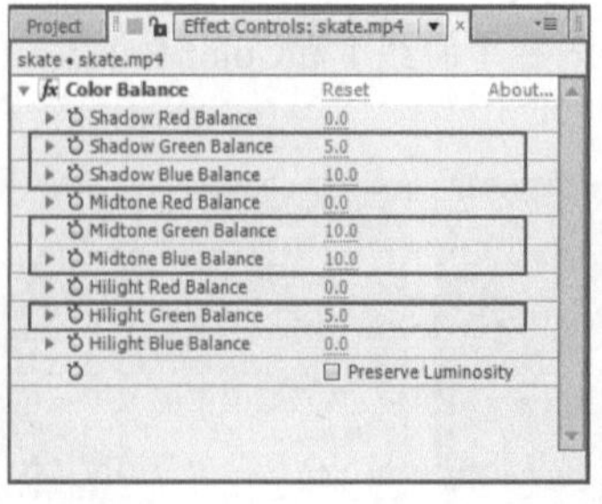

图5-127

图5-128

04 选择skate图层，然后执行Effect（效果）> Color Correction（颜色校正）> Curves（曲线）菜单命令，接着在Effect Controls（效果控件）面板中，设置Channel（通道）为Green（绿色），最后调整曲线的形状，如图5-129所示。画面效果如图5-130所示。

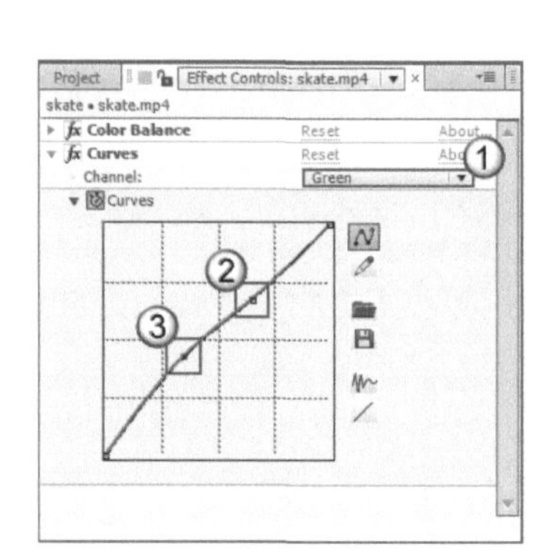

图5-129

图5-130

05 设置Channel（通道）为Blue（蓝色），然后调整曲线的形状，如图5-131所示。画面效果如图5-132所示。

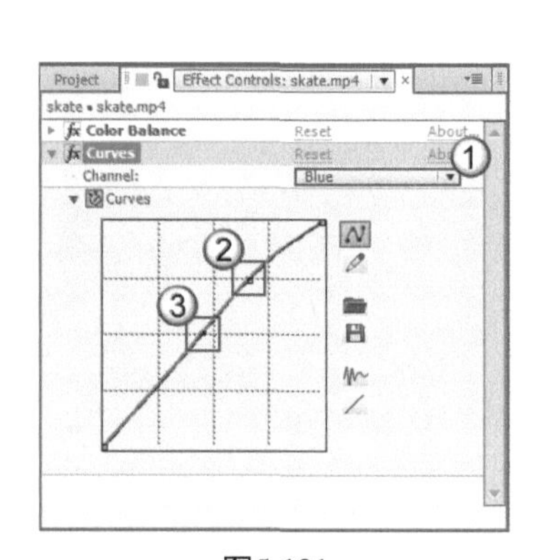

图5-131

图5-132

06 由于镜头不断在阳光和阴影中运动，画面的亮度发生强烈变化，因此为Curves（曲线）滤镜的RGB通道设置关键帧，使画面亮度变化平缓。第1帧和第3秒处的曲线形状如图5-133和图5-134所示。

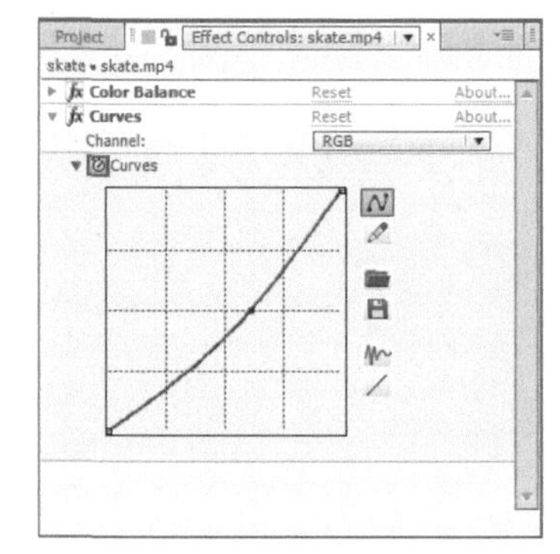

图5-133

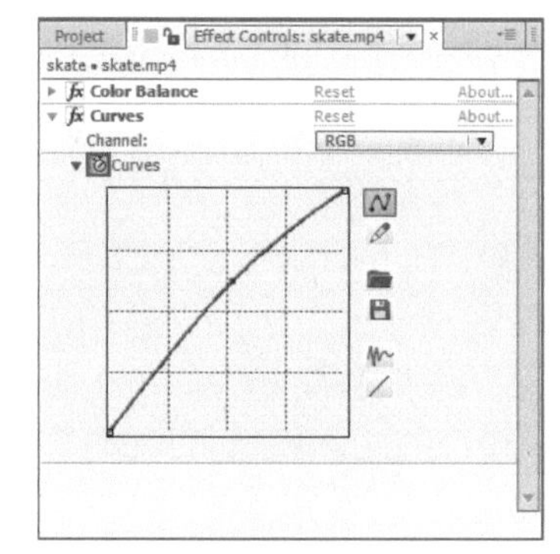

图5-134

07 结合画面中的亮度变化，为Curves（曲线）滤镜的RGB通道设置更为精确的关键帧动画，如图5-135所示。

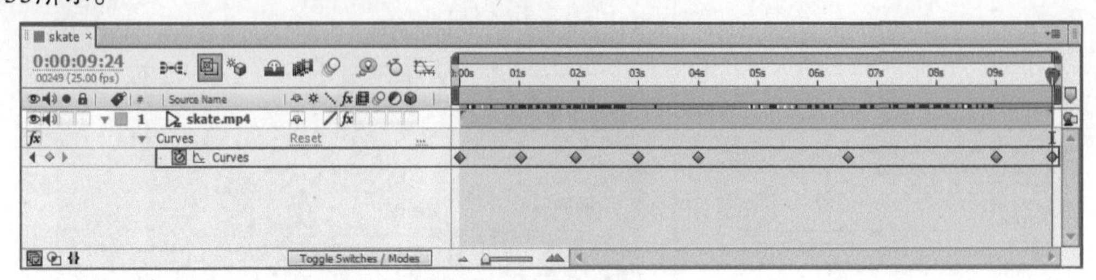

图5-135

抠像技术 06

“抠像”一词是从早期电视制作中得来的。英文称作Key，意思是吸取画面中的某一种颜色作为透明色，将它从画面中抠去，从而使背景透出来，形成二层画面的叠加合成。在影视作品中常常会出现现实中难以拍摄的场面，如核弹爆炸、自然灾害和科幻场景等，这时就需要将拍摄的内容和其他特效素材融合在一起。本章介绍After Effects中常用的抠像技术，通过对本章的学习，读者可以完成不同环境下的抠像操作，以完成影视作品的合成。

6.1 关于抠像

抠像要求前景与背景区别明显色调不接近，背景铺光要均匀，在一些著名影视作品的花絮中，可以看到场景中布置了大量的绿幕或蓝幕，其作用就是将前景与背景产生明显区别，如图6-1和图6-2所示。

图6-1

图6-2

在拍摄需要抠像的素材时，快门速度一般在百分之一毫秒以上，并且保证主题边沿的锐度。在拍摄高速运动的对象时，画面往往会出现运动模糊，如图6-3和图6-4所示。出现运动模糊的素材，因为主体和背景难以区分，所以不利于抠像。

图6-3

图6-4

前期的工作准备完毕后，就可以在After Effects中进行抠像和合成了，如图6-5和图6-6所示。

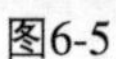

图6-5

图6-6

6.2 基础抠像

本节主要介绍After Effects中一些常用的基础抠像滤镜，包括Color Range（颜色范围）滤镜、Extract（提取）滤镜、Inner/Outer Key（内部/外部键）滤镜、Luma Key（亮度键）滤镜。

6.2.1 Color Range（颜色范围）滤镜

Color Range（颜色范围）滤镜可以抠出指定的颜色范围，可以应用的色彩空间包括Lab、YUV和RGB，如图6-7所示。

图6-7

选择要添加效果的图层，然后执行Effect（效果）> Keying（键控）> Color Range（颜色范围）菜单命令，可为图层添加Color Range（颜色范围）滤镜，如图6-8所示。在Effect Controls（效果控件）面板中，可以看到添加的效果，如图6-9所示。

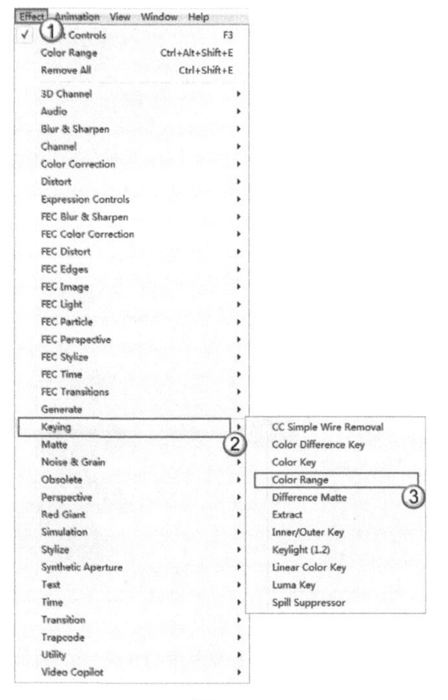

图6-8

图6-9

Color Range（颜色范围）滤镜的属性介绍

工具：提取需要去除的颜色，效果如图6-10所示。

图6-10

工具：在 工具产生效果的基础上，再去除选取的颜色，效果如图6-11所示。

图6-11

工具：恢复被去除的区域，效果如图6-12所示。

图6-12

Fuzziness（模糊）：调整边缘的柔化度，效果如图6-13所示。

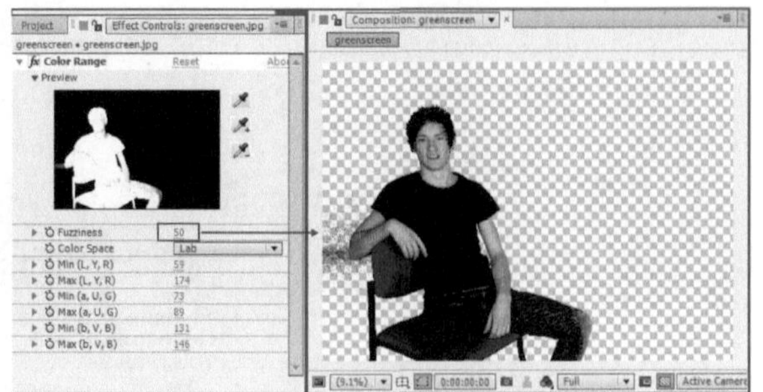

图6-13

Color Space（颜色空间）：指定抠出颜色的模式，包括Lab、YUV和RGB这3种颜色模式。

Min（L，Y，R）（**最小值**（L，Y，R））：如果Color Space（颜色空间）模式为Lab，则控制该颜色的第1个值L；如果是YUV模式，则控制该颜色的第1个值Y；如果是RGB模式，则控制该颜色的第1个值R，效果如图6-14所示。

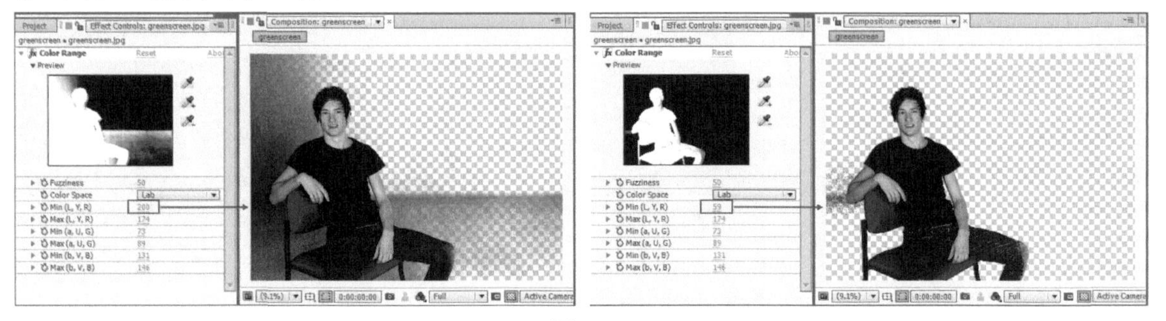

图6-14

Max（L，Y，R）（**最大值**（L，Y，R））：控制第1组数据的最大值，效果如图6-15所示。

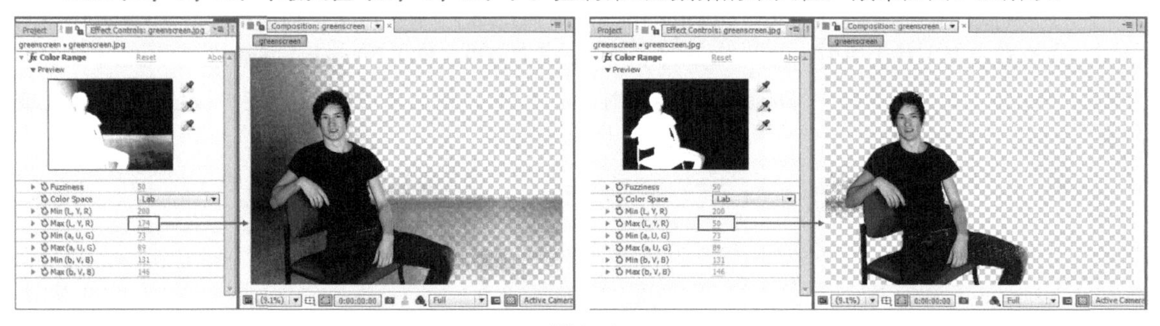

图6-15

Min（a，U，G）（**最小值**（a，U，G））：如果Color Space（颜色空间）模式为Lab，则控制该颜色的第2个值a；如果是YUV模式，则控制该颜色的第2个值U；如果是RGB模式，则控制该颜色的第2个值G，效果如图6-16所示。

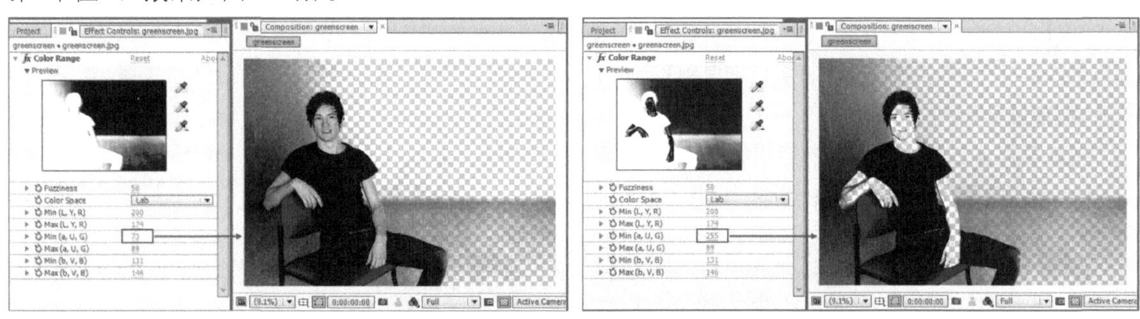

图6-16

Max（a，U，G）（**最大值**（a，U，G））：控制第2组数据的最大值。

Min（b，V，B）（**最小值**（b，V，B））：控制第3组数据的最小值。

Max（b，V，B）（**最大值**（b，V，B））：控制第3组数据的最大值。

课堂案例 沙滩风光

- 素材位置 实例文件>CH06>课堂案例：沙滩风光
- 实例位置 实例文件>CH06>沙滩风光_F.aep
- 难易指数 ★★★☆☆
- 技术掌握 掌握Color Range（颜色范围）滤镜的使用方法

（扫描观看视频）

本例主要通过制作沙滩风光，来掌握Color Range（颜色范围）滤镜在抠像中的操作技巧，效果如图6-17所示。

图6-17

01 执行Composition（合成）>New Composition（新建合成）菜单命令，然后在打开的Composition Settings（合成设置）对话框中，输入Composition Name（合成名称）为sands，接着设置Width（宽度）为900、Height（高度）为686、Duration（持续时间）为1秒，最后单击OK（确定）按钮 OK 完成创建，如图6-18所示。

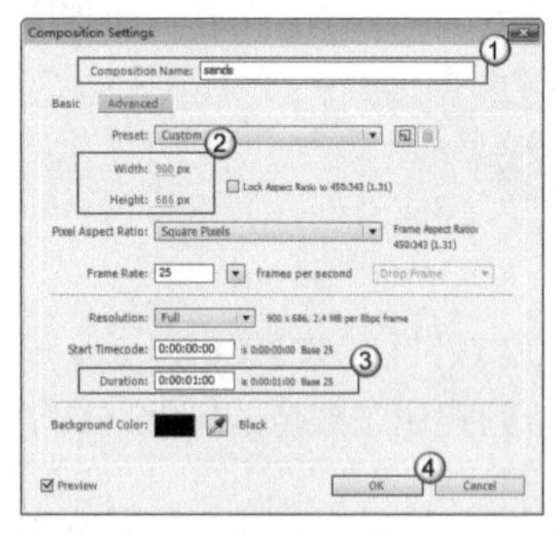

图6-18

02 导入素材文件夹中的素材，将素材拖曳到Timeline（时间轴）面板中，然后调整图层的上下层关系，如图6-19所示。画面效果如图6-20所示。

03 选择要添加效果的图层，然后执行Effect（效果）> Keying（键控）> Color Range（颜色范围）菜单命令，如图6-21所示。

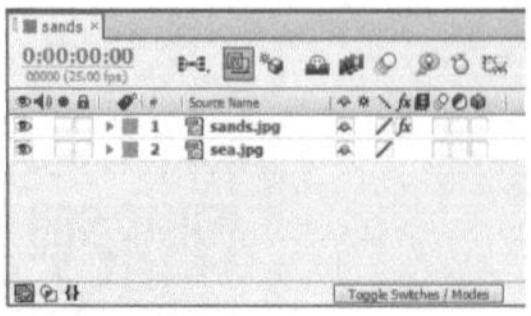

图6-19

图6-20

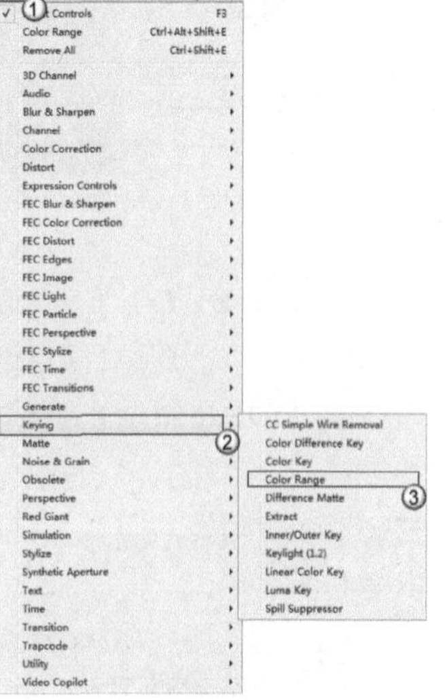

图6-21

04 在Effect Controls（效果控件）面板中，单击工具，拾取画面中的背景色，如图6-22所示。画面效果如图6-23所示。

图6-22

图6-23

05 在Effect Controls（效果控件）面板中，单击工具，继续拾取画面中的背景色，如图6-24所示。画面效果如图6-25所示。

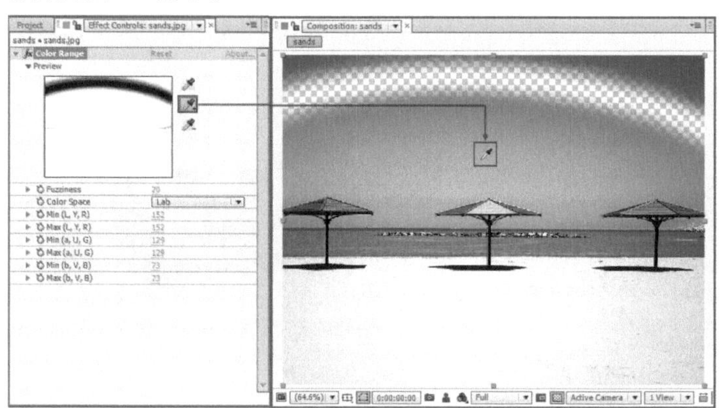

图6-24

图6-25

06 使用工具拾取画面中的背景色，直至蓝色背景完全被抠掉，如图6-26所示。

图6-26

07 设置Fuzziness（模糊）为30，如图6-27所示，然后设置sea图层的Position（位置）为（450，160），如图6-28所示。画面效果如图6-29所示。

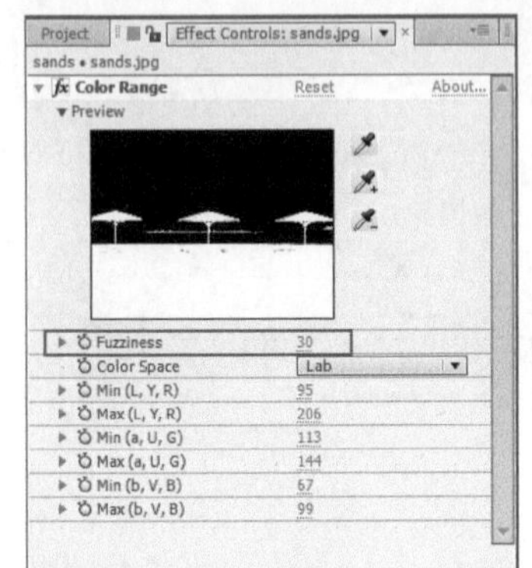
图6-27

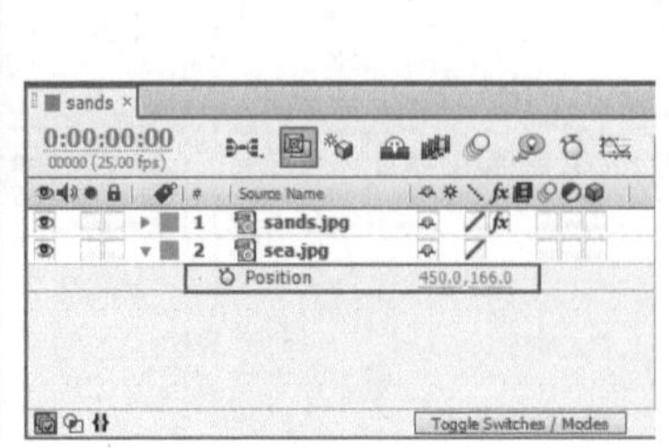
图6-28

图6-29

6.2.2 Extract（提取）滤镜

Extract（提取）滤镜可以根据指定的亮度范围来产生透明度，并计算出素材画面中所有与指定亮度相近的像素，如图6-30所示。

图6-30

选择要添加效果的图层，然后执行Effect（效果）> Keying（键控）> Extract（提取）菜单命令，可为图层添加Extract（提取），如图6-31所示。在Effect Controls（效果控件）面板中，可以看到添加的效果，如图6-32所示。

Extract（提取）滤镜的属性介绍

Channel（通道）：用于选择抠取颜色的通道，包括Luminance（亮度）、Red（红色）、Green（绿色）、Blue（蓝色）和Alpha这5个通道。

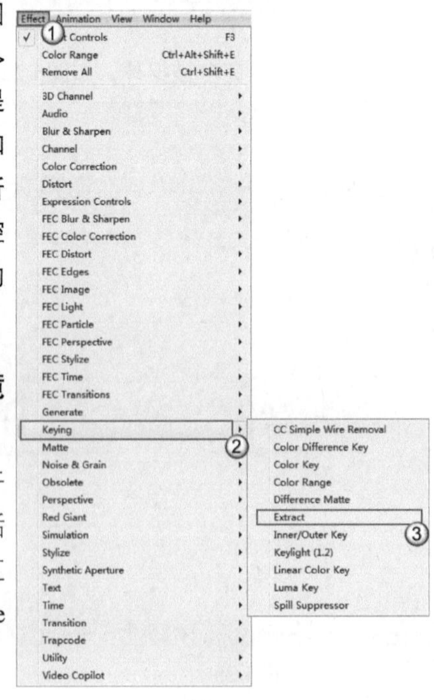
图6-31

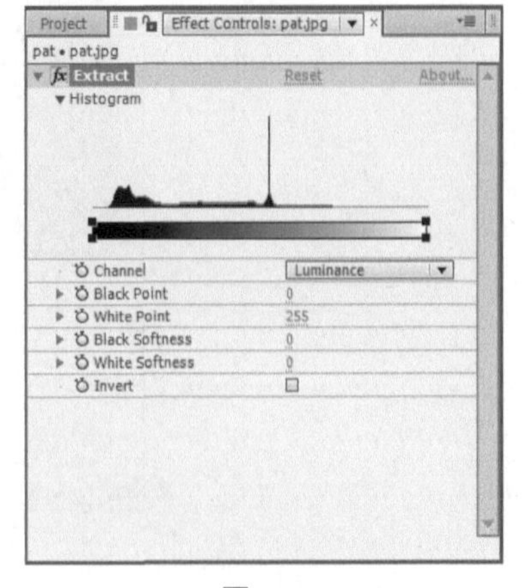
图6-32

Black Point（**黑点**）：用于设置黑色点的透明范围，小于黑色点的颜色将变为透明，效果如图6-33所示。

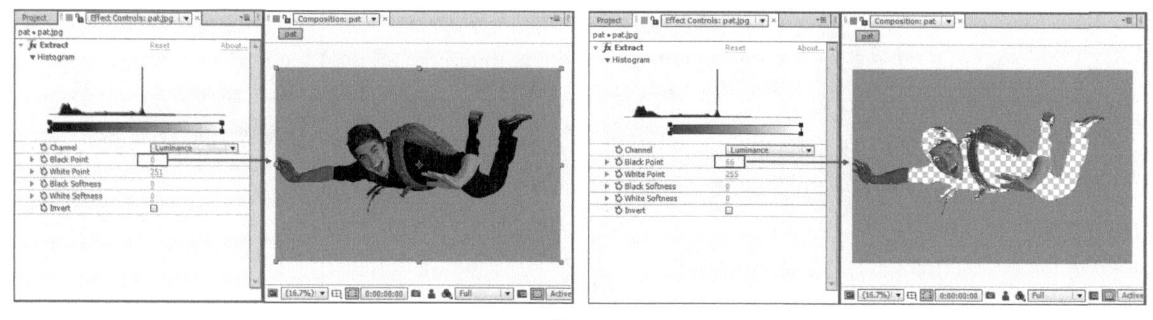

图6-33

White Point（**白点**）：用于设置白色点的透明范围，大于白色点的颜色将变为透明，效果如图6-34所示。

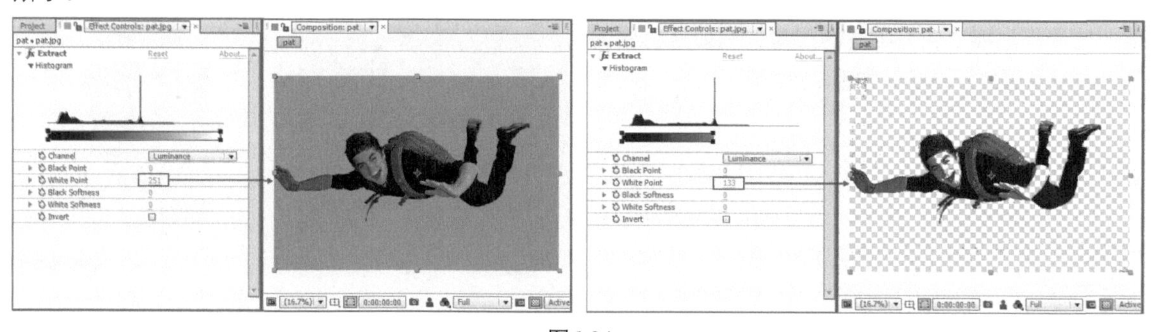

图6-34

Black Softness（**黑色柔化**）：用于调节暗色区域的柔和度，效果如图6-35所示。

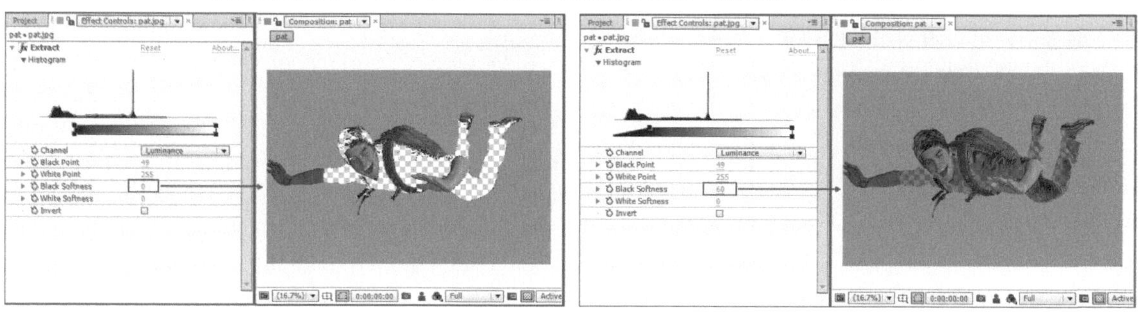

图6-35

White Softness（**白色柔化**）：用于调节亮色区域的柔和度，效果如图6-36所示。

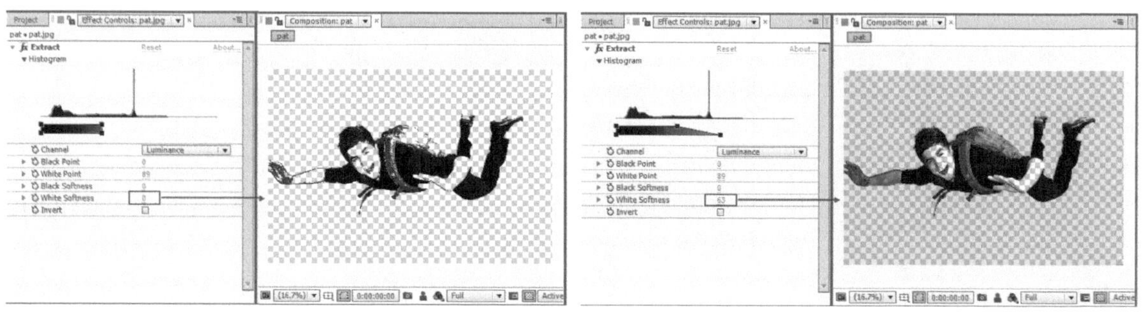

图6-36

Invert（反转）：反转透明区域，效果如图6-37所示。

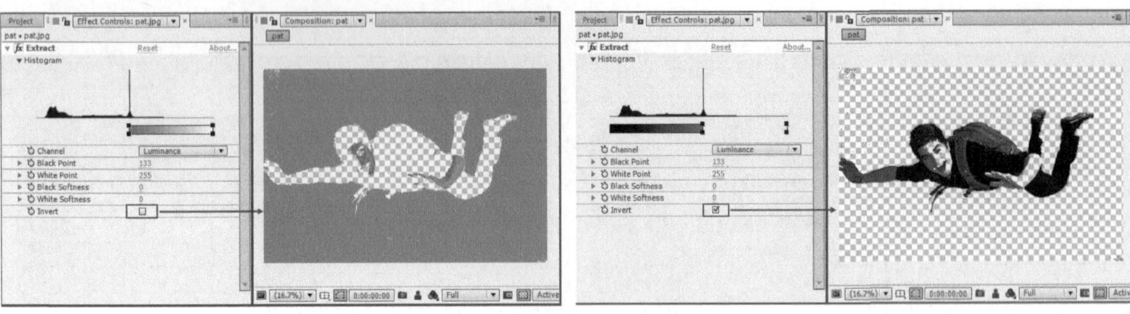

图6-37

6.2.3 Inner/Outer Key（内部/外部键）滤镜

Inner/Outer Key（内部/外部键）滤镜适用于处理一些局部、细节较为丰富的图像，例如素材中的毛发或是衣服的褶皱等，如图6-38所示。

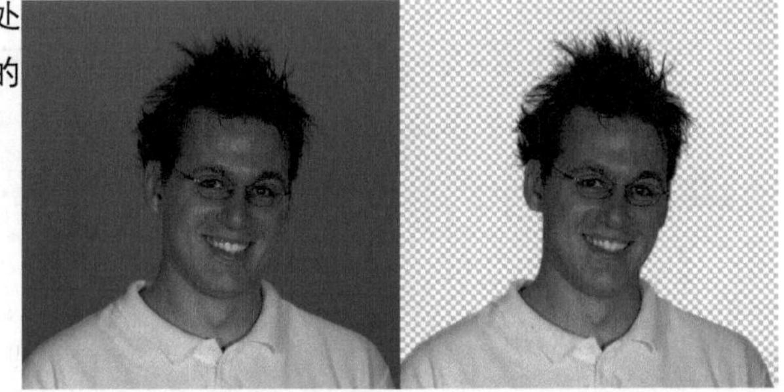

图6-38

选择要添加效果的图层，然后执行Effect（效果）> Keying（键控）> Inner/Outer Key（内部/外部键）菜单命令，可为图层添加Inner/Outer Key（内部/外部键）滤镜，如图6-39所示。在Effect Controls（效果控件）面板中，可以看到添加的效果，如图6-40所示。

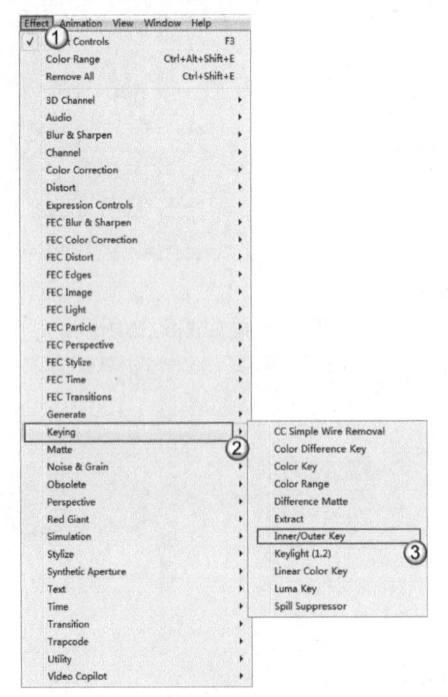

图6-39

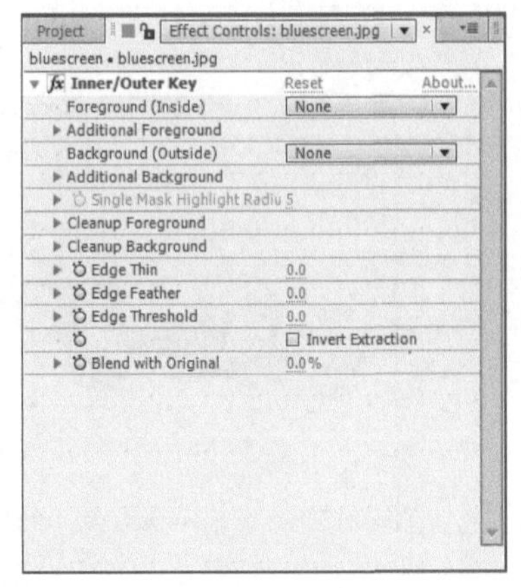

图6-40

Inner/Outer Key（内部/外部键）滤镜的属性介绍

Foreground（Inside）[**前景（内部）**]：指定绘制的前景遮罩，效果如图6-41所示。

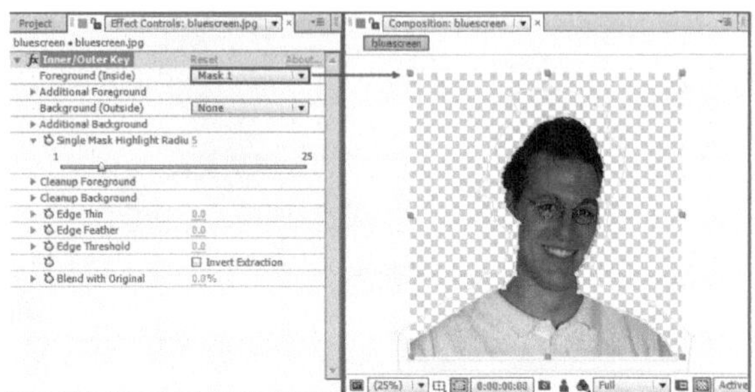

图6-41

Additional Foreground（**其他前景**）：指定更多的前景遮罩，效果如图6-42所示。

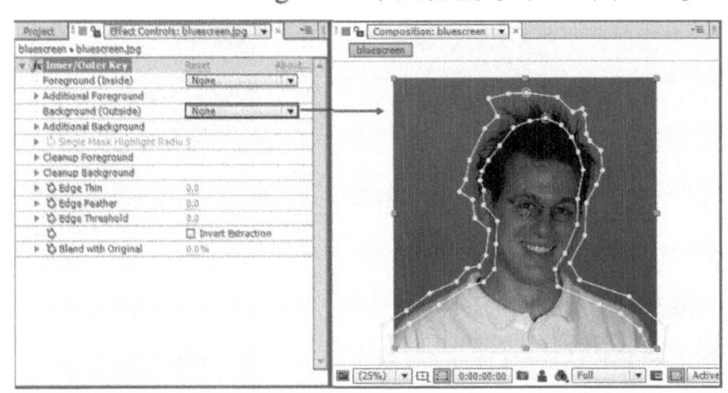

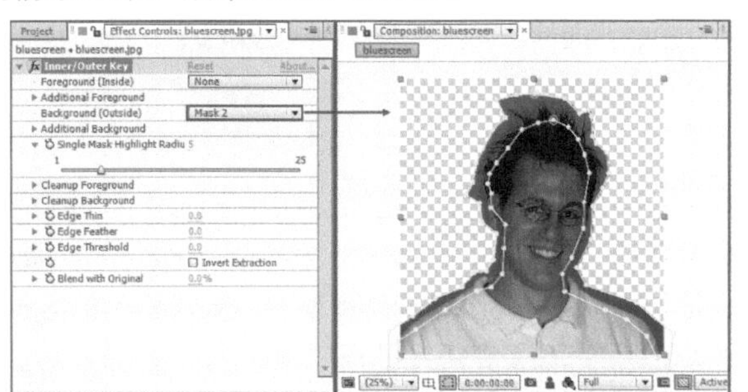

图6-42

Background（Outside）[**背景（外部）**]：指定绘制的背景遮罩。

Additional Background（**其他背景**）：指定更多的背景遮罩。

Single Mask Highlight Radius（**当个遮罩高光半径**）：当只有一个遮罩时，该选项才被激活，只保留遮罩范围里的内容。

Cleanup Foreground（**清理前景**）：清除图像的前景色。

Cleanup Background（**清理背景**）：清除图像的背景色。

Edge Thin（**边缘细化**）：用来设置图像边缘的扩展或收缩，效果如图6-43所示。

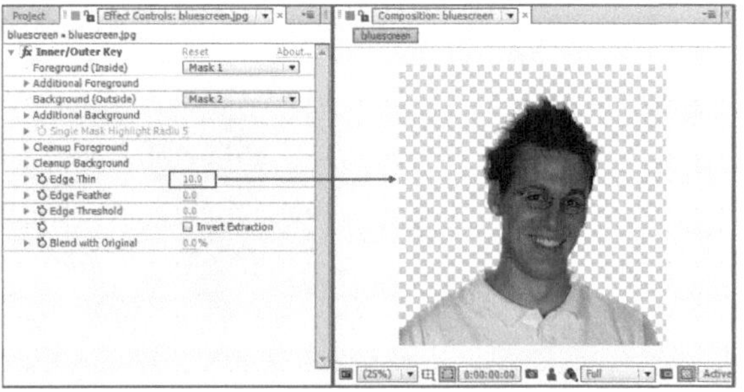

图6-43

Edge Feather（**边缘羽化**）：用来设置图像边缘的羽化值，效果如图6-44所示。

Edge Threshold（**边缘阈值**）：用来设置图像边缘的容差值，效果如图6-45所示。

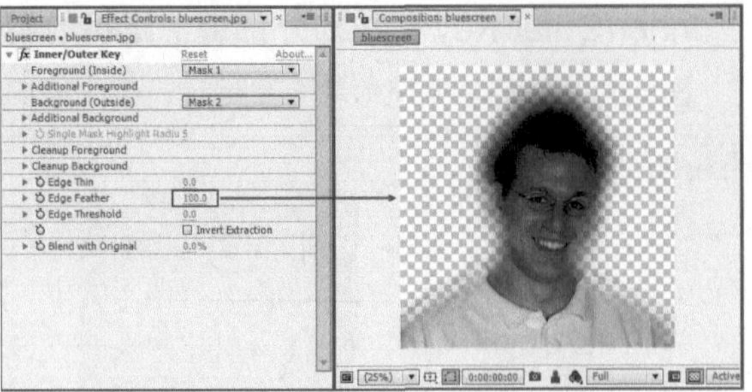

图6-44

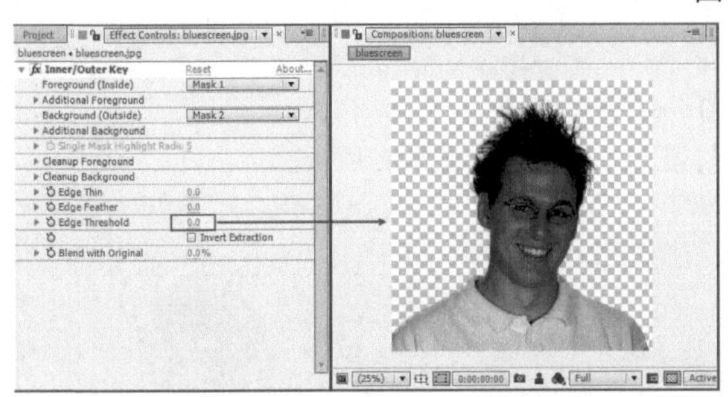

图6-45

Invert Extraction（**反转提取**）：反转抠像的效果，效果如图6-46所示。

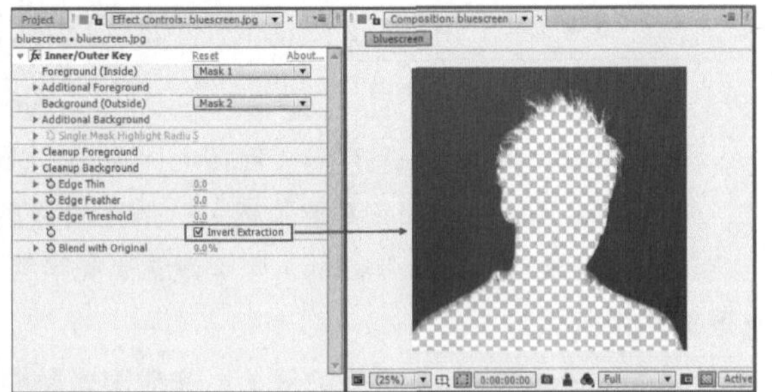

图6-46

Blend with Original（**与原始图像混合**）：将抠取的图像与原始图像按比例混合，效果如图6-47所示。

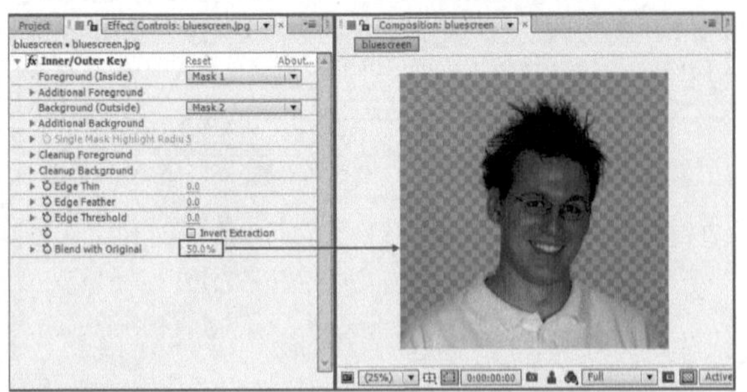

图6-47

课堂案例 草原雄狮

- 素材位置　实例文件>CH06>课堂案例：草原雄狮
- 实例位置　实例文件>CH06>草原雄狮_F.aep
- 难易指数　★★★☆☆
- 技术掌握　掌握Inner/Outer Key（内部/外部键）滤镜的使用方法

（扫描观看视频）

本例主要通过制作草原雄狮，来掌握Inner/Outer Key（内部/外部键）滤镜在抠像中的操作技巧，效果如图6-48所示。

图6-48

01 执行Composition（合成）>New Composition（新建合成） 菜单命令，然后在打开的Composition Settings（合成设置）对话框中，输入Composition Name（合成名称）为lion，接着设置Width（宽度）为1000、Height（高度）为667、Duration（持续时间）为1秒，最后单击OK（确定）按钮 OK 完成创建，如图6-49所示。

02 导入素材文件夹中的素材，将素材拖曳到Timeline（时间轴）面板中，然后调整图层的上下层关系，接着设置lion图层的Position（位置）为（478，467.5）、Scale（缩放）为（30，30%），如图6-50所示。画面效果如图6-51所示。

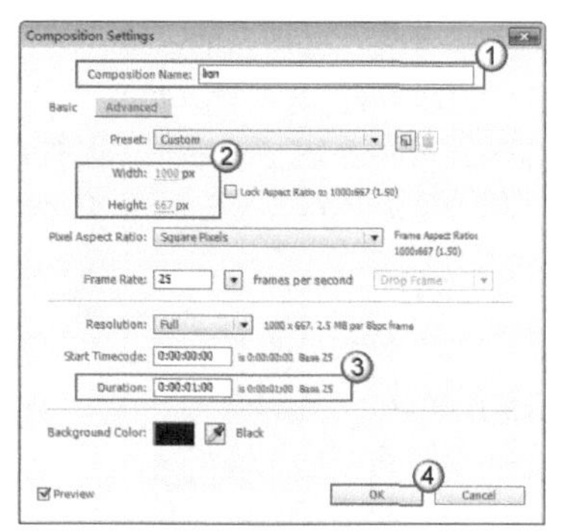

图6-49

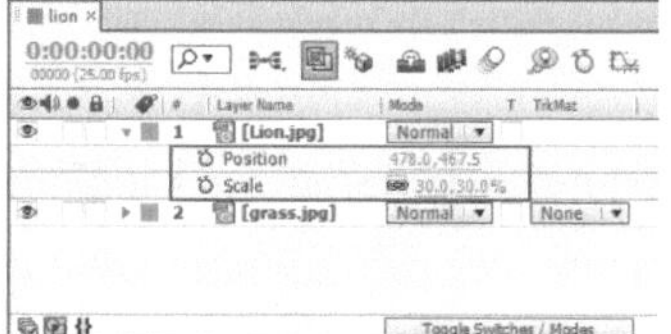

图6-50

图6-51

03 使用Pen Tool（钢笔工具）绘制一个图6-52所示的遮罩，然后绘制一个图6-53所示的遮罩。

图6-52

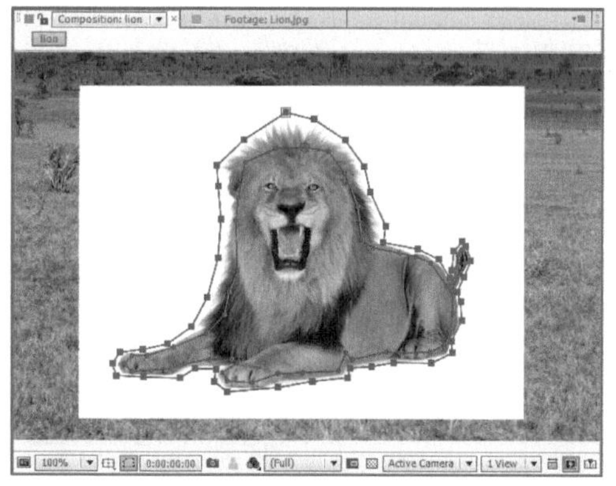

图6-53

04 选择lion图层，然后执行Effect（效果）> Keying（键控）> Inner/Outer Key（内部/外部键）菜单命令，如图6-54所示。

05 在Effect Controls（效果控件）面板中设置Foreground（Inside）（前景内部）为Mask 1（遮罩 1）、Background（Outside）（背景外部）为Mask 2（遮罩 2），如图6-55所示。画面效果如图6-56所示。

图6-54　　图6-55　　图6-56

06 新建一个固态层，然后设置Name（名称）为shadow、Color（颜色）为黑色，接着单击Make Comp Size（制作合成大小）按钮 Make Comp Size ，最后单击OK（确定）按钮 OK ，如图6-57所示。

07 将固态层拖曳至第2层，如图6-58所示，然后使用Pen Tool（钢笔工具）绘制一个图6-59所示的遮罩。

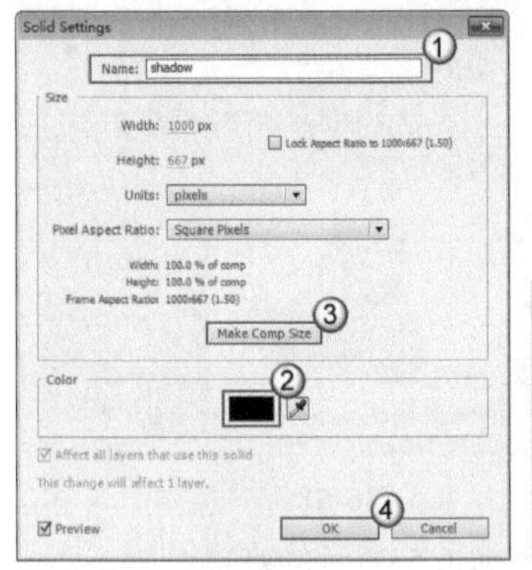

图6-57

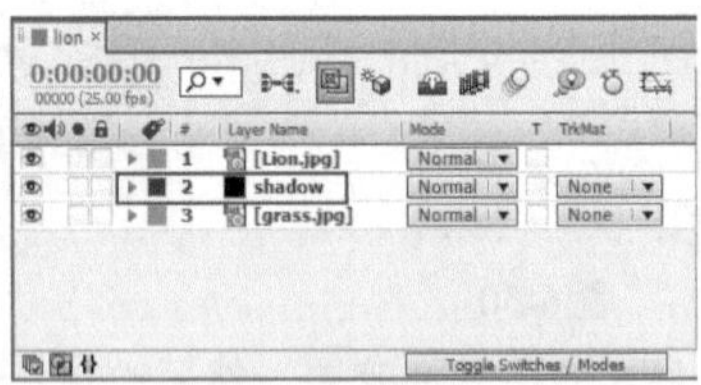

图6-58

图6-59

08 展开固态层的Mask 1（遮罩 1）属性组，然后设置Mask Feather（遮罩羽化）为（10，10 pixels），接着展开Transform（变换）属性组，设置Opacity（不透明度）为50%，如图6-60所示。画面效果如图6-61所示。

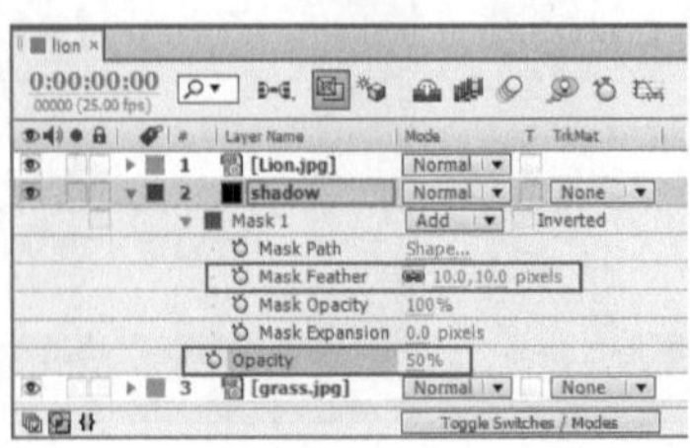

图6-60

图6-61

6.2.4 Luma Key（亮度键）滤镜

Luma Key（亮度键）滤镜对于明暗反差很大的图像，能够轻松地抠出画面中指定的亮度区域，如图6-62所示。

图6-62

选择要添加效果的图层，然后执行Effect（效果）> Keying（键控）> Luma Key（亮度键）菜单命令，可为图层添加Inner/Outer Key（内部/外部键）滤镜，如图6-63所示。在Effect Controls（效果控件）面板中，可以看到添加的效果，如图6-64所示。

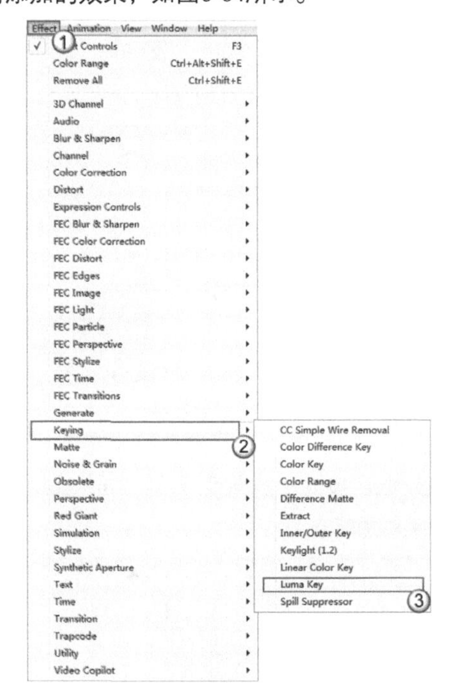

图6-63

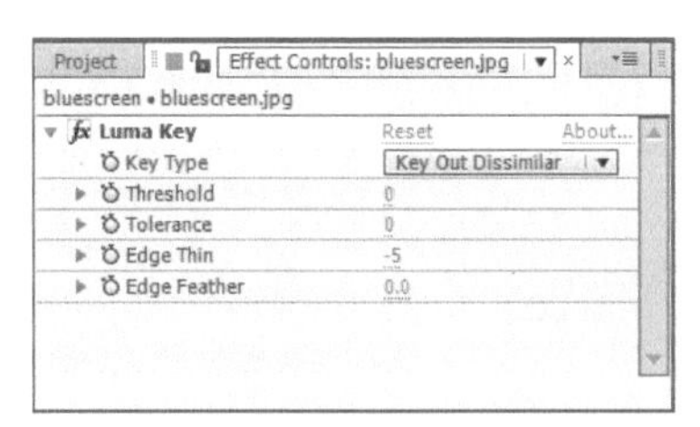

图6-64

Luma Key（亮度抠像）滤镜的属性介绍

Key Type（**键控类型**）：指定亮度抠出的类型，共有以下4种。

- Key Out Brighter（**抠出较亮区域**）：使比指定亮度更亮的部分变为透明，效果如图6-65所示。
- Key Out Darker（**抠出较暗区域**）：使比指定亮度更暗的部分变为透明，效果如图6-66所示。

图6-65

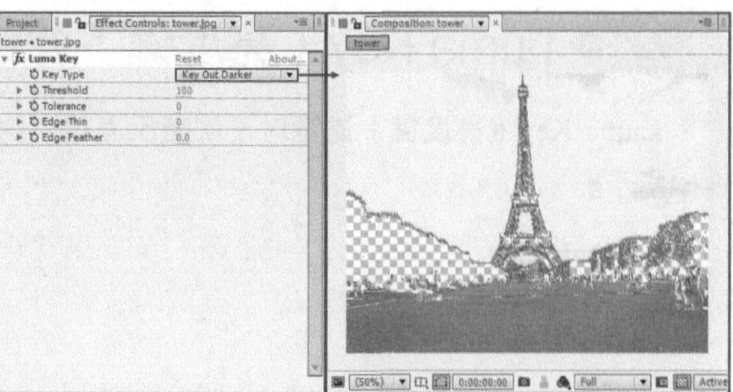

图6-66

- Key Out Similar（**抠出亮度相似的区域**）：抠出Threshold（阈值）附近的亮度，效果如图6-67所示。
- Key Out Dissimilar（**抠出亮度不同的区域**）：抠出Threshold（阈值）范围之外的亮度，效果如图6-68所示。

图6-67

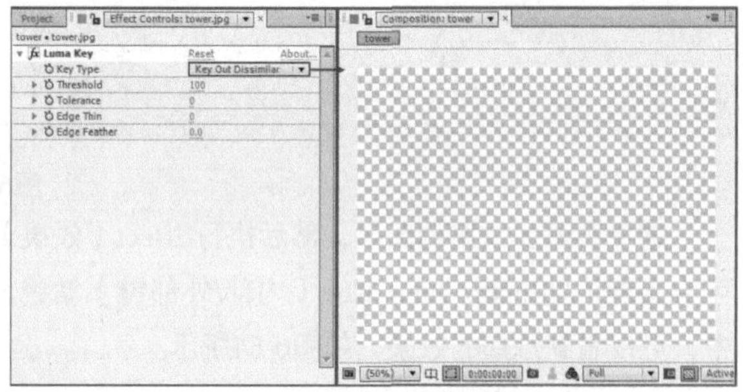

图6-68

Threshold（**阈值**）：设置阈值的亮度值，效果如图6-69所示。

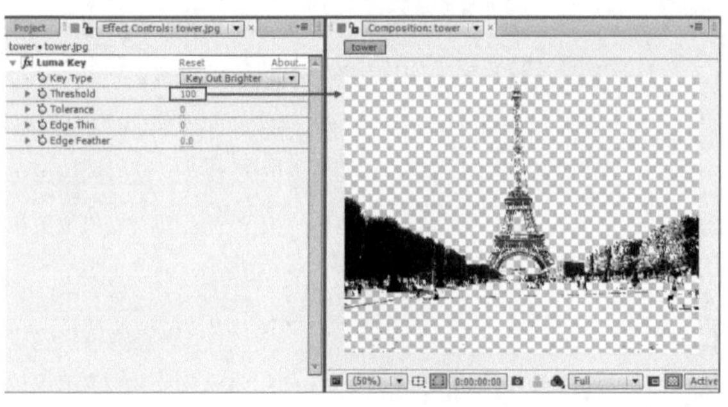

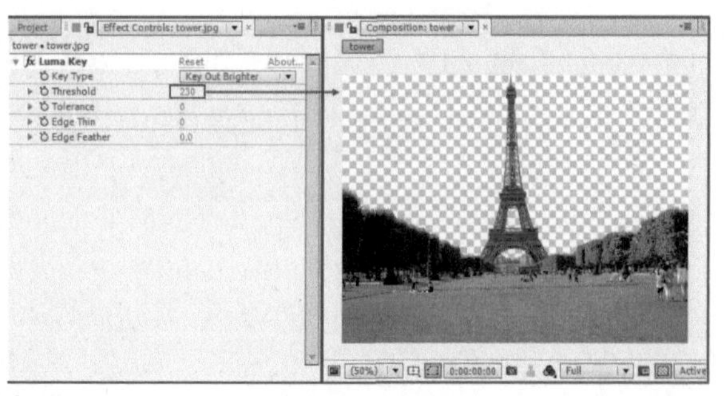

图6-69

Tolerance（**容差**）：设定被抠出的亮度范围。值越低，被抠出的亮度越接近Threshold（阈值）设定的亮度范围；值越高，被抠出的亮度范围越大，效果如图6-70所示。

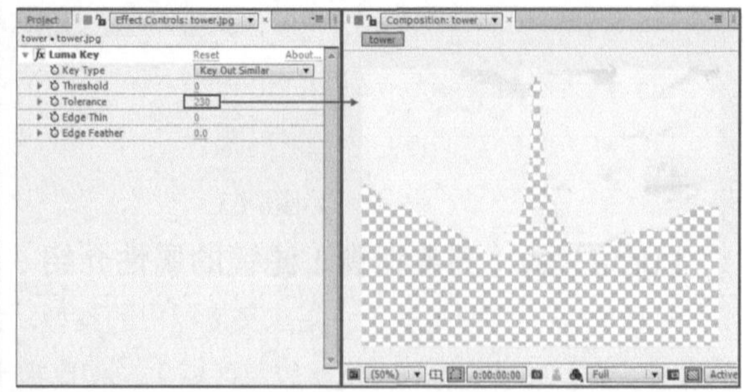

图6-70

Edge Thin（**边缘细化**）：调节抠出区域边缘的宽度，效果如图6-71所示。

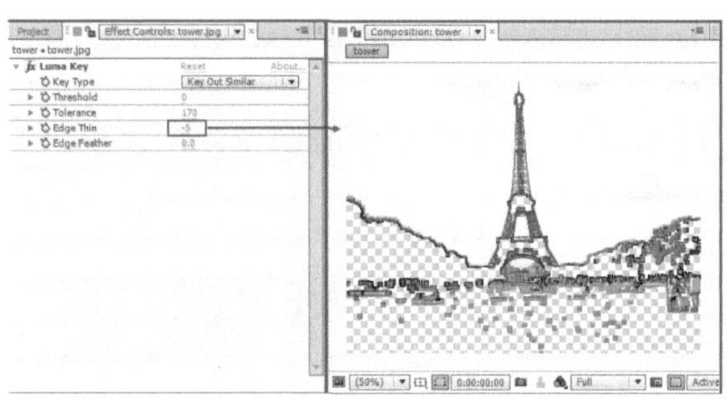

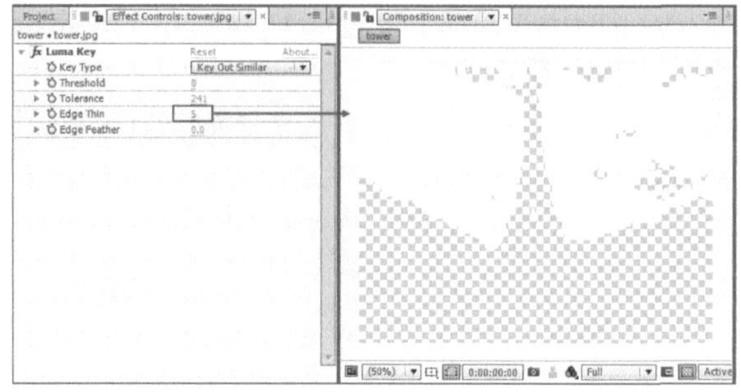

图6-71

Edge Feather（**边缘羽化**）：设置抠出边缘的柔和度。值越大，边缘越柔和，但是渲染的时间更长，效果如图6-72所示。

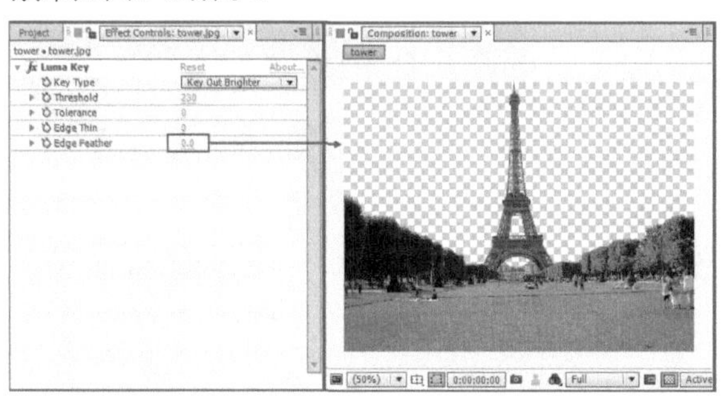

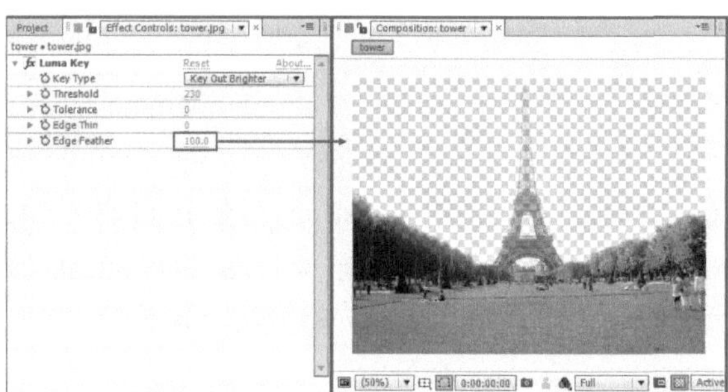

图6-72

课堂案例 异国风情

- 素材位置　实例文件>CH06>课堂案例：异国风情
- 实例位置　实例文件>CH06>异国风情_F.aep
- 难易指数　★★★☆☆
- 技术掌握　掌握Luma Key（亮度键）滤镜的使用方法

（扫描观看视频）

本例主要通过制作异国风情，来掌握Luma Key（亮度键）滤镜在抠像中的操作技巧，效果如图6-73所示。

图6-73

01 执行Composition（合成）>New Composition（新建合成）菜单命令，然后在打开的Composition Settings（合成设置）对话框中，输入Composition Name（合成名称）为keying，接着设置Width（宽度）

为700、Height（高度）为484、Duration（持续时间）为1秒，最后单击OK（确定）按钮 OK 完成创建，如图6-74所示。

02 导入素材文件夹中的素材，将素材拖曳到Timeline（时间轴）面板中，然后调整图层的上下层关系，如图6-75所示。画面效果如图6-76所示。

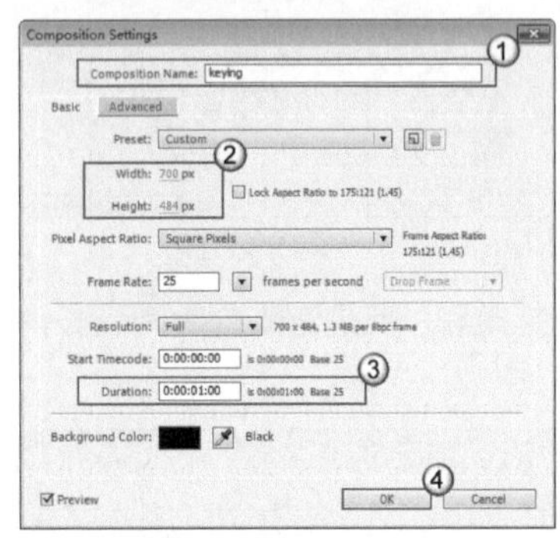

图6-74

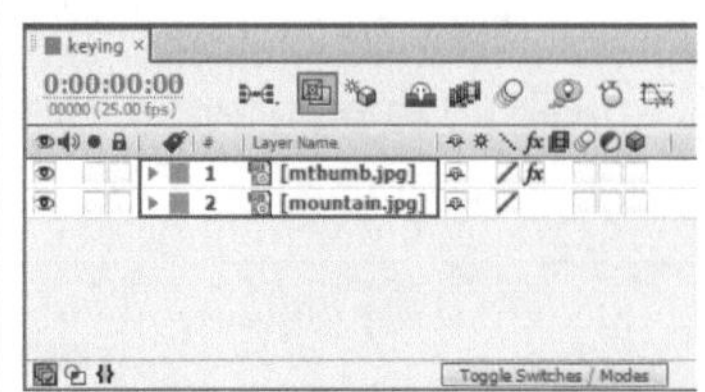

图6-75

图6-76

03 设置mthumb图层的Postion（位置）为（430，242），然后设置mountain图层的Postion（位置）为（128，314）、Scale（缩放）为（70，70%），如图6-77所示。画面效果如图6-78所示。

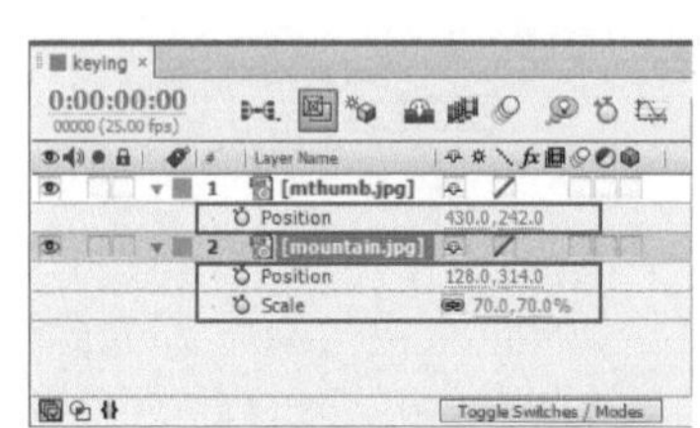

图6-77

图6-78

04 选择mthumb图层，然后执行Effect（效果）> Keying（键控）> Luma Key（亮度键）菜单命令，如图6-79所示。然后在Effect Controls（效果控件）面板中设置Key Type（键控类型）为Key Out Brighter（抠出较亮区域）、Threshold（阈值）为176，如图6-80所示。效果如图6-81所示。

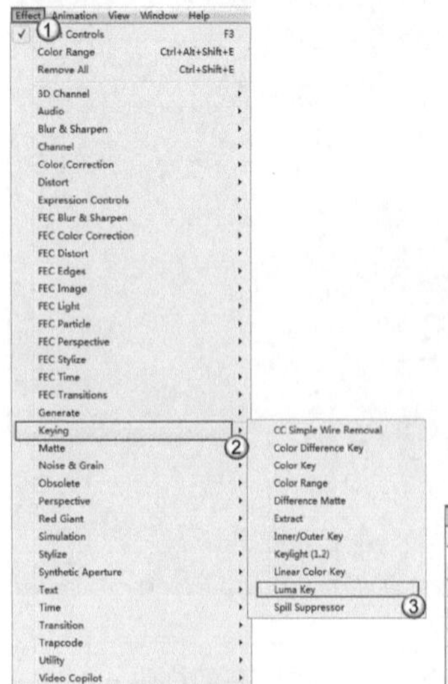

图6-79

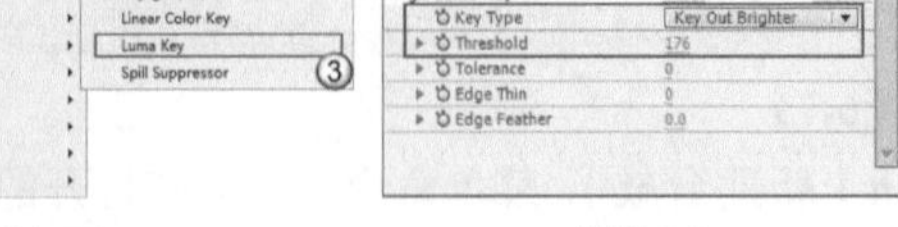

图6-80

图6-81

05 新建一个固态层，然后设置Name（名称）为blend、Color（颜色）为（R:161, G:159, B:127），接着单击Make Comp Size（制作合成大小）按钮 Make Comp Size ，最后单击OK（确定）按钮 OK ，如图6-82所示。

06 将固态层拖曳至第2层，然后设置其混合模式为Screen（屏幕），如图6-83所示。画面效果如图6-84所示。

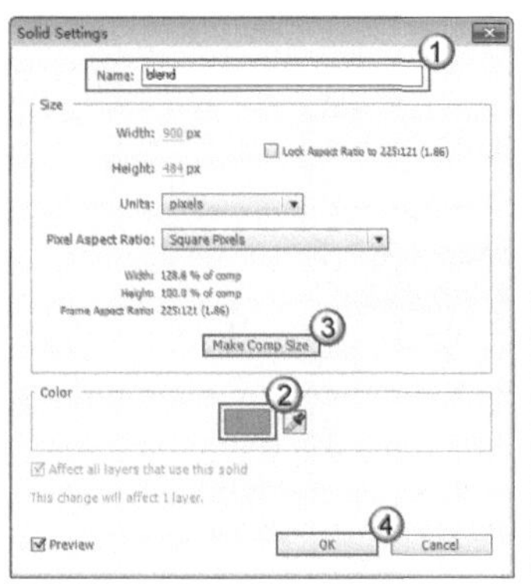

图6-82

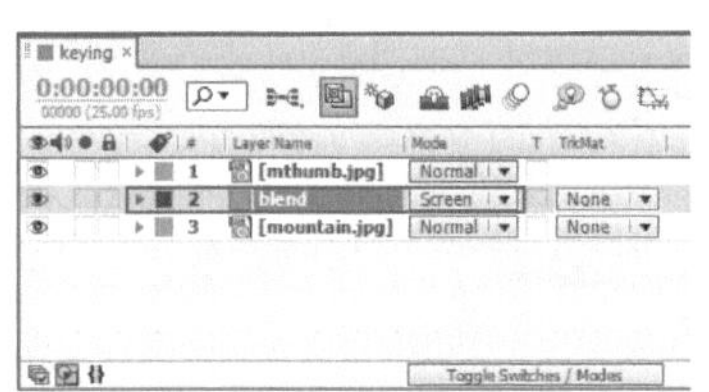

图6-83

图6-84

6.3 Keylight抠像

Keylight是一个屡获殊荣并经过产品验证的蓝、绿屏幕抠像插件，该插件已经被应用在数百个项目上，包括《理发师陶德》《地球停转之日》《大侦探福尔摩斯》《2012》《阿凡达》《爱丽丝梦游仙境》《诸神之战》等。

Keylight已经无缝集成到一些世界领先的合成和编辑系统中，包括Autodesk媒体和娱乐系统、Avid DS、Digital Fusion、Nuke、Shake、Final Cut Pro及本书中使用的After Effects。Keylight易于使用，擅长处理反射、半透明区域和头发，通过简单设置，就能达到理想的效果，如图6-85所示。Keylight还具备了不同颜色校正、抑制和边缘校正等功能来更加精细地微调结果。

图6-85

选择要添加效果的图层，然后执行Effect（效果）> Keying（键控）> Keylight（1.2）菜单命令，可为图层添加Keylight（1.2）滤镜，如图6-86所示。在Effect Controls（效果控件）面板中，可以设置相关属性，如图6-87所示。

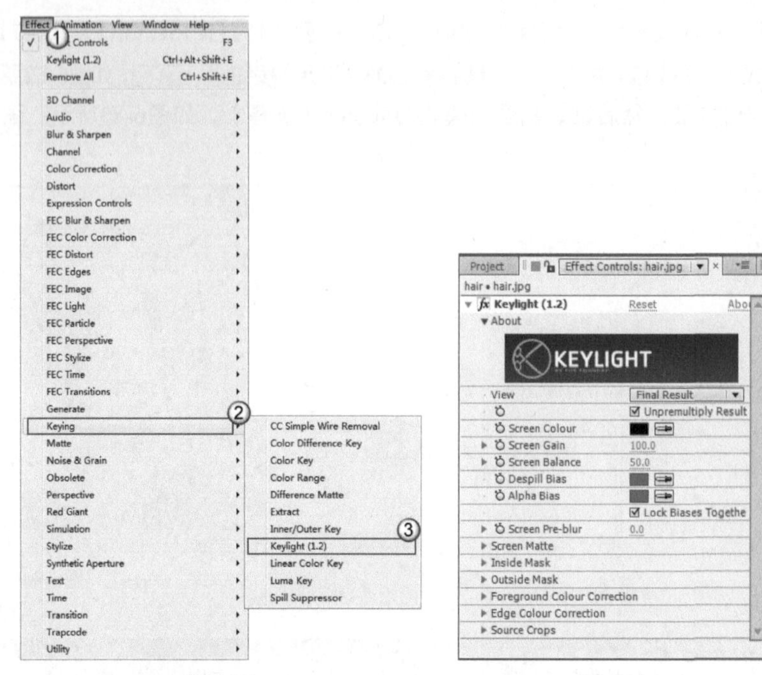

图6-86　　图6-87

6.3.1 View（视图）

View（视图）选项用来设置查看最终效果的方式，在其下拉列表中提供了11种查看方式，如图6-88所示。下面将介绍View（视图）方式中几个最常用的选项。

View（视图）的属性介绍

Screen Matte（屏幕蒙版）：在设置Clip Black（剪切黑色）和Clip White（剪切白色）时，可以将View（视图）方式设置为Screen Matte（屏幕蒙版），这样可以将屏幕中本来应该是完全透明的地方调整为黑色，将完全不透明的地方调整为白色，将半透明的地方调整为合适的灰色，效果如图6-89所示。

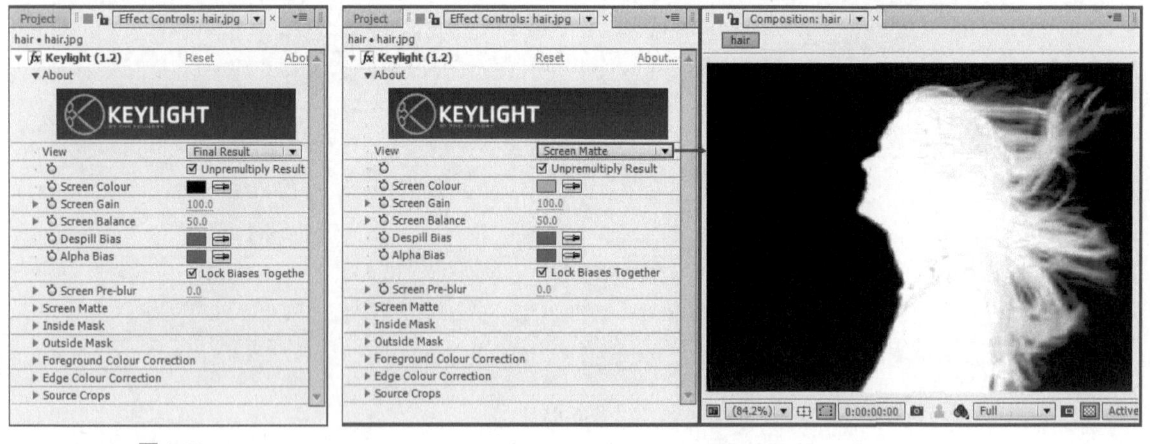

图6-88　　图6-89

Status（状态）：将遮罩效果进行放大渲染，效果如图6-90所示。

Final Result（最终结果）：显示当前抠像的最终效果，效果如图6-91所示。

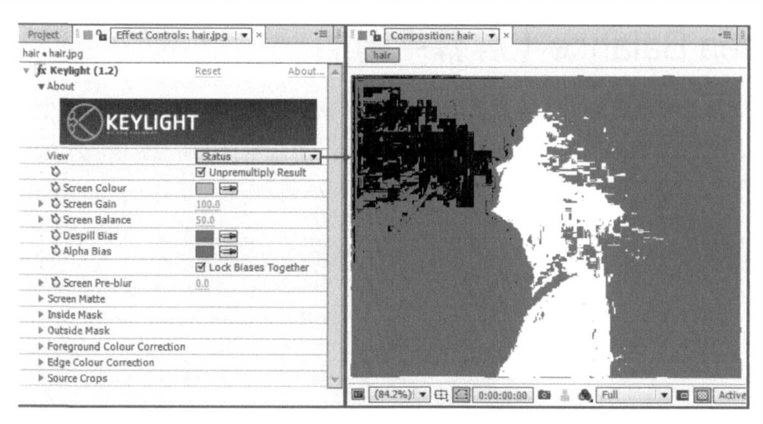

图6-90

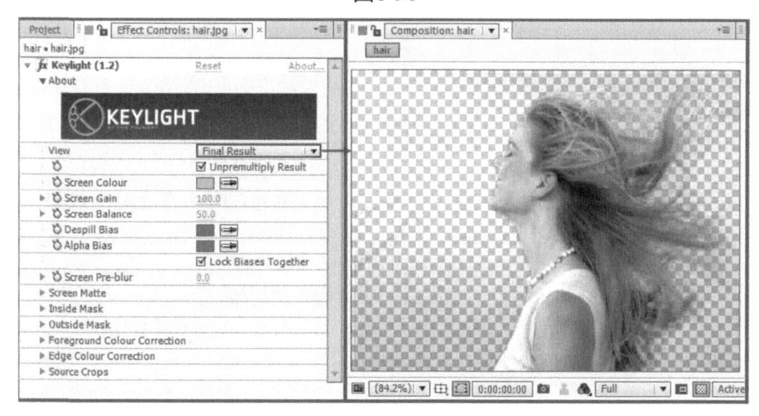

图6-91

Despill Bias（反溢出偏差）：在设置Screen Colour（屏幕颜色）时，虽然Keylight滤镜会自动抑制前景的边缘溢出色，但在前景的边缘处往往还是会残留一些抠出色，该选项就是用来控制残留的抠出色。

6.3.2 Screen Colour（屏幕颜色）

Screen Colour（屏幕颜色）用来设置需要被抠出的屏幕颜色，可以使用该选项后面的吸管工具在画面中吸取相应的屏幕颜色。

6.3.3 Screen Gain（屏幕增益）

Screen Gain（屏幕增益）属性可设置Screen Colour（屏幕颜色）被抠出的程度，其值越大，被抠出的颜色就越多，效果如图6-92所示。

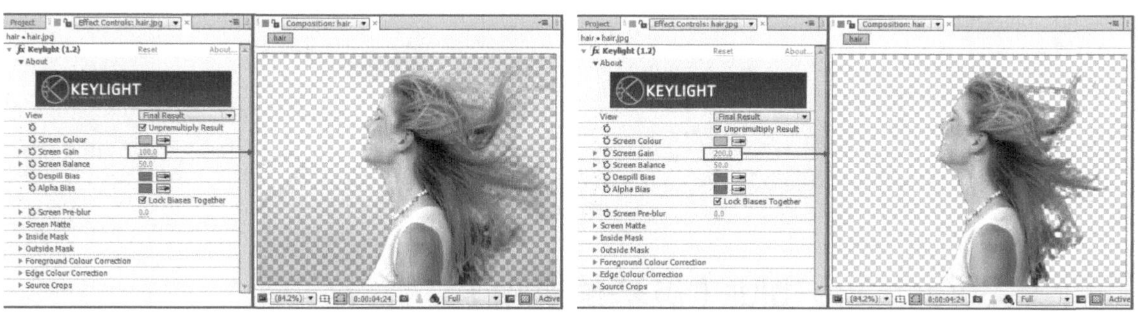

图6-92

6.3.4 Screen Balance（屏幕平衡）

Screen Balance（屏幕平衡）属性是通过在RGB颜色值中对主要颜色的饱和度与其他两个颜色通道的饱和度的平均加权值进行比较，所得出的结果就是Screen Balance（屏幕平衡）的属性值，效果如图6-93所示。

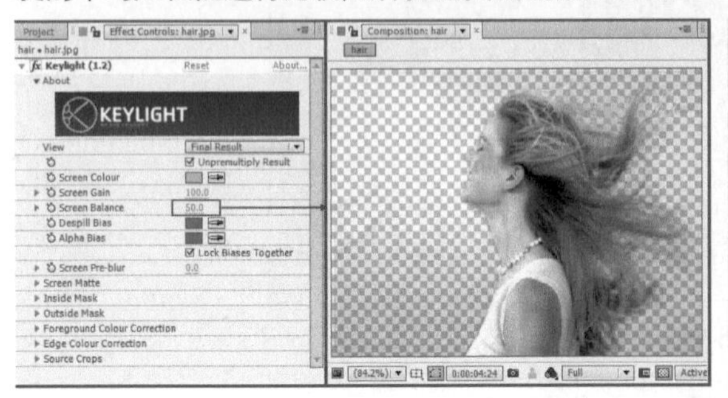
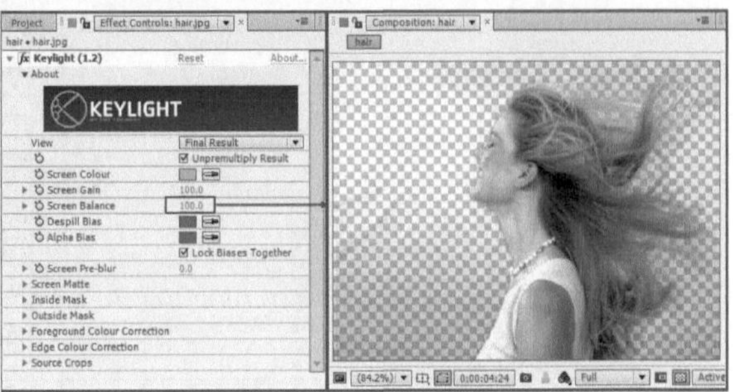

图6-93

6.3.5 Despill Bias（反溢出偏差）

Despill Bias（反溢出偏差）属性可以用来设置Screen Colour（屏幕颜色）的反溢出效果，效果如图6-94所示。

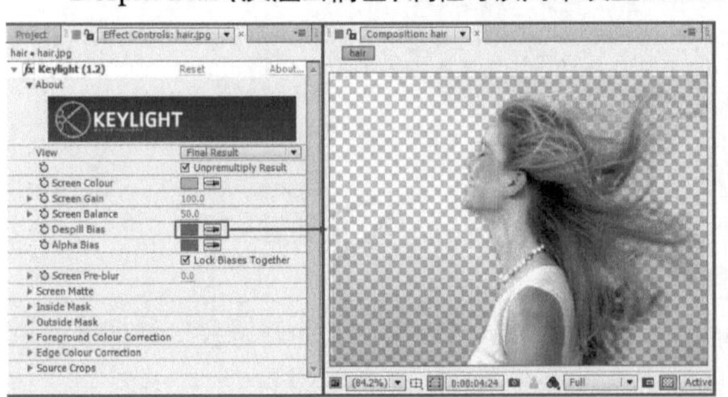
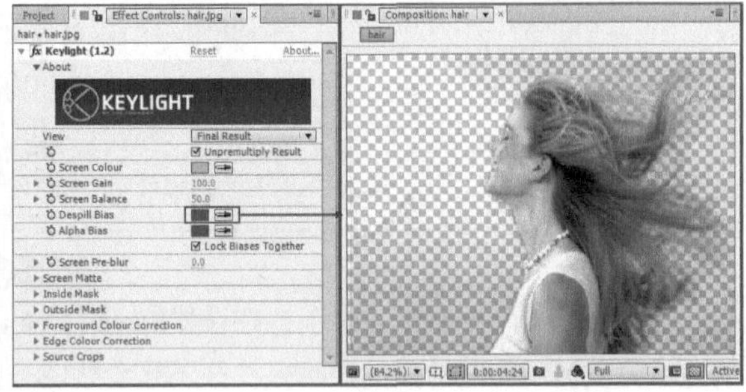

图6-94

6.3.6 Alpha Bias（Alpha偏差）

在绿幕中的红色信息多于绿色信息时，并且前景的红色通道信息也比较多的情况下，需要单独调节Alpha Bias（Alpha偏差）属性，效果如图6-95所示。

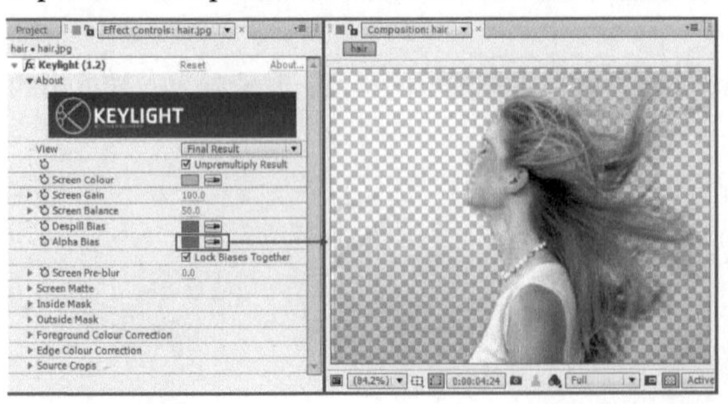
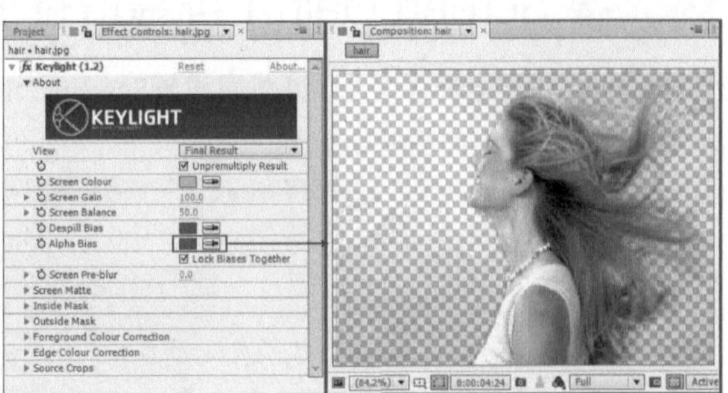

图6-95

6.3.7 Screen Pre-blur（屏幕预模糊）

Screen Pre-blur（屏幕预模糊）属性可在对素材进行蒙版操作前，对画面进行轻微的模糊处理，这种预模糊的处理方式可以降低画面的噪点效果，效果如图6-96所示。

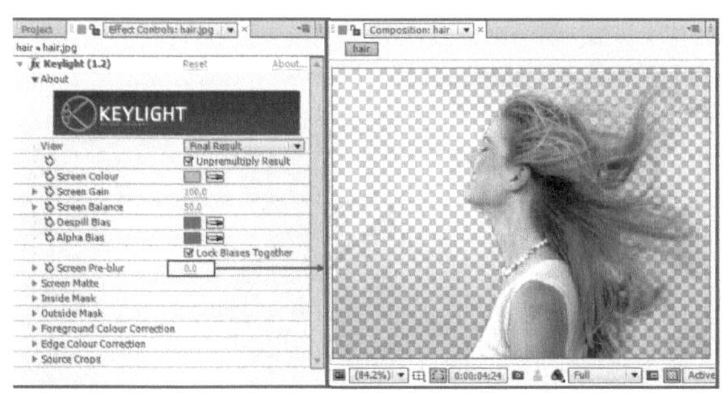
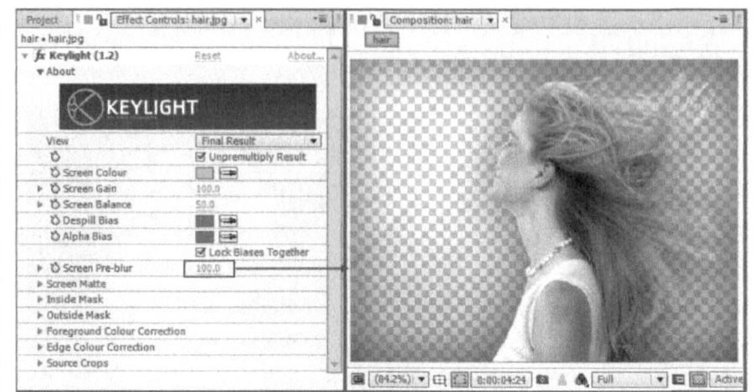

图6-96

6.3.8 Screen Matte（屏幕蒙版）

Screen Matte（屏幕蒙版）属性组可微调蒙版效果，这样可以更加精确地控制前景和背景之间的界线。展开Screen Matte（屏幕蒙版）属性组的相关属性，如图6-97所示。

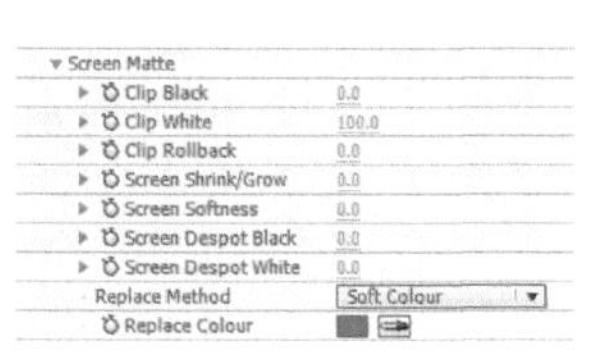

图6-97

Screen Matte（屏幕蒙版）的属性介绍

Clip Black（**剪切黑色**）：设置蒙版中黑色像素的起点值。如果在背景像素的地方出现了前景像素，那么这时就可以适当增大**Clip Black**（剪切黑色）的数值，以抠出所有的背景像素，效果如图**6-98**所示。

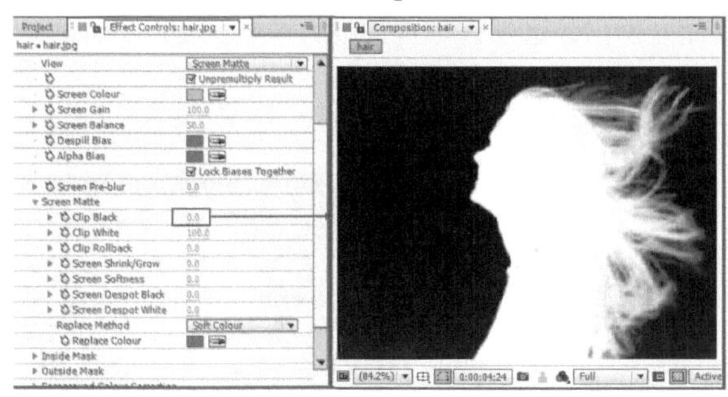
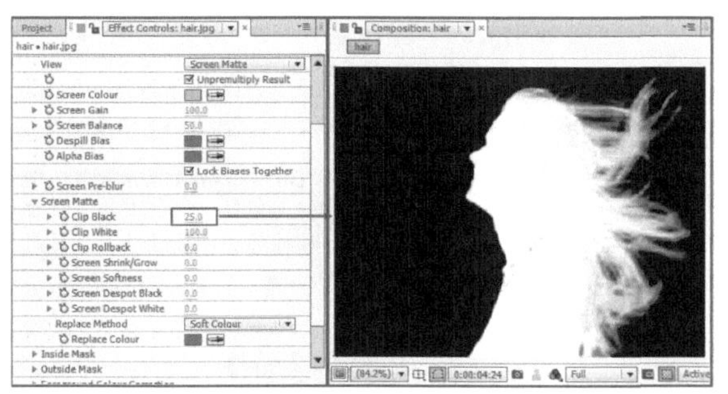

图6-98

Clip White（**剪切白色**）：设置蒙版中白色像素的起点值。如果在前景像素的地方出现了背景像素，那么这时就可以适当降低**Clip White**（剪切白色）数值，以达到满意的效果，效果如图**6-99**所示。

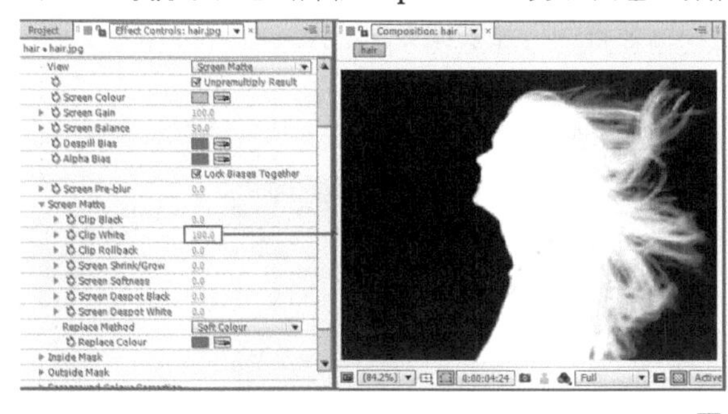
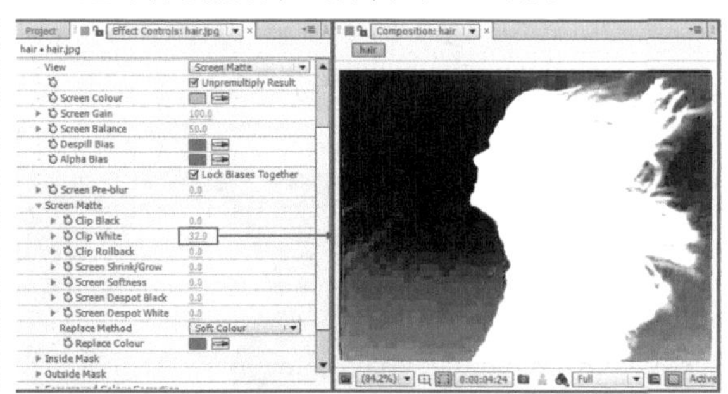

图6-99

Clip Rollback（**剪切削减**）：在调节**Clip Black**（剪切黑色）和**Clip White**（剪切白色）属性时，有时会对前景边缘像素产生破坏。这时候就可以适当调整**Clip Rollback**（剪切削减）的数值，对前景的边缘像素进行一定程度的补偿，效果如图6-100所示。

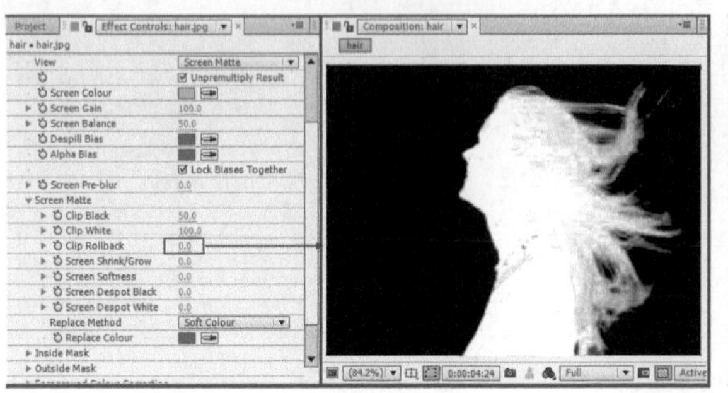

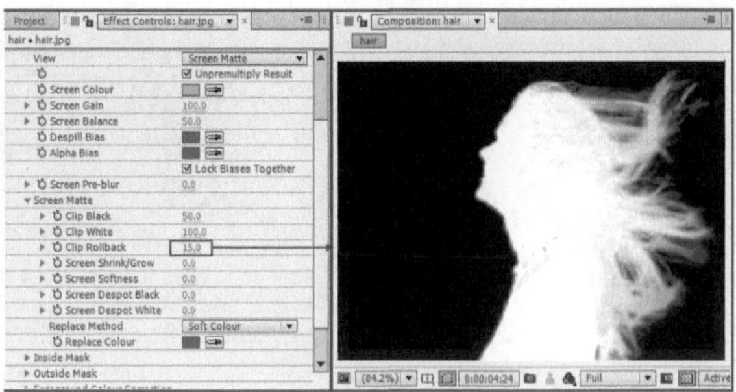

图6-100

Screen Shrink/Grow（**屏幕收缩/扩张**）：用来收缩或扩大蒙版的范围，效果如图6-101所示。

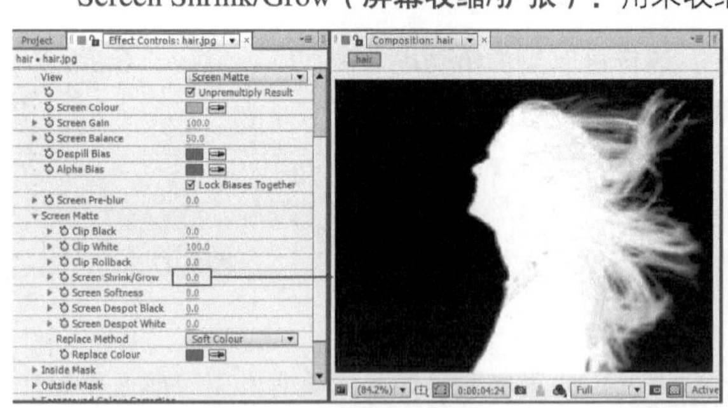

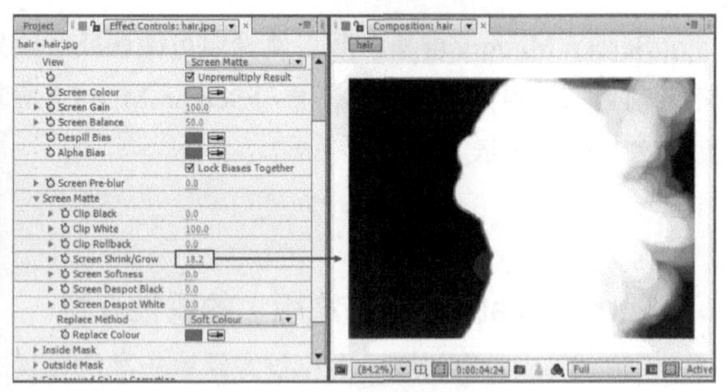

图6-101

Screen Softness（**屏幕柔化**）：对整个蒙版进行模糊处理。该选项只影响蒙版的模糊程度，不会影响到前景和背景，效果如图6-102所示。

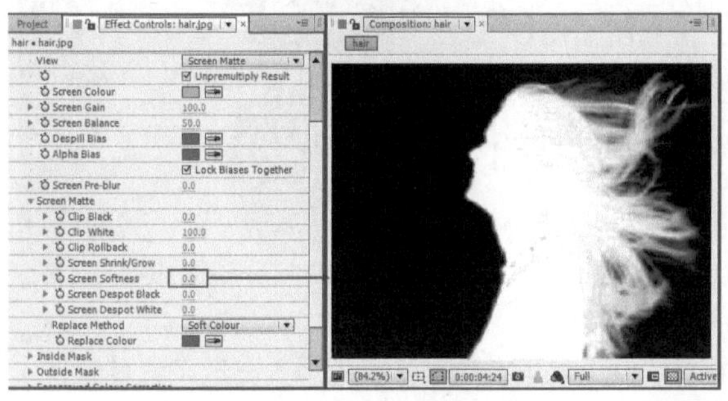

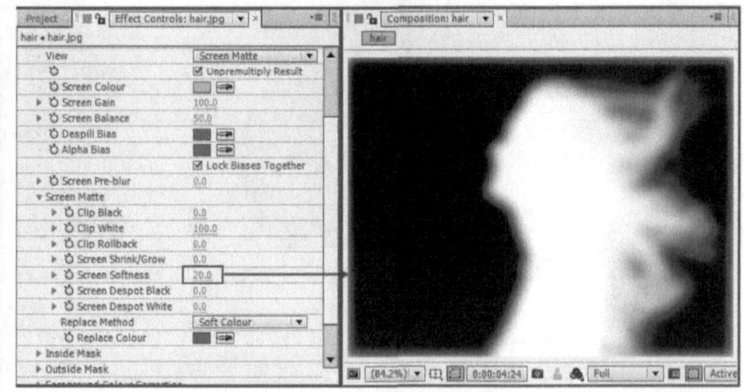

图6-102

Screen Despot Black（**屏幕独占黑色**）：让黑点与周围像素进行加权运算。增大其值可以消除白色区域内的黑点，效果如图6-103所示。

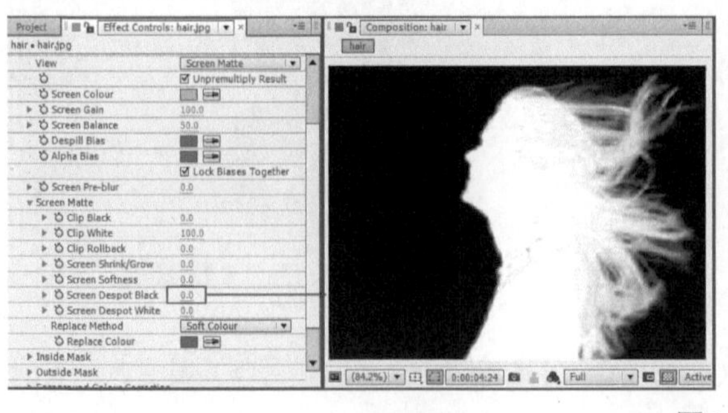

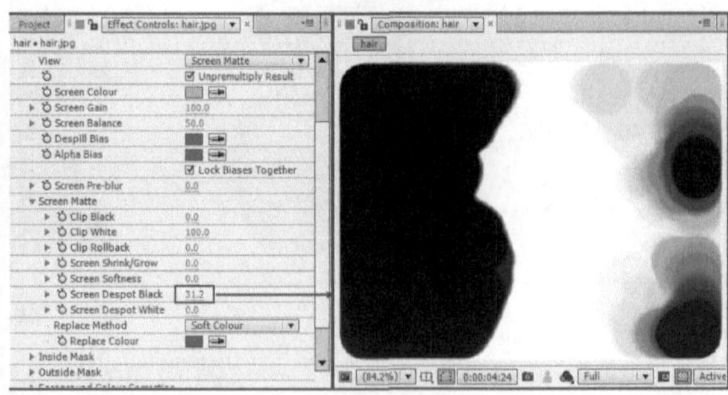

图6-103

Screen Despot White（**屏幕独占白色**）：让白点与周围像素进行加权运算。增大其值可以消除黑色区域内的白点，效果如图6-104所示。

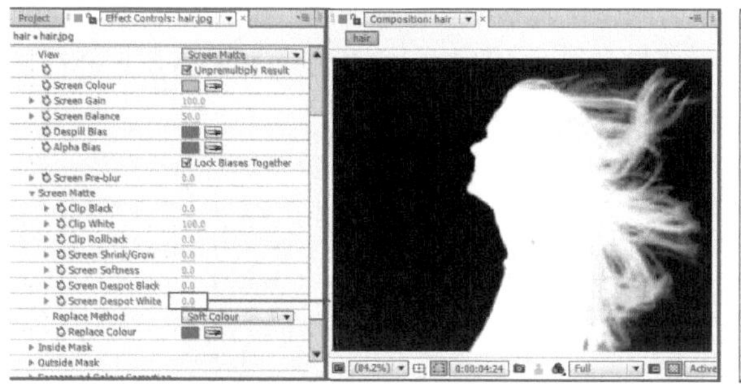

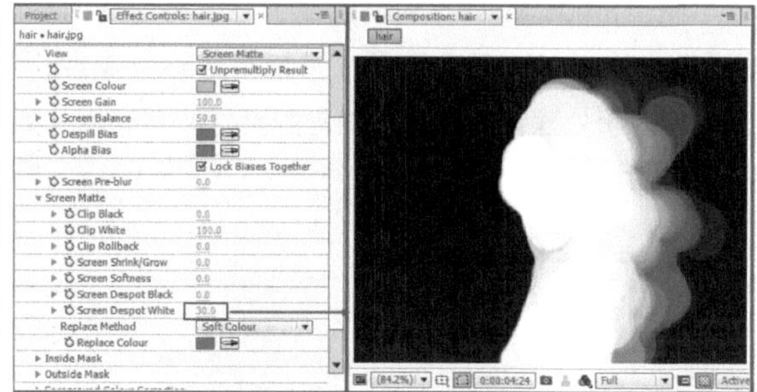

图6-104

Replace Colour（**替换颜色**）：根据设置的颜色来对Alpha通道的溢出区域进行补救。

Replace Method（**替换方式**）：设置替换Alpha通道溢出区域颜色的方式，效果如图6-105所示。

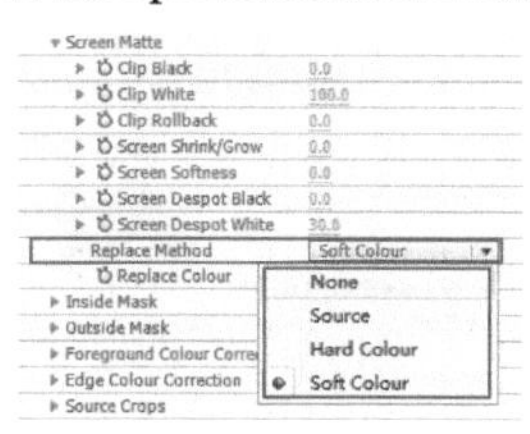

图6-105

None（**无**）：不进行任何处理，效果如图6-106所示。

Source（**源**）：使用原始素材像素进行相应的补救，效果如图6-107所示。

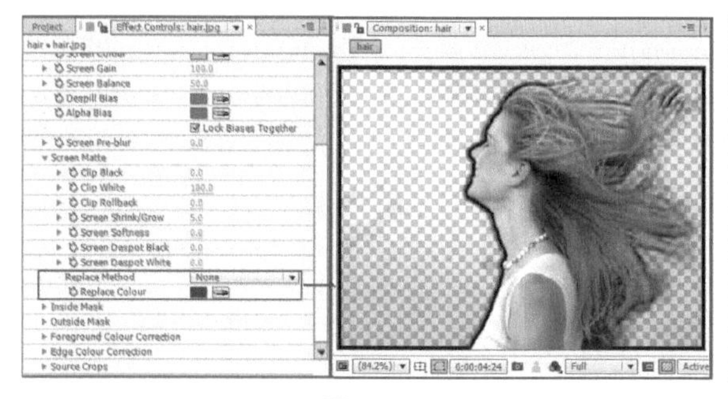

图6-106

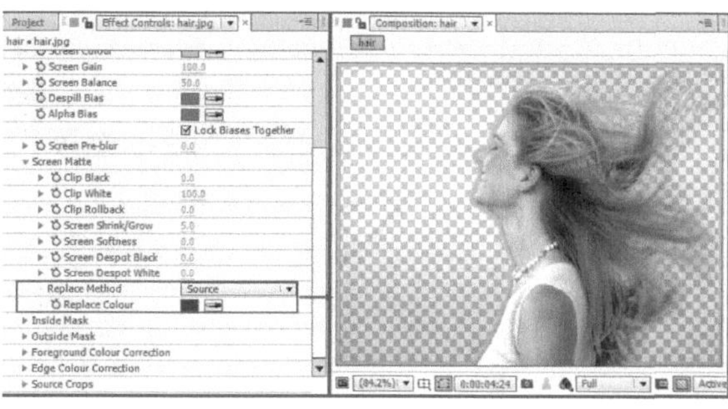

图6-107

Hard Colour（**硬度色**）：对任何增加的Alpha通道区域直接使用Replace Colour（替换颜色）进行补救，效果如图6-108所示。

Soft Colour（**柔和色**）：对增加的Alpha通道区域进行Replace Colour（替换颜色）补救时，根据原始素材像素的亮度来进行相应的柔化处理，效果如图6-109所示。

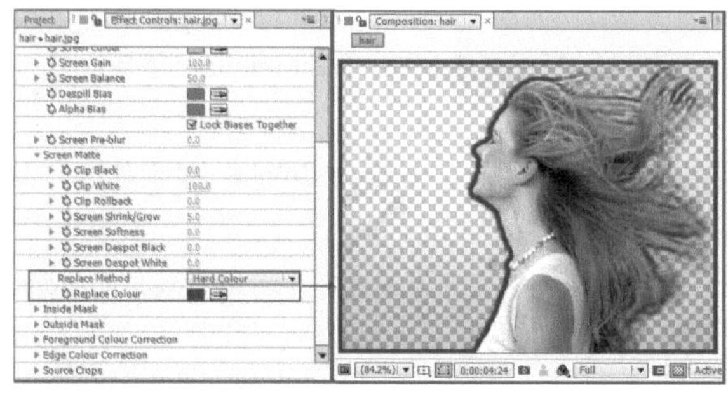

图6-108

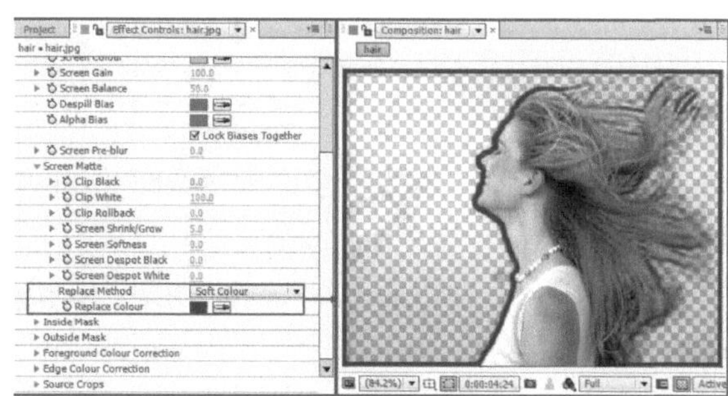

图6-109

6.3.9 Inside Mask /Outside Mask（内/外侧遮罩）

使用Inside Mask（内侧遮罩）可以将前景内容隔离出来，使其不参与抠像处理，如图6-110所示。使用Outside Mask（外侧遮罩）可以指定背景像素，不管遮罩外是何种内容，一律视为背景像素来进行抠出，这对于处理背景颜色不均匀的素材非常有用，如图6-111所示。

图6-110

图6-111

展开Inside Mask /Outside Mask（内/外侧遮罩）属性组，如图6-112所示。

▼ Inside Mask	
Inside Mask	None
▶ Inside Mask Softness	0.0
	☐ Invert
Replace Method	Source
Replace Colour	
Source Alpha	Normal
▼ Outside Mask	
Outside Mask	None
▶ Outside Mask Softness	0.0
	☐ Invert

图6-112

Inside Mask /Outside Mask（内/外侧遮罩）的属性介绍

Inside /Outside Mask（**内/外侧遮罩**）：选择内侧或外侧的蒙版。

Inside /Outside Mask Softness（**内/外侧遮罩柔化**）：设置内/外侧蒙版的柔化程度。

Invert（**反转**）：反转遮罩的方向。

Replace Method（**替换方式**）：与Screen Matte（屏幕蒙版）属性组中的Replace Method（替换方式）属性相同。

Replace Colour（**替换颜色**）：与Screen Matte（屏幕蒙版）属性组中的Replace Colour（替换颜色）属性相同。

Source Alpha（**源Alpha**）：该属性决定了Keylight（键控）滤镜如何处理源图像中本来就具有的Alpha通道信息。

6.3.10 Foreground Colour Correction（前景颜色校正）

Foreground Colour Correction（前景颜色校正）属性用来校正前景颜色，可以调整的属性包括Saturation（饱和度）、Contrast（对比度）、Brightness（亮度）、Colour Suppression（颜色抑制）和Colour Balancing（颜色平衡），如图6-113所示。设置Contrast（对比度）属性后的效果如图6-114所示。

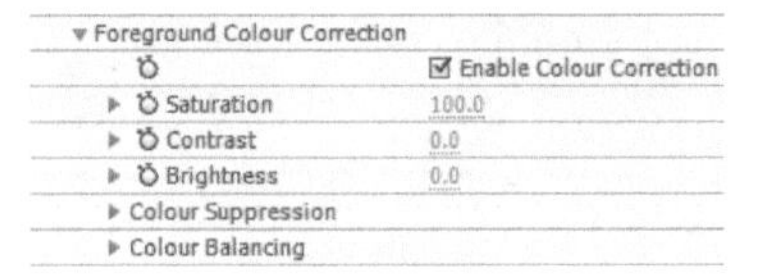

图6-113

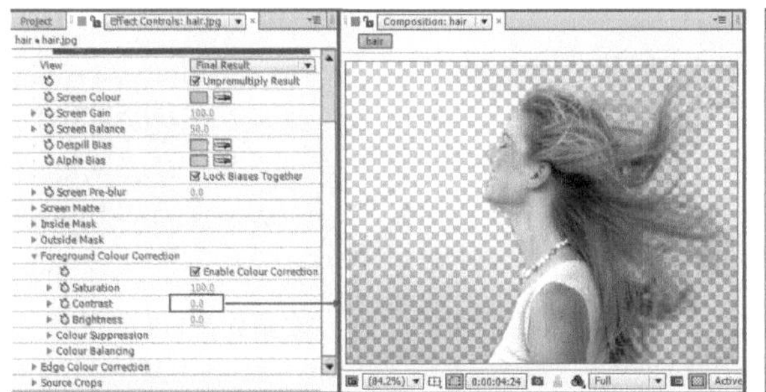
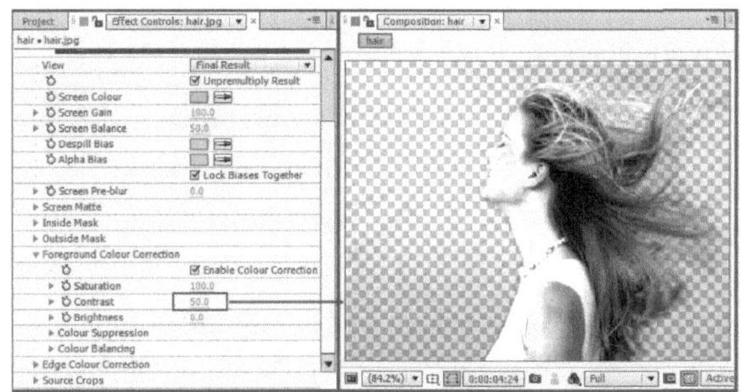

图6-114

6.3.11 Edge Colour Correction（边缘颜色校正）

Edge Colour Correction（边缘颜色校正）属性与Foreground Colour Correction（前景颜色校正）属性相似，主要用来校正蒙版边缘的颜色，可以在View（视图）列表中选择Colour Correction Edge（边缘颜色校正）来查看边缘像素的范围。Edge Colour Correction（边缘颜色校正）属性组的内容如图6-115所示。

Edge Colour Correction
Enable Edge Colour Corr
Edge Hardness 50.0
Edge Softness 0.0
Edge Grow 0.0
Saturation 100.0
Contrast 0.0
Brightness 0.0
Edge Colour Suppression
Colour Balancing

图6-115

6.3.12 Source Crops（源裁剪）

Source Crops（源裁剪）属性组中的属性可以使用水平或垂直的方式来裁切源素材的画面，这样可以将图像边缘的非前景区域直接设置为透明效果。Source Crops（源裁剪）属性组的内容如图6-116所示。效果如图6-117所示。

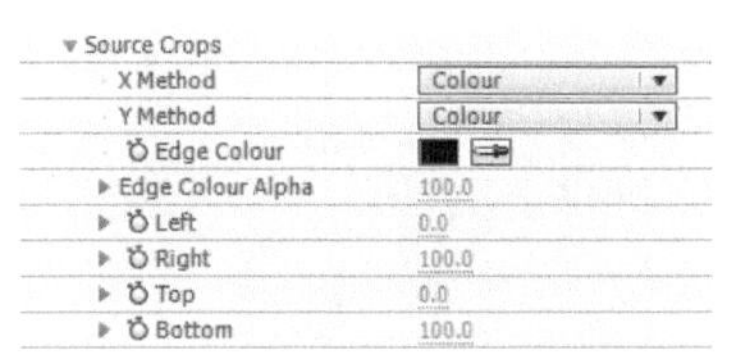

图6-116

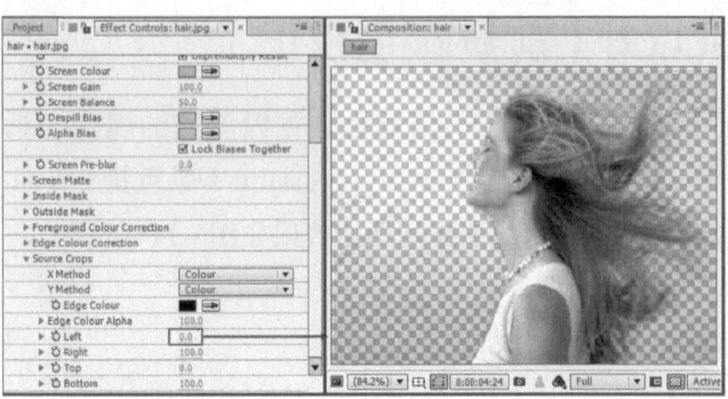
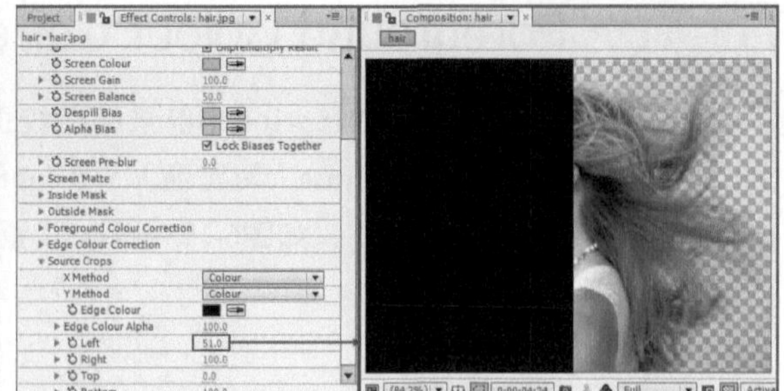

图6-117

课堂案例 欢乐时光

- 素材位置 实例文件>CH06>课堂案例：欢乐时光
- 实例位置 实例文件>CH06>欢乐时光_F.aep
- 难易指数 ★★★☆☆
- 技术掌握 掌握Keylight（1.2）滤镜的使用方法

（扫描观看视频）

本例主要通过制作欢乐时光，来掌握Keylight（1.2）滤镜在抠像中的操作技巧，效果如图6-118所示。

图6-118

01 执行Composition（合成）>New Composition（新建合成）菜单命令，然后在打开的Composition Settings（合成设置）对话框中，输入Composition Name（合成名称）为happy，接着设置Preset（预设）为PAL D1/DV、Duration（持续时间）为13秒，最后单击OK（确定）按钮 OK 完成创建，如图6-119所示。

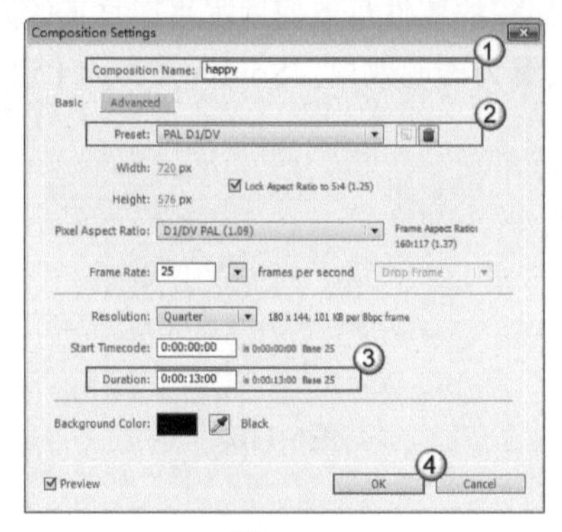

图6-119

02 导入素材文件夹中的素材，将素材拖曳到Timeline（时间轴）面板中，然后调整图层的上下层关系，接着，设置children图层的Position（位置）为（360，410）、Scale（缩放）为（46，46%），如图6-120所示。画面效果如图6-121所示。

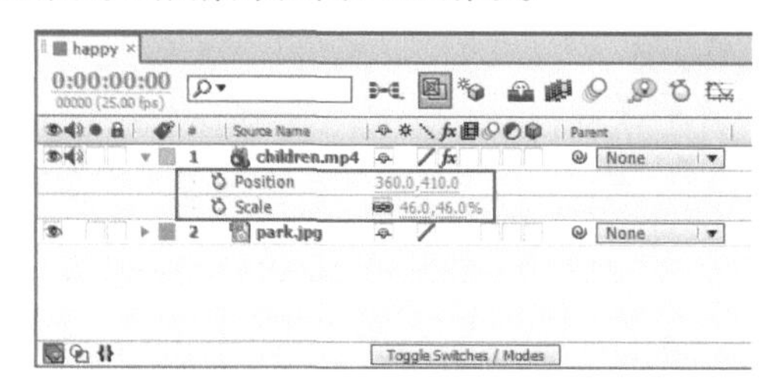

图6-120

图6-121

03 选择children图层，然后执行Effect（效果）> Keying（键控）> Keylight（1.2）菜单命令，如图6-122所示。

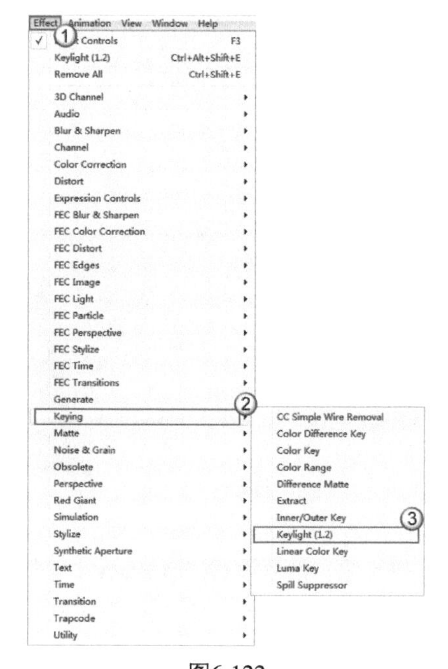

图6-122

04 在Effect Controls（效果控件）面板中，单击Screen Colour（屏幕颜色）后面的吸管工具，然后在画面中拾取children图层背景的绿色，如图6-123所示。画面效果如图6-124所示。

图6-123

图6-124

05 设置View（视图）为Screen Matte（屏幕遮罩），如图6-125所示。画面效果如图6-126所示。由图可见，人物和背景的对比度不够，将View（视图）切换到Final Result（最终结果），可以观察到人物的西装出现透明现象，如图6-127所示。

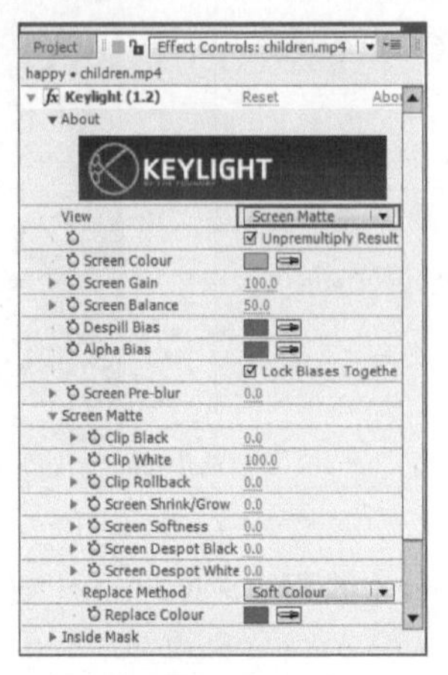

图6-125

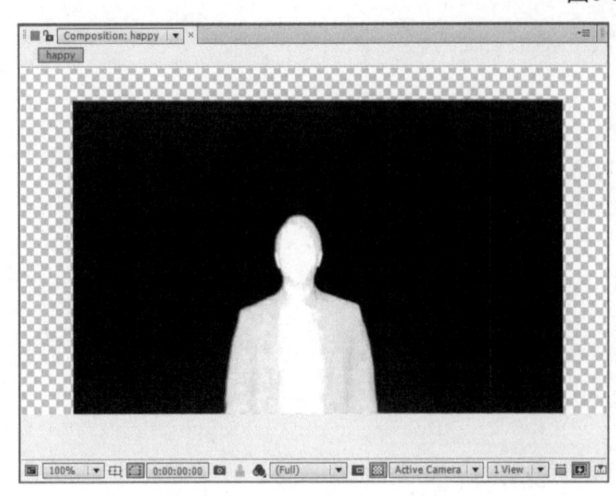

图6-126

图6-127

06 展开Screen Matte（屏幕遮罩）属性组，然后设置Clip Black（剪切黑色）为15、Clip White（剪切白色）为70，如图6-128所示。画面效果如图6-129所示。将View（视图）切换到Final Result（最终结果），可以观察到整个人物正常显示，如图6-130所示。

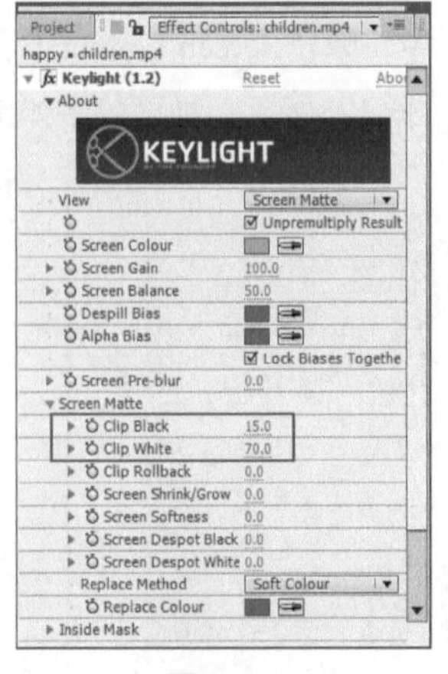

图6-128

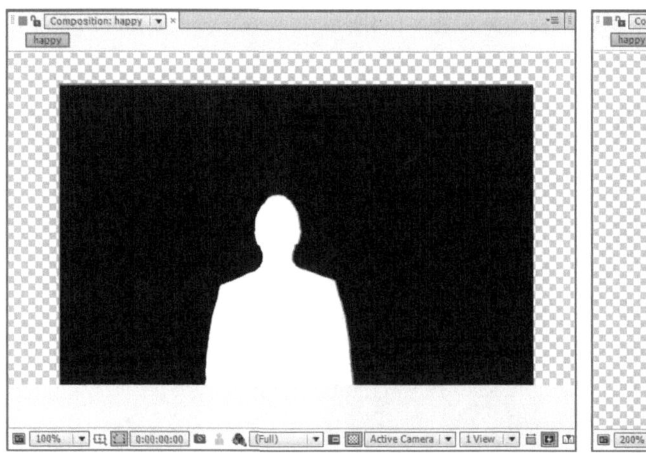

图6-129

图6-130

07 在Timeline（时间轴）面板中，拖曳时间滑块检查其他时间点是否有问题。在12秒12帧处，人物和背景的对比度不够，如图6-131所示。

图6-131

08 设置Clip Black（剪切黑色）为28、Clip White（剪切白色）为44，如图6-132所示。画面效果如图6-133所示。

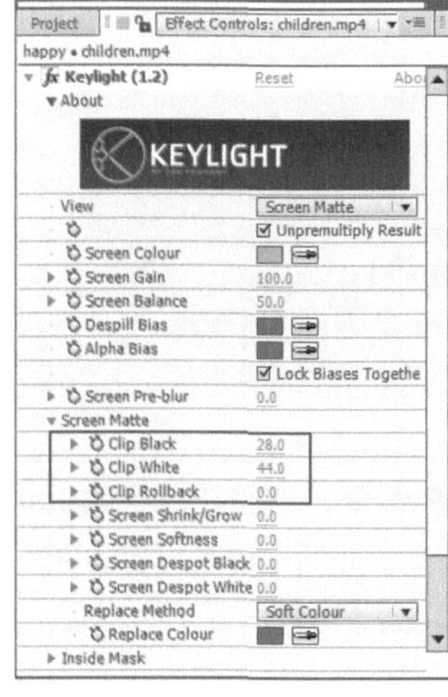

图6-132

图6-133

09 设置View（视图）为Final Result（最终结果），画面效果如图6-134所示。

图6-134

综合案例 数码先驱

- 素材位置 实例文件>CH06>综合案例：数码先驱
- 实例位置 实例文件>CH06>数码先驱_F.aep
- 难易指数 ★★★☆☆
- 技术掌握 掌握Keylight的综合操作技巧

（扫描观看视频）

本例主要通过制作数码先驱，来掌握在复杂环境的下使用Keylight进行抠像的技巧，效果如图6-135所示。

图6-135

01 执行Composition（合成）>New Composition（新建合成）菜单命令，然后在打开的Composition Settings（合成设置）对话框中，输入Composition Name（合成名称）为woman，接着设置Width（宽度）为1000、Height（高度）为720、Frame Rate（帧速率）为23.976、Duration（持续时间）为12秒，最后单击OK（确定）按钮 OK 完成创建，如图6-136所示。

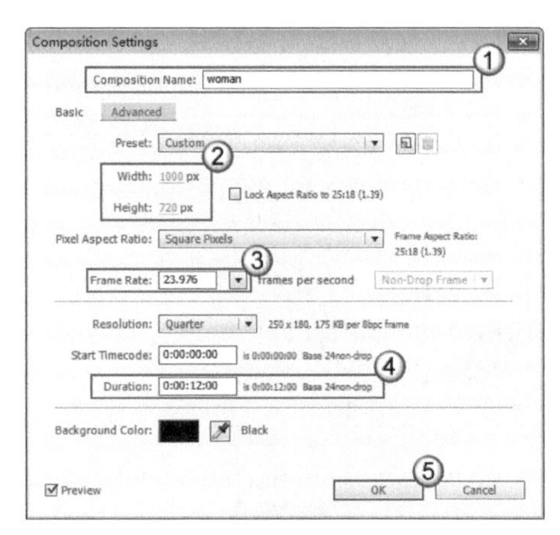

图6-136

02 导入素材文件夹中的素材，将素材拖曳到Timeline（时间轴）面板中，然后调整图层的上下层关系，接着隐藏Store图层，如图6-137所示。画面效果如图6-138所示。

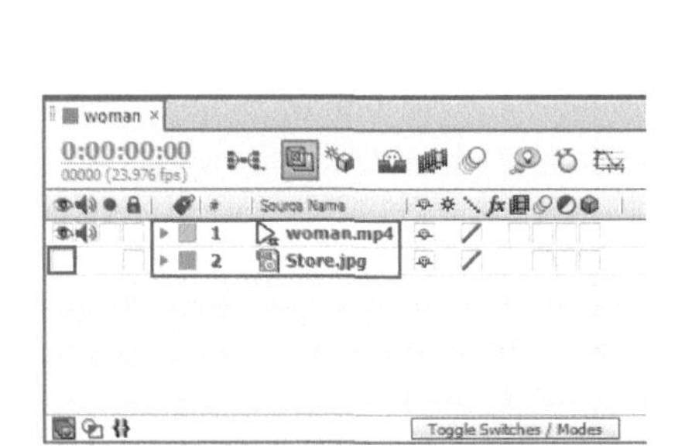

图6-137

图6-138

03 选择woman图层，然后执行Effect（效果）> Keying（键控）> Keylight（1.2）菜单命令，接着在Effect Controls（效果控件）面板中，单击Screen Colour（屏幕颜色）后面的吸管工具，最后在画面中拾取woman图层的背景色，如图6-139所示。画面效果如图6-140所示。

图6-139

图6-140

04 在Effect Controls（效果控件）面板中，设置View（视图）为Screen Matte（屏幕蒙版），如图6-141所示。画面效果如图6-142所示。

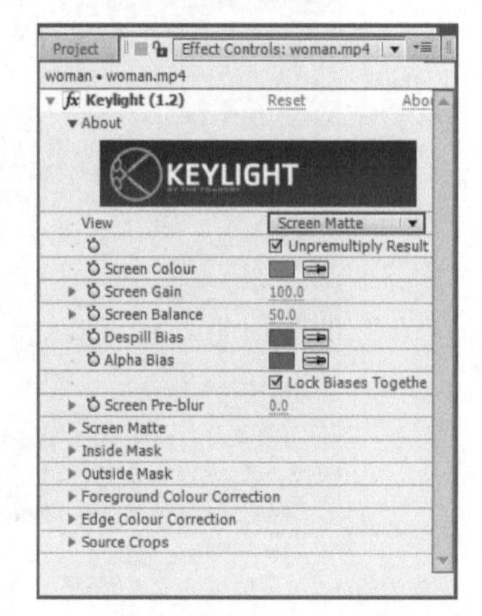

图6-141

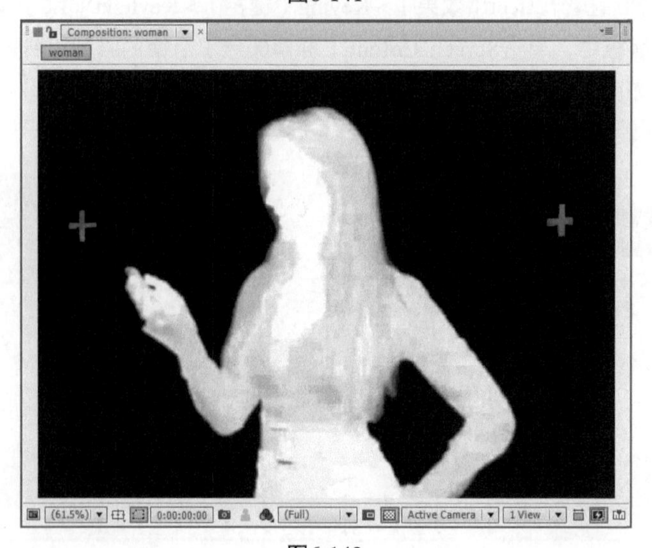

图6-142

05 展开Screen Matte（屏幕蒙版）属性组，然后设置Clip Black（剪切黑色）为5、Clip White（剪切白色）为70，如图6-143所示。画面效果如图6-144所示。

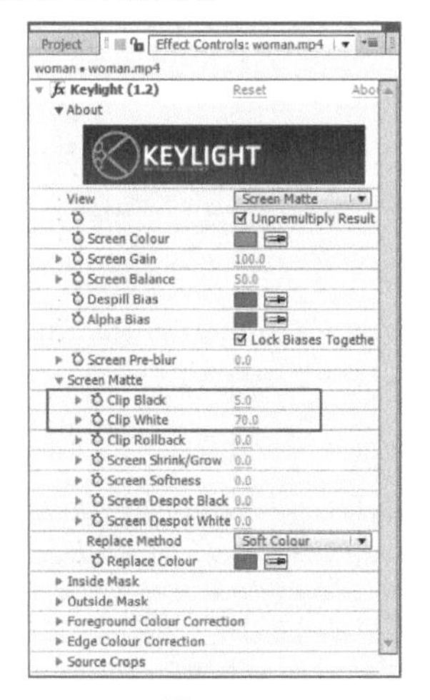

图6-143

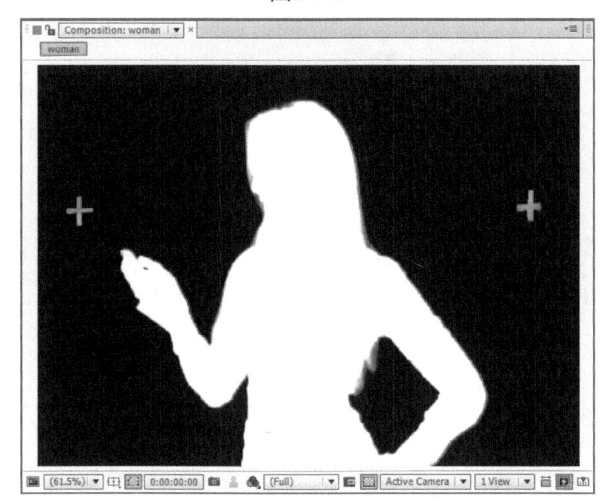

图6-144

06 设置View（视图）为Final Result（最终结果），然后使用Pen Tool（钢笔工具）绘制图6-145所示的遮罩。

图6-145

07 设置woman图层的Position（位置）为（500，440）、Scale（缩放）为（80，80%），如图6-146所示。画面效果如图6-147所示。

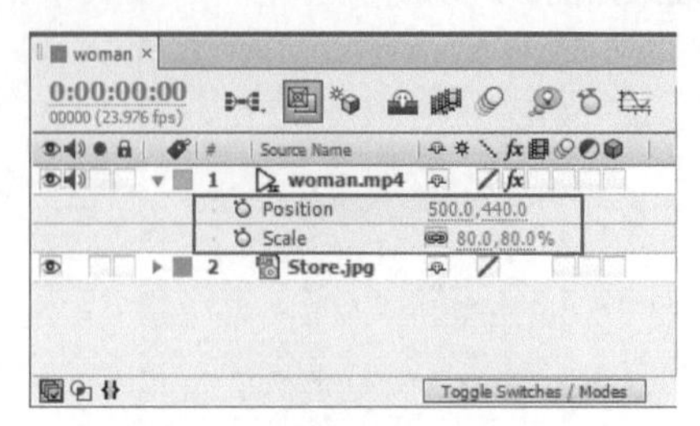

图6-146

图6-147

特效滤镜 07

After Effects虽然内置了海量的特效滤镜，但是仍有很多第三方插件为其效力。在众多的插件中较为著名的有Red Giant公司推出的Trapcode系列和Boris FX公司推出的Final Effects Complete系列。这两个系列包含了很多特效滤镜，例如粒子、光效、校色以及灯光等。本章结合实际工作，精选出较为常用的特效滤镜，有Trapcode系列中的3D Stroke、Form、Particular和Shine，以及Final Effects Complete系列中的Kaleida，作为重点对象进行讲解。

7.1 插件概述

由于各版本的插件存在一定的差异，这里介绍一下本书中使用的插件版本。3D Stroke为v2.6.5版本、Form为v2.0.2版本、Particular为v2.1.2、Shine 为v1.6.4、Kaleida为6.0.2.203版本。

7.2 Kaleida

Kaleida滤镜是一个将源图像进行阵列变换，形成类似于万花筒的效果，还可以关联到音频文件，产生特殊效果。

执行Effect（效果）>FEC Stylize>FEC Kaleida菜单命令，可为图层添加Kaleida滤镜，如图7-1所示。在Effect Controls（效果控件）面板中，可以设置相关属性，如图7-2所示。

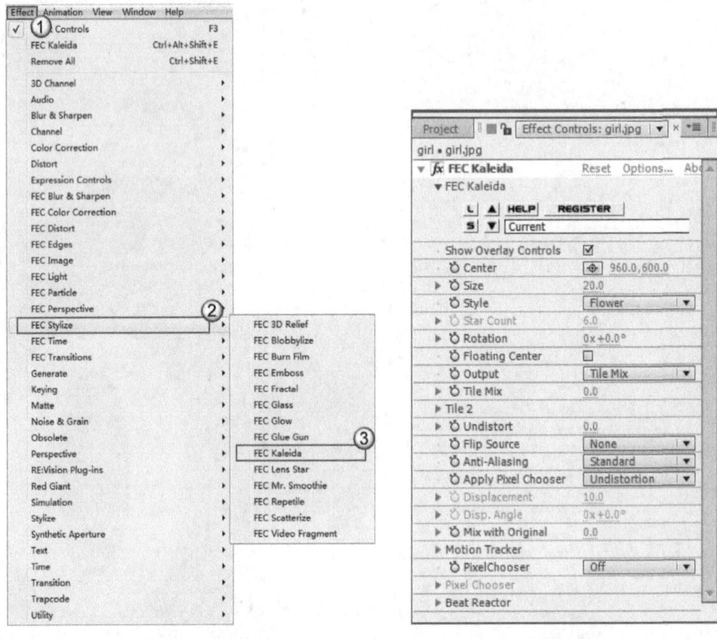

图7-1　　　　图7-2

7.2.1 Show Overlay Controls（显示覆盖控制）

Show Overlay Controls（显示覆盖控制）属性用于显示和隐藏操作手柄，效果如图7-3所示。

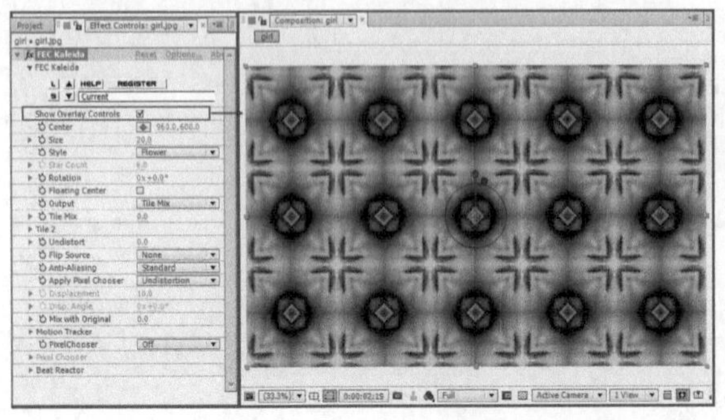

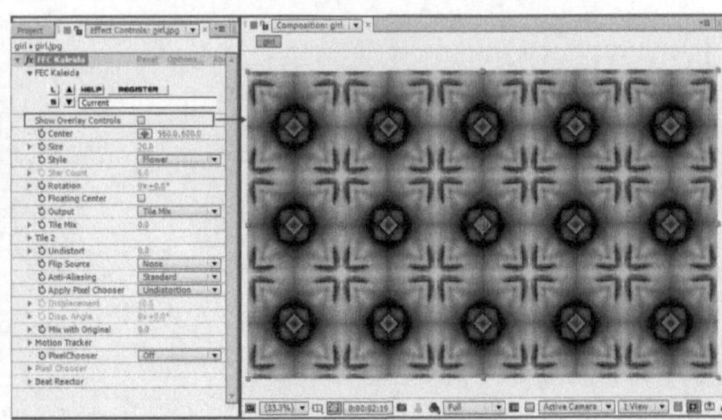

图7-3

7.2.2 Center（中心）

Center（中心）属性控制阵列的中心点，效果如图7-4所示。

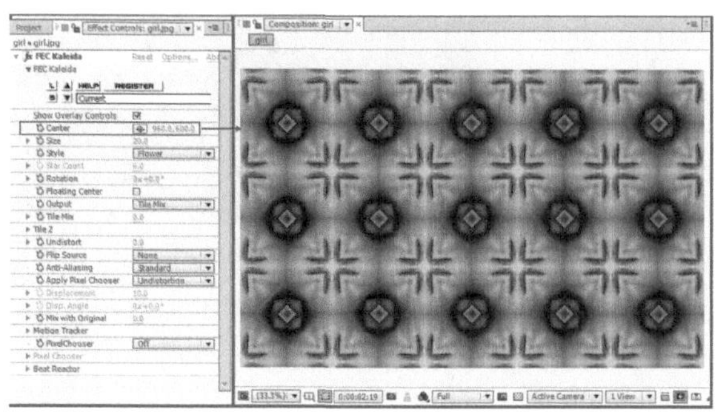
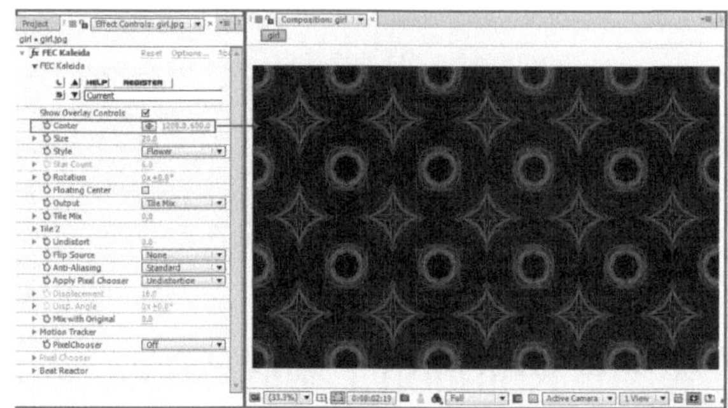

图7-4

7.2.3 Size（大小）

Size（大小）属性控制阵列区域的大小，效果如图7-5所示。

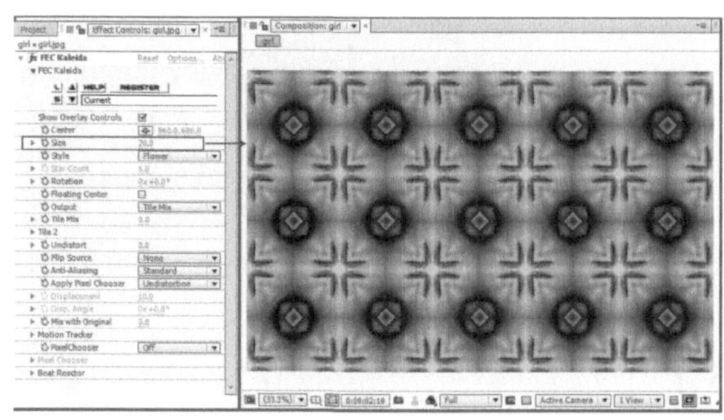
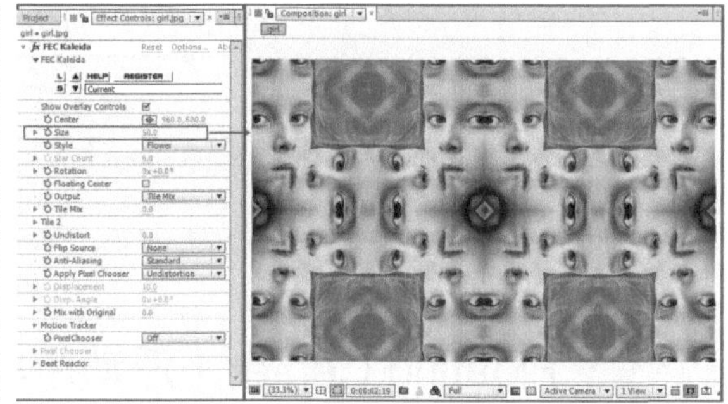

图7-5

7.2.4 Style（样式）

Style（样式）属性设置阵列区域的形状，该下拉菜单中包含了16种样式，如图7-6所示。

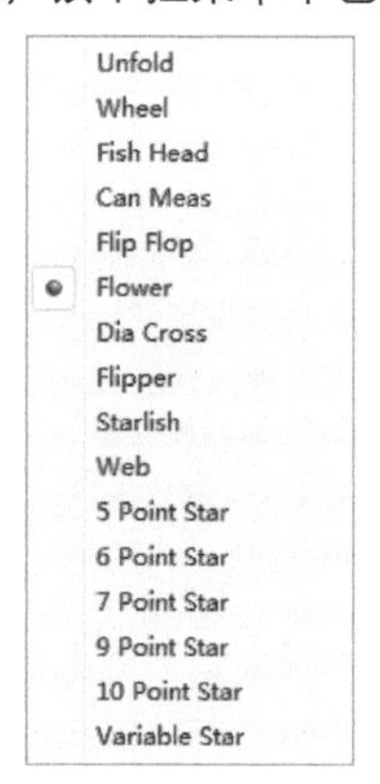

图7-6

7.2.5 Star Count（星形数量）

Star Count（星形数量）属性控制星型样式的数量，当Style（样式）为Variable Star（多点星形）时，该属性才能被激活，效果如图7-7所示。

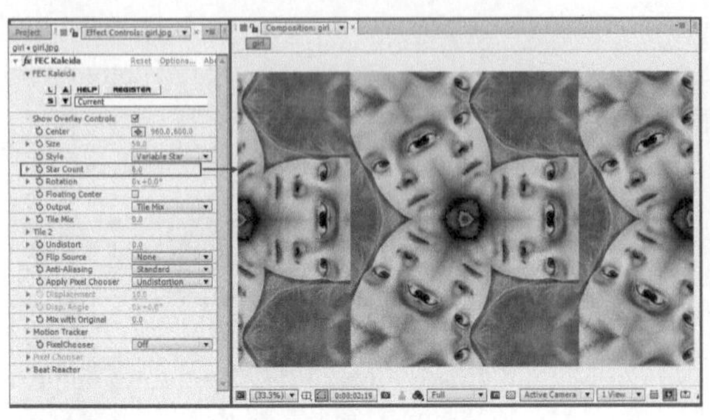
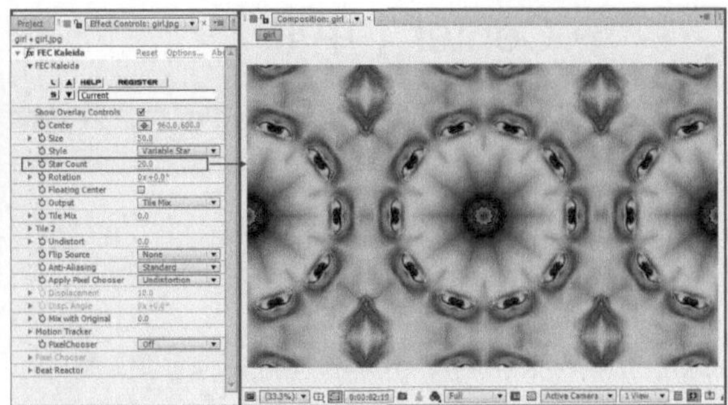

图7-7

7.2.6 Rotation（旋转）

Rotation（旋转）属性控制源图像的角度，效果如图7-8所示。

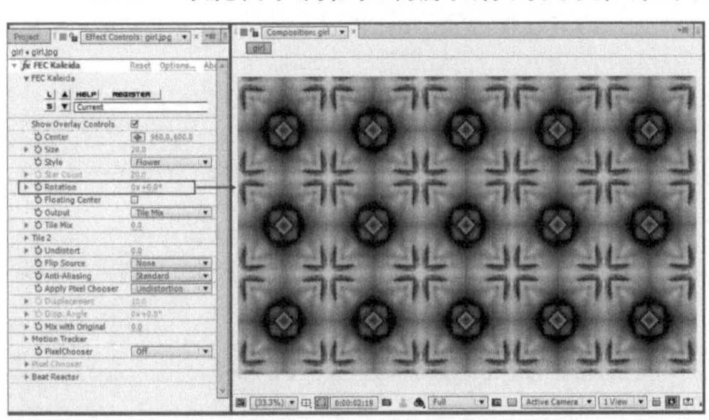
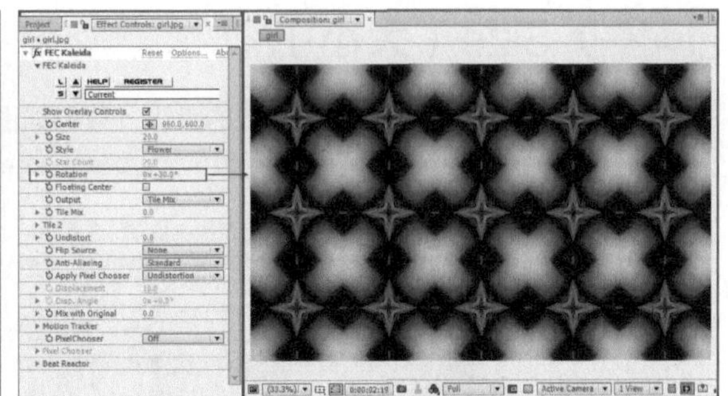

图7-8

7.2.7 Floating Center（浮动中心）

Floating Center（浮动中心）选项标记效果的中心。当取消该选项时，效果的中心以图层的中心为准。

7.2.8 Output（输出）

Output（输出）属性设置渲染输出的类型。有些选择是为了最终渲染，而另一些则有助于设置效果。该下拉菜单中包含9个选项，如图7-9所示。

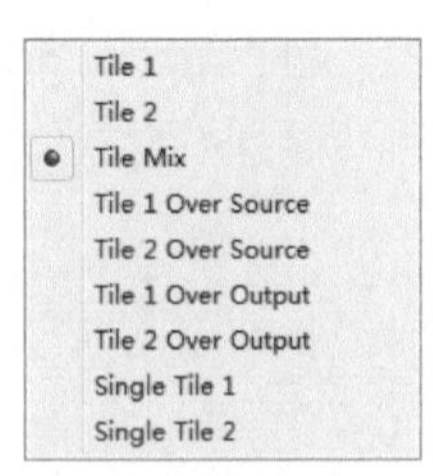

图7-9

7.2.9 Tile Mix（阵列混合）

Tile Mix（阵列混合）属性控制阵列间的混合。当Output（输出）为Tile Mix（阵列混合）时，该属性才能被激活，效果如图7-10所示。

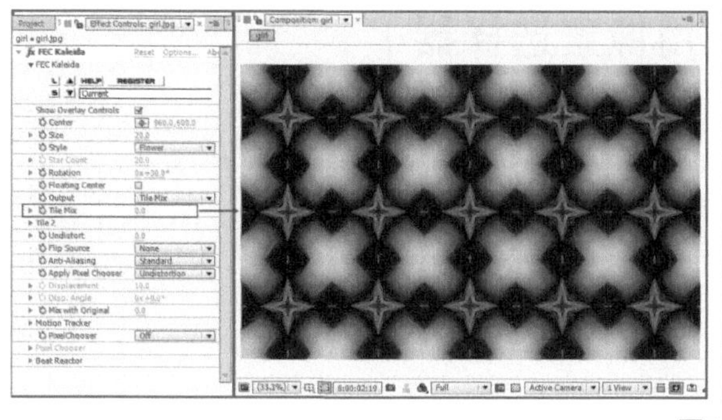
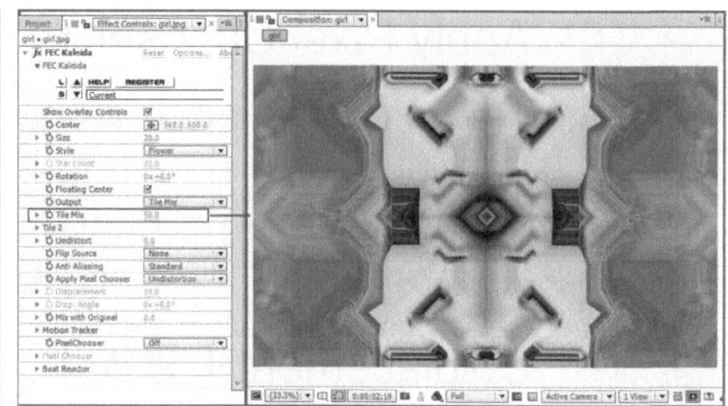

图7-10

7.2.10 Tile 2（阵列 2）

Tile 2（阵列 2）属性组中的内容如图7-11所示。

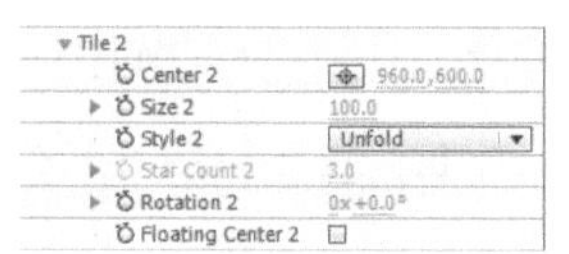

图7-11

7.2.11 Undistort（不扭曲）

Undistort（不扭曲）属性控制移除输出结果中的扭曲效果的程度，效果如图7-12所示。

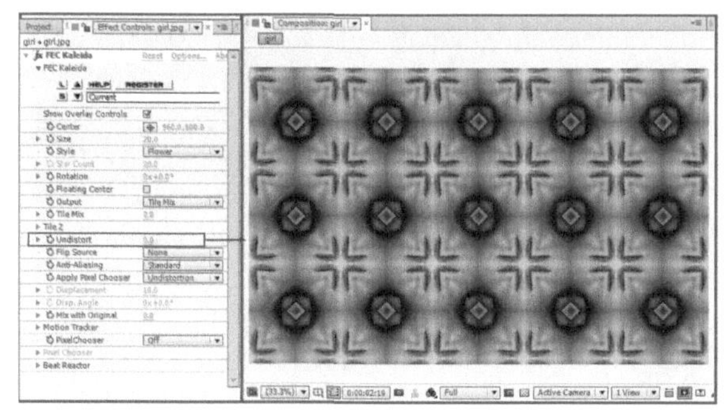

图7-12

7.2.12 Flip Source（翻转源）

Flip Source（翻转源）属性翻转阵列前的源图像，该下拉菜单的内容如图7-13所示。

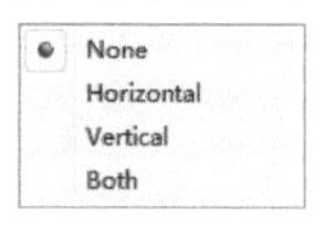

图7-13

7.2.13 Anti-Aliasing（抗锯齿）

Anti-Aliasing（抗锯齿）属性设置抗锯齿的算法，该下拉菜单的内容如图7-14所示。

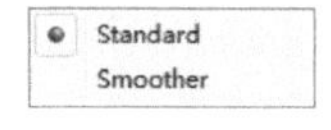

图7-14

7.2.14 Apply Pixel Chooser（应用像素选择器）

Apply Pixel Chooser（应用像素选择器）属性包含了3个选项，如图7-15所示。

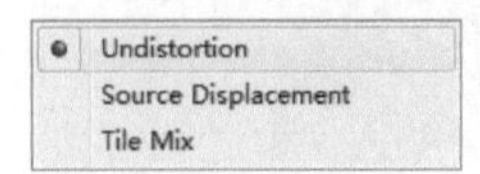

图7-15

7.2.15 Displacement（置换）

Displacement（置换）属性设置置换的程度，当Apply Pixel Chooser（应用像素选择器）为Source Displacement（源置换）时，该属性才能被激活。

7.2.16 Disp.Angle（置换角度）

当Apply Pixel Chooser（应用像素选择器）为Source Displacement（源置换）时，该属性才能被激活。

7.2.17 Mix with Original（与源对象混合）

Mix with Original（与源对象混合）属性设置输出图像与源图像的混合程度，效果如图7-16所示。

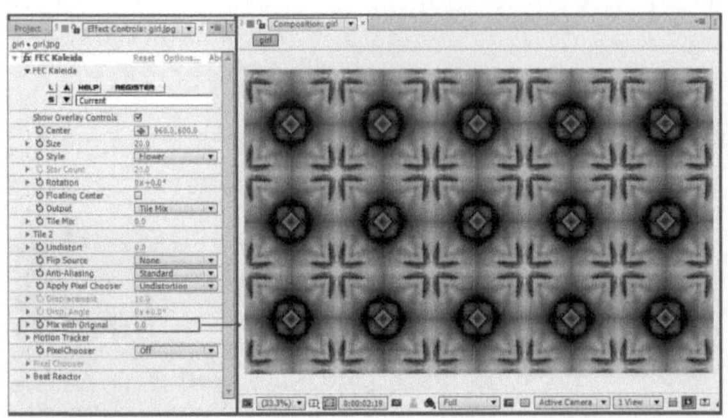

图7-16

7.2.18 Motion Tracker（运动跟踪器）

Motion Tracker（运动跟踪器）允许跟踪一个运动对象，该属性组中的内容如图7-17所示。

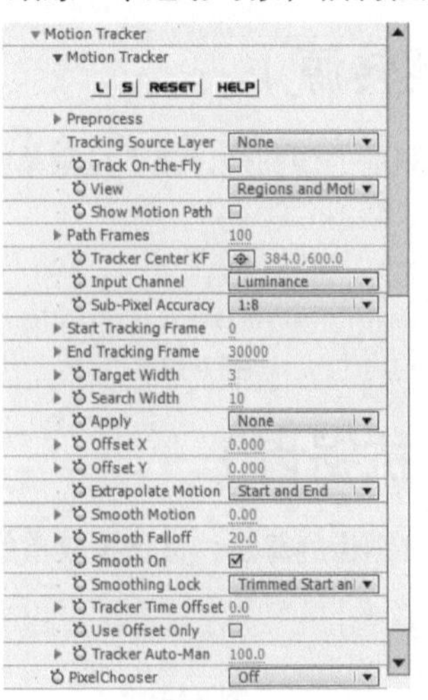

图7-17

7.2.19 Pixel Chooser（像素选择器）

Pixel Chooser（像素选择器）属性包括许多Boris Filters，并提供了几种方法来选择性地过滤图像。该下拉菜单中的内容如图7-18所示。

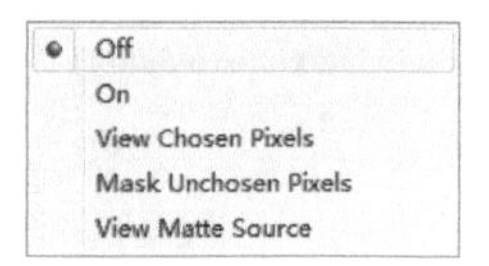

图7-18

7.2.20 Beat Reactor（音效生成器）

Beat Reactor（音效生成器）属性组设置音频生成的特效，该属性组中的内容如图7-19所示。

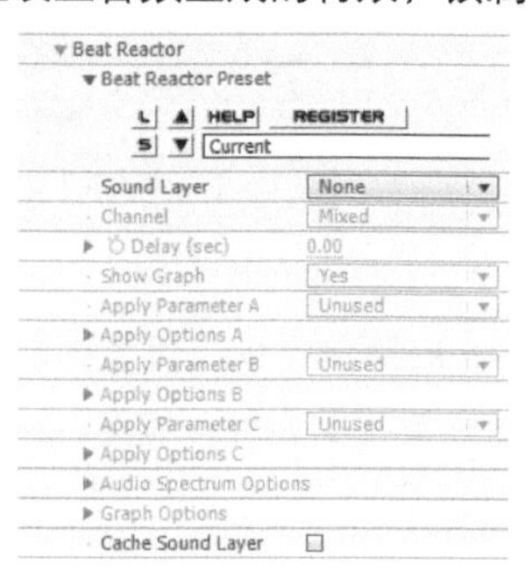

图7-19

7.3 3D Stroke

3D Stroke滤镜可以使用一个或多个路径来表现具有容积特征的笔触，可以在3D空间中自由地旋转和移动，通过设置相关属性和关键帧动画，可制作出绚丽的特效，效果如图7-20和图7-21所示。

图7-20

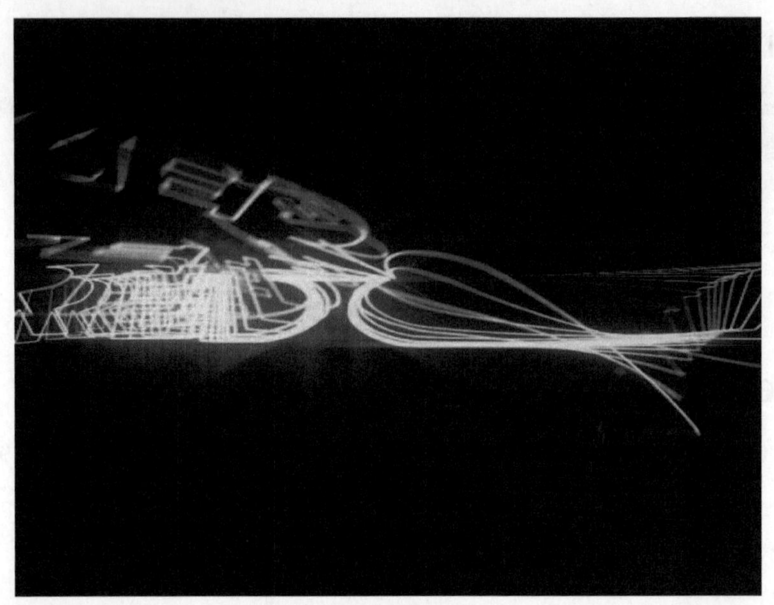

图7-21

执行Effect（效果）>Trapcode>3D Stroke菜单命令，可为图层添加3D Stroke滤镜，如图7-22所示。在Effect Controls（效果控件）面板中，可以设置相关属性，如图7-23所示。

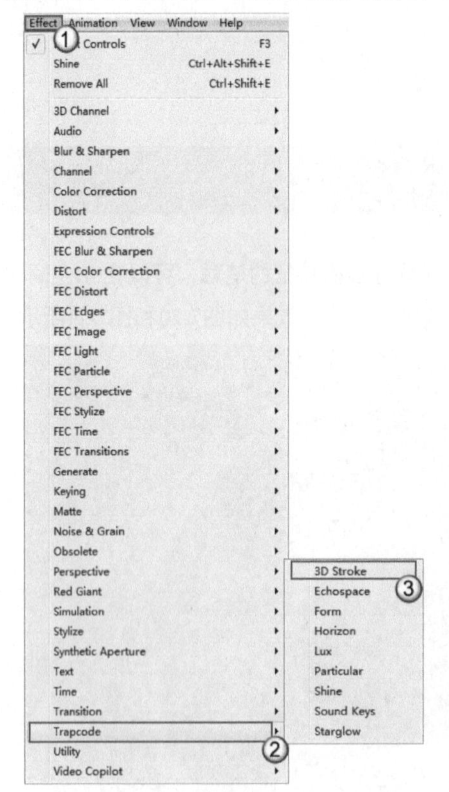

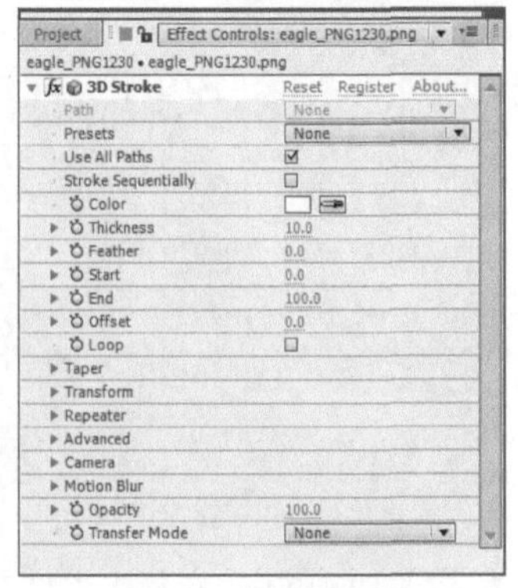

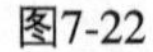
图7-22

图7-23

7.3.1 Path（路径）

Path（路径）属性可指定绘制的遮罩作为描边。

7.3.2 Presets（预设）

Presets（预设）属性可使用滤镜内置的描边效果。

7.3.3 Use All Paths（使用所有路径）

Use All Paths（使用所有路径）属性可将所有绘制的遮罩作为描边，效果如图7-24所示。

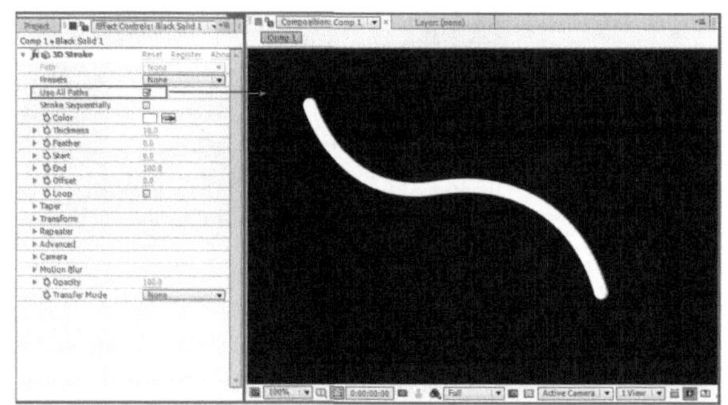
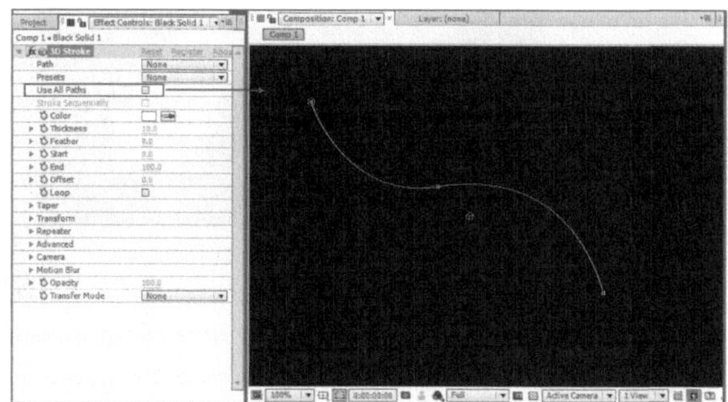

图7-24

7.3.4 Stroke Sequentially（描边顺序）

Stroke Sequentially（描边顺序）属性可让所有的遮罩路径按照顺序进行描边。

7.3.5 Color（颜色）

Color（颜色）属性可设置描边的颜色，效果如图7-25所示。

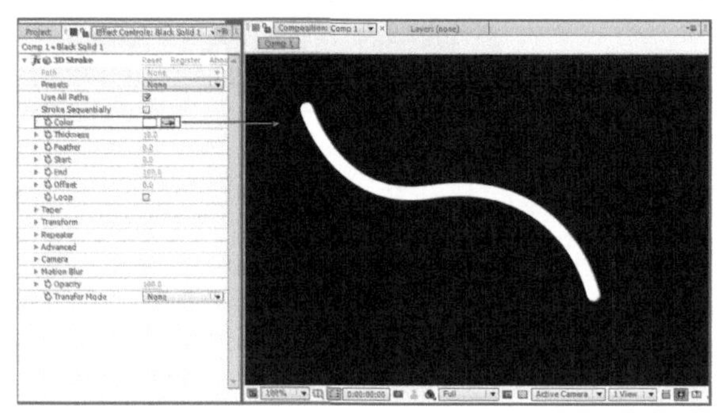
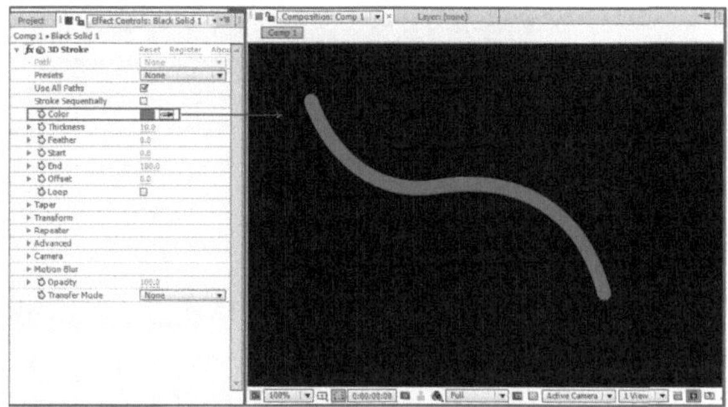

图7-25

7.3.6 Thickness（厚度）

Thickness（厚度）属性可设置描边的厚度，效果如图7-26所示。

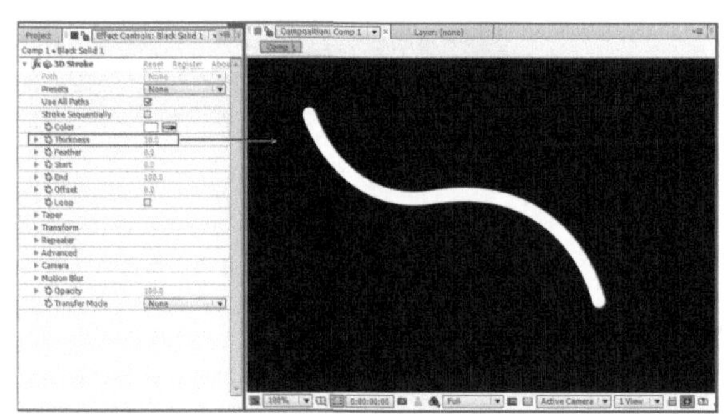
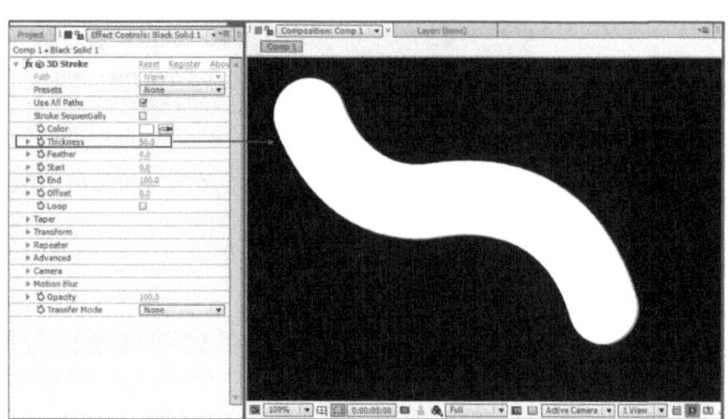

图7-26

7.3.7 Feather（羽化）

Feather（羽化）属性可设置描边边缘的羽化程度，效果如图7-27所示。

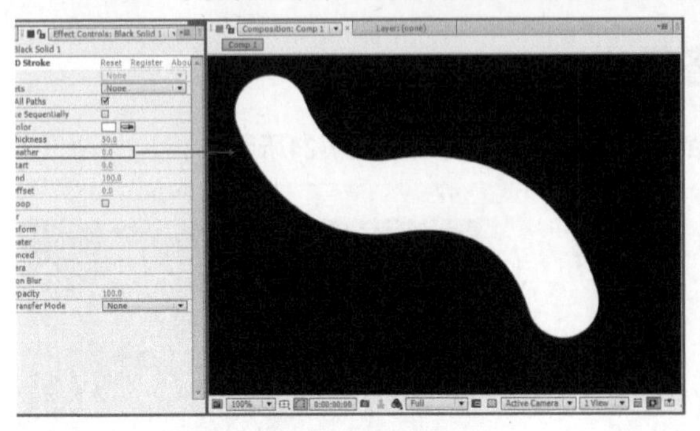
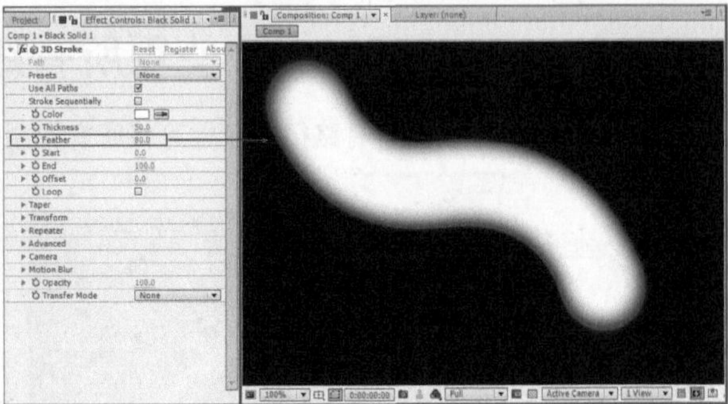

图7-27

7.3.8 Start（开始）

Start（开始）属性可设置描边的起始点，效果如图7-28所示。

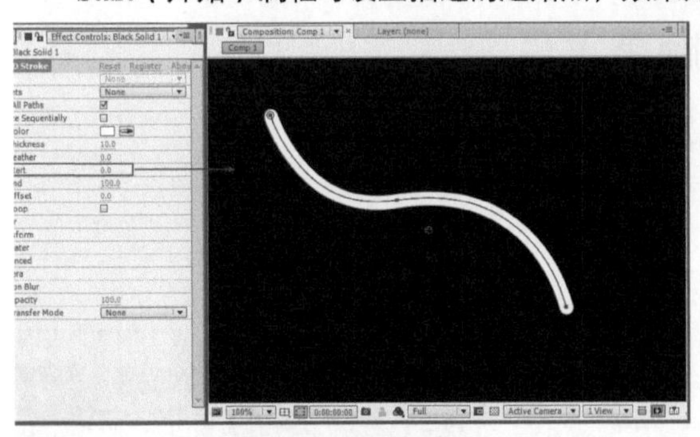
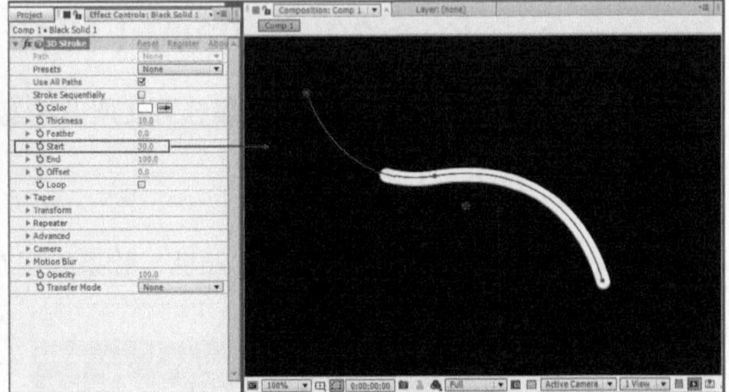

图7-28

7.3.9 End（结束）

End（结束）属性可设置描边的结束点，效果如图7-29所示。

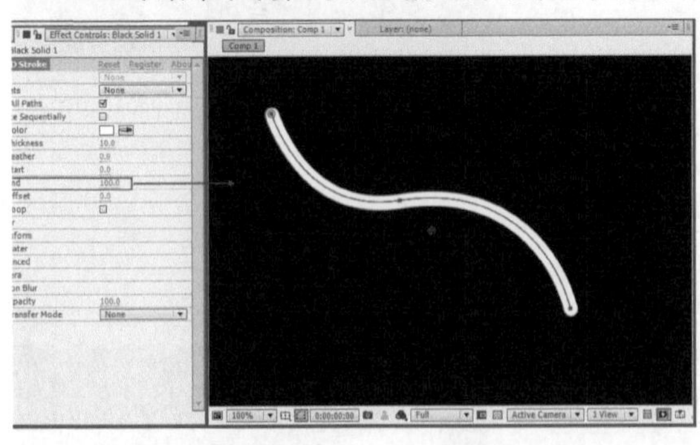
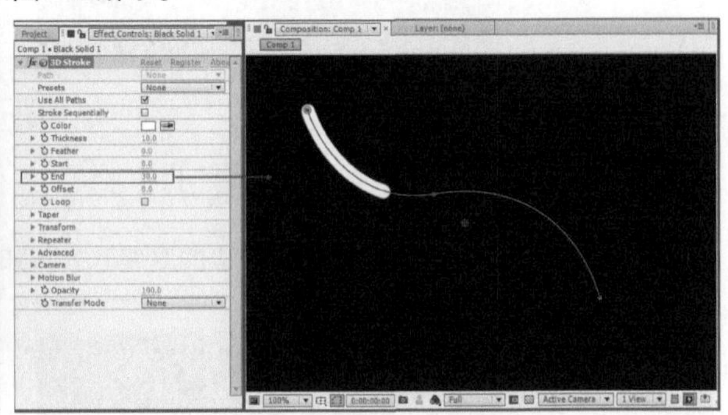

图7-29

7.3.10 Offset（偏移）

Offset（偏移）属性可设置描边的偏移程度，效果如图7-30所示。

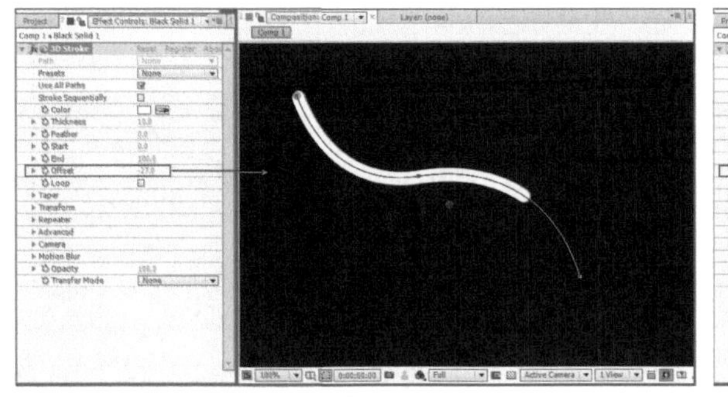
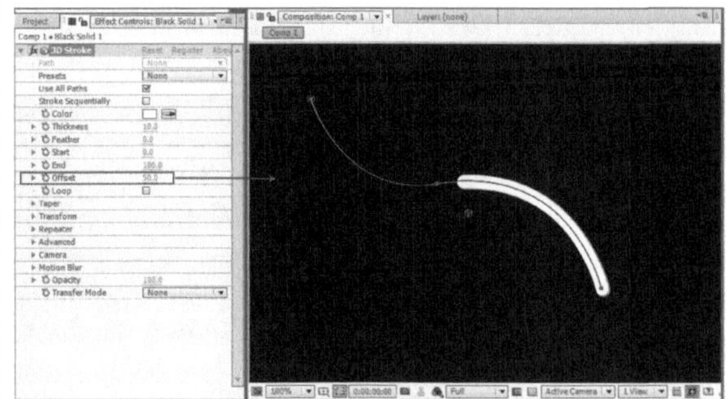

图7-30

7.3.11 Loop（循环）

Loop（循环）属性可控制描边是否循环连续。

7.3.12 Taper（锥化）

Taper（锥化）属性组可设置描边两端的锥化效果，该属性组的内容如图7-31所示。

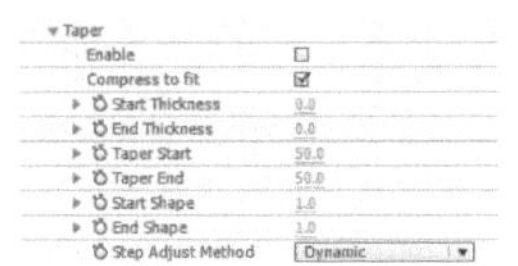

图7-31

Taper（锥化）的属性介绍

Enable（开启）：选择该选项后，可以启用锥化设置。

Start Thickness（开始的厚度）：设置描边开始部分的厚度，效果如图7-32所示。

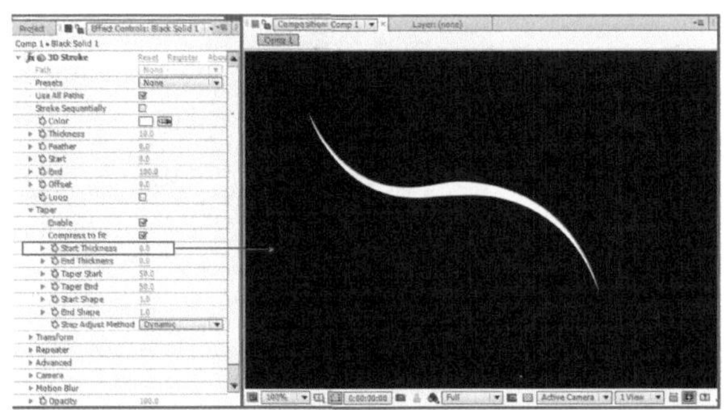
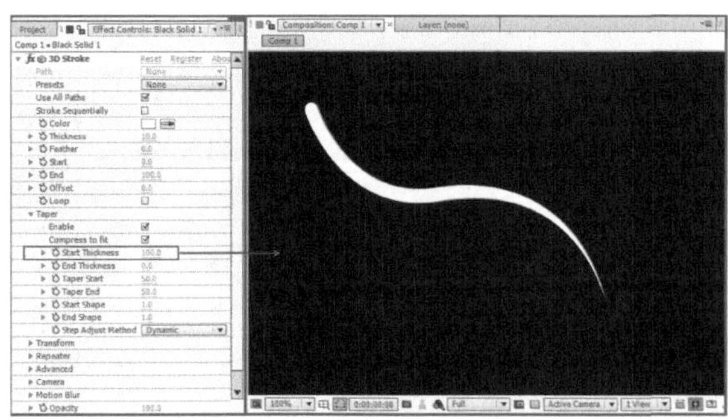

图7-32

End Thickness（结束的厚度）：设置描边结束部分的厚度，效果如图7-33所示。

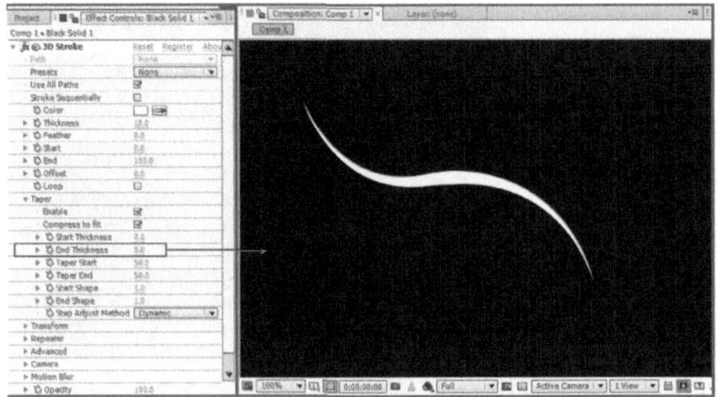
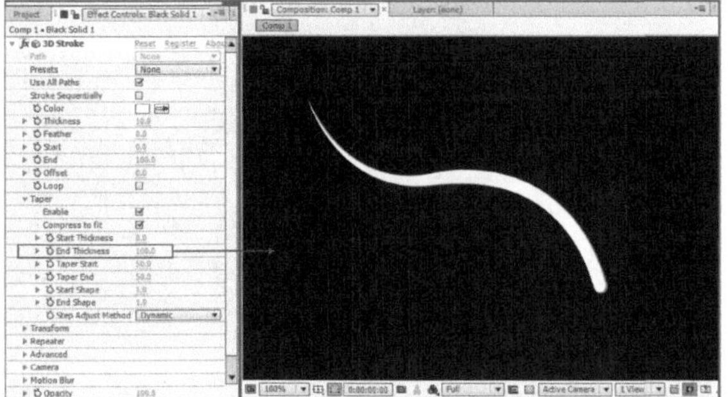

图7-33

Taper Start（锥化开始）：设置描边锥化开始的位置，效果如图7-34所示。

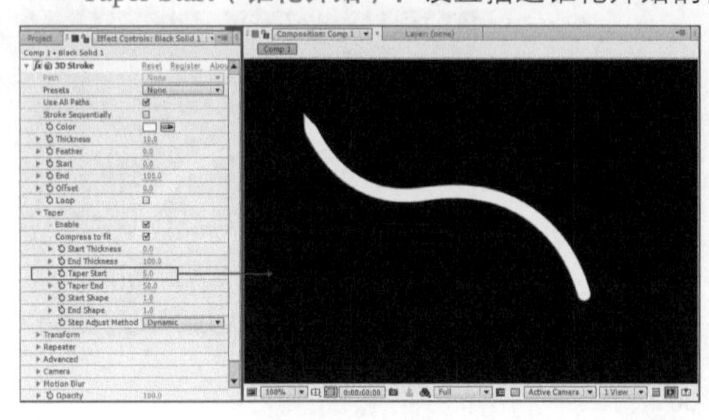
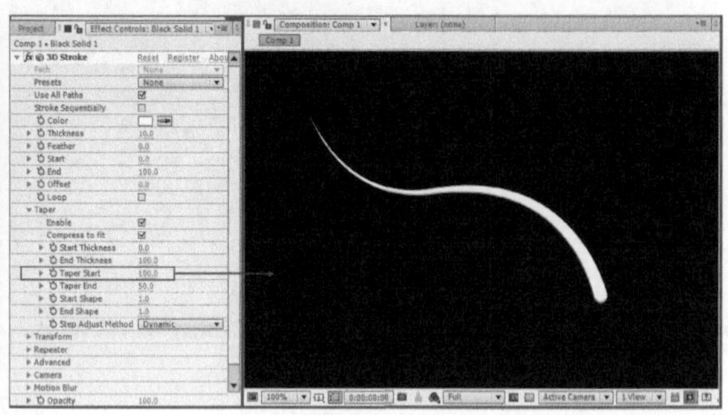

图7-34

Taper End（锥化结束）：设置描边锥化结束的位置。

Step Adjust Method （调整方式）：设置锥化效果的调整方式，有两种方式可供选择。None（无），不做调整；Dynamic （动态），做动态的调整。

7.3.13 Transform（变换）

Transform（变换）属性组可设置描边的位置、旋转和弯曲等属性，该属性组的内容如图7-35所示。

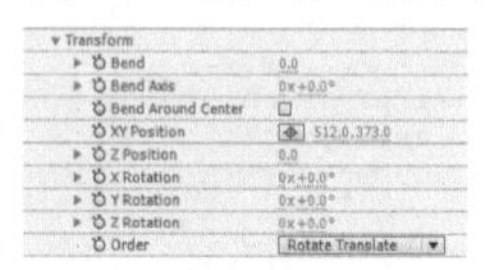

图7-35

Transform（变换）的属性介绍

Bend（弯曲）：控制描边弯曲的程度，效果如图7-36所示。

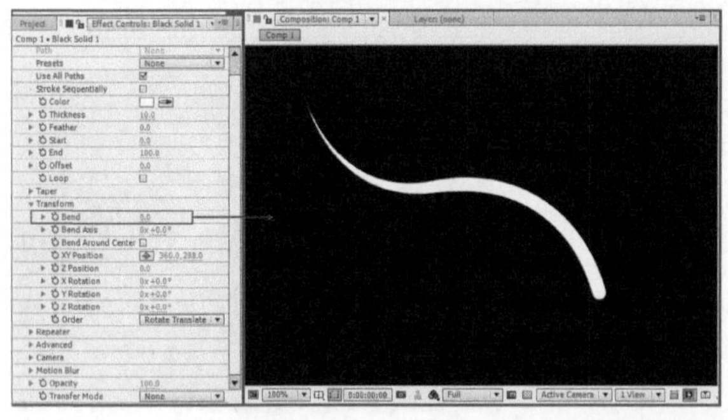
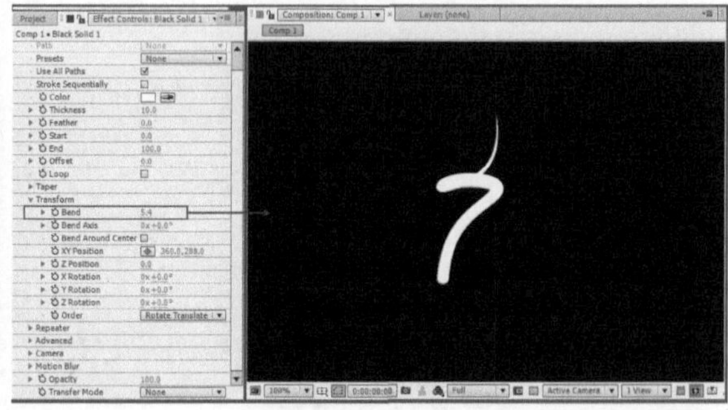

图7-36

Bend Axis（弯曲角度）：控制描边弯曲的角度，效果如图7-37所示。

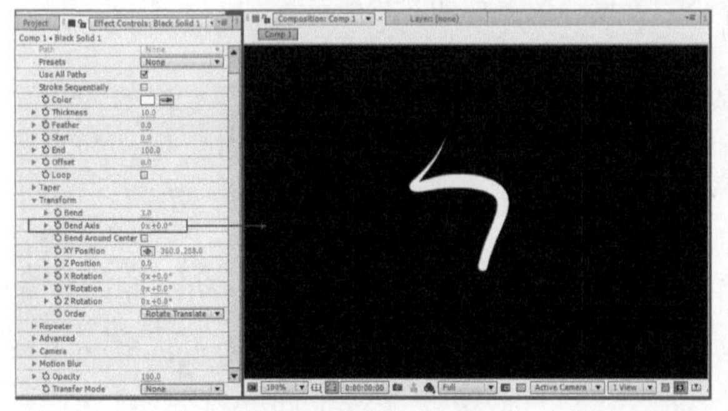
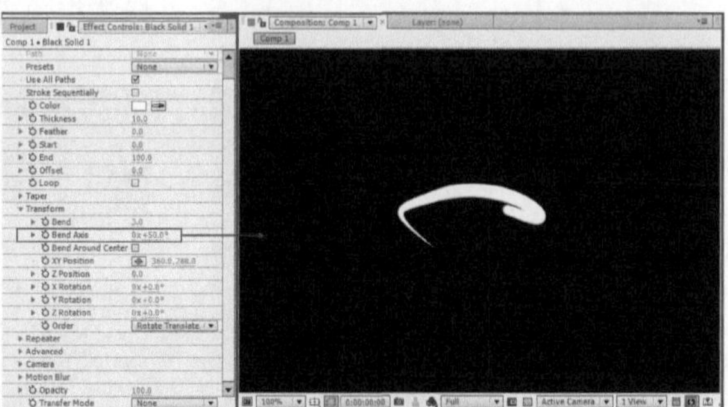

图7-37

Bend Around Center（围绕中心弯曲）：控制是否弯曲到环绕的中心位置。

XY /Z Position（XY/Z的位置）：设置描边XY、Z方向上的位置。

X/Y/Z Rotation（X/Y/Z轴旋转）：设置描边X、Y、Z方向上的旋转。

Order（顺序）：设置描边位置和旋转的顺序，有两种方式可供选择。Rotate Translate（旋转位移）：先旋转后位移。Translate Rotate（位移旋转）：先位移后旋转。

7.3.14 Repeater（重复）

Repeater（重复）属性组可设置描边的重复偏移量，通过该属性组中的属性可以将一条路径有规律地偏移复制出来，该属性组的内容如图7-38所示。

Repeater	
Enable	☐
Symmetric Doubler	☑
Instances	2
Opacity	100.0
Scale	100.0
Factor	1.0
X Displace	0.0
Y Displace	0.0
Z Displace	30.0
X Rotation	0x +0.0°
Y Rotation	0x +0.0°
Z Rotation	0x +0.0°

图7-38

Repeater（重复）的属性介绍

Enable（开启）：选择该选项后可以开启描边的重复。

Symmetric Doubler（对称复制）：设置描边是否要对称复制。

Instances（重复）：用来设置描边的数量，效果如图7-39所示。

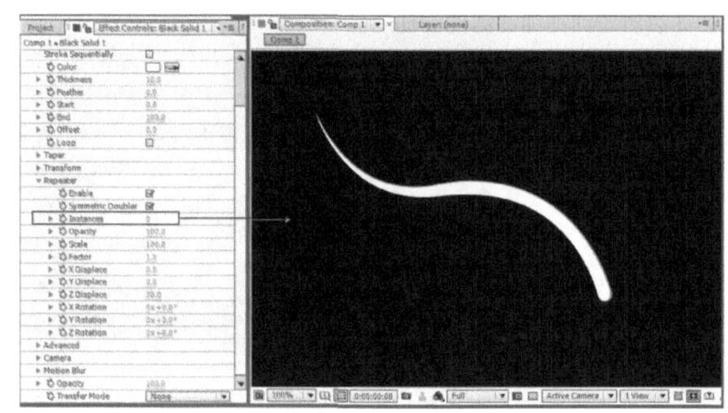
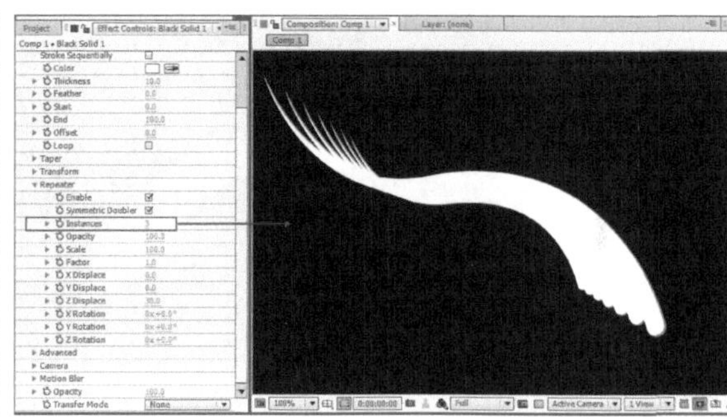

图7-39

Opacity（不透明度）：用来设置描边的不透明度，效果如图7-40所示。

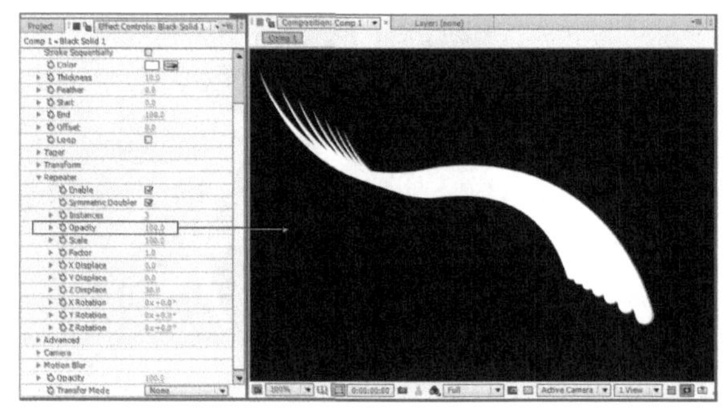
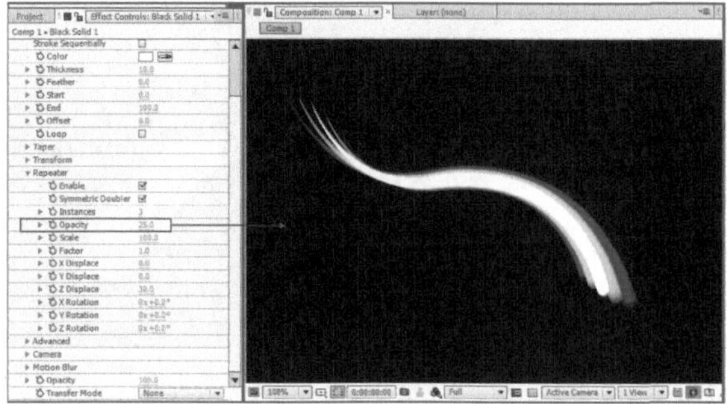

图7-40

Scale（缩放）：设置描边的缩放效果，效果如图7-41所示。

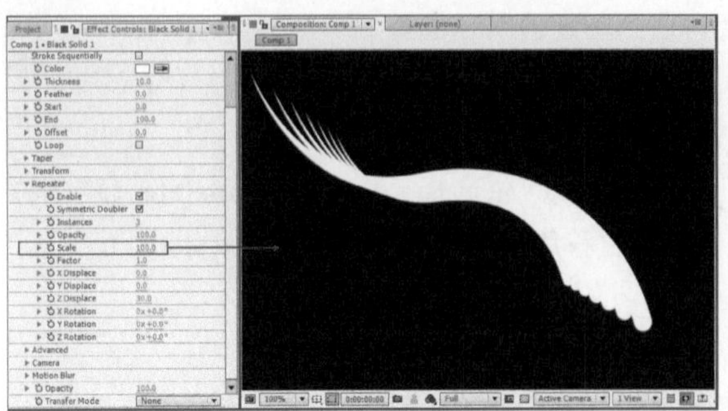
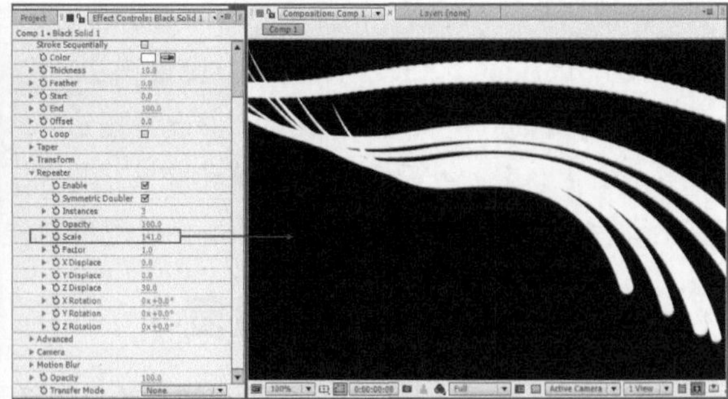

图7-41

Factor（因数）：设置描边的伸展因数，效果如图7-42所示。

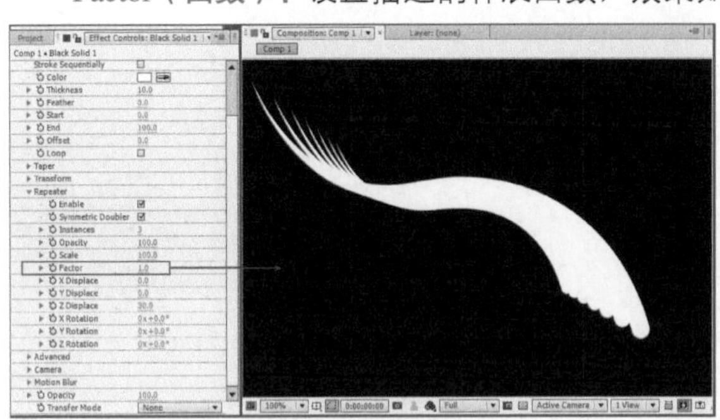
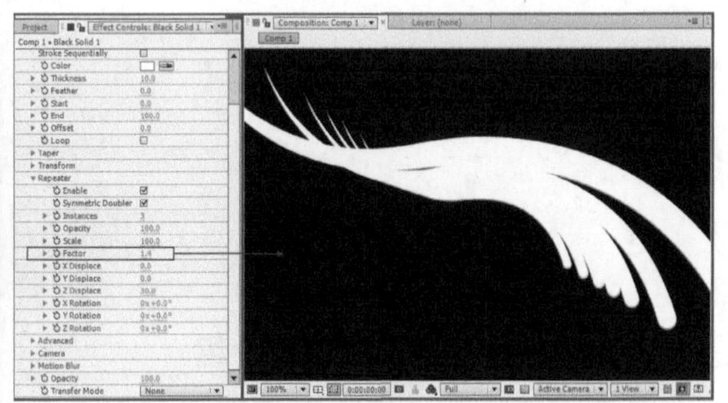

图7-42

X/Y/Z Displace（X/Y/Z 偏移）：设置在X、Y、Z方向上的偏移效果，效果如图7-43所示。

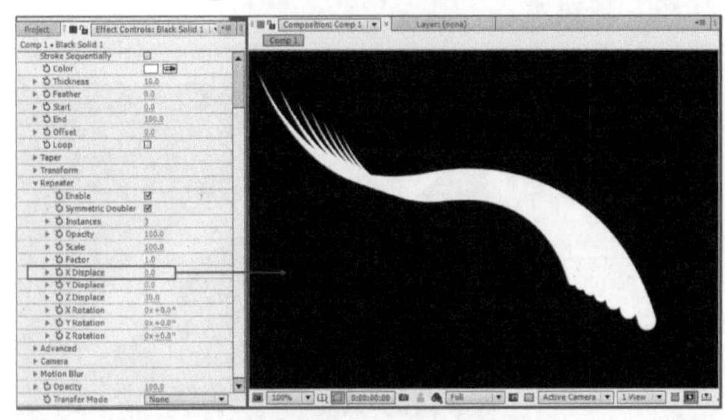
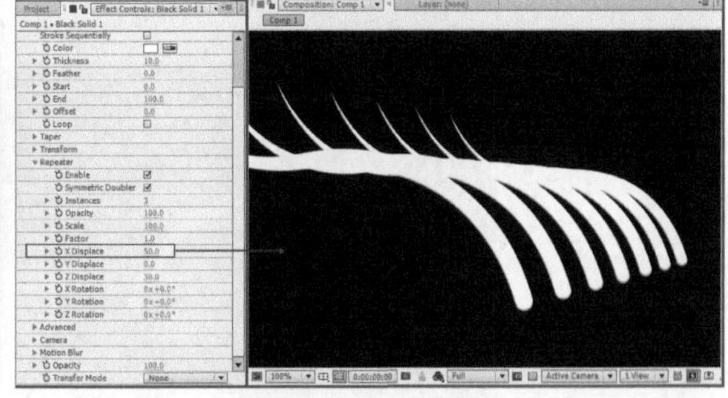

图7-43

X/Y/Z Rotation（X/Y/Z 旋转）：设置在X、Y、Z方向上的旋转效果，效果如图7-44所示。

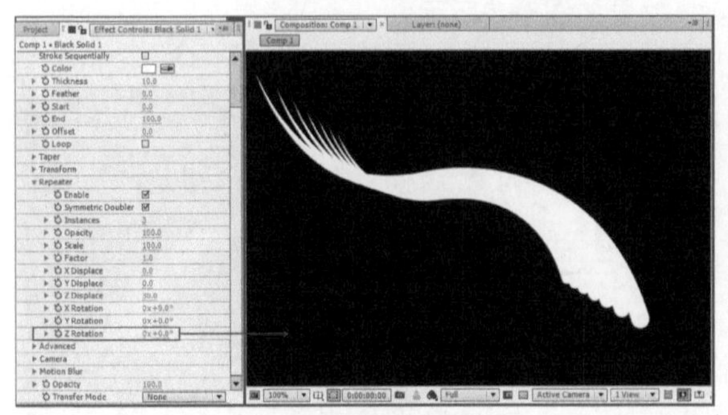
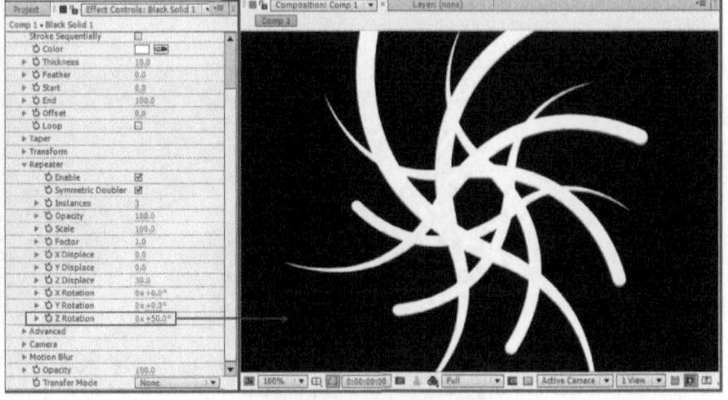

图7-44

7.3.15 Advanced（高级）

Advanced（高级）属性组可用来设置描边的高级属性，该属性组的内容如图7-45所示。

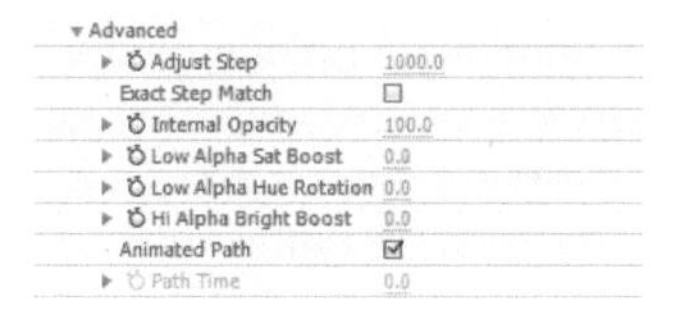

图7-45

Advanced（高级）的属性介绍

Adjust Step（调节步幅）：调节描边的步幅。数值越大，描边上的线条显示为圆点且间距越大，效果如图7-46所示。

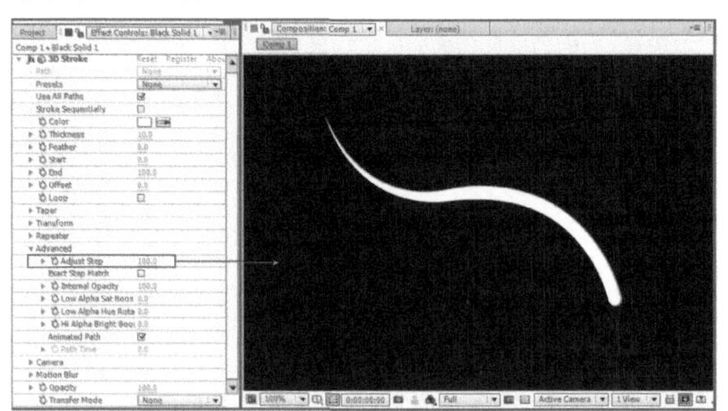

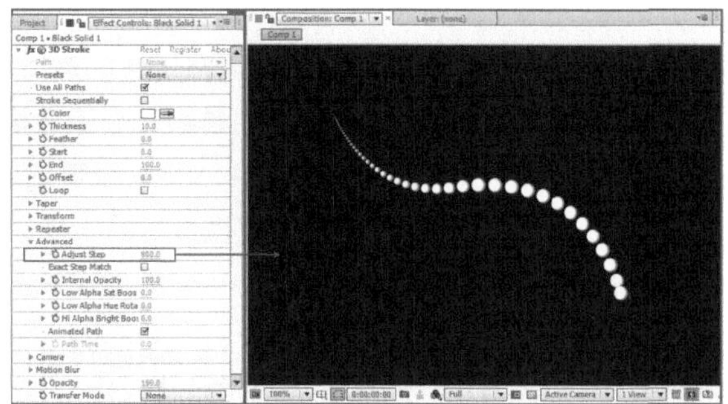

图7-46

Exact Step Match（精确匹配）：设置是否选择精确步幅匹配。

Internal Opacity（内部的不透明度）：设置描边的线条内部的不透明度，效果如图7-47所示。

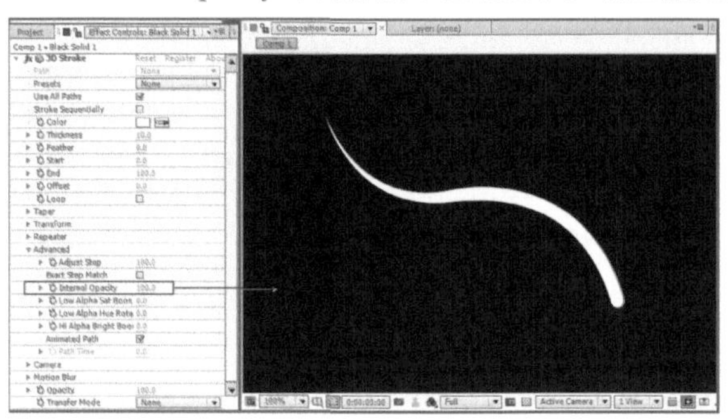

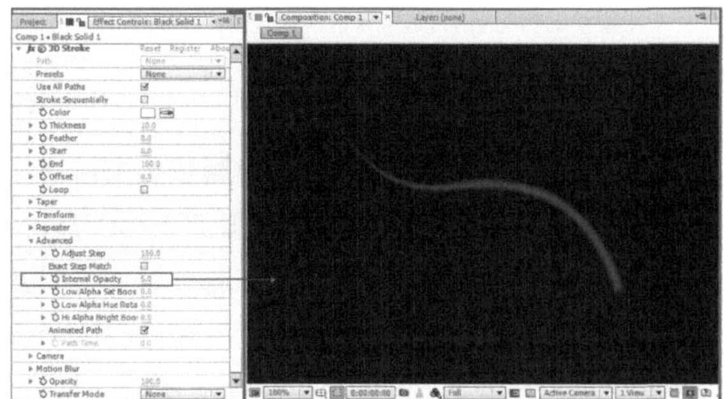

图7-47

Low Alpha Sat Boot（Alpha饱和度）：设置描边的线条的Alpha饱和度。

Low Alpha Hue Rotation（Alpha色调旋转）：设置描边的线条的Alpha色调旋转。

Hi Alpha Bright Boost（Alpha亮度）：设置描边的线条的Alpha亮度。

Animated Path（动画路径）：选择该选项时，可正常进行路径动画，否则会受Path Time（路径时间）影响。

Path Time（路径时间）：设置路径的时间。

7.3.16 Camera（摄像机）

Camera（摄像机）属性组可设置摄像机的观察视角或使用合成中的摄像机，该属性组的内容如图7-48所示。

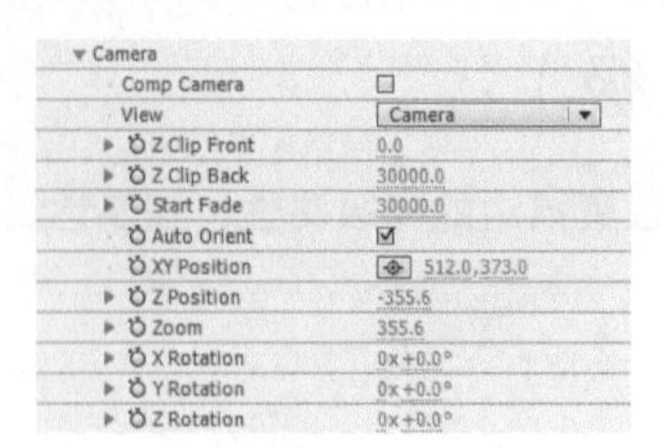

图7-48

Camera（摄像机）的属性介绍

Comp Camera（合成中的摄像机）：用来设置是否使用合成中的摄像机。

View（视图）：选择视图的显示状态。

Z Clip Front（前面的剪切平面）/Z Clip Back（后面的剪切平面）：用来设置摄像机在Z方向深度的剪切平面。

Start Fade（淡出）：用来设置剪辑平面的淡出。

Auto Orient（自动定位）：控制是否开启摄像机的自动定位。

XY/Z Position（XY/Z轴的位置）：用来设置摄像机在X、Y及Z方向上的位置。

Zoom（缩放）：用来设置设置摄像机的推拉。

X/Y/Z Rotation（X/Y/Z轴的旋转）：分别用来设置摄像机在X、Y、Z方向上的旋转。

7.3.17 Motion Blur（运动模糊）

Motion Blur（运动模糊）属性组可设置运动模糊效果，可以单独进行设置，也可以继承当前合成的运动模糊属性，该属性组的内容如图7-49所示。

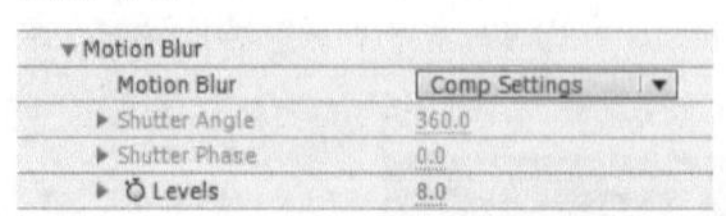

图7-49

Motion Blur（运动模糊）的属性介绍

Motion Blur（运动模糊）：设置运动模糊是否开启或使用合成中的运动模糊设置。

Shutter Angle（快门的角度）：设置快门的角度。

Shutter Phase（快门的相位）：设置快门的相位。

Levels（等级）：设置快门平衡程度。

7.3.18 Opacity（不透明度）

Opacity（不透明度）属性可设置描边的不透明度，效果如图7-50所示。

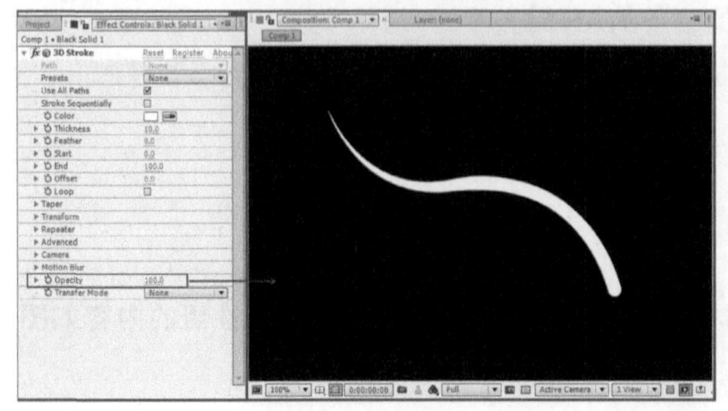
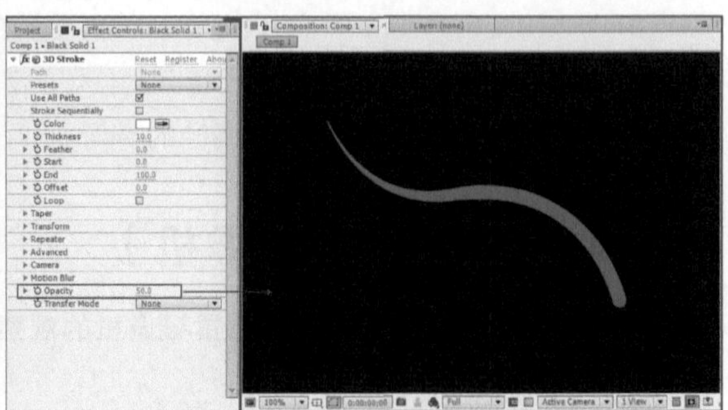

图7-50

7.3.19 Transfer Mode（合成模式）

Transfer Mode（合成模式）属性可设置描边与当前图层的混合模式。

7.4 Form

Form滤镜可以制作液体、复杂的有机图案、复杂的何学结构和涡线动画。将其他层作为贴图，使用不同属性，可以进行无止境的独特设计。此外，还可以用Form制作音频可视化效果，为音频加上惊人的视觉效果。效果如图7-51和图7-52所示。

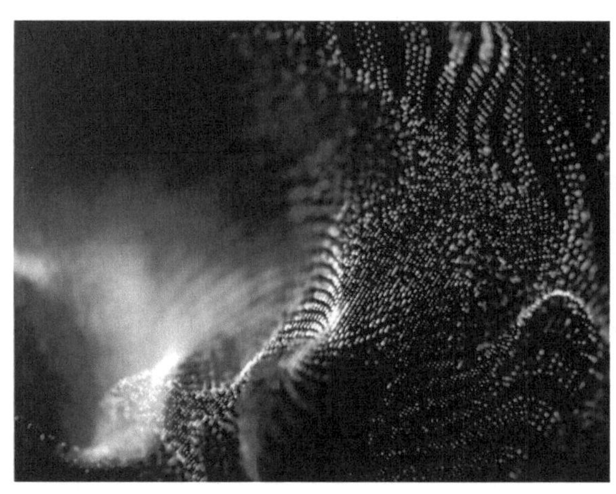

图7-51

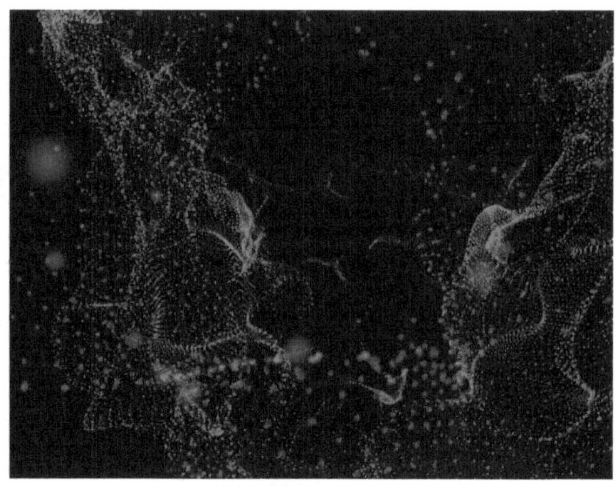

图7-52

执行Effect（效果）>Trapcode>Form菜单命令，可为图层添加Form滤镜，如图7-53所示。在Effect Controls（效果控件）面板中，可以设置相关属性，如图7-54所示。

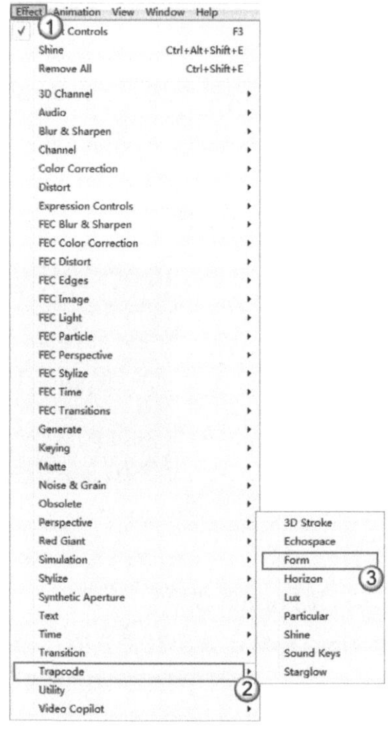

图7-53

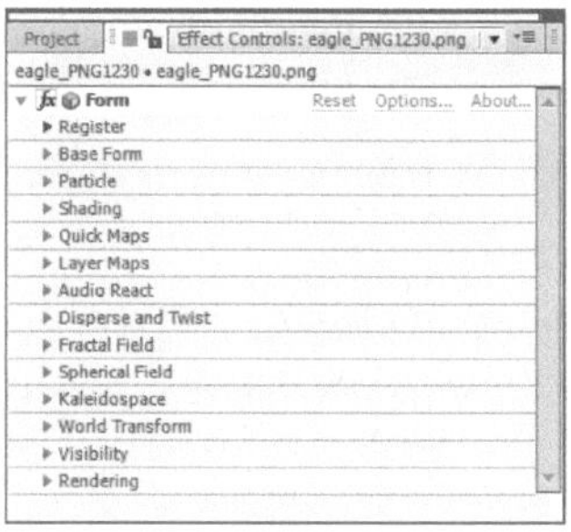

图7-54

7.4.1 Base Form（基础网格）

Base Form（基础网格）属性组可设置网格的类型、大小、位置、旋转和粒子的密度等，该属性组的内容如图7-55所示。

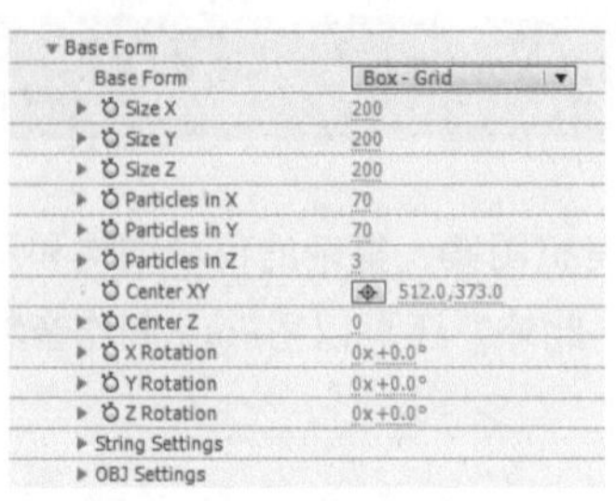

图7-55

Base Form（基础网格）的属性介绍

Base Form（基础网格）：在它的下拉列表中有4种类型，分别为Box-Grid（盒子-网格）、Box-Strings（串状立方体）、Sphere-Layered（球形）和OBJ Model（OBJ模型）。

Size X/Y/ Z（X/Y/Z的大小）：这3个选项用来设置网格大小，其中Size Z和下面的Particles in Z（Z轴的粒子）两个属性将一起控制整个网格粒子的密度，效果如图7-56所示。

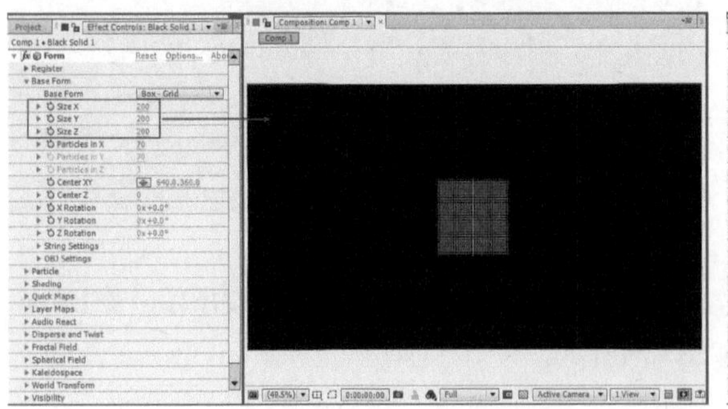

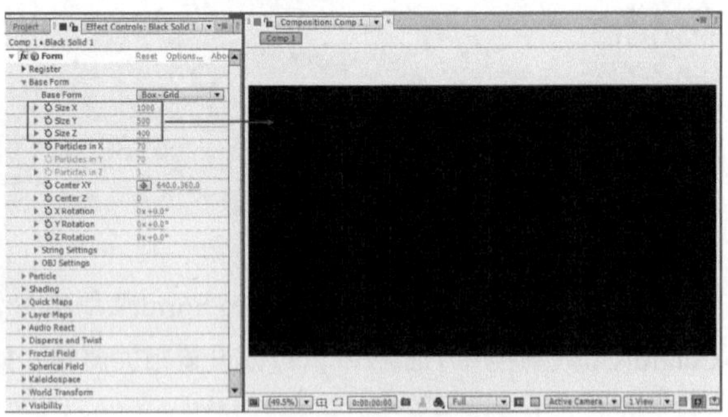

图7-56

Particles in X/Y/Z（X/Y/Z轴上的粒子）：指在大小设定好的范围内，X、Y、Z轴方向上拥有的粒子数量。Particles in X/Y/Z对Form（形状）的最终渲染有很大影响，特别是Particles in Z的数值，效果如图7-57所示。

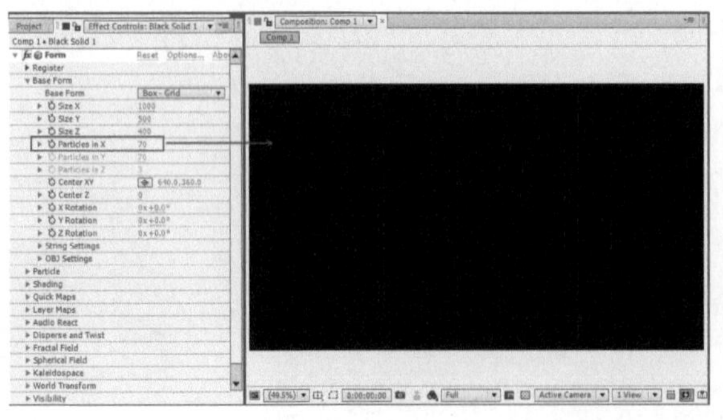

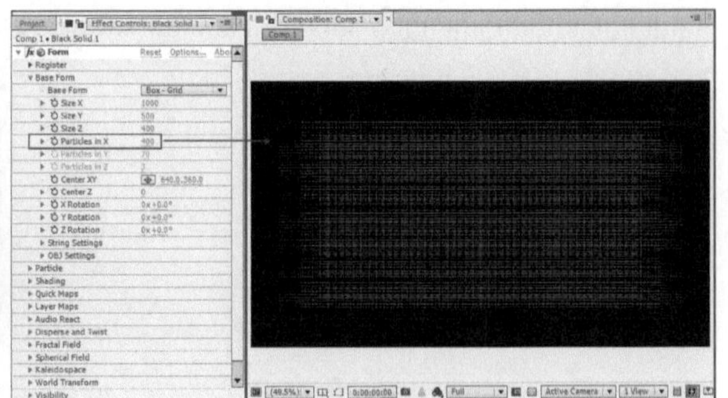

图7-57

Center XY/ Z（XY轴中心位置/Z轴的位置）：用来设置Form的锚点。

X /Y /Z Rotation（X/Y/Z轴的旋转）：用来设置Form的旋转，效果如图7-58所示。

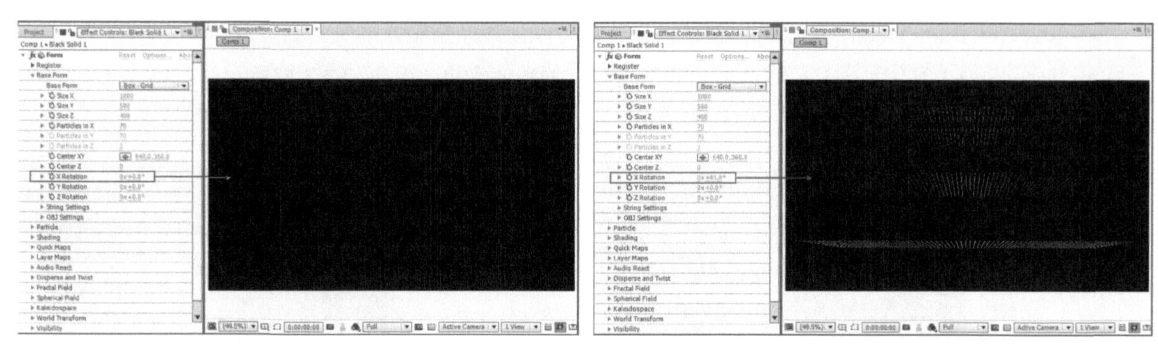

图7-58

String Settings（串状设置）：当选择Base Form（基础网格）的类型为Box-Strings（串状立方体）时，该选项才处于可用状态。该属性组的内容如图7-59所示，画面效果如图7-60所示。

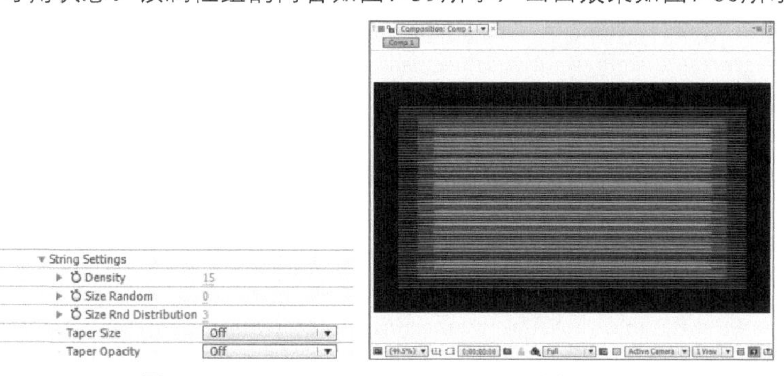

图7-59　　图7-60

- Density（密度）：String（串状）是由若干的粒子组成的线条，因此Density（密度）越大，线条的效果就越明显；Density（密度）越小，粒子的效果就越明显，效果如图7-61所示。

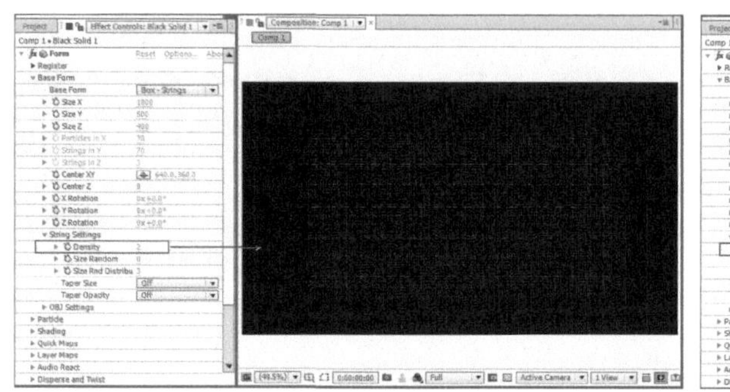
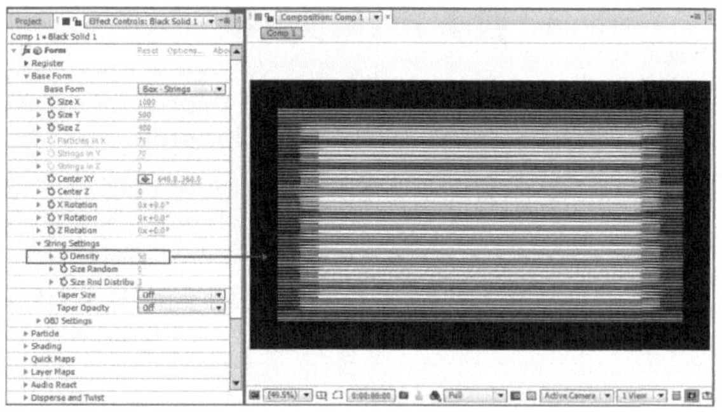

图7-61

- Size Random（大小随机值）：该选项可以让线条变得粗细不均匀，效果如图7-62所示。

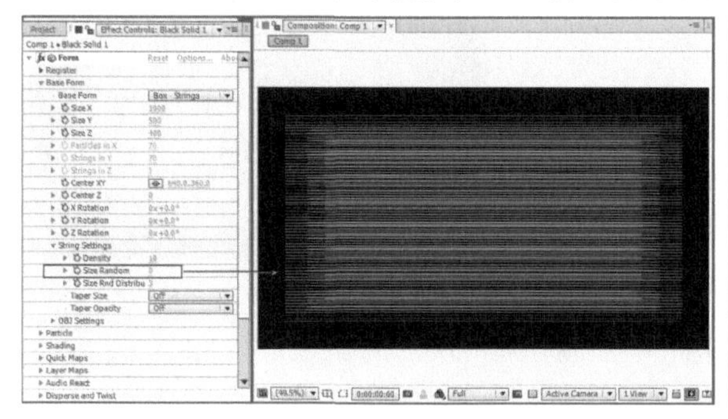
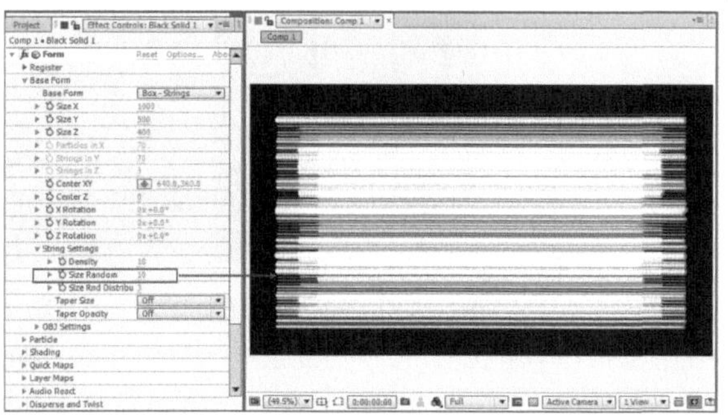

图7-62

- Size Rnd Distribution（随机分布值）：该选项可以让线条粗细效果更为明显。
- Taper Size（锥化大小）：该选项用来修改锥化的数值大小，效果如图7-63所示。

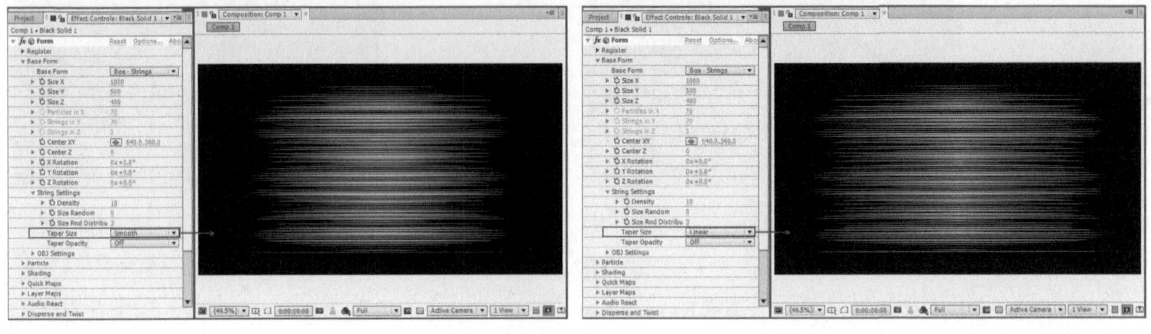

图7-63

- Taper Opacity（锥化不透明度）：用来控制线条从中间向两边逐渐变细变透明。

7.4.2 Particle（粒子）

Particle（粒子）属性组可设置粒子的类型、大小、不透明度和颜色等，该属性组的内容如图7-64所示。

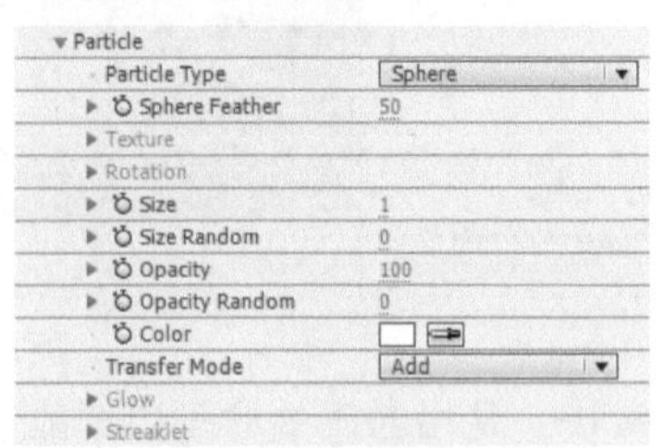

图7-64

Particle（粒子）的属性介绍

Particle Type（粒子类型）：在它的下拉菜单中有11种类型，分别为Sphere（球形）、Glow Sphere（发光球形）、Star（星形）、Cloudlet（云层形）、Streaklet（条纹形）、Sprite（雪花）、Sprite Colorize（颜色雪花）、Sprite Fill（雪花填充）以及3种自定义类型。

Sphere Feather（球体羽化）：设置粒子边缘的羽化效果。

Texture（纹理）：设置自定义粒子的纹理属性。

Rotation（旋转）：设置粒子的旋转属性。

Size（大小）：设置粒子的大小，效果如图7-65所示。

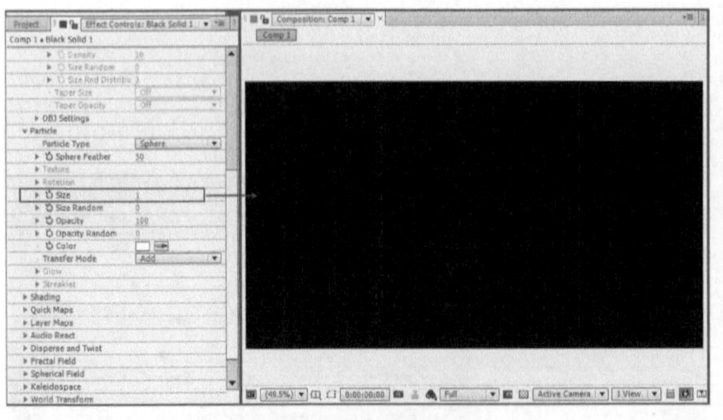

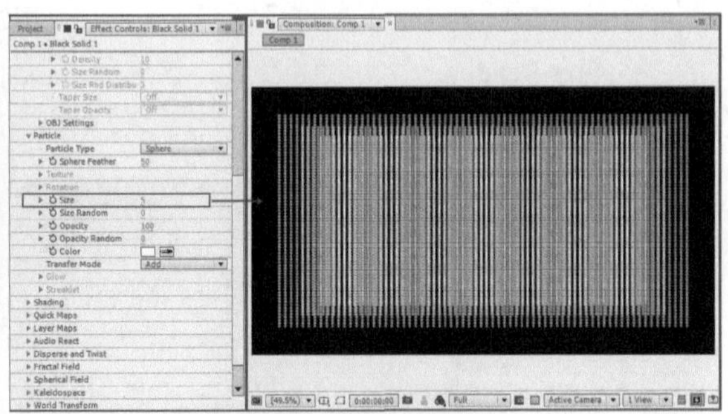

图7-65

Size Random（大小的随机值）：设置粒子大小的随机值，如图7-66所示。

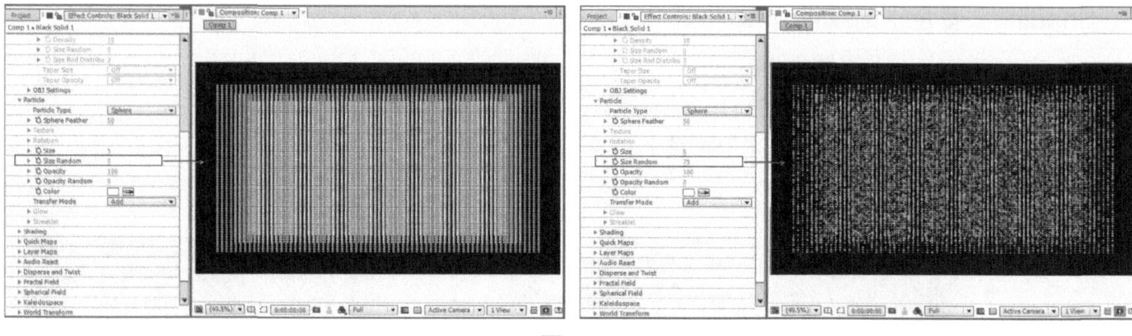

图7-66

Opacity（不透明度）：设置粒子的不透明度。

Opacity Random（不透明度的随机值）：设置粒子的不透明度的随机值，效果如图7-67所示。

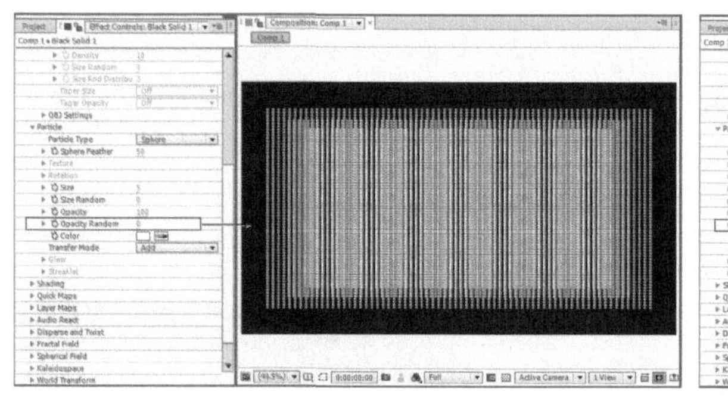

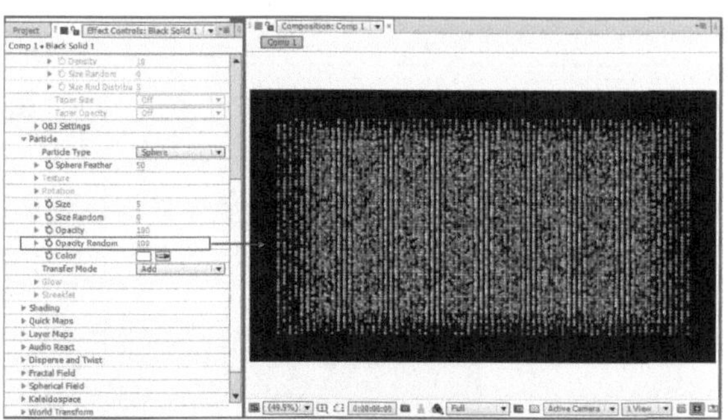

图7-67

Color（颜色）：设置粒子的颜色，效果如图7-68所示。

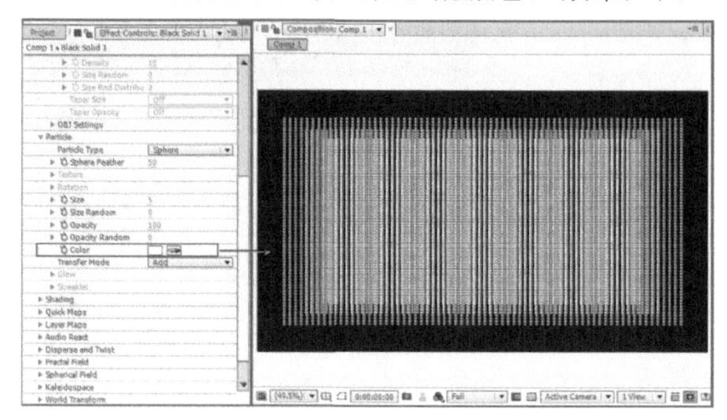

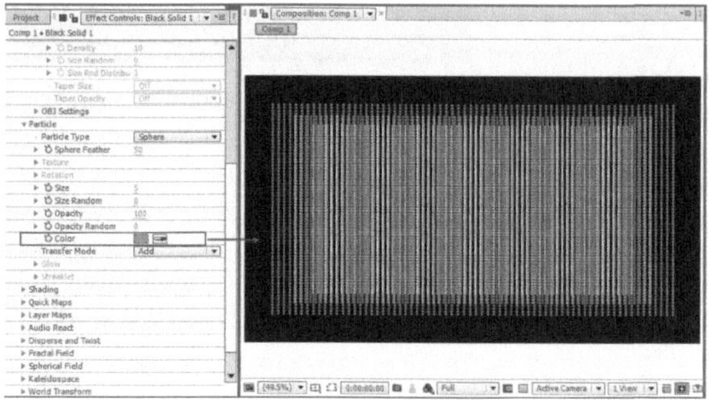

图7-68

Transfer Mode（合成模式）：设置粒子与源素材的画面叠加方式。

Glow（光晕）：设置光晕的属性。

Streaklet（条纹形）：设置条纹形的属性。

7.4.3 Shading（着色）

Shading（着色）属性组可设置粒子与灯光相互作用的效果，该属性组的内容如图7-69所示。

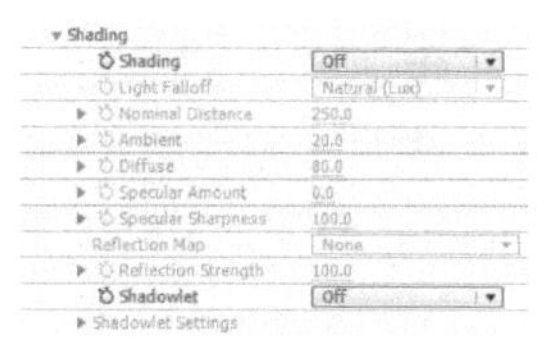

图7-69

Shading（着色）的属性介绍

Shading（着色）：开启着色功能。

Light Falloff（灯光衰减）：设置灯光的衰减。

Nominal Distance（距离）：设置距离值，效果如图7-70所示。

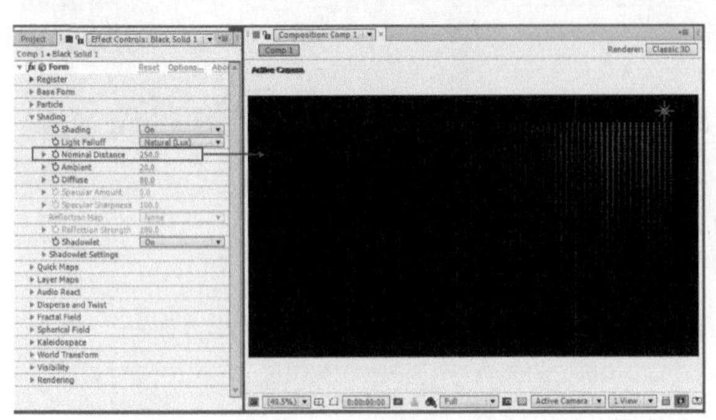
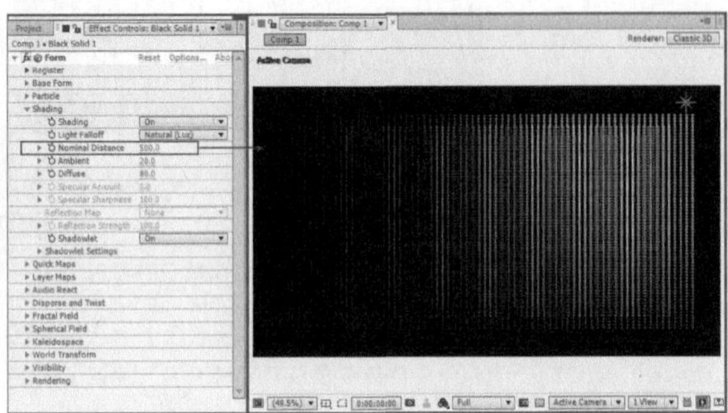

图7-70

Ambient（环境色）：设置粒子的环境色。

Diffuse（漫反射）：设置粒子的漫反射，效果如图7-71所示。

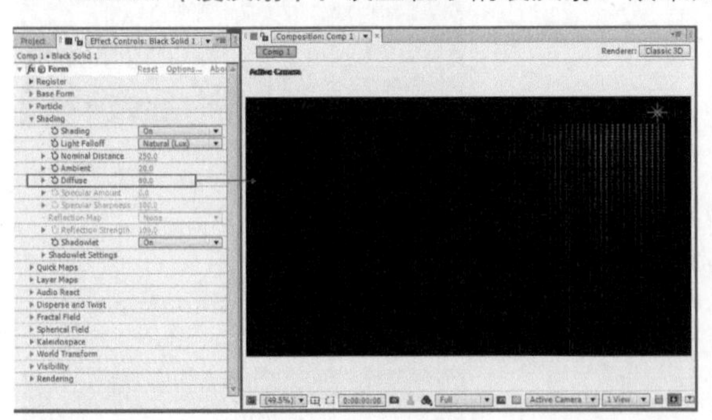
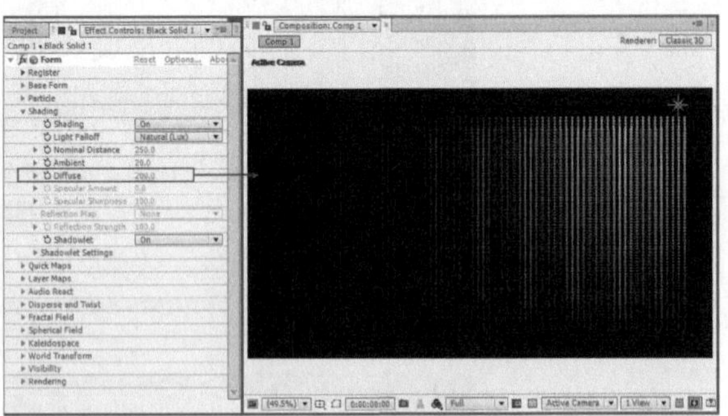

图7-71

Specular Amount（高光的强度）：设置粒子的高光强度。

Specular Sharpness（高光的锐化）：设置粒子的高光锐化。

Reflection Map（反射映射）：设置粒子的反射贴图。

Reflection Strength（反射强度）：设置粒子的反射强度。

Shadowlet（阴影）：设置粒子的阴影。

Shadowlet Settings（阴影设置）：调整粒子的阴影设置。

7.4.4 Quick Maps（快速映射）

Quick Maps（快速映射）属性组使用渐变贴图来改变粒子网格的颜色和不透明度，也可以使用渐变贴图来改变轴向上粒子的大小或改变粒子网格的聚散度，该属性组的内容如图7-72所示。

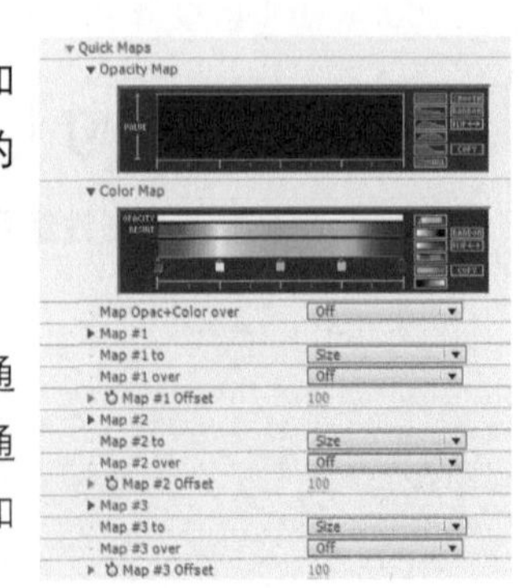

图7-72

Quick Maps（快速映射）的属性介绍

Opacity Map（不透明度映射）：定义了透明区域和颜色贴图的Alpha通道。其中图表中的Y轴用来控制透明通道的最大值，X轴用来控制透明通道和颜色贴图在已指定粒子网格轴向（X、Y、X或径向）的位置，效果如图7-73所示。

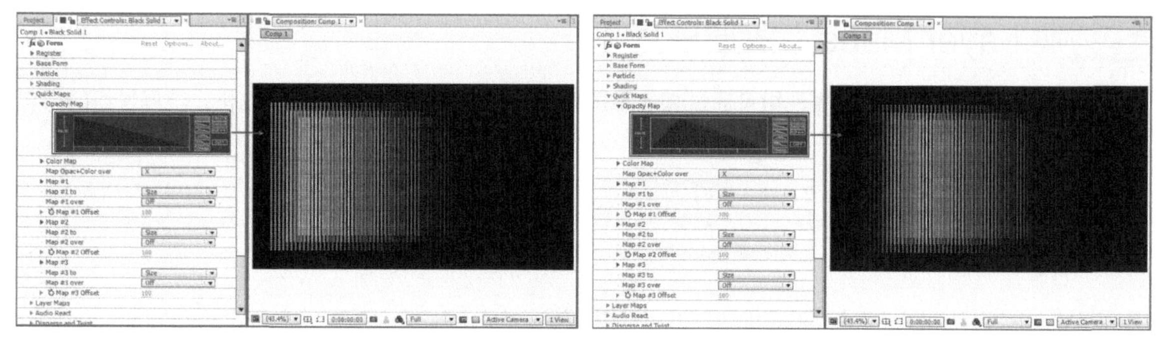

图7-73

Color Map（颜色映射）：控制透明通道和颜色贴图在已指定粒子网格轴向上的RGB颜色值，效果如图7-74所示。

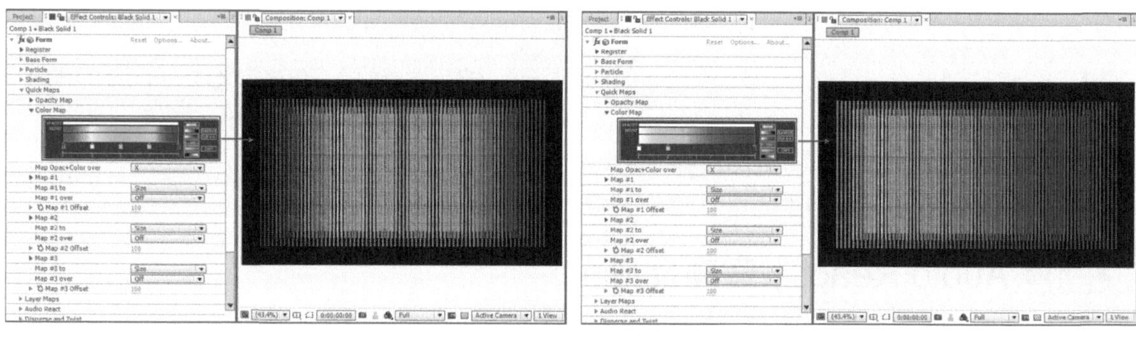

图7-74

Map Opac+Color over（映射不透明和颜色）：定义贴图的方向，可以在其下拉列表中选择Off（关闭）、X、Y、Z或Radial（径向）5种方式，效果如图7-75所示。

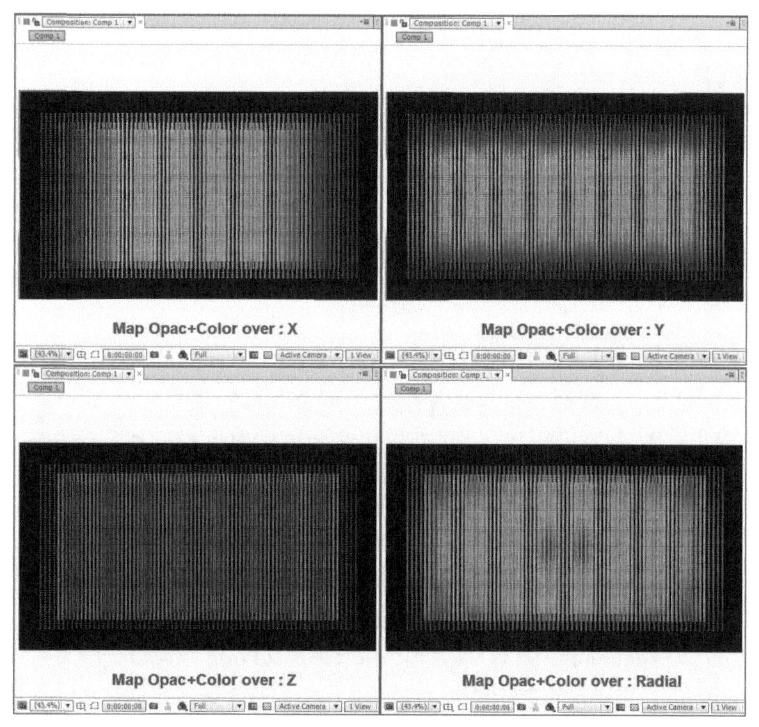

图7-75

Map #1/#2/#3（映射#1/#2/#3）：设置贴图可以控制的属性数量。

7.4.5 Layer Maps（图层映射）

Layer Maps（图层映射）属性组可通过其他图层的像素信息来控制粒子网格的变化，该属性组的内容如图7-76所示。

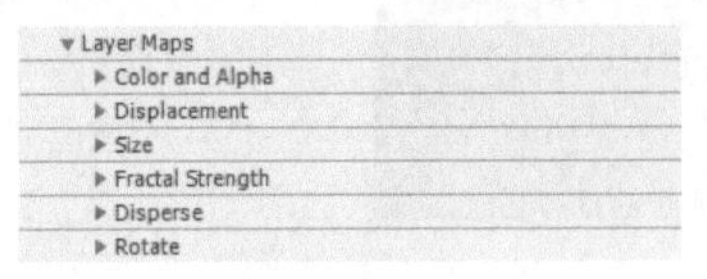

图7-76

Layer Maps（图层映射）的属性介绍

Color and Alpha（颜色和通道）：该属性主要通过贴图图层来控制粒子网格的颜色和Alpha通道。

Displacement（置换）：该选项组中的属性可以使用控制图层的亮度信息来移动粒子的位置。

Size（大小）：该选项组中的属性可以根据图层的亮度信息来改变粒子的大小。

Fractal Strength（分形强度）：该选项组中的属性允许通过指定图层的亮度值来定义粒子躁动的范围。

Disperse（分散）：该选项组的作用与Fractal Strength（分形强度）选项组的作用类似，只不过它控制的是Disperse and Twist（分散和扭曲）选项组的效果。

Rotate（旋转）：该选项组中的属性可以控制粒子的旋转效果。

7.4.6 Audio React（音频反应）

Audio React（音频反应）属性组可通过一段音频来控制粒子网格，随着音频的变化，粒子网格也会随即产生变化，该属性组的内容如图7-77所示。

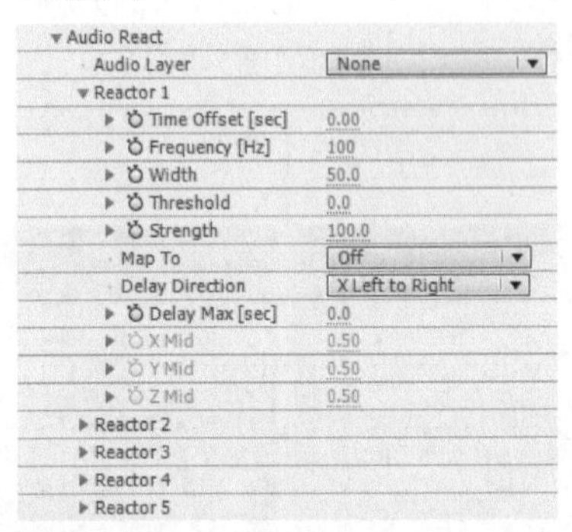

图7-77

Audio React（音频反应）的属性介绍

Audio Layer（音频图层）：选择一个声音图层作为声音取样的源文件。

Reactor 1/2/ 3/4/5（反应器1/2/3/4/5）：这5个反应器的控制属性都一样，每个反应器都是在前一个的基础上产生倍乘效果。

- Time Offset（时间偏移）：在当前时间上设置音源在时间上的偏移量。
- Frequency（频率）：设置反应器的有效频率。在一般情况下，50~500Hz是低音区，500~5000Hz是中音区，高于5000Hz是高音区。
- Width（宽度）：以Frequency（频率）属性值为中心来定义Form（形状）滤镜发生作用的音频范围。
- Threshold（阈值）：该属性的主要作用是消除或减少声音，这个功能对抑制音频中的噪声非常有效。

- Strength（强度）：设置音频影响Form（形状）滤镜效果的程度，相当于放大器增益的效果。
- Map To（映射到）：设置声音文件影响Form（形状）滤镜粒子网格的变形效果。
- Delay Direction（延迟方向）：设置Form（形状）滤镜根据声音的延迟波产生的缓冲的移动方向。
- Delay Max（最大延迟）：设置延迟缓冲的长度，也就是一个音节效果在视觉上的持续长度。
- X/Y/Z Mid（X/Y/Z中间）：当设置Delay Direction（延迟方向）为Outwards（向外）和Inwards（向内）时才有效，主要用来定义三维空间中的粒子网格中的粒子效果从可见到不可见的位置。

7.4.7 Disperse and Twist（分散和扭曲）

Disperse and Twist（分散和扭曲）属性组可在三维空间中控制粒子网格的离散及扭曲效果，该属性组的内容如图7-78所示。

图7-78

Disperse and Twist（分散和扭曲）的属性介绍

Disperse（分散）：为每个粒子的位置增加随机值，效果如图7-79所示。

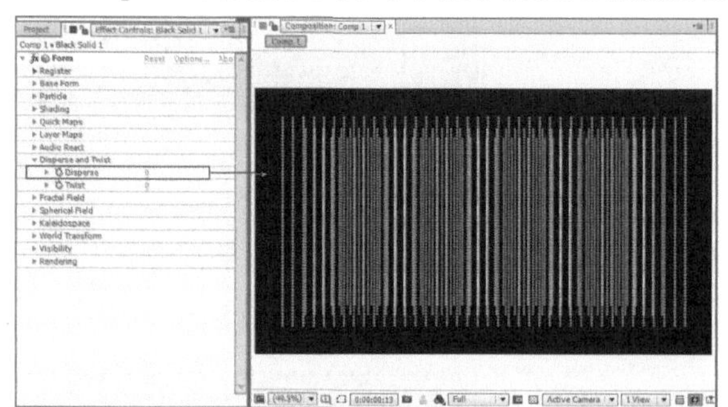
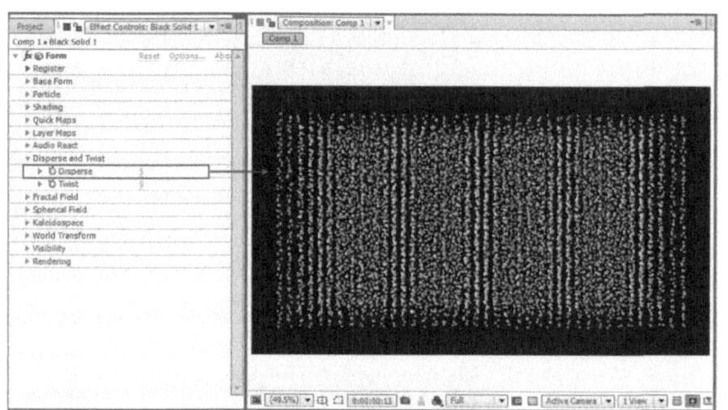

图7-79

Twist（扭曲）：围绕X轴对粒子网格进行扭曲，效果如图7-80所示。

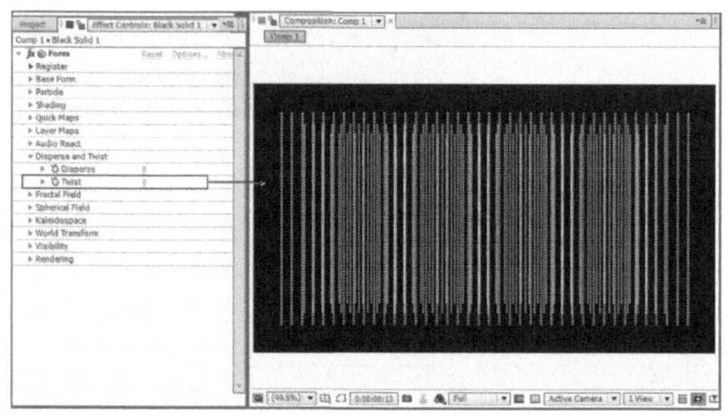
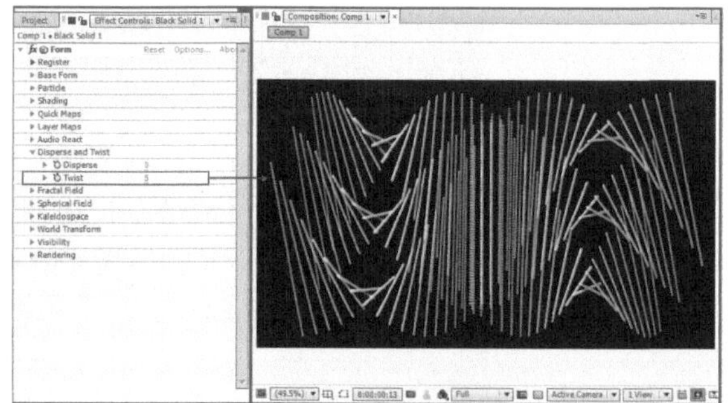

图7-80

7.4.8 Fractal Field（分形场）

Fractal Field（分形场）属性组可设置粒子网格在X、Y、Z方向上形态的变化，该属性组的内容如图7-81所示。

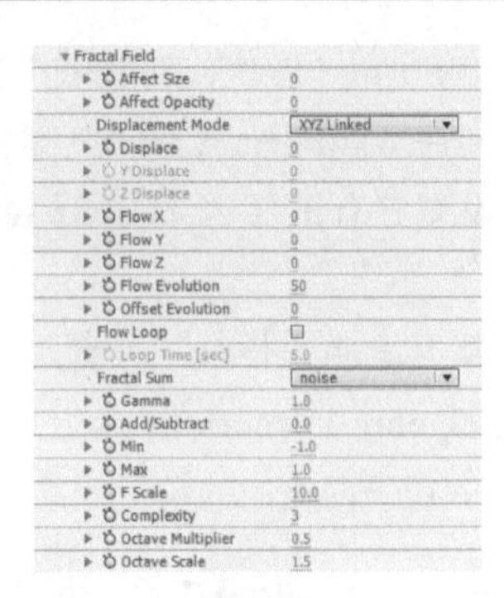

图7-81

Fractal Field（分形场）的属性介绍

Affect Size（影响大小）：定义噪波影响粒子大小的程度，效果如图7-82所示。

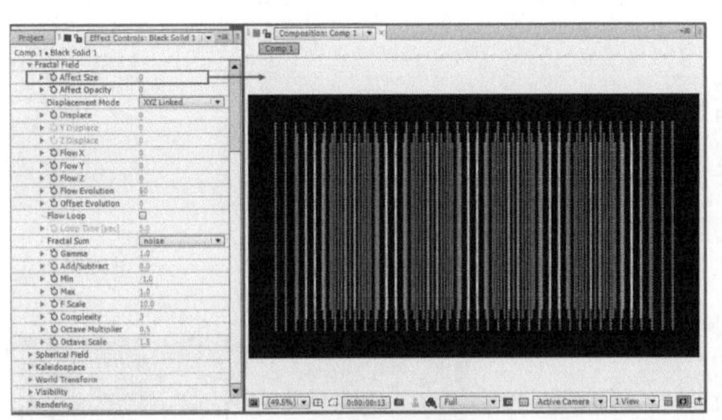

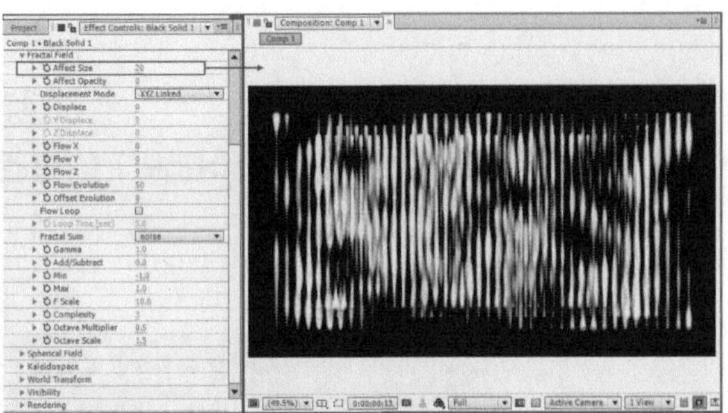

图7-82

Affect Opacity（影响不透明度）：定义噪波影响粒子不透明度的程度，效果如图7-83所示。

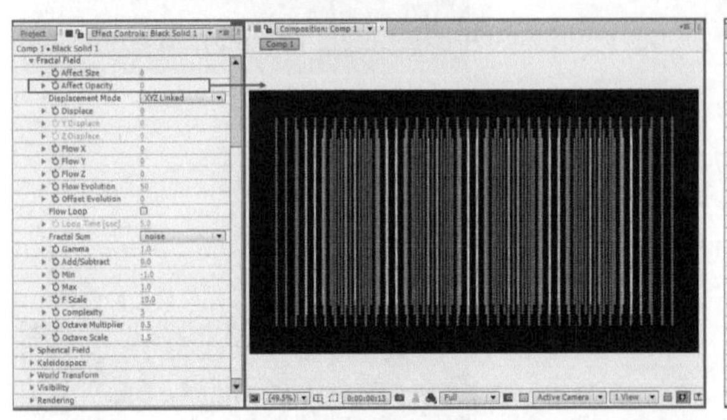

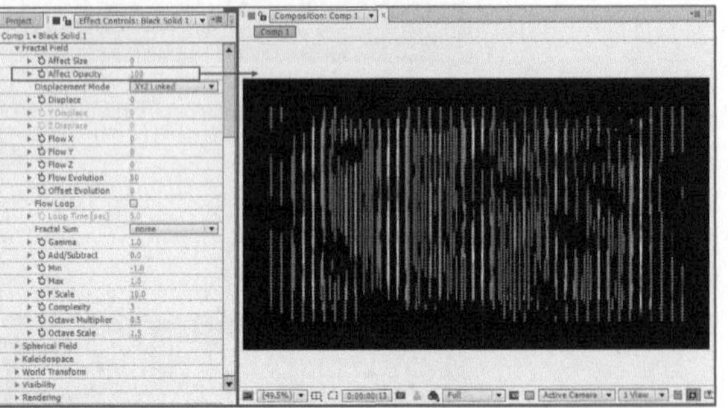

图 7-83

Displacement Mode（置换模式）：设置噪波的置换方式。

Displacc（置换）：设置置换的强度，效果如图7-84所示。

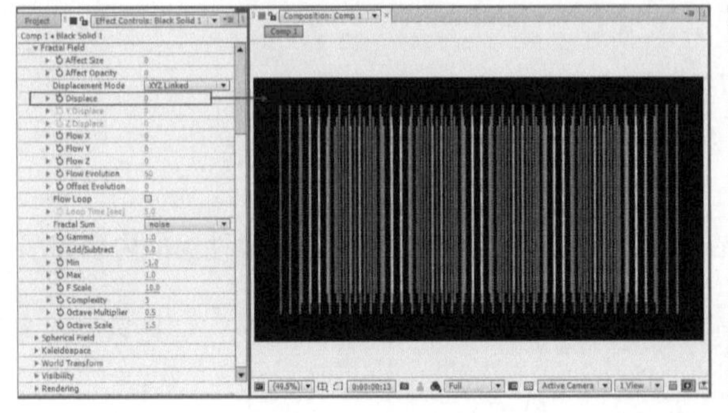

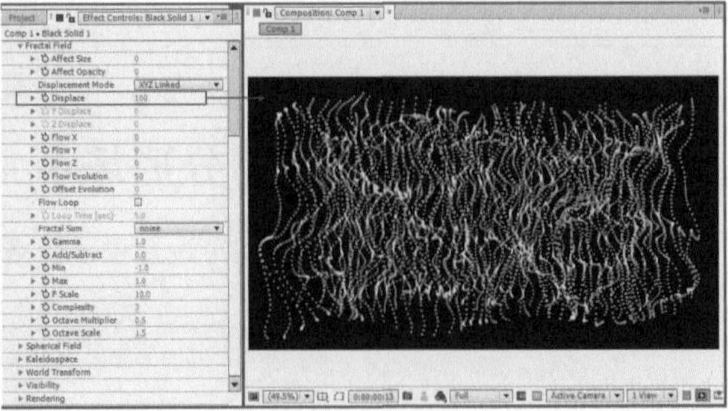

图7-84

Y Displace /Z Displace（Y/Z置换）：设置Y和Z轴上粒子的偏移量。

Flow X/ Y/ Z（流动X/Y/Z）：分别定义每个轴向的粒子的偏移速度，效果如图7-85所示。

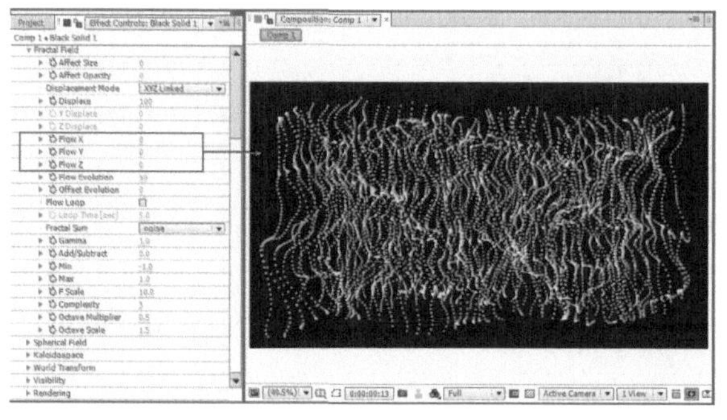
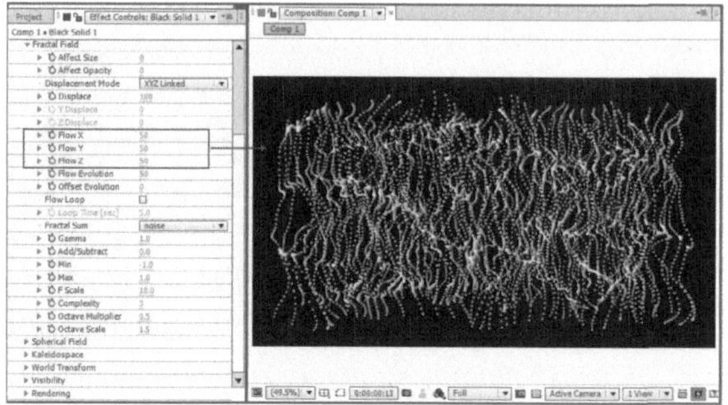

图7-85

Flow Evolution（流动演变）：控制噪波场随机运动的速度。

Offset Evolution（偏移演变）：设置随机噪波的随机值。

Flow Loop（循环流动）：设定Fractal Field（分形场）在一定时间内可以循环的次数。

Loop Time（循环时间）：定义噪波重复的时间量。

Fractal Sum（分形和）：该属性有两个选项，Noise（噪波）选项是在原噪波的基础上叠加一个有规律的Perlin（波浪）噪波，所以这种噪波看起来比较平滑；abs（noise）[abs（噪波）]选项是absolute noise（绝对噪波）的缩写，表示在原噪波的基础上叠加一个绝对的噪波值，产生的噪波边缘比较锐利。

Gamma（伽马）：调节噪波的伽马值。Gamma（伽马）值越小，噪波的亮度对比度越大；Gamma（伽马）值越大，噪波的亮度对比度越小。

Add、Subtract（加法、减法）：用来改变噪波的大小值。

Min（最小）：定义一个最小的噪波值，任何低于该值的噪波将被消除。

Max（最大）：定义一个最大的噪波值，任何大于该值的噪波将被强制降低为最大值。

F Scale（F缩放）：定义噪波的尺寸。F Scale（F 缩放）值越小，产生的噪波越平滑；F Scale（F 缩放）值越大，噪波的细节越多，效果如图7-86所示。

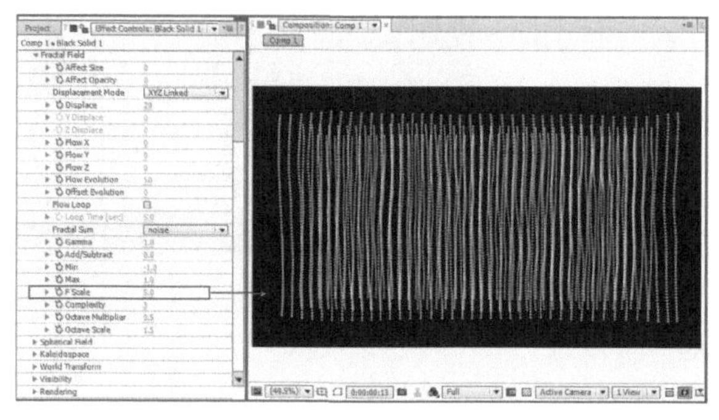
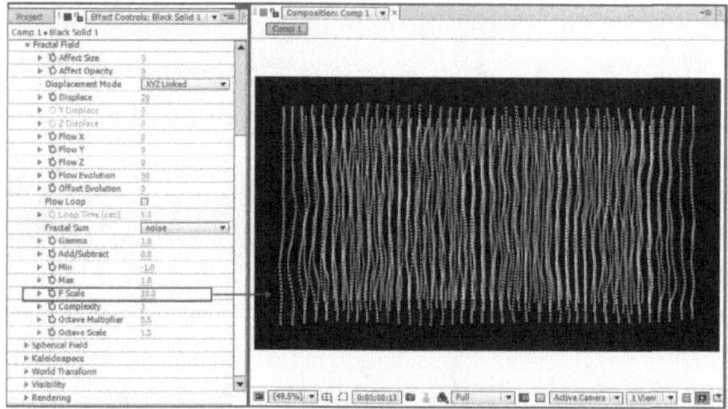

图7-86

Complexity（复杂度）：设置组成Perlin（波浪）噪波函数的噪波层的数量。该值越大，噪波的细节越多。

Octave Multiplier（8倍增加）：定义噪波图层的凹凸强度。该值越大，噪波的凹凸感越强。

Octave Scale（8倍缩放）：定义噪波图层的噪波尺寸。该值越大，产生的噪波尺寸就越大。

7.4.9 Spherical Field（球形场）

Spherical Field（球形场）属性组可设置噪波受球形力场的影响，该属性组的内容如图7-87所示。

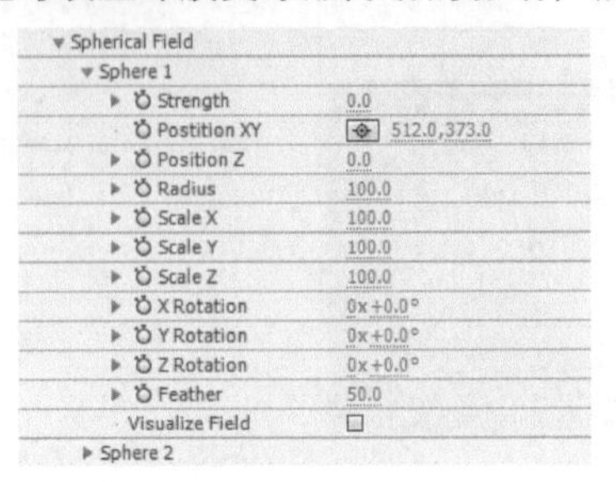

图7-87

Spherical Field（球形场）的属性介绍

Strength（强度）：设置球形力场的力强度，有正负值之分，效果如图7-88所示。

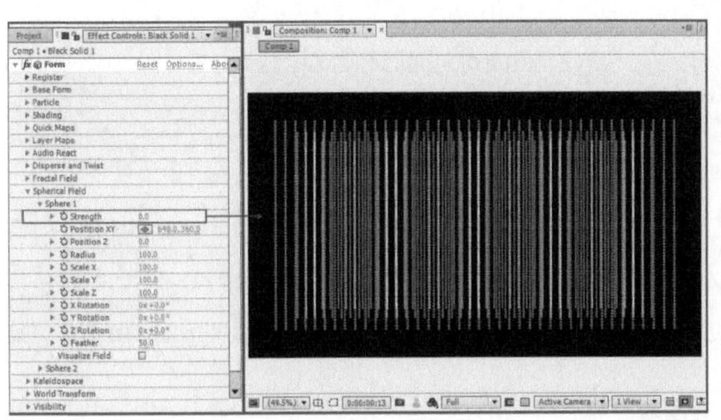
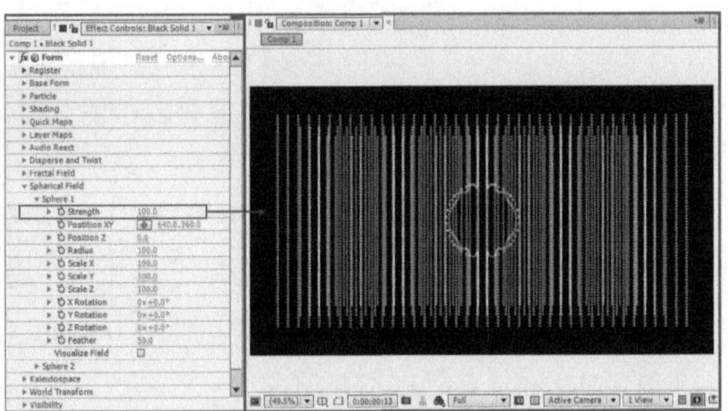

图7-88

Position XY/Position Z（XY/Z位置）：设置球形力场的中心位置。

Radius（半径）：设置球形力场的力的作用半径，效果如图7-89所示。

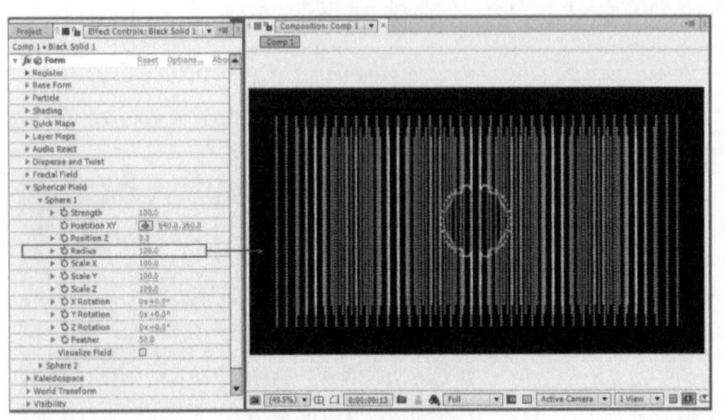
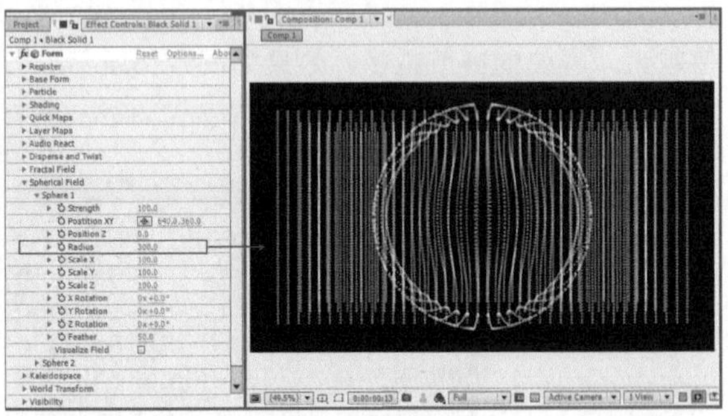

图7-89

Scale X/Y/Z（X/Y/Z的大小）：用来设置力场形状的大小。

Feather（羽化）：设置球形力场的力的衰减程度。

Visualize Field（可见场）：将球形力场的作用力用颜色显示出来，以便于观察。

7.4.10 Kaleidospace（Kaleido空间）

Kaleidospace（Kaleido空间）属性组可设置粒子网格在三维空间中的对称性，该属性组的内容如图7-90所示。

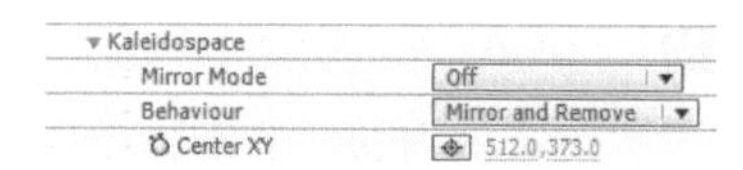

图7-90

Kaleidospace（Kaleido空间）的属性介绍

Mirror Mode（镜像模式）：定义镜像的对称轴，可以选择Off（关闭）、Horizontal（水平）、Vertical（垂直）、H+V（水平+垂直）4种模式。

Behaviour（行为）：定义对称的方式，当选择Mirror and Remove（镜像和移除）选项时，只有一半被镜像，另外一半将不可见；当选择Mirror Everything（镜像一切）选项时，所有的图层都将被镜像。

Center XY（XY中心）：设置对称的中心。

7.4.11 World Transform（坐标空间变换）

World Transform（坐标空间变换）属性组可重新定义已有粒子场的位置、尺寸和偏移方向，该属性组的内容如图7-91所示。

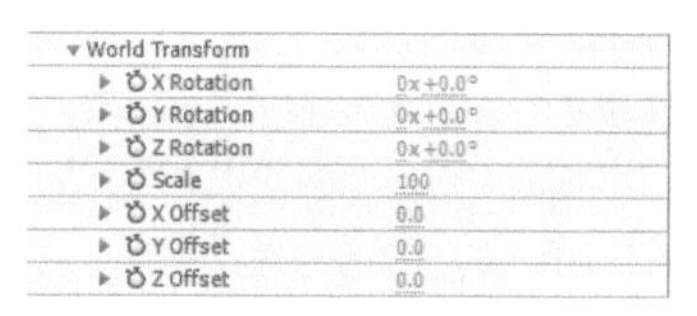

图7-91

World Transform（坐标空间变换）的属性介绍

X/Y/Z Rotation（X/Y/Z轴的旋转）：用来设置粒子场的旋转。

Scale（缩放）：用来设置粒子场的缩放。

X/Y/Z Offset（X/Y/Z轴的偏移）：用来设置粒子场的偏移。

7.4.12 Visibility（可见性）

Visibility（可视性）属性组可设置粒子的可视性，该属性组的内容如图7-92所示。

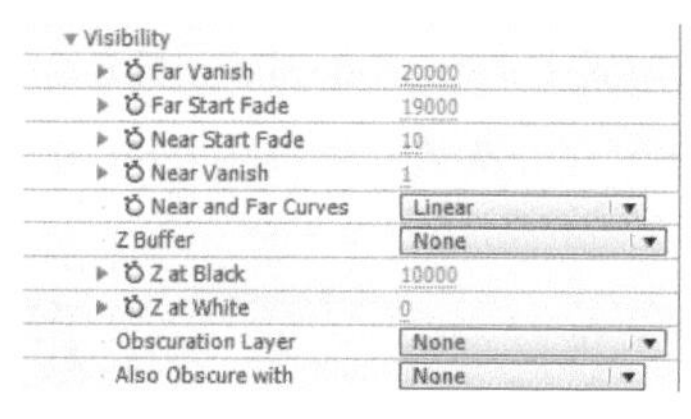

图7-92

7.4.13 Rendering（渲染）

Rendering（渲染）属性组可设置渲染方式、摄像机景深以及运动模糊等效果，该属性组的内容如图7-93所示。

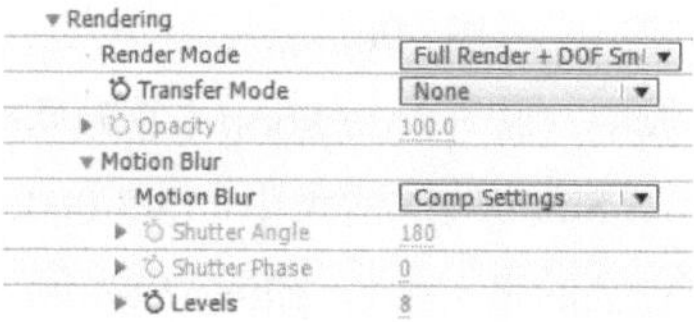

图7-93

Rendering（渲染）的属性介绍

Render Mode（渲染模式）：用来设置渲染的方式。它有以下两个选项。

- Motion Preview（预览）：快速预览粒子运动。
- Full Render（完全渲染）：这是默认模式。

Transfer Mode（合成模式）：设置叠加模式。

Motion Blur（运动模糊）：使粒子的运动更平滑，模拟真实摄像机效果。

- Shutter Angle（快门角度）/Shutter Phase（快门相位）：这两个选项只有在Motion Blur（运动模糊）为On（打开）时才有效。

课堂案例 波纹特效

- 素材位置 实例文件>CH07>课堂案例：波纹特效
- 实例位置 实例文件>CH07>波纹特效_F.aep
- 难易指数 ★★★★☆
- 技术掌握 掌握Form滤镜的使用方法

（扫描观看视频）

本例主要通过制作波纹特效动画，来掌握Form滤镜的使用方法和操作技巧，效果如图7-94所示。

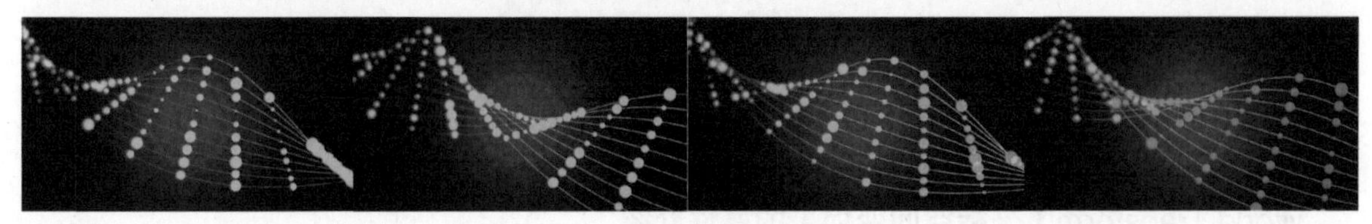

图7-94

01 执行Composition（合成）>New Composition（新建合成） 菜单命令，然后在打开的Composition Settings（合成设置）对话框中，输入Composition Name（合成名称）为Form，接着设置Width（宽度）为1 000、Height（高度）为563、Duration（持续时间）为10秒，最后单击OK（确定）按钮 OK 完成创建，如图7-95所示。

02 新建一个固态层，然后设置Name（名称）为Form，接着单击Make Comp Size（制作合成大小）按钮 Make Comp Size ，再设置Color（颜色）为黑色，最后单击OK（确定）按钮 OK ，如图7-96所示。

03 选择Form图层，然后执行Effect（效果）>Trapcode>Form菜单命令，画面效果如图7-97所示。

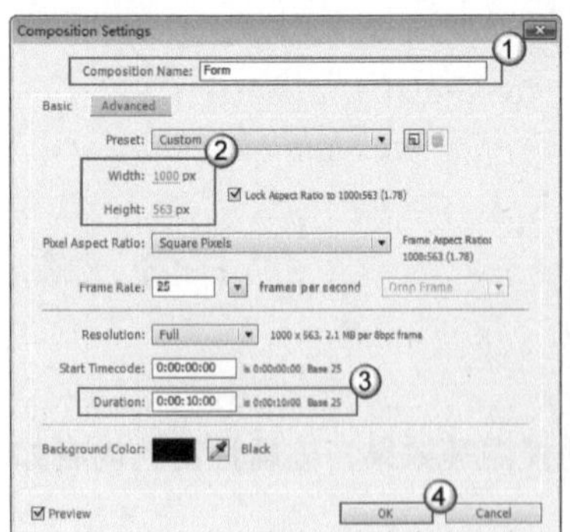

图7-95

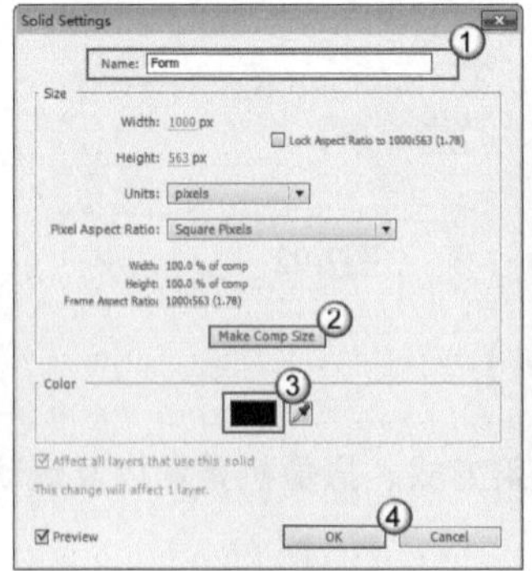

图7-96

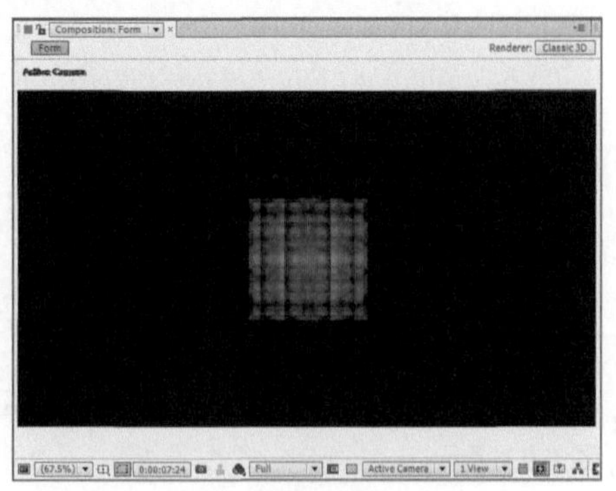

图7-97

04 在Effect Controls（效果控件）面板中，展开Base Form（基础网格）属性组，然后设置Base Form（基础网格）为Box-Strings（串状立方体）、Size X（X的大小）为5 000、Size Y（Y的大小）为350、String in Y（Y轴上的串）为10、String in Z（Z轴上的串）为1，如图7-98所示。画面效果如图7-99所示。

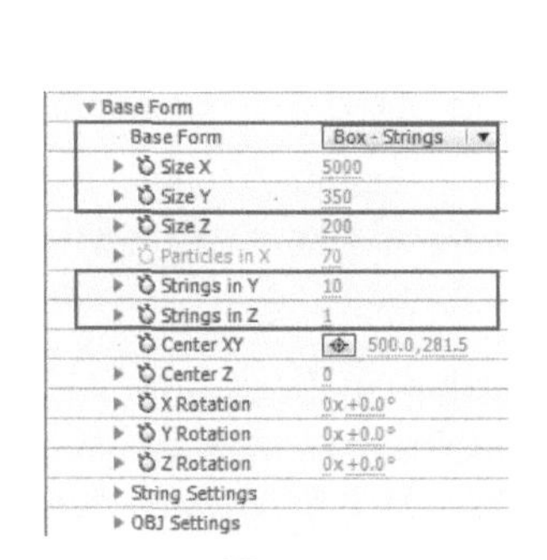

图7-98

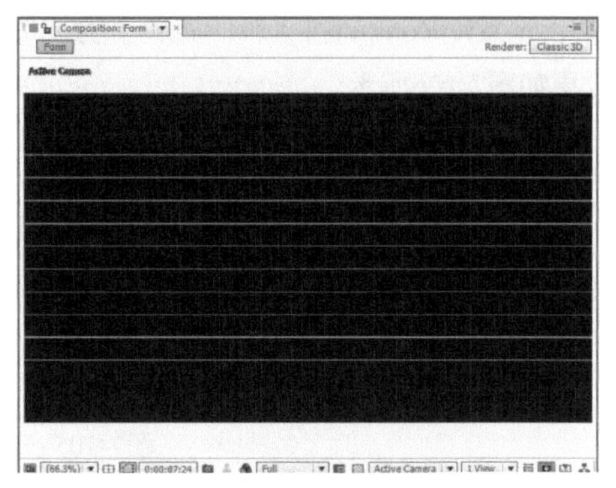

图7-99

05 展开Quick Maps（快速映射）属性组，设置Color Map（颜色映射）为第3个选项、Map Opac+Color over（映射不透明和颜色）为X，如图7-100所示。画面效果如图7-101所示。

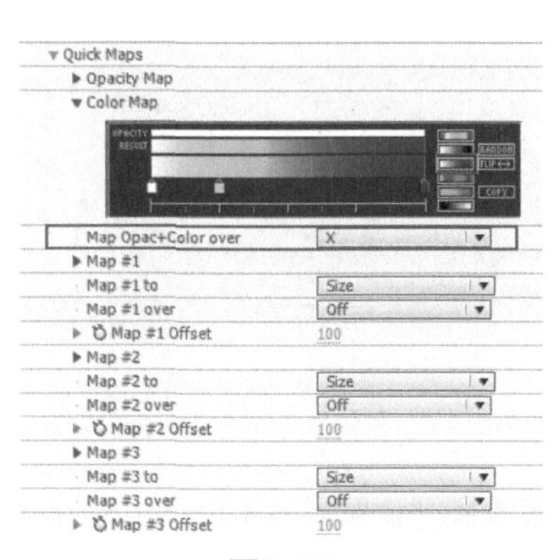

图7-100

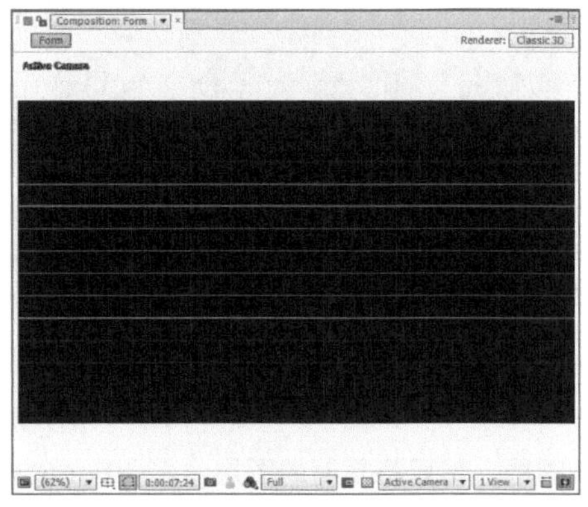

图7-101

06 展开Disperse and Twist（分散和扭曲）属性组，然后设置Twist（扭曲）为3，如图7-102所示。画面效果如图7-103所示。

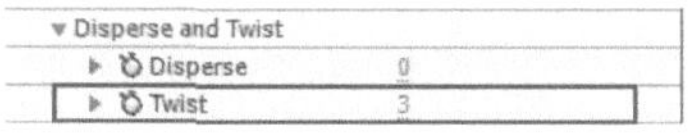

Disperse and Twist	
Disperse	0
Twist	3

图7-102

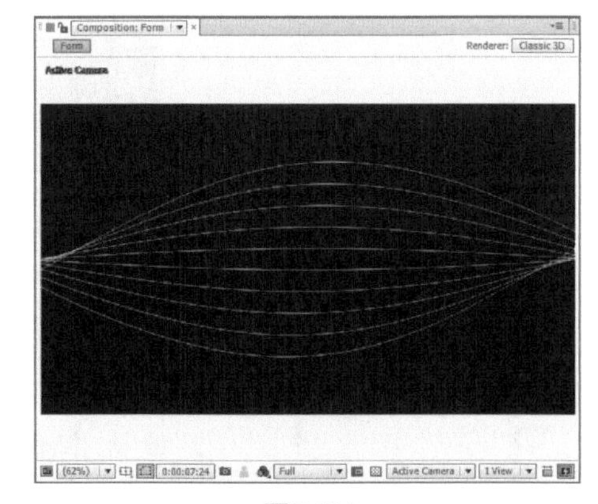

图7-103

07 展开World Transform（坐标空间变换）属性组，然后设置X Offset（X轴的偏移）为1200，接着激活X Rotation（X轴的旋转）和X Offset（X轴的偏移）属性的关键帧，如图7-104所示。

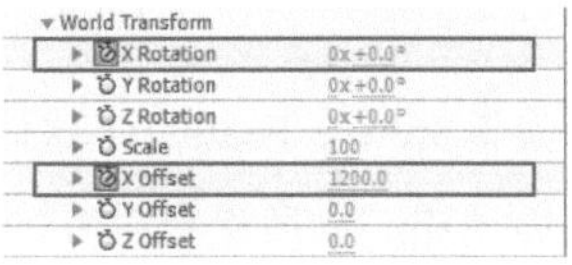

World Transform	
X Rotation	0x+0.0°
Y Rotation	0x+0.0°
Z Rotation	0x+0.0°
Scale	100
X Offset	1200.0
Y Offset	0.0
Z Offset	0.0

图7-104

08 在第9秒24帧处，设置X Rotation（X轴的旋转）为（0×100° ）、X Offset（X轴的偏移）为0，如图7-105所示。画面效果如图7-106所示。

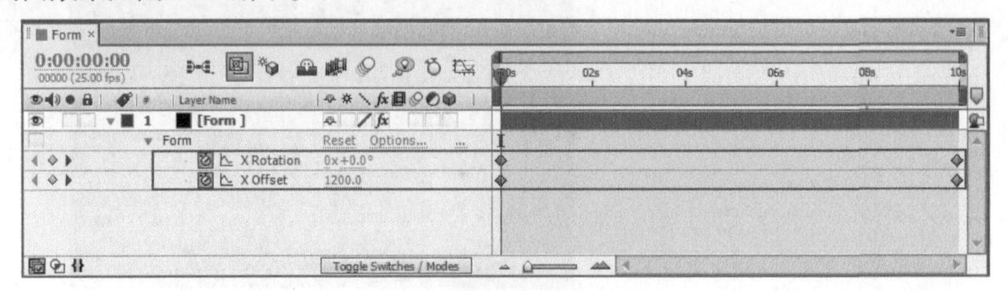

图7-105

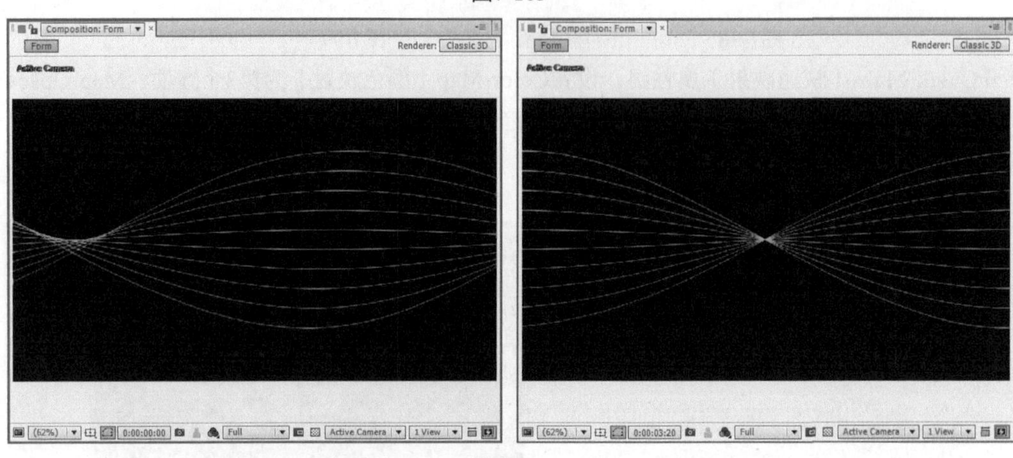

图7-106

09 复制Form图层，然后将复制的图层命名为Form_P，接着展开该图层的Base Form（基础网格）属性组，设置Base Form（基础网格）为Box-Grid（盒子-网格）、Particles in X（X轴上的粒子）为35，如图7-107所示。画面效果如图7-108所示。

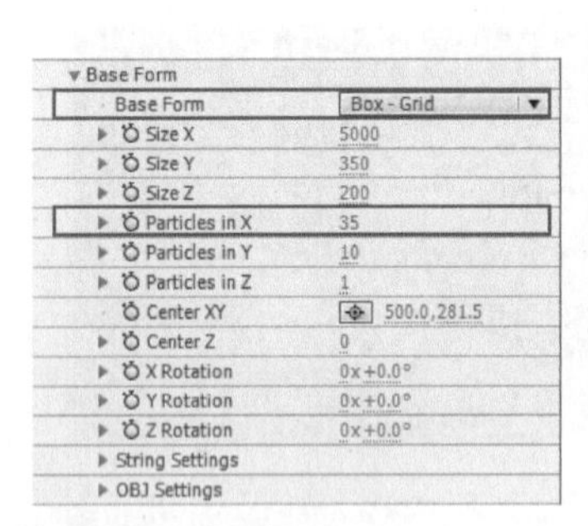

图7-107

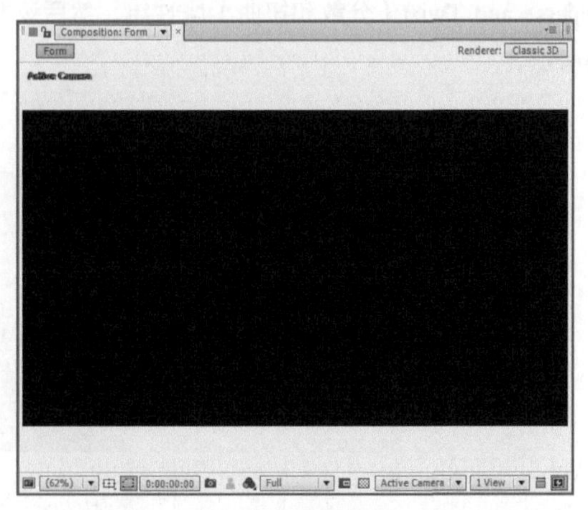

图7-108

为了便于观察Form_P图层的效果，可以先将Form图层隐藏，在完成Form_P图层的效果后，再将Form图层显示出来。

10 展开Particle（粒子）属性组，然后设置Sphere Feather（球体羽化）为10、Size（大小）为15、Size Random（大小的随机值）为45，如图7-109所示。画面效果如图7-110所示。

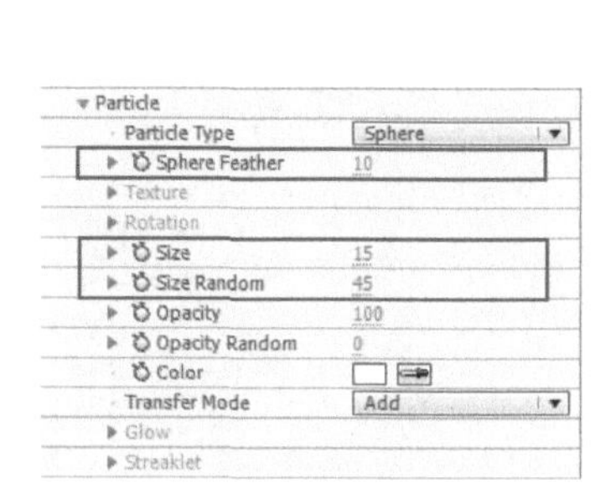

图7-109

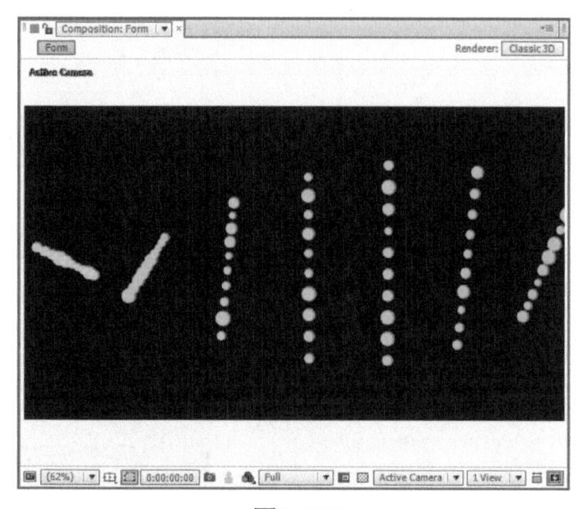

图7-110

11 展开Fractal Field（分形场）属性组，然后设置Affect Size（影响大小）为20，如图7-111所示。画面效果如图7-112所示。

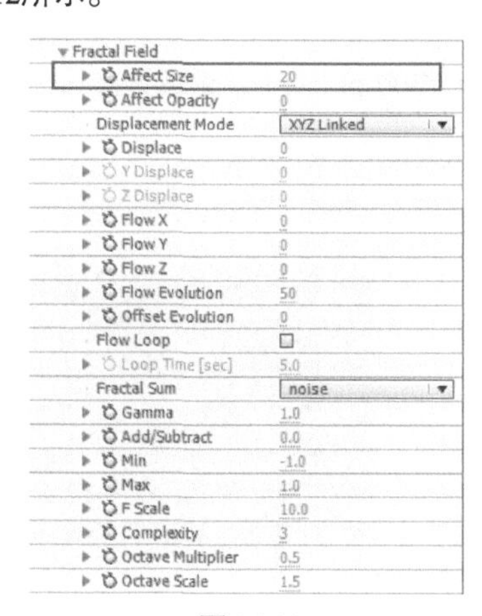

图7-111

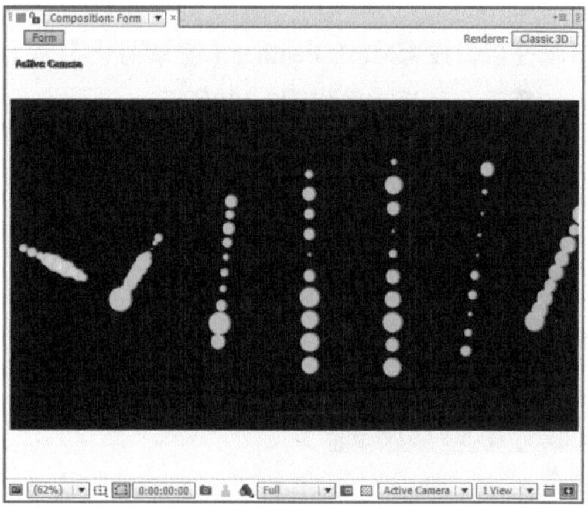

图7-112

12 导入素材文件夹中的BG.jpg文件，然后将其拖曳到Timeline（时间轴）面板中的底层，如图7-113所示。

13 选择BG图层，然后执行Effect（效果）>Blur & Sharpen（模糊和锐化）> Gaussian（高斯模糊）菜单命令，接着在Effect Controls（效果控件）面板中，设置Blurriness（模糊度）为10，如图7-114所示。画面效果如图7-115所示。

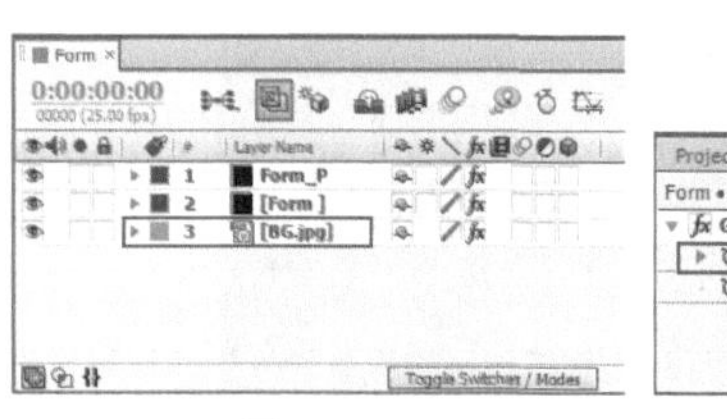

图 7-113

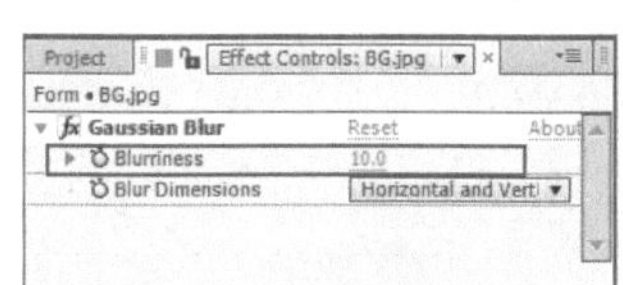

图7-114

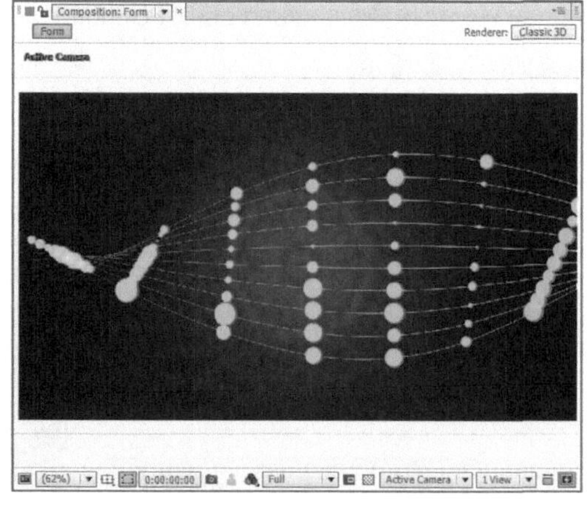

图7-115

14 新建一个调整图层，然后执行Effect（效果）>Blur & Sharpen（模糊和锐化）> Gaussian（高斯模糊）菜单命令，接着在Effect Controls（效果控件）面板中，设置Blurriness（模糊度）为10，如图7-116所示。画面效果如图7-117所示。

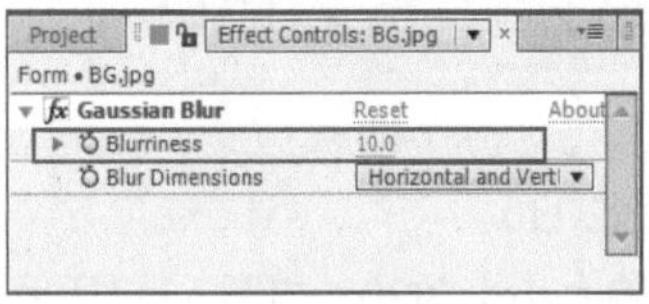

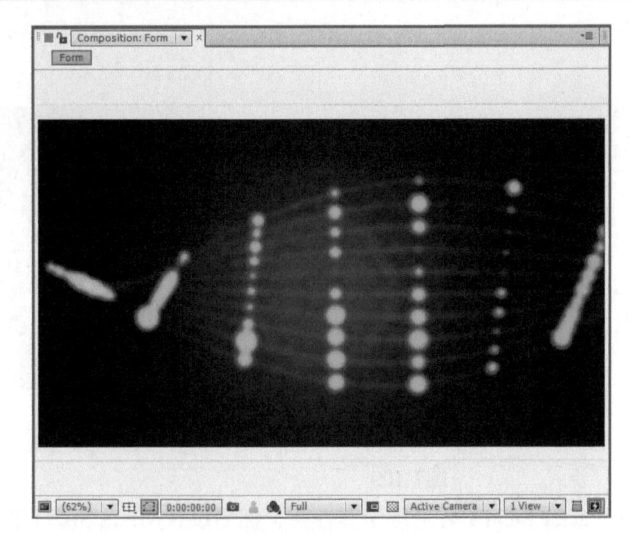

图7-116

图7-117

15 选择调整图层，然后使用Ellipse Tool（椭圆工具）在画面中绘制一个图7-118所示的遮罩，接着展开Mask（遮罩）属性组，设置Mask Feather（遮罩羽化）为（300，300 pixels），最后选择Inverted（反转）选项，如图7-119所示。画面效果如图7-120所示。

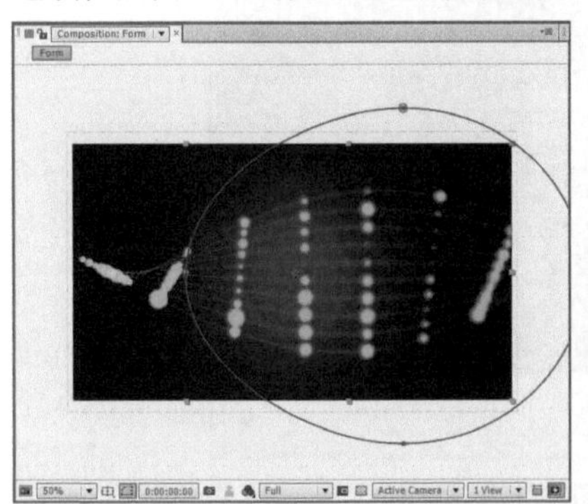

图7-118

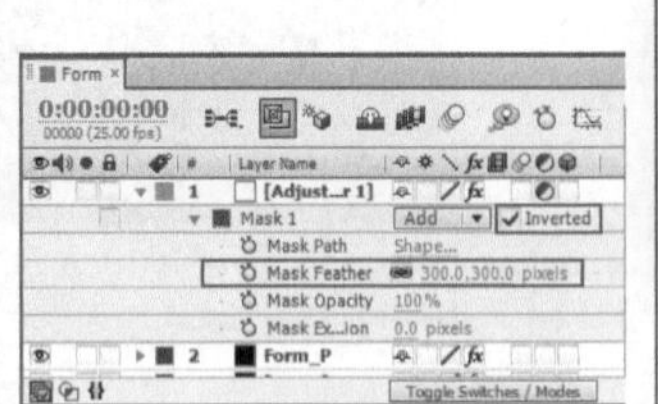

图7-119

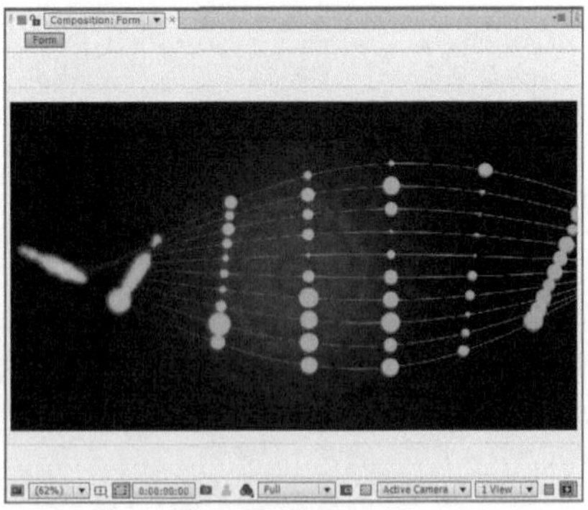

图7-120

16 新建一个摄像机，然后设置其Position（位置）为（1 338.2，-248.8，-972.2），如图7-121所示。画面效果如图7-122所示。

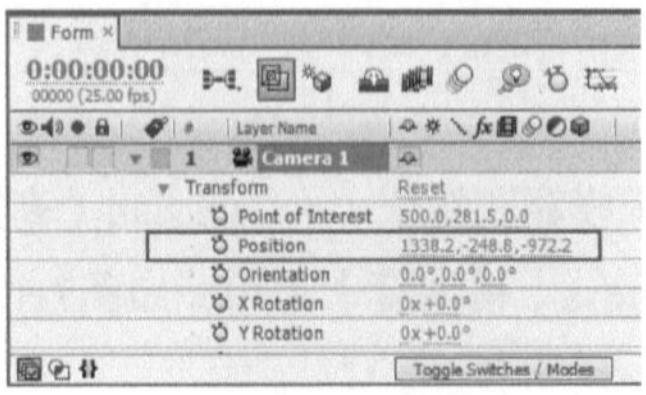

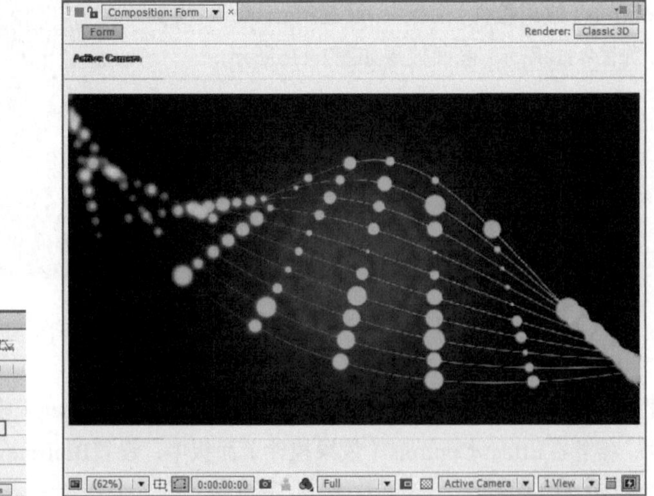

图7-121

图7-122

7.5 Particular

Particular是一个3D粒子系统，可以制作各种各样的自然效果，像烟、火、闪光，也可以制作有机的和高科技风格的图形效果。在运动的图形设计方面表现出色，是制作仿真特效的强大工具，效果如图7-123和图7-124所示。

图7-123

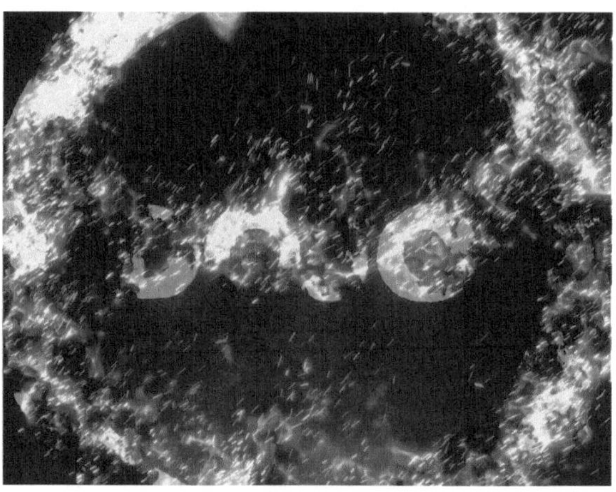

图7-124

执行Effect（效果）>Trapcode>Particular菜单命令，可为图层添加Particular滤镜，如图7-125所示。在Effect Controls（效果控件）面板中，可以设置相关属性，如图7-126所示。

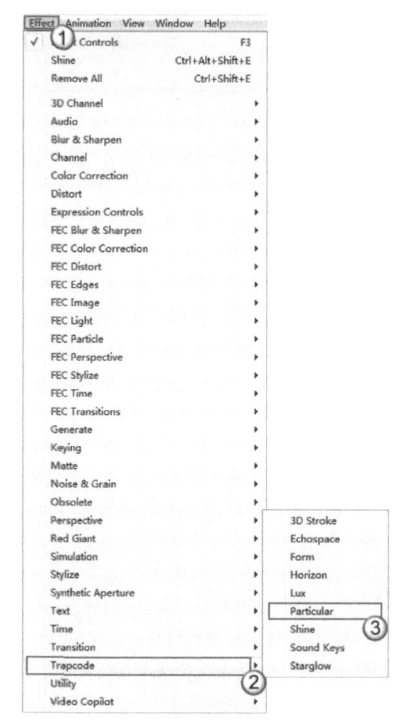

图7-125

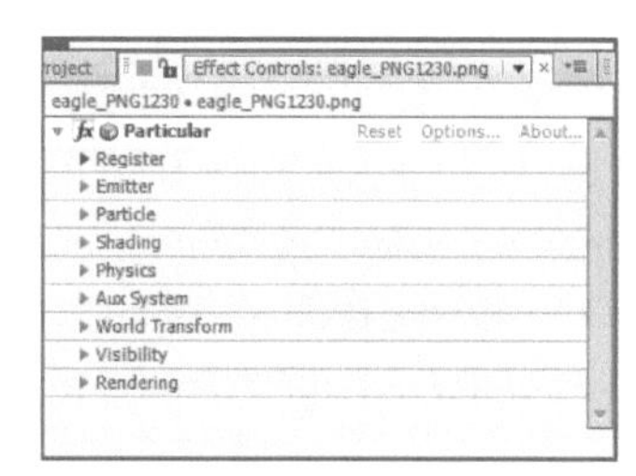

图7-126

7.5.1 Emitter（发射器）

Emitter（发射器）属性组可设置粒子产生的位置、粒子的初速度和粒子的初始发射方向等，该属性组的内容如图7-127所示。

Emitter	
Particles/sec	100
Emitter Type	Point
Position XY	512.0,373.0
Position Z	0.0
Position Subframe	Linear
Direction	Uniform
Direction Spread [%]	20.0
X Rotation	0x+0.0°
Y Rotation	0x+0.0°
Z Rotation	0x+0.0°
Velocity	100.0
Velocity Random [%]	20.0
Velocity Distribution	0.5
Velocity from Motion [%	20.0
Emitter Size X	50
Emitter Size Y	50
Emitter Size Z	50
Particles/sec modifier	Light Intensity
Layer Emitter	
Grid Emitter	
Emission Extras	
Random Seed	100000

图7-127

Emitter（发射器）的属性介绍

Particles/sec（粒子/秒）：通过数值调整来控制每秒发射的粒子数，如图7-128所示。

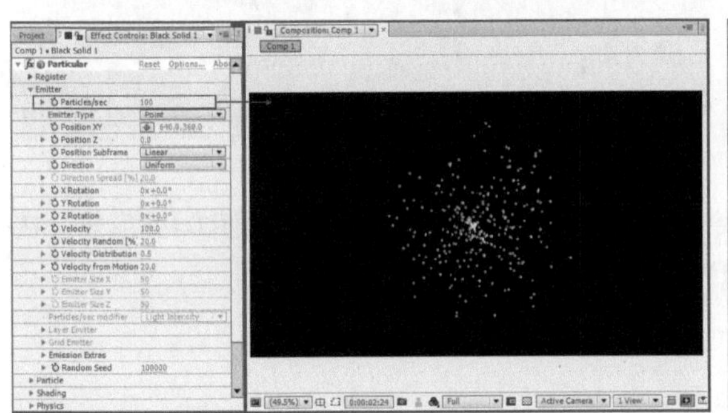

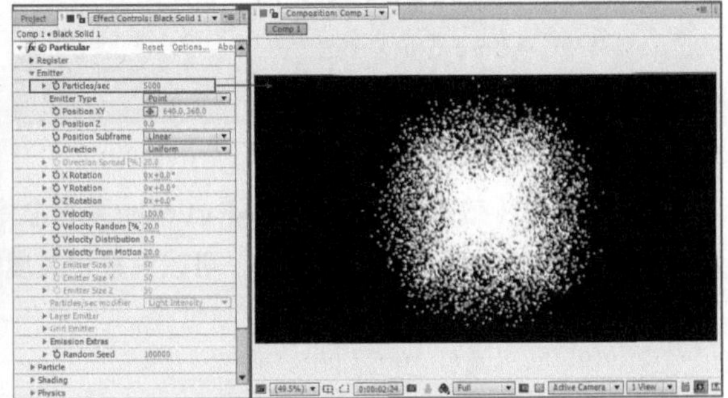

图7-128

Emitter Type（发射类型）：粒子发射的类型，主要包含以下7种类型，如图7-129所示。

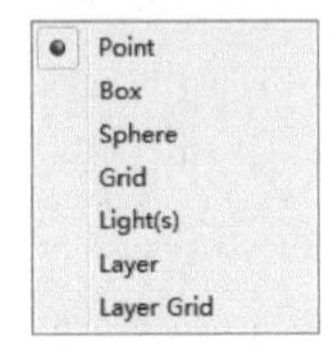

图7-129

- Point（点）：粒子是由点发射出来。
- Box（立方体）：粒子是由立方体中发射出来。
- Sphere（球体）：粒子是由球体内发射出来。
- Grid（栅格）：粒子是由二维或三维栅格中发射出来。
- Light（s）（灯光）：粒子是由灯光发射出来。
- Layer（图层）：粒子是由图层中发射出来。
- Layer Grid（图层栅格）：粒子是由图层中以栅格的方式向外发射出来。

Position XY/Z（位置XY/Z）：设置发射器的位置。

Direction Spread（方向扩散）：用来控制粒子的扩散。该值越大，向四周扩散出来的粒子就越多；该值越小，向四周扩散出来的粒子就越少。

X/Y/Z Rotation（X/Y/Z 轴向旋转）：控制发射器方向的旋转。

Velocity（初始速度）：控制发射的速度，如图7-130所示。

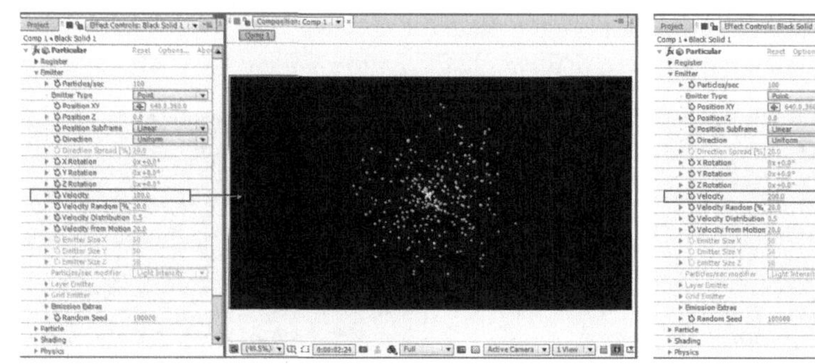
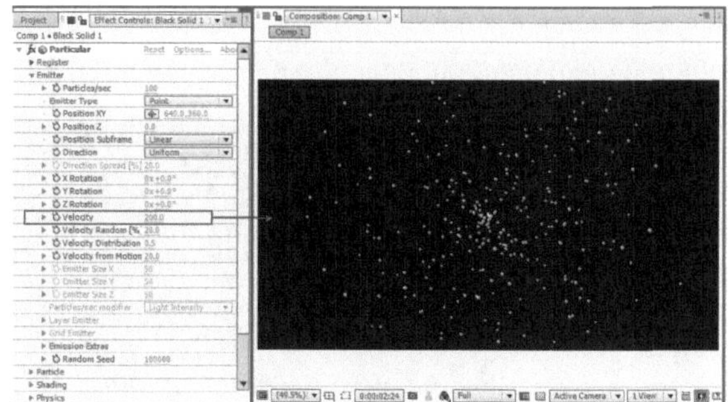

图7-130

Velocity Random[%]（随机速度[%]）：控制速度的随机值。

Velocity from Motion[%]（运动速度[%]）：粒子运动的速度。

Emitter Size X/ Y/ Z（发射器大小X/Y/Z）：只有当Emitter Type（发射类型）设置为Box（盒子）、Sphere（球体）、Grid（网格）和Light（灯光）时，才能设置发射器在X、Y、Z轴的大小；而对于Layer（图层）和Layer Grid（图层栅格）发射器，只能调节Z轴方向发射器的大小。

7.5.2 Particle（粒子）

Particle（粒子）属性组可设置粒子的外观，比如粒子的大小、不透明度以及颜色等，该属性组的内容如图7-131所示。

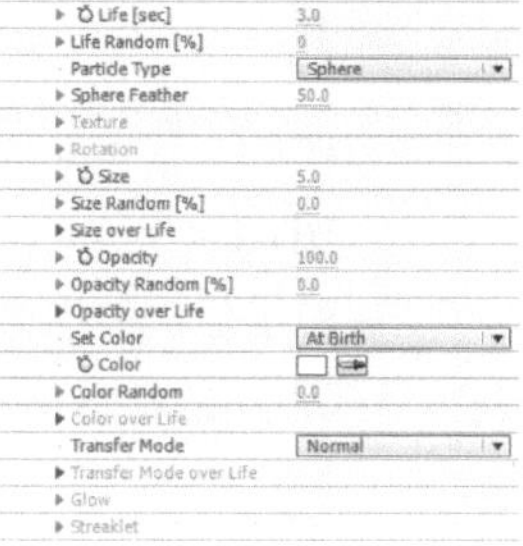

图7-131

Particle（粒子）的属性介绍

Life[sec]（生命[秒]）：控制粒子的生存时间。

Life Random[%]（随机生命 [%]）：控制粒子生命周期的随机性。

Particle Type（粒子类型）：在它的下拉列表中有11种类型，分别为Sphere（球形）、Glow Sphere（发光球形）、Star（星形）、Cloudlet（云层形）、Streaklet（条纹形）、Sprite（雪花）、Sprite Colorize（颜色雪花）、Sprite Fill（雪花填充）及3种自定义类型。

Size（大小）：控制粒子的大小，如图7-132所示。

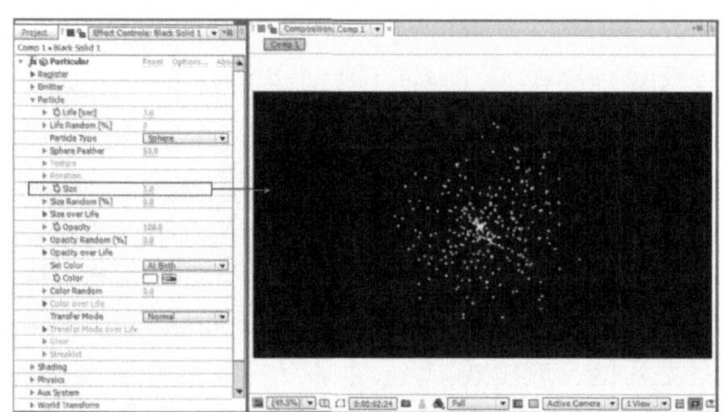
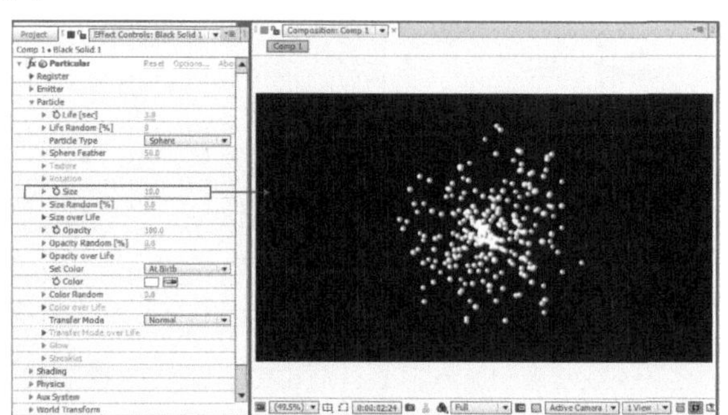

图7-132

Size Random[%]（随机大小[%]）：控制粒子大小的随机属性，如图7-133所示。

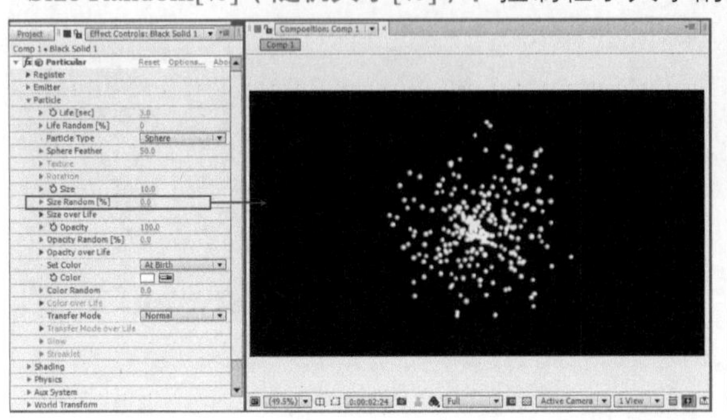
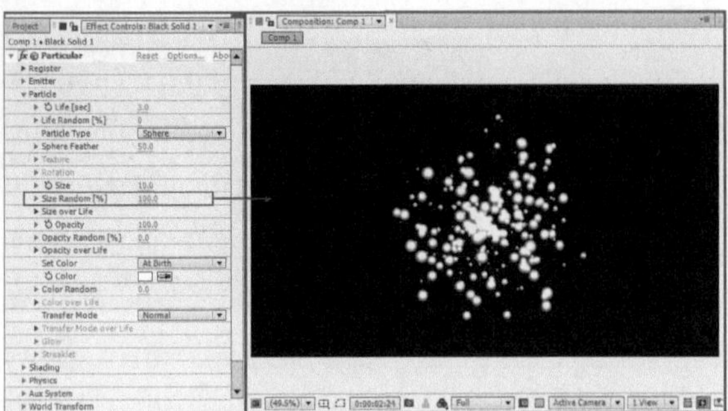

图7-133

Size over life（消亡大小）：控制粒子死亡后的大小。

Opacity（不透明度）：控制粒子的不透明度，如图7-134所示。

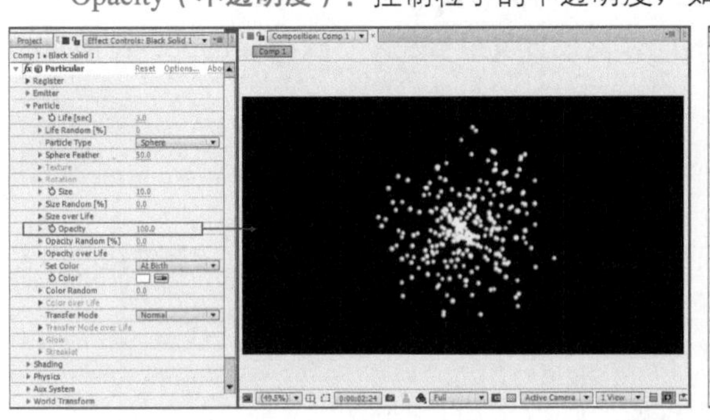
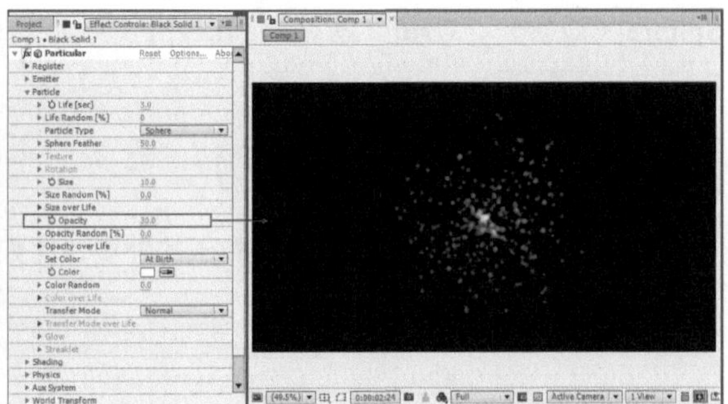

图7-134

Opacity Random[%]（随机不透明度[%]）：控制粒子随机的不透明度。

Opacity over Life（消亡不透明度）：控制粒子死亡后的不透明度。

Set Color（设置颜色）：设置粒子的颜色，有3种方法。

- At Birth（出生）：设置粒子刚生成时的颜色，并在整个生命期内有效。
- Over Life（生命周期）：设置粒子的颜色在生命期内变化。
- Random from Gradient（随机）：选择随机颜色。

Transfer Mode（合成模式）：设置粒子的叠加模式，它有以下选项，如图7-135所示。

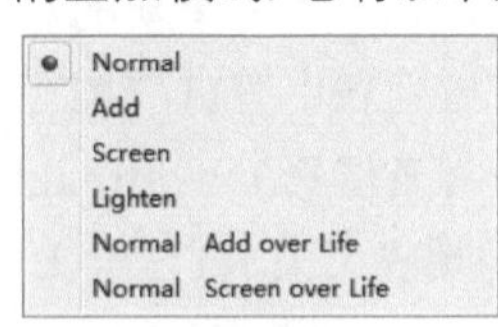

图7-135

- Normal（正常）：正常模式。
- Add（增加）：粒子效果添加在一起，用于光效和火焰效果。
- Screen（屏幕）：用于光效和火焰效果。
- Lighten（加亮）：先比较通道颜色中的数值，然后把亮的部分调整得比原来更亮。
- Normal Add Over Life（正常 消亡后增加）：在Normal（正常）模式和Add（相加）模式之间切换。
- Normal Screen Over Life（正常 消亡后屏幕）：在Normal（正常）模式和Screen（屏幕）模式之间切换。

Transfer Mode over Life（消亡合成模式）：控制粒子死亡后的合成模式。

Glow(发光)：控制粒子产生的光晕属性效果。

Streaklet（条纹）：设置条纹状粒子的属性。

7.5.3 Shading（着色）

Shading（着色）属性组可设置粒子与灯光相互作用的效果，该属性组的内容如图7-136所示。

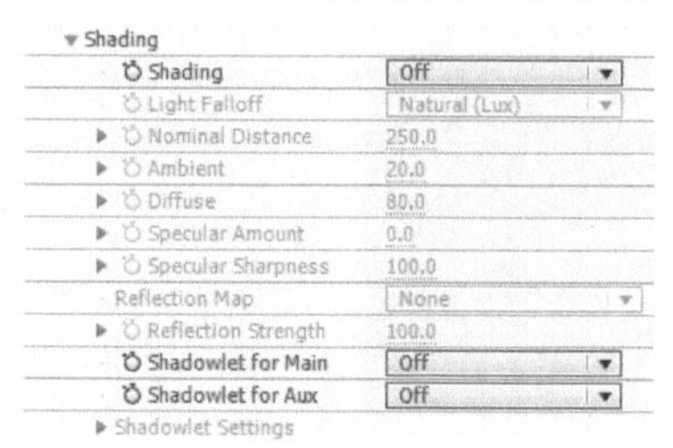

图7-136

7.5.4 Physics（物理性）

Physics（物理性）属性组可设置粒子受到物理作用产生的效果，包括重力、弹力以及物理时间因素等属性，该属性组的内容如图7-137所示。

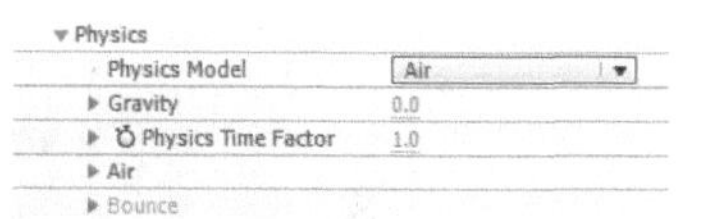

图7-137

Physics（物理性）的属性介绍

Physics Model（物理模式）：包括Air（空气）和Bounce（弹跳）两个选项。

- Air（空气）：该模式用于创建粒子穿过空气时的运动效果，主要设置空气的阻力、扰动等属性。
- Bounce（弹跳）：该模式实现粒子的弹跳。

Gravity（重力）：设置粒子受重力影响的状态，如图7-138所示。

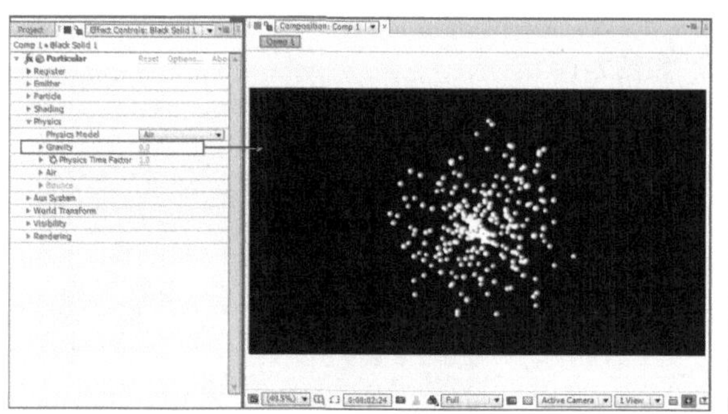

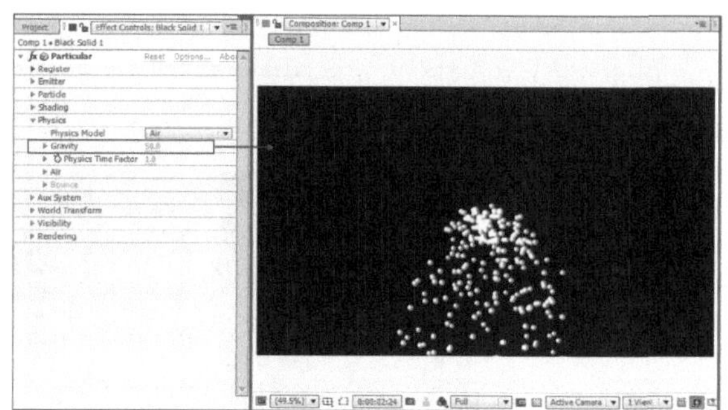

图7-138

7.5.5 Aux System（辅助系统）

Aux System（辅助系统）属性组可设置粒子的二次发射以及子粒子的相关属性，该属性组的内容如图7-139所示。

图7-139

Aux System（辅助系统）的属性介绍

Emit（发射）：当该选项为off（关闭）时，Aux System（辅助系统）中的属性无效。

Emit Probability[%]（发射的概率）：控制产生的Aux粒子数量，如图7-140所示。

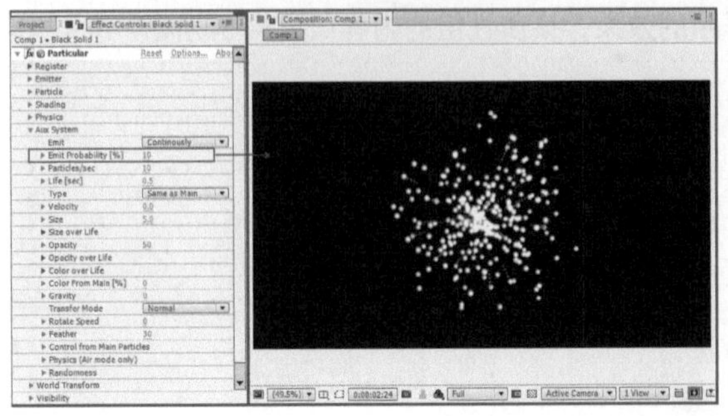
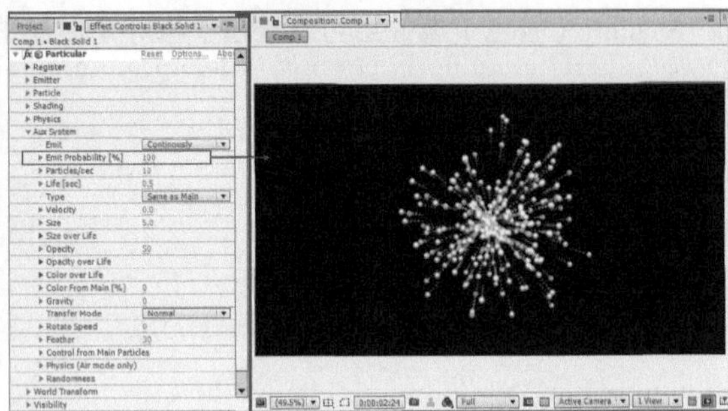

图7-140

Particles/sec（粒子/秒）：设置Aux粒子发射的速率，如图7-141所示。

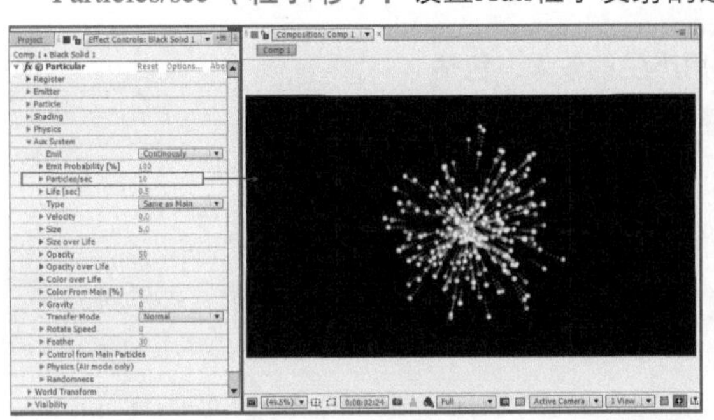
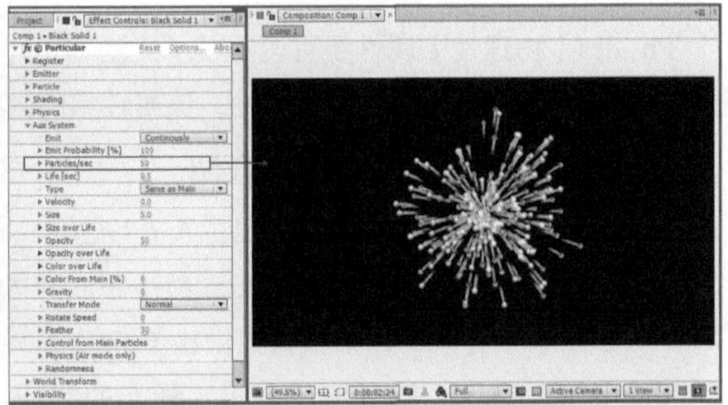

图7-141

Life[sec]（生命[秒]）：控制Aux粒子的生命周期，如图7-142所示。

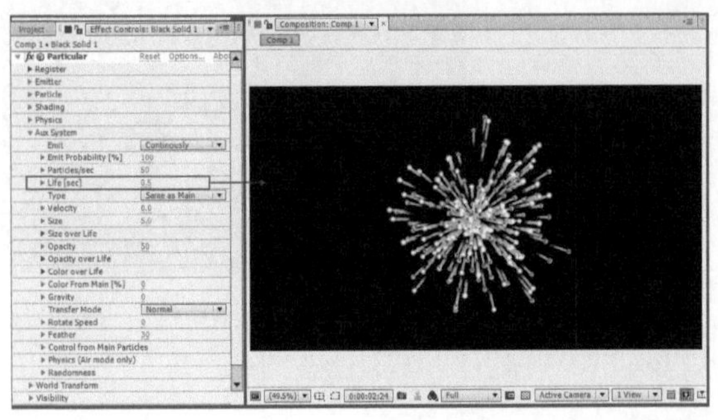
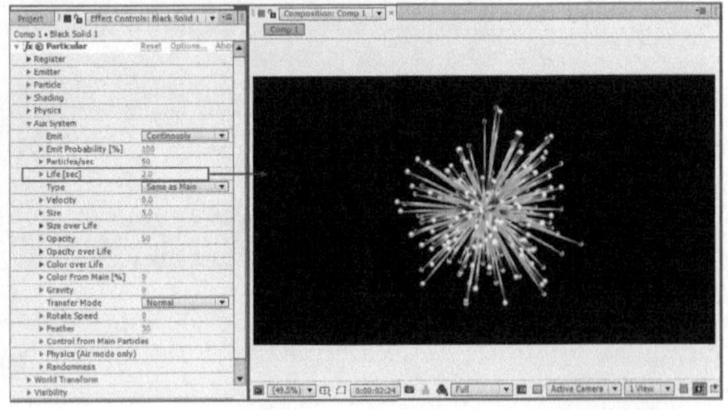

图7-142

Type（类型）：控制Aux粒子的类型。

Velocity（初始速度）：初始化Aux粒子的速度，如图7-143所示。

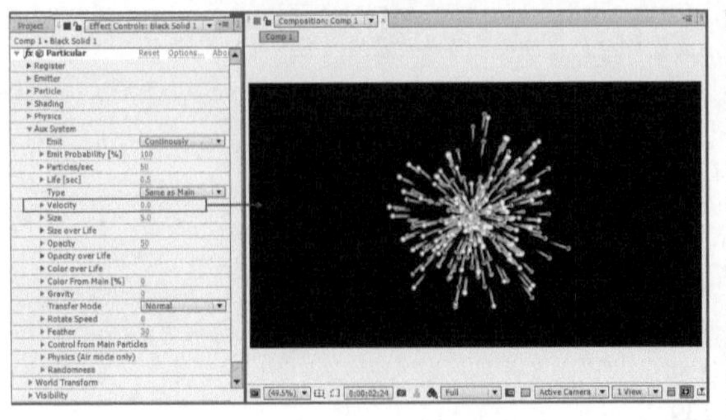
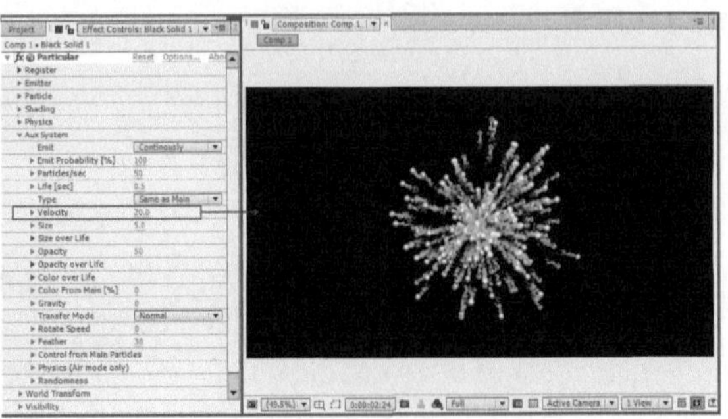

图7-143

Size（大小）：设置Aux粒子的大小，如图7-144所示。

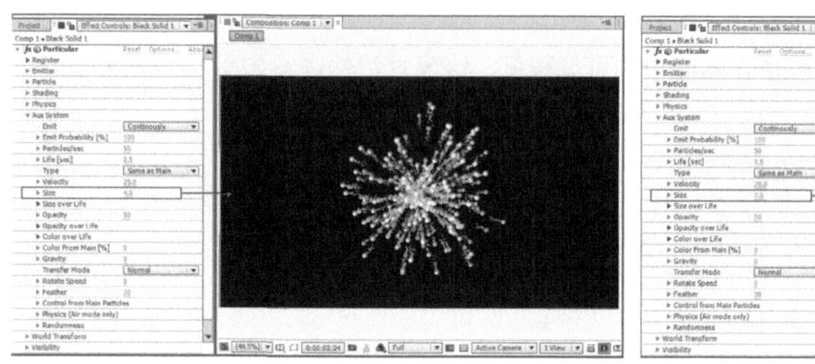
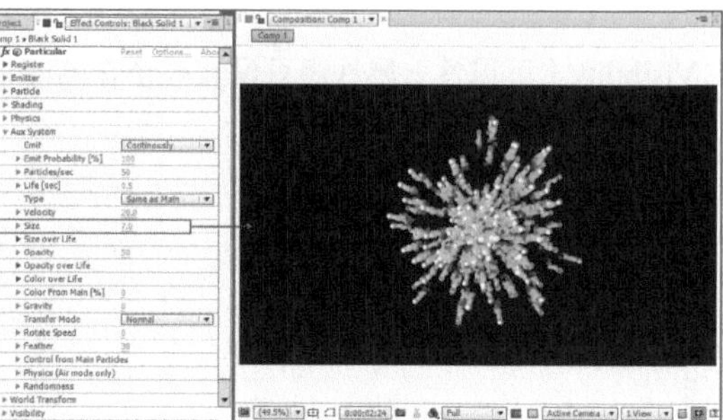

图7-144

Size over Life（粒子死亡后的大小）：设置Aux粒子死亡后的大小。

Opacity（不透明度）：控制Aux粒子的不透明度。

Opacity over Life（粒子死亡后的不透明度）：控制Aux粒子死亡后的不透明度。

Color over Life（颜色衰减）：控制Aux粒子颜色的变化。

Color From Main[%]（颜色主要来源）：设置Aux粒子的颜色。

Gravity（重力）：设置Aux粒子受重力影响的状态，如图7-145所示。

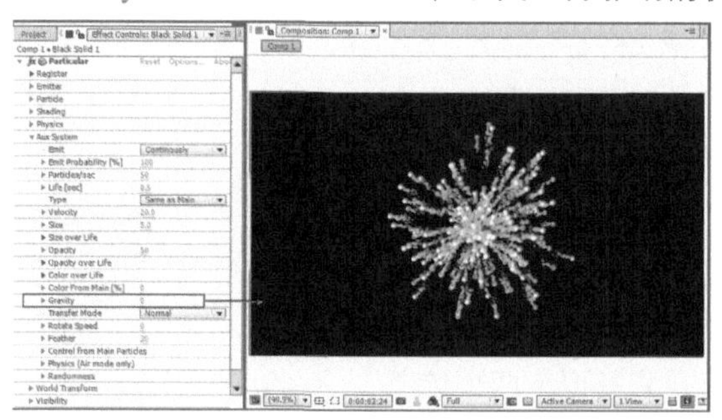
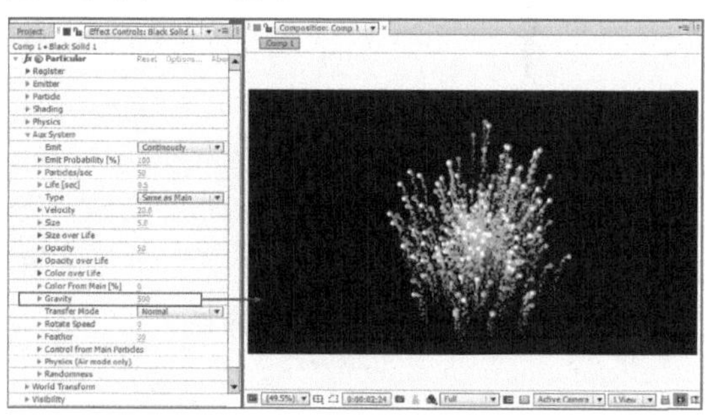

图7-145

Feather（羽化）：控制Aux粒子的羽化程度，如图7-146所示。

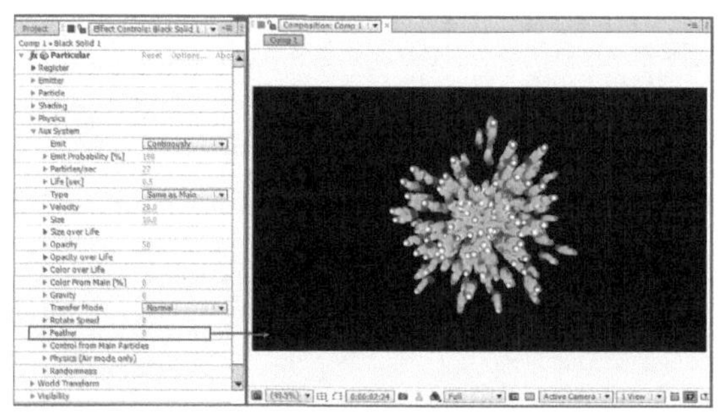
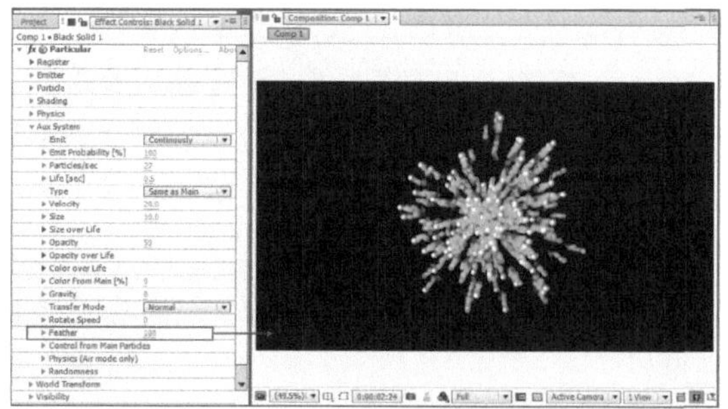

图7-146

Transfer Mode（合成模式）：设置叠加模式。

7.5.6 World Transform（坐标空间变换）

World Transform（坐标空间变换）属性组设置视角的旋转和位移状态，该属性组的内容如图7-147所示。

▼ World Transform	
▶ X Rotation	0x +0.0°
▶ Y Rotation	0x +0.0°
▶ Z Rotation	0x +0.0°
▶ X Offset	0.0
▶ Y Offset	0.0
▶ Z Offset	0.0

图7-147

7.5.7 Visibility（可见性）

Visibility（可见性）属性组可设置粒子在画面中的可见程度，该属性组的内容如图7-148所示。

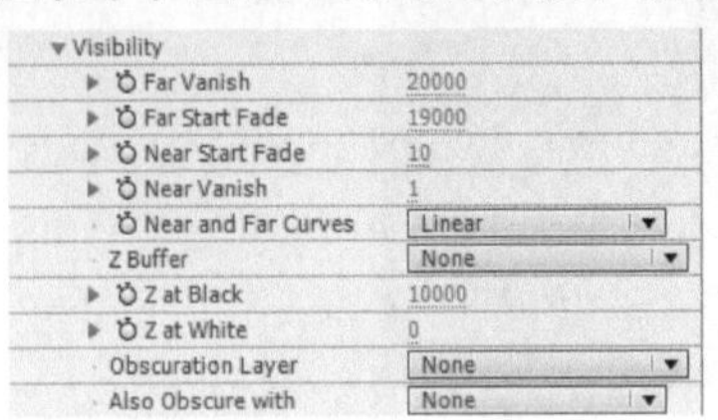

图7-148

7.5.8 Rendering（渲染）

Rendering（渲染）属性组可设置渲染方式、摄像机景深以及运动模糊等效果，该属性组的内容如图7-149所示。

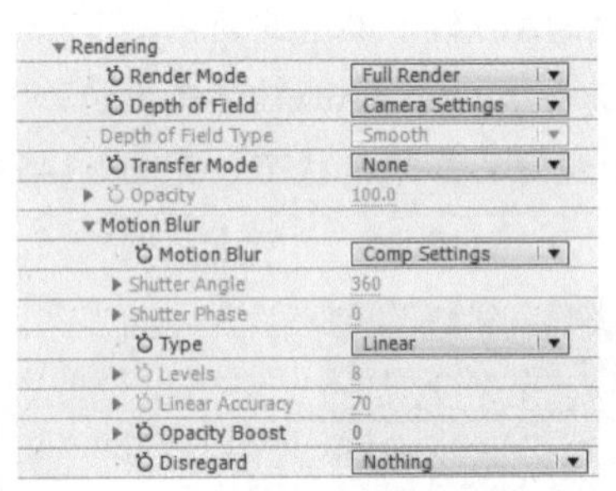

图7-149

Rendering（渲染）的属性介绍

Render Mode（渲染模式）：用来设置渲染的方式，它有以下两个选项。

- Full Render（完全渲染）：这是默认模式。
- Motion Preview（预览）：快速预览粒子运动。

Depth of Field（景深）：设置摄像机景深。

Transfer Mode（合成模式）：设置叠加模式。

Motion Blur（运动模糊）：使粒子的运动更平滑，模拟真实摄像机效果。

Shutter Angle（快门角度）/Shutter Phase（快门相位）：这两个选项只有在Motion Blur（运动模糊）为On（打开）时，才有效。

Opacity Boost（透明度补偿设置）：当粒子透明度降低时，可以利用该选项进行补偿，提高粒子的亮度。

课堂案例 粒子拖尾

- 素材位置 实例文件>CH07>课堂案例：粒子拖尾
- 实例位置 实例文件>CH07>粒子拖尾_F.aep
- 难易指数 ★★★★☆
- 技术掌握 掌握Particular滤镜的使用方法

（扫描观看视频）

本例主要通过制作粒子拖尾动画，来掌握Particular滤镜的使用方法和操作技巧，效果如图7-150所示。

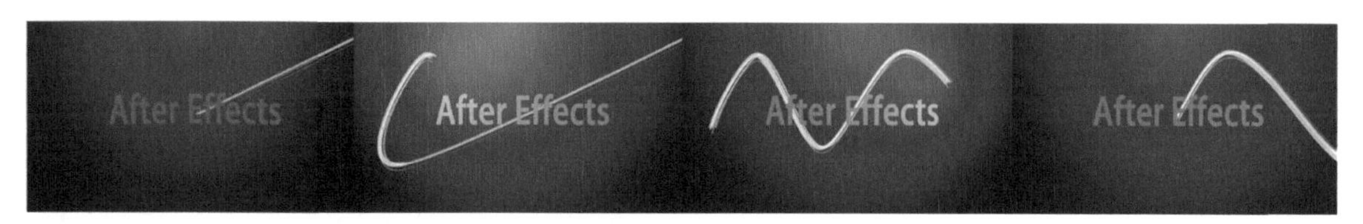

图7-150

01 执行Composition（合成）>New Composition（新建合成） 菜单命令，然后在打开的Composition Settings（合成设置）对话框中，输入Composition Name（合成名称）为light_particle，接着设置Width（宽度）为1 000、Height（高度）为563、Duration（持续时间）为7秒，最后单击OK（确定）按钮 OK 完成创建，如图7-151所示。

02 新建一个灯光，设置Name（名称）为Emitter、Light Type（灯光类型）为Point（点），然后单击OK（确定）按钮 OK ，如图7-152所示。

03 新建一个固态层，然后设置Name（名称）为particular，接着单击Make Comp Size（制作合成大小）按钮 Make Comp Size ，再设置Color（颜色）为黑色，最后单击OK（确定）按钮 OK ，如图7-153所示。

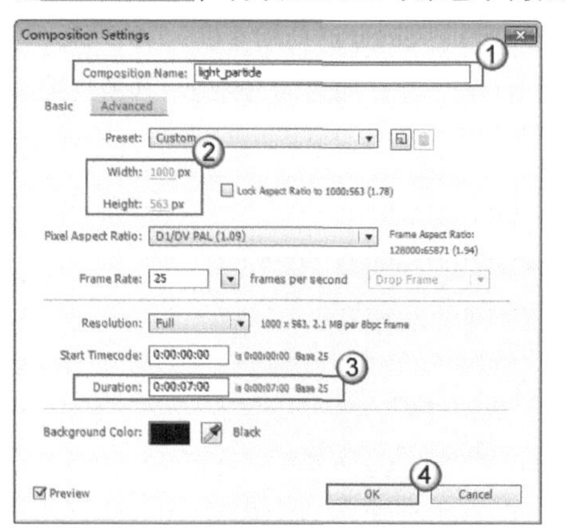

图7-151

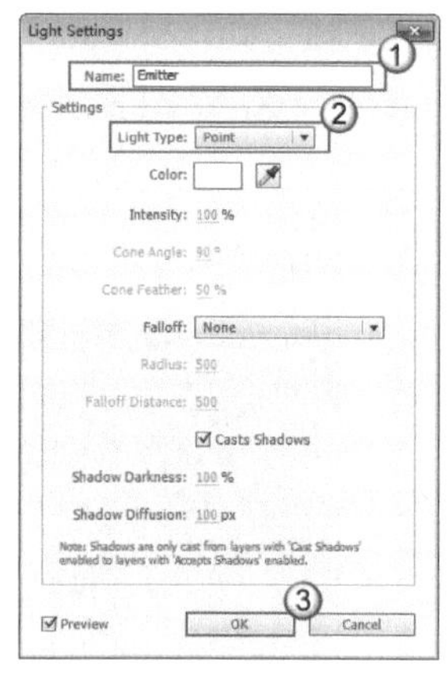

图7-152

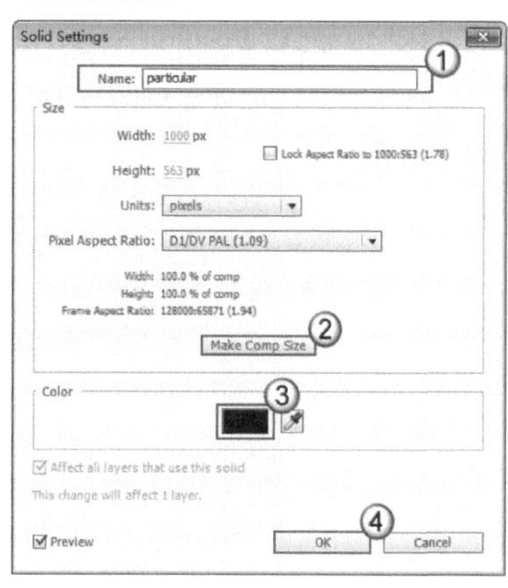

图7-153

04 新建一个文本图层，然后设置字体为Adobe Fan Heiti Std、颜色为（R:52，G:116，B:146）、大小为110 px，接着激活Faux Bold（仿粗体）功能，如图7-154所示，再输入文本After Effects，最后调整图层的上下级关系，如图7-155所示。画面如图7-156所示。

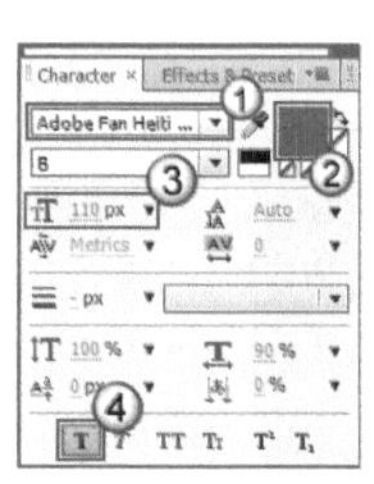

图7-154

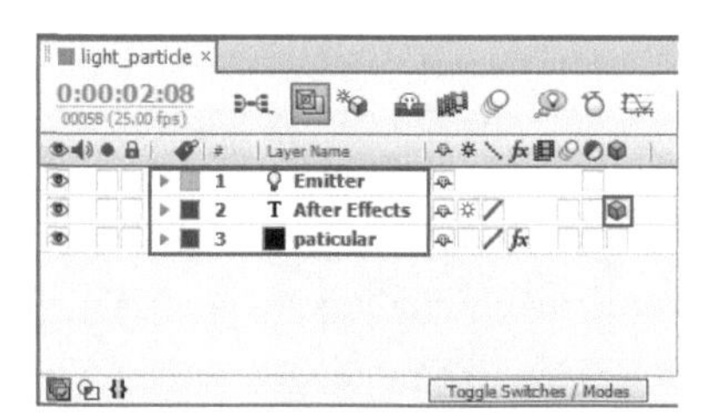

图7-155

图7-156

05 设置Emitter图层的Position（位置）属性的关键帧动画。在第0帧处，设置该属性为（1 177.3，-37.9，273.3）；在第1秒处，设置该属性为（150.6，417.7，23.6）；在第2秒处，设置该属性为（261.8，118，-210.6）；在第3秒处，设置该属性为（422.3，369.8，62.2）；在第4秒处，设置该属性为（663.5，87.9，-49.7）；在第5秒处，设置该属性为（905.3，355.4，-232.7）；在第6秒处，设置该属性为（1 119.3，5 511.4，-150.7），如图7-157所示。画面效果如图7-158所示。

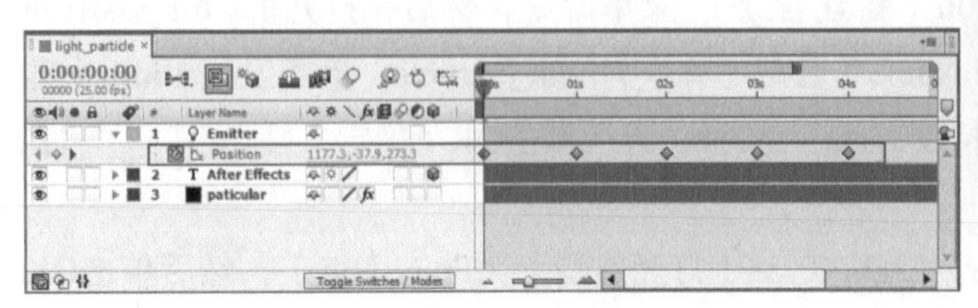

图7-157

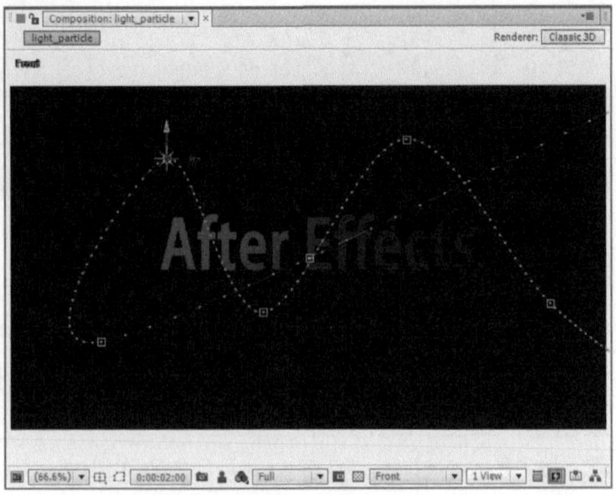

图7-158

06 选择particular图层，然后执行Effect（效果）> Trapcode > Particular菜单命令，接着在Effect Controls（效果控件）面板中，展开Emitter（发射器）属性组，设置Particles/sec（粒子/秒）为10 000、Emitter Type（粒子类型）为Light（s）（灯光）、Position Subframe（位置子帧）为10×Smooth（10倍平滑）、Velocity（初始速度）为0、Velocity from Motion[%]（运动速度[%]）为0、Emitter Size X/ Y/ Z（发射器大小X/Y/Z）为0，如图7-159所示。画面效果如图7-160所示。

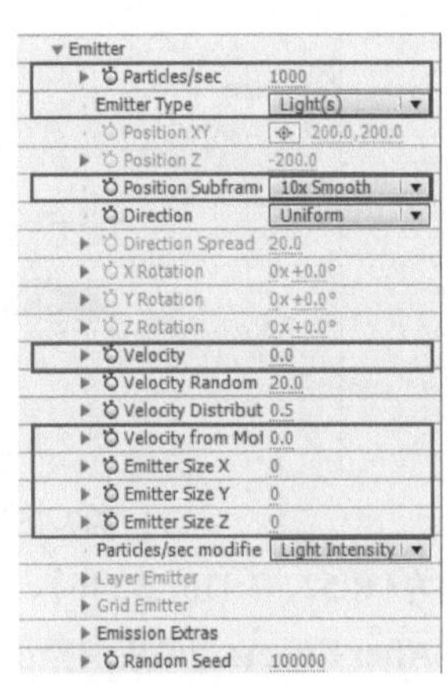

图7-159

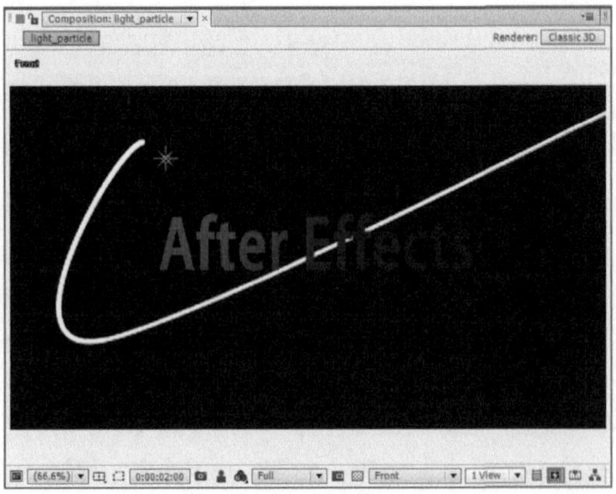

图7-160

07 展开Particle（粒子）属性组，然后设置Particle Type（粒子类型）为Streaklet（条纹形）、Size（大小）为20、Opacity（不透明度）为10、Color（颜色）为（R:62，G:152，B:254）、Transfer Mode（合成模式）为Add（相加），如图7-161所示。画面效果如图7-162所示。

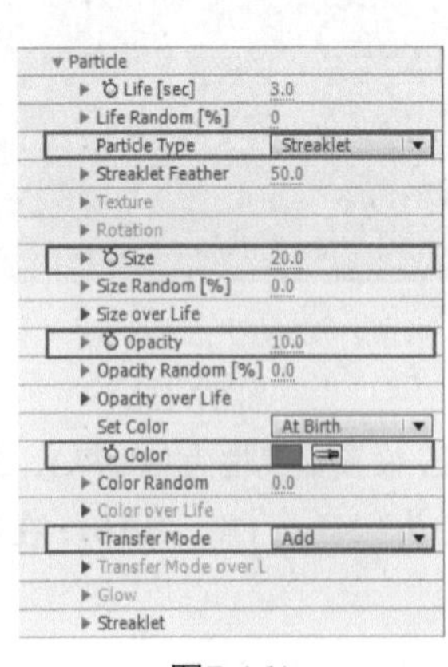

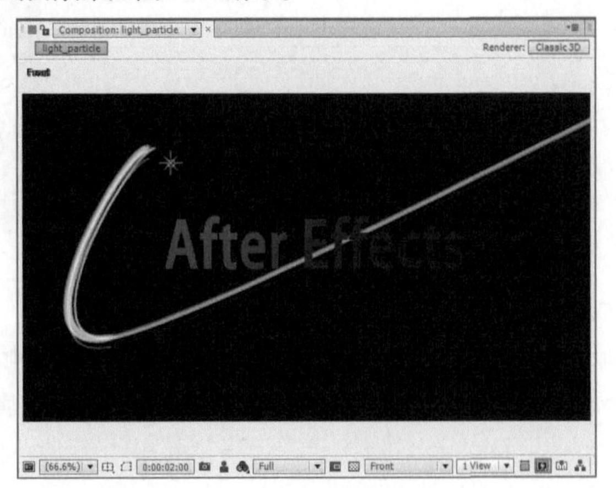

图7-161

图7-162

08 新建一个灯光，设置Light Type（灯光类型）为Ambient（环境），然后单击OK（确定）按钮 OK ，如图7-163所示。画面效果如图7-164所示。

09 新建一个固态层，然后设置Name（名称）为BG，接着单击Make Comp Size（制作合成大小）按钮 Make Comp Size ，再设置Color（颜色）为黑色，最后单击OK（确定）按钮 OK ，如图7-165所示。

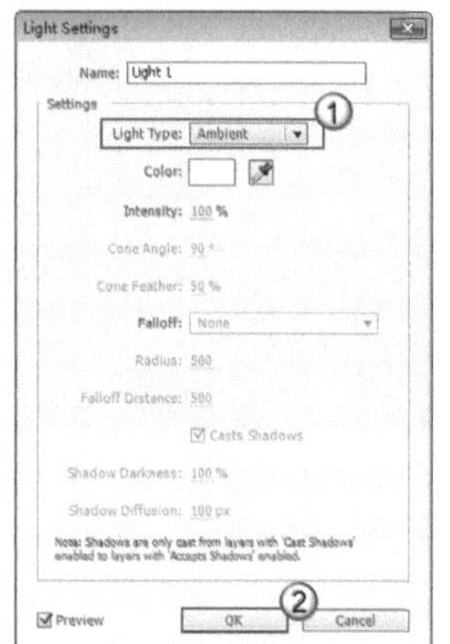

图7-163

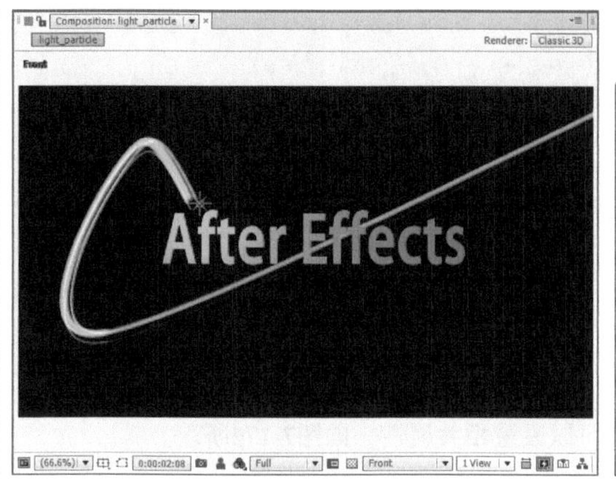

图7-164

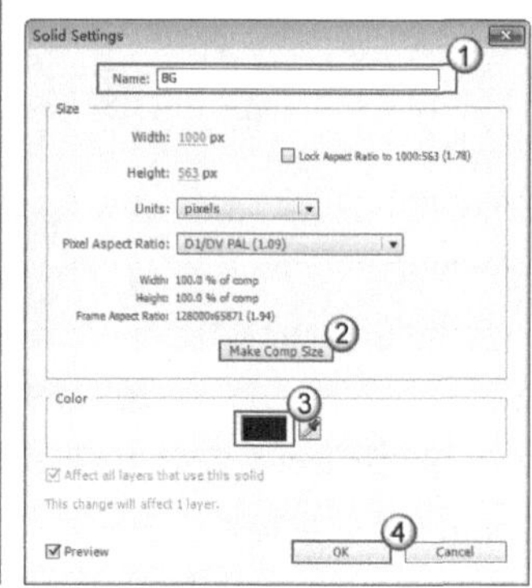

图7-165

10 选择BG图层，然后执行Effect（效果）> Generate（生成）> Ramp（渐变）菜单命令，如图7-166所示，接着在Effect Controls（效果控件）面板中，设置Start Color（起点颜色）为（R:142，G:84，B:149）、End of Ramp（渐变终点）为（500，900）、End Color（终点颜色）为黑色、Ramp Shape（渐变形状）为Radial Ramp（径向渐变），如图7-167所示。画面效果如图7-168所示。

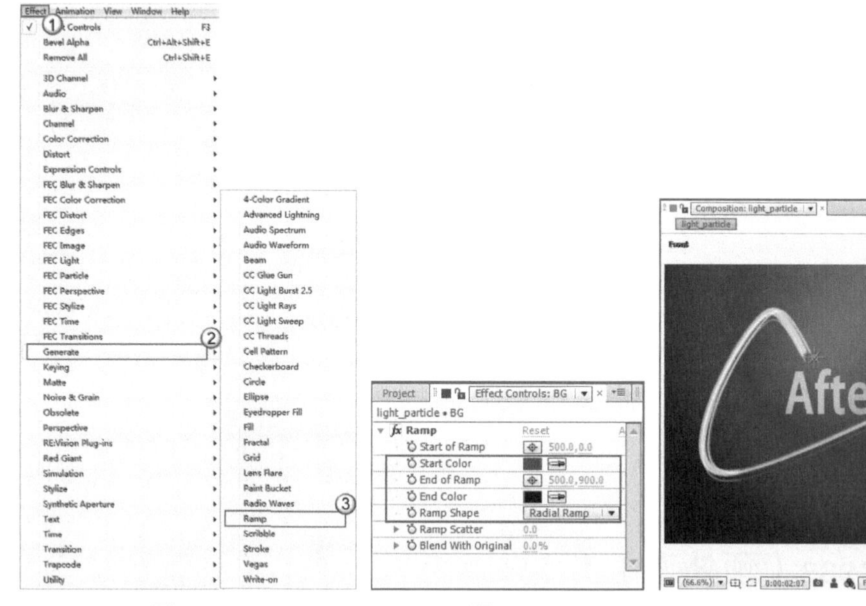

图7-166　　图7-167

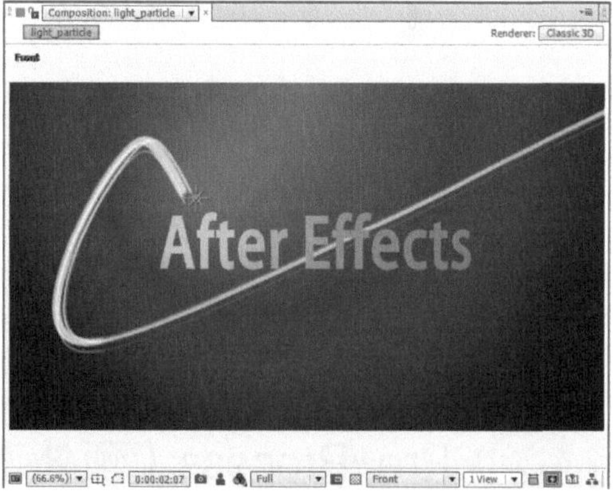

图7-168

7.6 Shine

Shine滤镜是一款光效插件，可以模拟出透过云层的阳光、在雾气中的灯光以及在水下光线的自然效果，效果如图7-169和图7-170所示。

图7-169

图7-170

执行Effect（效果）>Trapcode>Shine菜单命令，可为图层添加Shine滤镜，如图7-171所示。在Effect Controls（效果控件）面板中，可以设置相关属性，如图7-172所示。

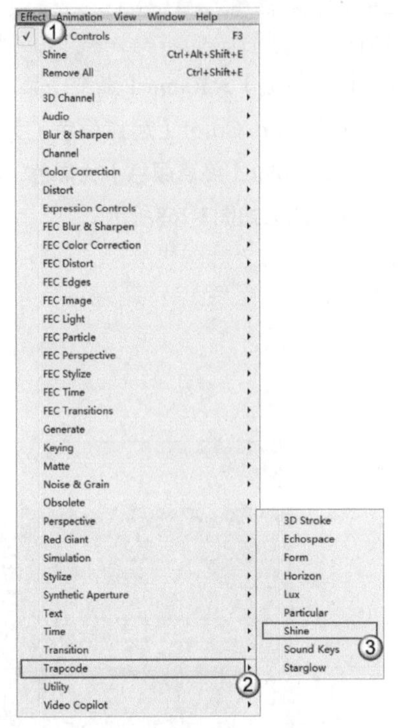

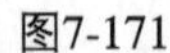

图7-171

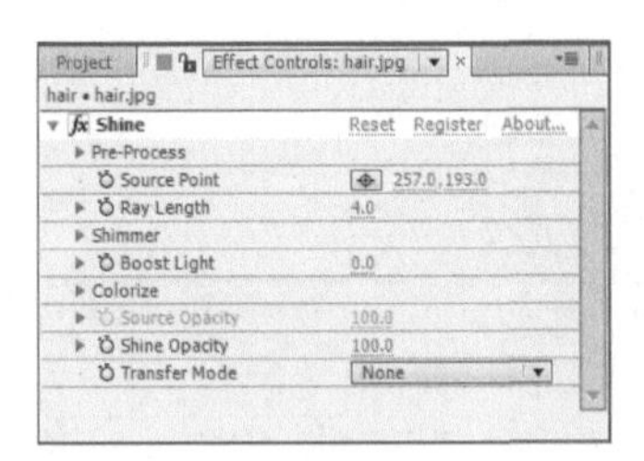

图7-172

7.6.1 Pre-Process（预处理）

Pre-Process（预处理）属性组可在应用Shine滤镜之前设置需要的功能属性，该属性组的内容如图7-173所示。

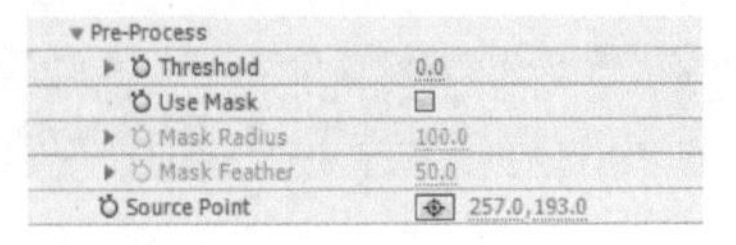

图7-173

Pre-Process（预处理）的属性介绍

Threshold（阈值）：分离Shine所能发生作用的区域，不同的Threshold（阈值）可以产生不同的光束效果，如图7-174所示。

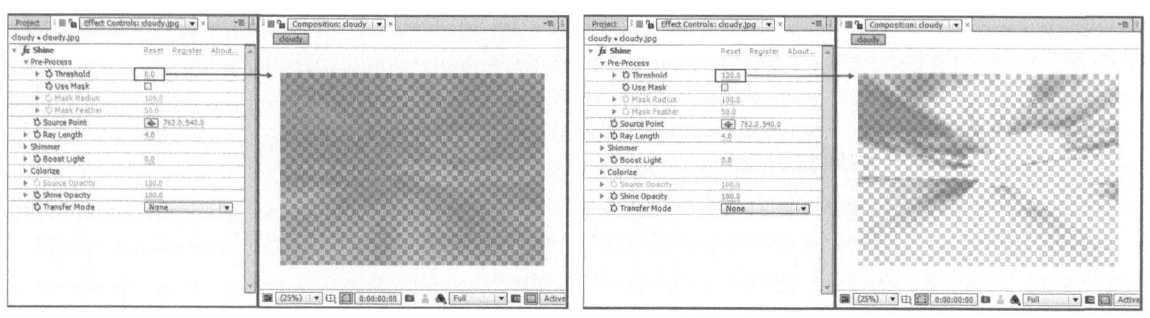

图7-174

Use Mask（使用遮罩）：设置是否使用遮罩效果，选择Use Mask（使用遮罩）以后，它下面的Mask Radius（遮罩半径）和Mask Feather（遮罩羽化）属性才会被激活。

Source Point（发光点）：发光的基点，产生的光线以此为中心向四周发射。可以通过更改它的坐标数值来改变中心点的位置，也可以在Composition（合成）面板的预览窗口中用鼠标移动中心点的位置，如图7-175所示。

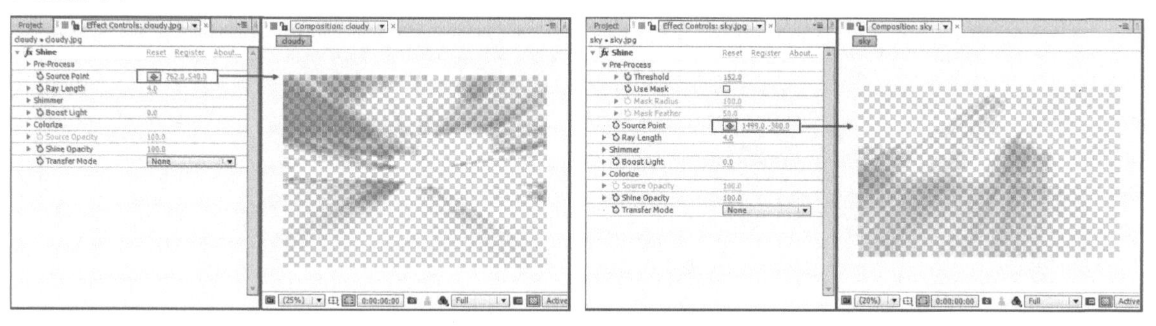

图7-175

7.6.2 Ray Length（光线发射长度）

Ray Length（光线发射长度）属性可设置光线的长短。数值越大，光线长度越长；数值越小，光线长度越短。该属性组的内容如图7-176所示。

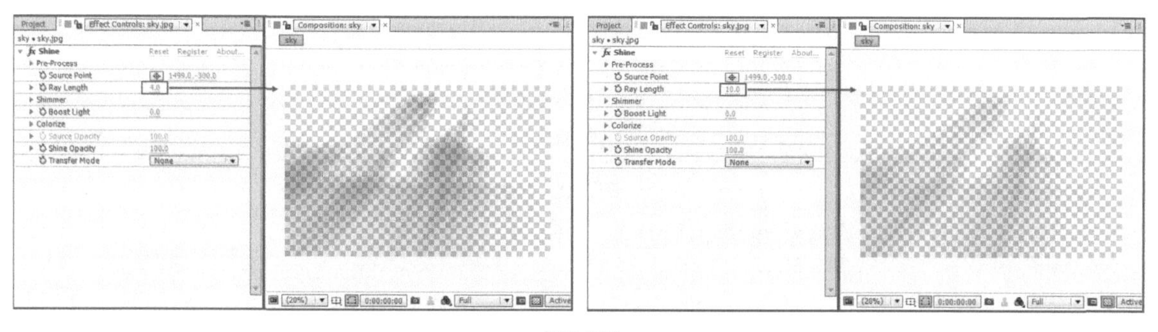

图7-176

7.6.3 Shimmer（微光）

Shimmer（微光）属性组可设置光效的细节，该属性组的内容如图7-177所示。

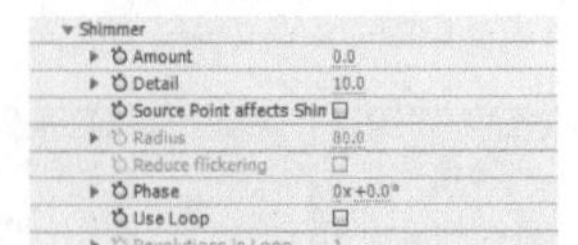

图7-177

Shimmer（微光）的属性介绍

Amount（数量）：设置微光的影响程度，如图7-178所示。

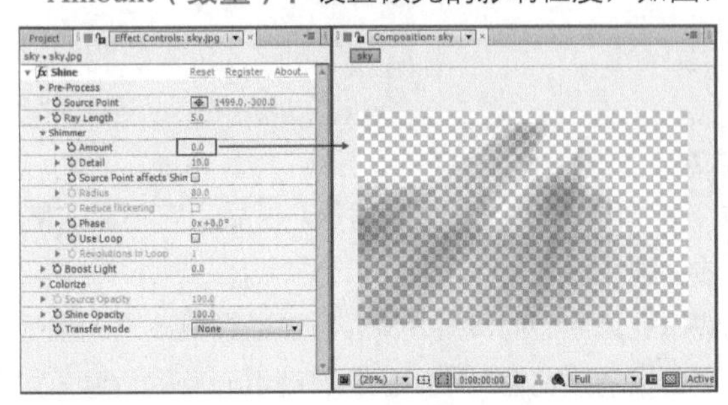

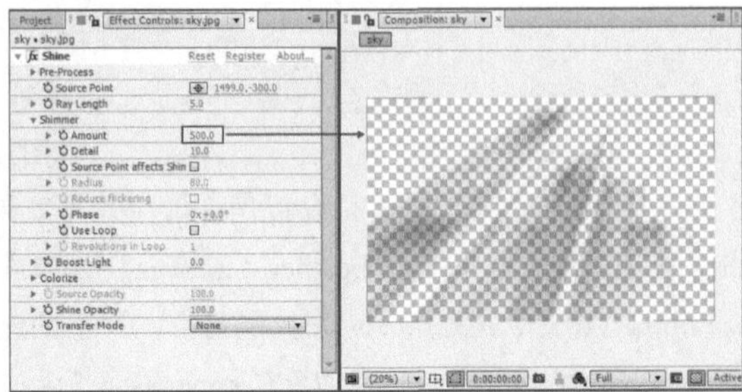

图7-178

Detail（细节）：设置微光的细节，如图7-179所示。

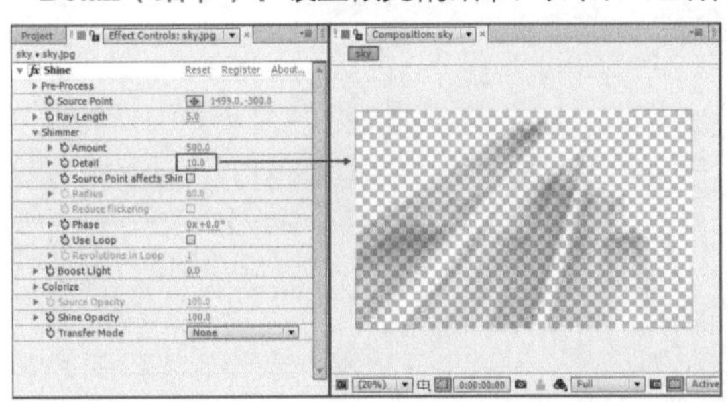

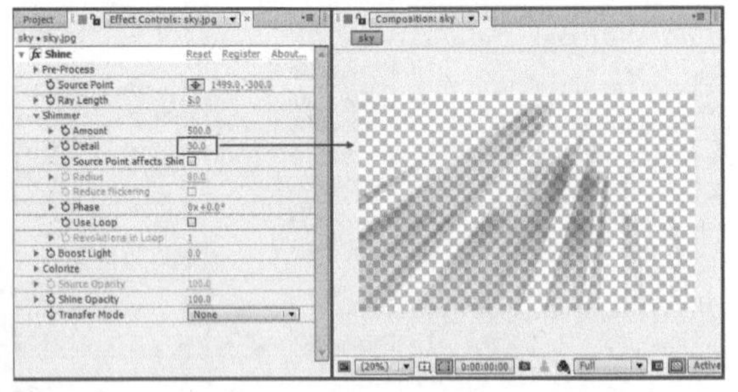

图7-179

Source Point affects shimmer（光束影响）：光束中心对微光是否发生作用，如图7-180所示。

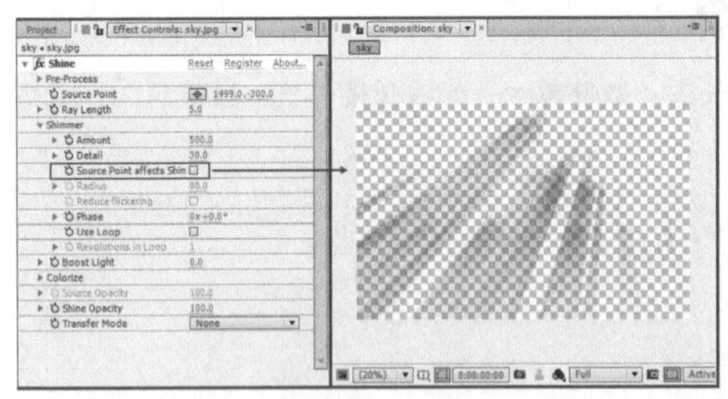

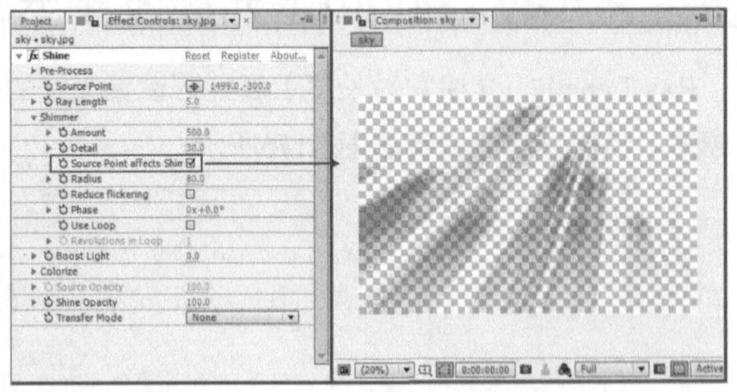

图7-180

Radius（半径）：设置微光受中心影响的半径，如图7-181所示。

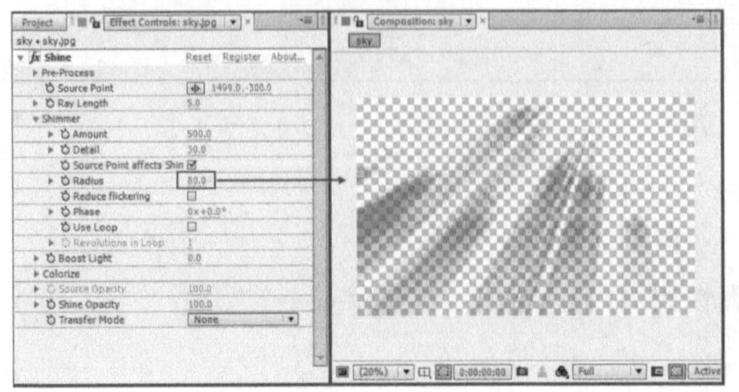

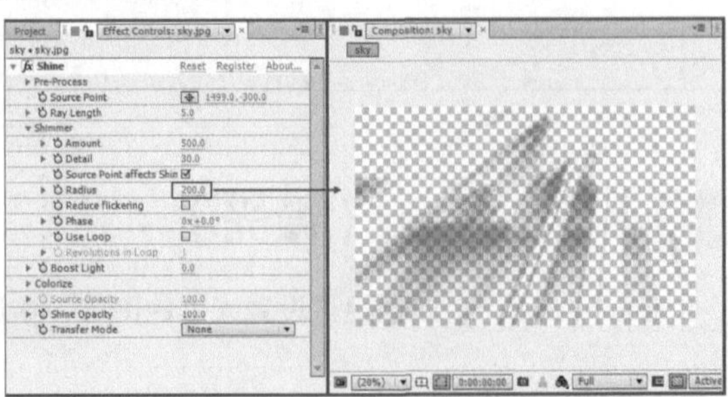

图7-181

Reduce flickering（减少闪烁）：使光线更加均匀，如图7-182所示。

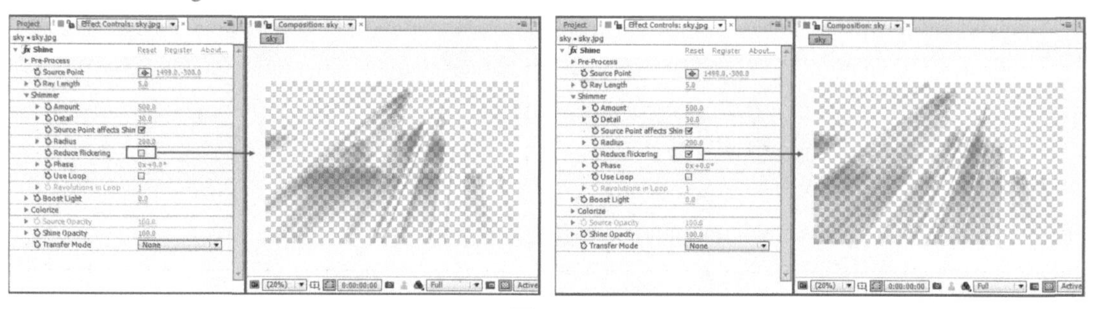

图7-182

Phase（相位）：设置光线的相位，如图7-183所示。

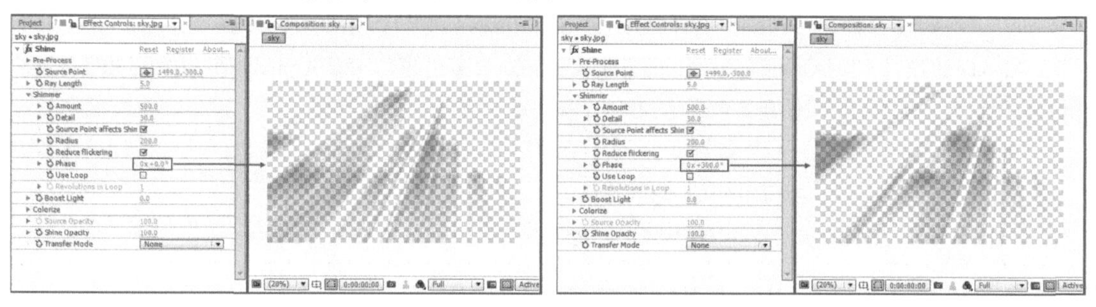

图7-183

Use Loop（循环）：控制是否循环。

Revolutions in Loop（循环中旋转）：控制在循环中的旋转圈数。

7.6.4 Boost Light（光线亮度）

Boost Light（光线亮度）属性可设置光线的高亮程度，如图7-184所示。

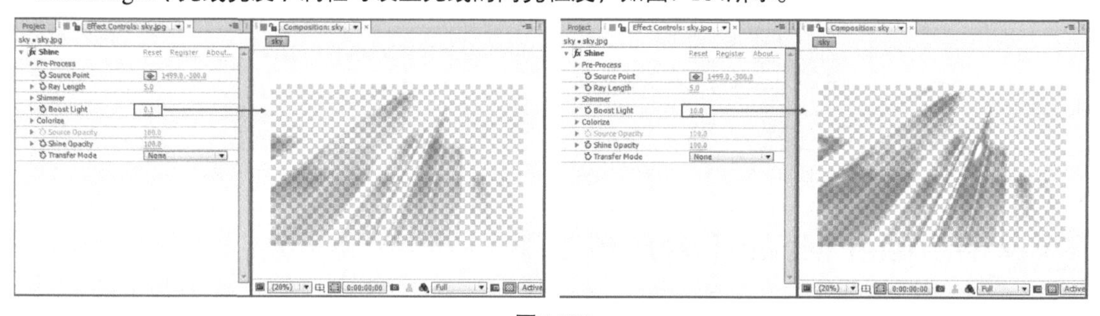

图7-184

7.6.5 Colorize（颜色）

Colorize（颜色）属性组可调节光线的颜色，选择预置的各种不同Colorize（颜色），可以对不同的颜色进行组合，该属性组的内容如图7-185所示。效果如图7-186所示。

Colorize	
Colorize...	3-Color Gradient
Base On...	Lightness
Highlights	
Mid High	
Midtones	
Mid Low	
Shadows	
Edge Thickness	1

图7-185

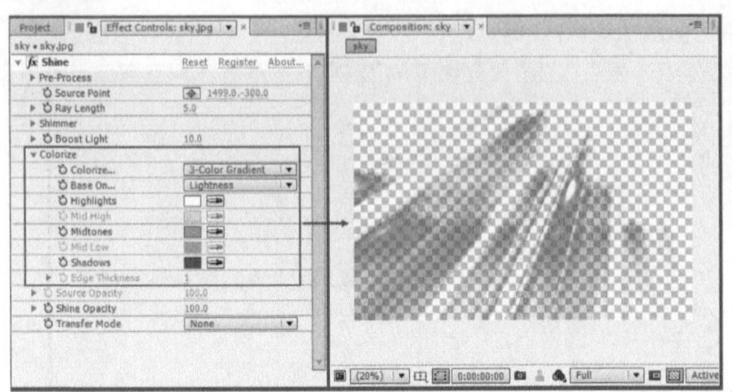

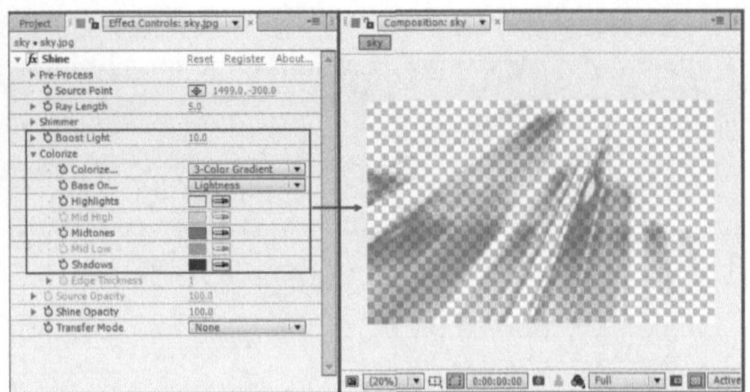

图7-186

Colorize（颜色）的属性介绍

Base On：决定输入通道，共有7种模式，分别是：Lightness（明度），使用明度值；Luminance（亮度），使用亮度值；Alpha（通道），使用Alpha通道；Alpha Edges（Alpha通道边缘），使用Alpha通道的边缘；Red（红色），使用红色通道；Green（绿色），使用绿色通道；Blue（蓝色），使用蓝色通道等模式。

Highlights（高光）/Mid High（中间高光）/Midtones（中间色）/Mid Low（中间阴影）/Shadows（阴影）：分别调节高光、中间高光、中间调、中间阴影和阴影的颜色。

Edge Thickness（边缘厚度）：控制光线边缘的厚度。

7.6.6 Shine Opacity（光线不透明度）

Shine Opacity（光线不透明度）属性可调节光线的不透明度，如图7-187所示。

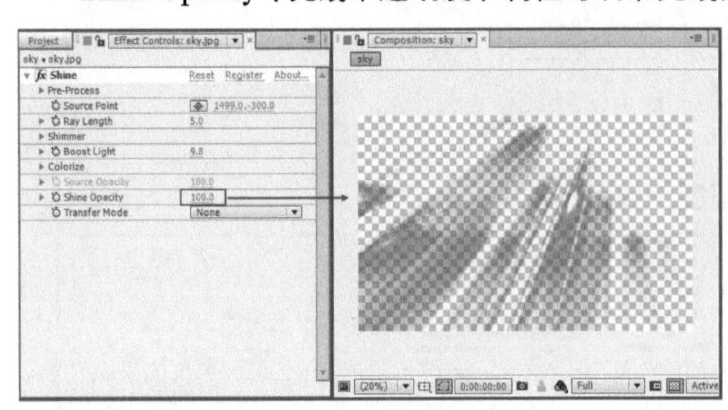

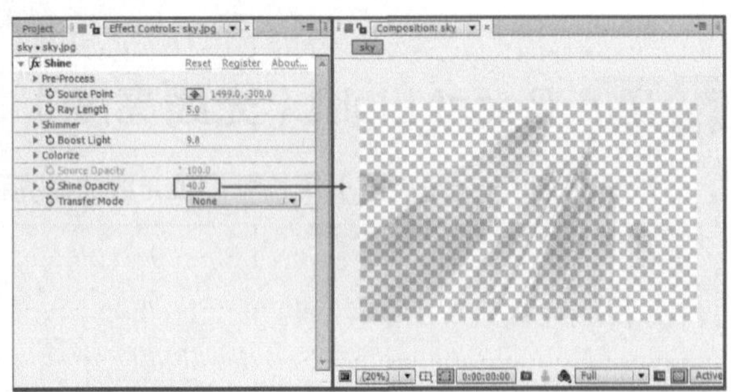

图7-187

7.6.7 Transfer Mode（合成模式）

Transfer Mode（合成模式）属性和图层的混合模式类似，如图7-188所示。

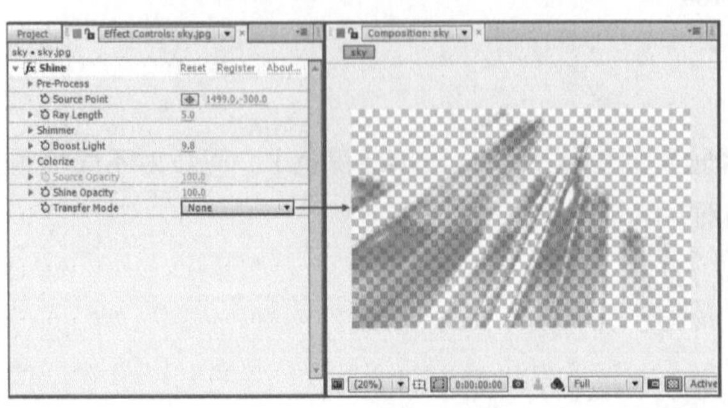

图7-188

课堂案例 动感光线

- 素材位置 实例文件>CH07>课堂案例：动感光线
- 实例位置 实例文件>CH07>动感光线_F.aep
- 难易指数 ★★★★☆
- 技术掌握 掌握Shine滤镜的使用方法

（扫描观看视频）

本例主要通过制作动感光线动画，来掌握Shine滤镜的使用方法和操作技巧，效果如图7-189所示。

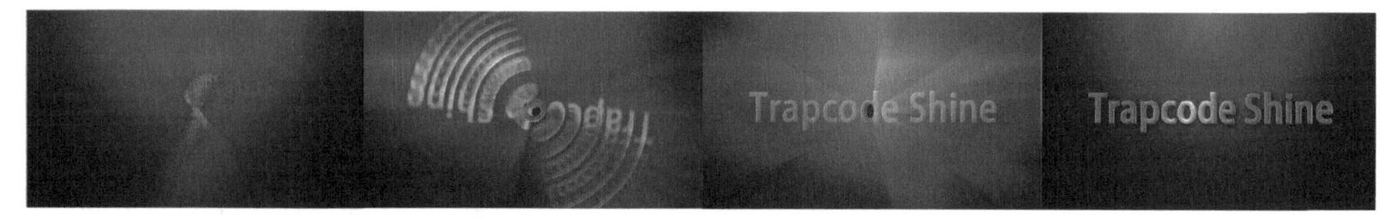

图7-189

01 执行Composition（合成）>New Composition（新建合成）菜单命令，然后在打开的Composition Settings（合成设置）对话框中，输入Composition Name（合成名称）为text_animation，接着设置Width（宽度）为1 000、Height（高度）为563、Duration（持续时间）为10秒，最后单击OK（确定）按钮 OK 完成创建，如图7-190所示。

02 新建一个文本图层，然后设置字体为Adobe Fan Heiti Std、颜色为（R:51，G:181，B:255）、大小为110 px，接着激活Faux Bold（仿粗体）功能，如图7-191所示。最后输入文本Trapcode Shine。画面如图7-192所示。

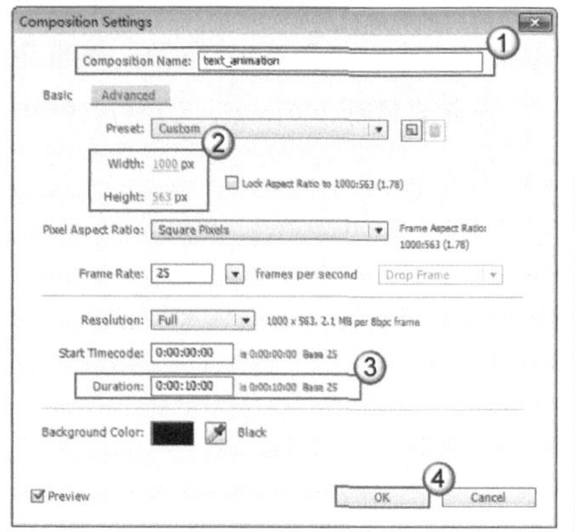

图7-190

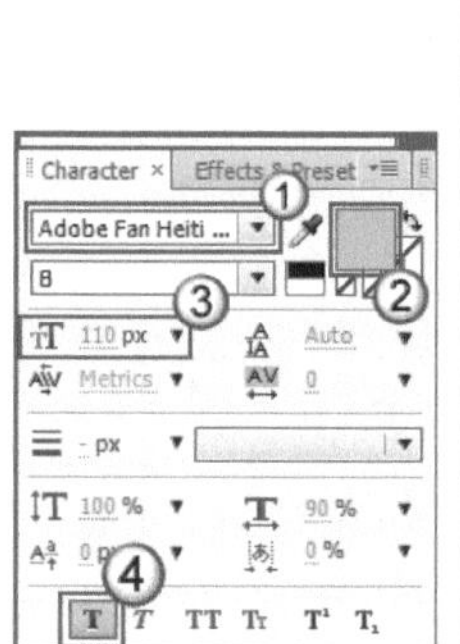

图7-191

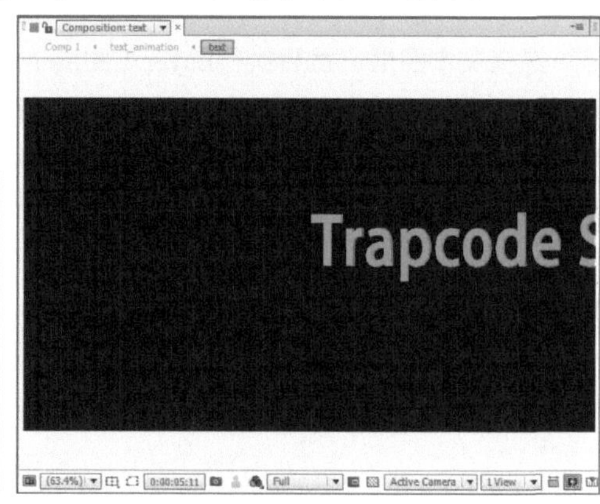

图7-192

03 设置文本图层的Position（位置）为（140，313.5），如图7-193所示。画面效果如图7-194所示。

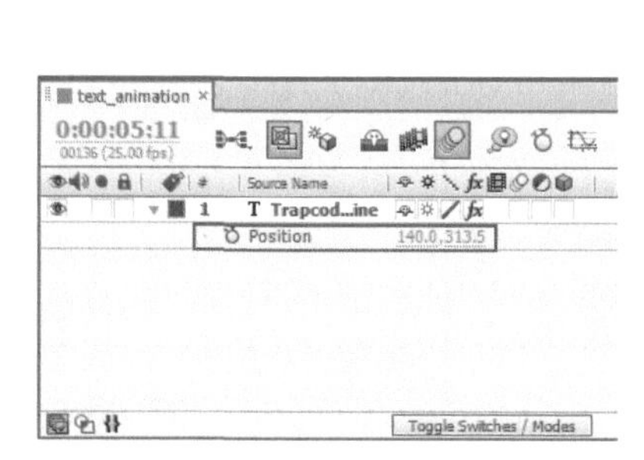

图7-193

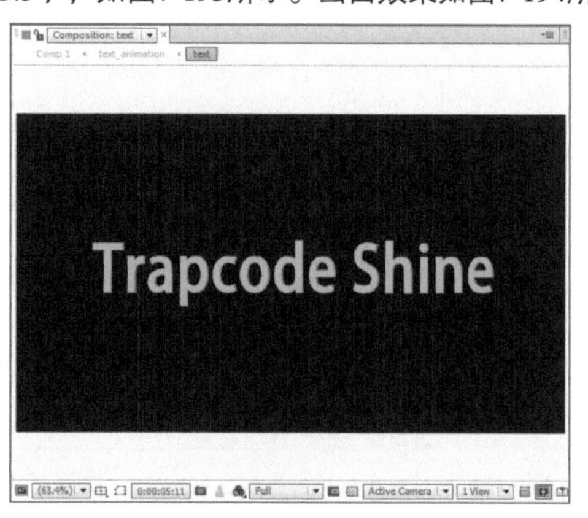

图7-194

04 选择文本图层，然后Effect（效果）> Perspective（透视）> Bevel Alhpa（倒角Alhpa）菜单命令，如图7-195所示。接着在Effect Controls（效果控件）面板中，设置Edge Thickness（边缘厚度）为2.5，如图7-196所示。画面效果如图7-197所示。

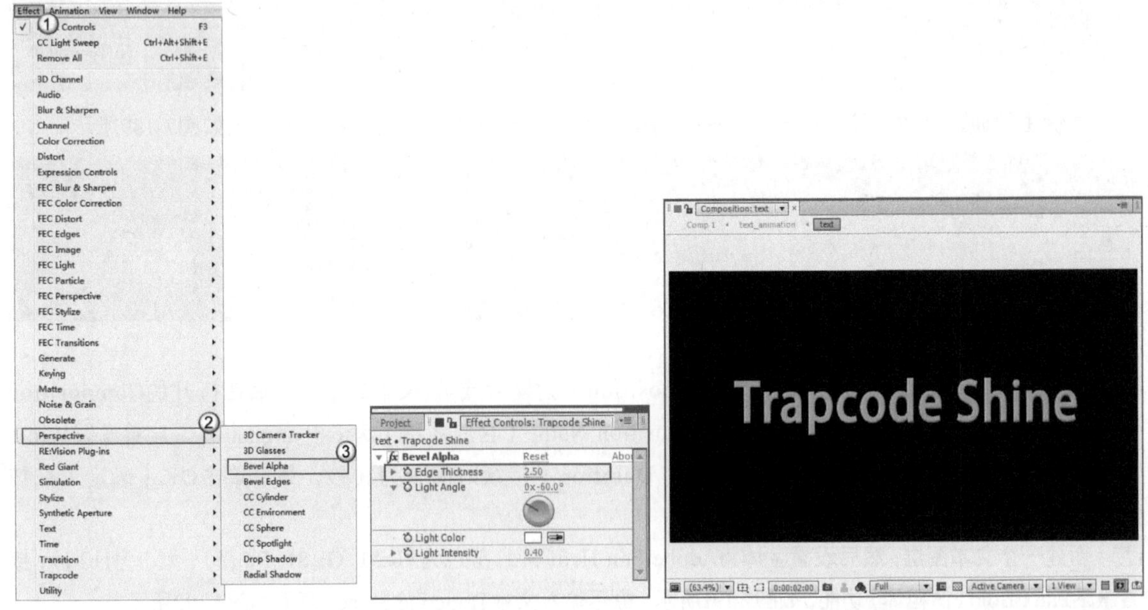

图7-195　　图7-196　　图7-197

05 选择文本图层，然后执行Layer（图层）>Pre-compose（预合成）菜单命令，如图7-198所示。接着在打开的Pre-compse（预合成）对话框中，设置New composition name（新合成名称）为text，如图7-199所示。在text_animation合成中，就生成了一个新的text合成图层，如图7-200所示。

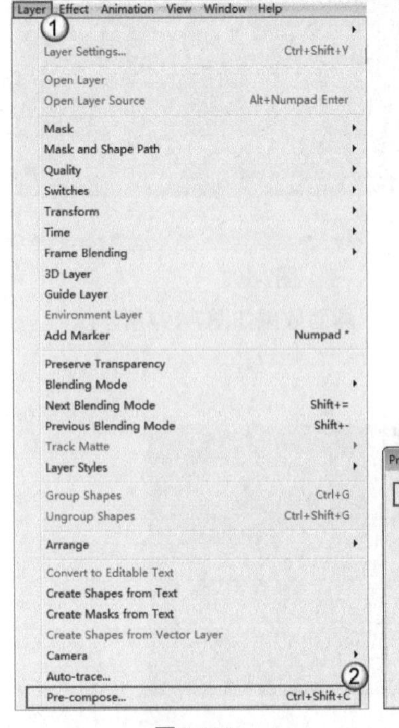

图7-198

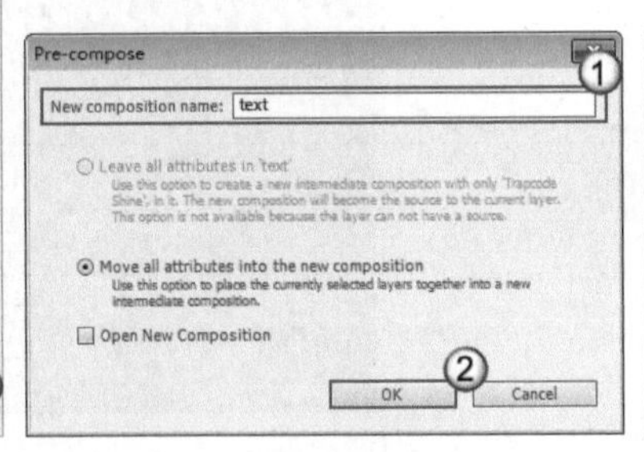

图7-199

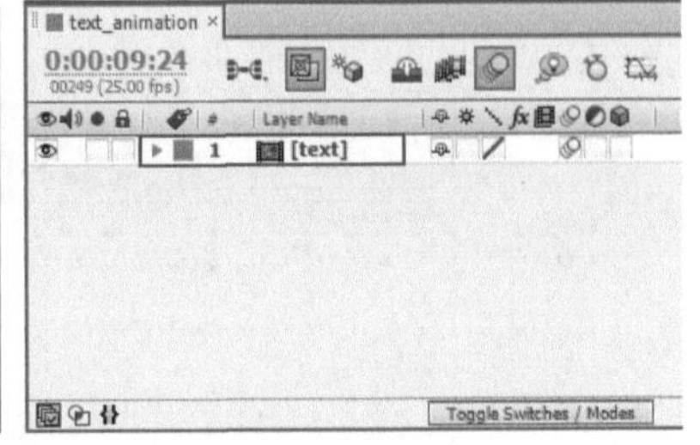

图7-200

06 设置text图层的关键帧动画。在第0帧处，设置Scale（缩放）为（0，0%）、Rotation（旋转）为（0×0°）；在第2秒处，设置Scale（缩放）为（100，100%）；在第4秒处，设置Rotation（旋转）为

（2×+0°），如图7-201所示。画面效果如图7-202所示。

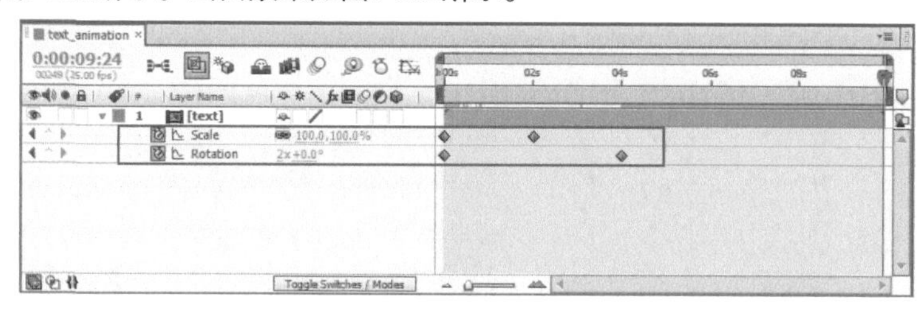

图7-201

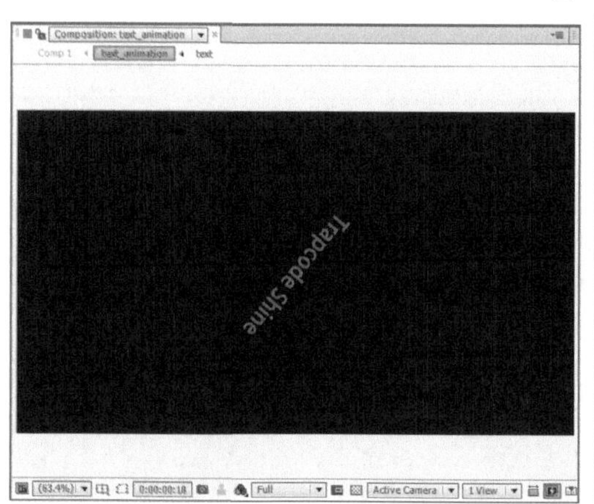
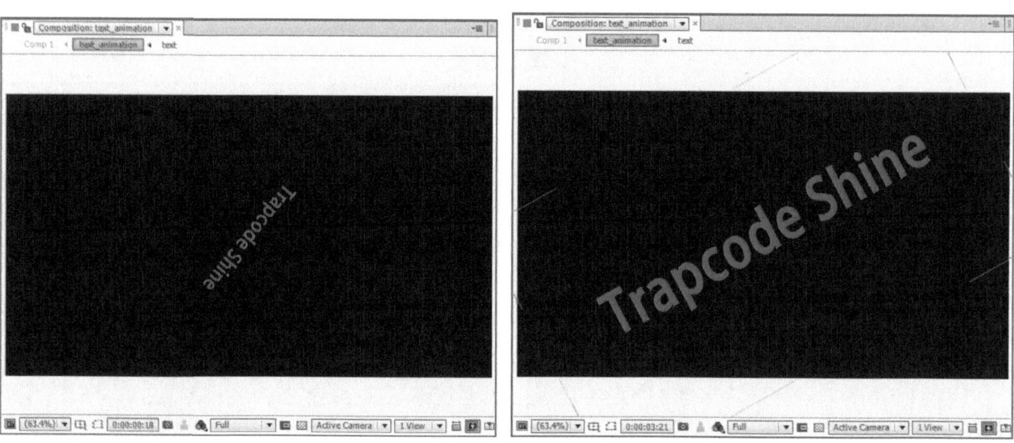

图7-202

07 在Timeline（时间轴）面板中激活Motion Blur（运动模糊）功能，如图7-203所示。画面效果如图7-204所示。

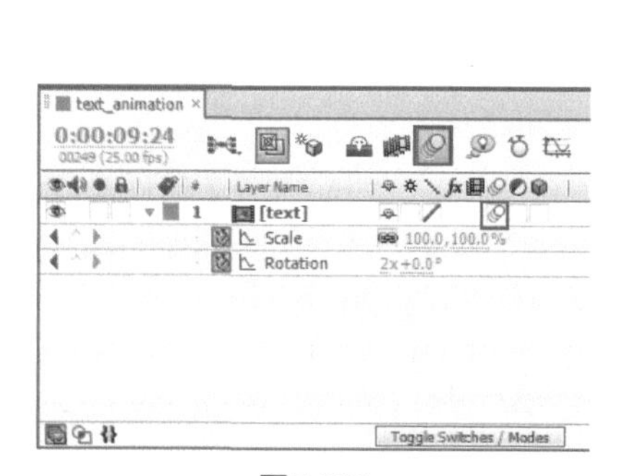

图7-203

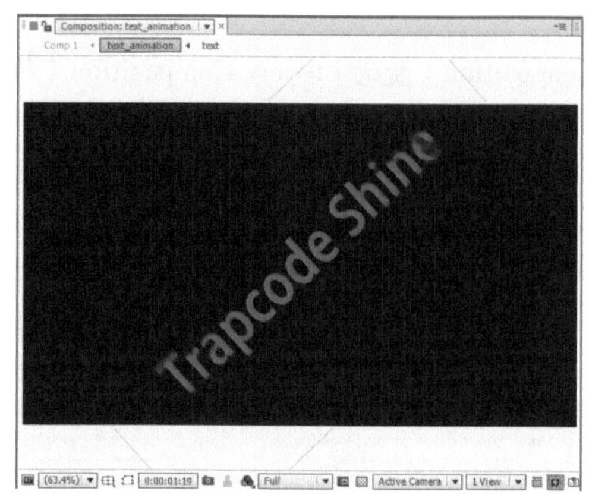

图7-204

08 复制出9个text图层，如图7-205所示。然后设置各个文字的颜色由蓝色到红色，如图7-206所示。

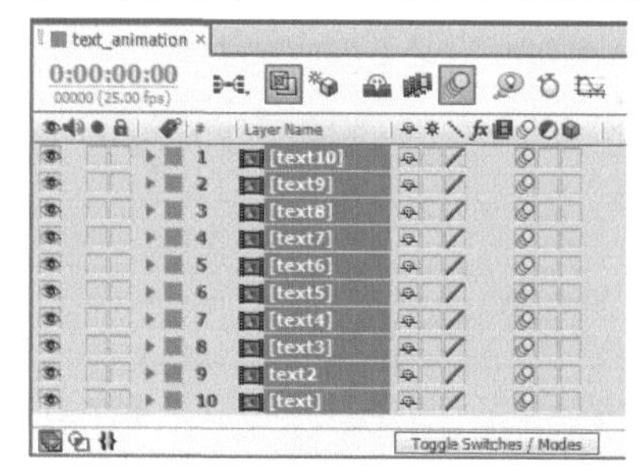

图7-205

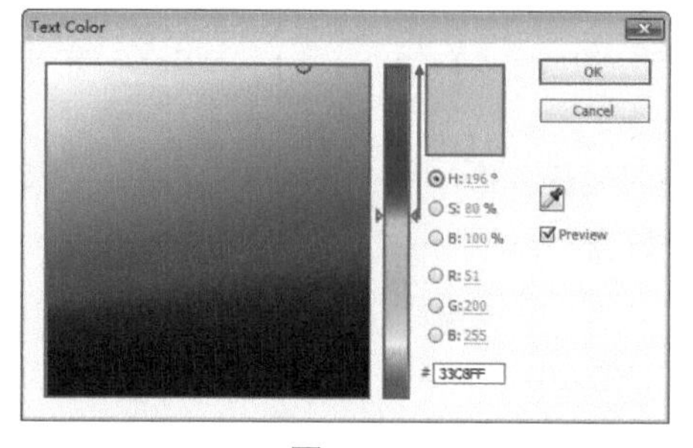

图7-206

09 由上向下依次将图层的入点时间向后延迟1帧，如图7-207所示，画面效果如图7-208所示。

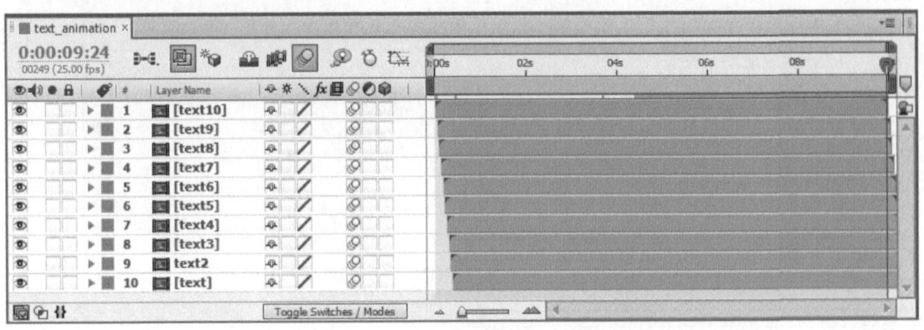

图7-207

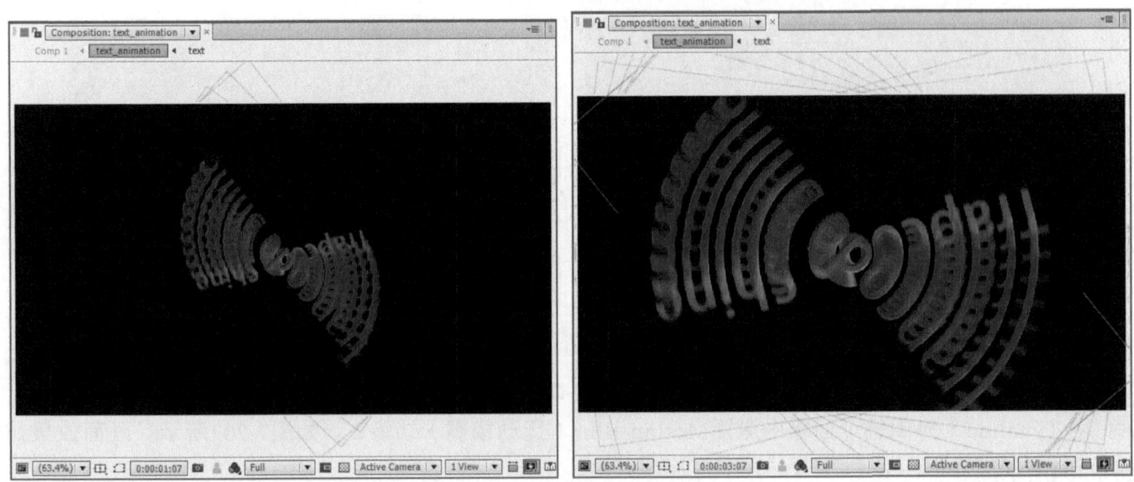
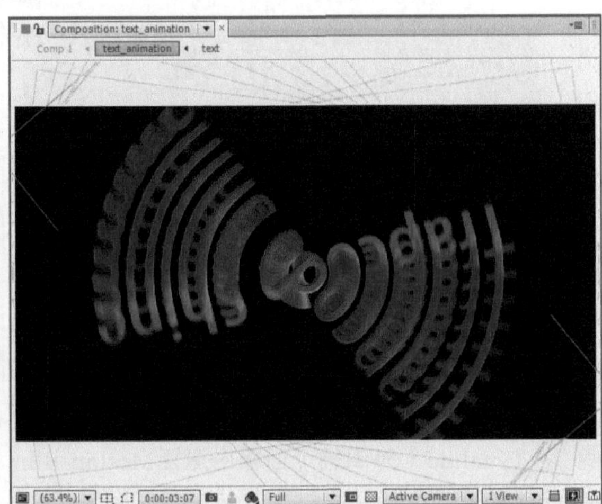

图7-208

10 执行Composition（合成）>New Composition（新建合成）菜单命令，然后在打开的Composition Settings（合成设置）对话框中，输入Composition Name（合成名称）为Comp 1，接着设置Width（宽度）为1 000、Height（高度）为563、Duration（持续时间）为7秒，最后单击OK（确定）按钮 OK 完成创建，如图7-209所示。

11 新建一个固态层，然后设置Name（名称）为BG，接着单击Make Comp Size（制作合成大小）按钮 Make Comp Size ，再设置Color（颜色）为黑色，最后单击OK（确定）按钮 OK ，如图7-210所示。

12 将text_animation合成拖曳到Timeline（时间轴）面板中的顶层，如图-211所示。

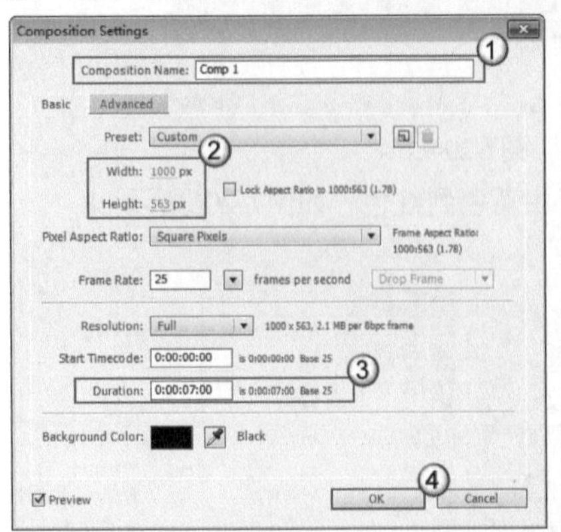

图7-209

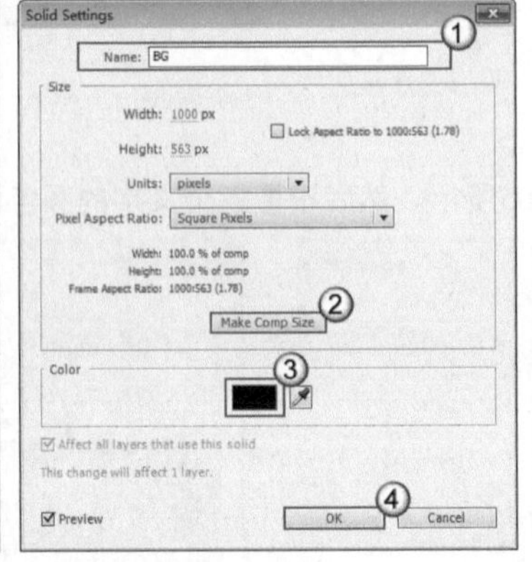

图7-210

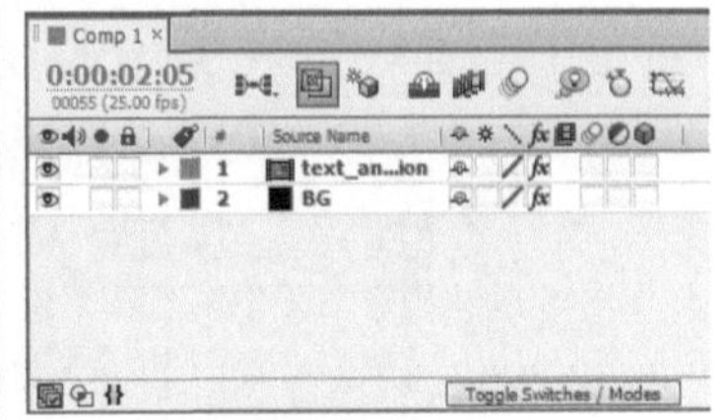

图7-211

13 选择BG图层，然后执行Effect（效果）> Generate（生成）> Ramp（渐变）菜单命令，如图7-212所示。接着在Effect Controls（效果控件）面板中，设置Start Color（起点颜色）为（R:36，G:126，B:183）、End of Ramp（渐变终点）为（500，750）、End Color（终点颜色）为黑色、Ramp Shape（渐变形状）为Radial Ramp（径向渐变），如图7-213所示。画面效果如图7-214所示。

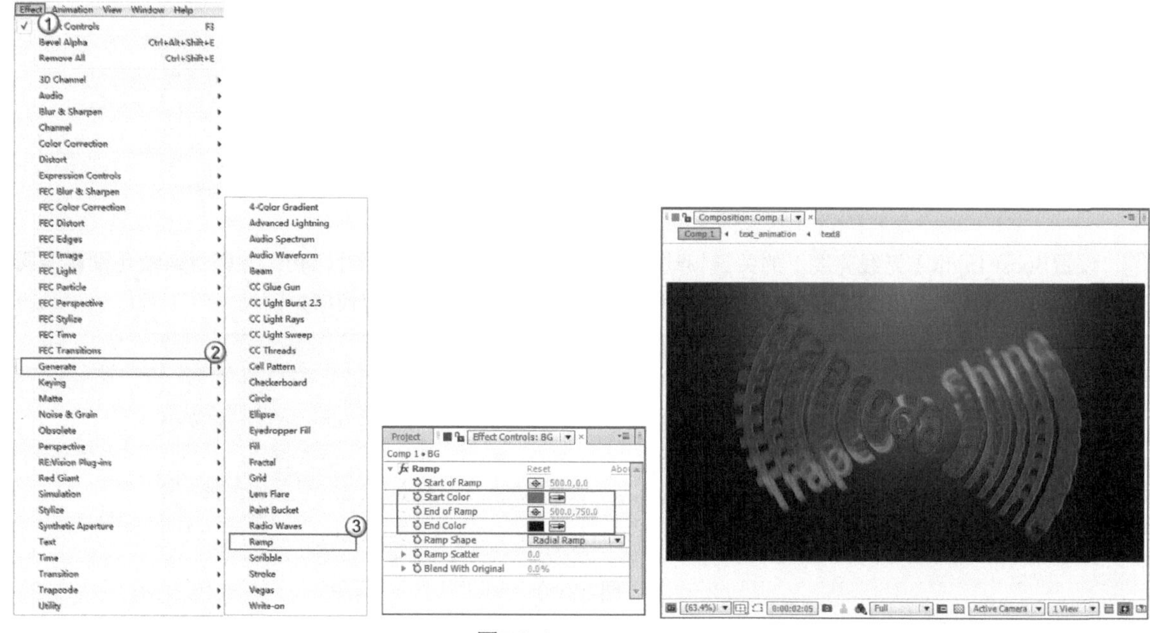

图7-212　　图7-213　　图7-214

14 选择text_animation图层，然后执行Effect（效果）>Trapcode>Shine菜单命令，接着在Effect Controls（效果控件）面板中，设置Ray Length（光线发射长度）为12、 Colorize（颜色）为None（无）、Transfer Mode（合成模式）为Screen（屏幕）、Shine Opacity（光线不透明度）为80，如图7-215所示。画面效果如图7-216所示。

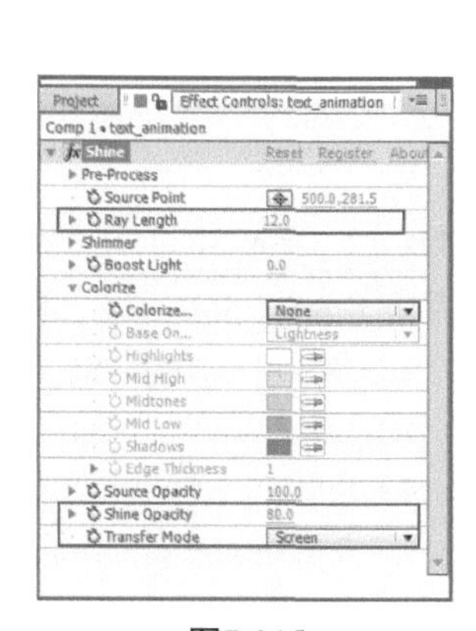

图7-215

图7-216

15 设置Ray Length（光线发射长度）的关键帧动画。在第4秒13帧处设置该属性为12，在第4秒20帧处设置该属性为1，在第4秒24帧处设置该属性为5，在第5秒4帧处设置该属性为30，在第5秒10帧处设置该属性为0，如图7-217所示。

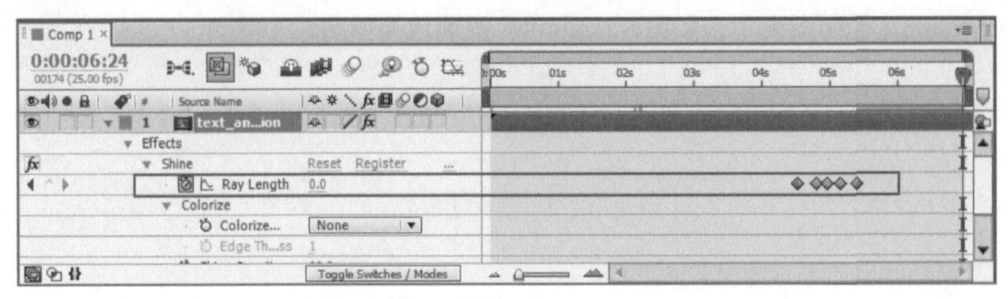

图7-217

16 设置Boost Light（光线亮度）的关键帧动画。在第4秒24帧处设置该属性为0，在第5秒4帧处设置该属性为4，在第5秒10帧处设置该属性为0，如图7-218所示。画面效果如图7-219所示。

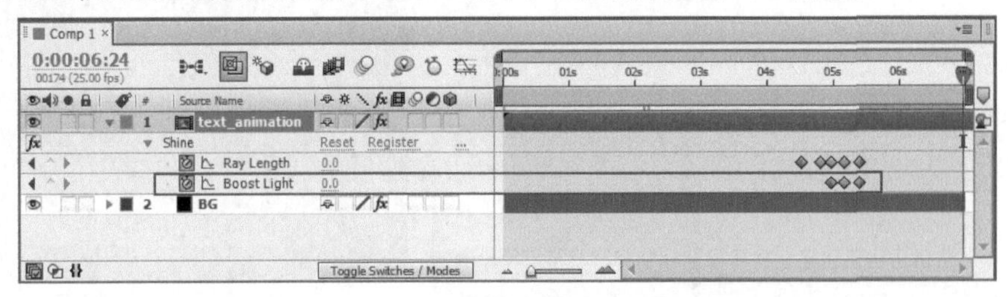

图7-218

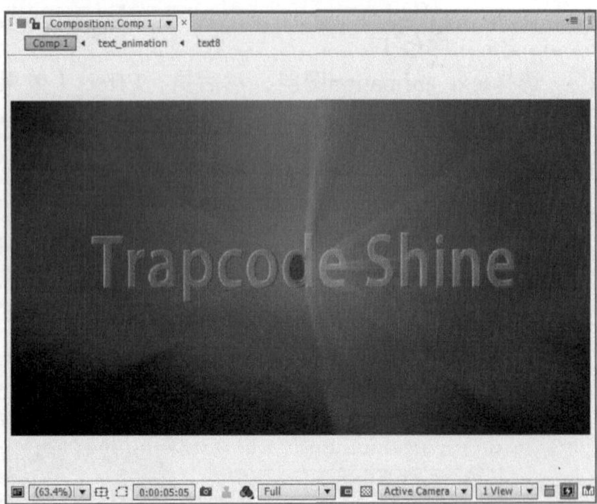

图7-219

17 选择text_animation图层，然后执行Effect（效果）> Perspective（透视）> Drop Shadow（投影）菜单命令，接着在Effect Controls（效果控件）面板中，设置Distance（距离）为8、Softness（柔和度）为50，如图7-220所示。画面效果如图7-221所示。

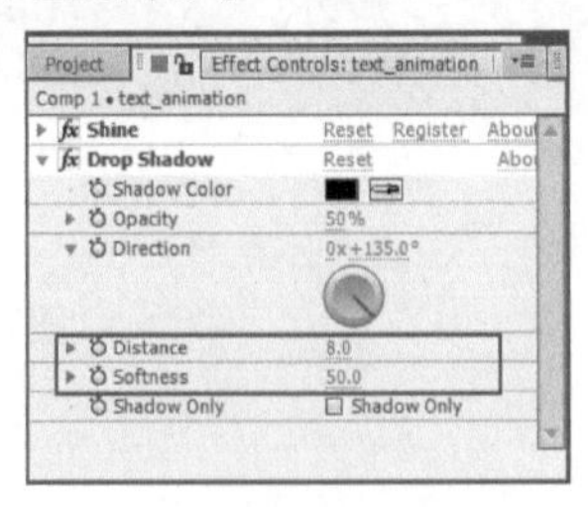

图7-220

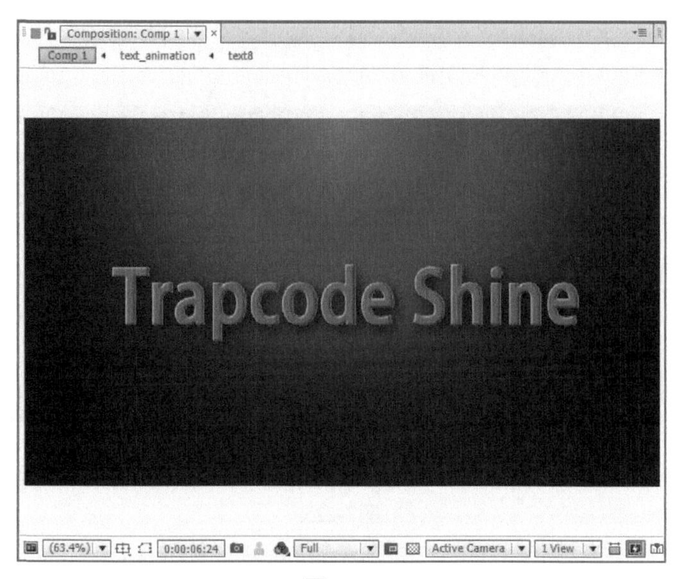

图7-221

18 选择text_animation图层，然后执行Effect（效果）> Generate（生成）> CC Light Sweep（CC 扫光）菜单命令，接着在Effect Controls（效果控件）面板中，设置Width（宽度）为100、Sweep Intensity（扫掠强度）为50、Light Color（扫光颜色）为（R:89, G:187, B:255），如图7-222所示。画面效果如图7-223所示。

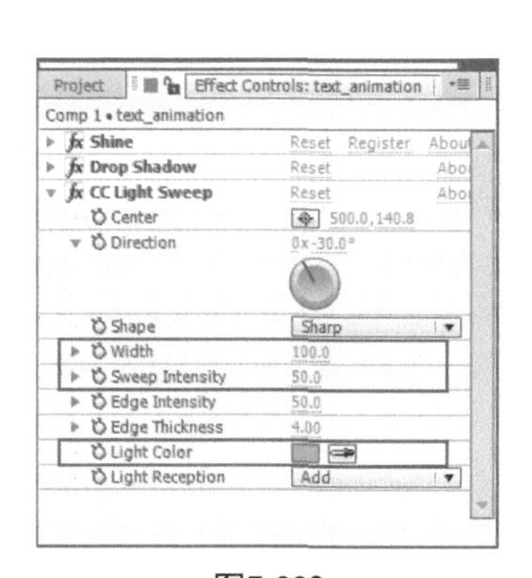

图7-222

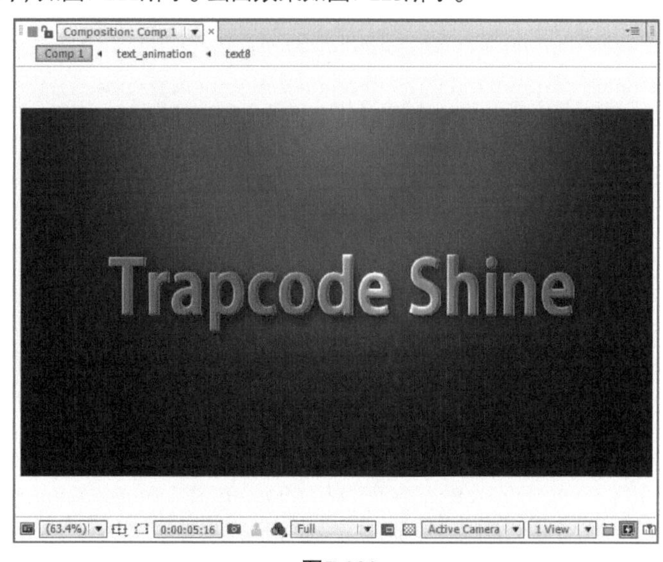

图7-223

19 设置Direction（方向）属性的关键帧动画。在第6秒2帧处设置Direction（方向）为（0×90°），在第6秒15帧处设置Direction（方向）为（0×-90°），如图7-224所示。画面效果如图7-225所示。

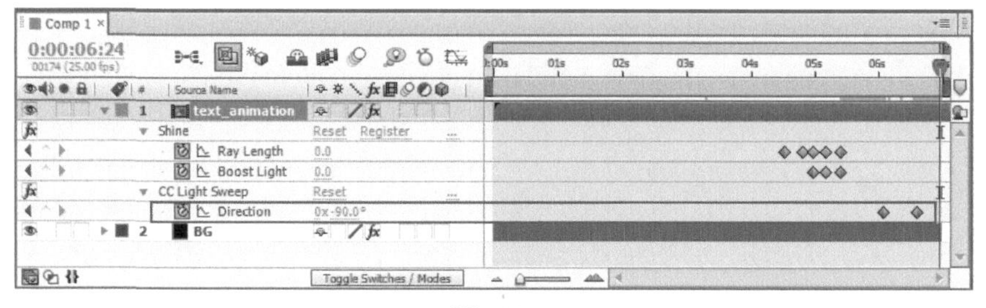

图7-224

Composition: Comp 1
Comp 1
text_animation
text8
Trapcode Shine
(63.4%)
0:00:06:04
Full
Active Camera
1 View

Composition: Comp 1
Comp 1
text_animation
text8
Trapcode Shine
(63.4%)
0:00:06:13
Full
Active Camera
1 View

图7-225

商业实战 08

After Effects的应用领域相当广泛，结合实际市场需要，下面着重介绍After Effects在栏目包装和影视特效方面的应用。本章精选了4个综合性强的商业案例，包括“萤火虫夜空”“公益片头”“体育栏目”和“海底世界”。通过对本章的学习，读者可掌握整个影视后期特效的制作要点。

8.1 萤火虫夜空

- 素材位置 实例文件>CH08>萤火虫夜空
- 实例位置 实例文件>CH08>萤火虫夜空_F.aep
- 难易指数 ★★★★☆
- 技术掌握 掌握特效合成的制作流程以及特效滤镜的综合使用

（扫描观看视频）

本例主要通过制作萤火虫夜空动画，来掌握抠像、颜色校正、特效滤镜和关键帧动画等操作技巧，效果如图8-1所示。

图8-1

8.1.1 创建飞舞光线

01 执行Composition（合成）>New Composition（新建合成）菜单命令，然后在打开的Composition Settings（合成设置）对话框中，输入Composition Name（合成名称）为stroke，接着设置Width（宽度）为1000、Height（高度）为1000、Duration（持续时间）为3秒7帧，最后单击OK（确定）按钮 OK 完成创建，如图8-2所示。

02 新建一个固态层，然后单击Make Comp Size（制作合成大小）按钮 Make Comp Size ，接着设置Color（颜色）为黑色，最后单击OK（确定）按钮 OK ，如图8-3所示。

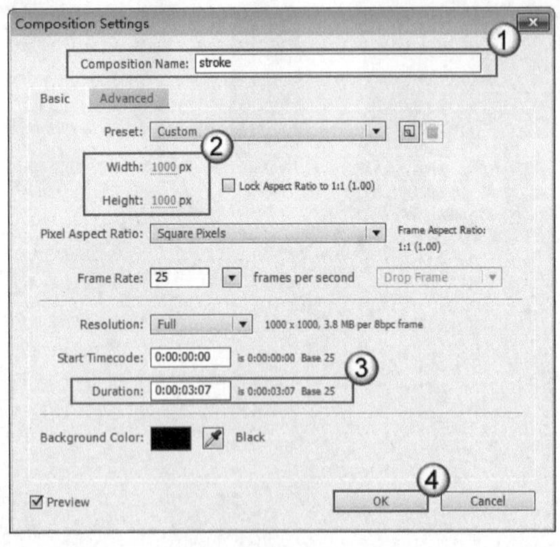

图8-2

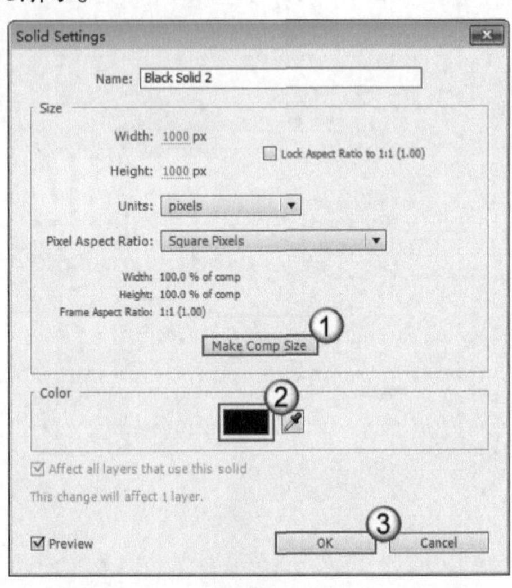

图8-3

03 选择固态层，然后使用Pen Tool（钢笔工具）在画面中绘制一条图8-4所示的曲线。

04 选择固态层，然后执行Effect（效果）> Trapcode > 3D Stroke菜单命令，接着在Effect Controls（效果控件）面板中，设置Thickness（厚度）为5、Feather（羽化）为50、End（结束）为50，如图8-5所示。画面效果如图8-6所示。

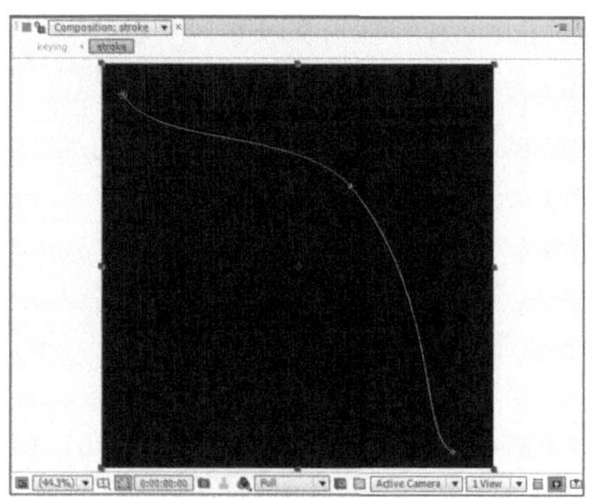

图8-4

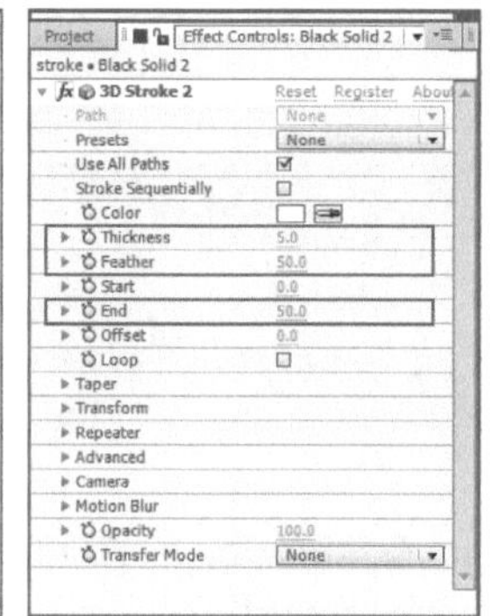

图8-5

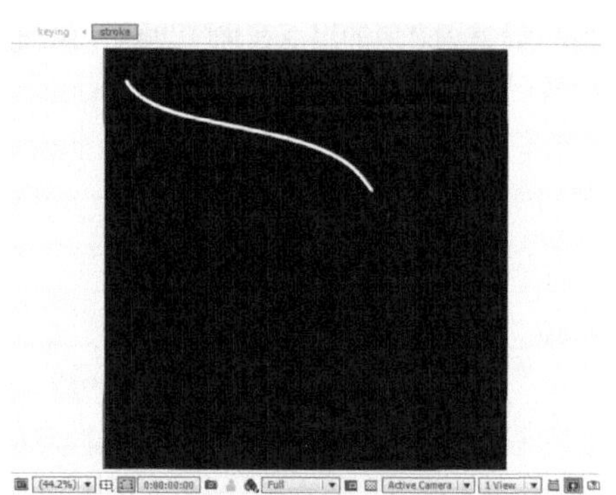

图8-6

05 展开Taper（锥化）属性组，然后选择Enable（开启）选项，接着设置End Thickness（结束的厚度）为100、Taper Start（锥化开始）为100，如图8-7所示。画面效果如图8-8所示。

Taper	
Enable	☑
Compress to fit	☑
Start Thickness	0.0
End Thickness	100.0
Taper Start	100.0
Taper End	50.0
Start Shape	1.0
End Shape	1.0
Step Adjust Method	Dynamic

图8-7

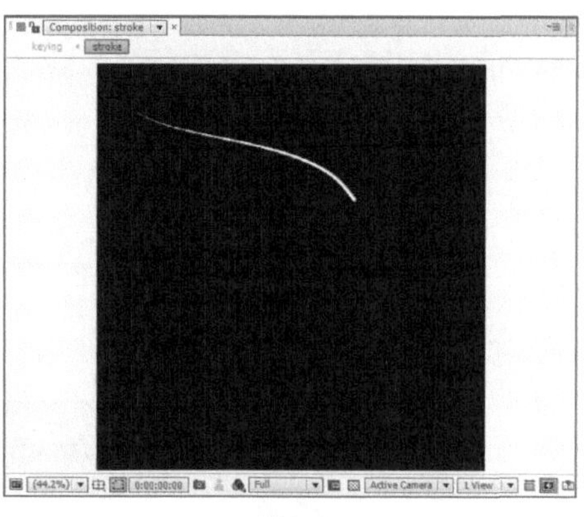

图8-8

06 展开Transform（变换）属性组，然后设置Bend（弯曲）为6.1、Bend Axis（弯曲角度）为（0×-54°），如图8-9所示。画面效果如图8-10所示。

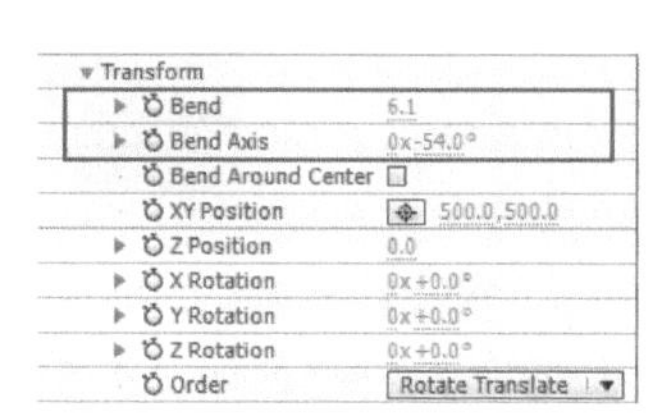

图8-9

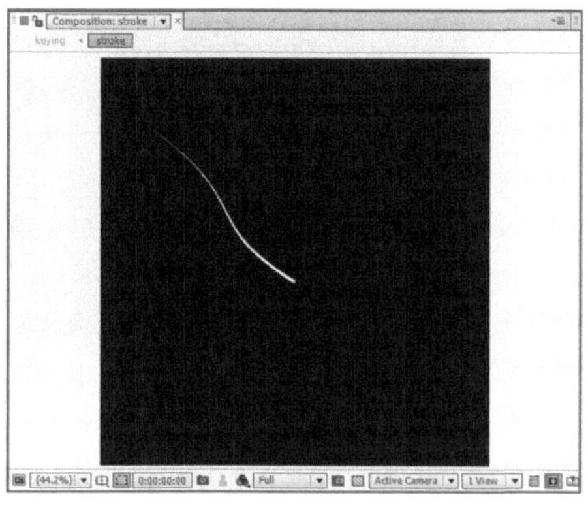

图8-10

07 设置Color（颜色）为（R:214，G:255，B:73）、Transfer Mode（合成模式）为Add（添加），如图8-11所示。效果如图8-12所示。

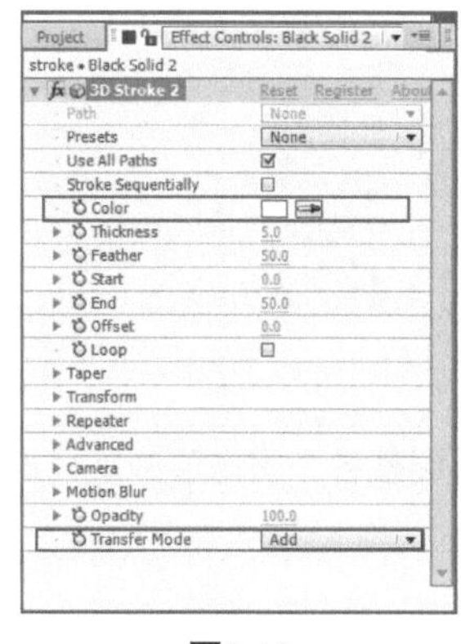

图8-11

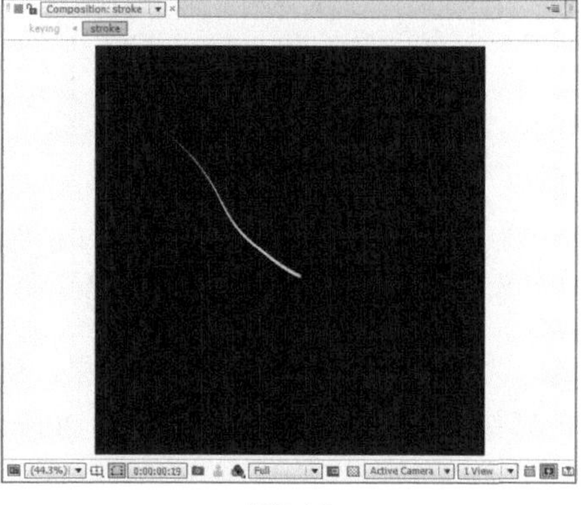

图8-12

08 设置固态层的出点在1秒12帧处，如图8-13所示，然后设置混合模式为Screen（屏幕），如图8-14所示。

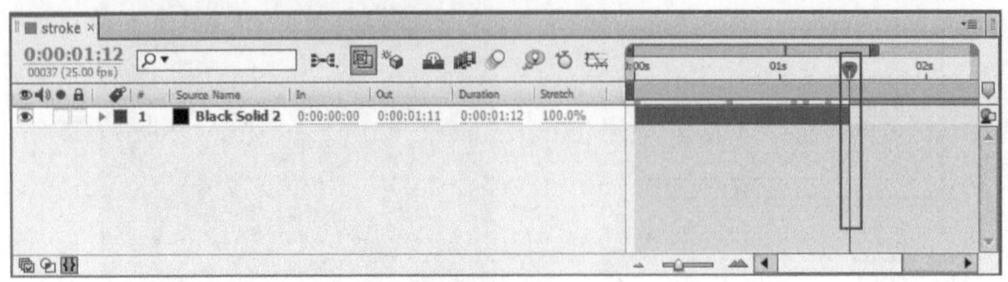

图8-13

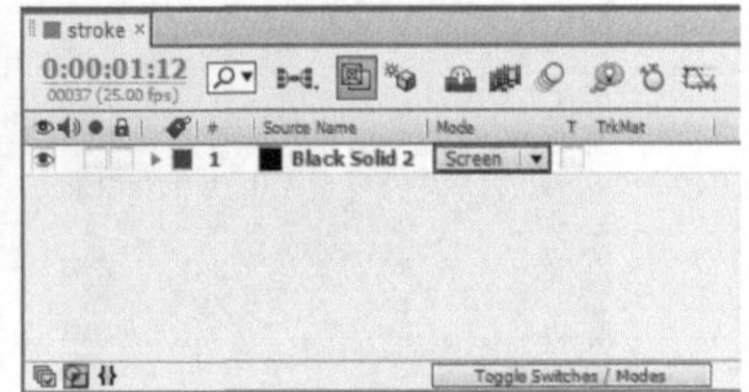

图8-14

09 设置Offset（偏移）属性的关键帧动画。在第0帧处，设置Offset（偏移）为-100；在第1秒12帧处，设置Offset（偏移）为100，如图8-15所示。画面效果如图8-16所示。

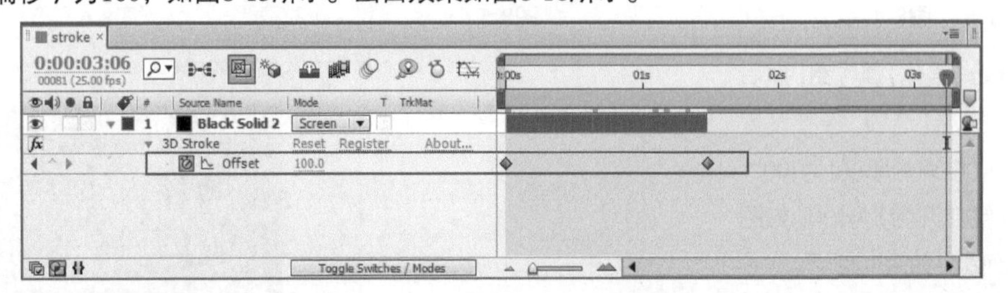

图8-15

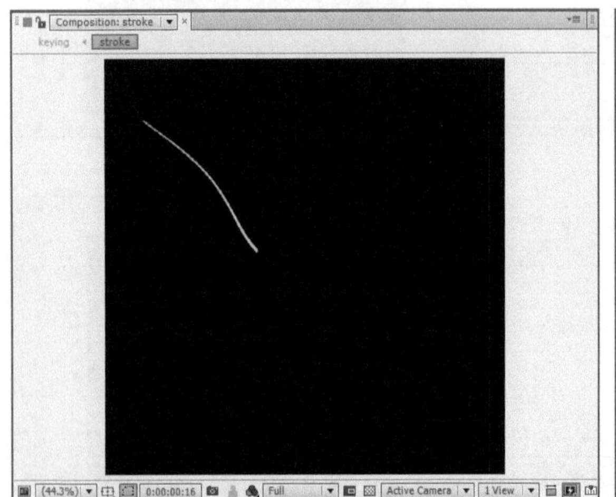

图8-16

10 复制出9个固态层，如图8-17所示，然后从下往上每隔5帧依次延后出点时间，如图8-18所示。

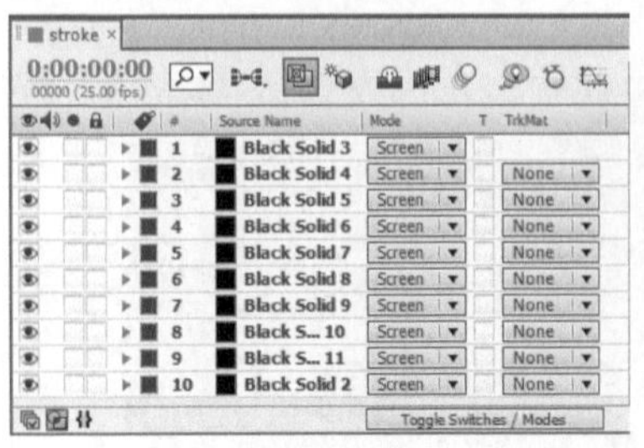

图8-17

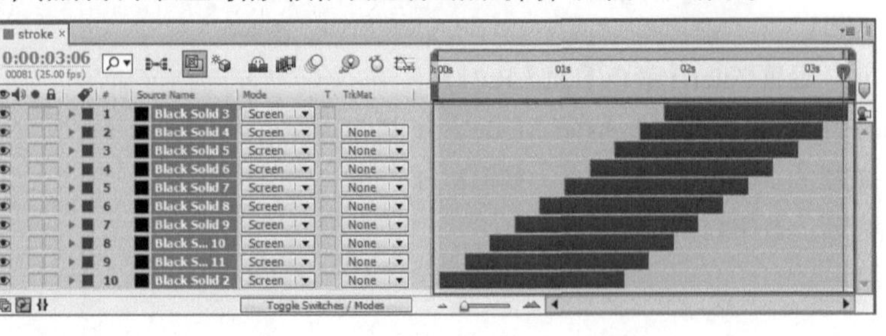

图8-18

11 为了使光线产生随机变化的效果，需要调整各个固态层的路径形状和颜色，使每一条光线的形状和颜色都有不同的变化，如图8-19和图8-20所示。

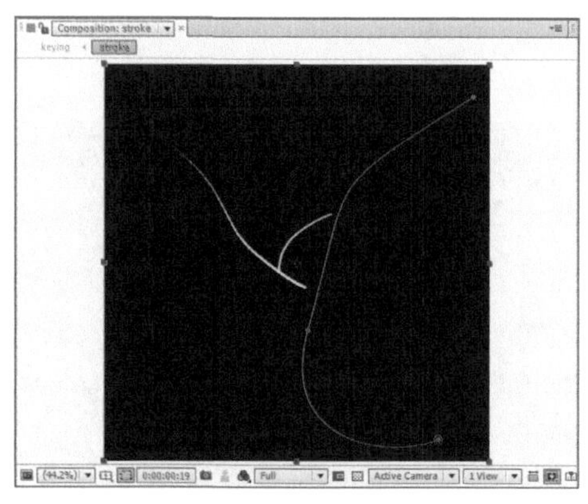

图8-19

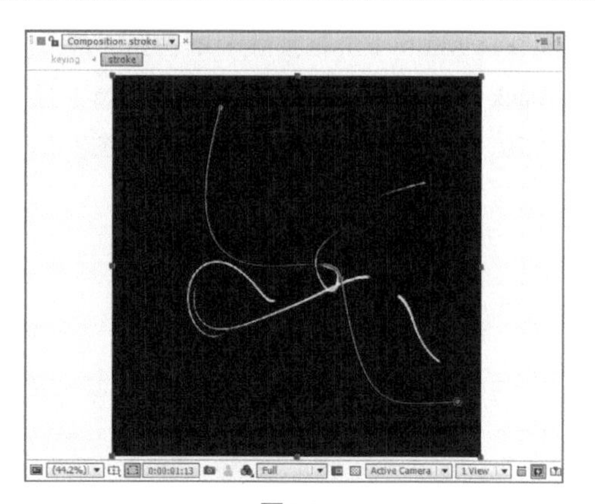

图8-20

8.1.2 抠像与颜色调整

01 执行Composition（合成）>New Composition（新建合成）菜单命令，然后在打开的Composition Settings（合成设置）对话框中，输入Composition Name（合成名称）为keying，接着设置Preset（预设）为HDV/HDTV 720 25、Duration（持续时间）为7秒，最后单击OK（确定）按钮OK完成创建，如图8-21所示。

02 导入素材文件夹中的keying.mp4文件，然后将其拖曳到Timeline（时间轴）面板中，画面效果如图8-22所示。

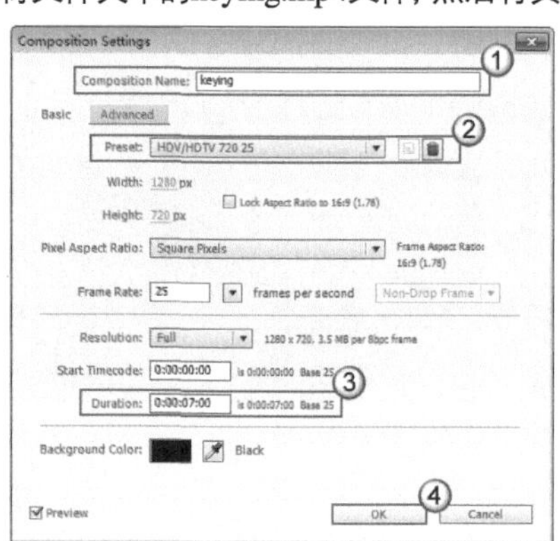

图8-21

图8-22

03 选择keying图层，然后执行Effect（效果）> Keying（键控）> Keylight（1.2）菜单命令，接着在Effect Controls（效果控件）面板中，单击Screen Colour（屏幕颜色）后面的吸管工具，拾取画面中的背景色，最后单击Despill Bias（反溢出偏差）后面的吸管工具，拾取帽子上的褐色，如图8-23所示。

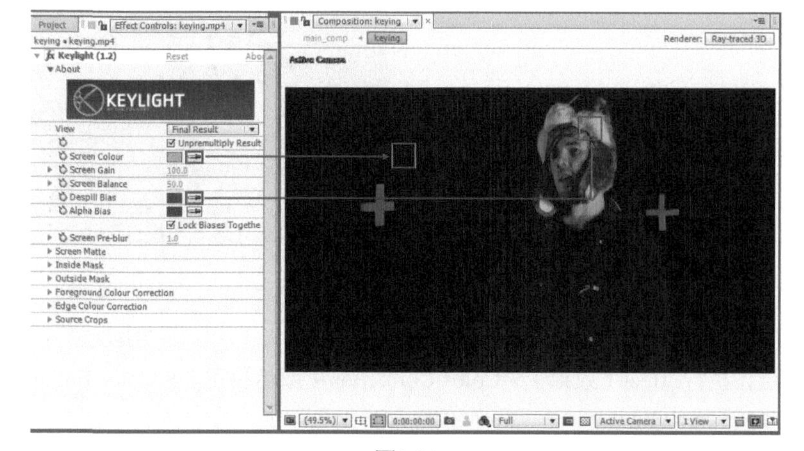

图8-23

04 展开Screen Matte（屏幕蒙版）属性组，然后设置Clip Black（剪切黑色）为40、Clip White（剪切白色）为70，如图8-24所示。画面效果如图8-25所示。

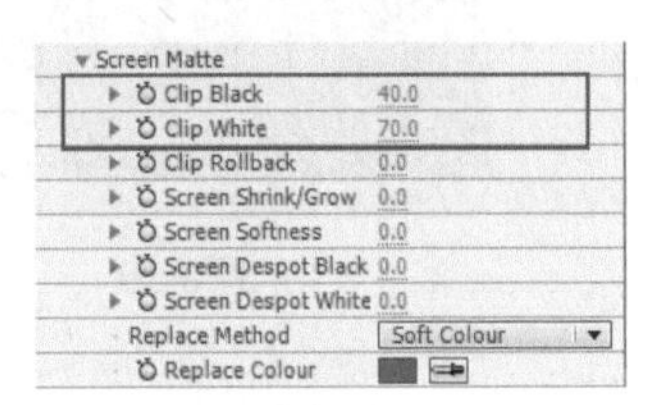

图8-24

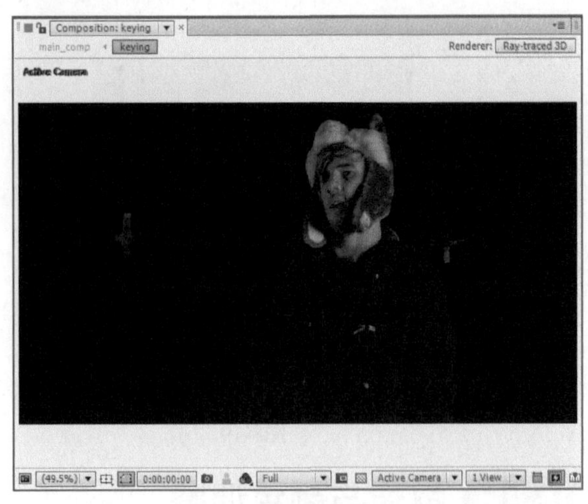

图8-25

05 由于背景中的跟踪点没有被抠掉，所以再次执行Effect（效果）> Keying（键控）> Keylight（1.2）菜单命令，然后在Effect Controls（效果控件）面板中，单击Screen Colour（屏幕颜色）后面的吸管工具，接着拾取跟踪点上的蓝色，如图8-26所示。画面效果如图8-27所示。

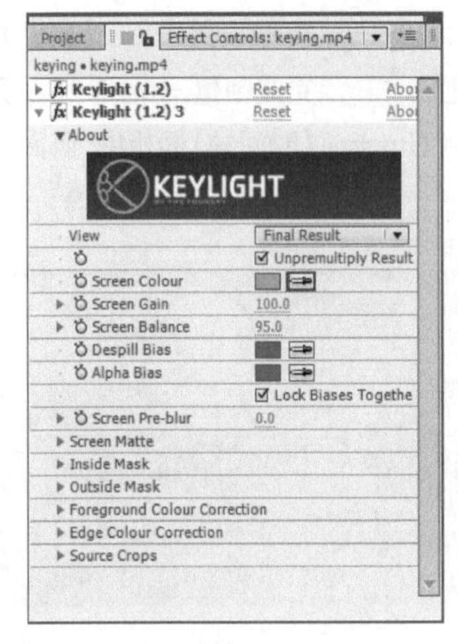

图8-26

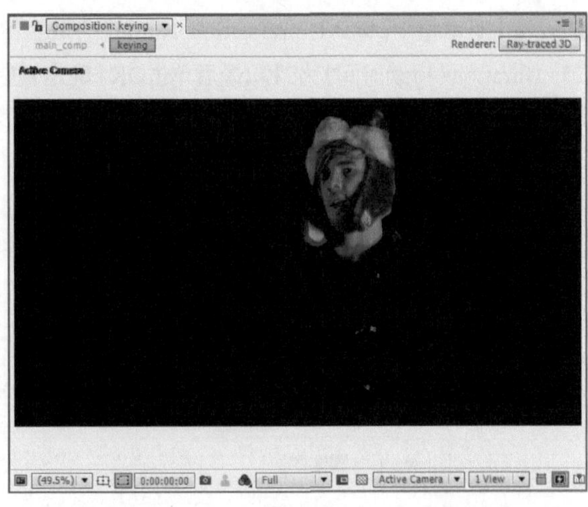

图8-27

06 展开Screen Matte（屏幕蒙版）属性组，然后设置Clip White（剪切白色）为65，如图8-28所示。画面效果如图8-29所示。

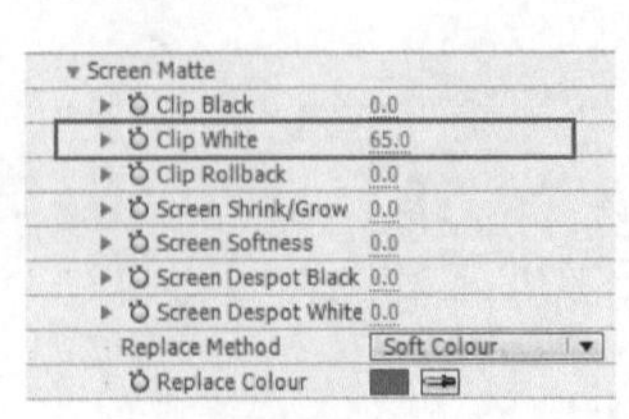

图8-28

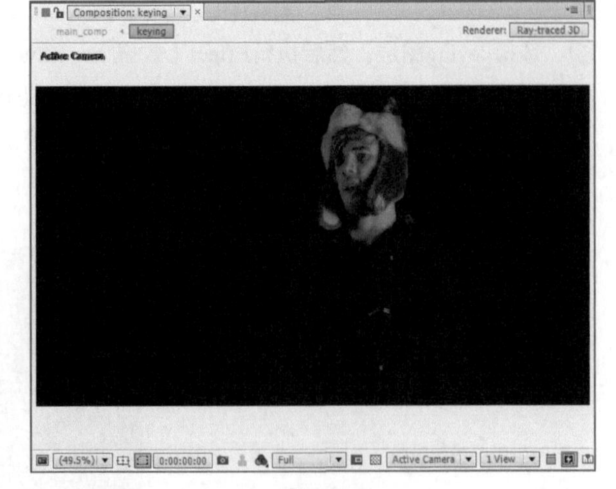

图8-29

07 选择keying图层，执行Effect（效果）> Color Correction（颜色校正）> Color Balance（颜色平衡）菜单命令，如图8-30所示。

08 在Effect Controls（效果控件）面板中，设置Shadow Red Balance（阴影红色平衡）为-20、Midtone Red Balance（中间调红色平衡）为-20、Hilight Red Balance（高光红色平衡）为-20，如图8-31所示。画面效果如图8-32所示。

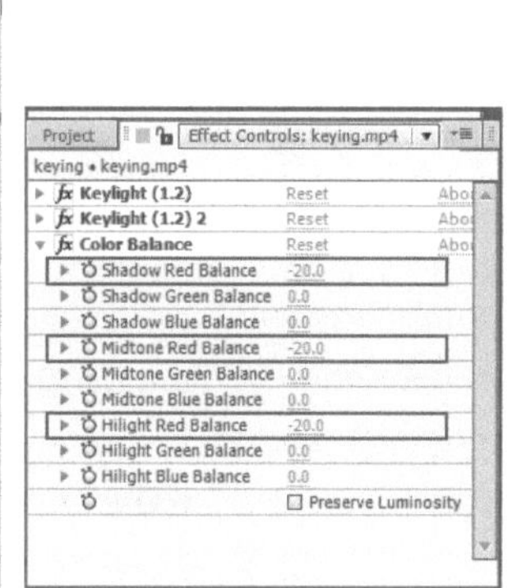

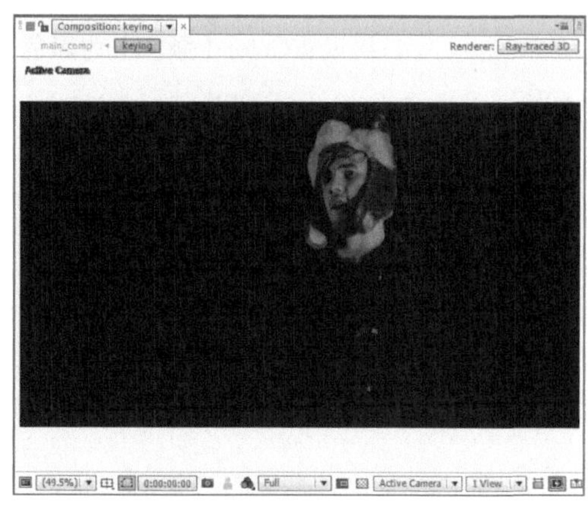

图8-30　图8-31　图8-32

09 选择keying图层，然后执行Effect（效果）> Color Correction（颜色校正）> Curves（曲线）菜单命令，接着在Effect Controls（效果控件）面板中，设置Channel（通道）为RGB，再调整曲线的形状，如图8-33所示，最后切换到Red（红色）通道，设置其曲线形状，如图8-34所示。画面效果如图8-35所示。

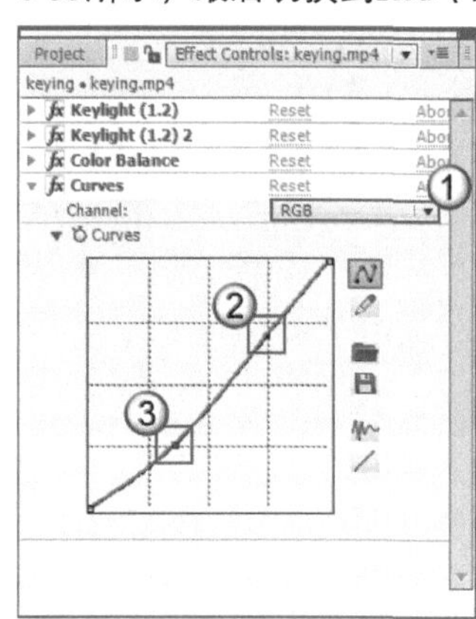

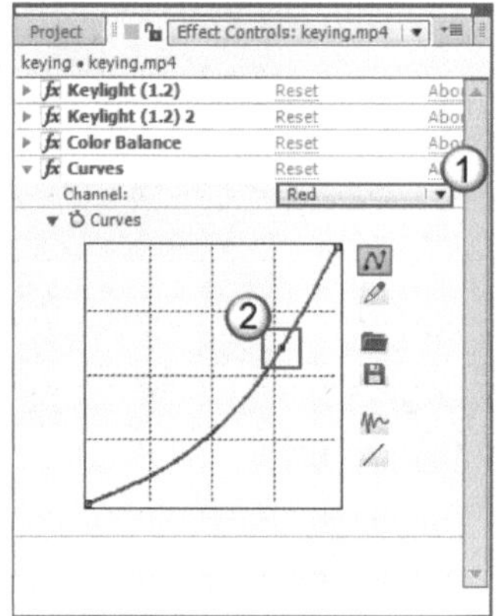

图8-33　图8-34　图8-35

10 选择keying图层，然后执行Effect（效果）> Color Correction（颜色校正）> Hue/Saturation（色相/饱和度）菜单命令，接着在Effect Controls（效果控件）面板中，设置Master Saturation（主饱和度）为-40，如图8-36所示。画面效果如图8-37所示。

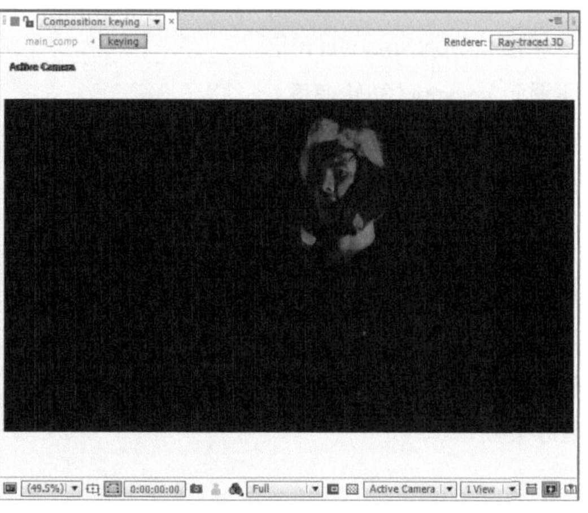

图8-36　图8-37

8.1.3 制作拖尾光线

01 新建一个灯光，然后设置Name（名称）为Emtitter、Light Type（灯光类型）为Point（点），接着单击OK（确定）按钮 OK 完成创建，如图8-38所示。

02 新建一个固态层，然后设置Name（名称）为particular，接着单击Make Comp Size（制作合成大小）按钮 Make Comp Size ，再设置Color（颜色）为黑色，最后单击OK（确定）按钮 OK ，如图8-39所示。

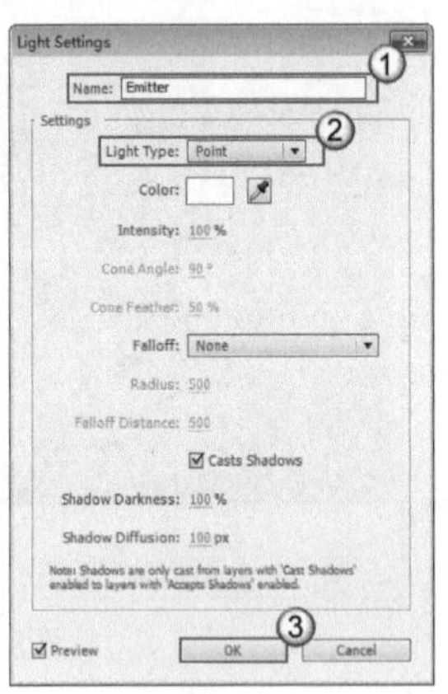

图8-38

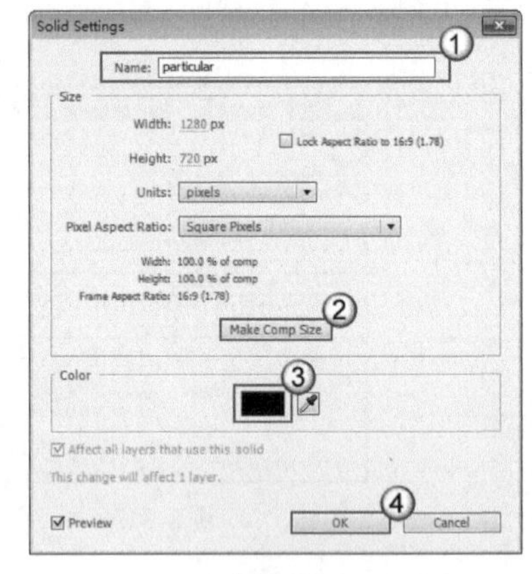

图8-39

03 选择Emitter图层，设置其Position（位置）属性的关键帧动画，使灯光跟随人物手部移动，如图8-40所示。画面效果如图8-41所示。

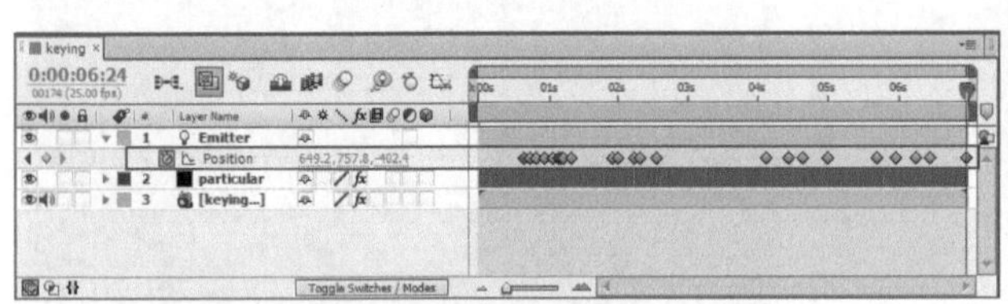

图8-40

图8-41

04 选择particular图层，然后执行Effect（效果）> Trapcode > Particular菜单命令，接着在Effect Controls（效果控件）面板中展开Emitter（发射器）属性组，设置Emitter Type（发射类型）为Light（s）（灯光）、Position Subframe（位置子帧）为10×Smooth（10倍平滑）、Velocity（初始速度）为0、Velocity Random[%]（随机速度[%]）为0、Velocity from Motion[%]（运动速度[%]）为0、Emitter Size X/ Y/ Z（发射器大小X/Y/Z）为0，如图8-42所示。画面效果如图8-43所示。

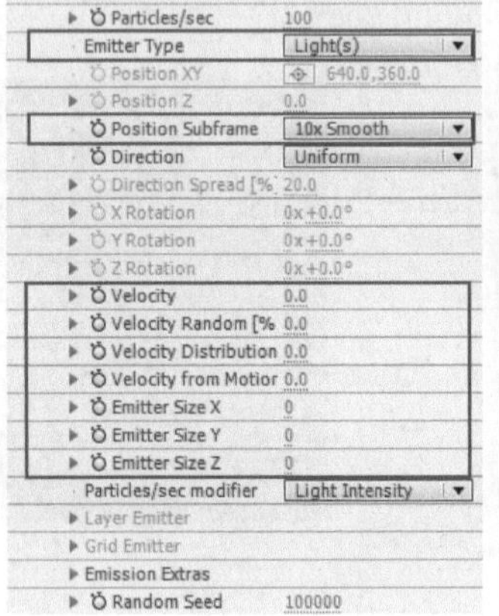

图8-42

图8-43

05 展开Particle（粒子）属性组，然后设置Life[sec]（生命[秒]）为0.4、Particle Type（粒子类型）为Streaklet（条纹形）、Size（大小）为40、Color（颜色）为（R:208，G:255，B:66）、Transfer Mode（合成模式）为Screen（屏幕），如图8-44所示。画面效果如图8-45所示。

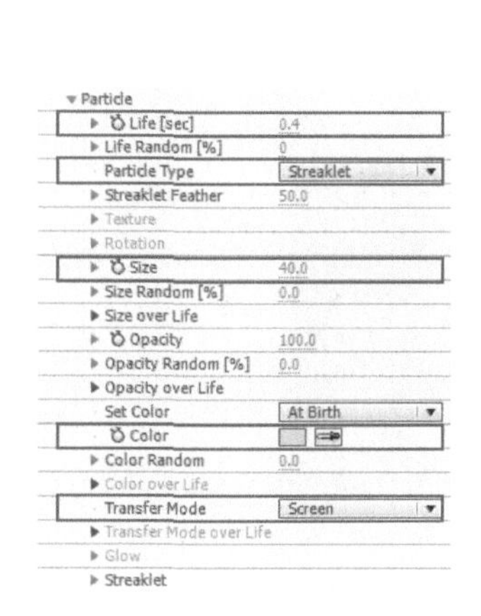

图8-44

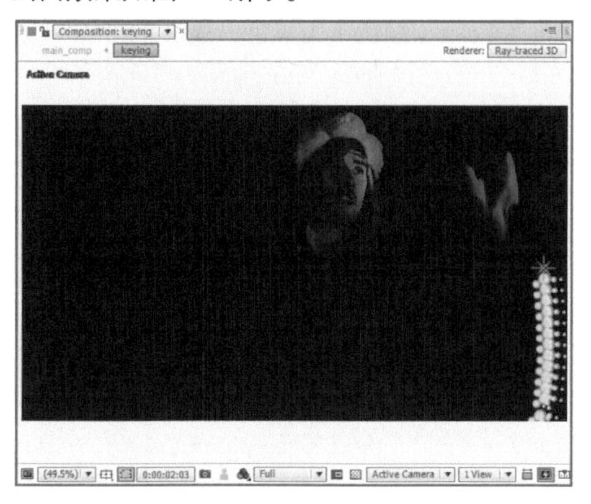

图8-45

06 设置Particles/sec（粒子/秒）属性的关键帧动画。在第24帧处设置Particles/sec（粒子/秒）为0，在第1秒1帧处设置Particles/sec（粒子/秒）为8000，在第1秒9帧和2秒7帧处设置Particles/sec（粒子/秒）为0，在第2秒8帧处设置Particles/sec（粒子/秒）为8000，在第4秒和4秒15帧处设置Particles/sec（粒子/秒）为0，在第4秒16帧处设置Particles/sec（粒子/秒）为8000，在第5秒1帧处设置Particles/sec（粒子/秒）为0，如图8-46所示。画面效果如图8-47所示。

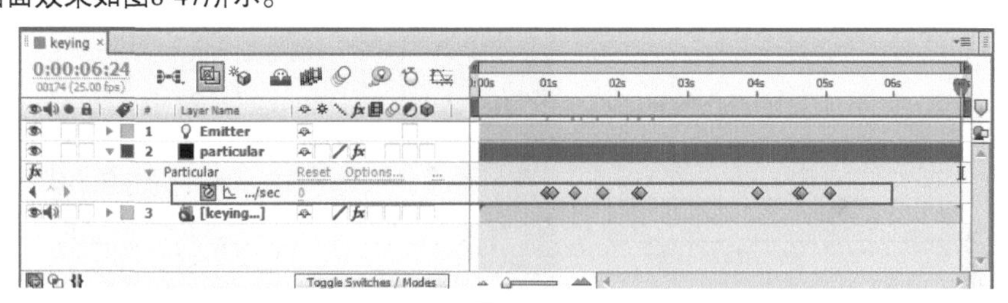

图8-46

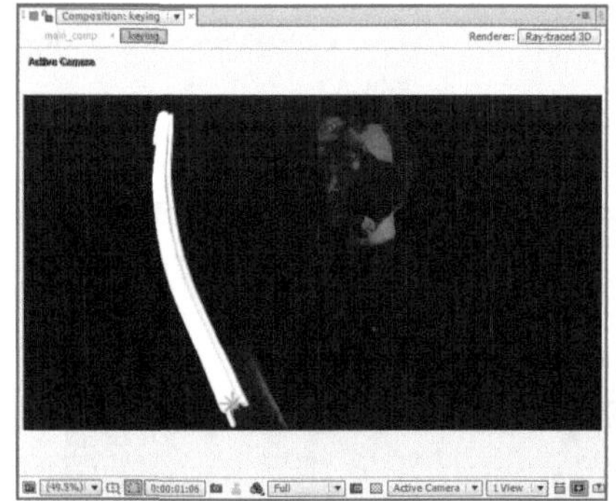
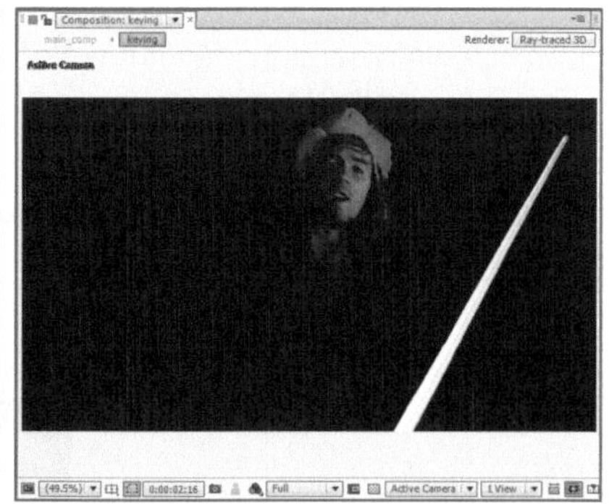

图8-47

8.1.4 制作飞舞粒子

01 执行Composition（合成）>New Composition（新建合成）菜单命令，然后在打开的Composition Settings（合成设置）对话框中，输入Composition Name（合成名称）为main_comp，接着设置Preset（预设）为HDV/HDTV 720 25、Duration（持续时间）为7秒，最后单击OK（确定）按钮 OK 完成创建，如图8-48所示。

02 导入素材文件夹中的bg.jpg文件，然后拖曳到main_comp合成的Timeline（时间轴）面板中，画面效果如图8-49所示。

03 新建一个固态层，然后设置Name（名称）为form，接着单击Make Comp Size（制作合成大小）按钮 Make Comp Size ，再设置Color（颜色）为黑色，最后单击OK（确定）按钮 OK ，如图8-50所示。

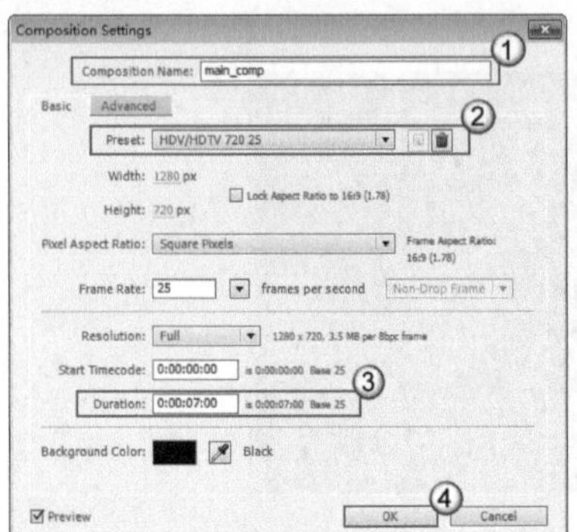

图8-48

图8-49

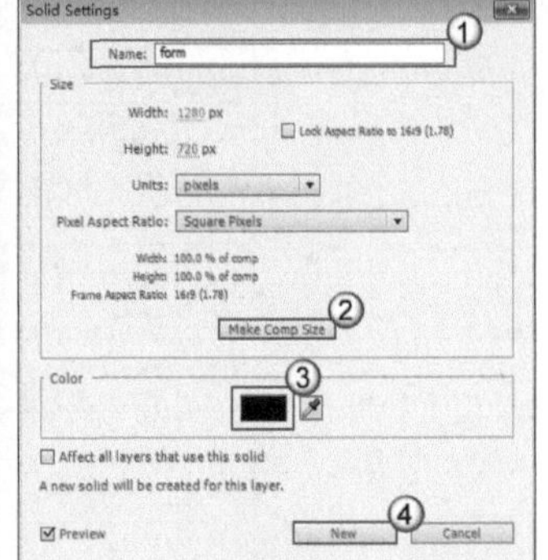

图8-50

04 选择form图层，然后执行Effect（效果）>Trapcode >Form菜单命令，接着在Effect Controls（效果控件）面板中展开Base Form（基础网格）属性组，设置Base Form（基础网格）为Box-Strings（串状立方体）、Size X（X的大小）为3120、Size Y（Y的大小）为1200、String in Y（Y轴的线条）为6、String in Z（Z轴的线条）为3、Y Rotation（Y轴旋转）为（0×-25°），如图8-51所示。画面效果如图8-52所示。

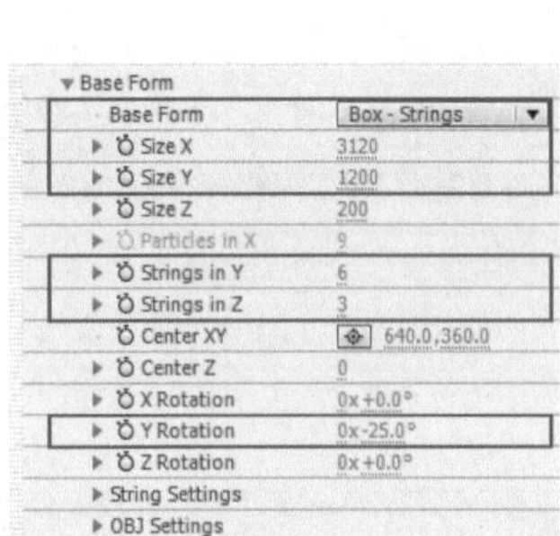

图8-51

图8-52

05 展开String Settings（串状设置）属性组，然后设置Density（密度）为1、Size Random（大小随机值）为20、Size Rnd Distribution（随机分布值）为3、Taper Opacity（锥化不透明度）为Smooth（平滑），如图8-53所示。画面效果如图8-54所示。

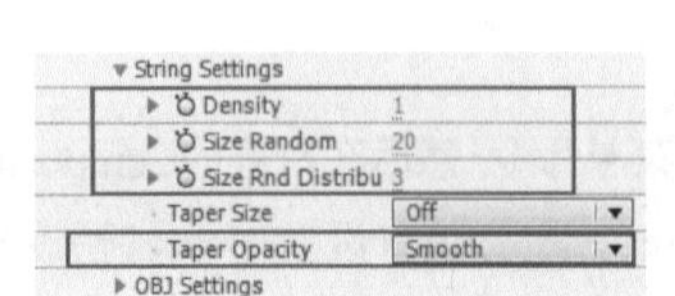

图8-53

图8-54

06 展开Particle（粒子）属性组，然后设置Size（大小）为5、Size Random（大小的随机值）为5、Opacity Random（不透明度的随机值）为100、Color（颜色）为（R:254，G:255，B:137），如图8-55所示。画面效果如图8-56所示。

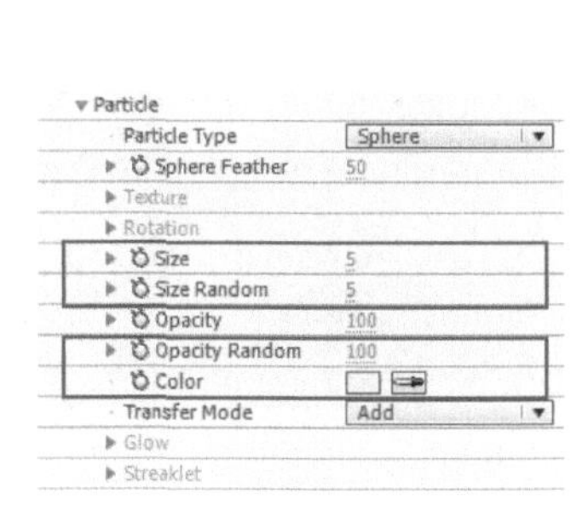

图8-55

图8-56

07 展开Disperse and Twist（分散和扭曲）属性组，然后设置Disperse（分散）为50、Twist（扭曲）为4，如图8-57所示。画面效果如图8-58所示。

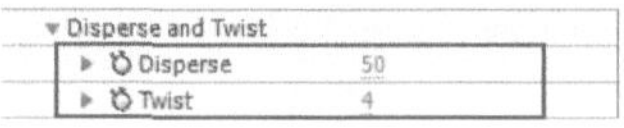

Disperse and Twist
Disperse 50
Twist 4

图8-57

图8-58

08 展开Fractal Field（分形场）属性组，然后设置Affect Size（影响大小）为40，如图8-59所示。画面效果如图8-60所示。

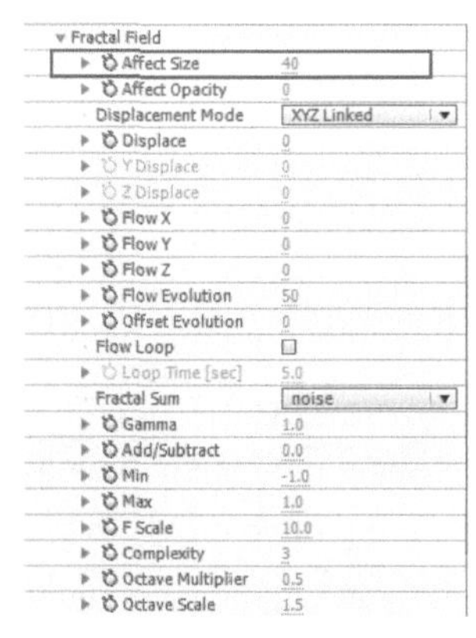

图8-59

图8-60

8.1.5 最终合成

01 将keying和stroke合成拖曳到Timeline（时间轴）面板中，然后调整图层的上下级，接着设置stroke图层的混合模式为Add（相加），如图8-61所示。画面效果如图8-62所示。

图8-61　　图8-62

02 设置stroke图层的入点时间在4秒13帧处，如图8-63所示，然后设置Scale（缩放）为（40，40%）、Rotation（旋转）为（0×146°），接着设置Position（位置）的关键帧动画，使stroke图层随着人物的手部运动，如图8-64所示。画面效果如图8-65所示。

03 选择stroke图层，然后执行Effect（效果）>Distort（扭曲）>Bulge（凸出）菜单命令，如图8-66所示，接着在Effect Controls（效果控件）面板中设置Horizontal Radius（水平半径）为500、Vertical Radius（垂直半径）为500、Bulge Hight（凸出高度）为1.8，如图8-67所示。画面效果如图8-68所示。

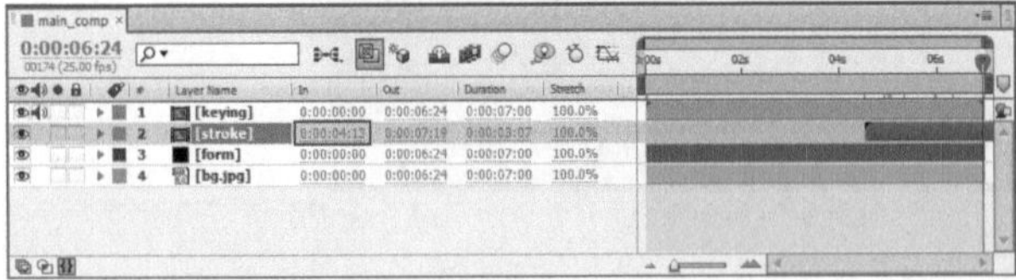

图8-63

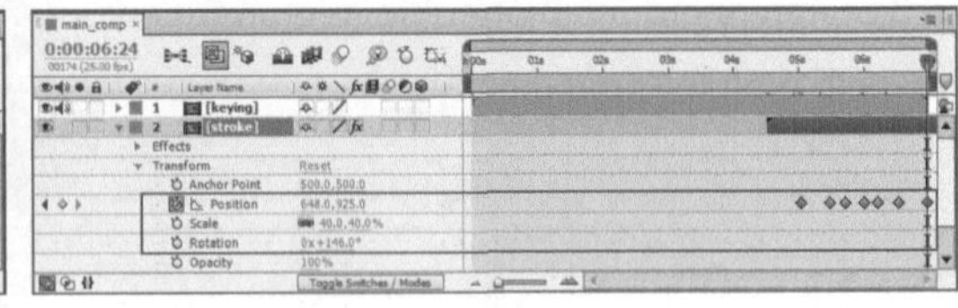

图8-64

图8-65

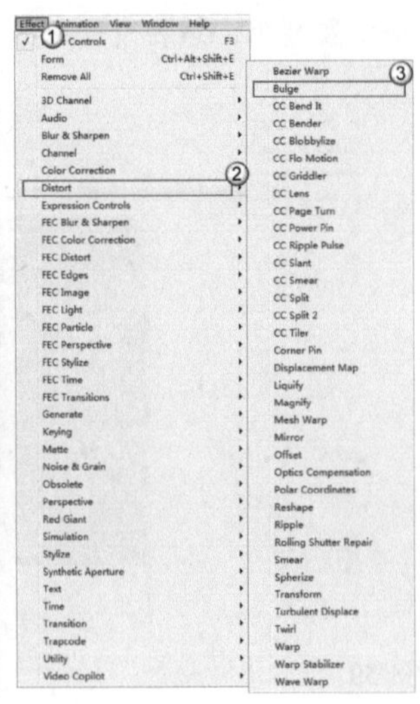

图8-66

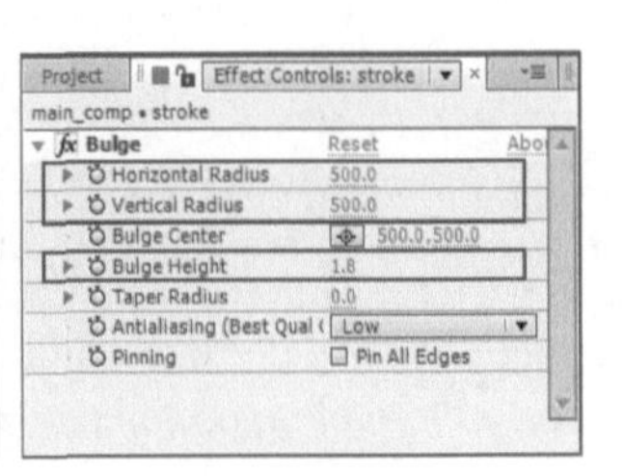

图8-67

图8-68

04 选择stroke图层，然后执行Effect（效果）>Stylize（风格化）>Glow（发光）菜单命令，接着在Effect Controls（效果控件）面板中设置Glow Intensity（发光强度）为1.5，如图8-69所示。画面效果如图8-70所示。

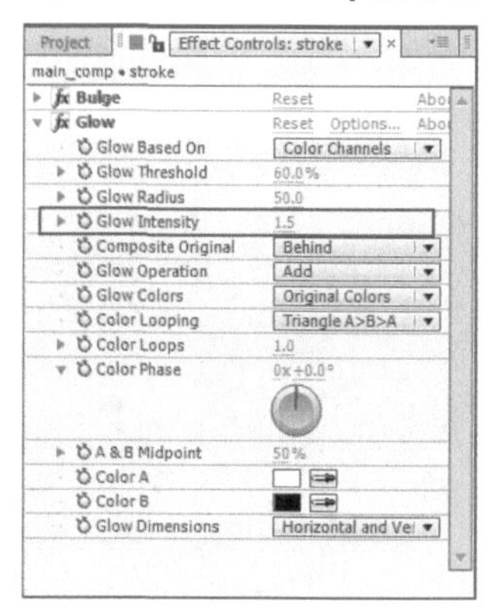

图8-69

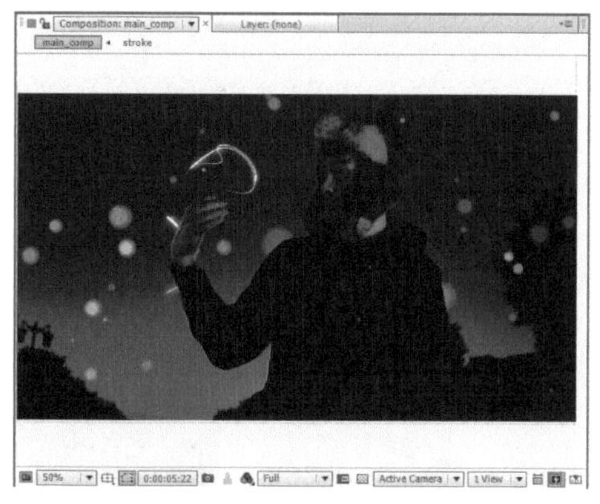

图8-70

05 分别复制stroke图层和form图层，然后调整图层的上下级关系，如图8-71所示。接着展开第2个图层的Base Form（基础网格）属性组，设置Size X（X的大小）为3000、Size Y（Y的大小）为800、Particle in Y（Y轴的粒子）为3、Y Rotation（Y轴旋转）为（0×0°），如图8-72所示。画面效果如图8-73所示。

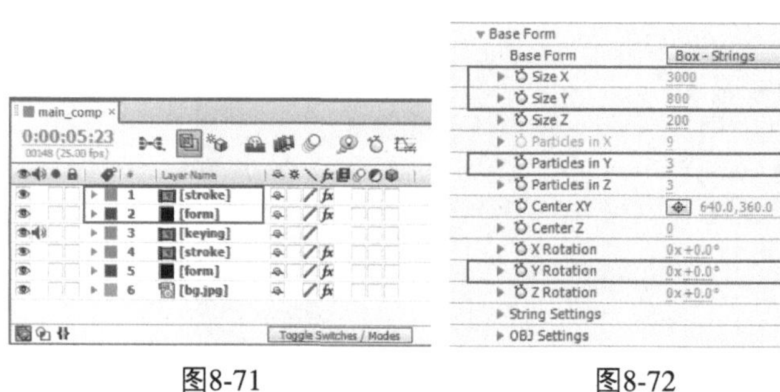

图8-71

图8-72

图8-73

06 展开Disperse and Twist（分散和扭曲）属性组，然后设置Disperse（分散）为20、Twist（扭曲）为4，如图8-74所示。画面效果如图8-75所示。

图8-74　　图8-75

07 展开Fractal Field（分形场）属性组，然后设置Affect Size（影响大小）为20，如图8-76所示。画面效果如图8-77所示。

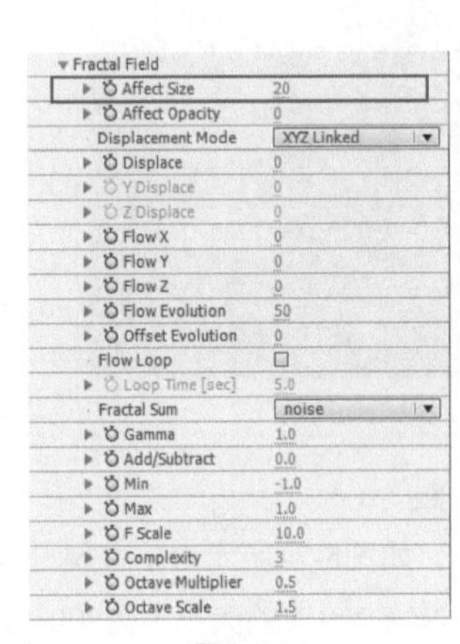

图8-76　　图8-77

08 选择stroke图层，设置其Rotation（旋转）为（0×0°　），如图8-78所示。画面效果如图8-79所示。

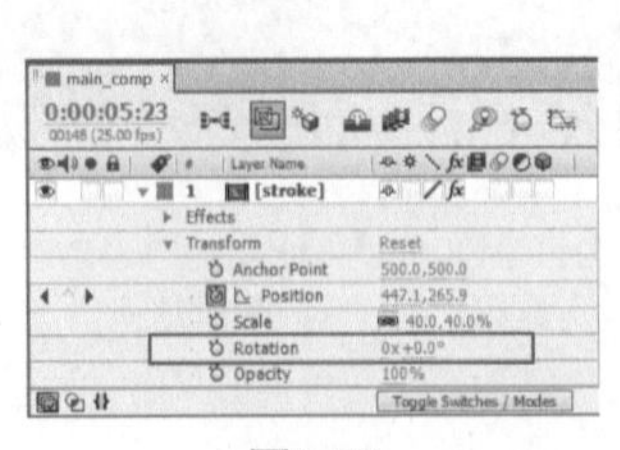

图8-78　　图8-79

8.1.6 分类和输出

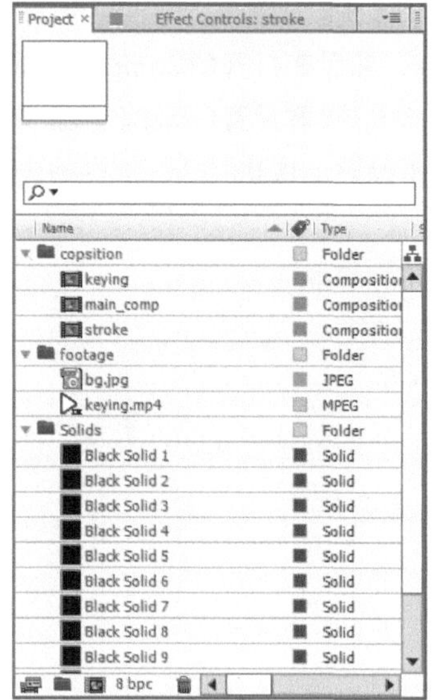

图8-80

01 创建两个文件夹，分别命名为composition和footage，然后将相应的素材拖曳到文件夹中，如图8-80所示。

02 按快捷键Ctrl+M，打开Render Queue（渲染队列）面板，如图8-81所示。然后单击Output Module（输出模块）后面的蓝色字样，接着在打开的Output Module Settings（输出模块设置）对话框中，设置Format（格式）为QuickTime，然后单击OK（确定）按钮 OK ，如图8-82所示。

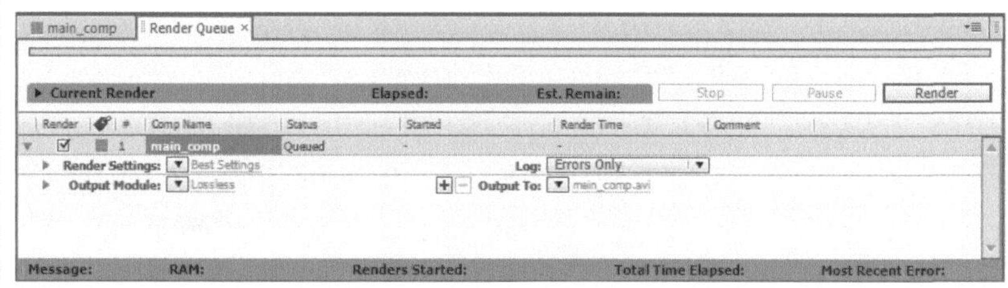

图8-81

图8-82

03 单击Output To（输出到）后面的蓝色字样，设置输出的路径，然后单击Render（渲染）按钮 Render 输出视频，如图8-83所示。

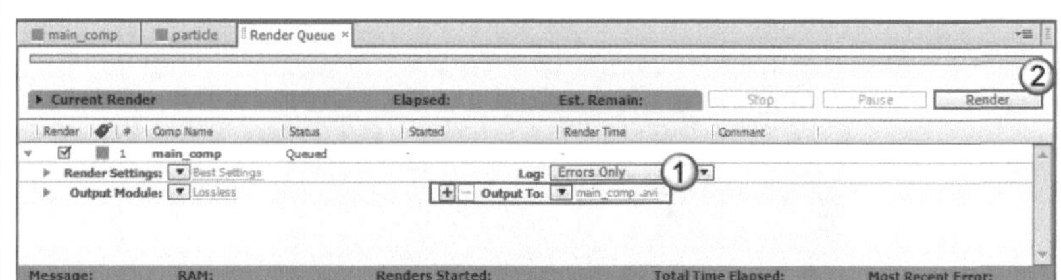

图8-83

8.2 公益片头

- 素材位置 实例文件>CH08>公益片头
- 实例位置 实例文件>CH08>公益片头_F.aep
- 难易指数 ★★★★☆
- 技术掌握 掌握特效合成的制作流程以及特效滤镜的综合使用

（扫描观看视频）

本例主要通过制作公益片头动画，来掌握特效滤镜、颜色校正和关键帧动画等操作技巧，效果如图8-84所示。

图8-84

8.2.1 创建合成1

01 导入素材文件夹中的dacing.mp4、faith.mp4、start.mp4和vector.mp4文件，如图8-85所示。

02 执行Composition（合成）>New Composition（新建合成） 菜单命令，然后在打开的Composition Settings（合成设置）对话框中，输入Composition Name（合成名称）为vector，接着设置Preset（预设）为HDV/HDTV 720 25、Duration（持续时间）为16秒4帧，最后单击OK（确定）按钮 OK 完成创建，如图8-86所示。

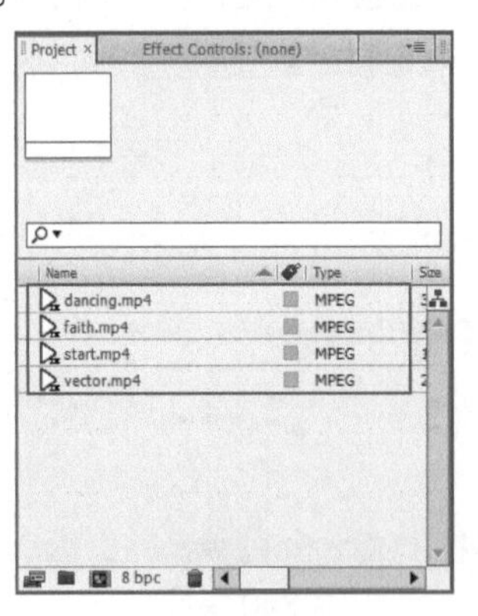

图8-85

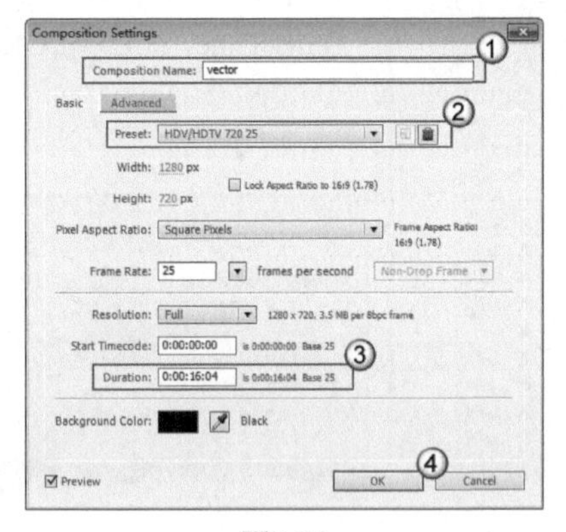

图8-86

03 将素材vector.mp4拖曳到Timeline（时间轴）面板中，画面如图8-87所示，然后新建一个固态层，接着单击Make Comp Size（制作合成大小）按钮 Make Comp Size ，再设置Color（颜色）为（R:0，G:0，B:127），最后单击OK（确定）按钮 OK ，如图8-88所示。

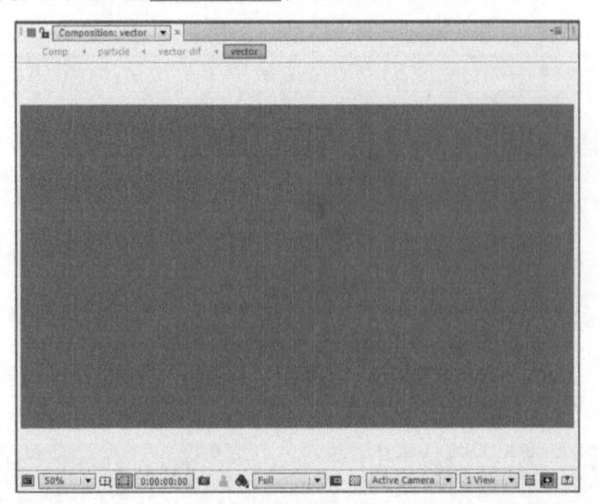

图8-87

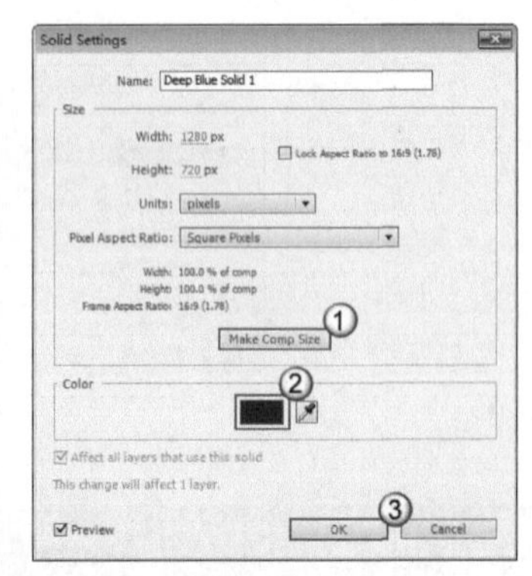

图8-88

04 将固态层拖曳至顶层，然后设置混合模式为Add（相加），如图8-89所示。效果如图8-90所示。

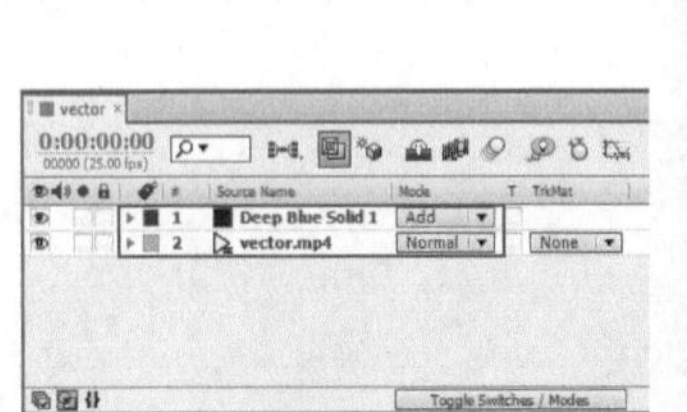

图8-89

图8-90

8.2.2 创建合成2

01 执行Composition（合成）>New Composition（新建合成） 菜单命令，然后在打开的Composition Settings（合成设置）对话框中，输入Composition Name（合成名称）为vector dif，接着设置Preset（预设）为HDV/HDTV 720 25、Duration（持续时间）为16秒4帧，最后单击OK（确定）按钮 OK 完成创建，如图8-91所示。

02 将素材dancing.mp4和vector.mp4拖曳到Timeline（时间轴）面板中，然后调整图层的上下层关系，如图8-92所示。画面效果如图8-93所示。

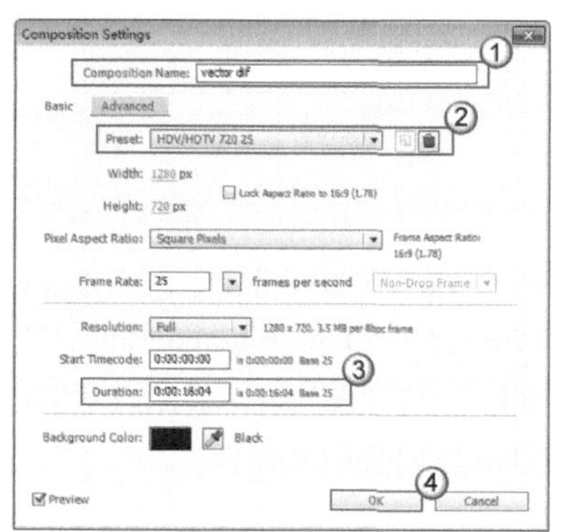

图8-91

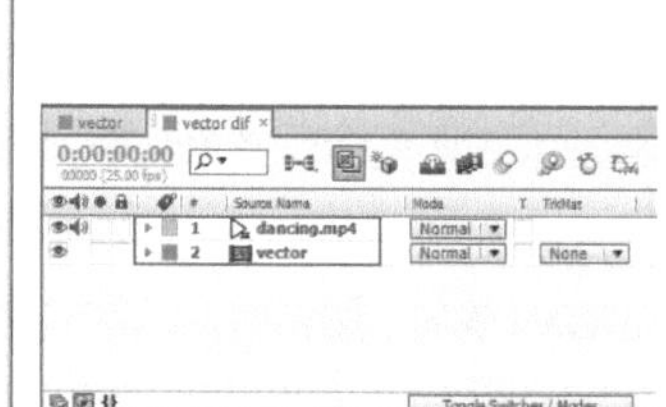

图8-92

图8-93

03 选择dancing图层，然后执行Effect（效果）> Time（时间）> Time Difference（时差）菜单命令，如图8-94所示。然后在Effect Controls（效果控件）面板中设置Target（目标）为dancing.mp4、Time Offset（sec）[时间偏移量（秒）]为0.05、Contrast（对比度）为50，接着选择Absolute Difference（绝对差值），如图8-95所示。画面效果如图8-96所示。

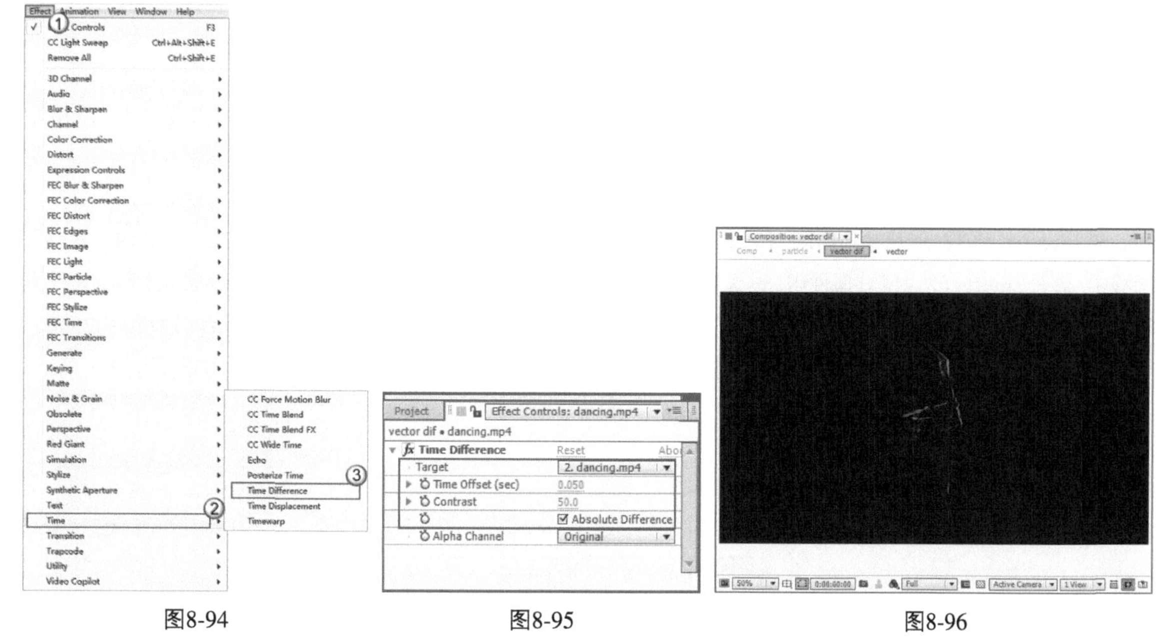

图8-94　图8-95　图8-96

04 设置vector图层的蒙版遮罩为Luma Matte（亮度蒙版），然后新建一个调整图层，如图8-97所示。

05 选择调整图层，然后执行Effect（效果）> Color Correction（颜色校正）> Levels（色阶）菜单命令，接着在Effect Controls（效果控件）面板中，设置Channel（通道）为Alpha、Alpha Input Black（Alpha输入黑色）为10，如图8-98所示。效果如图8-99所示。

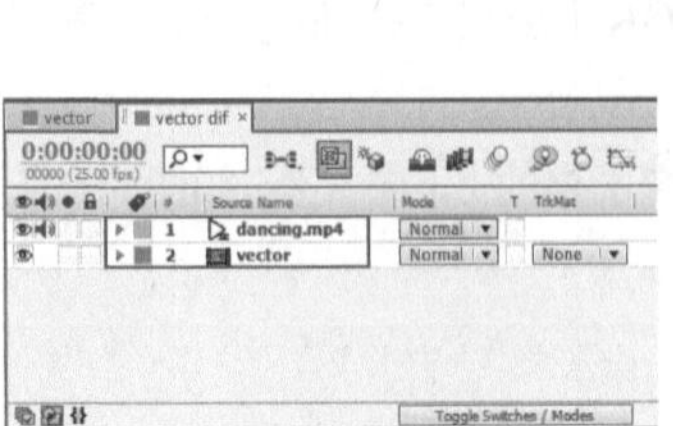

图8-97

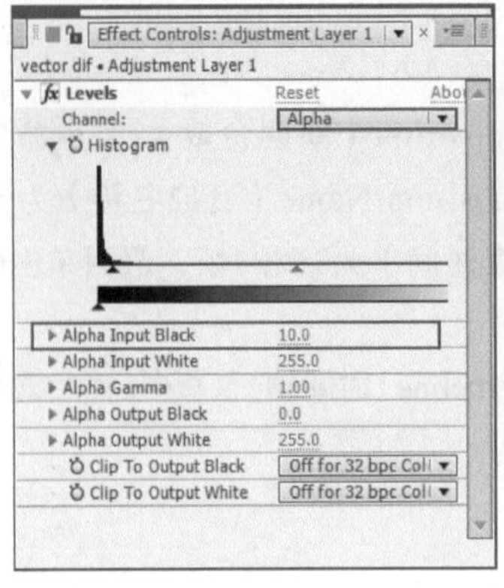

图8-98

图8-99

8.2.3 创建粒子

01 执行Composition（合成）>New Composition（新建合成） 菜单命令，然后在打开的Composition Settings（合成设置）对话框中，输入Composition Name（合成名称）为particle，接着设置Preset（预设）为HDV/HDTV 720 25、Duration（持续时间）为16秒4帧，最后单击OK（确定）按钮 OK 完成创建，如图8-100所示。

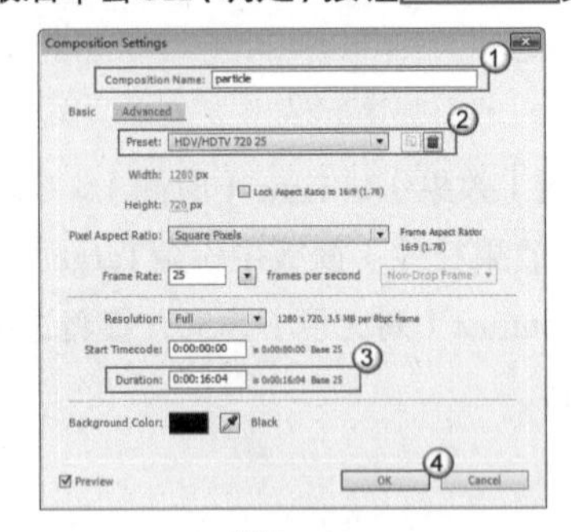

图8-100

02 新建一个固态层，然后设置Name（名称）为particle、接着单击Make Comp Size（制作合成大小）按钮 Make Comp Size ，再设置Color（颜色）为黑色，最后单击OK（确定）按钮 OK ，如图8-101所示。

03 将素材vector dif拖曳到Timeline（时间轴）面板中，然后激活该图层的三维功能，如图8-102所示。

04 选择particle图层，然后执行Effect（效果）> Trapcode > Particular菜单命令，接着在Effect Controls（效果控件）面板中，展开Emitter（发射器）属性组，设置Particles/sec（粒子/秒）为10000、Emitter Type（发射类型）为Layer（图层）、Direction（方向）为Directional（定向）、Direction Spread [%]（方向扩散 [%]）为0、Velocity（速度）为2500、Velocity Random [%]（速度随机 [%]）为0、Velocity from Motion [%]（运动速度[%]）为0，如图8-103所示。

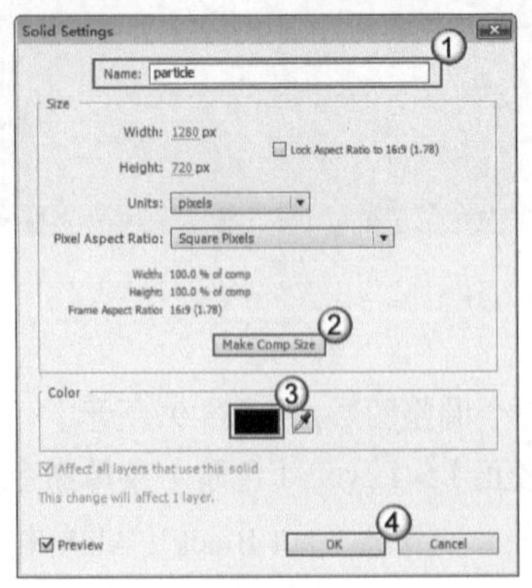

图8-101

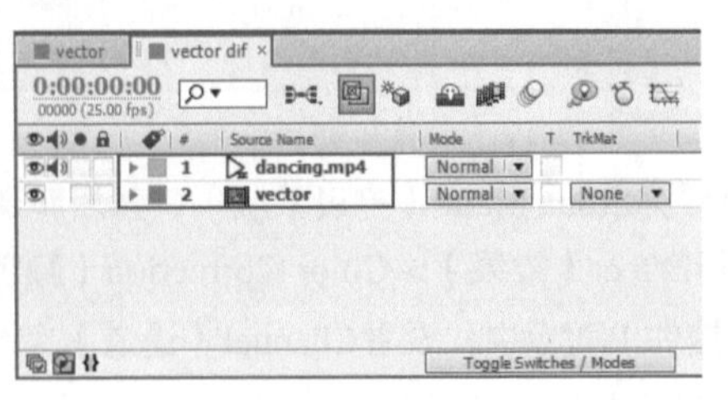

图8-102

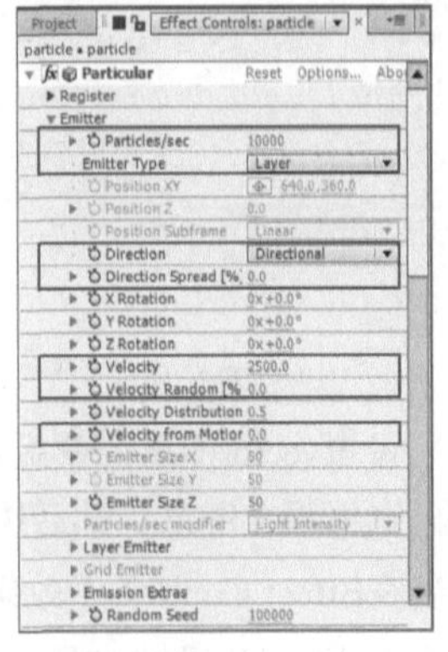

图8-103

05 展开Layer Emitter（图层发射器）属性组，然后设置Layer（图层）为vector dif、Layer Sampling（图层采样）为Particle Birth Time（粒子出生时间）、Layer RGB Usage（图层RGB使用）为RGB – Size Vel Rot（RGB – 大小 速度 旋转），如图8-104所示。画面效果如图8-105所示。接着隐藏vector dif图层，画面效果如图8-106所示。

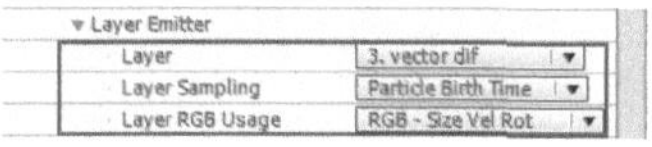

图8-104

图8-105

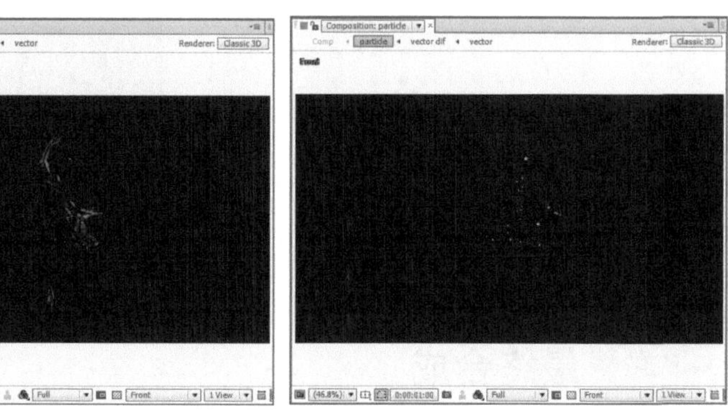

图8-106

06 展开Particle（粒子）属性组，然后设置Life[sec]（生命[秒]）为1、Life Random[%]（随机生命 [%]）为30、Size（大小）为3、Set Color（设置颜色）为At Birth（出生）、Color（颜色）为（R:226、G:195、B:255）、Color Random（颜色随机）为20、Transfer Mode（合成模式）为Add（相加），如图8-107所示。画面效果如图8-108所示。

07 选择particle图层，然后执行Effect（效果）> Stylize（风格化） >Glow（发光）菜单命令，接着在Effect Controls（效果控件）面板中，设置Glow Radius（发光半径）为8，如图8-109所示。画面效果如图8-110所示。

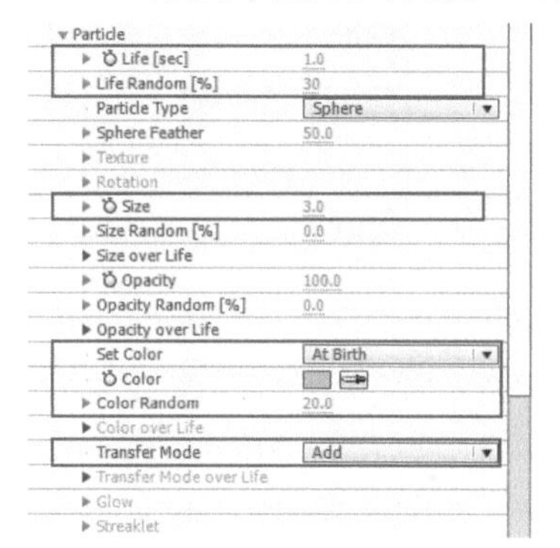

图8-107

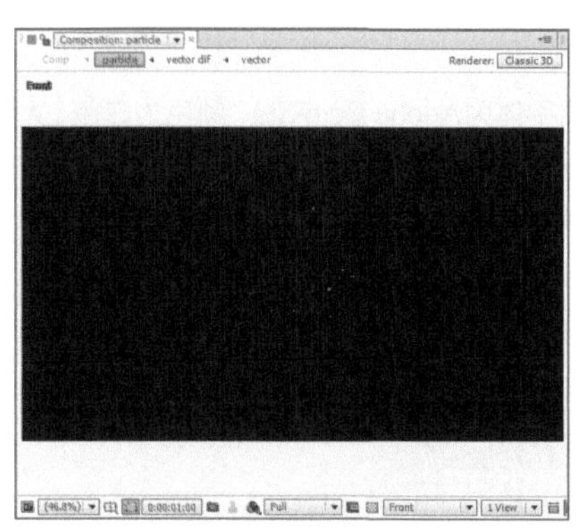

图8-108

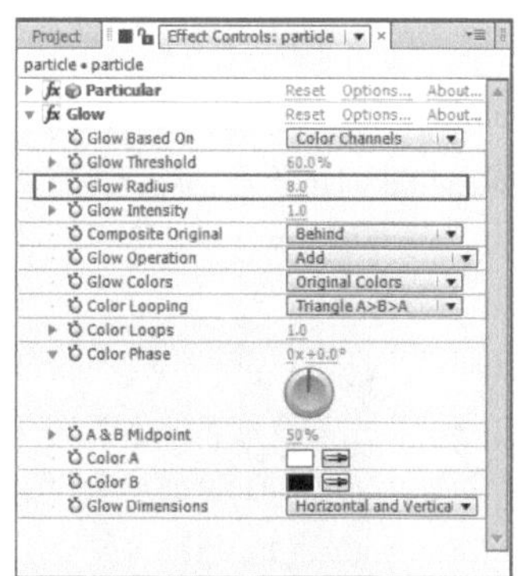

图8-109

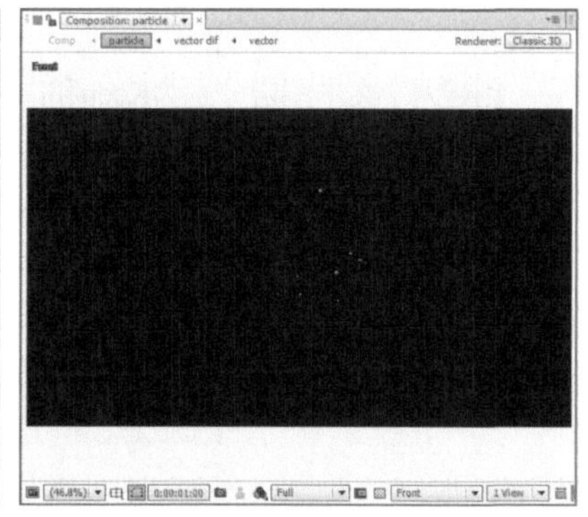

图8-110

08 由于粒子过少，这里需要增大Particles/sec（粒子/秒），以得到更饱满的粒子效果。设置Particles/sec（粒子/秒）为80 000，如图8-111所示。画面效果如图8-112所示。

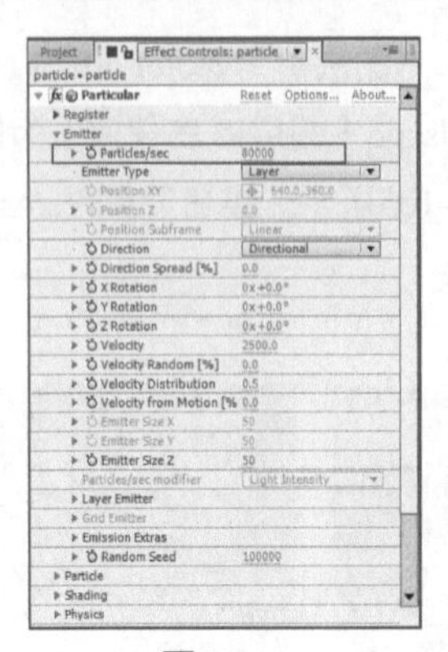

图8-111

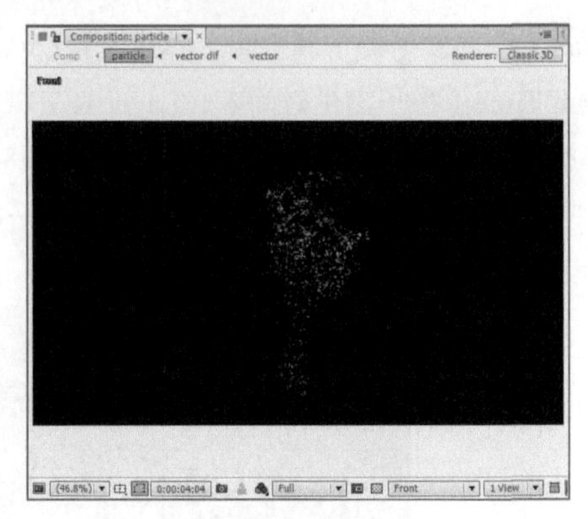

图8-112

8.2.4 最终合成

01 执行Composition（合成）>New Composition（新建合成）菜单命令，然后在打开的Composition Settings（合成设置）对话框中，输入Composition Name（合成名称）为main_comp，接着设置Preset（预设）为HDV/HDTV 720 25、Duration（持续时间）为25秒13帧，最后单击OK（确定）按钮 OK 完成创建，如图8-113所示。

02 将素材拖曳到Timeline（时间轴）面板中，然后调整图层的上下层关系，如图8-114所示。然后设置faith图层的入点为20秒6帧、particle和dancing图层的入点为4秒6帧，如图8-115所示。

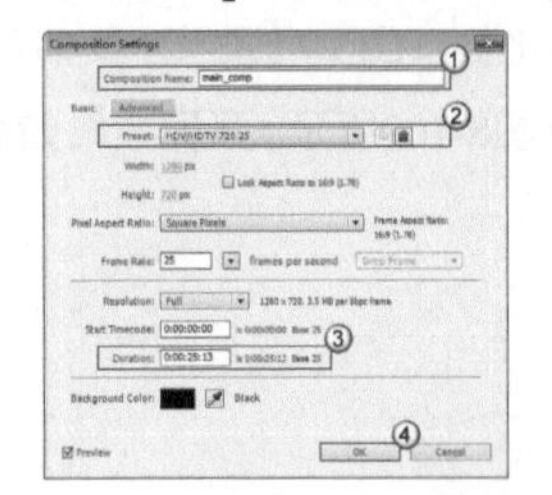

图8-113

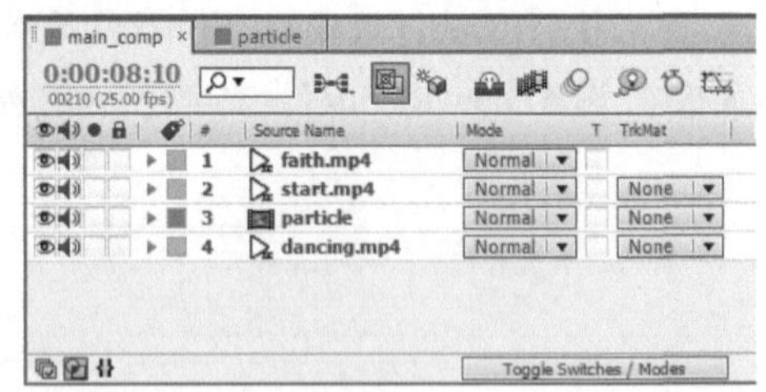

图8-114

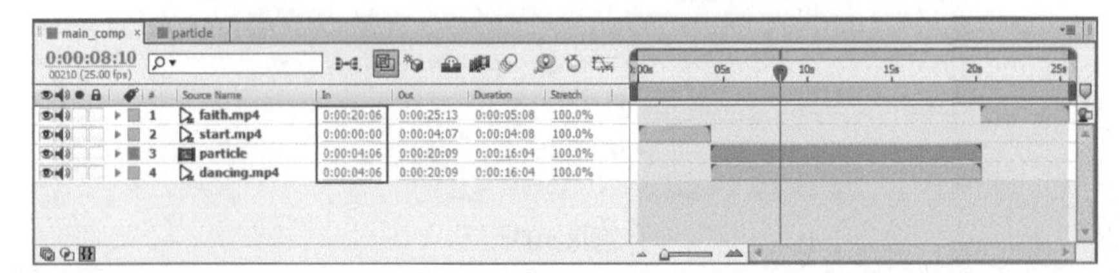

图8-115

03 创建两个文本图层分别为Keep和Dreaming，然后设置两个文本图层的字体为Adobe Heiti Std、颜色为白色、大小为120，接着激活Faux Bold（仿粗体）功能，如图8-116所示。最后调整文本图层的位置，效果如图8-117所示。

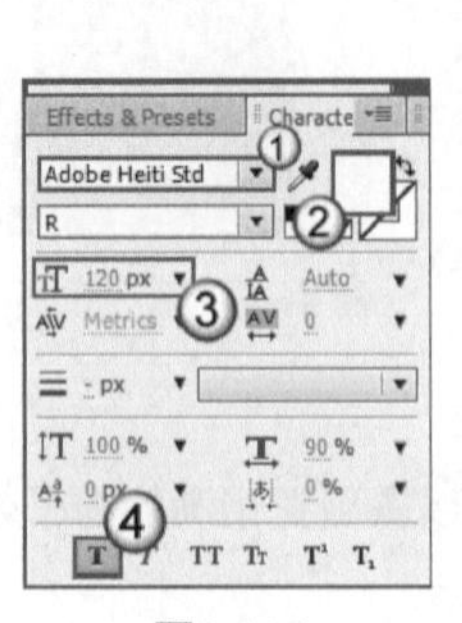

图8-116

图8-117

04 分别为两个文本图层执行Effect（效果）> Perspective（透视）> Drop Shadow（投影）菜单命令，如图8-118所示。接着在Effect Controls（效果控件）面板中，设置Distance（距离）为12、Softness（柔和度）为20，如图8-119所示。画面效果如图8-120所示。

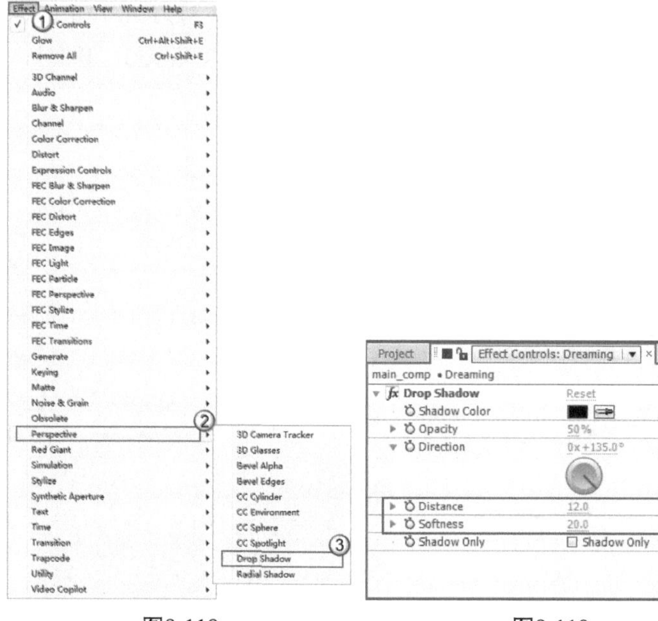

图8-118　图8-119

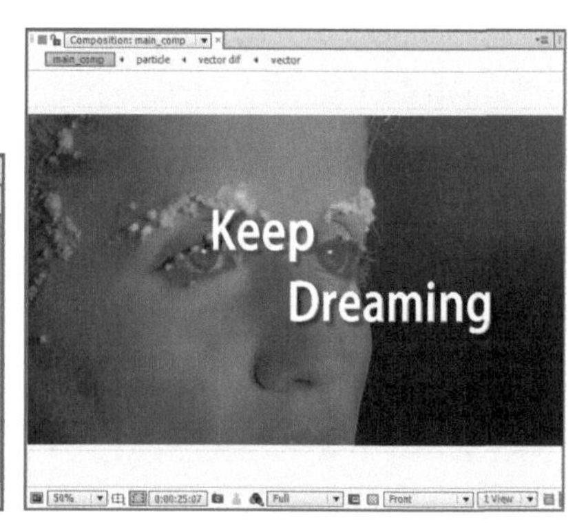

图8-120

05 设置Keep图层的关键帧动画，在第22秒24帧处，设置Opacity（不透明度）为0%；在第23秒12帧处，设置Opacity（不透明度）为100%。设置Dreaming图层的关键帧动画，在第23秒19帧处，设置Opacity（不透明度）为0%；在第24秒07帧处，设置Opacity（不透明度）为100%，如图8-121所示。画面效果如图8-122所示。

06 新建一个固态层，然后设置Name（名称）为BG，接着单击Make Comp Size（制作合成大小）按钮 Make Comp Size ，再设置Color（颜色）为黑色，最后单击OK（确定）按钮 OK ，如图8-123所示。将BG图层拖曳至第3层，如图8-124所示。

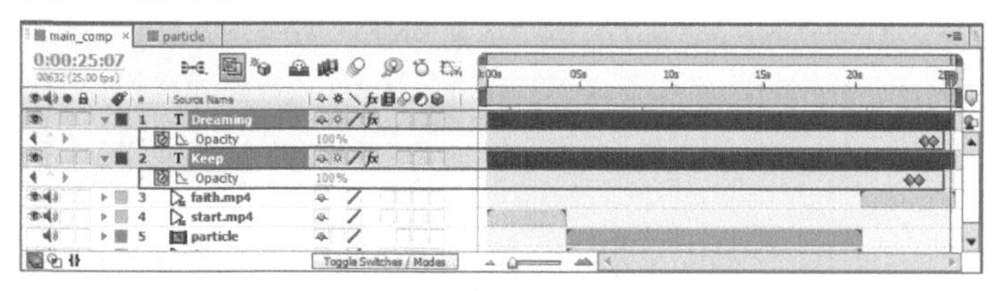

图8-121

图8-122

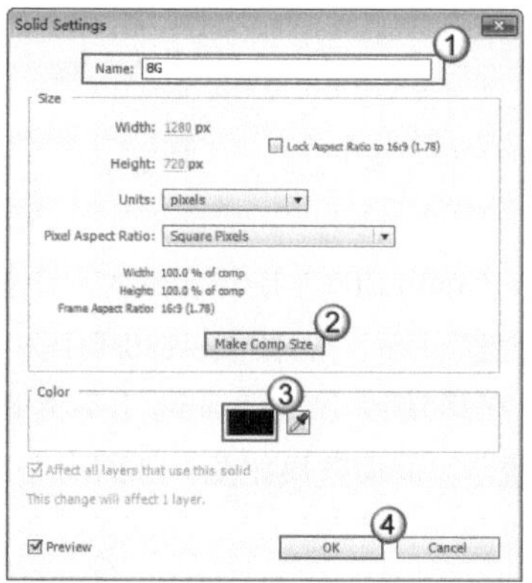

图8-123

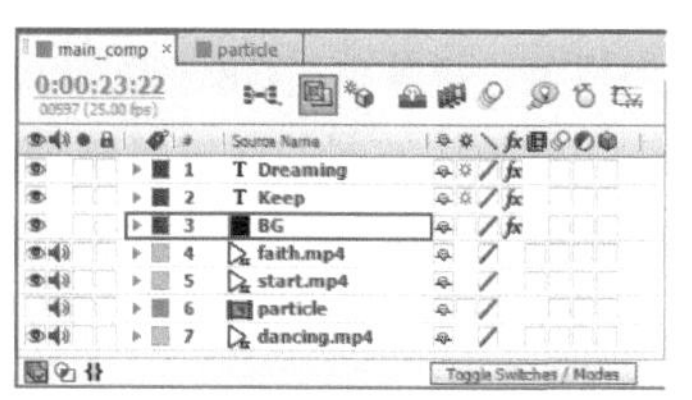

图8-124

07 选择BG图层，然后执行Effect（效果）> Generate（生成）> 4-Color Gradient（四色渐变）菜单命令，如图8-125所示。

08 在Effect Controls（效果控件）面板中，设置Point 1（点 1）为（442，86）、Color 1（颜色 1）为（R:197，G:168，B:204）、Point 2（点 2）为（908，82）、Color 2（颜色 2）为（R:197，G:168，B:204）、Point 3（点 3）为（402，576）、Color 3（颜色 3）为（R:25，G:14，B:25）、Point 4（点 4）为（922，588）、Color 1（颜色 1）为（R:25，G:14，B:25）、Blend（混合）为300，如图8-126所示。画面效果如图8-127所示。

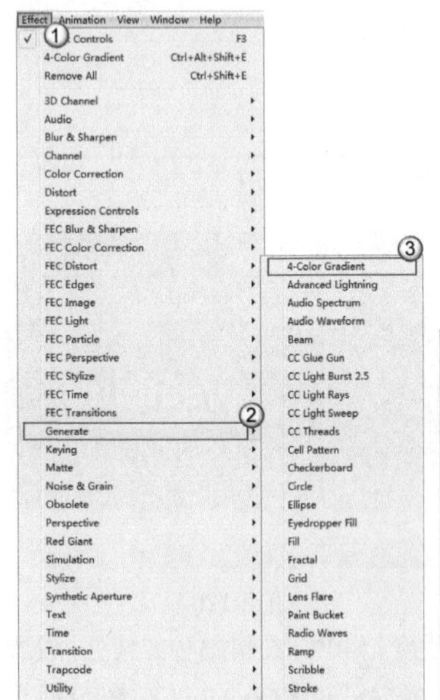

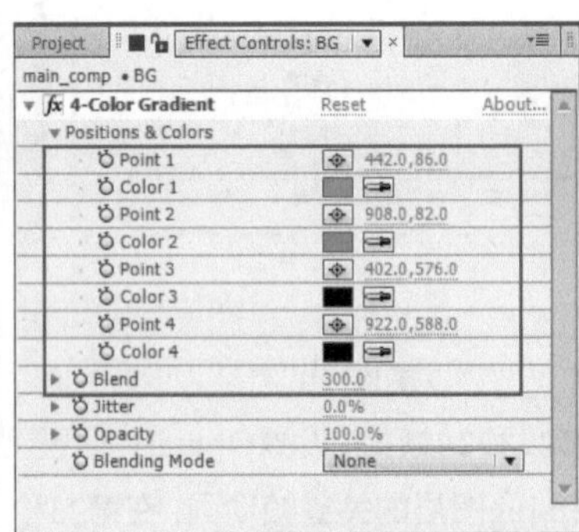

图8-125 图8-126 图8-127

09 设置BG图层的关键帧动画。在第22秒24帧处设置Opacity（不透明度）为0%，在第23秒19处设置Opacity（不透明度）为50%，如图8-128所示。画面效果如图8-129所示。

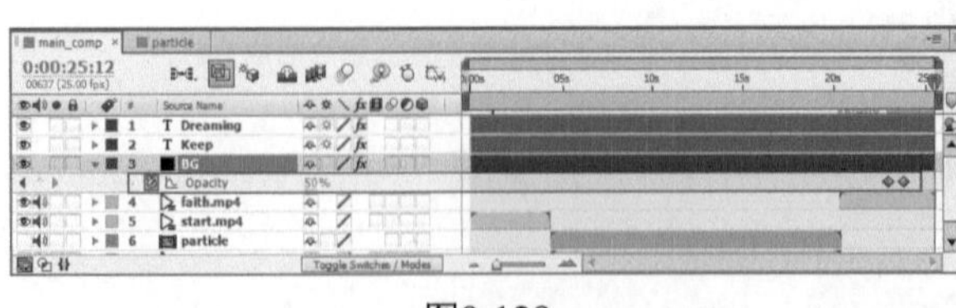

图8-128

图8-129

10 新建一个固态层，单击Make Comp Size（制作合成大小）按钮 Make Comp Size ，然后设置Color（颜色）为黑色，接着单击OK（确定）按钮 OK ，如图8-130所示。

11 设置固态层的关键帧动画。在第5帧处设置Opacity（不透明度）50%，在第2秒12帧处，设置Opacity（不透明度）为0%，如图8-131所示。画面效果如图8-132所示。

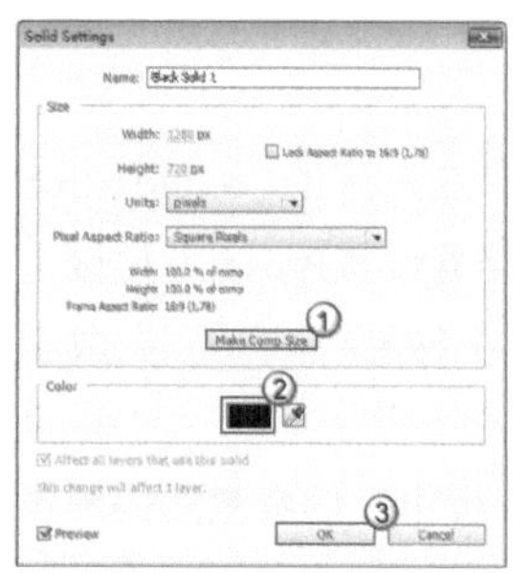

图8-130

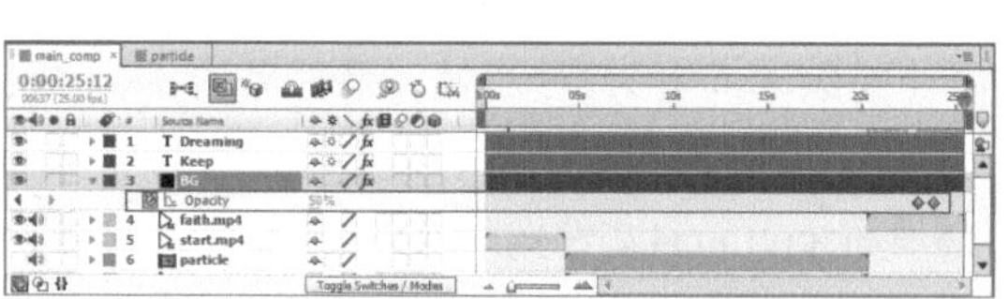

图8-131

图8-132

8.2.5 分类和输出

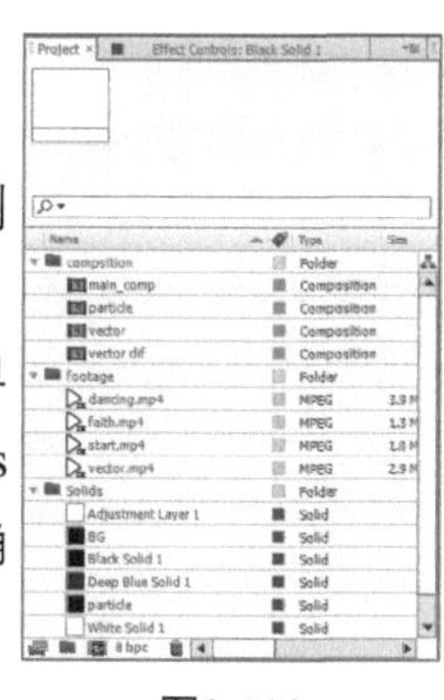

图8-133

01 创建两个文件夹，分别命名为composition和footage，然后将相应的素材拖曳到文件夹中，如图8-133所示。

02 按快捷键Ctrl+M，打开Render Queue（渲染队列）面板，如图8-134所示。然后单击Output Module（输出模块）后面的蓝色字样，接着在打开的Output Module Settings（输出模块设置）对话框中，设置Format（格式）为QuickTime，然后单击OK（确定）按钮 OK ，如图8-135所示。

03 单击Output To（输出到）后面的蓝色字样，设置输出的路径，然后单击Render（渲染）按钮 Render 输出视频，如图8-136所示。

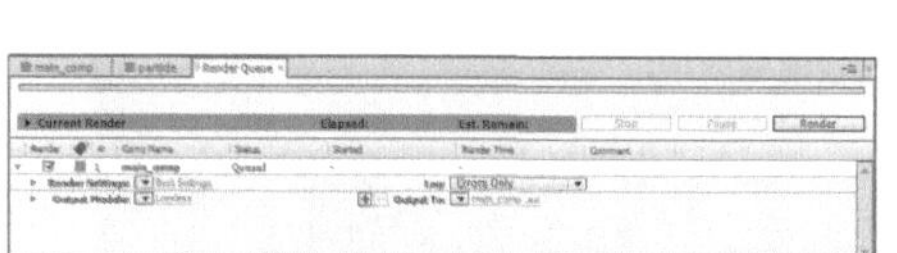

图8-134

图8-135

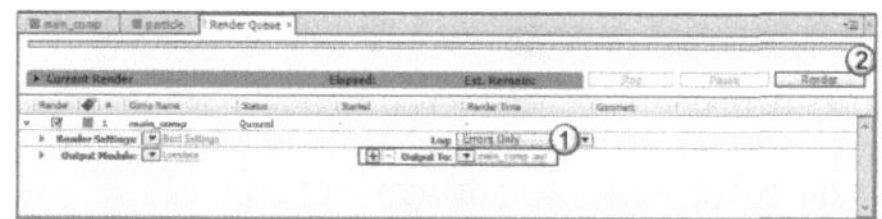

图8-136

8.3 体育栏目

- 素材位置 实例文件>CH08>体育栏目
- 实例位置 实例文件>CH08>体育栏目_F.aep
- 难易指数 ★★★★☆
- 技术掌握 掌握特效合成的制作流程以及特效滤镜的综合使用

（扫描观看视频）

本例主要通过制作公益片头动画，来掌握特效滤镜、颜色校正和关键帧动画等操作技巧，效果如图8-137所示。

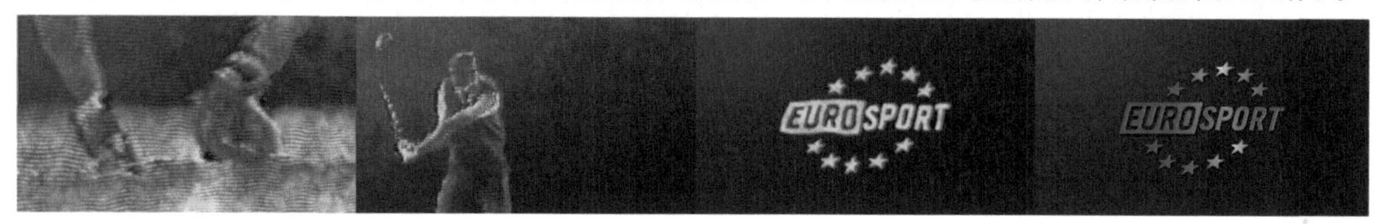

图8-137

8.3.1 创建粒子阵列

01 执行Composition（合成）>New Composition（新建合成） 菜单命令，然后在打开的Composition Settings（合成设置）对话框中，输入Composition Name（合成名称）为sport，接着设置Preset（预设）为HDV/HDTV 720 25、Duration（持续时间）为7秒23帧，最后单击OK（确定）按钮 OK 完成创建，如图8-138所示。

02 导入素材文件夹中的素材，然后将sport.mp4文件拖曳到Timeline（时间轴）面板中，接着激活该图层的三维功能，如图8-139所示。画面效果如图8-140所示。

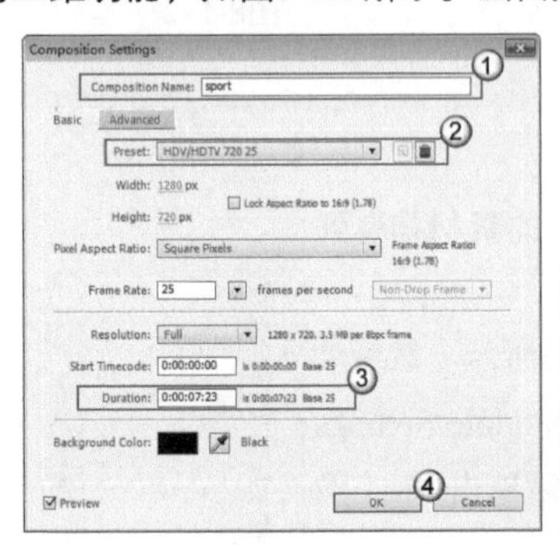

图8-138

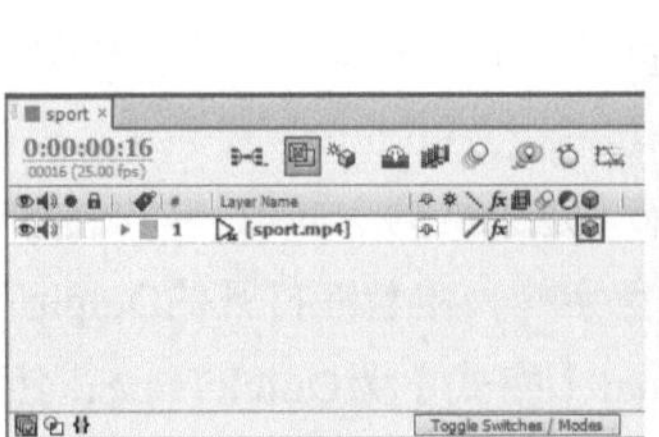

图8-139

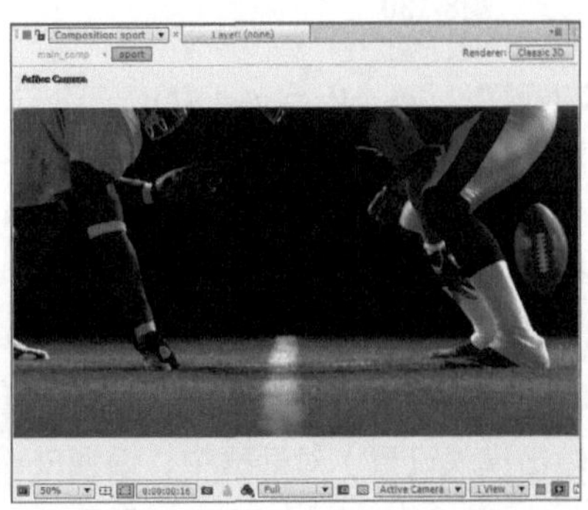

图8-140

03 选择sport图层，然后执行Effect（效果）> Color Correction（颜色校正）> Colorama（色光）菜单命令，如图8-141所示。

04 选择sport图层，然后执行Effect（效果）> Color Correction（颜色校正）> Colorama（色光）菜单命令，在Effect Controls（效果控件）面板中，设置Use Preset Palette（使用预设调板）为Ramp Grey（渐变灰色），然后在色盘上单击，创建出白色和黑色两个色点，如图8-142所示。效果如图8-143所示。

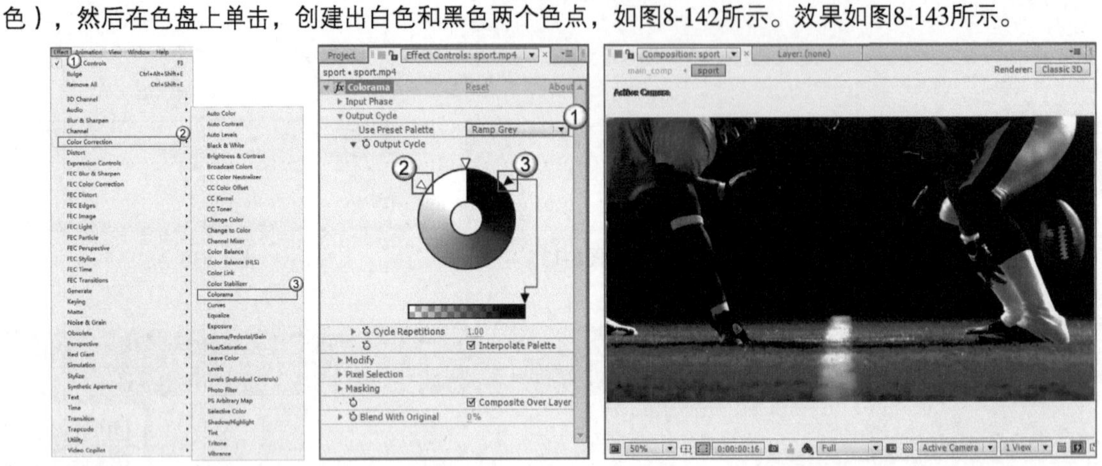

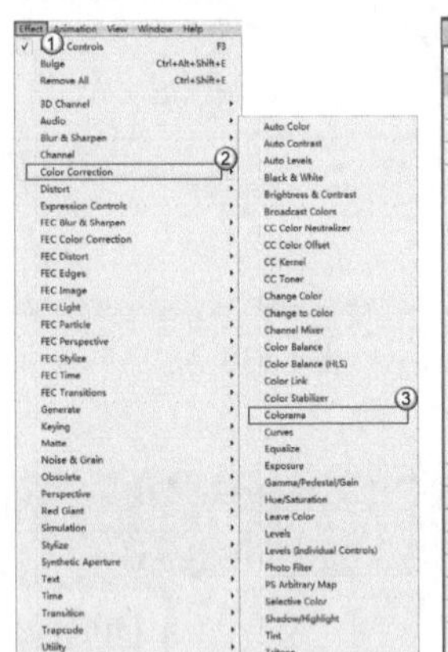

图8-141

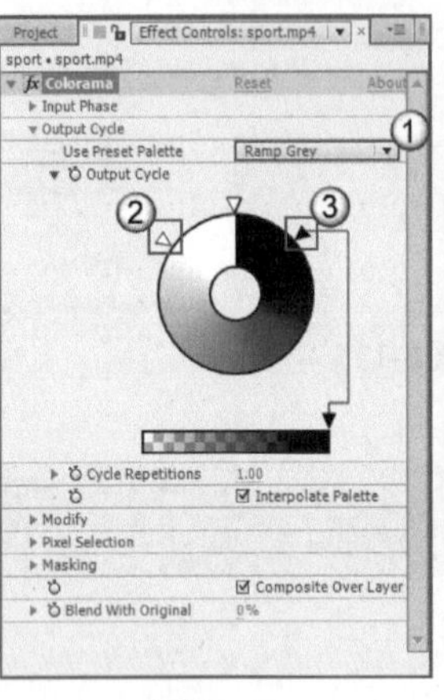

图8-142

图8-143

05 新建一个固态层，然后设置Name（名称）为form，接着单击Make Comp Size（制作合成大小）按钮 Make Comp Size ，再设置Color（颜色）为黑色，最后单击OK（确定）按钮 OK ，如图8-144所示。

06 选择form图层，然后执行Effect（效果）>Trapcode >Form菜单命令，接着在Effect Controls（效果控件）面板中，展开Base Form（基础网格）属性组，在设置Size X/Y/Z（X/Y/Z的大小）分别为1 280、720、40，最后设置Particles in X/Y/Z（X/Y/Z轴上的粒子）分别为160、80、6，如图8-145所示。画面效果如图8-146所示。

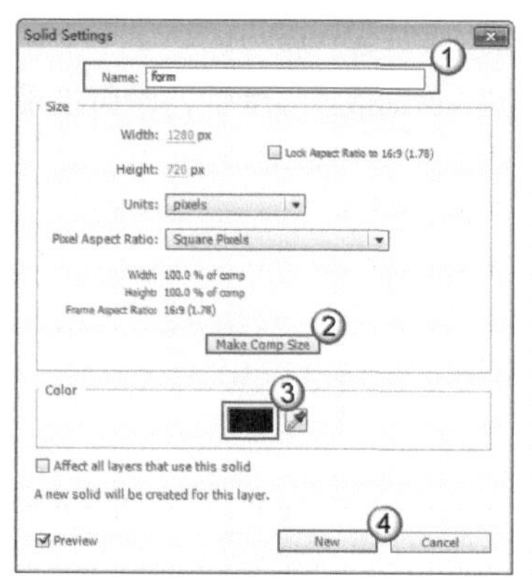

图8-144

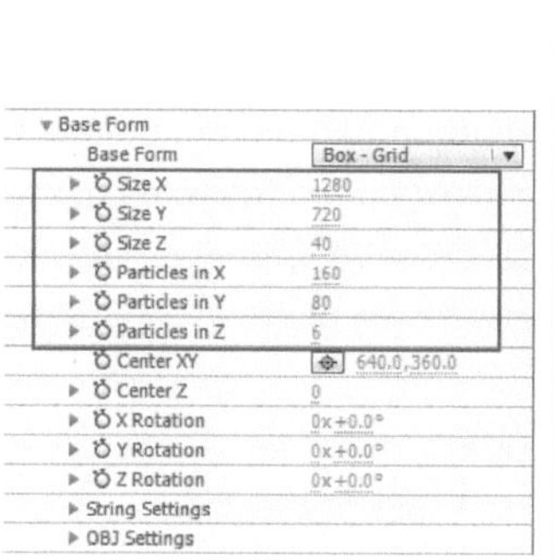

图8-145

图8-146

07 展开Particle（粒子）属性组，然后设置Particle Type（粒子类型）为Glow Sphere（No DOF）（发光球形无景深）、Sphere Feather（球体羽化）为100、Size（大小）为5、Size Random（大小的随机值）为50、Opacity Random（不透明度的随机值）为50、Transfer Mode（合成模式）为Normal（正常），如图8-147所示。画面效果如图8-148所示。

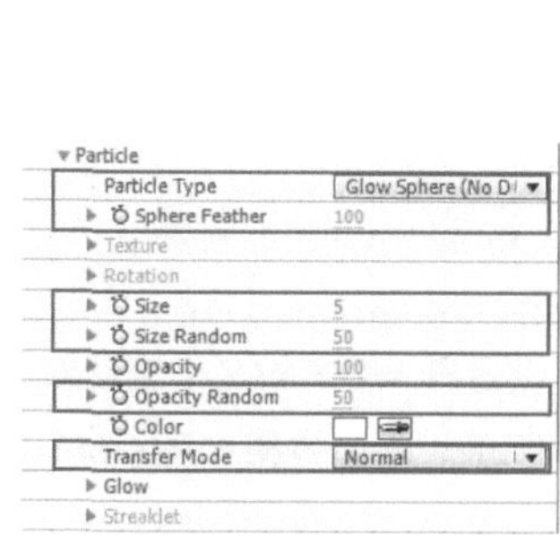

图8-147

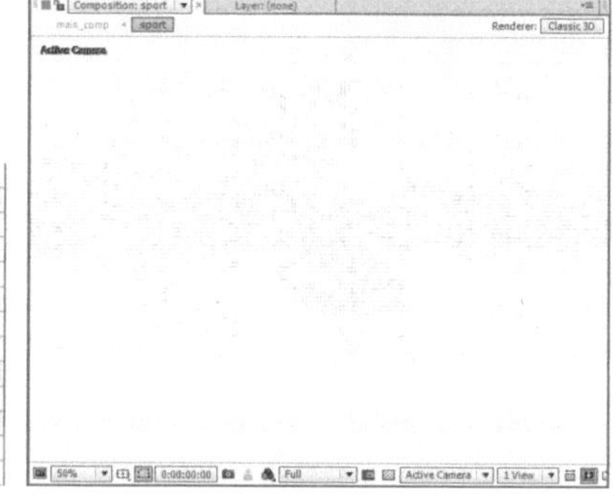

图8-148

08 展开Quick Maps（快速映射）属性组下的Color Map（颜色映射）属性组，然后选择第3个选项，接着设置Map Opac+Color over（映射不透明和颜色在）为Z，如图8-149所示。画面效果如图8-150所示。

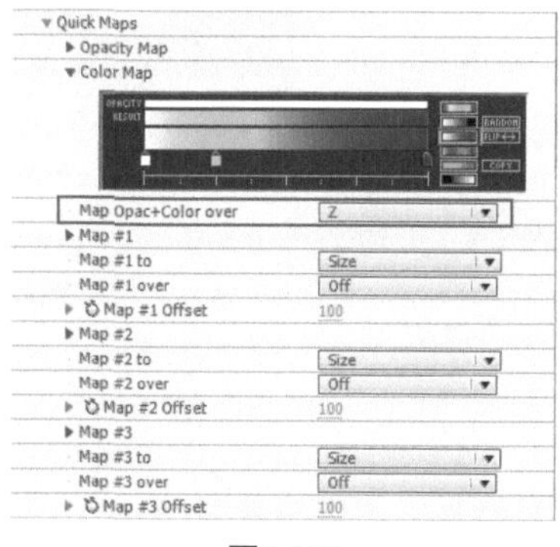

图8-149

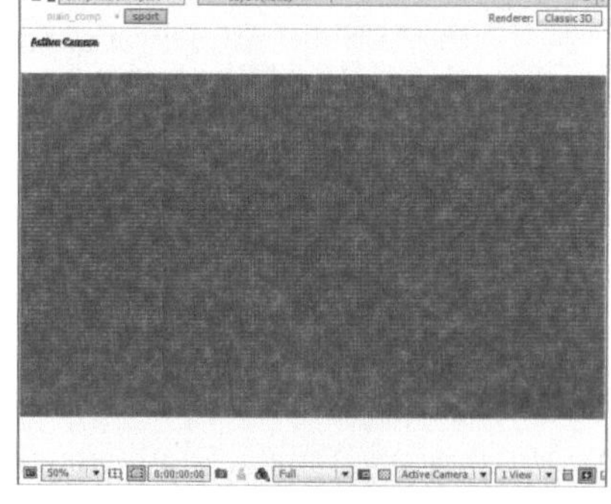

图8-150

09 展开Layer Maps（图层映射）属性组下的Color and Alpha（颜色和通道）属性组，然后设置Layer（图层）为sport.mp4、Functionality（功能）为Lightness to A（亮度映射到Alpha）、Map Over（映射）为XY，如图8-151所示。画面效果如图8-152所示。

10 展开Displacement（置换）属性组，然后设置Functionality（功能）为Individual XYZ（个体XYZ）、Map Over（映射）为XY、Layer for Z（Z轴图层）为sport.mp4，如图8-153所示，画面效果如图8-154所示。

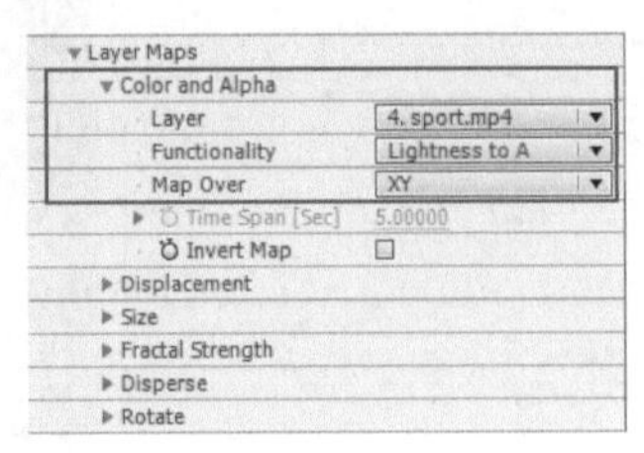

图8-151

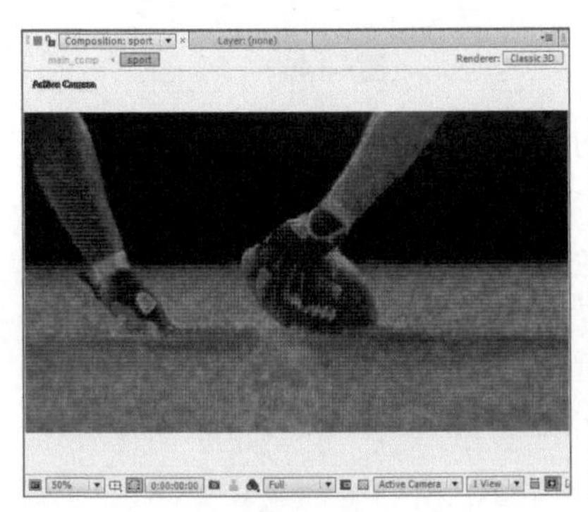

图8-152

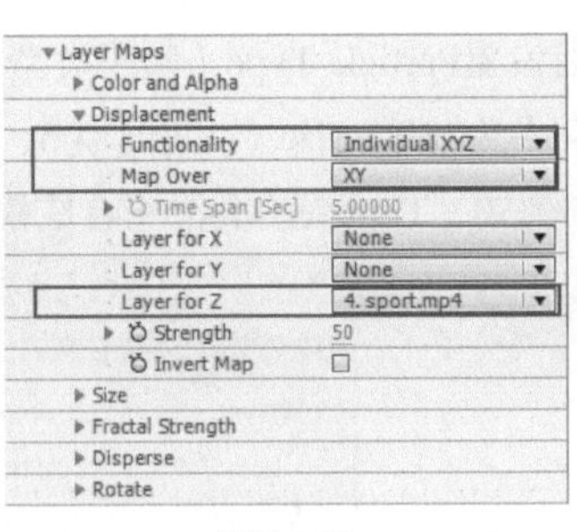

图8-153

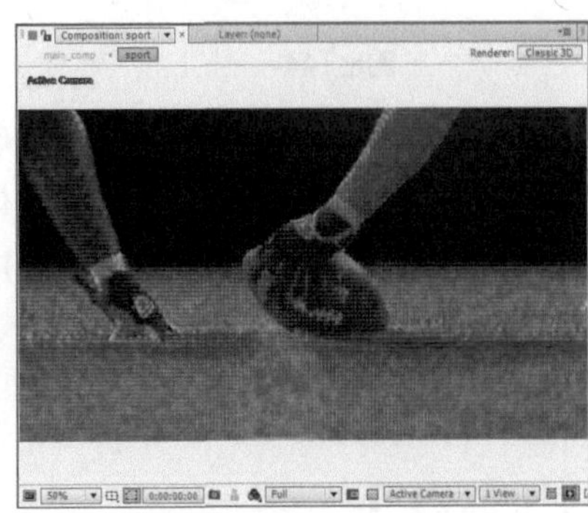

图8-154

11 展开Fractal Field（分形场）属性组，然后在第0帧处，设置Displace（置换）为20，接着激活Flow X/ Y/ Z（流动X/Y/Z）的关键帧，如图8-155所示。

12 在第7秒4帧处，激活Displace（置换）的关键帧，然后设置Flow X/ Y/ Z（流动X/Y/Z）分别为0，接着在第7秒22帧处，设置Displace（置换）为6 000，如图8-156所示。画面效果如图8-157所示。

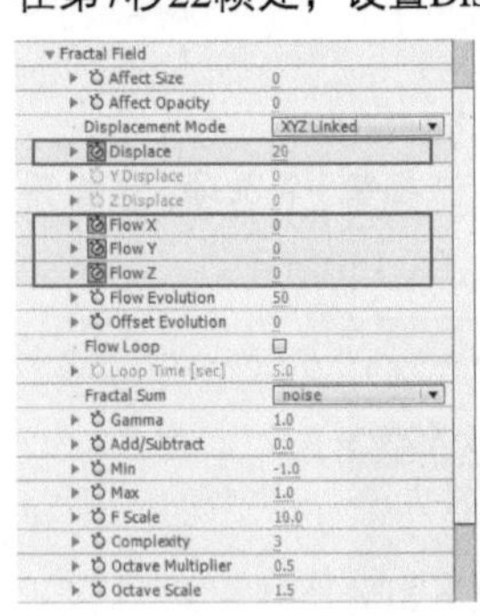

图8-155

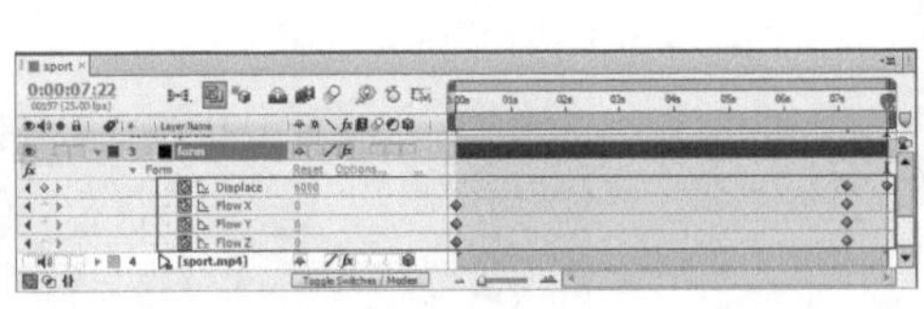

图8-156

图8-157

8.3.2 设置摄像机

01 创建一个摄像机，然后创建一个名为CamCtrl的调整图层，接着激活CamCtrl图层的三维功能，如图8-158所示。

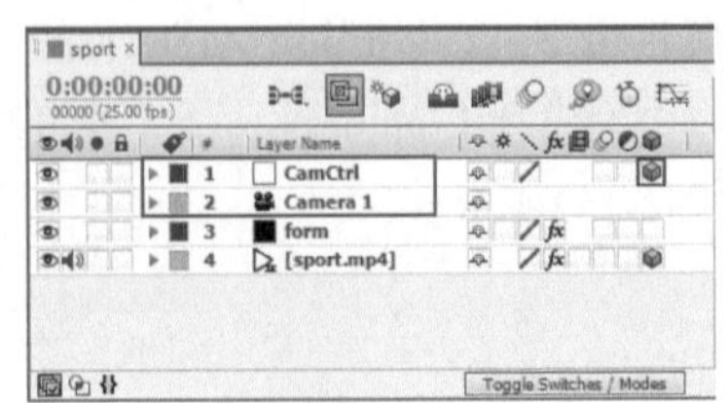

图8-158

02 将Camera 1图层的Point of Interest（目标点）属性关联到CamCtrl图层的Position（位置）属性上，如图8-159所示。

03 设置CamCtrl图层的Position（位置）属性的关键帧动画。在第2秒处，设置Position（位置）为（515，360，0）；在第2秒20帧处，设置Position（位置）为（685，360，0）；在第3秒8帧处，设置Position（位置）为（640，360，0）；在第5秒处，设置Position（位置）为（713，436，0）；在第6秒19帧处，设置Position（位置）为（640，360，0），如图8-160所示。

04 设置Camera 1图层的Position（位置）属性的关键帧动画。在第0帧处，设置Position（位置）为（-962.6，360，-1 875.6）；在第24帧处，设置Position（位置）为（-417.5，360，-2 565.1）；在第2秒处，设置Position（位置）为（-417.5，360，-2 565.1）；在第2秒20帧处，设置Position（位置）为（651.3，360，-2 953.6）；在第3秒8帧处，设置Position（位置）为（640，360，-3 472.2）；在第5秒处，设置Position（位置）为（2 242.6，887.7，-1 786.9）；在第6秒19帧处，设置Position（位置）为（640，360，-3 472.2），如图8-161所示。

05 隐藏sport图层，画面效果如图8-162所示。

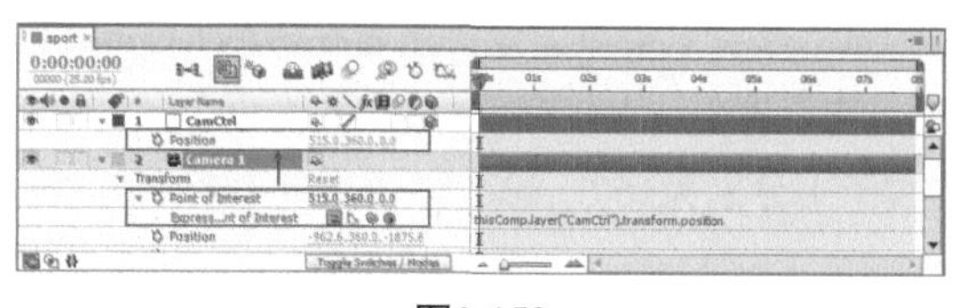

图8-159

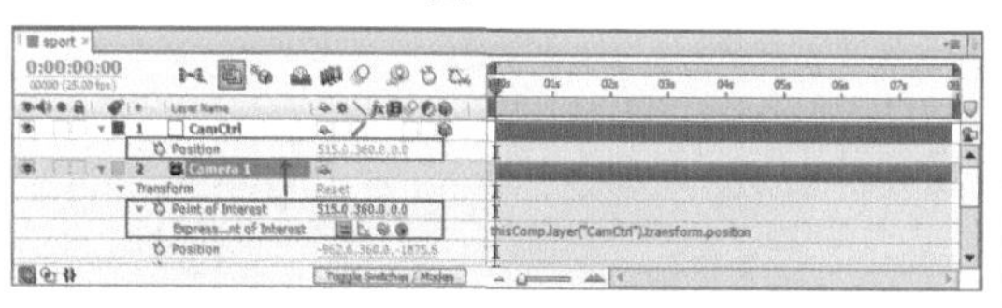

图8-160

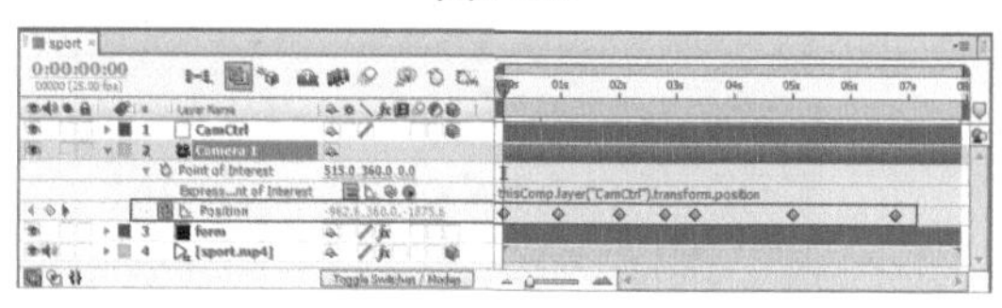

图8-161

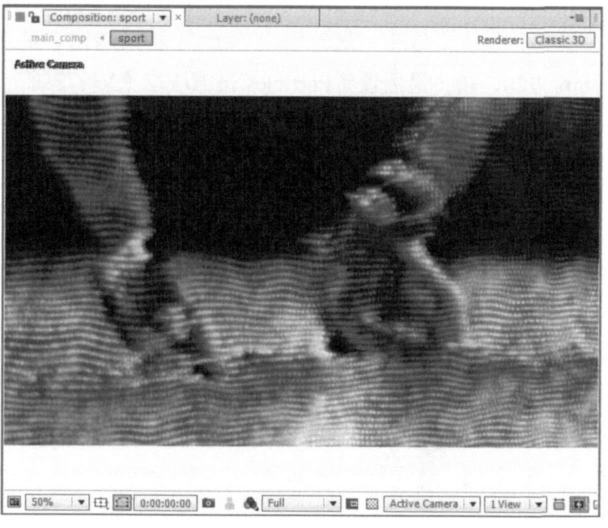

图8-162

8.3.3 制作LOGO

01 执行Composition（合成）>New Composition（新建合成）菜单命令，然后在打开的Composition Settings（合成设置）对话框中，输入Composition Name（合成名称）为Logo，接着设置Preset（预设）为HDV/HDTV 720 25、Duration（持续时间）为3秒，最后单击OK（确定）按钮 OK 完成创建，如图8-163所示。

02 将LOGO.png文件拖曳到Timeline（时间轴）面板中，画面如图8-164所示。

03 选择LOGO图层，然后执行Effect（效果）> Color Correction（颜色校正）> Colorama（色光）菜单命令，接着在Effect Controls（效果控件）面板中，设置Use Preset Palette（使用预设调板）为Ramp Grey（渐变灰色），最后在色盘上单击，创建出白色和黑色两个色点，如图8-165所示。画面效果如图8-166所示。

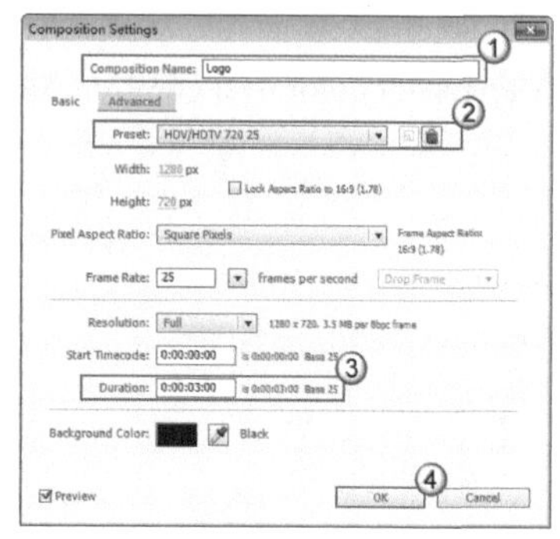

图8-163

图8-164

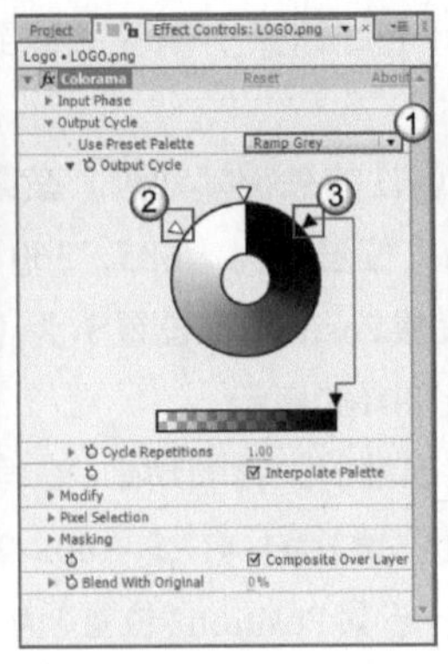

图8-165

图8-166

04 新建一个固态层，然后设置Name（名称）为form，接着单击Make Comp Size（制作合成大小）按钮 Make Comp Size ，再设置Color（颜色）为黑色，最后单击OK（确定）按钮 OK ，如图8-167所示。

05 选择form图层，然后执行Effect（效果）>Trapcode >Form（形状）菜单命令，接着在Effect Controls（滤镜控制）面板中，展开Base Form（基础网格）属性组，在设置Size X/Y/Z（X/Y/Z的大小）分别为1 280、720、40，最后设置Particles in X/Y/Z（X/Y/Z轴上的粒子）分别为160、80、5，如图8-168所示。画面效果如图8-169所示。

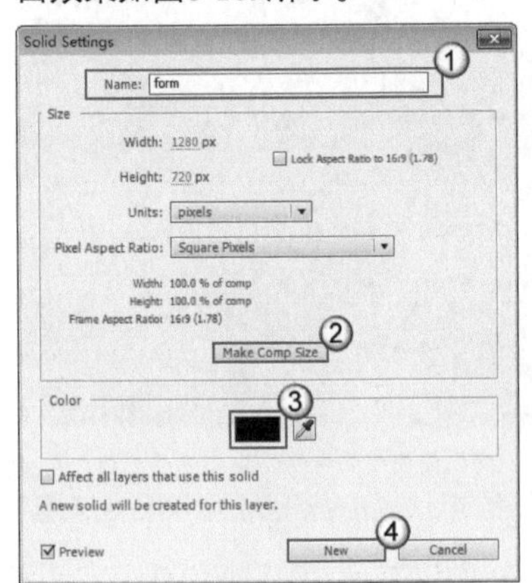

图8-167

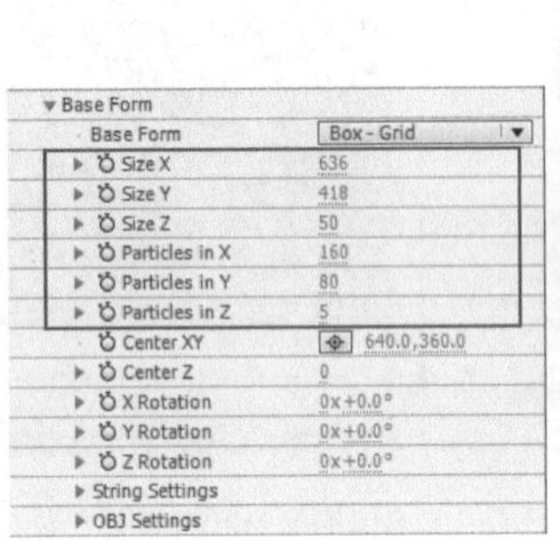

图8-168

图8-169

06 展开Particle（粒子）属性组，然后设置Particle Type（粒子类型）为Glow Sphere（No DOF）（发光球形无景深）、Sphere Feather（球体羽化）为100、Size（大小）为5、Size Random（大小的随机值）为50、Opacity Random（不透明度的随机值）为50、Transfer Mode（合成模式）为Normal（正常），如图8-170所示。画面效果如图8-171所示。

07 展开Quick Maps（快速映射）属性组下的Color Map（颜色映射）属性组，然后选择第3个选项，接着设置Map Opac+Color over（映射不透明和颜色在）为Z，如图8-172所示。画面效果如图8-173所示。

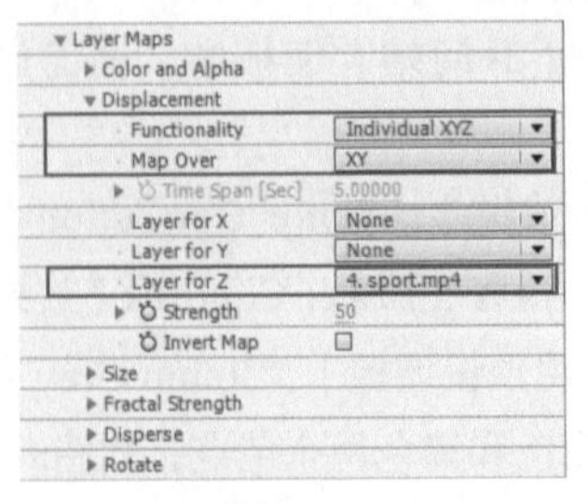

图8-170

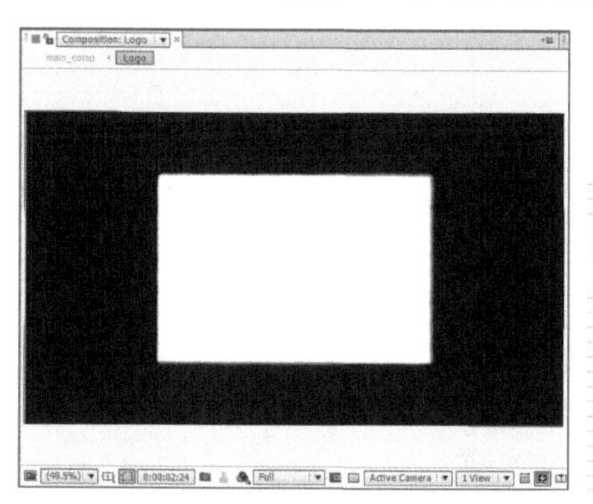
图8-171

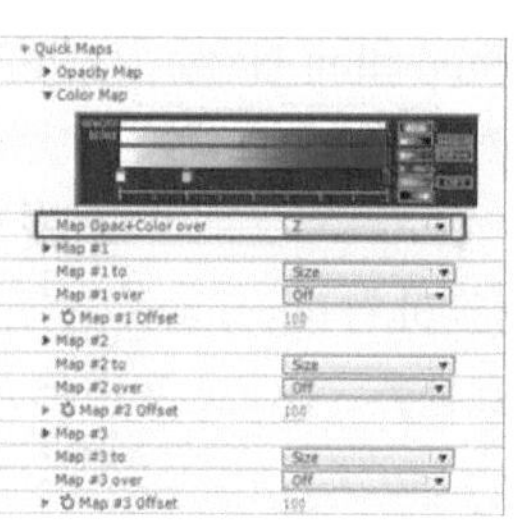
图8-172

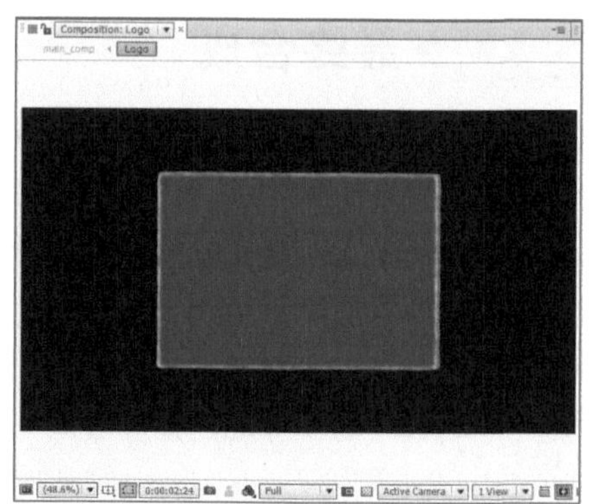
图8-173

08 展开Layer Maps（图层映射）属性组下的Color and Alpha（颜色和通道）属性组，然后设置Layer（图层）为LOGO.png、Functionality（功能）为Lightness to A（亮度映射到Alpha）、Map Over（映射）为XY，如图8-174所示。画面效果如图8-175所示。

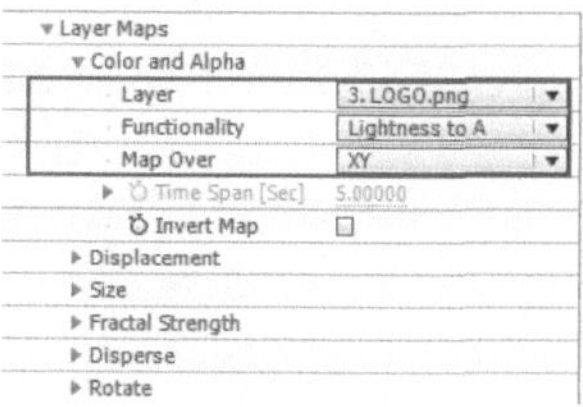

图8-174

09 展开Displacement（置换）属性组，然后设置Functionality（功能）为Individual XYZ（个体 XYZ）、Map Over（映射）为XY、Layer for Z（Z轴图层）为sport.mp4，如图8-176所示。画面效果如图8-177所示。

图8-175

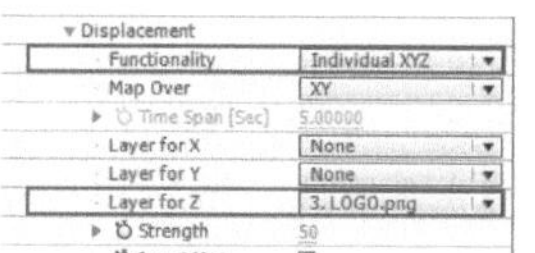

图8-176

图8-177

10 展开Fractal Field（分形场）属性组，然后在第0帧处，设置Displace（置换）为3 000，接着激活Flow X/ Y/ Z（流动X/Y/Z）的关键帧，如图8-178所示。

11 在第7秒4帧处，激活Displace（置换）的关键帧，然后设置Flow X/ Y/ Z（流动X/Y/Z）分别为500，接着在第7秒22帧处，设置Displace（置换）为20，如图8-179所示。画面效果如图8-180所示。

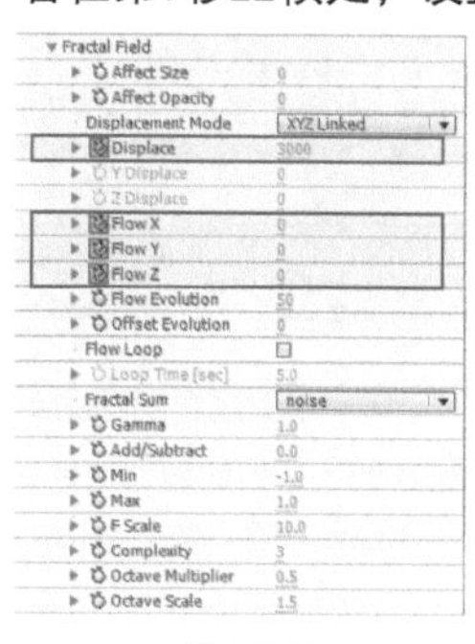
图8-178

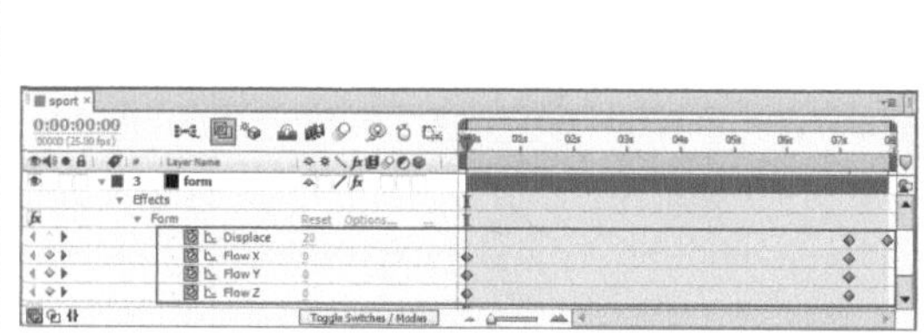
图8-179

图8-180

8.3.4 最终合成

01 执行Composition（合成）>New Composition（新建合成） 菜单命令，然后在打开的Composition Settings（合成设置）对话框中，输入Composition Name（合成名称）为main_comp，接着设置Preset（预设）为HDV/HDTV 720 25、Duration（持续时间）为14秒，最后单击OK（确定）按钮 OK 完成创建，如图8-181所示。

02 将sport、Logo合成和LOGO.png素材拖曳到Timeline（时间轴）面板中，然后调整图层间的上下级关系，接着设置Logo图层的入点时间在7秒22帧处、LOGO图层的入点时间在10秒12帧处，如图8-182所示。

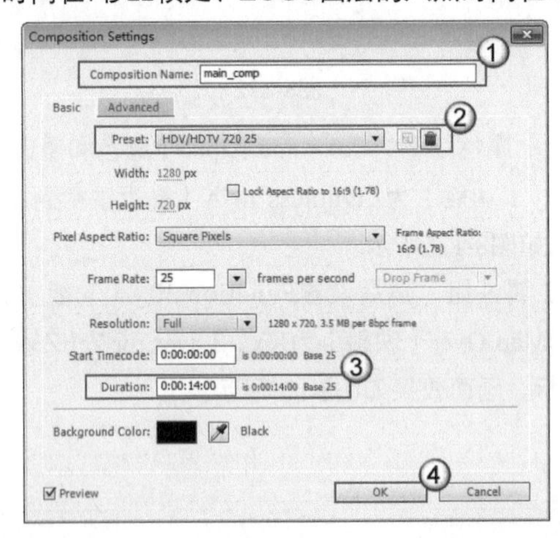

图8-181

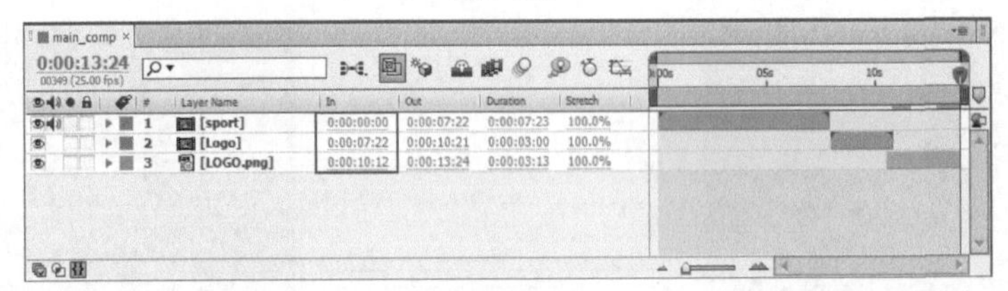

图8-182

03 新建一个固态层，设置Name（名称）为BG，然后单击Make Comp Size（制作合成大小）按钮 Make Comp Size ，接着设置Color（颜色）为黑色，在单击OK（确定）按钮 OK ，如图8-183所示。最后将BG图层拖曳到底层，如图8-184所示。画面效果如图8-185所示。

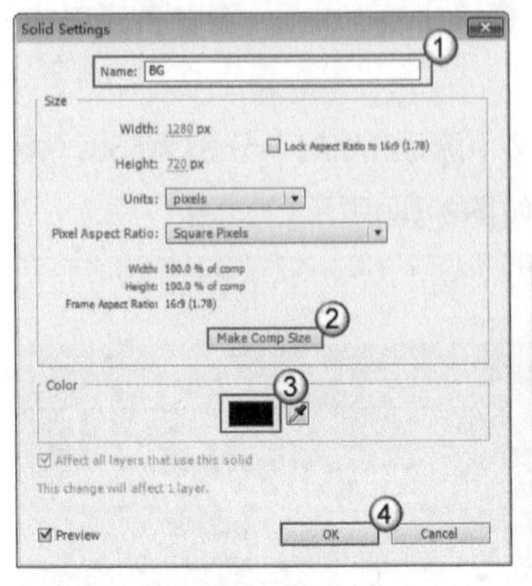

图8-183

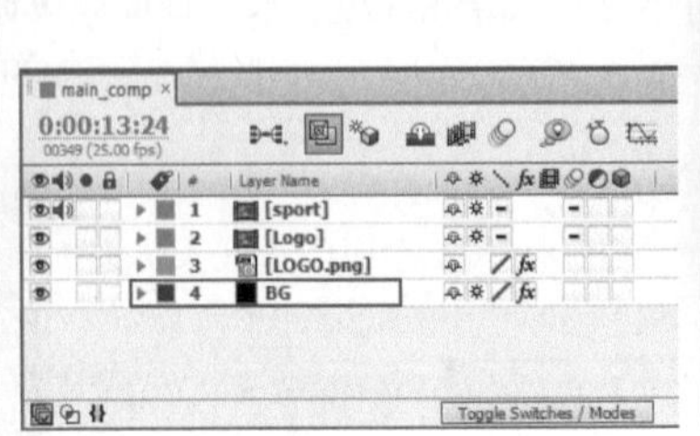

图8-184

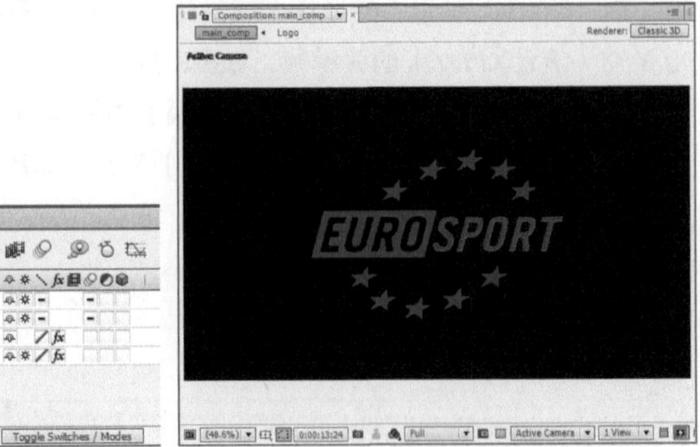

图8-185

04 选择BG图层，然后执行Effect（效果）> Generate（生成）> 4-Color Gradient（四色渐变）菜单命令，如图8-186所示。

05 在Effect Controls（效果控件）面板中，设置Point 1（点 1）为（272，128）、Color 1（颜色 1）为（R:129，G:110，B:123）、Point 2（点 2）为（928，112）、Color 2（颜色 2）为（R:47，G:29，B:48）、Point 3（点 3）为（316，580）、Color 3（颜色 3）为（R:25，G:20，B:33）、Point 4（点 4）为（884，552）、Color 1（颜色 1）为（R:25，G:15，B:30）、Blend（混合）为500，如图8-187所示。画面效果如图8-188所示。

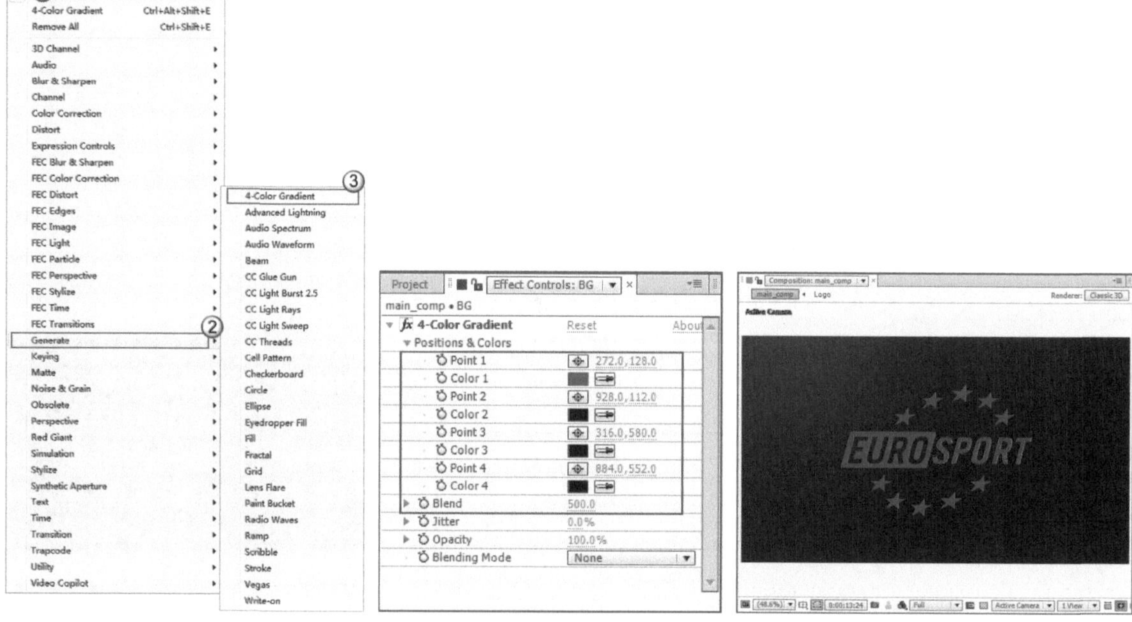

图8-186　　　　图8-187　　　　图8-188

06 设置Logo图层的Opacity（不透明度）属性的关键帧动画。在第10秒12帧处，设置Opacity（不透明度）为100%；在第10秒21帧处，设置Opacity（不透明度）为0%，如图8-189所示。画面效果如图8-190所示。

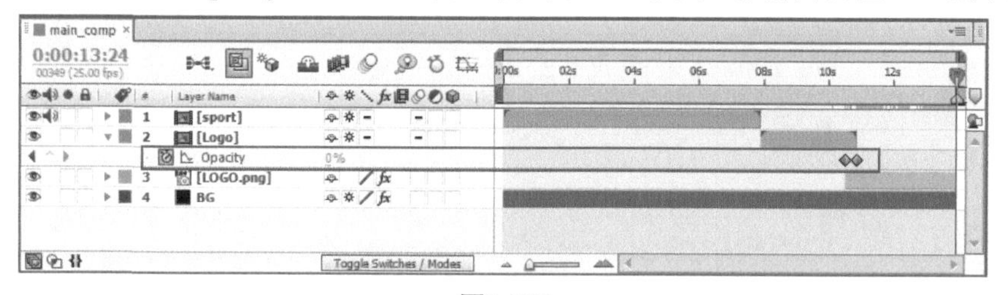

图8-189

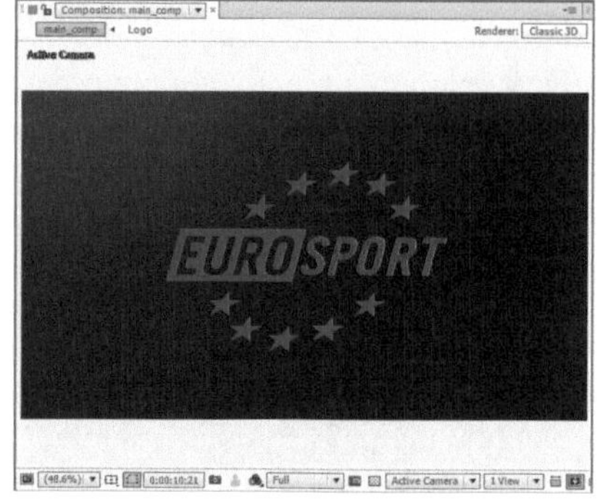

图8-190

07 选择BG图层，然后执行Effect（效果）> Generate（生成）> CC Light Sweep（CC 扫光）菜单命令，如图8-191所示。

08 在Effect Controls（效果控件）面板中，设置Center（中心点）为（318，104.5）、Width（宽度）为138、Sweep Intensity（扫掠强度）为74、Edge Intensity（边缘强度）为50、Edge Thickness（边缘厚度）为1、Light Color（扫光颜色）为（R:255，G:162，B:62），如图8-192所示。画面效果如图8-193所示。

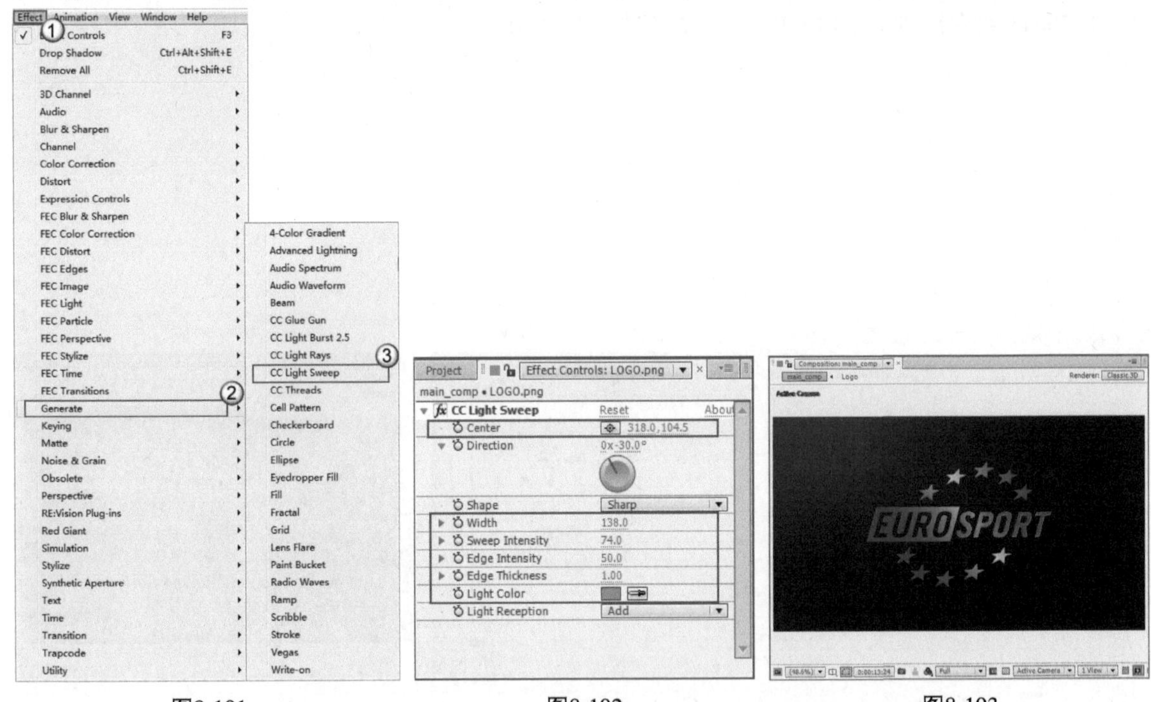

图8-191　　图8-192　　图8-193

09 设置Direction（方向）属性的关键帧动画。在第11秒15帧处设置Direction（方向）为（0×90°），在第12秒23帧处设置Direction（方向）为（0×-90°），如图8-194所示。画面效果如图8-195所示。

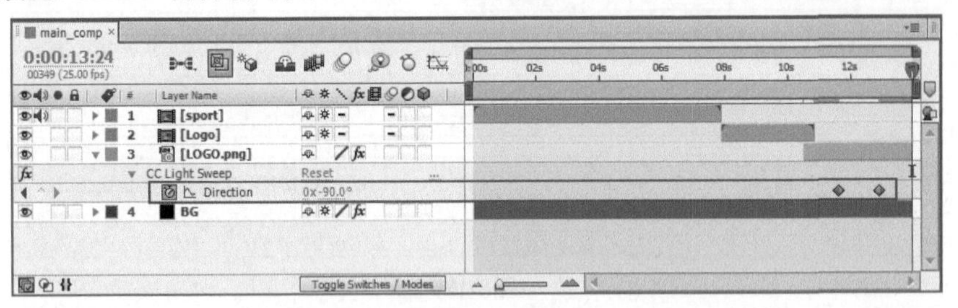

图8-194

图8-195

10 执行Effect（效果）> Perspective（透视）> Drop Shadow（投影）菜单命令，接着在Effect Controls（效果控件）面板中，设置Opcity（不透明度）为80%、Direction（方向）为（0×162°）、Distance（距离）为9、Softness（柔和度）为15，如图8-196所示。画面效果如图8-197所示。

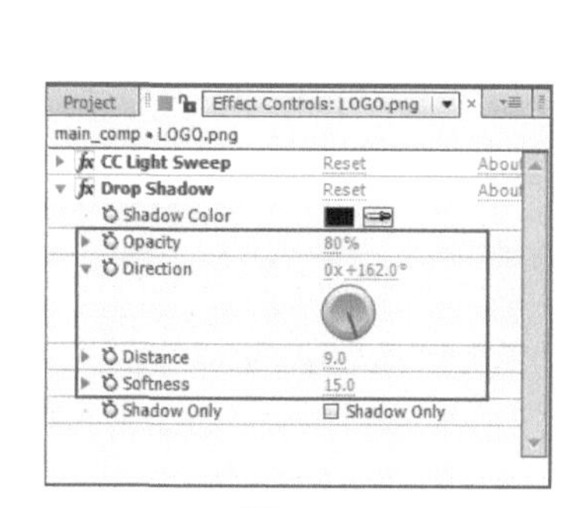

图8-196

图8-197

11 设置LOGO.png图层的Opacity（不透明度）属性的关键帧动画。在第10秒12帧处，设置Opacity（不透明度）为0%；在第10秒21帧处，设置Opacity（不透明度）为100%，如图8-198所示。画面效果如图8-199所示。

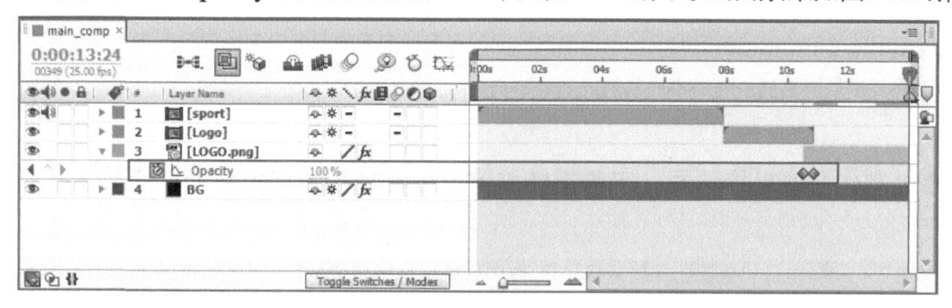

图8-198

图8-199

8.3.5 分类和输出

01 创建两个文件夹，分别命名为composition和footage，然后将相应的素材拖曳到文件夹中，如图8-200所示。

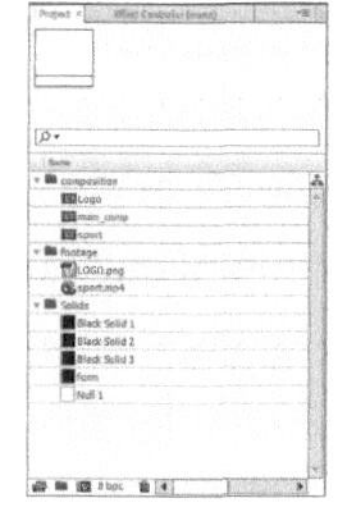

图8-200

02 按快捷键Ctrl+M，打开Render Queue（渲染队列）面板，如图8-201所示。然后单击Output Module（输出模块）后面的蓝色字样，接着在打开的Output Module Settings（输出模块设置）对话框中，设置Format（格式）为QuickTime，然后单击OK（确定）按钮 OK ，如图8-202所示。

03 单击Output To（输出到）后面的蓝色字样，设置输出的路径，然后单击Render（渲染）按钮 Render 输出视频，如图8-203所示。

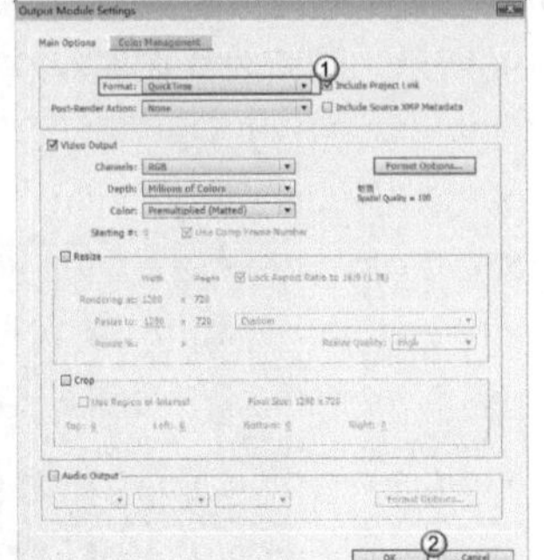

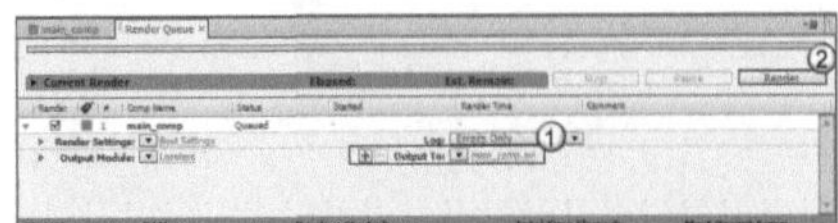

图8-201

图8-202

图8-203

8.4 海底世界

- 素材位置 实例文件>CH08>海底世界
- 实例位置 实例文件>CH08>海底世界_F.aep
- 难易指数 ★★★★☆
- 技术掌握 掌握特效合成的制作流程以及特效滤镜的综合使用

（扫描观看视频）

本例主要通过制作海底世界动画，来掌握特效滤镜、颜色校正和关键帧动画等操作技巧，效果如图8-204所示。

图8-204

8.4.1 制作噪波贴图

01 执行Composition（合成）>New Composition（新建合成） 菜单命令，然后在打开的Composition Settings（合成设置）对话框中，输入Composition Name（合成名称）为Disp_map，接着设置Width（宽度）为1 000、Height（高度）为600、Duration（持续时间）为6秒，最后单击OK（确定）按钮 OK 完成创建，如图8-205所示。

02 新建一个固态层，然后设置Name（名称）为noise，接着单击Make Comp Size（制作合成大小）按钮 Make Comp Size ，再设置Color（颜色）为黑色，最后单击OK（确定）按钮 OK ，如图8-206所示。

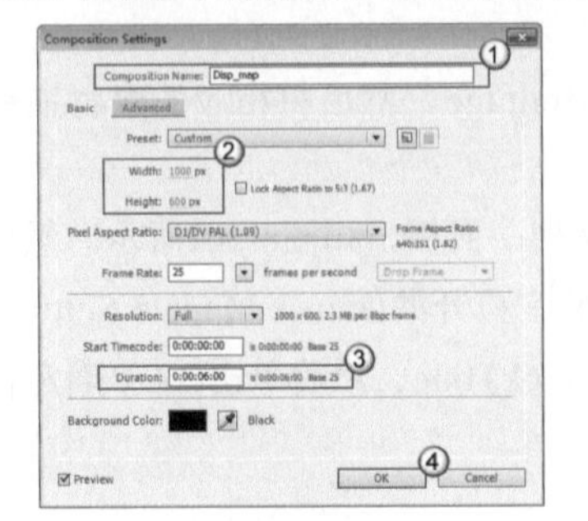

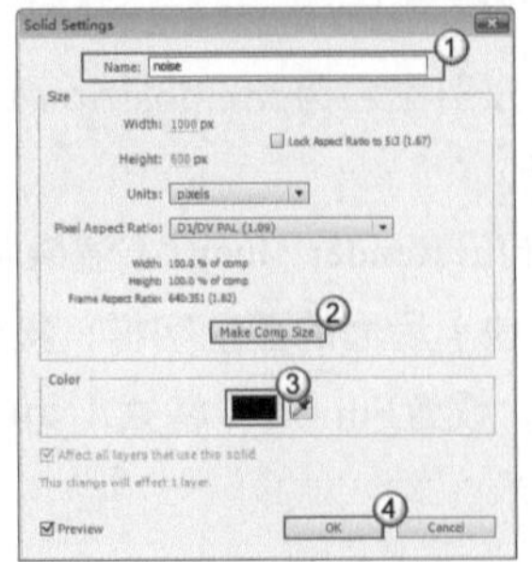

图8-205

图8-206

03 选择noise图层，然后执行Effect（效果）> Noise & Grain（杂色和颗粒）>Fractal Noise（分形杂色）菜单命令，如图207所示。画面效果如图8-208所示。

04 在Effect Controls（效果控件）面板中激活Evolution（演化）的表达式，如图8-209所示。然后在Timeline（时间轴）面板中输入如下表达式，如图8-210所示。画面效果如图8-211所示。

time*90;

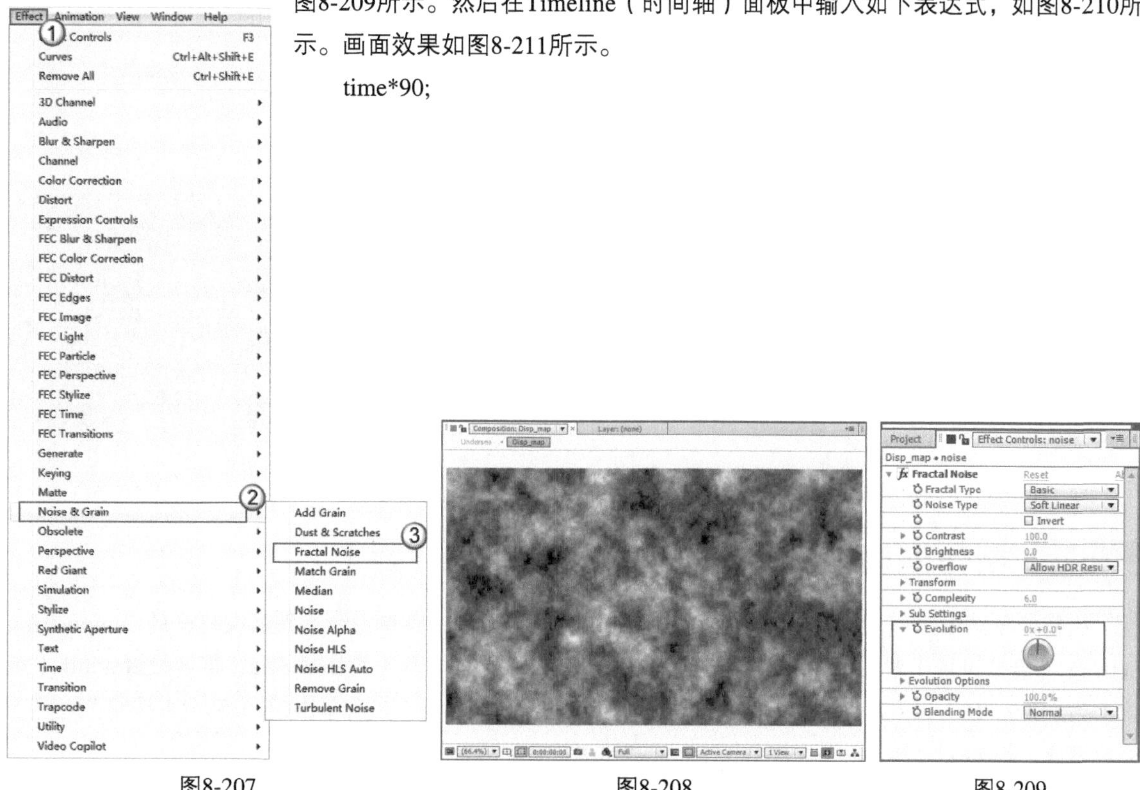

图8-207　　图8-208　　图8-209

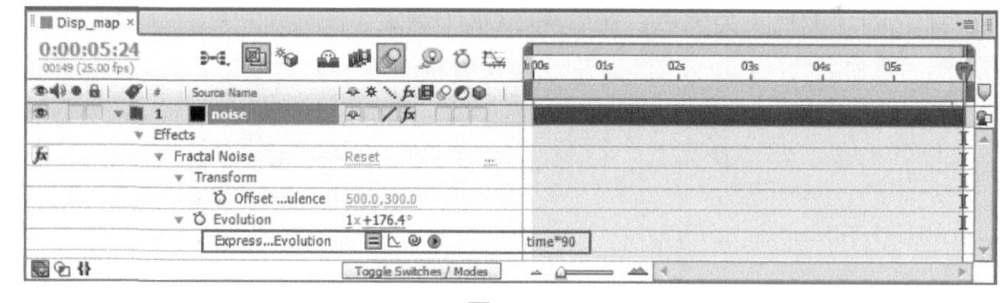

图8-210

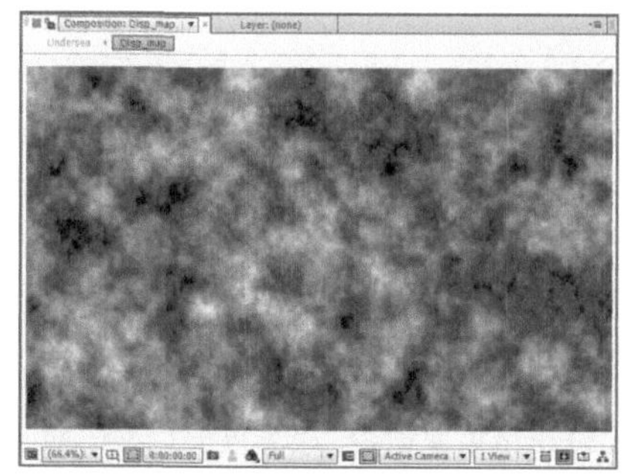

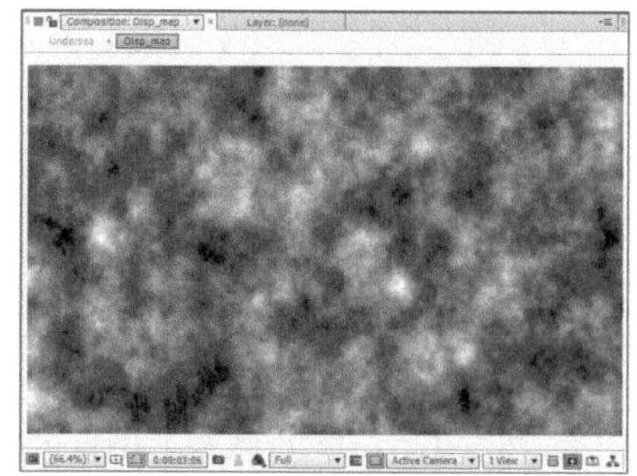

图8-211

05 展开Fractal Noise（分形杂色）滤镜下的Transform（变换）属性组，然后设置Offset Turbulence（偏移湍流）属性的关键帧动画，如图8-212所示。在第0帧处设置该属性为（500，300），在第5秒24帧处设置该属性为（500，1 000），如图8-213所示。画面效果如图8-214所示。

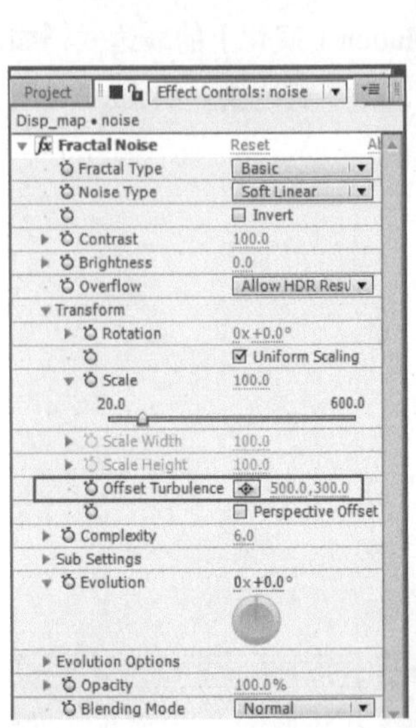

图8-212

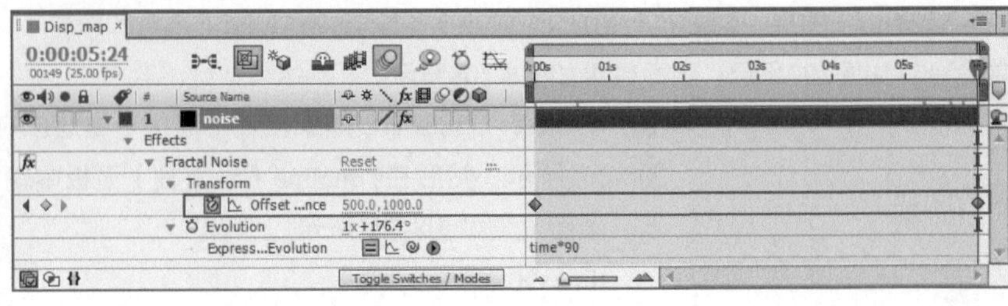

图8-213

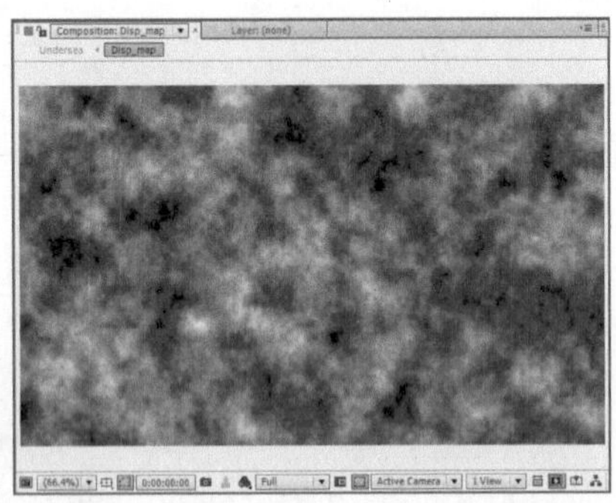

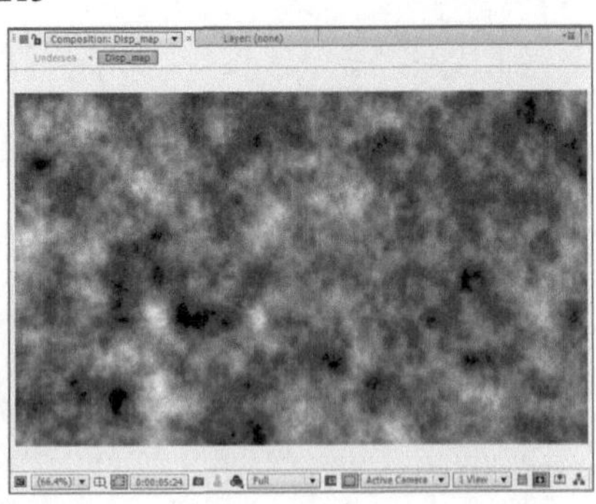

图8-214

8.4.2 制作海面

01 执行Composition（合成）>New Composition（新建合成）菜单命令，然后在打开的Composition Settings（合成设置）对话框中，输入Composition Name（合成名称）为Undersea，接着设置Width（宽度）为1 000、Height（高度）为600、Duration（持续时间）为6秒，最后单击OK（确定）按钮 OK 完成创建，如图8-215所示。

02 新建一个固态层，然后设置Name（名称）为BG，接着单击Make Comp Size（制作合成大小）按钮 Make Comp Size ，再设置Color（颜色）为黑色，最后单击OK（确定）按钮 OK ，如图8-216所示。

03 复制BG图层，然后重命名为Form，如图8-217所示。接着将Disp_map合成拖曳到第2层，如图8-218所示。

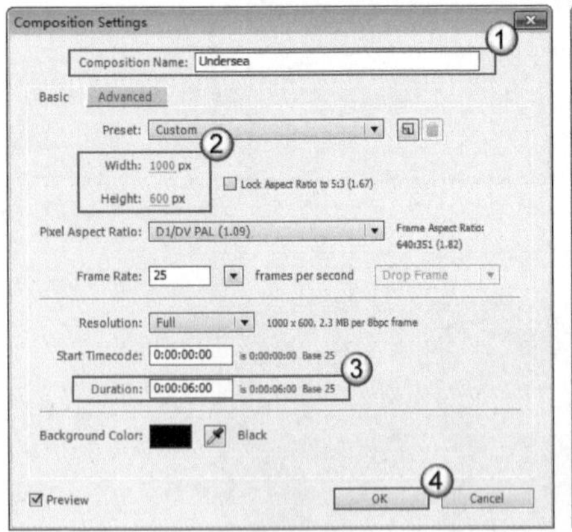

图8-215

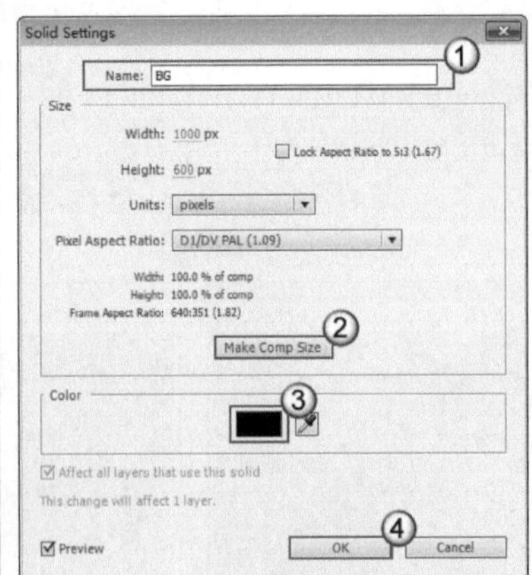

图8-216

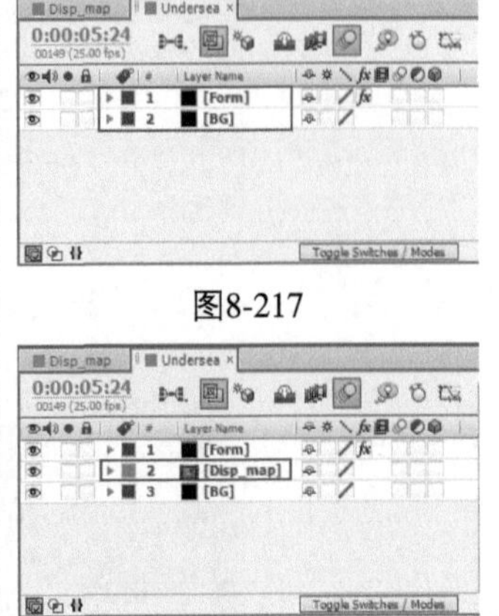

图8-217

图8-218

04 选择Form图层，然后执行Effect（效果）>Trapcode >Form菜单命令，接着展开Layer Maps（图层映射）>Displacement（置换）属性组，最后设置Map（映射）为XY、Layer for XYZ（XYZ图层）为Disp_map，如图8-219所示。画面效果如图8-220所示。

05 展开Base Form（基础网格）属性组，然后设置Size X（X的大小）为1200、Size Y（Y的大小）为2 000、Size Z（Z的大小）为200、Particles in X（X轴上的粒子）为600、Particles in Y（Y轴上的粒子）为400、Particles in Z（Z轴上的粒子）为1、X Rotation（X轴的旋转）为（0×-90°），如图8-221所示。画面效果如图8-222所示。

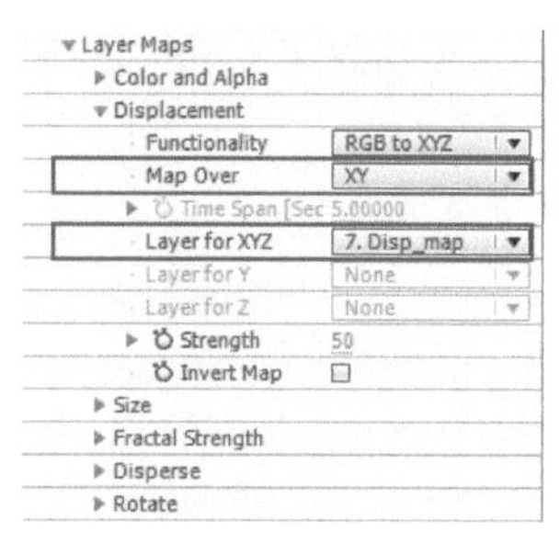

图8-219

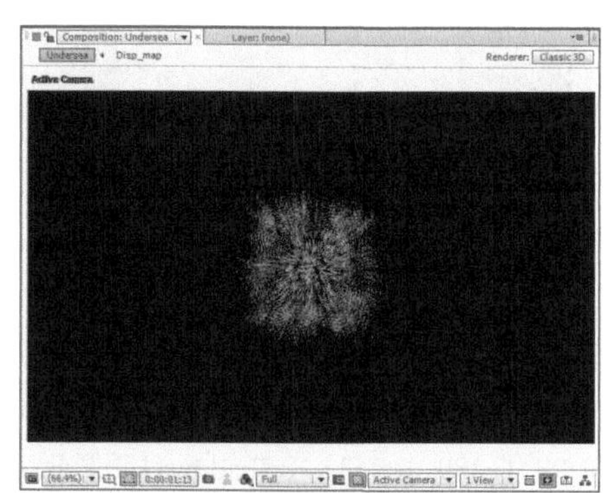

图8-220

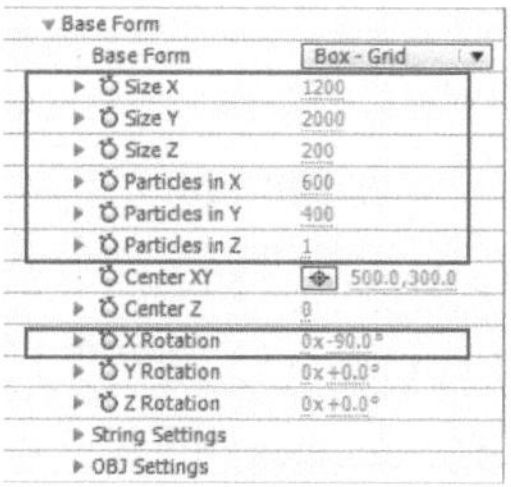

图8-221

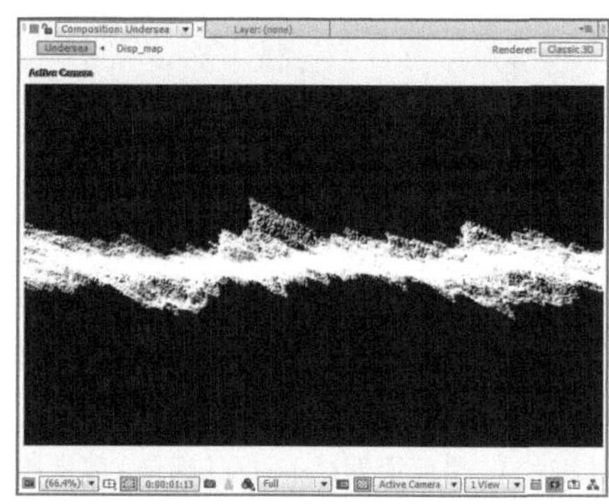

图8-222

06 展开World Transform（坐标空间变换）属性组，然后设置Y Offset（Y轴的偏移）为-120，如图8-223所示。画面效果如图8-224所示。

07 选择Form图层，然后执行Effect（效果）>Blur & Sharpen（模糊和锐化）>CC Vector Blur（CC 矢量模糊）菜单命令，如图8-225所示。

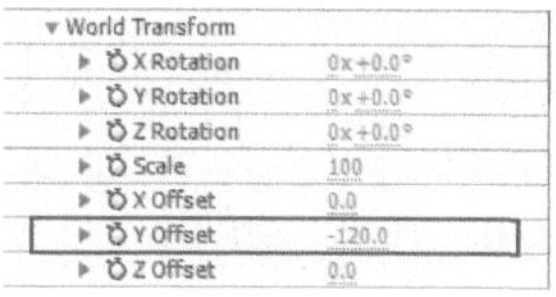

图8-223

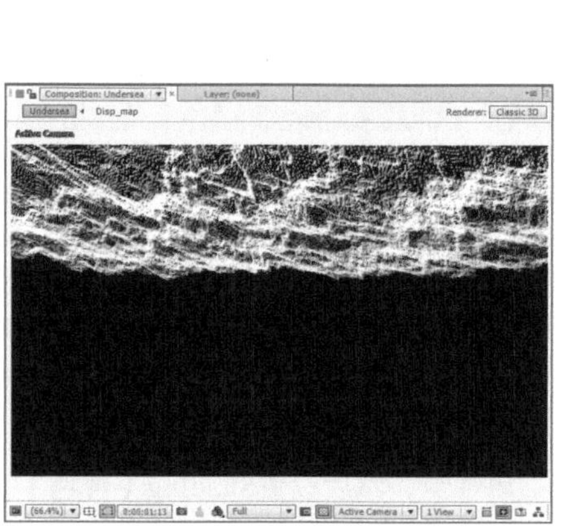

图8-224

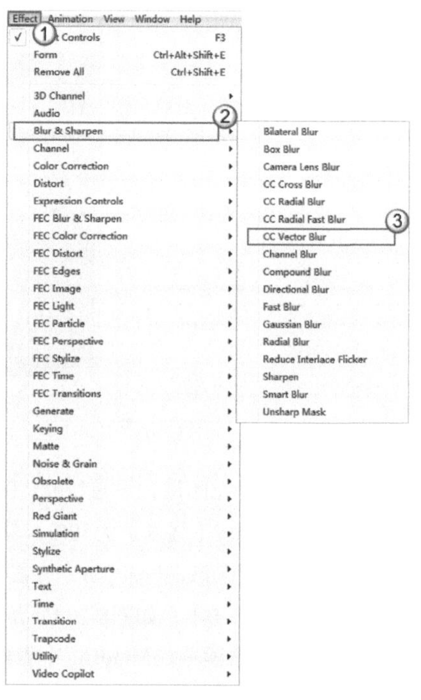

图8-225

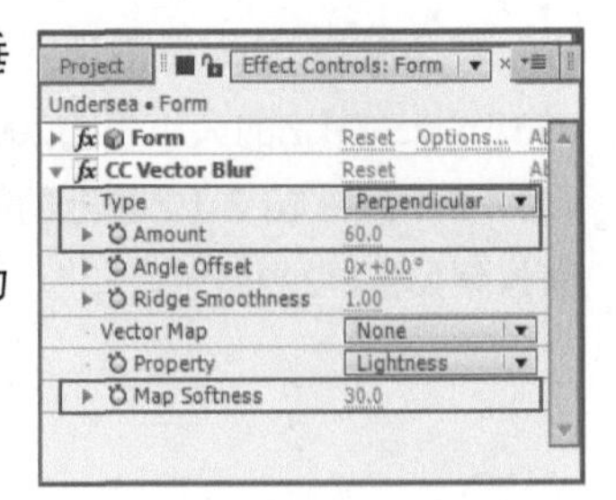

图8-226

08 在Effect Controls（滤镜控制）面板中，设置Type（类型）为Perpendicular（垂直）、Amount（数量）为60、Map Softness（图层柔和度）为30，如图8-226所示。画面效果如图8-227所示。

09 展开Form滤镜中的Particle（粒子）属性组，然后设置Color（颜色）为（R:83，G:113，B:158），如图8-228所示。画面效果如图8-229所示。

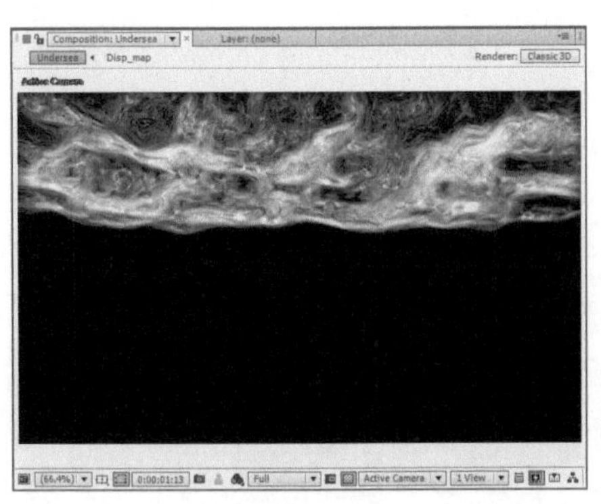
图8-227

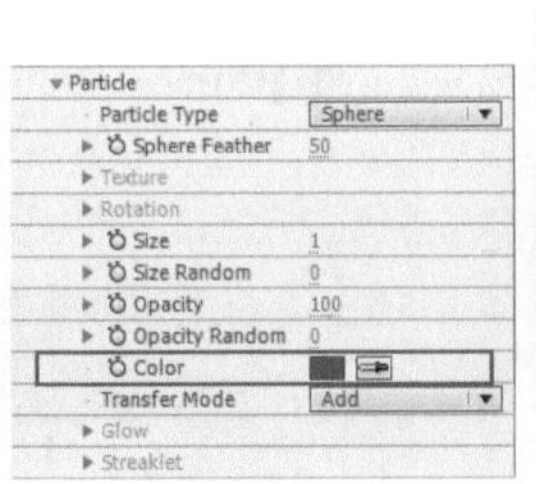

图8-228

图8-229

10 选择Form图层，然后执行Effect（效果）>Trapcode>Shine菜单命令，接着设置Source Point（源点）为（500，-300）、Ray Length（光线发射长度）为1.5、Boost Light（光线亮度）属性为1.5、Transfer Mode（合成模式）为Add（相加），最后设置Colorize（颜色）属性组中的Midtones（中间色）为（R:97，G:189，B:253）、Shadows（阴影）为（R:55，G:130，B:222），如图8-230所示。画面效果如图8-231所示。

11 新建一个灯光图层，设置Light Type（灯光类型）为Point（点）、Color（颜色）为（R:47，G:138，B:180）、Intensity（强度）为50%，然后单击OK（确定）按钮 OK ，如图8-232所示。

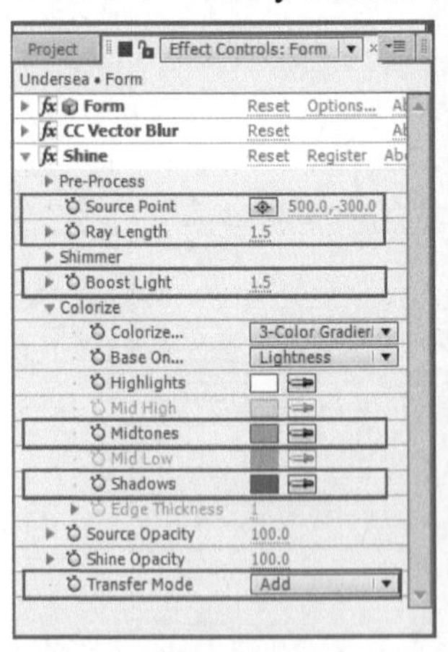

图8-230

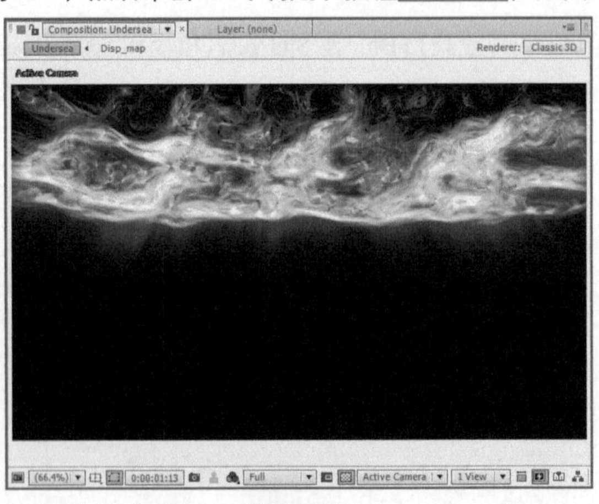
图8-231

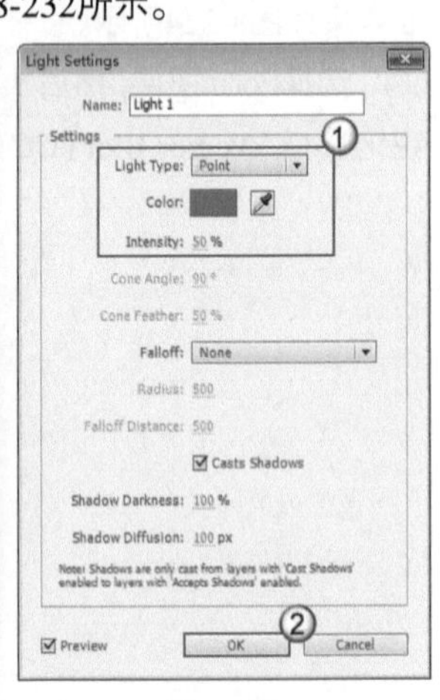

图8-232

12 新建一个灯光图层，设置Light Type（灯光类型）为Point（点）、Color（颜色）为（R:47，G:138，B:180）、Intensity（强度）为50%，然后单击OK（确定）按钮 OK ，如图8-233所示。

13 设置Light 1图层的Position（位置）为（600，194.9，-600），然后设置Light 2图层的Position（位置）为（300，342.1，0），如图8-234所示。

14 展开Form滤镜中的Shading（着色）属性组，然后设置Shading（着色）为On（开），如图8-235所示。画面效果如图8-236所示。

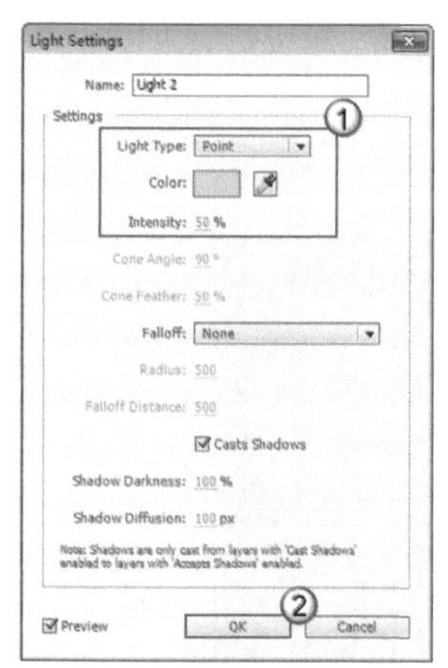
图8-233

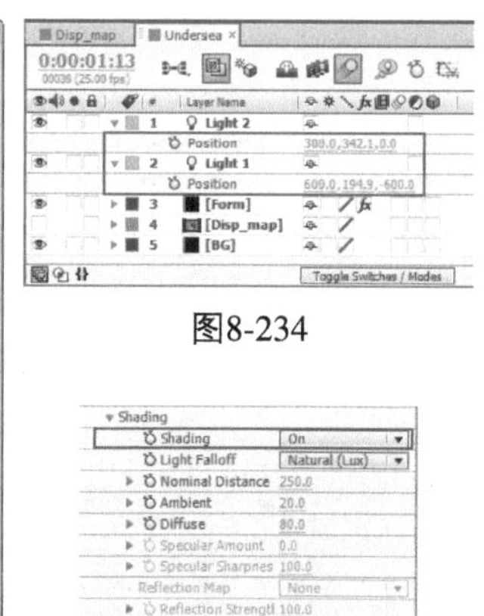
图8-234

图8-235

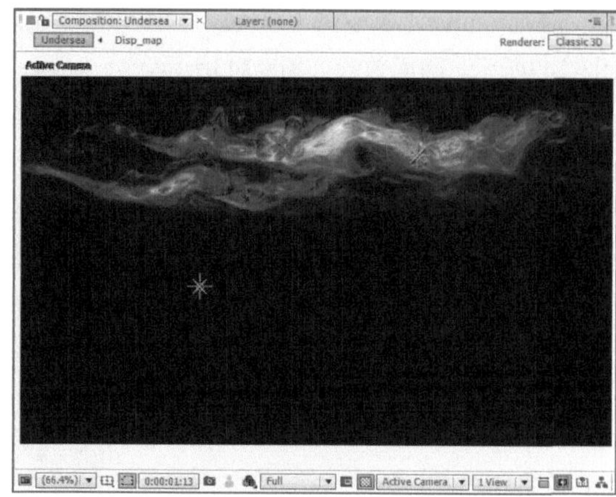
图8-236

15 将Disp_map合成中的noise图层复制到Undersea合成中，然后将其拖曳到第5层，接着激活三维功能，最后设置Position（位置）为（500，540，1200）、Scale（缩放）为（300，500，100%），如图8-237所示。画面效果如图8-238所示。

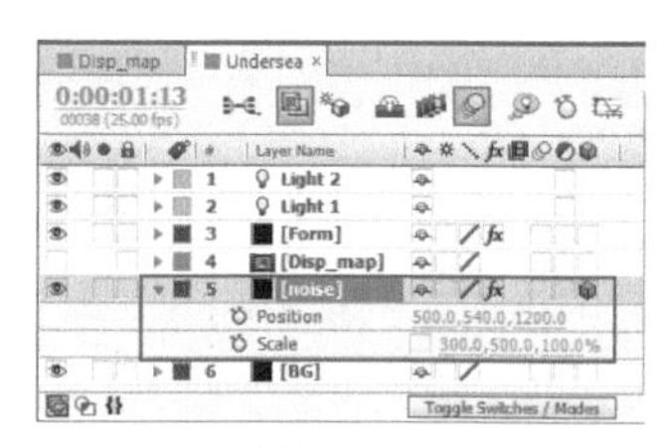
图8-237

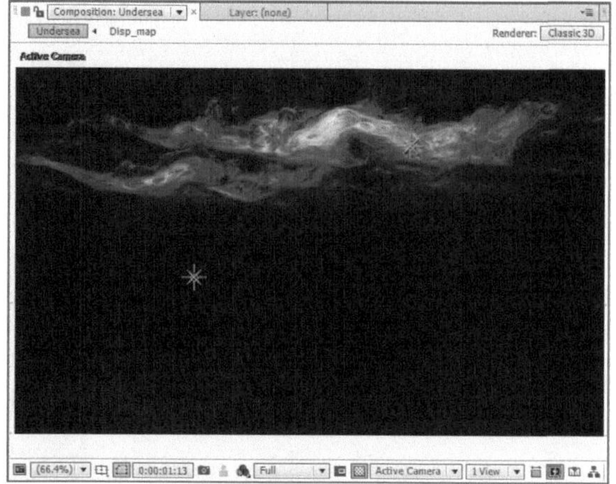
图8-238

8.4.3 制作泡泡

01 新建一个固态层，然后设置Name（名称）为Bubble，接着单击Make Comp Size（制作合成大小）按钮 Make Comp Size ，再设置Color（颜色）为黑色，最后单击OK（确定）按钮 OK ，如图8-239所示。

02 选择Bubble图层，然后执行Effect（效果）>Trapcode>Particular菜单命令，接着展开Emitter（发射器）属性组，设置Particles/sec（粒子/秒）为10、Emitter Type（发射类型）为Box（立方体）、Position Z（位置Z）为3500、Emitter Size X（发射器大小X）为4500、Emitter Size Z（发射器大小Z）为300，如图8-240所示。画面效果如图8-241所示。

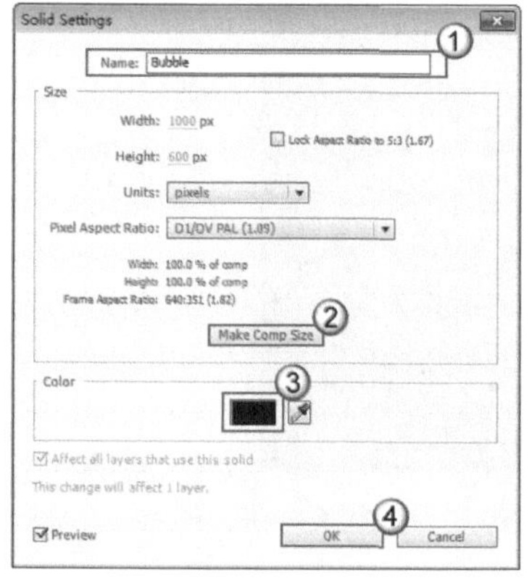
图8-239

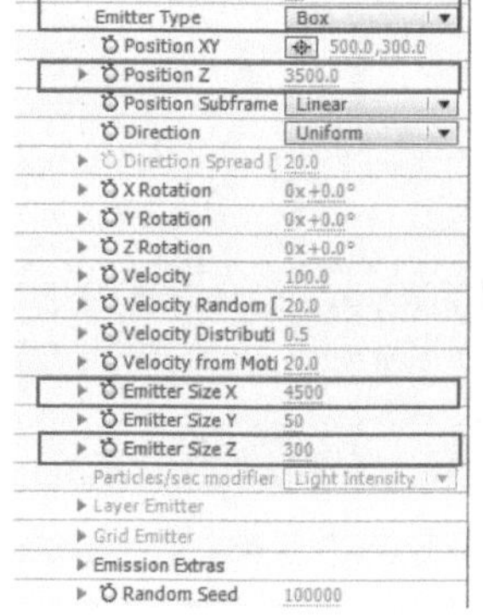
图8-240

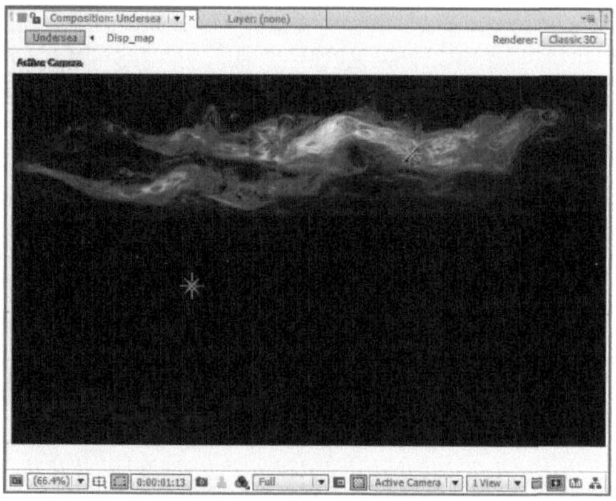

图8-241

03 展开Emitter（发射器）>Emission Extras（额外发射）属性组，然后设置Pre Run（每运行）为100，如图8-242所示。画面效果如图8-243所示。

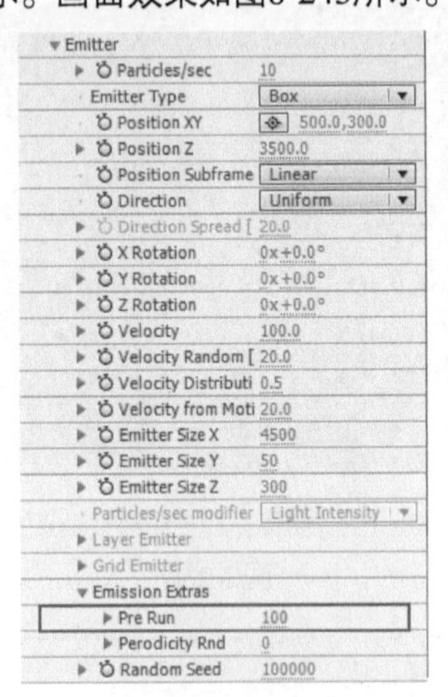

图8-242

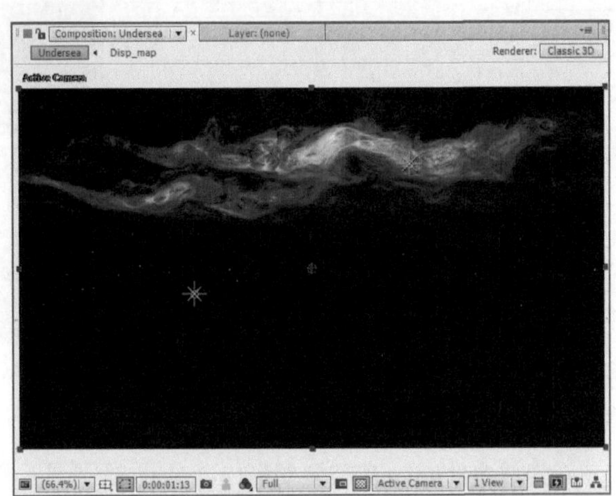

图8-243

04 展开Particle（粒子）属性组，然后设置Size（大小）为3、Color（颜色）为（R:179，G:249，B:255），如图8-244所示。画面效果如图8-245所示。

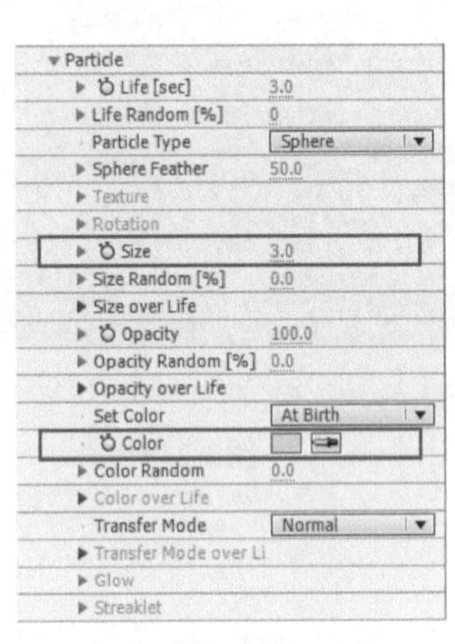

图8-244

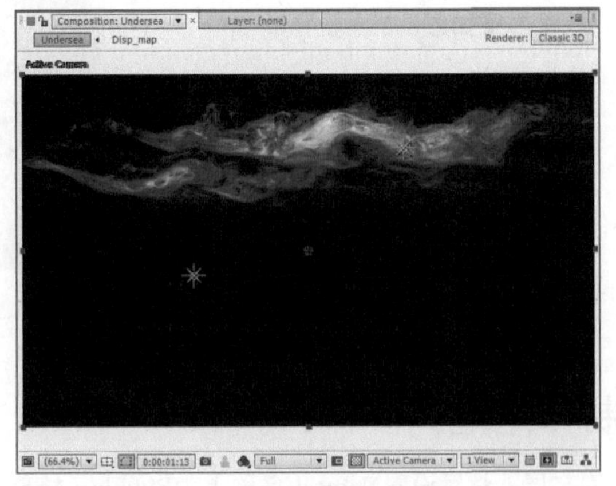

图8-245

05 展开Physics（物理性）属性组，然后设置Wind Z（风 Z）为-2 500，接着展开Turbulence Field（湍流场）属性组，设置Affect Position（影响位置）为15，如图8-246所示。画面效果如图8-247所示。

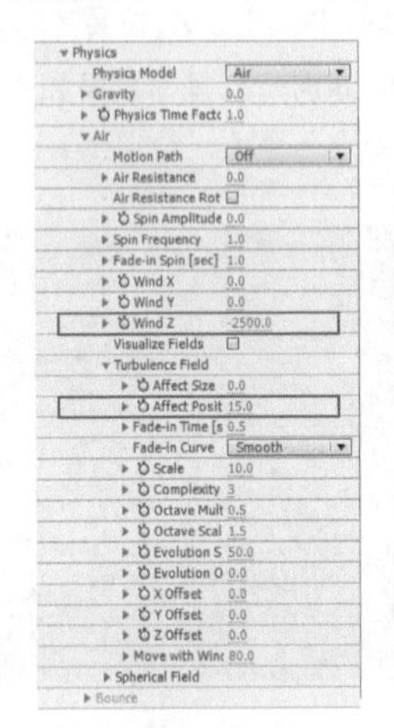

图8-246

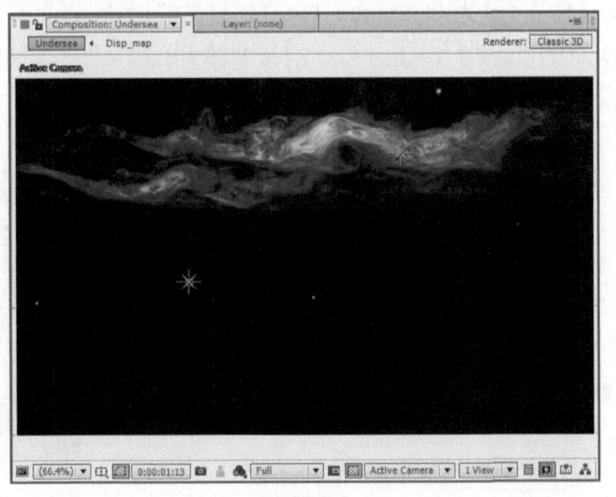

图8-247

06 激活Bubble图层的Motion Blur（运动模糊）功能，如图8-248所示。画面效果如图8-249所示。

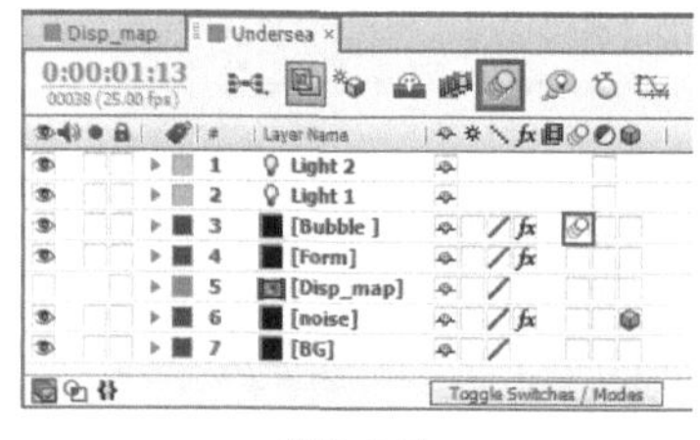

图8-248

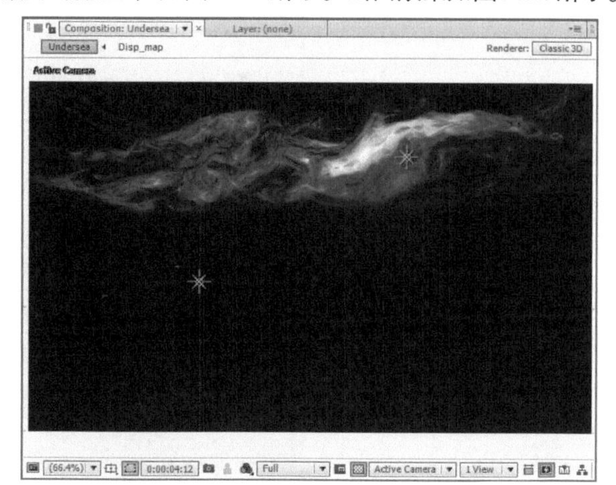

图8-249

8.4.4 制作雾气

01 复制Bubble图层，然后将其重命名为smoke，如图8-250所示。

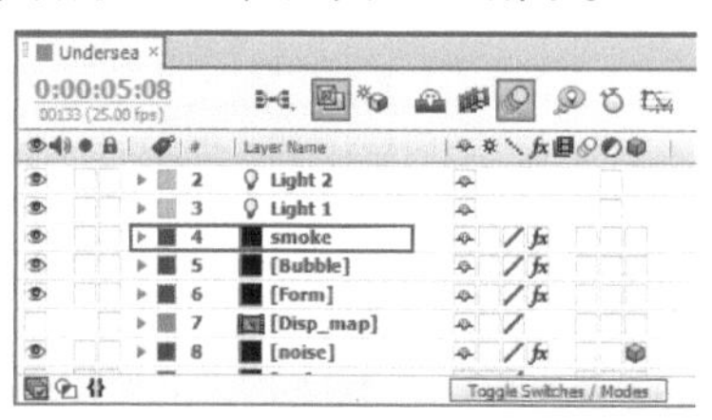

图8-250

02 选择smoke图层，设置Particular滤镜中的属性。展开Particle（粒子）属性组，然后设置Particle Type（粒子类型）为Star（No DOF）（星形 无景深）、Size（大小）为300、Opacity（不透明度）为0.8、Color（颜色）为（R:61, G:117, B:156），接着展开Opacity over Life（消亡不透明度）属性，选择第4个选项，如图8-251所示。画面效果如图8-252所示。

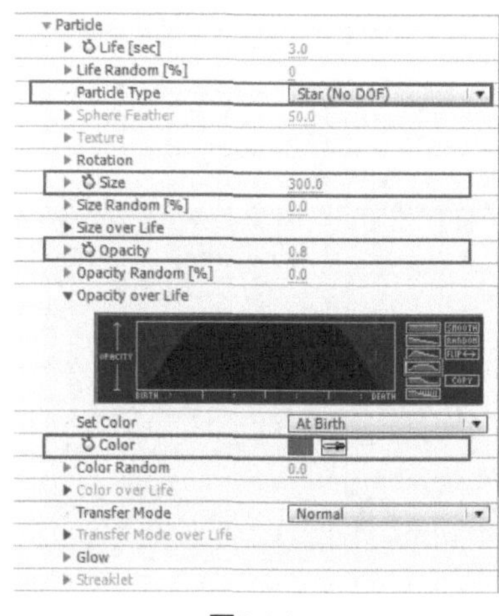

图8-251

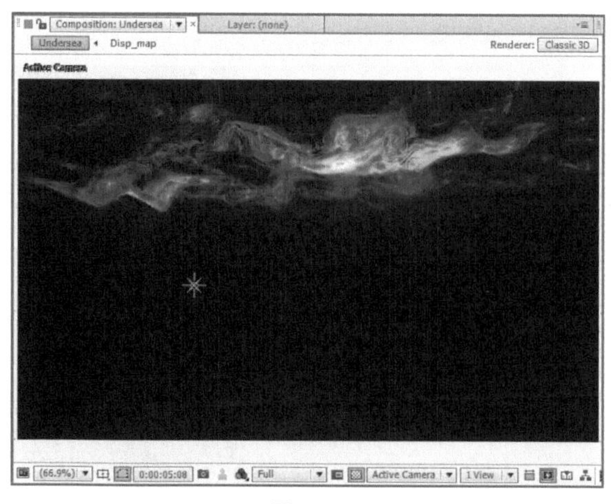

图8-252

8.4.5 制作文字动画

01 新建一个文本图层，然后设置字体为Adobe Fan Heiti Std、颜色为白色、大小为120 px，接着激活Faux

Bold（仿粗体）功能，如图8-253所示，再输入文本The Ocean，画面如图8-254所示。

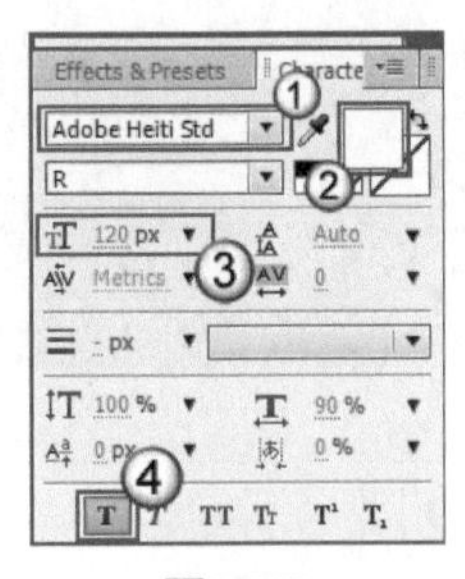
图8-253

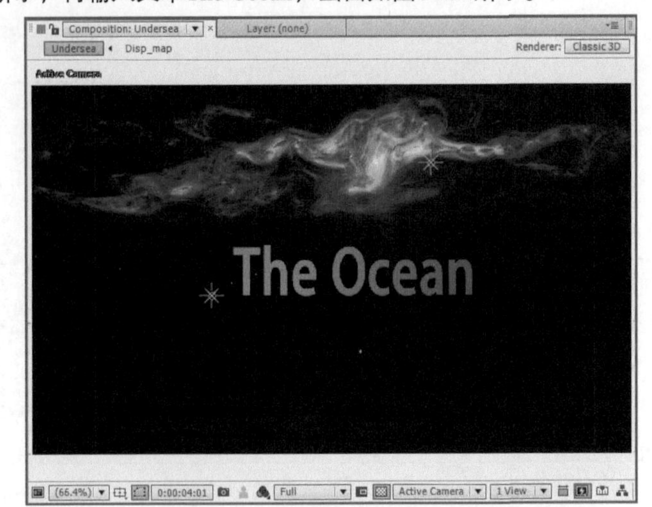

图8-254

02 设置文本图层的Position（位置）属性的关键帧动画。在第0帧处设置该属性为（300，350，2 000），在第3秒处设置该属性为（300，350，500），在第5秒处设置该属性为（300，350，200），如图8-255所示。

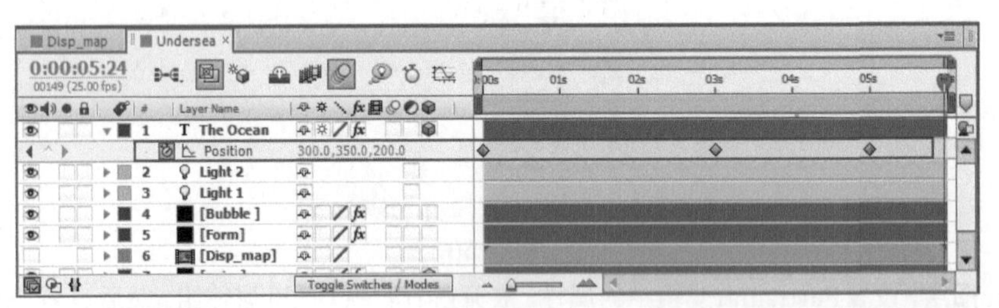
图8-255

03 选择文本图层，然后执行Effect（效果）>Distort（扭曲）>Turbulent Displace（湍流置换）菜单命令，如图8-256所示。画面如图8-257所示。

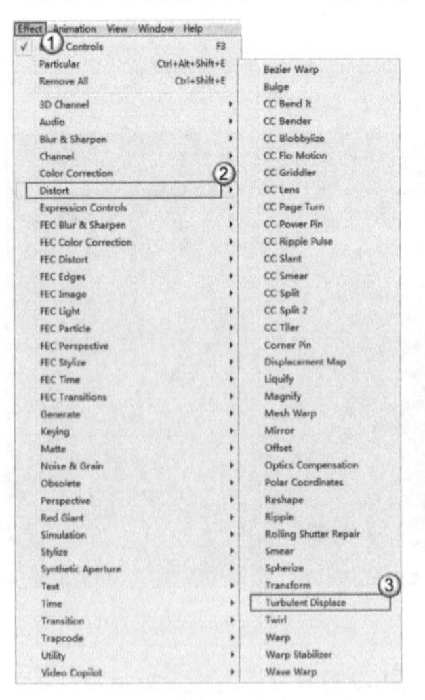
图8-256

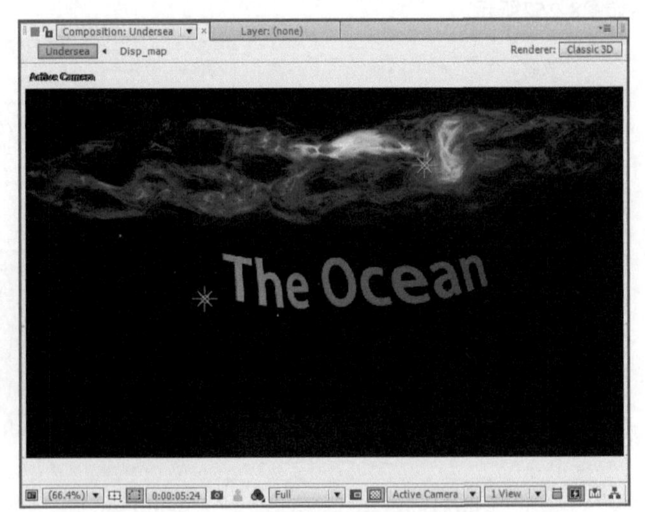

图8-257

04 在Effect Controls（效果控件）面板中设置Amount（数量）为30、Size（大小）为50，如图8-258所示。画面如图8-259所示。

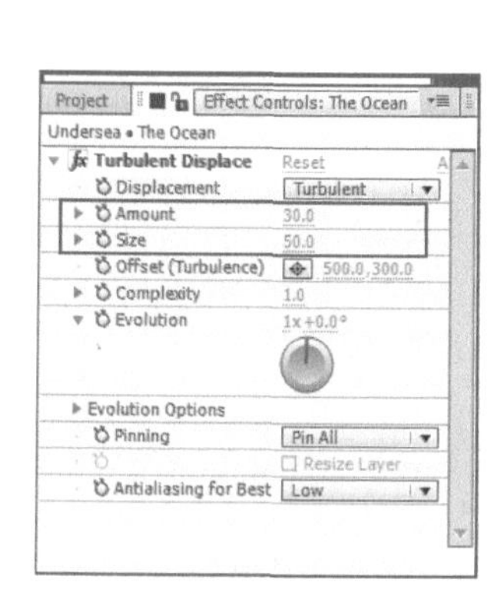

图8-258

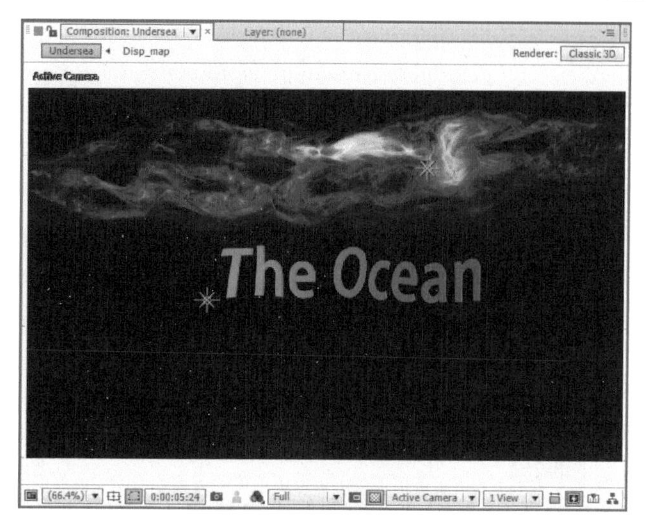

图8-259

05 为Evolution（演化）属性输入如下表达式，如图8-260所示。画面效果如图8-261所示。

time*200;

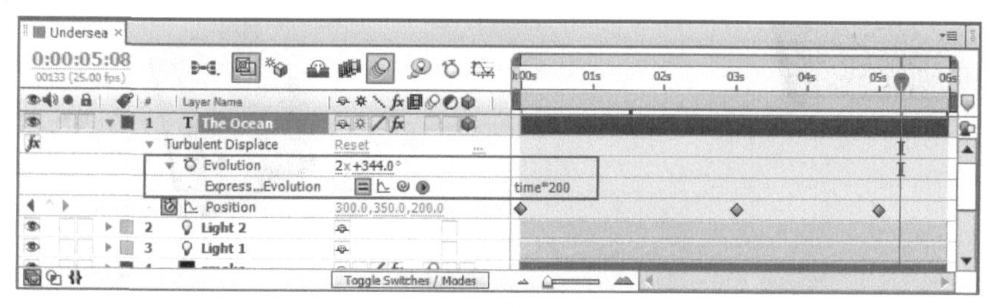

图8-260

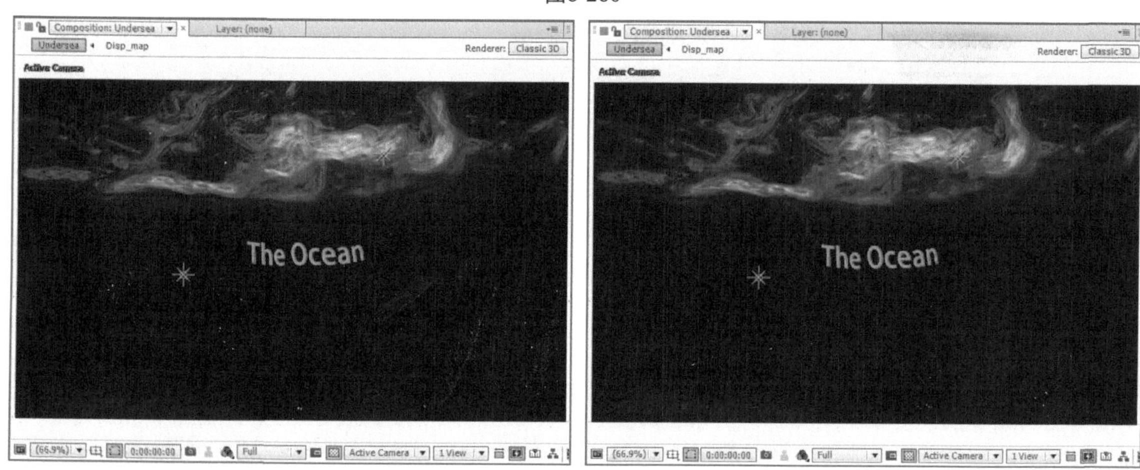
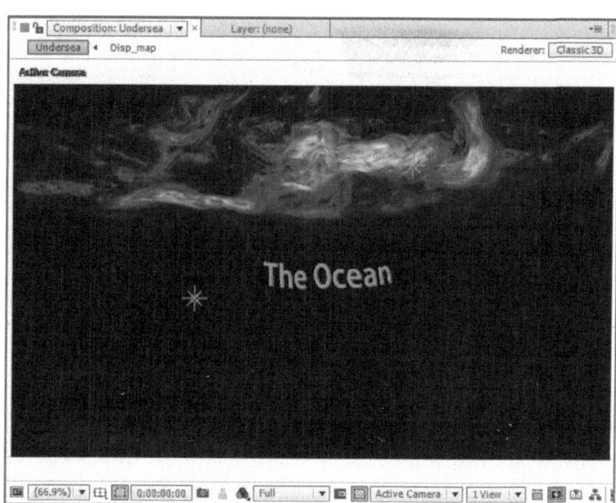

图8-261

8.4.6 分类和输出

01 创建一个名为composition文件夹名，然后将相应的素材拖曳到文件夹中，如图8-262所示。

02 按快捷键Ctrl+M，打开Render Queue（渲染队列）面板，如图8-263所示。然后单击Output Module（输出模块）后面的蓝色字样，接着在打开的Output Module Settings（输出模块设置）对话框中，设置Format（格式）为QuickTime，然后单击OK（确定）按钮 OK ，如图8-264所示。

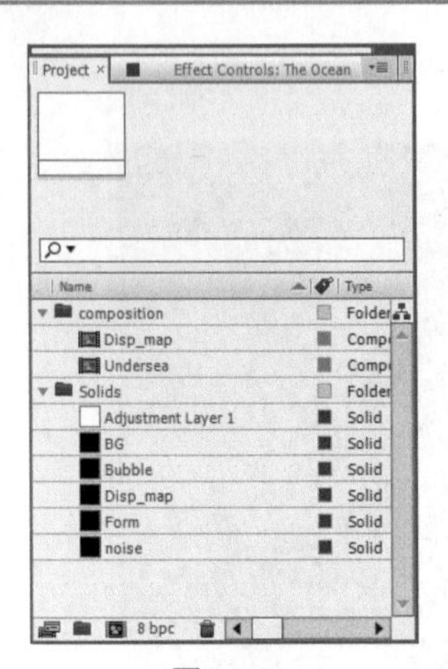

图8-262

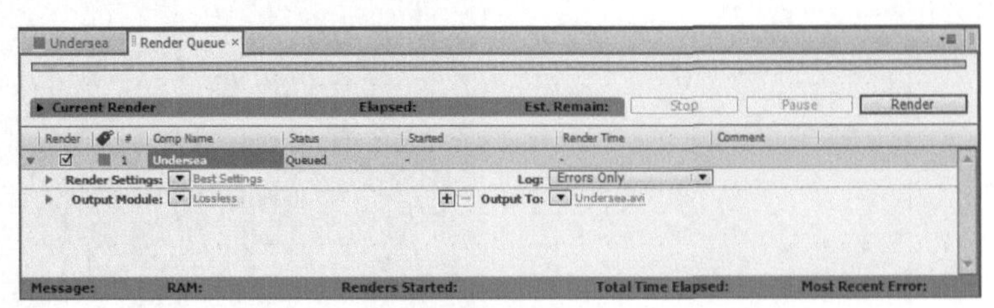

图8-263

03 单击Output To（输出到）后面的蓝色字样，设置输出的路径，然后单击Render（渲染）按钮 Render 输出视频，如图8-265所示。

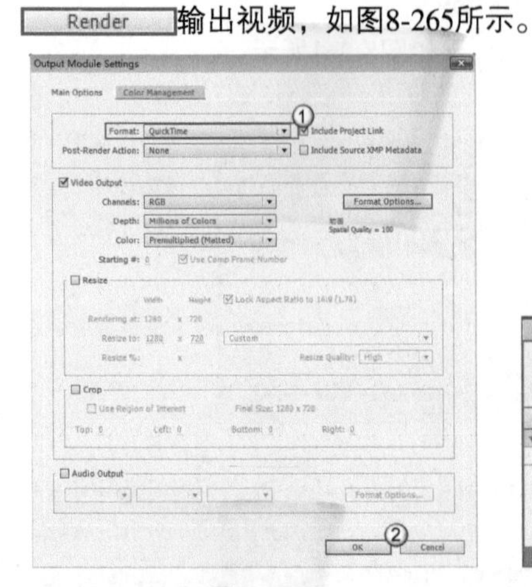

图8-264

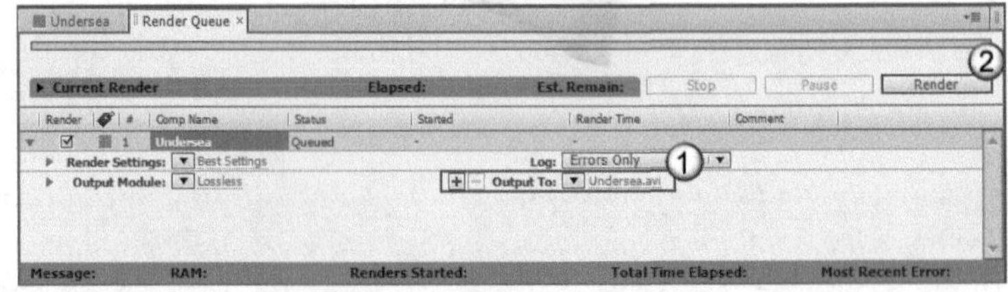

图8-265